de Gruyter Lehrbuch

Amann · Gewöhnliche Differentialgleichungen

Herbert Amann

# Gewöhnliche Differentialgleichungen

2., überarbeitete Auflage

Walter de Gruyter
Berlin · New York 1995

*Autor*
Herbert Amann
Mathematisches Institut
Universität Zürich-Irchel
Winterthurerstraße 190
CH-8057 Zürich

Mit 177 Abbildungen
*1991 Mathematics Subject Classification:* 34-01

♾ Gedruckt auf säurefreiem Papier, das die US-ANSI-Norm über Haltbarkeit erfüllt.

*Die Deutsche Bibliothek – CIP-Einheitsaufnahme*

**Amann, Herbert**
Gewöhnliche Differentialgleichungen / Herbert Amann. – 2., überarb. Aufl. – Berlin ; New York : de Gruyter, 1995
(de-Gruyter-Lehrbuch)
ISBN 3-11-014582-0 kart
ISBN 3-11-014583-9 Lin.


Printed in Germany.
Satz und Druck: Tutte Druckerei GmbH, Salzweg-Passau – Bindearbeiten: Lüderitz & Bauer GmbH, Berlin.

„Unter allen Disziplinen der Mathematik ist die *Theorie der Differentialgleichungen* die wichtigste. Alle Zweige der Physik stellen uns Probleme, die auf die Integration von Differentialgleichungen hinauskommen. Es gibt ja überhaupt die Theorie der Differentialgleichungen den Weg zur Erklärung aller elementaren Naturphänomene, die Zeit brauchen. Hat somit die Theorie der Differentialgleichungen eine unendliche *praktische* Bedeutung, so hat sie auf der anderen Seite dadurch eine entsprechende *theoretische* Wichtigkeit, daß sie in rationeller Weise zum Studium neuer wichtiger Funktionen, beziehungsweise Funktionenklassen leitet."

Sophus Lie (1894)

# Vorwort

Das vorliegende Buch bietet eine Einführung in die Theorie der gewöhnlichen Differentialgleichungen. Dabei wird versucht, dem Leser einen Einblick in die größeren Zusammenhänge zu geben, in welche diese Theorie eingebettet ist. Ich habe mich nicht gescheut, manchmal etwas weiter auszuholen und Fragen zu behandeln, die üblicherweise nicht in Lehrbüchern über gewöhnliche Differentialgleichungen zu finden sind. So werden z. B. die Grundlagen der Variationsrechnung besprochen und eine praktisch in sich geschlossene Darstellung des Brouwerschen Abbildungsgrades sowie ein Beweis des Borsukschen Antipodensatzes gegeben. Im Zusammenhang mit der Poincaré-Bendixson-Theorie wird die $m$-dimensionale Windungszahl eines Vektorfeldes eingeführt und ihre Relation zum Abbildungsgrad aufgezeigt.

Die Theorie der Differentialgleichungen ist ein zentrales Gebiet der Analysis, ja der gesamten Mathematik. Sie steht in unzähligen Querverbindungen zu anderen Teilen der Mathematik und vielen naturwissenschaftlichen Disziplinen. So wurden große Teile der modernen linearen und nichtlinearen Funktionalanalysis zur Behandlung von Fragekomplexen aus dem Bereich der Differentialgleichungen entwickelt. Dies gilt zwar in erster Linie für die Theorie der partiellen Differentialgleichungen. Jedoch auch bei gewöhnlichen Differentialgleichungen ist es von großem Nutzen, den etwas abstrakteren Standpunkt der Funktionalanalysis einzunehmen. Die gesamte Theorie gewinnt dadurch erheblich an Klarheit und Durchsichtigkeit sowie an geometrischer Anschaulichkeit.

Beim Abfassen dieses Buches – das aus Vorlesungen, die ich an den Universitäten Bochum, Kiel und Zürich (teilweise unter anderen Titeln) gehalten habe, hervorgegangen ist – war mein Blick stets auf die Theorie der partiellen Evolutionsgleichungen gerichtet. Aus diesem Grunde habe ich an manchen Stellen die Theorie in einem etwas allgemeineren Rahmen entwickelt – z. B. werden die Grundlagen der Halbflüsse auf metrischen Räumen behandelt – als dies für gewöhnliche Differentialgleichungen notwendig und üblich ist. Naturgemäß sind gewöhnliche Differentialgleichungen mit weit weniger technischem Aufwand als partielle Differentialgleichungen zu behandeln, wodurch der geometrisch-anschauliche Hintergrund klarer zum Vorschein tritt. Dem Studenten können so in einfacher und natürlicher Weise die allgemeinen Prinzipien nahegebracht werden, welche großen Teilen der Theorie der partiellen Evolutionsgleichungen zu Grunde liegen.

Die Auswahl des Stoffes ist natürlich subjektiv bedingt. Jedoch habe ich mich bemüht, die wichtigsten Methoden und Beweistechniken der allgemeinen Theorie der (Anfangswertprobleme bei) gewöhnlichen Differentialgleichungen vorzustellen. Zwei Ausnahmen betreffen die weitentwickelte und tiefliegende Stabilitätstheorie Hamiltonscher Systeme sowie die allgemeine strukturelle Stabilitätstheorie, d. h. die tieferliegende topologische Dynamik. Für beide Bereiche gibt es ausgezeichnete Darstellungen aus kompetenterer Feder.

Nicht behandelt werden Randwertprobleme, die meines Erachtens ihren natürlichen Rahmen in der funktionalanalytischen Theorie elliptischer Randwertprobleme finden. Meine Zielsetzung ist, neben der Einführung in die wichtige dynamische Theorie der gewöhnlichen Differentialgleichungen den Studenten auf das Studium von Evolutionsgleichungen in unendlichdimensionalen Räumen vorzubereiten.

Das vorliegende Buch stellt auch eine *Einführung in die nichtlineare Funktionalanalysis* dar. Obwohl die Probleme durchweg endlichdimensional sind, wird man im Zusammenhang mit Fragestellungen aus dem Bereich der gewöhnlichen Differentialgleichungen in natürlicher Weise an Methoden der nichtlinearen Funktionalanalysis herangeführt. So kommt man z. B. über das Problem der Existenz periodischer Lösungen nichtautonomer Gleichungen auf Fixpunktprobleme, die mit Abbildungsgradtechniken behandelt werden können. Ebenso gibt das Studium des Verhaltens von Lösungen bei stetigen Änderungen eines Parameters Anlaß zur Untersuchung von Bifurkationsproblemen, deren Bedeutung weit über die Theorie der gewöhnlichen Differentialgleichungen hinausgeht.

Die funktionalanalytischen Hilfsmittel werden zuerst in einfachen endlichdimensionalen Versionen eingeführt und nur dort verwendet, wo sie auch wirklich mit Nutzen eingesetzt werden können. Die Beweise sind aber – falls dies ohne allzu großen Mehraufwand möglich ist – so geführt, daß sie auch im unendlichdimensionalen Fall gültig sind. Eine Ausnahme macht hier lediglich die Theorie der linearen Differentialgleichungen, bei der ich die Methoden der Linearen Algebra verwendet habe. Da bei partiellen Differentialgleichungen in erster Linie unbeschränkte Operatoren auftreten, scheint es mir sinnvoll, die funktionalanalytische Spektraltheorie erst dann heranzuziehen, wenn sie auch wirklich benötigt wird.

Das Buch richtet sich an Studenten ab zweitem Studienjahr. Neben den üblichen Grundkenntnissen über Lineare Algebra wird Vertrautheit mit der Differentialrechnung von Funktionen mehrerer Variablen vorausgesetzt, wobei ich in erster Linie an den koordinatenfreien Zugang denke, wie er in den meisten neueren Lehrbüchern durchgeführt wird. An einigen Stellen habe ich den Kalkül der alternierenden Differentialformen verwendet. Diese wenigen Abschnitte sind jedoch für das Verständnis der übrigen Teile des Buches nicht notwendig.

Vorkenntnisse über Differentialgleichungen oder Funktionalanalysis sind nicht erforderlich. Ich habe mich bemüht, einerseits die Anforderungen genügend niedrig zu halten, um einen weiten Leserkreis anzusprechen, andererseits den Leser zu motivieren, sich eingehender mit der funktionalanalytischen Betrachtungsweise vertraut zu machen, um auch komplexere Probleme – wie z. B. partielle Differentialgleichungen – mit Gewinn studieren zu können.

Der logisch konsequente Aufbau der Theorie beginnt mit dem zweiten Kapitel. Das erste Kapitel spielt eine Sonderrolle. Es hat weitgehend motivierenden Charakter und dient dazu aufzuzeigen, „wo Differentialgleichungen herkommen" und was einige der typischen Fragestellungen sind, die in dieser Disziplin untersucht werden. Die Diskussion besteht hier des öfteren aus Plausibilitätsbetrachtungen und die Anforderungen sind heterogen. An einigen Stellen wird vom Leser eine gewisse mathematische Reife erwartet, da manche Begriffe und Techniken ohne vorherige Einführung verwendet werden. Die späteren Kapitel sind jedoch hiervon unabhängig.

Die im ersten Kapitel – und insbesondere im ersten Paragraphen – auf heuristischer Basis diskutierten leicht verständlichen Beispiele und Modellprobleme werden in den späteren Kapiteln explizit oder implizit immer wieder aufgenommen, um die bereitgestellte Theorie an ihnen zu testen. Die Ausführungen über Diffusionsprobleme dienen lediglich dazu, dem Leser einen Ausblick über den engen Rahmen der gewöhnlichen Differentialgleichungen hinweg zu verschaffen.

Mein besonderer Dank gilt Frau S. Brawer für das sorgfältige Schreiben des Manuskripts und die geduldige Durchführung der vielen Änderungen, die vom ersten Entwurf zum druckfertigen Manuskript führten. Dem Verlag danke ich für die gute Zusammenarbeit bei der Herstellung dieses Buches.

Zürich, im Juni 1983 Herbert Amann

## Vorwort zur zweiten Auflage

In dieser Neuauflage habe ich einige Beweise vereinfacht und Druckfehler sowie Ungenauigkeiten berichtigt, auf die mich aufmerksame Leser hinwiesen. Ihnen allen möchte ich dafür herzlich danken. Mein besonderer Dank gilt auch dem Verlag – insbesondere Herrn Dr. Karbe – für die stets gute und angenehme Zusammenarbeit.

Zürich, im Oktober 1994

Herbert Amann

# Inhalt

# Bezeichnungen

| | |
|---|---|
| $\mathbb{N}$ | $:= \{0, 1, 2, \ldots,\}$ ist die Menge aller natürlichen Zahlen. |
| $\mathbb{N}^*$ | $:= \mathbb{N} \setminus \{0\}$. |
| $\mathbb{R}_+$ | ist die Menge der nichtnegativen reellen Zahlen. |
| $\mathbb{K}$ | $:= \mathbb{R}$ oder $\mathbb{C}$. |
| $\lvert . \rvert$ | bezeichnet i. a. die euklidische Norm auf $\mathbb{K}^m$, kann aber auch die Norm in einem beliebigen normierten Vektorraum (NVR) bedeuten (je nach Kontext). |
| $\mathbb{B}(x, r)$ | bezeichnet den offenen Ball mit Mittelpunkt $x$ und Radius $r > 0$ in einem metrischen Raum, speziell in einem NVR. Im letzteren Fall schreiben wir auch $x + r\mathbb{B}$. |
| $\mathbb{B}^m$ | ist der offene Einheitsball in $\mathbb{R}^m$. |
| $\mathbb{S}^m$ | ist die $m$-dimensionale Einheitssphäre, d. h. $\mathbb{S}^m = \partial\mathbb{B}^{m+1}$. |
| $\mathscr{L}(E, F)$ | ist der NVR aller stetigen linearen Abbildungen $T: E \to F$, wobei $E$ und $F$ NVR sind und die Norm in $\mathscr{L}(E, F)$ durch $\lVert T \rVert := \sup\{\lVert Tx \rVert \mid \lVert x \rVert \leqq 1\}$ definiert ist. Bekanntlich ist $\mathscr{L}(E, F)$ ein Banachraum, wenn $F$ ein Banachraum ist. |
| $\mathscr{L}(E)$ | $:= \mathscr{L}(E, E)$. |
| $\mathscr{GL}(E)$ | ist die Gruppe der invertierbaren Operatoren in $\mathscr{L}(E)$. |
| $A^T$ | bezeichnet die Transponierte der Matrix $A$. |
| $\mathbb{M}^m(\mathbb{K})$ | ist der Ring aller $m \times m$ Matrizen mit Elementen in $\mathbb{K}$. |
| $(.\mid.)$ | bezeichnet das euklidische (hermitesche) innere Produkt auf $\mathbb{K}^m$ oder in einem beliebigen Innenproduktraum. |
| $\langle .,. \rangle$ | bezeichnet die Dualitätspaarung zwischen dem Dualraum $E'$ eines NVR $E$ und $E$, d. h. $\langle x', x \rangle$ stellt den Wert von $x' \in E'$ an der Stelle $x \in E$ dar. |
| $2^X$ | ist die Potenzmenge der Menge $X$, d. h. die Menge aller Teilmengen von $X$. |
| $\operatorname{span}(M)$ | ist die lineare Hülle der Teilmenge $M$ eines Vektorraumes. |
| $B[x]^k$ | ist die Abkürzung von $B[x, x, \ldots, x]$, falls $B$ eine $k$-lineare Abbildung bezeichnet. |

# Kapitel I: Einführung

Das Ziel dieses Kapitels ist es, einige typische Fragestellungen aus der Theorie der (gewöhnlichen) Differentialgleichungen aufzuzeigen und die nachfolgenden detaillierteren Untersuchungen zu motivieren. Zu diesem Zweck wird kurz auf einige „moderne“ und sehr „klassische“ Anwendungsgebiete eingegangen, die in enger Beziehung zur Theorie der Differentialgleichungen stehen und deren Entwicklung immer wieder entscheidend beeinflußt haben und noch beeinflussen, nämlich ökologische Fragestellungen (Populationsmodelle), klassische Variationsrechnung, klassische Mechanik und Diffusionsprozesse. Es wird dabei versucht, auf größere Zusammenhänge hinzuweisen, insbesondere auf abstraktere funktionalanalytische Verallgemeinerungen, die in der wesentlich komplexeren Theorie der partiellen Differentialgleichungen eine zunehmend wichtigere Rolle spielen.

In vielen Fällen wird in den ersten vier Paragraphen dieses Kapitels eine präzise Beweisführung durch Plausibilitätsbetrachtungen ersetzt. Die mathematischen Grundlagen, durch welche diese Plausibilitätsbetrachtungen auf „solide Füße“ gestellt werden können, sollen ja gerade in den späteren Kapiteln erarbeitet werden.

Im letzten Paragraphen dieses Kapitels gehen wir auf einige elementare Integrationsmethoden ein. Das Ziel dieser Untersuchungen ist es, an einigen typischen Beispielen das Lösungsverhalten von Differentialgleichungen durch explizite Rechnungen zu studieren. Dabei sollen an einfachen, explizit durchrechenbaren Differentialgleichungen Phänomene aufgezeigt werden, die später in sehr viel größerer Allgemeinheit immer wieder auftauchen werden. Daneben soll gezeigt werden, daß in den meisten Fällen ein expliziter analytischer Ausdruck für eine Lösung einer Differentialgleichung nicht besonders nützlich ist, sondern daß eine schlagkräftige Theorie, die es erlaubt, qualitative Aussagen über Existenz und Langzeitverhalten zu machen, oder allgemeine geometrische Einsichten vermittelt, sehr viel wertvoller ist.

## 1. Ökologische Modelle

**(1.1) Populationsmodelle:** Wir bezeichnen mit $p(t)$ die *Population* einer gegebenen Spezies zur Zeit $t$ (z. B. die Erdbevölkerung, die Karpfen in einem Teich oder die

Atome einer radioaktiven Substanz). Dann ist $\dot{p}(t)/p(t)$ die totale *Änderungsrate* (= die zeitliche Änderung $\dot{p} = dp/dt$, bezogen auf die Gesamtpopulation) zur Zeit $t$. Die totale Änderungsrate wird i. a. eine Funktion der Zeit und der Populationsgröße $p$ selbst sein, d. h.

$$(1) \qquad \frac{\dot{p}(t)}{p(t)} = r(t, p).$$

In einem *abgeschlossenen System,* d. h. ohne Zu- und Abwanderungen, gilt

$$r(t, p) = g(t, p) - s(t, p),$$

wobei

$g(t, p)$ die *Geburtenrate*

und

$s(t, p)$ die *Sterberate*

sind.

Wenn $g$ und $s$ – oder allgemeiner: $r$ – bekannte Funktionen sind, so wird die zeitliche Entwicklung der Population durch die Funktion $p = p(t)$ beschrieben, wobei $p$ der Differentialgleichung (1), d. h. der sog. *Wachstumsgleichung*

$$(2) \qquad \dot{p} = r(t, p)p$$

genügt.

Gesucht ist also eine (stetig differenzierbare) Funktion $p : I \to \mathbb{R}$ auf einem Intervall $I \subset \mathbb{R}$ – im Idealfall auf $\mathbb{R}$ oder $[t_0, \infty)$ –, welche der Differentialgleichung (2) genügt und zur Zeit $t = t_0$ den vorgegebenen (bekannten) Wert

$$(3) \qquad p(t_0) = p_0$$

besitzt. Ein derartiges Problem heißt *Anfangswertproblem* (AWP) und wird symbolisch durch

$$(4) \qquad \dot{p} = r(t, p)p, \qquad p(t_0) = p_0$$

bezeichnet. Dies bedeutet natürlich, daß jede *Lösung* $p : I \to \mathbb{R}$ die Gleichung

$$\dot{p}(t) = r(t, p(t))p(t) \quad \forall\, t \in I$$

und die *Anfangsbedingung* (3) erfüllen muß.

(a) *Konstante Wachstumsrate.* Den einfachsten Spezialfall erhalten wir durch die Wahl

$$r(t, p) = \alpha \quad \forall\, (t, p) \in \mathbb{R} \times \mathbb{R}$$

mit $\alpha \in \mathbb{R}$. Dann gilt, falls $p \neq 0$ ist,

$$\dot{p} = \alpha p \Leftrightarrow \frac{\dot{p}}{p} = \alpha \Leftrightarrow \frac{d}{dt}\log|p(t)| = \alpha$$

$$\Leftrightarrow \log|p(t)| = \alpha t + c \Leftrightarrow |p(t)| = e^{\alpha t + c} = c_1 e^{\alpha t}$$

mit einer Konstanten $c \in \mathbb{R}$ und mit $c_1 := e^c$. Da aufgrund der letzten Gleichung $p$ sein Vorzeichen nie ändert, und da $p(t_0) = p_0$ gelten muß, erhalten wir schließlich für die Lösung unseres AWP die Formel

(5) $$p(t) = p_0 e^{\alpha(t - t_0)} \quad \forall t \in \mathbb{R}.$$

Insbesondere sehen wir, daß – für jedes $p_0 \in \mathbb{R}$ – das AWP

$$\dot{p} = \alpha p, \quad p(t_0) = p_0$$

die durch (5) gegebene Funktion als eindeutig bestimmte Lösung besitzt.

Aus (5) lesen wir ab, daß $p(t) \to \infty$ für $t \to \infty$ gilt, falls $\alpha > 0$ ist („unbeschränktes Wachstum"), während $\lim_{t \to \infty} p(t) = 0$ ist, wenn $\alpha < 0$ gilt („Aussterben").

(b) *Die logistische Gleichung.* In den meisten Fällen ist die Annahme einer konstanten Wachstumsrate nicht sehr realistisch, z. B. wird man i. a. kein unbeschränktes Wachstum beobachten. Wir nehmen deshalb nun an, es existiere eine „Grenzpopulation" $\xi > 0$, derart, daß die Wachstumsrate negativ wird, wenn $p$ den Wert $\xi$ übersteigt, d. h. es soll gelten:

$$r(t,p) \leqq 0 \quad \text{für} \quad p \geqq \xi.$$

Eine äußerst einfache Situation dieser Art liegt vor, wenn $r$ eine lineare Funktion von $p$ ist:

$$r(t,p) = \beta(\xi - p) \quad \forall p \in \mathbb{R}$$

mit $\beta, \xi > 0$. Mit diesem Ansatz nimmt die Wachstumsgleichung die spezielle Form

(6) $$\dot{p} = \alpha p - \beta p^2 = (\alpha - \beta p)p, \quad \alpha := \beta\xi$$

an. Dies ist die sog. *Gleichung des beschränkten Wachstums* oder die *logistische Differentialgleichung.*

Zur Lösung der Gleichung (6), zu ihrer „*Integration*", gehen wir analog zum Fall (a) vor, d. h. *wir trennen die Variablen* (nämlich $p$ und $t$, wobei die letztere nicht explizit auftritt). Wir schreiben (6) in der Form

$$\frac{\dot{p}}{(\alpha-\beta p)p}=1\,, \tag{7}$$

wobei wir natürlich die Fälle $p=0$ und $p=\alpha/\beta=\xi$ ausschließen. Wenn wir mit $F$ eine Stammfunktion von $1/(\alpha-\beta p)p$ bezeichnen, d. h. wenn

$$F'(p)=1/(\alpha-\beta p)p$$

gilt, so ist (7) offensichtlich äquivalent zu

$$\frac{d}{dt}(F(p(t)))=1\,,$$

also zu

$$F(p(t))=t+c \tag{8}$$

mit einer Konstanten $c\in\mathbb{R}$. Hierbei können wir eine beliebige Stammfunktion $F$ wählen, da sich zwei solche Funktionen bekanntlich nur durch eine Konstante unterscheiden, die natürlich mit in $c$ aufgenommen werden kann.

Durch Partialbruchzerlegung folgt sofort

$$F(p)=\int\frac{dp}{(\alpha-\beta p)p}=\frac{1}{\alpha}\int\frac{dp}{p}+\frac{\beta}{\alpha}\int\frac{dp}{\alpha-\beta p}=\log\left|\frac{p}{\alpha-\beta p}\right|^{1/\alpha}.$$

Also ist (8) äquivalent zu

$$\left|\frac{p}{\alpha-\beta p}\right|=e^{\alpha(t+c)}=c_1e^{\alpha t}\quad\text{mit}\quad c_1:=e^{\alpha c}\,. \tag{9}$$

Für $t=t_0$ muß $p(t)=p_0$ sein, also, wenn wir $p_0\neq 0$ und $p_0\neq\xi=\alpha/\beta$ voraussetzen, muß

$$\left|\frac{p_0}{\alpha-\beta p_0}\right|=c_1e^{\alpha t_0}$$

gelten. Hieraus folgt

$$\left|\frac{p(t)}{p_0}\right|=\left|\frac{\alpha-\beta p(t)}{\alpha-\beta p_0}\right|e^{\alpha(t-t_0)}\,.$$

Aus (9) lesen wir ab, daß $p(t)\neq 0$ und $\alpha-\beta p(t)\neq 0$ für alle $t\in\mathbb{R}$ gilt, wenn dies zum Zeitpunkt $t = t_0$ richtig ist. Insbesondere ist also $(\alpha - \beta p(t))(\alpha - \beta p_0)^{-1} > 0$, und es folgt

$$\frac{p(t)}{p_0} = \frac{\alpha - \beta p(t)}{\alpha - \beta p_0} e^{\alpha(t-t_0)},$$

d. h.

$$(10) \qquad p(t) = \frac{\alpha p_0}{\beta p_0 + (\alpha - \beta p_0) e^{-\alpha(t-t_0)}} \quad \forall t \in \mathbb{R}.$$

Die Herleitung zeigt wieder, daß für $p_0 \neq 0$ und $p_0 \neq \xi = \alpha/\beta$ die durch (10) gegebene Funktion $p$ die eindeutig bestimmte Lösung des AWP

$$\dot{p} = (\alpha - \beta p)p, \quad p(t_0) = p_0$$

ist.

Aus (10) liest man ab, daß gilt

$$p(t) \uparrow \xi \quad \text{für} \quad t \to \infty, \quad \text{falls} \quad 0 < p_0 < \xi$$

und

$$p(t) \downarrow \xi \quad \text{für} \quad t \to \infty, \quad \text{falls} \quad p_0 > \xi$$

ist. Durch Differenzieren der Differentialgleichung erhalten wir

$$\ddot{p} = (\dot{p})^{\cdot} = (\alpha - 2\beta p)(\alpha - \beta p)p.$$

Also ist

$$\ddot{p} > 0 \quad \text{für} \quad p \in (0, \xi/2) \cup (\xi, \infty)$$

und

$$\ddot{p} < 0 \quad \text{für} \quad \xi/2 < p < \xi.$$

Somit hat der Graph von $f$ für verschiedene Werte von $p_0$ das in Abbildung 1 beschriebene qualitative Verhalten.

Ist insbesondere $0 < p_0 < \xi/2$, so findet anfänglich beschleunigtes Wachstum statt ($\ddot{p} > 0$), bis die Population den Wert $\xi/2$ erreicht hat.

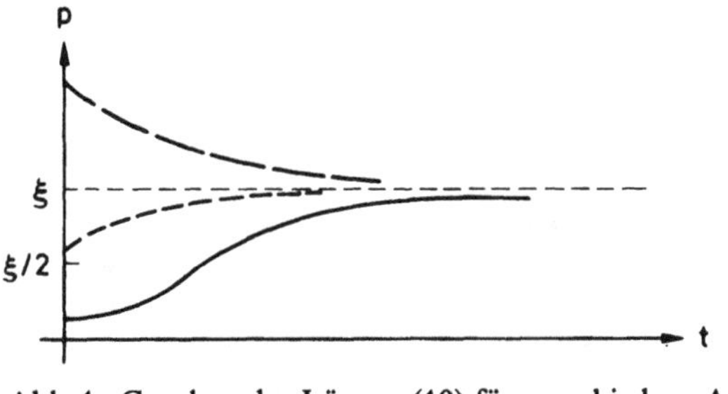


Abb. 1: Graphen der Lösung (10) für verschiedene Anfangswerte

Von diesem Zeitpunkt an wird das Wachstum verlangsamt ($\ddot{p} < 0$), und die Population strebt in jedem Fall dem Grenzwert $\xi$ zu.

Dieses Verhalten von $p$ wird auch durch direktes Betrachten der Differentialgleichung

$$\dot{p} = \alpha p - \beta p^2$$

plausibel. Für kleine positive Werte von $p$ dominiert der Term $\alpha p$ und die Gleichung stimmt näherungsweise mit der Differentialgleichung konstanter Wachstumsrate (Fall (a)) überein. Also wird die Lösungskurve für kleine Werte von $p$ konvex und wachsend sein. Für große Werte von $p$ überwiegt der Term $-\beta p^2$ und „bremst" das Wachstum, was eine Verlangsamung des Anstiegs bewirkt.

Der Term $\beta p^2$ kann interpretiert werden als eine Zahl, die proportional der durchschnittlichen Anzahl von „Begegnungen" von $p$ Individuen ist. Man kann also $-\beta p^2$ als einen *„sozialen Reibungsterm"* interpretieren, der das Wachstum abbremst.

Es ist nun von großer Bedeutung für kompliziertere Situationen, daß man das gesamte *qualitative Verhalten* der Gleichung $\dot{p} = \alpha p - \beta p^2$ auch ohne explizites Lösen analysieren kann. Hierzu faßt man $p(t)$ als Punkt des *„Phasenraums"* $\mathbb{R}$ auf, dessen Bewegung *(„Fluß")* durch die Differentialgleichung $\dot{p} = \alpha p - \beta p^2$ beschrieben wird. Wenn also $t \to p(t)$ eine Lösung der Differentialgleichung ist, so stellt $\dot{p}(t)$ die Geschwindigkeit dar, mit der sich der Punkt bewegt. Wenn wir in jedem Punkt $p \in \mathbb{R}$ den Wert $f(p) := \alpha p - \beta p^2$ in Form eines Vektors auftragen, so erhalten wir das *Richtungsfeld* der Differentialgleichung $\dot{p} = f(p)$. Dieses Richtungsfeld gibt an, mit welcher Geschwindigkeit und in welcher Richtung sich der Punkt $p$ bewegt. Anders ausgedrückt: wenn $t \to p(t)$ die Differentialgleichung $\dot{p} = f(p)$ löst, so ist $f(p)$ der Tangentialvektor im Punkt $p = p(t)$ an den Weg $t \to p(t)$ in $\mathbb{R}$.

In unserem Fall sind die Punkte $p = 0$ und $p = \xi$ *Ruhepunkte*, d. h. gilt $p_0 = 0$ oder $p_0 = \xi$, so ist $p(t) = p_0$ für alle Zeiten. Das Richtungsfeld hat also das folgende qualitative Verhalten:

Abb. 2: Das Richtungsfeld von $\dot{p} = \alpha p - \beta p^2$

Hieraus liest man ab (wenn man glaubt, daß die Gleichung $\dot{p} = f(p)$ überhaupt Lösungen hat, die für alle Zeiten definiert sind), daß jeder Punkt $p_0 \in (0, \infty)$ sich asymptotisch (d. h. für $t \to \infty$) dem Ruhepunkt $\xi$ nähert. Die Länge der Pfeile gibt dabei den Betrag der „Flußgeschwindigkeit" an, während man die „Beschleunigung" $\ddot{p}$ – wie oben auch – durch Differenzieren der Differentialgleichung erhält.

**(1.2) Räuber-Beute-Modelle:** Wir betrachten nun ein etwas komplizierteres Zweipopulationenmodell, wobei

$x(t)$ die Population der Beutespezies zur Zeit $t$

und

$y(t)$ die Population der Räuberspezies zur Zeit $t$

bezeichnen (z. B. Karpfen – Hechte). Nun gilt für jede Population die Wachstumsgleichung (2), wobei natürlich die Wachstumsrate der einen Population von der anderen Population beeinflußt wird, d. h.

(11) $$\dot{x} = r_1(t, x, y)x, \quad \dot{y} = r_2(t, x, y)y.$$

Wir erhalten nun ein *System von* zwei gekoppelten *Differentialgleichungen* („1. Ordnung in expliziter Form", d. h. es treten nur erste Ableitungen auf und die Gleichungen sind nach den Ableitungen aufgelöst), die allgemeinen *Wachstumsgleichungen für ein Zweipopulationenmodell.*

In unseren Modellen nehmen wir nun an, daß die Räuberspezies sich ausschließlich von der Beutespezies ernährt, während für die Beutespezies unbegrenzt Nahrung vorhanden ist. In Analogie zu den obigen Modellen bei einer Population wollen wir zwei Fälle betrachten, nämlich den Fall des unbegrenzten und den Fall des begrenzten Wachstums.

(a) *Räuber-Beute-Modelle mit konstanten Wachstumsraten.* Ein einfacher Ansatz für die Wachstumsrate der Beutespezies ist von der Form

$$r_1(t, x, y) = \alpha - \beta y, \quad \alpha, \beta > 0.$$

Er läßt folgende Interpretation zu: Wenn kein Räuber vorhanden ist $(y = 0)$, entwickelt sich die Beutepopulation mit der konstanten Wachstumsrate $\alpha$. Die Anwesenheit der Räuberspezies verringert diese Wachstumsrate, und zwar proportional zur Räuberpopulation. („Viele Hechte fressen viele Karpfen".)

Analog machen wir den Ansatz

$$r_2(t, x, y) = -\gamma + \delta x, \quad \gamma, \delta > 0,$$

d. h. wenn keine Beute vorhanden ist, stirbt die Räuberspezies mit der konstanten Rate $\gamma$ aus. Die Anwesenheit der Beutespezies verringert die Sterberate, und zwar proportional zur Beutepopulation.

Unter diesen Annahmen erhalten wir die speziellen Räuber-Beute-Gleichungen (auch *Volterra-Lotka-Gleichungen* genannt):

(12) $$\begin{aligned}\dot{x} &= (\alpha - \beta y)x \\ \dot{y} &= (\delta x - \gamma)y\end{aligned} \qquad \alpha, \beta, \gamma, \delta > 0 .$$

Mit

$$p(t) := (x(t), y(t)) \in \mathbb{R}^2$$

und

$$f: \mathbb{R}^2 \to \mathbb{R}^2,\ (x, y) \to ((\alpha - \beta y)x, (\delta x - \gamma)y)$$

kann dieses System in der Form

(13) $$\dot{p} = f(p)$$

geschrieben werden. Eine Lösung dieser Differentialgleichung ist ein Weg $p: I \subset \mathbb{R} \to \mathbb{R}^2$, dessen Tangentialvektor $\dot{p}(t)$ im Punkt $p(t)$ durch $f(p(t))$ gegeben ist. Durch „Anheften" des Vektors $f(p)$ im Punkt $p \in \mathbb{R}^2$ erhalten wir das *Richtungsfeld* der Differentialgleichung (13). Eine Lösung von (13) ist dann eine (durch $t \in I \subset \mathbb{R}$ parametrisierte orientierte) Kurve $C$ in $\mathbb{R}^2$, derart daß in jedem Punkt $p$ von $C$ der Vektor $f(p)$ ein Tangentialvektor an $C$ ist.

Im Falle des Systems (12) gibt es zwei *Ruhepunkte* (d. h. $p \in \mathbb{R}^2$ mit $f(p) = 0$), nämlich $p_0 = (0, 0)$ und $p_1 := (\gamma/\delta, \alpha/\beta)$. Durch die beiden Koordinatenachsen und die beiden Geraden $x = \gamma/\delta$ und $y = \alpha/\beta$ wird die Ebene in 9 Teilbereiche eingeteilt, in denen die Tangentialvektoren $\dot{p} = (\dot{x}, \dot{y})$ von möglichen Lösungskurven von (12) das in Abbildung 3 angegebene qualitative Verhalten zeigen.

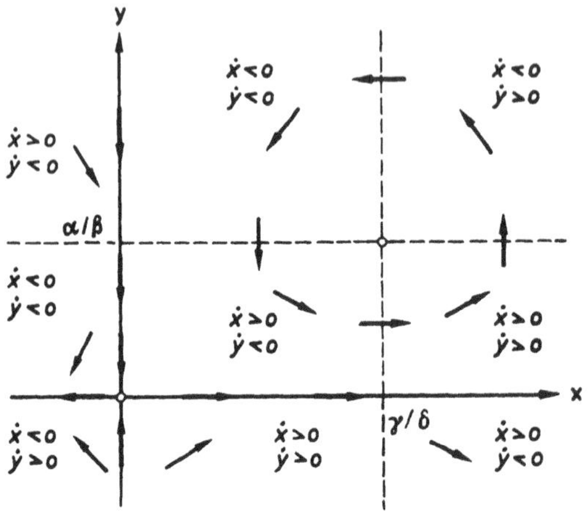


Abb. 3: Das Richtungsfeld für das System (12)

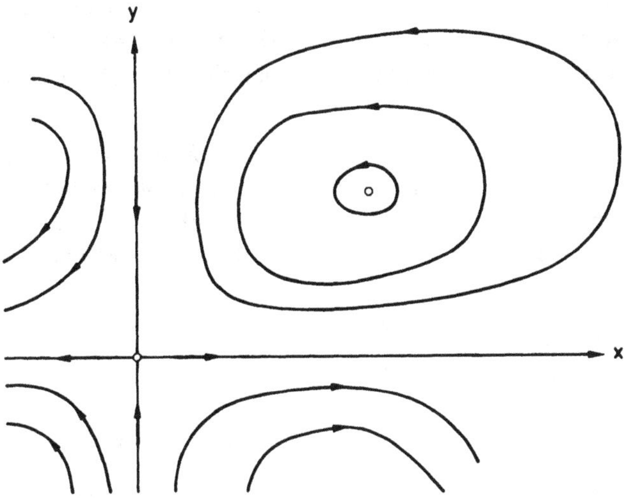


Abb. 4: Das Phasenporträt für das System (12)

Wir werden später sehen, daß durch jeden Punkt der Ebene eine Lösungskurve geht, und daß die Lösungskurven das in Abbildung 4 angegebene qualitative Verhalten haben. Aus diesem *Phasenporträt* liest man das „Langzeitverhalten" der beiden Populationen ab, wobei in unserem Fall natürlich nur die Lösungskurven im ersten Quadranten von Interesse sind, da es keine negativen Populationen gibt. Für jeden gegebenen Anfangszustand $(x_0, y_0) \in (0, \infty)^2$ mit $(x_0, y_0) \neq p_1$ liegt die Lösungskurve des AWP

$$\dot{p} = f(p), \; p(t_0) = (x_0, y_0)$$

auf einer geschlossenen Kurve um den Ruhepunkt $p_1$. Wir werden später sehen, daß dies bedeutet, daß $I = \mathbb{R}$ gilt, d. h. daß die Lösung für alle Zeiten existiert und daß sie periodisch ist, d. h. $p(t + \tau) = p(t)$ für ein geeignetes $\tau > 0$ und alle $t \in \mathbb{R}$. Dies bedeutet, daß jede der Populationen $x(t)$ und $y(t)$ eine periodische „Schwingung" ausführt, die überdies „gegenläufig" sind („wenn die Räuberpopulation zunimmt, nimmt die Beutepopulation ab, und umgekehrt"). Dieses Verhalten ist überdies *stabil* gegen kleine Änderungen in den Anfangswerten $(x_0, y_0)$.

Gilt andererseits $x_0 = 0$, d. h. ist anfänglich keine Beutespezies vorhanden, so stirbt die Räuberspezies aus ($y(t) \to 0$ für $t \to \infty$). Ist keine Räuberspezies vorhanden ($y_0 = 0$), wächst die Beutepopulation unbegrenzt ($x(t) \to \infty$ für $t \to \infty$). Hierin spiegelt sich natürlich die Tatsache, daß in diesen Fällen das Modell in das in

(1.1 a) behandelte Einpopulationsmodell übergeht. Im Gegensatz zum obigen Fall ist dieses Verhalten jedoch *instabil*. Eine kleine Änderung in den Anfangsdaten (z. B. der Übergang von $x_0 = 0$ zu $x_0 > 0$) hat ein total anderes Langzeitverhalten zur Folge.

(b) *Räuber-Beute-Modelle mit beschränktem Wachstum.* In Analogie zur logistischen Gleichung von (1.1 b) modifizieren wir nun das Volterra-Lotka-System durch „soziale Reibungsterme", welche insbesondere verhindern, daß bei Abwesenheit des Räubers die Beutepopulation unbeschränkt wächst. Wir betrachten nun das System

$$\dot{x} = (\alpha - \beta y)x - \lambda x^2$$
$$\dot{y} = (\delta x - \gamma)y - \mu y^2$$

mit positiven Konstanten $\alpha, \beta, \gamma, \delta, \lambda, \mu$, d. h. das System

$$(14) \qquad \begin{aligned} \dot{x} &= (\alpha - \beta y - \lambda x)x \\ \dot{y} &= (\delta x - \gamma - \mu y)y\,. \end{aligned}$$

Um das Richtungsfeld zu erhalten, beachten wir, daß längs der Geraden

$$L : \alpha - \beta y - \lambda x = 0$$

das Vektorfeld parallel zur $y$-Achse ist ($\dot{x} = 0$), und daß auf der Geraden

$$M : \delta x - \gamma - \mu y = 0$$

die Tangentialvektoren an die Lösungskurven horizontal sind ($\dot{y} = 0$).

In Abbildung 5 betrachten wir den Fall, daß sich die beiden Geraden $L$ und $M$ im

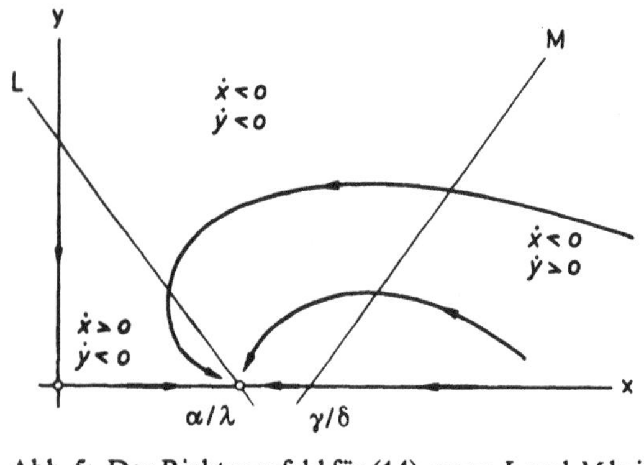


Abb. 5: Das Richtungsfeld für (14), wenn $L$ und $M$ keinen Schnittpunkt in $\mathbb{R}^2_+$ haben

ersten Quadranten nicht schneiden. In diesem Fall hat das System (14) im interessierenden Bereich $\mathbb{R}^2_+$ die beiden Ruhepunkte (0, 0) und $(\alpha/\lambda, 0)$. Wir werden später zeigen, daß die Lösungskurven für alle Zeiten existieren und das in Abbildung 5 angedeutete qualitative Verhalten haben. Insbesondere stirbt also die Räuberspezies stets aus und das System geht asymptotisch in die Ruhelage $(\alpha/\lambda, 0)$ über, die stabil und *„anziehend"* ist, falls zur Anfangszeit $t_0$ eine positive Beutepopulation $x_0$ vorhanden ist. Ist $x_0 = 0$, so stirbt der Räuber aus, wobei dieser Fall wiederum instabil ist.

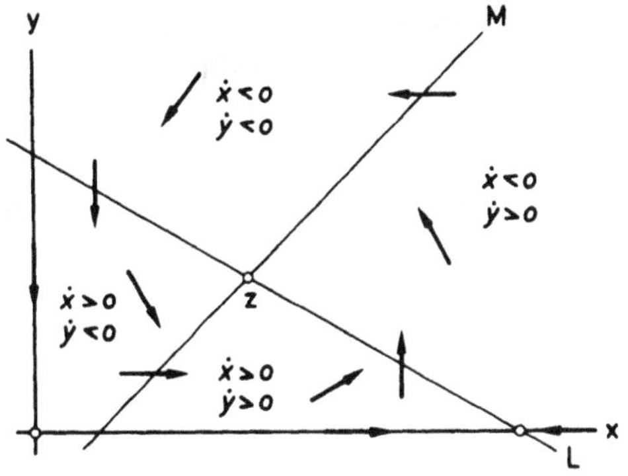


Abb. 6: Das Richtungsfeld für (14), falls sich $L$ und $M$ im positiven Quadranten schneiden

Im zweiten Fall schneiden sich die Geraden $L$ und $M$ im positiven Quadranten. Dann ist der Schnittpunkt $z$ ein weiterer Ruhepunkt und das Richtungsfeld hat das in Abbildung 6 angegebene qualitative Verhalten. Wir werden später sehen, daß es dann grundsätzlich zwei Möglichkeiten für das qualitative Verhalten der Lösungskurven gibt, wobei wir uns auf den interessanten Fall $x_0 > 0, y_0 > 0$ beschränken.

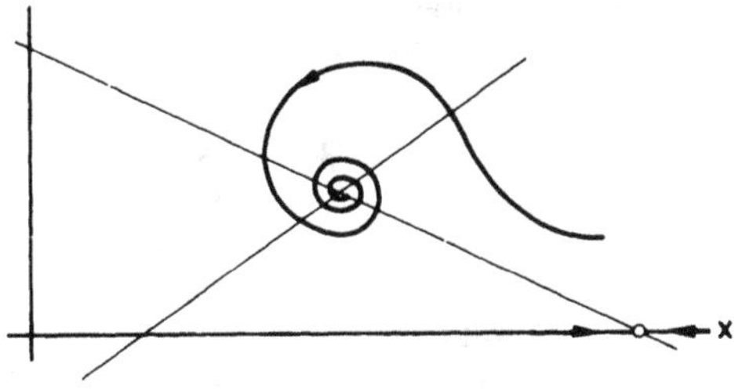


Abb. 7: Der Fall des global attraktiven Ruhepunktes

Im ersten Fall ist $z$ ein *„global attraktiver"* Ruhepunkt. Jede Lösungskurve nähert sich für $t \to \infty$ dem Ruhepunkt $z$. Im Fall der Abbildung 7 „drehen sich die Lösungen für $t \to \infty$ spiralförmig in den Ruhepunkt $z$ hinein". In diesem Fall nähern sich die beiden Populationen langfristig dem *„Gleichgewichtspunkt"* $z = (z^1, z^2)$, wobei sie gegenläufige „gedämpfte Schwingungen" um $z^1$ bzw. $z^2$ ausführen. Diese Annäherung kann allerdings auch *„aperiodisch"* geschehen (der Fall des stabilen *Knotens*). Im zweiten Fall gibt es eine den Ruhepunkt $z$ im Innern enthaltende geschlossene Kurve – einen *Grenzzyklus* –, um die sich jede im Äußeren startende Lösungskurve unendlich oft herumwickelt und der sie immer näher kommt. Der Ruhepunkt $z$ ist nach wie vor ein stabiler Ruhepunkt, jedoch ist er nicht mehr global stabil. Nur noch solche Lösungskurven, die im Inneren des Grenzzyklus starten, können sich langfristig $z$ nähern. Wir sehen also (wenn die obigen Behauptungen exakt bewiesen sind), daß das Räuber-Beute-Modell, welches durch die Differentialgleichungen (14) beschrieben wird, sich langfristig entweder einem Gleichgewichtszustand oder einer periodischen Populationsentwicklung nähert.

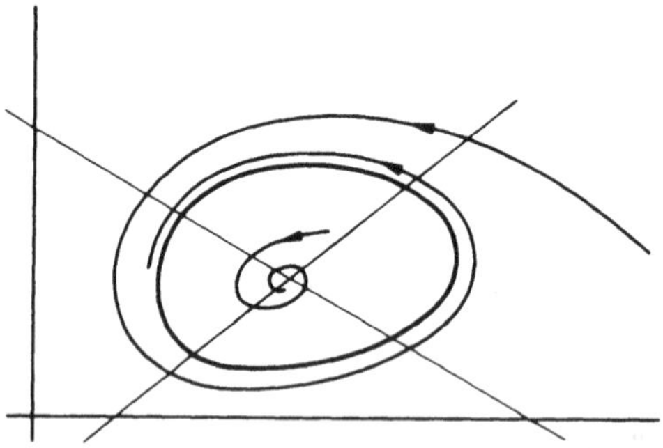

Abb. 8: Der Fall des Grenzzyklus

**Bemerkungen:** (a) Wir gehen hier weder auf den historischen Hintergrund dieser Modelle ein, noch auf die Problematik ihrer Interpretation. Für Geschichte (und Geschichtchen!) verweisen wir auf das Buch von M. Braun [1] und die dort angegebene Literatur.

Zur Problematik dieser Modelle sei nur bemerkt, daß es sich – ungeachtet ihrer Beliebtheit in der „biomathematischen Literatur" – nur um allereinfachste Modelle handelt, die Naturvorgänge höchstens in sehr beschränktem Rahmen zu beschreiben vermögen. Verfeinerte Modelle müßten u. a. auch räumliche Verteilungen der Spezies sowie „Wanderungseffekte" berücksichtigen, wie sie z. B. bei Ausbreitungen von Epidemien von großer Bedeutung sind. Derartige Probleme führen zu partiellen Differentialgleichungen (insbesondere zu sog. *Reaktions-Diffusionsgleichungen* (vgl. Abschnitt 4)), die mathematisch wesentlich schwieriger zu behandeln sind, und über die zum gegenwärtigen Zeitpunkt recht wenig bekannt ist.

(b) Alle Probleme dieses Abschnitts sind AWP der folgenden Art. Es ist eine (glatte) Funktion

$$f: \mathbb{R}^m \to \mathbb{R}^m$$

gegeben, und gesucht ist eine (stetig differenzierbare) Funktion $p: I \subset \mathbb{R} \to \mathbb{R}^m$, welche die Differentialgleichung

$$\dot{p}(t) = f(p(t)), \quad \forall\, t \in I$$

und die Anfangsbedingung

$$p(t_0) = p_0$$

erfüllt, wobei $I$ ein Intervall in $\mathbb{R}$ ist mit $t_0 \in I$. Von Interesse ist neben der reinen Existenz von Lösungen deren qualitatives Langzeitverhalten, insbesondere auch in Abhängigkeit von den Anfangswerten $p_0$ (das „Stabilitätsproblem").

Geometrisch wird hierbei $f$ als *Vektorfeld* auf $\mathbb{R}^m$ interpretiert („in jedem Punkt $p \in \mathbb{R}^m$ wird der Vektor $f(p) \in \mathbb{R}^m$ angeheftet"), und gesucht sind Kurven, $C$, welche in jedem Punkt $p \in C$ den Vektor $f(p)$ als Tangentialvektor besitzen Im allgemeinen Fall wird also $f$ ein Vektorfeld auf einer differenzierbaren Mannigfaltigkeit $M$ sein (d. h. $f$ ist ein Schnitt im Tangentialbündel $T(M)$) und gesucht sind Kurven $C$ in $M$, welche in jedem Punkt $p \in C$ den Vektor $f(p) \in T_p(M)$ als Tangentialvektor besitzen.

**Aufgaben**

1. Verifizieren Sie die Behauptungen des Textes, daß die AWP $\dot{p} = \alpha p, p(t_0) = p_0$ und $\dot{p} = \alpha p - \beta p^2, p(t_0) = p_0$ für jedes Paar $(t_0, p_0)$ eindeutig lösbar sind.

2. Gegeben sei das einparametrige System

$$\dot{x} = 2x, \; \dot{y} = \lambda y, \; \lambda \in \mathbb{R}\,.$$

Bestimmen Sie alle Lösungen und skizzieren Sie die Phasenporträts für $\lambda = -1, 0, 1, 2$.

3. Bestimmen Sie alle Lösungen des Systems

$$\begin{bmatrix} \dot{x} \\ \dot{y} \end{bmatrix} = \begin{bmatrix} 5 & 3 \\ -6 & -4 \end{bmatrix} \begin{bmatrix} x \\ y \end{bmatrix}$$

und skizzieren Sie das Phasenporträt. (Hinweis: führen Sie neue Variablen $(\xi, \eta)$ durch die Transformation

$$\begin{bmatrix} \xi \\ \eta \end{bmatrix} = \begin{bmatrix} 2 & 1 \\ 1 & 1 \end{bmatrix} \begin{bmatrix} x \\ y \end{bmatrix}$$

ein.) Warum wird diese Transformation wohl ausgeführt?

## 2. Variationsprobleme

**(2.1) Geodätische:** Es sei $M \subset \mathbb{R}^n$ eine $m$-dimensionale $C^2$-Mannigfaltigkeit (z. B. die 2-Sphäre $\mathbb{S}^2$ in $\mathbb{R}^3$) und $A, B \in M$ seien zwei verschiedene Punkte. Gesucht ist eine $C^1$-Kurve $C$ in $M$, welche $A$ und $B$ verbindet und minimale Länge $L(C)$ besitzt.

Nun gilt bekanntlich für jede $C^1$-Kurve in $\mathbb{R}^n$

$$L(C) = \int_\alpha^\beta |\dot{f}(t)|\,dt,$$

wobei $f\colon [\alpha, \beta] \subset \mathbb{R} \to \mathbb{R}^n$ eine beliebige $C^1$-Parametrisierung von $C$ ist. Zur Vereinfachung nehmen wir nun an, $C$ sei ganz in einem Kartengebiet $U$ einer *lokalen Karte* $(U, \varphi)$ *von* $M$ enthalten. D. h. $C \subset U$;

$U$ ist offen in $M$;
$V := \varphi(U)$ ist offen in $\mathbb{R}^m$;
$\varphi : U \to V$ ist topologisch;
$g := \varphi^{-1} \in C^2(V, \mathbb{R}^n)$;
$Dg(v) \in \mathscr{L}(\mathbb{R}^m, \mathbb{R}^n)$ ist injektiv $\forall v \in V$.

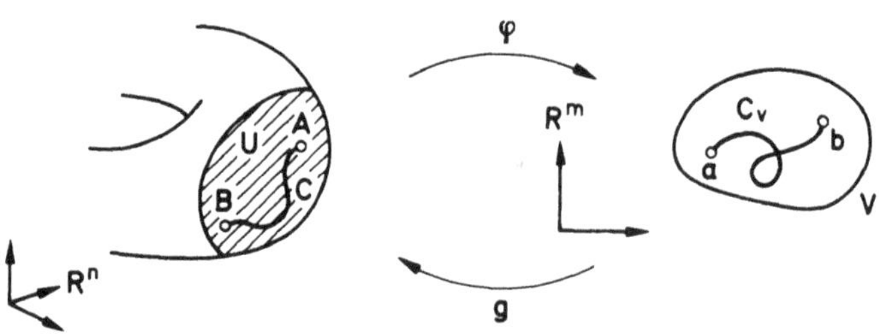

Dann wird durch $v(t) := \varphi(f(t))$, $t \in [\alpha, \beta]$ eine $C^1$-Parametrisierung einer Kurve $C_v$ in $V$ definiert, die $a := \varphi(A)$ und $b := \varphi(B)$ verbindet. Umgekehrt definiert jede $C^1$-Verbindungskurve von $a$ und $b$ in $V$ eine $C^1$-Verbindungskurve von $A$ und $B$ auf $M$, die ganz in $U$ liegt. Wegen $f(t) = g \circ \varphi(f(t)) = g \circ v(t)$ gilt:

$$\dot{f}(t) = Dg(v(t))\dot{v}(t),$$

und folglich

$$\begin{aligned} |\dot{f}(t)|^2 &= (Dg(v(t))\dot{v}(t) \,|\, Dg(v(t))\dot{v}(t))_{\mathbb{R}^n} \\ &= ([Dg(v(t))]^T Dg(v(t))\dot{v}(t) \,|\, \dot{v}(t))_{\mathbb{R}^m}. \end{aligned}$$

Da $Dg$ die Spaltendarstellung $Dg = [D_1 g, \dots, D_m g]$ besitzt, folgt

$$[Dg]^T Dg = \begin{bmatrix} [D_1 g]^T \\ \vdots \\ [D_m g]^T \end{bmatrix} [D_1 g, \dots, D_m g] = [(D_i g \,|\, D_k g)]_{1 \leqq i,k \leqq m}.$$

Mit der Standardbezeichnung (dem „metrischen Fundamentaltensor“)

$$g_{ik}(v) := (D_i g(v) \,|\, D_k g(v))$$

erhalten wir also in diesem Spezialfall

$$L(C) = \int_\alpha^\beta \sqrt{\sum_{i,k=1}^m g_{ik}(v(t))\dot{v}^i(t)\dot{v}^k(t)}\, dt,$$

wobei $\dot{v} = dv/dt$ (und *nicht* die Ableitung nach der Bogenlänge!) bedeutet, und $v = (v^1, \dots, v^m) \in V$ ist.

**Beispiele:** (a) $M = \mathbb{S}^2$ *in* $\mathbb{R}^3$, *Parametrisierung durch sphärische Koordinaten:* Bekanntlich wird in diesem Fall das Kartengebiet

$$U := \mathbb{S}^2 \setminus (\mathbb{R}_+ \times \{0\} \times \mathbb{R})$$

durch

$$g : V := (0, 2\pi) \times \left(-\frac{\pi}{2}, \frac{\pi}{2}\right) \to \mathbb{R}^3, \; (\varphi, \vartheta) \mapsto (\cos\varphi\cos\vartheta, \sin\varphi\cos\vartheta, \sin\vartheta)$$

parametrisiert (vgl. Abbildung 1).

In diesem Fall rechnet man leicht nach, daß gilt:

$$[g_{ik}(\varphi, \vartheta)] = \begin{bmatrix} \cos^2\vartheta & 0 \\ 0 & 1 \end{bmatrix}.$$

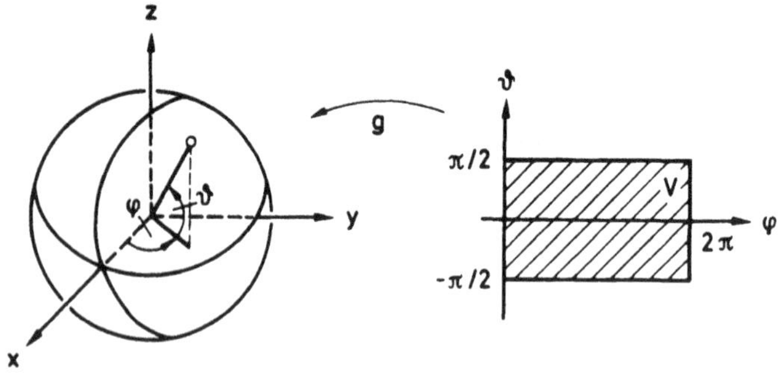


Abb. 1: Parametrisierung der $\mathbb{S}^2$ durch sphärische Koordinaten

Also erhalten wir für die Bogenlänge in lokalen sphärischen Koordinaten den Ausdruck

$$L(C) = \int_\alpha^\beta \sqrt{\cos^2 \vartheta [\dot\varphi(t)]^2 + [\dot\vartheta(t)]^2}\, dt.$$

(b) Im trivialen Fall $M = \mathbb{R}^m$ wählen wir die natürliche Karte $(\mathbb{R}^m, I_m)$, wobei $I_m := id_{\mathbb{R}^m}$ die identische Abbildung $\mathbb{R}^m \to \mathbb{R}^m$ bezeichnet. Dann ist $g_{ik} = \delta_{ik}$, und wir erhalten natürlich die bekannte Formel für die Bogenlänge einer Kurve in $\mathbb{R}^m$

$$L(C) = \int_\alpha^\beta \sqrt{\sum_{i=1}^m [\dot v^i(t)]^2}\, dt = \int_\alpha^\beta |\dot v(t)|\, dt$$

zurück.

(c) Wenn wir ein *eingeschränktes* Extremalproblem betrachten, indem wir nur solche Kurven betrachten, die ganz in $U$ verlaufen, so erhalten wir folgendes Problem

$$\int_\alpha^\beta \sqrt{\sum_{i,k=1}^m g_{ik}(v(t))\dot v^i(t)\dot v^k(t)}\, dt \Rightarrow \underset{\substack{v \in C^1([\alpha,\beta],V) \\ v(\alpha)=a,\, v(\beta)=b}}{\mathrm{Min}}$$

Ist $v$ eine Lösung dieses Problems, so ist $f := g \circ v$ eine Lösung des eingeschränkten Extremalproblems ein sog. *geodätischer Weg* auf $M$. □

**(2.2) Allgemeine Variationsprobleme:** Das obige Variationsproblem ist von der folgenden Form: Gegeben sind $\alpha, \beta \in \mathbb{R}$ mit $\alpha < \beta$, eine offene Menge $W \subset \mathbb{R}^m \times \mathbb{R}^m$, Punkte $a, b \in \mathbb{R}^m$ und eine Funktion

$$L \in C^1([\alpha, \beta] \times W, \mathbb{R}).$$

Dann soll das Integral

$$\int_\alpha^\beta L(t, x(t), \dot x(t))\, dt$$

in der Klasse $Z$ aller zulässigen Funktionen $x$ zum Minimum gemacht werden, wobei

$$Z := \{x \in C^1([\alpha, \beta], \mathbb{R}^m) \mid x(\alpha) = a, x(\beta) = b, \\ (x(t), \dot{x}(t)) \in W \quad \forall t \in [\alpha, \beta]\}$$

ist. Ein derartiges Problem nennt man ein *Variationsproblem mit festen Randbedingungen.*

**(2.3) Bemerkung:** In (2.1) folgt aus der Herleitung unmittelbar, daß gilt: $g_{ik} = g_{ki}$ und

$$\sum_{i,k=1}^{m} g_{ik}(x) y^i y^k \geqq 0 \quad \forall x \in V \quad \forall y \in \mathbb{R}^m.$$

Da $Dg(x)$ injektiv ist, und da

$$\sum g_{ik}(x) y^i y^k = (Dg(x)y \mid Dg(x)y) = |Dg(x)y|^2$$

ist, gilt das Gleichheitszeichen genau dann, wenn $y = 0$ ist. Also ist die symmetrische Matrix $[g_{ik}]$ *positiv definit,* und es ist in diesem Fall $W = V \times (\mathbb{R}^m \setminus \{0\})$ und $L \in C^1([\alpha, \beta] \times W, \mathbb{R})$. □

Für eine abstraktere Formulierung des obigen Variationsproblems benötigen wir die folgenden Betrachtungen.

**(2.4) Lemma:** $E := C^1([\alpha, \beta], \mathbb{R}^m)$ *ist ein normierter Vektorraum mit der Norm*

$$\|x\|_{C^1} := \|x\|_C + \|\dot{x}\|_C = \max_{\alpha \leqq t \leqq \beta} |x(t)| + \max_{\alpha \leqq t \leqq \beta} |\dot{x}(t)|,$$

*und*

$$U_W = \{x \in E \mid (x(t), \dot{x}(t)) \in W \quad \forall t \in [\alpha, \beta]\}$$

*ist offen in E.*

**Beweis:** Es ist trivial, daß $E$ ein normierter Vektorraum ist. Es sei $x \in U_W$ beliebig. Da $M := \{(x(t), \dot{x}(t)) \mid t \in [\alpha, \beta]\}$ kompakt ist, existiert ein $r > 0$ mit

$$\operatorname{dist}(M, W^c) = \inf_{m \in M} \inf_{\xi \in W^c} |m - \xi| \geqq 2r$$

(mit der Vereinbarung: $\operatorname{dist}(M, \emptyset) := \infty$).

Für jedes $y \in E$ mit $\|x - y\|_{C^1} < r$ gilt dann $y \in U_W$, d. h. $U_W$ ist offen in $E$. □

**(2.5) Lemma:** $C_0^1([\alpha, \beta], \mathbb{R}^m) := \{x \in E \mid x(\alpha) = x(\beta) = 0\}$ *ist ein abgeschlossener Untervektorraum von E.*

*Für jedes* $\bar{x} \in E$ *mit* $\bar{x}(\alpha) = a$ *und* $\bar{x}(\beta) = b$ *gilt*

$$M := \{x \in E \mid x(\alpha) = a, x(\beta) = b\} = \bar{x} + C_0^1([\alpha, \beta], \mathbb{R}^m),$$

*d. h. M ist eine (abgeschlossene) lineare Mannigfaltigkeit in E.*

**Beweis:** Die Behauptung ist trivial. □

Es seien nun $U := M \cap U_W$ (d. h. $U = Z$) und

(1) $$f(x) := \int_\alpha^\beta L(t, x(t), \dot{x}(t))\, dt \quad \forall x \in U.$$

Dann ist $U$ offen in $M$, und $f$ ist eine reellwertige Funktion auf $U$,

$$f\colon U \to \mathbb{R}\,.$$

Das obige Variationsproblem hat nun die einfache abstrakte Formulierung: gesucht wird ein $x \in U$ mit

$$f(x) \leqq f(y) \quad \forall y \in U,$$

d. h. gesucht wird ein globales Minimum der Funktion $f$ in $U$.

Wir sehen also, daß durch geeignete Interpretation (die Wege der Klasse $Z$ werden als Punkte in einem Funktionenraum, nämlich $E$, interpretiert) das Variationsproblem auf eine einfache Gestalt gebracht wird, welche dem klassischen Problem, eine Funktion von einer Variablen zu minimieren, formal analog ist. Im klassischen Fall einer reellen Variablen ist bekannt, daß ein Minimum auf einer offenen Menge notwendigerweise in einem *kritischen Punkt* angenommen werden muß, d. h. in einem Punkt, in dem die Ableitung verschwindet. Ist $U$ eine offene Menge des $\mathbb{R}^m$, so verschwinden in einem kritischen Punkt insbesondere alle Richtungsableitungen. Wir werden nun sehen, daß sich – wiederum bei geeigneter Interpretation – dieses Kriterium wörtlich auf den abstrakten Fall übertragen läßt. Da in unserem Fall $U$ nur in der linearen Mannigfaltigkeit $M$ offen ist, können natürlich nur solche Richtungen $v \in E$ betrachtet werden, für die $x_0 + tv$ für kleine $|t|$ in $U$ liegt. Dies ist in der folgenden Definition der Richtungsableitung zu berücksichtigen.

Es seien $E$ ein normierter Vektorraum und $M$ eine lineare Mannigfaltigkeit in $E$ (d. h. es existieren ein eindeutig bestimmter Untervektorraum $V$ von $E$ und ein Element $m \in E$ mit $M = m + V$. Hierbei ist natürlich $m$ nur modulo $V$ bestimmt, d. h. $m + V = m_1 + V$ genau dann, wenn $m - m_1 \in V$ gilt). Ferner sei $U$ offen in $M$, und $f\colon U \to \mathbb{R}$ sei gegeben. Für $u_0 \in M$ und jedes $v \in V$ setzen wir

$$\delta f(u_0; v) := \lim_{t \to 0} \frac{f(u_0 + tv) - f(u_0)}{t},$$

falls dieser Grenzwert existiert. D. h. $\delta f(u_0; v)$ ist die *Richtungsableitung* von $f$ im Punkt $u_0$ in der Richtung $v$.

Falls diese Richtungsableitung *in jeder Richtung* $v \in V$ existiert, setzen wir

$$\delta f(u_0) := \delta f(u_0; \,.)$$

und nennen

$$\delta f(u_0) : V \to \mathbb{R}$$

die *erste Variation von $f$ im Punkt $u_0$ bezüglich des Untervektorraums $V$.*

**(2.6) Bemerkungen:** (a) Die Richtungsableitung $\delta f(u_0; v)$ ist *homogen* in der zweiten Variablen, d. h.

$$\delta f(u_0; \lambda v) = \lambda \delta f(u_0; v) \quad \forall \lambda \in \mathbb{R}\,.$$

In der Tat, für $\lambda \neq 0$ gilt

$$\begin{aligned}\delta f(u_0; \lambda v) &= \lim_{t \to 0} \frac{f(u_0 + t\lambda v) - f(u_0)}{t} = \lambda \lim_{t \to 0} \frac{f(u_0 + \lambda t v) - f(u_0)}{\lambda t} \\ &= \lambda \lim_{\tau \to 0} \frac{f(u_0 + \tau v) - f(u_0)}{\tau} = \lambda \delta f(u_0; v),\end{aligned}$$

und für $\lambda = 0$ ist die Aussage trivial. Folglich gilt für jedes $v \in V \setminus \{0\}$:

$$\delta f(u_0; v) = \|v\| \, \delta f\left(\mathrm{u}_0; \frac{v}{\|v\|}\right).$$

Dies zeigt, daß es auch genügt hätte, die Richtungsableitung für die *Einheitsvektoren* $v \in V$ mit $\|v\| = 1$ zu betrachten. Für viele Zwecke ist es jedoch günstig, keine Einschränkung an die Länge der Richtungsvektoren $v$ zu stellen.

(b) In dem Spezialfall, daß $U$ offen *in $E$* ist, d. h. daß $M = E$ gilt, können wir den Fall betrachten, daß $f: U \to \mathbb{R}$ in $u_0$ *differenzierbar* ist, d. h. es existiert ein $Df(u_0) \in \mathscr{L}(E, \mathbb{R})$ mit

$$\lim_{h \to 0} \frac{f(u_0 + h) - f(u_0) - Df(u_0)h}{\|h\|} = 0\,.$$

In diesem Fall sieht man leicht (wie im $\mathbb{R}^m$!), daß

$$\delta f(u_0)h = \delta f(u_0; h) = Df(u_0)h \quad \forall h \in E$$

gilt, d. h. $\delta f(u_0) = Df(u_0)$. Der Begriff der 1. Variation ist aber viel schwächer als der Begriff der 1. Ableitung. So wird z. B. nicht verlangt, daß die Abbildung $v \to \delta f(u_0; v)$ linear ist. □

Nach diesen Vorbereitungen können wir nun das folgende fundamentale Theorem beweisen, welches das klassische eindimensionale Kriterium, daß jedes lokale Extremum ein kritischer Punkt sein muß, verallgemeinert.

**(2.7) Theorem:** *Es seien E ein normierter Vektorraum und* $M = m + V$ *eine lineare Mannigfaltigkeit in E. Ferner sei U offen in M, und f sei eine reellwertige Funktion auf U. Hat f in* $u_0 \in U$ *ein lokales Extremum und existiert* $\delta f(u_0)$ *bzgl. V, so gilt*

$$\delta f(u_0) = 0\,,$$

*d. h. eine notwendige Bedingung für das Vorliegen eines lokalen Extremums ist das Verschwinden der ersten Variation.*

**Beweis:** Für jedes $v \in V$ ist die Funktion $t \to \varphi(t) := f(u_0 + tv)$ in einer Umgebung von $0 \in \mathbb{R}$ definiert, hat in 0 ein relatives Extremum und ist in $0 \in \mathbb{R}$ differenzierbar mit $\varphi'(0) = \delta f(u_0; v)$. Nun folgt die Behauptung aus dem klassischen eindimensionalen Kriterium. □

Gilt $\delta f(u_0) = 0$, so sagt man, das *Funktional f* (d. h. die reellwertige Funktion) *hat in* $u_0$ *einen stationären Wert*, oder *wird in* $u_0$ *stationär*. Ferner sagt man auch, $u_0$ sei ein *kritischer Punkt* von *f*.

Im folgenden Satz soll nun die erste Variation für das konkrete Funktional (1) explizit angegeben werden.

**(2.8) Satz:** *Es seien* $-\infty < \alpha < \beta < \infty$, *und W sei offen in* $\mathbb{R}^m \times \mathbb{R}^m$. *Ferner sei* $L \in C^1([\alpha, \beta] \times W, \mathbb{R})$, *und M sei eine lineare Mannigfaltigkeit in* $C^1([\alpha, \beta], \mathbb{R}^m)$. *Dann ist*

$$U := \{x \in M \mid (x(t), \dot{x}(t)) \in W \quad \forall\, t \in [\alpha, \beta]\}$$

*offen in M, und für die erste Variation des Funktionals*

$$f(x) := \int_\alpha^\beta L(t, x(t), \dot{x}(t))\,dt, \quad x \in U, \tag{2}$$

*in* $u_0 \in M$ *bzgl.* $V := u_0 - M$ *gilt:*

$$\delta f(u_0; v) = \int_\alpha^\beta \{D_2 L(t, u_0(t), \dot{u}_0(t))v(t) + D_3 L(t, u_0(t), \dot{u}_0(t))\dot{v}(t)\}\,dt\,.$$

*Hierbei sind* $D_2 L$ *die Ableitung der Funktion (von m Variablen)*

$$x \mapsto L(t, x, y) \quad \text{für festes} \quad (t, y)$$

*und* $D_3 L$ *die Ableitung der Funktion*

$$y \mapsto L(t, x, y) \quad \text{für festes} \quad (t, x)\,.$$

**Beweis:** (i) Mit den Bezeichnungen von Lemma (2.4) gilt $U = U_W \cap M$. Also ist $U$ offen in $M$.

(ii) Für $\varphi(s) := f(u_0 + sv)$ gilt

$$\varphi(s) = \int_\alpha^\beta L(t, u_0(t) + sv(t), \dot{u}_0(t) + s\dot{v}(t))\,dt$$

für $-\varepsilon \leqq s \leqq \varepsilon$ und mit einem geeigneten $\varepsilon > 0$. D. h. $\varphi(s)$ ist durch das Parameterintegral

$$\varphi(s) = \int_\alpha^\beta \psi(t, s)\,dt$$

mit

$$\psi(t, s) := L(t, u_0(t) + sv(t), \dot{u}_0(t) + s\dot{v}(t))$$

definiert. Da $\psi$ und $D_2\psi$ auf $[\alpha, \beta] \times [-\varepsilon, \varepsilon]$ stetig sind, darf unter dem Integral differenziert werden, und es folgt

$$\delta f(u_0; v) = \varphi'(0) = \int_\alpha^\beta D_2\psi(t, 0)\,dt,$$

woraus sich die Behauptung ergibt. □

**(2.9) Korollar:** *Ist außerdem die Abbildung*

$$t \mapsto D_3 L(t, u_0(t), \dot{u}_0(t))$$

*stetig differenzierbar, so gilt:*

$$\delta f(u_0; v) = \int_\alpha^\beta [D_2 L(t, u_0(t), \dot{u}_0(t)) - \frac{d}{dt} D_3 L(t, u_0(t), \dot{u}_0(t))]\, v(t)\,dt$$
$$+ D_3 L(t, u_0(t), \dot{u}_0(t)) v(t) \Big|_\alpha^\beta .$$

**Beweis:** Partielle Integration. □

**(2.10) Bemerkung:** Für festes $(t, x, y)$ sind $D_2 L(t, x, y)$ und $D_3 L(t, x, y)$ lineare Abbildungen von $\mathbb{R}^m$ nach $\mathbb{R}$, können also bezüglich der kanonischen Basis durch die Jacobi-Matrix repräsentiert werden:

$$D_2 L = \left[\frac{\partial L}{\partial x^1}, \ldots, \frac{\partial L}{\partial x^m}\right], \qquad D_3 L = \left[\frac{\partial L}{\partial y^1}, \ldots, \frac{\partial L}{\partial y^m}\right].$$

Folglich gilt

(3) $$\left[D_2 L - \frac{d}{dt} D_3 L\right] v = \sum_{i=1}^m \left(\frac{\partial L}{\partial x^i} - \frac{d}{dt}\frac{\partial L}{\partial y^i}\right) v^i$$

für $v = (v^1, \ldots, v^m) \in \mathbb{R}^m$. Wenn wir wie üblich den Dualraum $(\mathbb{R}^m)' = \mathscr{L}(\mathbb{R}^m, \mathbb{R})$ mittels des euklidischen Skalarprodukts

$$(x|y) := \sum_{i=1}^{m} x^i y^i$$

mit $\mathbb{R}^m$ identifizieren, können wir $D_2 L$ bzw. $D_3 L$ mit dem Gradienten bzgl. $x$ bzw. bzgl. $y$ von $L$ identifizieren, d. h.

$$D_2 L = \operatorname{grad}_x L := \left(\frac{\partial L}{\partial x^1}, \ldots, \frac{\partial L}{\partial x^m}\right)$$

und

$$D_3 L = \operatorname{grad}_y L := \left(\frac{\partial L}{\partial y^1}, \ldots, \frac{\partial L}{\partial y^m}\right).$$

Dann lautet (3)

$$\left[D_2 L - \frac{d}{dt} D_3 L\right] v = \left(\operatorname{grad}_x L - \frac{d}{dt} \operatorname{grad}_y L \,|\, v\right).$$ □

Wenn $u_0$ ein kritischer Punkt des Funktionals (2) ist, gilt $\delta f(u_0) = 0$. Das folgende Lemma zeigt, daß unter den Voraussetzungen von Korollar (2.9) im Fall des Variationsproblems mit festen Randbedingungen dann auf das identische Verschwinden des Ausdrucks $D_2 L - \frac{d}{dt} D_3 L$ geschlossen werden kann. Die Aussage dieses Lemmas ist nicht ganz offensichtlich, da $v$ dem Untervektorraum $C_0^1([\alpha, \beta], \mathbb{R}^m)$ angehören muß und nicht beliebig in $C^1([\alpha, \beta], \mathbb{R}^m)$ gewählt werden kann.

**(2.11) Fundamentallemma der Variationsrechnung:** *Es sei* $g \in C([\alpha, \beta], \mathbb{R}^m)$, *und es gelte*

$$\int_\alpha^\beta (g(t)|v(t))\,dt = 0 \quad \forall v \in C_0^1([\alpha, \beta], \mathbb{R}^m).$$

*Dann ist* $g = 0$.

**Beweis:** Wir nehmen an, es sei $g \neq 0$. Dann existiert ein $i = 1, \ldots, m$ mit $g^i \neq 0$. Da $g^i : [\alpha, \beta] \to \mathbb{R}$ stetig ist, existieren ein $x_0 \in (\alpha, \beta)$ und ein $\varepsilon > 0$, derart, daß $U_\varepsilon := (x_0 - \varepsilon, x_0 + \varepsilon)$ noch ganz in $[\alpha, \beta]$ liegt, und daß $g^i(t) \neq 0$ für alle $t \in U_\varepsilon$ ist. Nun wählen wir eine Funktion $v^i \in C^\infty(\mathbb{R}, \mathbb{R})$ mit $\operatorname{supp}(v^i) \subset U_\varepsilon$ und $v^i > 0$ (vgl. Bemerkung (2.12)). Dann ist

$$v := (0, \ldots, 0, \underset{(i)}{v^i}, 0, \ldots, 0) \in C_0^1([\alpha, \beta], \mathbb{R}^m)$$

und

$$\int_\alpha^\beta (g(t)|v(t))\,dt = \int_\alpha^\beta g^i(t)v^i(t)\,dt = \int_{x_0-\varepsilon}^{x_0+\varepsilon} g^i(t)v^i(t)\,dt \neq 0,$$

da $g^i v^i$ stetig ist, sein Vorzeichen nicht wechselt und nicht identisch verschwindet. Aus diesem Widerspruch folgt die Behauptung. □

**(2.12) Bemerkung:** Bekanntlich ist die Funktion

$$\varphi(t) := \begin{cases} e^{-1/t} & \text{für} \quad t > 0 \\ 0 & \text{für} \quad t \leqq 0 \end{cases}$$

unendlich oft stetig differenzierbar. Da auch die Funktion

$$\mathbb{R}^m \to \mathbb{R}, \quad x \to 1 - |x|^2$$

*glatt* (d. h. $\infty$ oft stetig differenzierbar) ist, gilt dies auch für die Hintereinanderschaltung dieser beiden Abbildungen. Genauer gilt: ist $c > 0$ und

$$\omega(x) := \begin{cases} c e^{1/(|x|^2-1)} & \text{für} \quad |x| < 1 \\ 0 & \text{für} \quad |x| \geqq 1, \end{cases}$$

so ist $\omega \in C^\infty(\mathbb{R}^m, \mathbb{R})$, $\omega > 0$, und

$$\operatorname{supp}(\omega) := \overline{\{y \in \mathbb{R}^m \,|\, \omega(y) \neq 0\}} = \bar{\mathbb{B}}^m .$$

Wir wählen nun $c := 1/\int_{|x|<1} \exp\{1/(|x|^2 - 1)\}\,dx$ und setzen

$$\omega_\varepsilon(x) := \varepsilon^{-m}\omega(x/\varepsilon) \quad \forall x \in \mathbb{R}^m$$

und jedes $\varepsilon > 0$. Dann gilt offensichtlich

$$\begin{aligned} &\omega_\varepsilon \in C^\infty(\mathbb{R}^m, \mathbb{R}), \ \omega_\varepsilon > 0, \ \operatorname{supp}(\omega_\varepsilon) = \varepsilon\bar{\mathbb{B}}^m, \\ &\omega_\varepsilon(-x) = \omega_\varepsilon(x) \quad \forall x \in \mathbb{R}^m, \\ &\int_{\mathbb{R}^m} \omega_\varepsilon(x)\,dx = 1 . \end{aligned} \tag{4}$$

Jede einparametrige Familie $\{\omega_\varepsilon | \varepsilon \in (0, \infty)\}$ von Funktionen mit den Eigenschaften (4) nennen wir einen *Mollifier* („glättenden Kern").

Ist $f: \mathbb{R}^m \to \mathbb{K}$ eine beliebige lokal (Lebesgue-)integrierbare Funktion, so ist leicht zu sehen, daß die *Faltung*

$$f_\varepsilon(x) := \omega_\varepsilon * f(x) := \int_{\mathbb{R}^m} \omega_\varepsilon(x-y)f(y)\,dy = \int_{x+\varepsilon\mathbb{B}^m} \omega_\varepsilon(x-y)f(y)\,dy$$

für alle $x \in \mathbb{R}^m$ existiert. Aus bekannten Sätzen über parameterabhängige Integrale und aus dem Transformationssatz für Integrale folgt leicht, daß gilt

$$\begin{aligned}(5)\qquad &\omega_\varepsilon * f \in C^\infty(\mathbb{R}^m, \mathbb{K}), \quad \omega_\varepsilon * f = f * \omega_\varepsilon, \\ &\operatorname{supp}(\omega_\varepsilon * f) \subset \operatorname{supp}(f) + \varepsilon \bar{\mathbb{B}}^m, \\ &D^{(k)}(\omega_\varepsilon * f) = (D^{(k)}\omega_\varepsilon) * f,\end{aligned}$$

wobei $D^{(k)}$ eine beliebige partielle Ableitung $k$-ter Ordnung bezeichnet.

Sind nun $M \subset \mathbb{R}^m$ meßbar und $f: M \to \mathbb{K}$ lokal integrierbar, so ist die *triviale Fortsetzung* $\tilde{f}: \mathbb{R}^m \to \mathbb{K}$ lokal integrierbar, wobei

$$\tilde{f}(x) := \begin{cases} f(x) & \text{für} \quad x \in M \\ 0 & \text{für} \quad x \in M^c \end{cases}$$

gesetzt wird. *Wir vereinbaren hiermit, daß in diesem Fall unter der Faltung $\omega_\varepsilon * f$ von $f$ mit dem Mollifier $\omega_\varepsilon$ die Faltung $\omega_\varepsilon * \tilde{f}$ zu verstehen ist.*

Mit dieser Konvention leitet man aus der Relation

$$f_\varepsilon(x) - f(x) = f * \omega_\varepsilon(x) - f(x) = \int_{\varepsilon\mathbb{B}^m} [f(x-y) - f(x)]\,\omega_\varepsilon(y)\,dy$$

leicht die folgende *Approximationsaussage* her: *Sind $M \subset \mathbb{R}^m$ meßbar und $f \in C(M, \mathbb{K})$ lokal integrierbar, so konvergiert $f_\varepsilon := \omega_\varepsilon * f$ für $\varepsilon \to 0$ gegen $f$, und zwar gleichmäßig auf kompakten Teilmengen von $M$.*

Aus diesen Überlegungen folgt nun sofort die Existenz einer Funktion $v^i$, wie sie in Lemma (2.11) benötigt wurde. Dazu genügt es, die charakteristische Funktion des Intervalls $[x_0 - \varepsilon/2, x_0 + \varepsilon/2]$ mit dem Mollifier $\omega_{\varepsilon/2}$ zu „glätten" (d. h. zu falten). □

Wir kehren nun zu unserem ursprünglichen allgemeinen Variationsproblem zurück und vereinbaren die folgende symbolische Schreibweise: Unter dem *Variationsproblem mit festen Randbedingungen*

$$\delta \int_\alpha^\beta L(t, x, \dot{x})\,dt = 0, \quad x(\alpha) = a, x(\beta) = b,$$

versteht man das Problem, dem Funktional

$$f(x) := \int_\alpha^\beta L(t, x, \dot{x})\,dt$$

auf der durch die Randbedingungen $x(\alpha) = a, x(\beta) = b$ definierten linearen Mannigfaltigkeit in $C^1([\alpha, \beta], \mathbb{R}^m)$ [nämlich $M = \bar{x} + C_0^1([\alpha, \beta], \mathbb{R}^m)$ mit $\bar{x} \in C^1$, $\bar{x}(\alpha) = a$, $\bar{x}(\beta) = b$] einen stationären Wert zu erteilen, d. h. das Problem

$$\delta f(x) = 0 \quad \text{bzgl.} \quad C_0^1([\alpha, \beta], \mathbb{R}^m).$$

Jede Lösung dieses Problems, d. h. jeder stationäre Wert dieses Funktionals heißt *Extremale des Variationsproblems.*

**(2.13) Theorem:** *Es seien* $-\infty < \alpha < \beta < \infty$ *und W sei offen in* $\mathbb{R}^m \times \mathbb{R}^m$. *Ferner seien* $a, b \in \mathbb{R}^m$ *und* $L \in C^1([\alpha, \beta] \times W, \mathbb{R})$. *Ist dann* $u_0 \in C^1([\alpha, \beta], \mathbb{R}^m)$ *eine Extremale des Variationsproblems*

$$\delta \int_\alpha^\beta L(t, x, \dot{x})\, dt = 0, \quad x(\alpha) = a, x(\beta) = b,$$

*und ist die Funktion* $t \to D_3 L(t, u_0(t), \dot{u}_0(t))$ *stetig differenzierbar, so genügt* $u_0$ *der Eulerschen Differentialgleichung*

$$\frac{d}{dt} D_3 L(t, u_0(t), \dot{u}_0(t)) = D_2 L(t, u_0(t), \dot{u}_0(t))$$

*und den Randbedingungen*

$$u_0(\alpha) = a, \; u_0(\beta) = b.$$

**Beweis:** Die Behauptung folgt nun unmittelbar aus Korollar (2.9), Bemerkung (2.10), und dem Fundamentallemma der Variationsrechnung. □

Wegen Bemerkung (2.10) handelt es sich bei der Eulerschen Gleichung um *ein System von m impliziten Differentialgleichungen:*

$$\frac{d}{dt}\left\{\frac{\partial L}{\partial y^i}(t, u_0^1(t), \ldots, u_0^m(t), \dot{u}_0^1(t), \ldots, \dot{u}_0^m(t))\right\}$$
$$= \frac{\partial L}{\partial x^i}(t, u_0^1(t), \ldots, u_0^m(t), \dot{u}_0^1(t), \ldots, \dot{u}_0^m(t))$$

$i = 1, \ldots, m$. Dem klassischen Brauch folgend setzen wir

$$L_{x^i} := \frac{\partial L}{\partial x^i}, \qquad L_{\dot{x}^i} := \frac{\partial L}{\partial y^i}, \qquad i = 1, \ldots, m$$

und

$$L_x := (L_{x^1}, \ldots, L_{x^m}), \; L_{\dot{x}} := (L_{\dot{x}^1}, \ldots, L_{\dot{x}^m}).$$

Dann lautet die Eulersche Differentialgleichung

$$\frac{d}{dt} L_{\dot{x}} = L_x,$$

d. h.

$$\frac{d}{dt} L_{\dot{x}^i} = L_{x^i}, \quad i = 1, \ldots, m,$$

wobei die Argumente $(t, u, \dot{u})$ unterdrückt werden.

**(2.14) Bemerkung:** Wenn wir die (totale) Zeitableitung ausrechnen (falls dies erlaubt ist), folgt

$$\frac{d}{dt} L_{\dot{x}^i} = L_{\dot{x}^i t} + \sum_{k=1}^{m} L_{\dot{x}^i x^k} \dot{x}^k + \sum_{k=1}^{m} L_{\dot{x}^i \dot{x}^k} \ddot{x}^k,$$

woraus ersichtlich ist, daß es sich bei den Eulerschen Gleichungen um ein *System zweiter Ordnung* handelt, d. h. die gesuchte Funktion kommt mit ihren zweiten Ableitungen vor. Ist die Matrix $[L_{\dot{x}^i \dot{x}^k}]_{1 \leqq i,k \leqq m}$ invertierbar, so können wir nach $\ddot{x}$ auflösen und erhalten ein *explizites System* zweiter Ordnung der Form

$$\ddot{x} = g(t, x, \dot{x}),$$

d. h.

$$\ddot{x}^i = g^i(t, x^1, \ldots, x^m, \dot{x}^1, \ldots, \dot{x}^m), \; i = 1, \ldots, m,$$

mit einer geeigneten Funktion

$$g: D \subset [\alpha, \beta] \times \mathbb{R}^m \times \mathbb{R}^m \to \mathbb{R}^m.$$

In diesem Fall sind also die Extremalen Lösungen des *Randwertproblems* (RWP)

$$\begin{cases} \ddot{x} = g(t, x, \dot{x}) & \text{in} \quad (\alpha, \beta) \\ x(\alpha) = a, \; x(\beta) = b. \end{cases}$$

□

**(2.15) Beispiel:** *Geodätische.* In diesem Fall lautet der Integrand des Variationsproblems mit festen Randbedingungen nach (2.1):

$$L(t, x, \dot{x}) = \sqrt{\sum_{j,k=1}^{m} g_{jk}(x) \dot{x}^j \dot{x}^k}.$$

Hieraus erhalten wir

(6) $$L_{x^i} = \frac{1}{2L} \sum_{j,k=1}^{m} D_i g_{jk}(x) \dot{x}^j \dot{x}^k$$

und

(7) $$L_{\dot{x}^i} = \frac{1}{L} \sum_{k=1}^{m} g_{ik}(x) \dot{x}^k$$

für $i = 1, \ldots, m$. Also lauten die Eulerschen Gleichungen:

(8) $$\frac{d}{dt}\left( \frac{\sum_{k=1}^{m} g_{ik}(x) \dot{x}^k}{L} \right) = \frac{\sum_{j,k=1}^{m} D_i g_{jk}(x) \dot{x}^j \dot{x}^k}{2L}, \; i = 1, \ldots, m.$$

Aufgrund der Herleitung in (2.1) ist

$$L(t, x(t), \dot{x}(t)) = |(g \circ x)^{\cdot}(t)| \quad \forall t \in [\alpha, \beta],$$

d. h. $L(t, x(t), \dot{x}(t))$ ist die Länge des Tangentialvektors im Punkt $g(x(t)) \in M$ des $C^1$-Weges $g \circ x : [\alpha, \beta] \to M$. Die Eulersche Gleichung wurde unter der Annahme hergeleitet, daß

$$(x(t), \dot{x}(t)) \in W = V \times (\mathbb{R}^m \setminus \{0\}) \quad \forall t \in [\alpha, \beta]$$

gilt (vgl. Bemerkung (2.3)). Da $Dg(x)$ injektiv ist, gilt also $(g \circ x)^{\cdot}(t) = Dg(x(t))\dot{x}(t) \neq 0$ für alle $t \in [\alpha, \beta]$, d. h. der Weg $g \circ x$ ist *regulär*, d. h. hat überall eine nichtverschwindende Tangente. Dann ist es aber wohlbekannt, daß die durch diesen Weg beschriebene Kurve $C \subset M \subset \mathbb{R}^n$ nach der Bogenlänge parametrisiert werden kann. Das bedeutet, daß ein Parameter $s \in [\alpha', \beta'] \subset \mathbb{R}$ so gewählt werden kann, daß $|(g \circ x)^{\cdot}(s)| = 1$ für alle $s \in [\alpha', \beta']$ gilt. Wenn wir nun annehmen, daß der Parameter $t$ bereits so gewählt ist, daß er den Bogenlängeparameter für die Kurve $g \circ x$ darstellt, so gilt $L(t, x(t), \dot{x}(t)) = 1$ für $t \in [\alpha, \beta]$, und die Eulerschen Gleichungen (8) vereinfachen sich zu

(9) $$\frac{d}{dt}\left(\sum_{k=1}^{m} g_{ik}(x)\dot{x}^k\right) = \frac{1}{2}\sum_{j,k=1}^{m} D_i g_{jk}(x)\dot{x}^j\dot{x}^k, \quad i = 1, \ldots, m.$$

Zur Vereinfachung der Schreibweise verwenden wir nun die *Summationskonvention*, d. h. wir lassen die Summenzeichen weg und vereinbaren, daß über in einem Produkt doppelt auftretende Indizes von 1 bis $m$ summiert werden soll. Außerdem setzen wir

$$g_{jk,i} := D_i g_{jk}.$$

Dann nimmt (9) die Form

(10) $$\frac{d}{dt}(g_{ik}(x)\dot{x}^k) = \frac{1}{2} g_{jk,i}\dot{x}^j\dot{x}^k, \quad i = 1, \ldots, m,$$

an.

Da die Matrix $[g_{jk}]$ positiv definit ist, ist sie invertierbar. Die Inverse wird mit $[g^{jk}]$ bezeichnet, d. h. es gilt

(11) $$g^{jl} g_{lk} = \delta^j_k, \quad 1 \leqq j, k \leqq m.$$

Wenn wir in (10) die Differentiation ausführen, erhalten wir

$$g_{ik}(x)\ddot{x}^k + g_{ik,j}\dot{x}^j\dot{x}^k - \frac{1}{2} g_{jk,i}\dot{x}^j\dot{x}^k = 0, \quad i = 1, \ldots, m.$$

Durch Multiplikation mit $g^{li}$ und Summation über $i = 1, \ldots, m$ folgt hieraus wegen (11)

(12) $$\ddot{x}^l + g^{li}(g_{ik,j} - \frac{1}{2} g_{jk,i})\dot{x}^j\dot{x}^k = 0, \quad l = 1, \ldots, m.$$

Wegen

$$
(13)\qquad
\begin{aligned}
g_{ik,j}\dot{x}^j\dot{x}^k &= (D_jD_ig\,|\,D_kg)\dot{x}^j\dot{x}^k + (D_ig\,|\,D_jD_kg)\dot{x}^j\dot{x}^k\\
&= (D_kD_ig\,|\,D_jg)\dot{x}^j\dot{x}^k + (D_ig\,|\,D_kD_jg)\dot{x}^j\dot{x}^k = g_{ij,k}\dot{x}^j\dot{x}^k
\end{aligned}
$$

(Umbenennung der Summationsindizes) können wir (12) in der symmetrischen Form

$$
\ddot{x}^l + \tfrac{1}{2}g^{li}(g_{ik,j} + g_{ij,k} - g_{jk,i})\dot{x}^j\dot{x}^k = 0, \quad l = 1, \ldots, m,
$$

schreiben. Mit den *Christoffelsymbolen*

$$
\Gamma^l_{ik} := \tfrac{1}{2}g^{lj}(g_{ij,k} + g_{jk,i} - g_{ki,j}), \quad i, k, l = 1, \ldots, m,
$$

lautet also die Eulersche Differentialgleichung unter der obigen Annahme:

$$
(14)\qquad \ddot{x}^l + \Gamma^l_{ik}\dot{x}^i\dot{x}^k = 0, \quad l = 1, \ldots, m,
$$

(wobei die Symmetrie $g_{ij,k} = g_{ji,k}$ berücksichtigt wurde).

Das Differentialgleichungssystem (14) heißt *Differentialgleichung der Geodätischen (in lokalen Koordinaten)*. Ist $x \in C^2([\alpha, \beta], V)$ eine Lösung von (14), so heißt $g \circ x$ ein *geodätischer Weg* (kurz: *eine Geodätische*) *auf M*, unabhängig davon, ob $x$ eine Lösung des eingeschränkten Minimalproblems von (2.1) liefert oder nicht. □

**(2.16) Bemerkungen:** (a) Es ist zu beachten, daß $\Gamma^l_{ik} \in C^{r-2}(V, \mathbb{R})$ gilt, wenn $M$ eine $C^r$-Mannigfaltigkeit ist.

(b) Wir haben die Differentialgleichung der Geodätischen unter der Annahme hergeleitet, daß $L = 1$ ist, d. h. daß die Extremale des Variationsproblems bereits durch die Bogenlänge parametrisiert ist. Es ist nun umgekehrt eine einfache Konsequenz von (13), daß folgendes gilt: *Ist $x$ eine Lösung der Differentialgleichung der Geodätischen, so ist* $|(g \circ x)^{\cdot}(t)|$ *konstant*, d. h. die Geodätische auf $M$ wird mit konstanter Geschwindigkeit durchlaufen.

(c) Für eine beliebige $m$-dimensionale *Riemannsche $C^2$-Mannigfaltigkeit mit metrischem Fundamentaltensor* $[g_{ik}]$ wird die Differentialgleichung der Geodätischen in lokalen Koordinaten ebenfalls durch (14) gegeben, wobei die Christoffelsymbole wie oben definiert werden. □

**(2.17) Beispiele:** (a) $M = \mathbb{R}^m$ *mit der euklidischen Metrik*. In diesem Fall können wir die natürliche Karte $(\mathbb{R}^m, I_m)$ wählen. Dann gilt $g_{ik} = \delta_{ik}$ und folglich $\Gamma^l_{ik} = 0$. Die Differentialgleichung der Geodätischen lautet also

$$
\ddot{x} = 0\,.
$$

Diese Differentialgleichung besitzt genau die Lösungen

$$
x(t) = at + b \quad \text{mit} \quad a, b \in \mathbb{R}^m.
$$

*Also sind die Geodätischen im $\mathbb{R}^m$ genau die Geraden.*

(b) $M = \mathbb{S}^2$, *Parametrisierung durch sphärische Koordinaten*. Nach Beispiel (a) in (2.1) ergibt sich

$$[g^{ik}] = \begin{bmatrix} \dfrac{1}{\cos^2 \vartheta} & 0 \\ 0 & 1 \end{bmatrix};$$

ferner, daß $g_{11,2} = -2\cos\vartheta\sin\vartheta$ ist, und daß alle anderen $g_{ij,k}$ verschwinden. Für die Christoffelsymbole errechnet man hiermit

$$\Gamma^1_{12} = \Gamma^1_{21} = -tg\vartheta, \quad \Gamma^2_{11} = \sin\vartheta\cos\vartheta,$$

während alle anderen $\Gamma^l_{ik}$ verschwinden. Somit lautet die *geodätische Differentialgleichung in sphärischen Koordinaten:*

$$\text{(15)} \qquad \begin{aligned} &\ddot{\varphi} - 2tg\vartheta\,\dot{\varphi}\dot{\vartheta} = 0 \\ &\ddot{\vartheta} + \sin\vartheta\cos\vartheta\,\dot{\varphi}^2 = 0. \end{aligned}$$

Für die Eulersche Gleichung des Variationsproblems

$$\delta\int_\alpha^\beta \sqrt{\cos^2\vartheta\,\dot{\varphi}^2 + \dot{\vartheta}^2}\,dt = 0, \; (\varphi(\alpha), \vartheta(\alpha)) = a, \; (\varphi(\beta), \vartheta(\beta)) = b$$

ergibt sich

$$\frac{d}{dt}\left(\frac{\cos^2\vartheta\,\dot{\varphi}}{L}\right) = 0, \quad \frac{d}{dt}\left(\frac{\dot{\vartheta}}{L}\right) = \frac{-\sin\vartheta\cos\vartheta\,\dot{\varphi}^2}{L}$$

mit $L = \sqrt{\cos^2\vartheta\,\dot{\varphi}^2 + \dot{\vartheta}^2}$. Hieraus ergibt sich für $L = 1$ wiederum (15). □

**(2.18) Bemerkungen:** (a) Die Eulersche Gleichung

$$\text{(16)} \qquad \frac{d}{dt}L_{\dot{x}} = L_x$$

für das Variationsproblem

$$\delta\int_\alpha^\beta L(t, x, \dot{x})\,dt = 0, \; x(\alpha) = a, \; x(\beta) = b$$

hängt natürlich von den verwendeten Koordinaten ab. *Die Extremalen sind aber von den speziellen Koordinaten unabhängig*. Man wird also im allgemeinen besonders einfache Differentialgleichungen erhalten, wenn man Koordinaten verwendet, die dem Problem speziell angepaßt sind. Da die Eulersche Gleichung immer die Gestalt (16) hat, kann man sie leicht in verschiedenen Koordinaten ausdrücken. Man muß nur im zugehörigen Integral eine Variablensubstitution durchführen.

So gilt z. B. für die Geodätischen in der Ebene

$$\delta\int_\alpha^\beta \sqrt{\dot{x}^2 + \dot{y}^2}\,dt = 0, \; x(\alpha) = a, \; x(\beta) = b,$$

woraus sich die Differentialgleichung der Geodätischen in euklidischen Koordinaten wie oben zu

$$\ddot{x} = 0\,,\ \ddot{y} = 0$$

ergibt. Verwendet man Polarkoordinaten $x = r\cos\varphi$, $y = r\sin\varphi$, so lautet das Variationsproblem

$$\delta\int\limits_{\alpha}^{\beta}\sqrt{\dot{r}^2 + r^2\dot{\varphi}^2}\,dt = 0\,,\ (r(\alpha), \varphi(\alpha)) = a,\ (r(\beta), \varphi(\beta)) = b\,.$$

Die zugehörigen Eulerschen Gleichungen sind

$$\frac{d}{dt}\left(\frac{\dot{r}}{L}\right) = \frac{r\dot{\varphi}^2}{L}\,,\ \frac{d}{dt}\left(\frac{r^2\dot{\varphi}}{L}\right) = 0\,,$$

woraus sich die Gleichungen der Geodätischen in Polarkoordinaten $(L = 1)$ zu

$$\ddot{r} - r\dot{\varphi}^2 = 0\,,\ (r^2\dot{\varphi})^{\cdot} = 0$$

ergeben. Diese Formulierung ist dem Problem offensichtlich weit weniger gut angepaßt als die Formulierung in euklidischen Koordinaten.

(b) Natürlich kann man auch Variationsprobleme in mehreren unabhängigen Variablen betrachten. Ist z. B. $\Omega \subset \mathbb{R}^n$ ein Gebiet, so ist das Problem

$$\delta\int\limits_{\Omega} L(x, u, \operatorname{grad} u)\,dx = 0\,,\ u\,|\,\partial\Omega = \varphi$$

die direkte Verallgemeinerung des obigen eindimensionalen Variationsproblems mit festen Randbedingungen. Zum Beispiel führt das Problem, eine Fläche kleinsten Inhalts zu finden, welche durch eine vorgegebene Raumkurve gelegt werden kann, auf ein derartiges Problem. Analog wie oben kann man die Eulersche Gleichung herleiten, die aber nun eine *partielle Differentialgleichung* wird.

(c) Zur Herleitung der Eulerschen Gleichung wurden zusätzliche Annahmen gemacht (z. B. die zweimalige Differenzierbarkeit der Extremalen), die besonders gerechtfertigt werden müssen. Es ist klar, daß jede Lösung der Eulerschen Gleichung einen kritischen Wert des Funktionals $\int\limits_{\alpha}^{\beta} L(t, x, \dot{x})\,dt$ liefert, die Umkehrung ist i. a. aber nicht richtig.

(d) In der klassischen Variationsrechnung untersucht man die Eulersche Gleichung, d. h. man diskutiert ihre Lösbarkeit und ihre Lösungen und versucht, weitere Bedingungen zu finden, die garantieren, daß eine Lösung der Eulerschen Gleichung z. B. ein lokales oder globales Minimum der Variationsaufgabe darstellt.

Bei mehrdimensionalen Variationsproblemen sind die Eulerschen Gleichungen partiellen Differentialgleichungen, die wesentlich schwieriger zu analysieren sind und über die wesentlich weniger bekannt ist. Solche partiellen Differentialgleichungen treten auch in anderen Zusammenhängen auf. Deswegen beschreitet man in der modernen Theorie der partiellen Differentialgleichungen den umgekehrten Weg. Man studiert das zugehörige Variationsproblem direkt (z. B. mit Methoden der nichtlinearen Funktionalanalysis) und versucht, die Existenz kritischer Punkte des Funktionals nachzuweisen, um auf diesem Weg Aufschluß über die Lösbarkeit der partiellen Differentialgleichungen zu erhalten.

(e) Es sei ausdrücklich bemerkt, daß zur Herleitung der Eulerschen Gleichung die Existenz einer Extremalen vorausgesetzt wurde. Im ganzen Paragraphen wurden keinerlei Existenzaussagen gemacht. Der Nachweis der Existenz von Lösungen der Eulerschen Differentialgleichungen, die den obigen (oder anderen) Randbedingungen genügen, ist die Aufgabe der Theorie der Differentialgleichungen, was wir ausführlich diskutieren werden. □

### Aufgaben

1. Beweisen Sie die Aussagen von Bemerkung (2.12).
2. Beweisen Sie Bemerkung (2.16b).
3. Es seien $-\infty < \alpha < \beta < \infty$, und $W \subset \mathbb{R}^m \times \mathbb{R}^m$ sei offen. Ferner seien $L \in C^2([\alpha, \beta] \times W, \mathbb{R})$ und $h_i \in C^1(\mathbb{R}^m, \mathbb{R})$ für $i = \alpha, \beta$ gegeben. Zeigen Sie, daß jede zweimal stetig differenzierbare Lösung des *Variationsproblems mit freien Randbedingungen*

$$\delta\left\{\int_\alpha^\beta L(t, x, \dot{x})\,dt + h_\alpha(x(\alpha)) + h_\beta(x(\beta))\right\} = 0$$

(d. h. zur Konkurrenz sind alle $C^1$-Wege $x : [\alpha, \beta] \to \mathbb{R}^m$ mit $(x(t), \dot{x}(t)) \in W$ für $t \in [\alpha, \beta]$ zugelassen), der Eulerschen Differentialgleichung

$$\frac{d}{dt} L_{\dot{x}} = L_x$$

*und* geeigneten Randbedingungen (welchen?) genügen muß.
4. Beweisen Sie, daß $C^1([\alpha, \beta], \mathbb{R}^m)$, $-\infty < \alpha < \beta < \infty$, ein Banachraum mit der üblichen Norm $\|\cdot\|_{C^1}$ ist. Gilt dies auch bzgl. der Maximumnorm $\|\cdot\|_C$?

## 3. Klassische Mechanik

Wir betrachten ein mechanisches System mit $m$ Freiheitsgraden, welches durch die (verallgemeinerten) Lagekoordinaten

$$q = (q^1, \dots, q^m)$$

beschrieben werde. Das Problem der Mechanik besteht darin, den Zustand $q(t)$ des Systems zur Zeit $t$ zu bestimmen, unter der Voraussetzung, daß er zu einer Zeit $t_0$ bekannt ist, d. h. $q$ als Funktion von $t$ bei bekanntem $q(t_0)$ zu bestimmen.

Wir machen nun die fundamentale *Annahme:* das mechanische System kann vollständig durch die *kinetische Energie*

$$T(t, q, \dot{q})$$

und die *potentielle Energie*

$$U(t, q)$$

beschrieben werden. Dann besagt das *Hamiltonsche Prinzip der kleinsten Wirkung: Zwischen zwei Zeitpunkten $t_0$ und $t_1$ „bewegt" sich das System derart, daß das Wirkungsintegral*

$$\int_{t_0}^{t_1} (T - U)\,dt$$

*stationär wird im Vergleich zu allen (virtuellen) Bewegungen mit gleichen Anfangs- und Endpunkten.* Mit anderen Worten: die gesuchte Bahnkurve ist eine Extremale des Variationsproblems

$$\delta \int_{t_0}^{t_1} (T - U)\,dt = 0, \quad q(t_0), q(t_1) \quad \text{fest.}$$

In der Mechanik heißt der Integrand

$$L := T - U$$

die *Lagrangefunktion*, die verallgemeinerten Koordinaten $q$ gehören dem *Konfigurationsraum M* (im allgemeinen einer $m$-dimensionalen differenzierbaren Mannigfaltigkeit) an, $\dot{q}$ sind die *(verallgemeinerten) Geschwindigkeiten*, und die Eulersche Differentialgleichung des obigen Variationsproblems, d. h.

$$\frac{d}{dt}\left(\frac{\partial L}{\partial \dot{q}}\right) = \frac{\partial L}{\partial q}$$

ist die *Euler-Lagrange-Gleichung*.

**(3.1) Beispiele:** (a) In vielen wichtigen Fällen ist die kinetische Energie eine (positiv definite) quadratische Form in den Geschwindigkeiten, d. h.

$$T(t, q, \dot{q}) = \tfrac{1}{2}(A(t, q)\dot{q} \,|\, \dot{q}) = \tfrac{1}{2} \sum_{i,j=1}^{m} a_{ij}(t, q)\dot{q}^i \dot{q}^j,$$

mit

$$A(t, q) = A(t, q)^T \in \mathscr{L}(\mathbb{R}^m) \quad \forall (t, q).$$

In diesem Fall ist

$$\frac{\partial L}{\partial \dot{q}} = A(t, q)\dot{q}.$$

Ist insbesondere $A$ unabhängig von $q$, d. h. gilt

$$T(t, q, \dot{q}) = Q(t, \dot{q}) := \tfrac{1}{2}(A(t)\dot{q} \mid \dot{q}),$$

so lautet die Euler-Lagrange-Gleichung

$$\text{(1)} \qquad \frac{d}{dt}(A(t)\dot{q}) = -\frac{\partial U}{\partial q}\,(= -\operatorname{grad} U(q)).$$

Ist also insbesondere $A$ konstant, d. h. $A(t) = A$ für alle $t$, so vereinfacht sich (1) zu

$$\text{(2)} \qquad -A\ddot{q} = \operatorname{grad} U(q)$$

mit $A = A^T \in \mathscr{L}(\mathbb{R}^m)$.

(b) *Die Bewegungsgleichungen für n Massenpunkte in einem Potentialfeld.* In diesem Fall sei $M$ eine offene Teilmenge des $\mathbb{R}^{3n}$, und wir zerlegen $q$ in die Form

$$q = (x_1, \ldots, x_n),$$

wobei $x_i \in \mathbb{R}^3$ die Position des $i$-ten Massenpunktes beschreibe. Die kinetische Energie sei von der Form

$$T(t, q, \dot{q}) = Q(\dot{q}) := \tfrac{1}{2} \sum_{i=1}^{n} m_i |\dot{x}_i|^2$$

mit den positiven konstanten „Massen“ $m_i$. Mit $U(q) = U(x_1, \ldots, x_n)$ lauten die Euler-Lagrange-Gleichungen

$$\text{(3)} \qquad -m_i \ddot{x}_i = \frac{\partial U}{\partial x_i}(x_1, \ldots, x_n), \quad i = 1, \ldots, n,$$

wobei $\dfrac{\partial U}{\partial x_i}$ den Gradienten von $U$ bezüglich der Variablen $x_i \in \mathbb{R}^3$ bedeutet. Dies folgt unmittelbar aus (2), da in diesem Fall

$$A = \operatorname{diag}[m_1, m_1, m_1, m_2, m_2, m_2, \ldots, m_n, m_n, m_n]$$

ist.

Im Spezialfall $n = 1$ stellt (3) die bekannte *Newtonsche Bewegungsgleichung* eines Massenpunktes in einem Potentialfeld dar. Im klassischen Dreikörperproblem der Himmelsmechanik (Sonne–Erde–Mond) gilt nach dem Newtonschen „Anziehungsgesetz“ für das Potential

$$U(x_1, x_2, x_3) := \frac{m_1 m_2}{|x_1 - x_2|} + \frac{m_2 m_3}{|x_2 - x_3|} + \frac{m_3 m_1}{|x_3 - x_1|},$$

wobei $U$ überall dort definiert ist, wo die Nenner nicht verschwinden, also auf einer offenen Menge des $\mathbb{R}^{3\cdot 3} = \mathbb{R}^9$. □

Wir definieren nun die mechanische (Gesamt-)*Energie E* des Systems durch

$$E := T + U$$

und erhalten leicht den folgenden

**(3.2) Energieerhaltungssatz:** *Es seien*

$$T(t, q, \dot{q}) = Q(\dot{q}) = \tfrac{1}{2}(A\dot{q} \,|\, \dot{q}) \quad mit \quad A = A^T \in \mathscr{L}(\mathbb{R}^m)$$

*und*

$$U(t, q) = U_0(q).$$

*Dann ist längs jeder Lösung der Euler-Lagrange-Gleichung die Energie konstant, d. h. „die Energie ist eine Konstante der Bewegung".*

**Beweis:** Es ist zu zeigen, daß für jede Lösung $t \mapsto q(t)$ der Euler-Lagrange-Gleichung

(4) $$-A\ddot{q} = \operatorname{grad} U_0(q)$$

dieFunktion $t \to E(q(t), \dot{q}(t))$ konstant ist. Dies folgt aus der Beziehung

$$\begin{aligned}\frac{dE}{dt} &= \frac{\partial E}{\partial q}\dot{q} + \frac{\partial E}{\partial \dot{q}}\ddot{q} = (\operatorname{grad} U_0 \,|\, \dot{q}) + (A\dot{q} \,|\, \ddot{q}) \\ &\underset{(4)}{=} -(A\ddot{q} \,|\, \dot{q}) + (A\dot{q} \,|\, \ddot{q}) = 0,\end{aligned}$$

welche sich aus der Symmetrie von $A$ ergibt. □

**(3.3) Bemerkungen:** (a) Ein mechanisches System, bei dem die Energie erhalten bleibt, nennt man ein *konservatives System.* Aus diesem Grund sagt man auch, die Differentialgleichung

$$-A\ddot{x} = \operatorname{grad} U(x), \quad x \in \mathbb{R}^m, \quad A = A^T \in \mathscr{L}(\mathbb{R}^m),$$

sei *konservativ* (oder bilde ein *konservatives System*), auch wenn sie ursprünglich nicht als die Euler-Lagrange-Gleichung eines mechanischen Systems abgeleitet wurde. Man kann ihr nach dem Obigen stets die *„Energie"*

$$E(x, \dot{x}) = \tfrac{1}{2}(A\dot{x} \,|\, \dot{x}) + U(x), \quad x \in M,$$

zuordnen, die im allgemeinen keine physikalische Bedeutung zu besitzen braucht!

(b) Eine Funktion, die konstant ist auf den Lösungskurven einer Differentialgleichung heißt ein *erstes Integral* dieser Gleichung. Ist $F$ ein erstes Integral einer Differentialgleichung zweiter Ordnung, so *bedeutet dies, daß die Bahnkurve* $t \mapsto (x(t), \dot{x}(t))$ *im Phasenraum* (das ist der Raum $M \times \mathbb{R}^m$, falls $M \subset \mathbb{R}^m$ gilt, im allgemeinen ist dies das Tangentialbündel $T(M)$ der Mannigfaltigkeit $M$) *auf einer Niveaumenge*

$$F^{-1}(c) = \{(x, \dot{x}) \,|\, F(x, \dot{x}) = c\}, \quad c \in \mathbb{R},$$

*liegt.* Diese Tatsache gibt oft wichtige Information über das qualitative Verhalten der Lösungen der Differentialgleichung. □

**(3.4) Beispiele:** (a) Es sei $M \subset \mathbb{R}^m$ offen und $A \in \mathscr{L}(\mathbb{R}^m)$ sei *positiv semi-definit*, d. h.

$$A = A^T \quad \text{und} \quad (Ax|x) \geqq 0 \quad \forall x \in \mathbb{R}^m.$$

Dann gilt für jede Lösung $t \mapsto x(t)$ der Differentialgleichung

$$-A\ddot{x} = \operatorname{grad} U(x), \quad x \in M \subset \mathbb{R}^m,$$

und für alle Zeiten $t$ die Beziehung

$$U(x(t)) \leqq E_0,$$

wobei

$$E_0 = \tfrac{1}{2}(A\dot{x}(t_0)|\dot{x}(t_0)) + U(x(t_0))$$

die Energie zu einem beliebigen Zeitpunkt $t_0$ ist (d. h. *die Lösung bleibt für alle Zeiten im „Potentialtopf"* $\{x \in M \mid U(x) \leqq E_0\}$).
Dies folgt natürlich sofort aus dem Energieerhaltungssatz und der Tatsache, daß

$$U(x(t)) \leqq \tfrac{1}{2}(A\dot{x}(t)|\dot{x}(t)) + U(x(t)) = E(t) = E_0$$

gilt.
(b) *Phasenporträts.* Es sei $V \subset \mathbb{R}$ offen und $f \in C^1(V, \mathbb{R})$. Dann betrachten wir die Differentialgleichung (in einer Variablen)

$$(5) \qquad -\ddot{x} = f(x).$$

Diese Gleichung ist von der Form (3) mit dem „Potential"

$$U(x) = \int_{x_0}^{x} f(\xi)\,d\xi$$

mit einem beliebigen $x_0 \in V$. Folglich ist die zugehörige „Energie"

$$E(x, \dot{x}) = \tfrac{1}{2}\dot{x}^2 + U(x)$$

ein erstes Integral.
Die Differentialgleichung (5) ist offensichtlich äquivalent dem System

$$(6) \qquad \begin{aligned} \dot{x} &= y \\ \dot{y} &= -f(x), \end{aligned}$$

also einer Differentialgleichung erster Ordnung

$$(7) \qquad \dot{u} = F(u)$$

mit $u = (x, y)$ und $F(u) := (y, -f(x))$ in der *Phasenebene* (d. h. der $x$-$y$-Ebene, wobei $y$ der „Geschwindigkeit" der Bewegung entspricht).

Aufgrund des Energieerhaltungssatzes wissen wir, daß jede Lösung von (7) (wenn es überhaupt welche gibt) in den Niveaumengen $E^{-1}(c)$, $c \in \mathbb{R}$, liegt. Zur Untersuchung der Niveaumengen von $E$ sind folgende Bemerkungen nützlich:

($\alpha$) *Die kritischen Punkte der Funktion*

$$(x, y) \mapsto E(x, y) := \frac{y^2}{2} + U(x)$$

*sind genau die Punkte*

$$(x, 0) \quad \textit{mit} \quad U'(x) = 0\,,$$

*d. h. die Ruhelagen der Gleichung (7) liegen alle auf der x-Achse und sind genau die kritischen Punkte des Potentials U.*

($\beta$) *Die Niveaumengen sind alle symmetrisch zur x-Achse. Dies folgt natürlich aus der Tatsache, daß* $E(x, -y) = E(x, y)$ *gilt.*

($\gamma$) *Ist W offen in* $V \times \mathbb{R}$ *und enthält W keinen kritischen Punkt von E, so ist*

$$E^{-1}(c) \cap W = \{(x, y) \in W \,|\, E(x, y) = c\}, \quad c \in \mathbb{R}\,,$$

*eine eindimensionale* $C^2$*-Mannigfaltigkeit, also eine disjunkte Vereinigung von* $C^2$*-Kurven. Ist also insbesondere c ein regulärer Wert von E (d. h. gilt* $DE(x, y) \neq 0 \quad \forall (x, y) \in E^{-1}(c)$*), so ist die Niveaumenge* $E^{-1}(c)$ *eine disjunkte Vereinigung von* $C^2$*-Kurven in* $\mathbb{R}^2$.

Dies ist im wesentlichen eine Konsequenz des Satzes über implizite Funktionen.

($\delta$) *Ist* $(x, 0)$ *ein regulärer Punkt von E* (d. h. $DE(x, 0) \neq 0$), *so schneidet die Niveaulinie die x-Achse in* $(x, 0)$ *orthogonal.*

In der Tat, ist $t \to (x(t), y(t))$ eine lokale Parametrisierung von $E^{-1}(c)$ (mit $c := E(x, 0)$) in einer Umgebung von $(x, 0)$ mit $(x(0), y(0)) = (x, 0)$, so folgt aus

$$\frac{dE}{dt}(x(t), y(t)) = y(t)\dot{y}(t) + U'(x(t))\dot{x}(t) = 0$$

für $t = 0$ wegen $y(0) = 0$ und $U'(x) = f(x) \neq 0$ (da $(x, 0)$ regulärer Punkt ist), daß $\dot{x}(0) = 0$ gilt. Folglich ist die Tangente an $E^{-1}(c)$ im Punkt $(x, 0)$ parallel zur $y$-Achse.

($\varepsilon$) *Je kleiner auf einer Niveaumenge* $E^{-1}(c)$ *der Wert von y* (die „Geschwindigkeit") *ist, desto größer muß das Potential* $U(x)$ *sein, und umgekehrt* (wegen $y^2/2 + U(x) = c$). Hierzu ist es nützlich, sich vorzustellen, ein kleiner Ball rolle reibungsfrei im „Potentialtopf" $U$ (d. h. längs des Graphen von $U$). Wenn er nach unten rollt, nimmt seine Geschwindigkeit zu, wenn er ansteigt, nimmt sie ab. Wenn er zu einer Zeit $t_0$ in Ruhe ist ($y = 0$), so kann er zu keiner anderen Zeit eine Lage $x$ erreichen, für die $U(x) > U(x(t_0))$ gilt.

Nach diesen allgemeinen Bemerkungen ist es leicht, aus der Gestalt des Graphen auf das

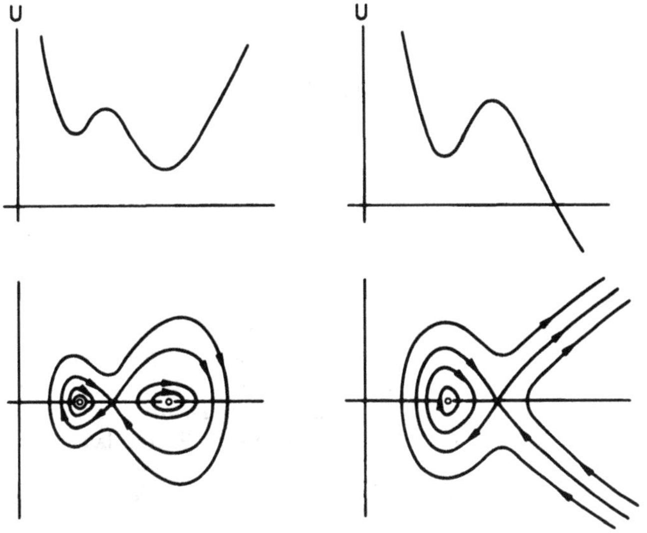


Abb. 1: Phasenporträts für $-\ddot{x} = f(x)$ mit $f = U'$

qualitative Verhalten der Niveaulinien von $E$ und somit (modulo der noch fehlenden Existenz- und Eindeutigkeitssätze) auf das Phasenporträt der Differentialgleichung (5) zu schließen (vgl. Abb. 1). Die Niveaumengen, welche einen Ruhepunkt enthalten, heißen *Separatrizen,* da sie i. a. Niveaukurven unterschiedlicher topologischer Struktur voneinander trennen. Aus dem Existenz- und Eindeutigkeitssatz wird folgen, daß die Separatrix im ersten Beispiel aus 3 Teilen und im zweiten Beispiel aus 4 Teilen besteht, und daß die Ruhelage von keinem Punkt auf einer der regulären Kurven in endlicher Zeit erreicht werden kann. Außerdem werden wir zeigen, daß die geschlossenen regulären Kurven unendlich oft durchlaufen werden, was bedeutet, daß sie die „Trajektorien" einer *periodischen Bewegung* sind. (Man veranschauliche sich dies mit der Modellvorstellung des rollenden Balls!)

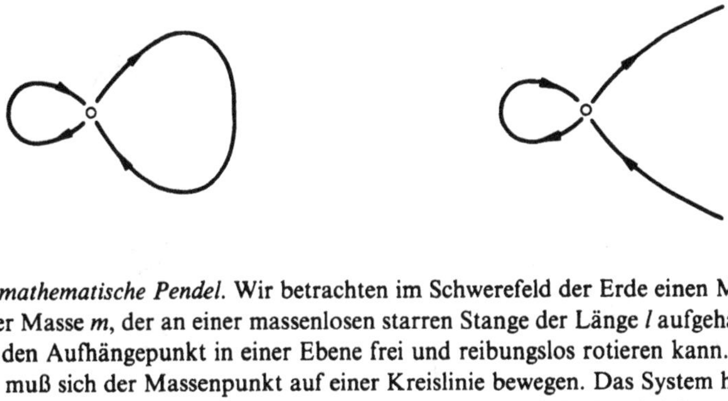

(c) *Das mathematische Pendel.* Wir betrachten im Schwerefeld der Erde einen Massenpunkt der Masse $m$, der an einer massenlosen starren Stange der Länge $l$ aufgehängt ist und um den Aufhängepunkt in einer Ebene frei und reibungslos rotieren kann. Offensichtlich muß sich der Massenpunkt auf einer Kreislinie bewegen. Das System hat also einen Freiheitsgrad und kann vollständig durch den Drehwinkel $\varphi$ beschrieben werden.

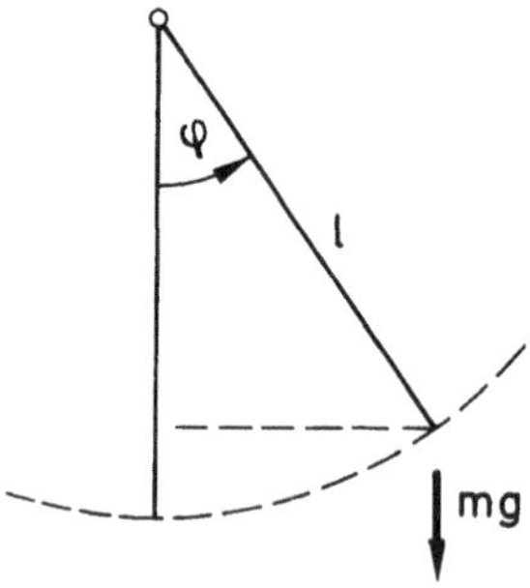


(Man kann sich auch vorstellen, eine Perle gleite reibungsfrei auf einem kreisförmigen Drahtring mit Radius $l$.) Der Konfigurationsraum $M$ ist hier also die Mannigfaltigkeit $\mathbb{S}_l^1$, die Kreislinie mit Radius $l$, die natürlich durch Polarkoordinaten beschrieben wird. Also sind $q = l\varphi$ und $\dot{q} = l\dot{\varphi}$, und die kinetische Energie lautet

$$T = \frac{ml^2}{2}\dot{\varphi}^2 .$$

Wird $\varphi$ so normiert, daß für die tiefste Lage $\varphi = 0$ gilt, erhalten wir für die potentielle Energie (als Funktion von $\varphi$ und nicht von $q$!)

$$U(\varphi) := mg(l - l\cos\varphi) = -mgl\cos\varphi + \text{const.}$$

Folglich ergibt sich die Euler-Lagrange-Gleichung, welche die Bewegung des Massenpunktes beschreibt, zu

(8) $$\ddot{\varphi} = -\lambda\sin\varphi \quad \text{mit} \quad \lambda := g/l .$$

Für das Phasenporträt von (8) erhält man nach (b) das qualitative Bild von Abb. 2. Hierbei entsprechen die geschlossenen regulären Niveaulinien den Schwingungen des Pendels um seine (stabile) Ruhelage ($\varphi = 0$), während die außerhalb der Separatrizen

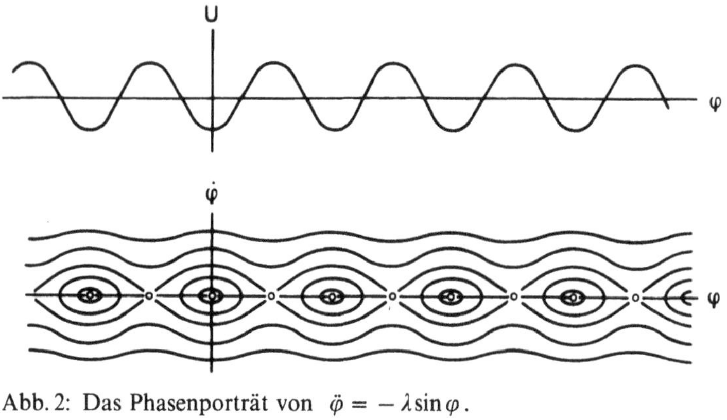


Abb. 2: Das Phasenporträt von $\ddot{\varphi} = -\lambda\sin\varphi$.

liegenden Kurven zu den vollen Rotationen des Pendels gehören. Die Separatrizen beschreiben den Grenzfall, in dem sich das Pendel (für $t \to \infty$) dem labilen (instabilen) Gleichgewicht ($\varphi = \pi$) nähert.

Die Gleichung (8) hängt von dem Parameter $\lambda$ ab. Eine kleine Änderung von $\lambda$ (z. B. der Pendellänge $l$) bewirkt nur, daß das Phasenporträt in $\dot{\varphi}$-Richtung auseinandergezogen oder gestaucht wird. Es treten keine drastischen Änderungen („Katastrophen") im qualitativen Verhalten ein, d. h. *die Differentialgleichung* (8) *ist strukturell stabil gegen kleine Änderungen von* $\lambda$. Dies ist im allgemeinen nicht der Fall, wie das folgende Beispiel (d) zeigt.

Das Phasenporträt von Abb. 2 ist unbefriedigend, da z. B. die außerhalb der Separatrizen liegenden Kurven, die vollen Umläufen des Pendels entsprechen, nicht geschlossen sind, obwohl sie periodische Bewegungen darstellen. Außerdem kommt den geschlossenen Kurven, die um die Punkte $2k\pi$, $k \in \mathbb{Z} \setminus \{0\}$, herumlaufen, keine physikalische Bedeutung bei. Dies rührt natürlich daher, daß die Gleichung (8) im Grunde eine Bewegung auf einer Mannigfaltigkeit, nämlich auf der $\mathbb{S}^1$, beschreibt. In Wirklichkeit müßten wir die Bewegung nicht in einer Phasenebene, sondern auf dem Tangentialbündel $T(\mathbb{S}^1)$ dieser Mannigfaltigkeit beschreiben, wenn wir uns für globale Phänomene (wie z. B. die Umläufe des Pendels) interessieren. Anschaulich erhalten wir das Tangentialbündel $T(\mathbb{S}^1)$ dadurch, daß wir (in einer „glatten" Weise) jedem Punkt $x$ von $\mathbb{S}^1$ den Tangentialraum $T_x(\mathbb{S}^1) \cong \mathbb{R}$ anheften. In diesem einfachen Fall kann man $T(\mathbb{S}^1)$ mit dem Zylinder $\mathbb{S}^1 \times \mathbb{R}$ identifizieren. Dann nimmt das Phasenporträt der Pendelgleichung die in Abb. 3 dargestellte befriedigendere Form an (welche man natürlich aus Abb. 2 durch Identifizieren von $-\pi$ mit $\pi$ (mod $2\pi$) erhält).

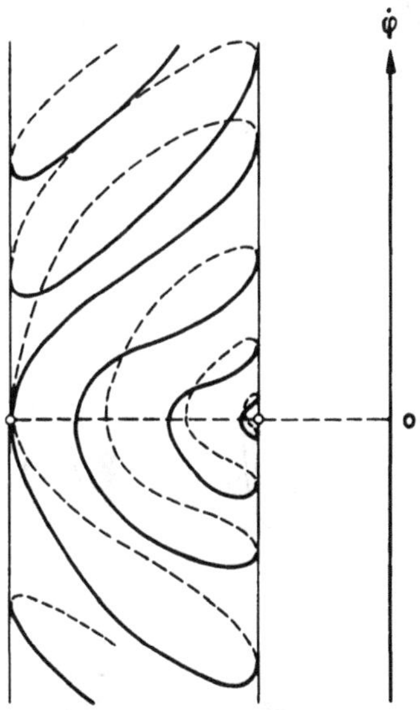


Abb. 3: Das Phasenporträt der Pendelgleichung im Tangentialbündel $T(\mathbb{S}^1)$

(d) *Ein Bifurkationsproblem.* Wir betrachten nun eine Differentialgleichung der Form $-\ddot{x} = f_\lambda(x)$ in Abhängigkeit von einem Parameter $\lambda \in \mathbb{R}$, und zwar speziell die Gleichung

$$-\ddot{x} = x^3 - \lambda x, \quad x \in \mathbb{R}.$$

Für $\lambda \leqq 0$ und $\lambda > 0$ haben die Potentiale

$$U_\lambda(x) := \frac{x^4}{4} - \lambda \frac{x^2}{2}$$

qualitativ verschiedene Verhalten, welche sich in qualitativen Unterschieden der entsprechenden Phasenporträts widerspiegeln.

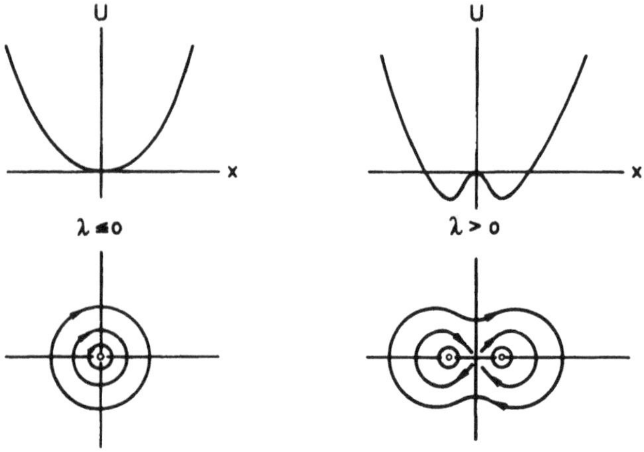


Abb. 4: Typische Phasenporträts für $\lambda \leqq 0$ und $\lambda > 0$.

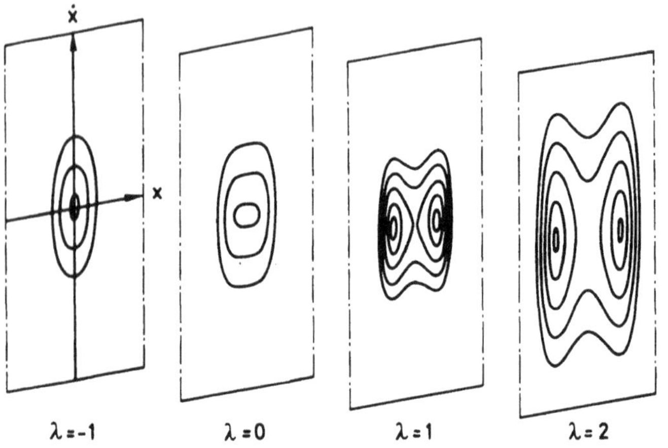


Abb. 5: Das Bifurkationsporträt der Gleichung $-\ddot{x} = x^3 - \lambda x$

Für $\lambda = 0$ „zerspaltet“ sich die Ruhelage $(x, y) = (0, 0)$ in 3 Ruhelagen, nämlich $(0, 0)$, $(\pm\sqrt{\lambda}, 0)$, und aus der einzigen Familie geschlossener Phasenkurven werden 3 solche Familien, die durch die Separatrix voneinander getrennt werden. Man sagt, $\lambda = 0$ sei ein *Verzweigungs-* oder *Bifurkationspunkt*. Eine bessere anschauliche Vorstellung erhält man, wenn man die (kontinuierliche) Familie von Phasenporträts im $(\lambda, x, y)$-Raum skizziert, wie dies in Abb. 5 angedeutet ist. □

*Die Legendretransformation und Hamiltonsche Systeme*

In dem Spezialfall

$$T(t, q, \dot{q}) = Q(\dot{q}) := \tfrac{1}{2} \sum_{i=1}^{n} m_i |\dot{x}_i|^2$$
$$U(t, q) = U(x_1, \ldots, x_n)$$

mit $q := (x_1, \ldots, x_n) \in (\mathbb{R}^3)^n$ sind die Euler-Lagrange-Gleichungen

$$m_i \ddot{x}_i = -\frac{\partial U}{\partial x_i}, \quad i = 1, \ldots, n,$$

trivialerweise äquivalent zu dem System

$$\text{(9)} \qquad \begin{aligned} m_i \dot{x}_i &=: p_i \\ \dot{p}_i &= -\frac{\partial U}{\partial x_i} \end{aligned} \qquad i = 1, \ldots, n.$$

Setzen wir

$$p := (m_1 \dot{x}_1, \ldots, m_n \dot{x}_n) \in \mathbb{R}^{3n}$$

($p_i = m_i \dot{x}_i$ ist der Impuls des $i$-ten Massenpunktes) und definieren wir die *Hamilton-Funktion* $H$ durch

$$H(p, q) := \tfrac{1}{2} \sum_{i=1}^{n} \frac{|p_i|^2}{m_i} + U(q),$$

d. h. $H$ ist die Gesamtenergie, ausgedrückt in Orts- und Impulskoordinaten, so können wir (9) in der Form

$$\text{(10)} \qquad \dot{p} = -H_q, \quad \dot{q} = H_p$$

schreiben. Da die Lagrange-Funktion $L$ durch

$$L(q, \dot{q}) = \tfrac{1}{2} \sum_{i=1}^{n} m_i |\dot{q}_i|^2 - U(q)$$

gegeben ist, besteht zwischen der Hamilton-Funktion $H$ und der Lagrange-Funktion $L$ offensichtlich der folgende Zusammenhang:

$$(11) \qquad H(p, q) = (p|\dot{q}) - L(q, \dot{q})$$

mit

$$(12) \qquad p = L_{\dot{q}}.$$

Hierbei wird die Gleichung (12) nach $\dot{q}$ aufgelöst und das Resultat in die rechte Seite von (11) eingesetzt, wodurch wir dann die Hamilton-Funktion als Funktion von $p$ und $q$ erhalten.

Im folgenden soll gezeigt werden, *daß für jedes Variationsproblem, dessen „Lagrange-Funktion" $L(t, q, \dot{q})$ bzgl. $\dot{q}$ konvex ist, die Eulersche Gleichung einem Hamiltonschen System der Form* (10) *äquivalent ist.* Hierbei wird das eine System mit Hilfe der sog. Legendre-Transformation in das andere übergeführt. Auf diesem Weg kann der i. a. impliziten Eulerschen Differentialgleichung 2-ter Ordnung ein explizites System von Differentialgleichungen erster Ordnung äquivalent zugeordnet werden, welches für viele Untersuchungen einfacher zu handhaben ist.

Im folgenden Lemma erinnern wir an eine Version des Taylorschen Satzes. Hierbei bezeichnet $\operatorname{grad} f(x) = \nabla f(x) \in \mathbb{R}^n$ den *Gradienten* im Punkt $x$ der Funktion $f: U \subset \mathbb{R}^n \to \mathbb{R}$. Wir erinnern daran, daß der Zusammenhang zwischen dem Gradienten $\nabla f(x) \in \mathbb{R}^n$ und dem (totalen) Differential

$$df(x) = Df(x) \in \mathscr{L}(\mathbb{R}^n, \mathbb{R}) = (\mathbb{R}^n)'$$

durch die Formel

$$df(x)h = Df(x)h = (\nabla f(x)|h) \quad \forall h \in \mathbb{R}^n$$

gegeben ist, und daß $\nabla f(x)$ durch $df(x)$ (und das innere Produkt $(.|.)$) eindeutig bestimmt ist. In euklidischen Koordinaten gilt bekanntlich $\nabla f(x) = (D_1 f(x), \ldots, D_n f(x))$, wobei $D_i = \partial/\partial x^i$ die $i$-te partielle Ableitung bezeichnet.

Wenn nun $f: U \subset \mathbb{R}^n \to \mathbb{R}$ zweimal differenzierbar ist, so gilt, wegen $df: U \to (\mathbb{R}^n)'$,

$$Ddf(x) \in \mathscr{L}(\mathbb{R}^n, (\mathbb{R}^n)') \quad \forall x \in U.$$

Die Abbildung

$$\vartheta: \mathbb{R}^n \mapsto (\mathbb{R}^n)', \quad y \to (y|.),$$

d. h.

$$\vartheta(y)z = (y|z) \quad \forall y, z \in \mathbb{R}^n,$$

ist bekanntlich ein Vektorraumisomorphismus (mittels welchem $(\mathbb{R}^n)'$ oft mit $\mathbb{R}^n$ identifiziert wird). Mit Hilfe dieses Isomorphismus definieren wir den linearen Operator

$$D^2 f(x) := \vartheta^{-1} D df(x) \in \mathscr{L}(\mathbb{R}^n),$$

d. h.

$$(D^2 f(x)y|z) = (D df(x)y)z \quad \forall y, z \in \mathbb{R}^n.$$

Bezüglich der kanonischen Basis $e_i = (\delta_{ij})_{1 \leqq j \leqq n}$, $i = 1, \ldots, n$, des $\mathbb{R}^n$ kann $D^2 f(x)$ mit der *Hesseschen Matrix*

$$[D_i D_j f(x)]_{1 \leqq i,j \leqq n}$$

identifiziert werden. Somit folgt aus dem Satz von H. A. Schwarz, daß $D^2 f(x)$ *symmetrisch* ist, d. h. daß

$$(D^2 f(x)y|z) = (D^2 f(x)z|y) \quad \forall y, z \in \mathbb{R}^n$$

gilt, falls $f \in C^2(U, \mathbb{R})$, d. h. zweimal stetig differenzierbar ist. (Wird $D^2 f(x)$ mit der Hesseschen Matrix identifiziert, so bedeutet dies bekanntlich daß $[D^2 f(x)]^T = D^2 f(x)$ gilt.)

Sind schließlich $(V, (\cdot|\cdot))$ ein beliebiger (reeller) Innenproduktraum und $A : V \to V$ eine lineare Abbildung (ein *linearer Operator*), so heißt $A$ *symmetrisch*, wenn

$$(Ax|y) = (x|Ay) \quad \forall x, y \in V$$

gilt. Ist $A$ symmetrisch und gilt

$$(Ax|x) \geqq 0 \quad \forall x \in V,$$

so heißt $A$ *positiv semi-definit*, und $A$ ist *positiv definit*, falls $A$ symmetrisch ist und eine Konstante $\alpha > 0$ existiert, für die

$$(Ax|x) \geqq \alpha \|x\|^2 \quad \forall x \in V \tag{13}$$

gilt, wobei $\|x\| := \sqrt{(x|x)}$ die aus dem Innenprodukt abgeleitete Norm ist. (Im Fall $V = \mathbb{R}^n$ ist dies die euklidische Norm, wenn wir, wie üblich, das euklidische innere Produkt zugrunde legen.) Schließlich erinnern wir daran, *daß im endlichdimensionalen Fall die Relation* (13) *äquivalent zu*

$$(Ax|x) > 0 \quad \forall x \in V \setminus \{0\}$$

*ist*. Ferner ist in diesem Fall $A$ genau dann positiv [semi-]definit, wenn alle Eigenwerte von $A$ positiv [nicht negativ] sind.

**(3.5) Lemma:** *Es seien* $U \subset \mathbb{R}^n$ *offen und* $f \in C^2(U, \mathbb{R})$. *Ferner sei die Verbindungsstrecke*

$$[\![x, y]\!] := \{x + t(y - x) | 0 \leqq t \leqq 1\}$$

*ganz in $U$ enthalten. Dann gilt*

$$f(y) = f(x) + (\nabla f(x)|y - x) + \int_0^1 (1-t)(D^2 f(x + t(y-x))(y-x)|y-x)dt.$$

**Beweis:** Definiere $\varphi \in C^2([0,1], \mathbb{R})$ durch $\varphi(t) := f(x + t(y-x))$. Dann sind $\varphi(0) = f(x)$, $\varphi(1) = f(y)$, sowie $\varphi'(t) = (\nabla f(x + t(y-x))|y-x)$ und

$$\varphi''(t) = (D^2 f(x + t(y-x))(y-x)|y-x).$$

Nach dem Fundamentalsatz der Differential- und Integralrechnung gilt

$$\varphi(1) = \varphi(0) + \int_0^1 \varphi'(t)dt.$$

Integrieren wir im letzten Integral partiell $(u = \varphi', du = \varphi'' dt, dv = dt, v = -(1-t))$, so folgt

$$\varphi(1) = \varphi(0) + \varphi'(0) + \int_0^1 (1-t)\varphi''(t)dt$$

und somit die Behauptung durch Einsetzen. □

Bekanntlich heißt eine Menge $C \subset \mathbb{R}^n$ (allgemeiner: eine Teilmenge eines Vektorraums $V$) *konvex*, wenn mit je zwei Punkten $x, y \in C$ die Verbindungsstrecke $[\![x, y]\!]$ ganz in $C$ liegt. Ist $C$ konvex, heißt $f: C \to \mathbb{R}$ [*strikt*] *konvex*, wenn für jedes Paar $x, y \in C$ die Funktion

$$\varphi_{x,y}: [0,1] \to \mathbb{R}, \quad t \to f(x + t(y-x))$$

[strikt] konvex ist. Folglich erhalten wir aus Lemma (3.5) und aus bekannten Sätzen über konvexe Funktionen einer Variablen sofort das

**(3.6) Korollar:** *Es seien $U \subset \mathbb{R}^n$ offen und konvex und $f \in C^2(U, \mathbb{R})$. Dann ist $f$ genau dann konvex, wenn $D^2 f(x)$ positiv semi-definit ist (für jedes $x \in U$). Ist $D^2 f(x)$ für jedes $x \in U$ positiv definit, so ist $f$ strikt konvex.*

Das folgende Lemma gibt eine einfache Bedingung an, unter der die Abbildung $\nabla f: \mathbb{R}^n \to \mathbb{R}^n$ bijektiv ist.

**(3.7) Lemma:** *Es sei $f \in C^2(\mathbb{R}^n, \mathbb{R})$, und $D^2 f$ sei gleichmäßig positiv definit, d. h. es existiere ein $\alpha > 0$ mit*

(14) $$(D^2 f(x)y|y) \geqq \alpha |y|^2 \quad \forall x, y \in \mathbb{R}^n.$$

*Dann ist die Gleichung*

$$\nabla f(x) = y$$

*für jedes $y \in \mathbb{R}^n$ eindeutig lösbar.*

**Beweis:** Für $g(x) := f(x) - (y|x)$ gilt:

$$g \in C^2(\mathbb{R}^n, \mathbb{R}), \quad \nabla g(x) = \nabla f(x) - y, \quad D^2 g = D^2 f.$$

Folglich genügt es, den Fall $y = 0$ zu betrachten.

Nach Korollar (3.6) ist $f$ strikt konvex, hat also höchstens einen kritischen Punkt (nämlich ein Minimum). Also hat die Gleichung $\nabla f(x) = 0$ höchstens eine Lösung.

Aus Lemma (3.5) und (14) folgt die Abschätzung

$$f(x) = f(0) + (\nabla f(0)|x) + \int_0^1 (1-t)(D^2 f(tx)x|x)dt$$

$$\geqq f(0) - |\nabla f(0)|\,|x| + \frac{\alpha}{2}|x|^2$$

für $x \in \mathbb{R}^n$. Folglich existiert ein $R > 0$ mit $f(x) \geqq f(0)$ für $|x| \geqq R$. Also nimmt $f$ höchstens in dem Ball $\mathbb{B}^n(0, R)$ das Minimum an. Da $\bar{\mathbb{B}}^n(0, R)$ kompakt ist, nimmt $f|\bar{\mathbb{B}}^n(0, R)$ das Minimum an, und nach der obigen Abschätzung ist dieses Minimum das globale Minimum von $f$ in $\mathbb{R}^n$. Folglich existiert ein $x \in \mathbb{B}^n(0, R)$ mit $\nabla f(x) = 0$. □

Es sei nun $f \in C(\mathbb{R}^n, \mathbb{R})$. Dann wird die *Legendretransformierte*

$$f^* : \mathbb{R}^n \to \mathbb{R} \cup \{+\infty\}$$

von $f$ durch

$$f^*(y) := \sup_{x \in \mathbb{R}^n} \{(y|x) - f(x)\}$$

definiert. Ist $f$ konvex und liegt z. B. der Graph von $f$ über der Hyperebene $x \mapsto (y|x)$, so stellt $-f^*(y)$ den minimalen Abstand des Graphen von $f$ von dieser Hyperebene (in vertikaler Richtung gemessen) dar.

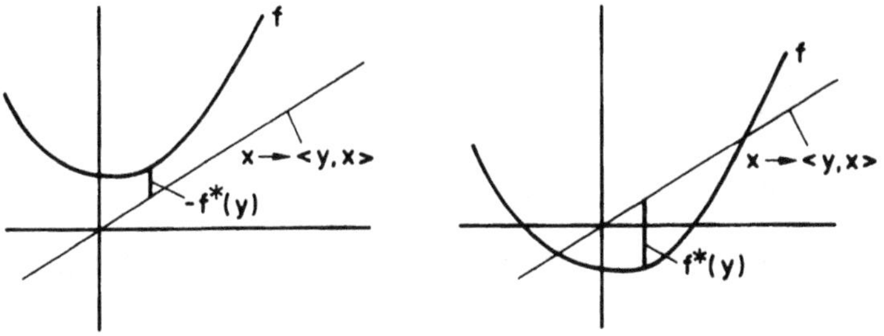


**(3.8) Satz:** *Es sei $f \in C^2(\mathbb{R}^n, \mathbb{R})$ und $D^2 f$ sei gleichmäßig positiv definit. Dann gilt:*

(i) $$f^*(y) = (y|x(y)) - f(x(y)) \quad \forall y \in \mathbb{R}^n,$$

*wobei $x(y)$ die eindeutige Lösung der Gleichung $\nabla f(x) = y$ ist (d. h. $x(y) = (\nabla f)^{-1}(y)$);*

(ii) $f^* \in C^2(\mathbb{R}^n, \mathbb{R})$, $f^*$ *ist strikt konvex und* $\nabla f^* = (\nabla f)^{-1}$;

(iii) $f(x) + f^*(y) \geqq (y|x) \qquad \forall x, y \in \mathbb{R}^n$

$f(x) + f^*(y) = (y|x) \quad \Leftrightarrow \quad x = x(y)$;

(iv) $f^{**} := (f^*)^* = f$.

**Beweis:** (i) Für $g(x) := f(x) - (y|x)$ gilt:

$$g \in C^2(\mathbb{R}^n, \mathbb{R}), \qquad \nabla g(x) = \nabla f(x) - y, \qquad D^2 g = D^2 f.$$

Folglich ist $g$ strikt konvex und besitzt in $x(y)$ ein eindeutiges globales Minimum (vgl. Lemmata (3.6) und (3.7)). Wegen

$$\min_{x \in \mathbb{R}^n} g(x) = g(x(y)) = -\max_{x \in \mathbb{R}^n} (-g(x)) = -f^*(y)$$

folgt die Behauptung.

(ii) Für $h := \nabla f \in C^1(\mathbb{R}^n, \mathbb{R}^n)$ kann $Dh$ mit $D^2 f$ identifiziert werden. Da $D^2 f(x)$ positiv definit ist, gilt $D^2 f(x) \in \mathscr{GL}(\mathbb{R}^n)$, d. h. $Dh(x)$ ist invertierbar für jedes $x \in \mathbb{R}^n$. Somit folgt aus dem Satz über die Umkehrfunktion, daß $x(.) = h^{-1} \in C^1(\mathbb{R}^n, \mathbb{R}^n)$ gilt. Nun folgt $f^* \in C^1(\mathbb{R}^n, \mathbb{R})$ aus (i). Somit ist

$$Df^*(y) = (x(y)|\,.) + (y|Dx(y).) - (\nabla f(x(y))|Dx(y).) = (x(y)|\,.),$$

wegen $\nabla f(x(y)) = y$. Dies beweist die Relation $\nabla f^*(y) = x(y) = (\nabla f)^{-1}(y)$. Also ist $\nabla f^* \in C^1(\mathbb{R}^n, \mathbb{R}^n)$ und somit $f^* \in C^2(\mathbb{R}^n, \mathbb{R})$.

Es seien nun $y, z \in \mathbb{R}^n$ beliebig und

$$u := \nabla f^*(y) = (\nabla f)^{-1}(y), \quad v := \nabla f^*(z) = (\nabla f)^{-1}(z).$$

Dann folgt aus dem Mittelwertsatz

$$\begin{aligned}
&(\nabla f^*(y) - \nabla f^*(z)|y - z) = (u - v|\nabla f(u) - \nabla f(v)) \\
&= (u - v|\int_0^1 D^2 f(v + t(u - v))(u - v)\,dt) \\
&= \int_0^1 (D^2 f(v + t(u - v))(u - v)|u - v)\,dt \geqq \alpha |u - v|^2,
\end{aligned}$$

also

(15) $$(\nabla f^*(y) - \nabla f^*(z)|y - z) > 0 \quad \forall y, z \in \mathbb{R}^n, y \neq z.$$

Es sei nun $\varphi(t) := f^*(z + t(y-z))$ für $t \in [0,1]$. Dann ist $\varphi'(t) = (\nabla f^*(z + t(y-z)) | y - z)$, und für $0 \leqq t_1 < t_2 \leqq 1$ gilt

$$\varphi'(t_2) - \varphi'(t_1) = (t_2 - t_1)^{-1} (\nabla f^*(a) - \nabla f^*(b) | a - b)$$

mit $a := z + t_2(y-z)$ und $b := z + t_1(y-z)$. Somit folgt aus (15), daß $\varphi'$ strikt wachsend ist. Also ist $\varphi$ strikt konvex, und da dies für alle $y, z \in \mathbb{R}^n$ gilt, ist $f^*$ strikt konvex.

(iii) ist trivial.

(iv) Da $f^* \in C^2(\mathbb{R}^n, \mathbb{R})$ strikt konvex ist, gilt

$$f^{**}(x) = \max_{y \in \mathbb{R}^n} \{(x|y) - f^*(y)\}$$

genau dann, wenn ein $y = y(x) \in \mathbb{R}^n$ existiert mit $\nabla f^*(y) = x$ (da dies genau dann der Fall ist, wenn die Funktion $y \mapsto (x|y) - f^*(y)$ in $y(x)$ einen kritischen Punkt hat). Nach (ii) ist dies genau dann der Fall, wenn $\nabla f(x) = y$ gilt. Also ist $f^{**} : \mathbb{R}^n \to \mathbb{R}$ wohldefiniert, und es folgt

$$f^{**}(x) = (x|y(x)) - f^*(y(x)) = (x|y(x)) - (y(x)|x) + f(x) = f(x)$$

für $x \in \mathbb{R}^n$. □

Die Funktion $f : \mathbb{R}^n \to \mathbb{R}$ ist offensichtlich genau dann konvex, wenn der *Epigraph*

$$\text{epi}(f) := \{(x, \xi) \in \mathbb{R}^n \times \mathbb{R} \mid \xi \geqq f(x)\} \subset \mathbb{R}^n \times \mathbb{R}$$

konvex ist. Satz (3.8 iii) zeigt, daß $\text{epi}(f)$ ganz oberhalb der Hyperebene

(16) $\qquad x \mapsto (y|x) - f^*(y)$

liegt und daß diese Hyperebene den Graphen von $f$ genau in dem Punkt $(x(y), f(x(y)))$ berührt, d. h. (16) ist eine *Stützhyperebene* an $\text{epi}(f)$. Hieraus folgt, daß der Graph von $f$ die *Einhüllende (Enveloppe)* der Hyperebenenschar $\{x \mapsto (y|x) - f^*(y) | y \in \mathbb{R}^n\}$ ist.

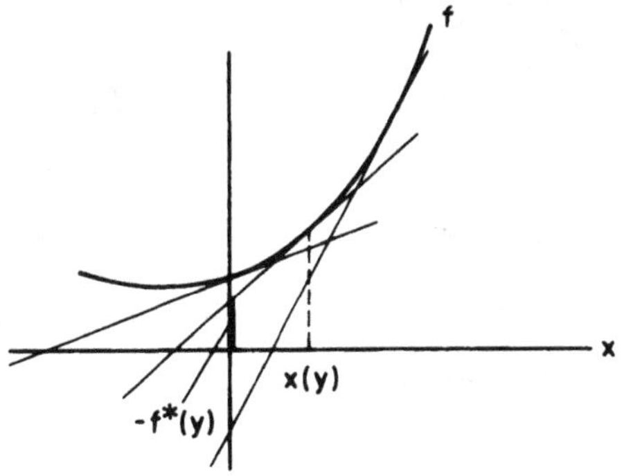

Nach diesen Vorbereitungen können wir das folgende allgemeine Theorem beweisen.

**(3.9) Theorem:** *Es seien* $M \subset \mathbb{R}^n$ *offen und* $-\infty < \alpha < \beta < \infty$. *Ferner sei* $L \in C^2((\alpha, \beta) \times M \times \mathbb{R}^n, \mathbb{R})$, *und für jedes feste* $(t_0, q_0, \dot{q}_0) \in (\alpha, \beta) \times M \times \mathbb{R}^n$ *sei*

$$D_{\dot{q}}^2 L(t_0, q_0, \dot{q}_0) =: L_{\dot{q}\dot{q}}(t_0, q_0, \dot{q}_0) \in \mathscr{L}(\mathbb{R}^n)$$

*gleichmäßig positiv definit. Dann ist die Eulersche Gleichung*

(17) $$\frac{d}{dt}(L_{\dot{q}}) = L_q$$

*äquivalent zu dem* *Hamiltonschen System*

(18) $$\dot{p} = -H_q, \ \dot{q} = H_p,$$

*wobei die* *Hamilton-Funktion* *H die Legendretransformierte der (Lagrange-) Funktion L bzgl. der Variablen* $\dot{q}$ *ist, d. h.*

(19) $$H(t, p, q) = (p \mid \dot{q}) - L(t, q, \dot{q})$$

*mit*

(20) $$p = L_{\dot{q}}.$$

(Hierbei bedeutet $H_q := \nabla_q H$ den Gradienten bzgl. der Variablen $q$ bei festem $t, p$, etc. Außerdem muß die Gleichung (20) nach $\dot{q}$ aufgelöst werden: $\dot{q} = \dot{q}(t, q, p) = (L_{\dot{q}})^{-1}(p)$, wobei $t$ und $q$ als Parameter aufzufassen sind, und das Ergebnis ist in die rechte Seite von (19) einzusetzen. Aufgrund von Lemma (3.7) ist die Auflösung von $p = L_{\dot{q}}$ nach $\dot{q}$ eindeutig möglich.)

**Beweis:** „⇒" Aus (20) und der Eulerschen Gleichung (17) folgt $\dot{p} = L_q$. Durch Differenzieren von (19) nach $q$ erhalten wir

$$(H_q \mid h) = \left(p \mid \frac{\partial \dot{q}}{\partial q} h\right) - (L_q \mid h) - \left(L_{\dot{q}} \mid \frac{\partial \dot{q}}{\partial q} h\right) = -(L_q \mid h)$$

für alle $h \in \mathbb{R}^n$, da $p = L_{\dot{q}}$ gilt. (Hierbei bedeutet natürlich $\frac{\partial \dot{q}}{\partial q}$ die Ableitung der Funktion $q \mapsto \dot{q}(t, q, p)$, d. h. $\frac{\partial \dot{q}}{\partial q} \in \mathscr{L}(\mathbb{R}^n)$.) Also gilt $L_q = -H_q$, und somit $\dot{p} = -H_q$. Da nach Satz (3.8) $\nabla f^* = (\nabla f)^{-1}$ gilt, in unserem Fall also $H_p = (L_{\dot{q}})^{-1}$, folgt $\dot{q} = H_p$ aus (20).

„⇐" Wegen $f^{**} = f$ (vgl. Satz (3.8)) gilt

$$L(t, q, \dot{q}) = (p|\dot{q}) - H(t, q, p)$$

mit

$$\dot{q} = H_p, \quad \text{d. h.} \quad p = p(t, q, \dot{q}) = (H_p)^{-1}(\dot{q}).$$

Also folgt aus Satz (3.8) (wegen $\nabla f^* = (\nabla f)^{-1}$)

$$p = (H_p)^{-1} = L_{\dot{q}},$$

also

$$\text{(21)} \qquad \dot{p} = \frac{d}{dt}(L_{\dot{q}}) = -H_q,$$

wobei sich die letzte Gleichheit aus (18) ergibt. Wie oben finden wir, daß $L_q = -H_q$ ist, woraus mit (21) die Eulersche Gleichung (17) folgt. □

**(3.10) Beispiel:** Es sei

$$L(t, q, \dot{q}) = T(t, q, \dot{q}) - U(t, q) = E_{\text{kin}} - E_{\text{pot}}$$

mit

$$\text{(22)} \qquad T(t, q, \dot{q}) = \tfrac{1}{2}(A(t, q)\dot{q}|\dot{q}) \quad \forall (t, q, \dot{q}) \in \mathbb{R} \times \mathbb{R}^n \times \mathbb{R}^n,$$

wobei $A(t, q) \in \mathscr{L}(\mathbb{R}^n)$ gleichmäßig definit sei. Dann ist die Hamilton-Funktion $H$ durch

$$H(t, p, q) = (p|\dot{q}) - L(t, q, \dot{q})$$

mit

$$p = L_{\dot{q}} = A(t, q)\dot{q}$$

gegeben. Also gilt $\dot{q} = A(t, q)^{-1}p$, und somit

$$\begin{aligned} H(t, p, q) &= (p|A^{-1}p) - \tfrac{1}{2}(AA^{-1}p|A^{-1}p) + U(t, q) \\ &= \tfrac{1}{2}(p|A^{-1}p) + U(t, q) = E_{\text{kin}} + E_{\text{pot}}. \end{aligned}$$

Mit anderen Worten, *falls die kinetische Energie durch* (22) *mit einem gleichmäßig positiven* $A(t, q) \in \mathscr{L}(\mathbb{R}^n)$ *gegeben ist, so ist die Hamilton-Funktion die Gesamtenergie, ausgedrückt in den Orts- und Impulsvariablen.* □

Es seien $U \subset \mathbb{R} \times \mathbb{R}^n \times \mathbb{R}^n$ offen und $H \in C^1(U, \mathbb{R})$. Dann heißt das (explizite) Differentialgleichungssystem

$$\text{(23)} \qquad \dot{x} = H_y, \; \dot{y} = -H_x$$

(mit $H_x := \nabla_x H$ und $H_y := \nabla_y H$ und $H = H(t, x, y)$) ein *Hamiltonsches System* mit der *Hamilton-Funktion H*. Setzen wir $z := (x, y) \in \mathbb{R}^n \times \mathbb{R}^n$ und

$$H_z := (H_x, H_y) = \nabla_z H,$$

so kann das Hamiltonsche System (23) in der Form

$$\dot{z} = JH_z$$

geschrieben werden, wobei

$$J := \begin{bmatrix} 0 & I_n \\ -I_n & 0 \end{bmatrix} \in \mathscr{L}(\mathbb{R}^n \times \mathbb{R}^n)$$

die *symplektische Normalform* ist.

**(3.11) Satz:** *Es sei* $U \subset \mathbb{R}^n \times \mathbb{R}^n$ *offen, und* $I \subset \mathbb{R}$ *sei ein Intervall. Ferner sei* $H \in C^1(I \times U, \mathbb{R})$, *und* $z(.) \in C^1(I, U)$ *sei eine Lösung des Hamiltonschen Systems*

$$\dot{z} = JH_z.$$

*Dann gilt*

$$\frac{d}{dt} H(t, z(t)) = \frac{\partial H}{\partial t}(t, z(t)) \quad \forall t \in I.$$

**Beweis:** Nach der Kettenregel erhalten wir

$$\frac{d}{dt} H = \frac{\partial H}{\partial t} + (H_z | \dot{z}) = \frac{\partial H}{\partial t} + (H_z | JH_z).$$

Da $J$ offensichtlich schiefsymmetrisch ist $(J = -J^T)$, ist der letzte Summand Null.

□

**(3.12) Korollar** *(„Energieerhaltungssatz"): Es seien* $U \subset \mathbb{R}^n \times \mathbb{R}^n$ *offen und* $H \in C^1(U, \mathbb{R})$. *Dann ist die Hamilton-Funktion ein erstes Integral des autonomen Hamiltonschen Systems*

$$\dot{z} = J \nabla H.$$

Hierbei heißt eine Differentialgleichung $\dot{x} = f(x)$ *autonom*, wenn $f$ nicht explizit von der unabhängigen Variablen (d. h. von $t$) abhängt.

**(3.13) Bemerkung:** Für $z := (x, y)$, $\zeta := (\xi, \eta) \in \mathbb{R}^n \times \mathbb{R}^n$ setzen wir

$$[z, \zeta] := (z | J\zeta) = (x | \eta) - (y | \xi).$$

Dann ist

$$[.,.]:\mathbb{R}^{2n}\times\mathbb{R}^{2n}\to\mathbb{R}$$

eine alternierende Bilinearform, also

$$[.,.]=:\omega\in\Omega^2(\mathbb{R}^{2n}).$$

Diese (konstante) Differentialform ist nicht *ausgeartet (nicht singulär)*, d. h.

$$(\omega(z,\zeta)=0\quad\forall z\in\mathbb{R}^{2n})\Leftrightarrow(\zeta=0).$$

Jede Differentialform 2-ten Grades auf $\mathbb{R}^{2n}$ hat die kanonische Darstellung

$$\sum_{i,j=1}^{2n} a_{ij}dz^i\wedge dz^j.$$

Wegen

$$dz^i\wedge dz^j(z,\zeta)=z^i\zeta^j-z^j\zeta^i$$

folgt für $\omega$ leicht die Darstellung

$$\omega=dx\wedge dy:=\sum_{i=1}^{n} dx^i\wedge dy^i.$$

Außerdem gilt natürlich $d\omega=0$, d. h. $\omega$ ist *geschlossen*.

Es seien nun $M$ eine beliebige (glatte) differenzierbare Mannigfaltigkeit und $\omega\in\Omega^2(M)$ eine nicht ausgeartete geschlossene Differentialform 2-ten Grades. Dann heißt $\omega$ eine *symplektische Form* auf $M$ und $(M,\omega)$ ist eine *symplektische Mannigfaltigkeit*.

Ist $(M,\omega)$ eine symplektische Mannigfaltigkeit, so definiert jedes Vektorfeld $v\in\mathfrak{X}(M)$ auf $M$ eine 1-Form

$$\omega\,\lrcorner\, v\in\Omega^1(M),$$

d. h.

$$(\omega\,\lrcorner\, v)(w):=\omega(v,w)\quad\forall w\in\mathfrak{X}(M),$$

und

$$\omega\,\lrcorner\,:\mathfrak{X}(M)\to\Omega^1(M)$$

ist ein Isomorphismus. Ist also $f\in C^1(M,\mathbb{R})$, so existiert genau ein Vektorfeld $X_f\in\mathfrak{X}(M)$ mit $(\omega\,\lrcorner\, v)(X_f)=df(v)$, d. h.

$$\omega(v,X_f)=df(v)\quad\forall v\in\mathfrak{X}(M).$$

Dieses Vektorfeld heißt *Hamiltonsches Vektorfeld* auf $(M,\omega)$ zur Hamilton-Funktion $f$. Ist speziell $M=U\subset\mathbb{R}^{2n}$ offen, und ist $\omega=dx\wedge dy$, so ist $X_f=J\operatorname{grad}f$. (Man beachte die Analogien zwischen den Definitionen des Gradienten und des Hamiltonschen Vektorfeldes.)

Für ausführliche Darstellungen der Hamiltonschen Mechanik auf Mannigfaltigkeiten sei auf die Bücher von Arnold [1] und Abraham-Marsden [1] verwiesen. □

## Aufgaben

1. Es sei $H \in C^1([\alpha, \beta] \times W, \mathbb{R})$ mit $-\infty < \alpha < \beta < \infty$, und $W \subset \mathbb{R}^m \times \mathbb{R}^m$ sei offen. Beweisen Sie, daß die Funktion $(p_0, q_0) \in C^1([\alpha, \beta], W)$ genau dann eine Extremale des Variationsproblems mit partiell festen Randbedingungen

$$\delta \int_\alpha^\beta \{(p\,|\,\dot{q}) - H(t, p, q)\}\, dt = 0, \quad q(\alpha) = a, \quad q(\beta) = b$$

($a, b \in \mathbb{R}^m$ fest) ist, wenn $(p_0, q_0)$ in $(\alpha, \beta)$ den Hamiltonschen Gleichungen

$$\dot{p} = -H_q, \quad \dot{q} = H_p$$

und den Randbedingungen $q(\alpha) = a$, $q(\beta) = b$ genügt.

2. Es sei $|x|_p := \left( \sum_{i=1}^m |x^i|^p \right)^{1/p}$, $1 < p < \infty$, die $l_p$-Norm auf $\mathbb{R}^m$. Berechnen Sie die Legendretransformierte $f^*$ der Funktion

$$f\colon \mathbb{R}^m \to \mathbb{R}, \quad x \to \frac{1}{p} |x|_p^p .$$

3. Es sei $f = U'$ mit $U \in C^2((\alpha, \beta), \mathbb{R})$ und es werde die Differentialgleichung

$$-\ddot{x} = f(x)$$

betrachtet.

(a) Skizzieren Sie die Phasenporträts für die folgenden Potentiale:

(i) $$U(x) = -\frac{1}{x} + \frac{a}{x^2}, \quad x > 0, \ a > 0 .$$

(ii)

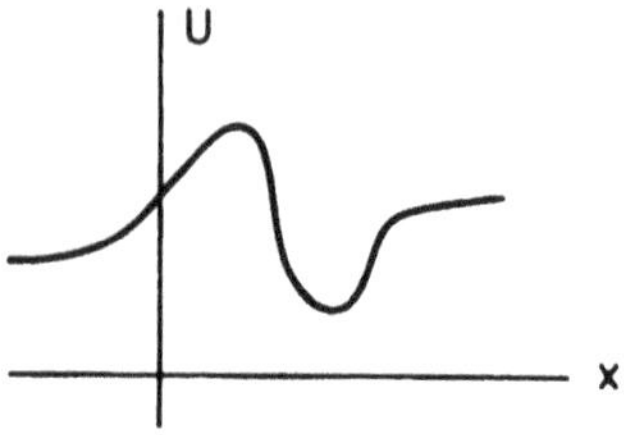


(iii)

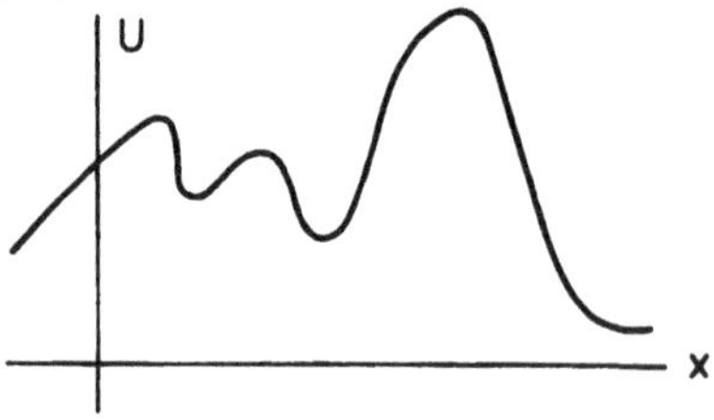

(b) Beweisen Sie, daß für die Zeit, die benötigt wird, um auf der Energieniveaukurve $E = E_0$ vom Punkt $x_1$ zum Punkt $x_2$ (in einer Richtung) zu gelangen, gilt:

$$t_2 - t_1 = \int_{x_1}^{x_2} \frac{dx}{\sqrt{2(E - U(x))}}.$$

Berechnen Sie damit die Schwingungsdauer des mathematischen Pendels.

4. Betrachten Sie die Bewegung eines Massenpunktes in einem *Zentralfeld,* d. h. es gelte

$$-m\ddot{x} = \operatorname{grad} U(x), \quad x \in \mathbb{R}^3 \setminus \{0\},$$

mit $U(x) = U_0(|x|)$ und $U_0 \in C^2((0, \infty), \mathbb{R})$.

(a) Beweisen Sie, daß das *Drehmoment* $M$ bezüglich 0 eine „Konstante der Bewegung" ist, wobei $M$ durch das Vektorprodukt

$$M := [x, m\dot{x}] (=: x \times m\dot{x})$$

definiert ist.

(b) Zeigen Sie, daß alle Bewegungen in ebenen Bahnen (in der Ebene senkrecht zu $M$) verlaufen.

(c) Beweisen Sie das *Keplersche Gesetz,* welches besagt, daß der Radiusvektor der Bahnkurve „in gleichen Zeiten gleiche Flächen überstreicht".

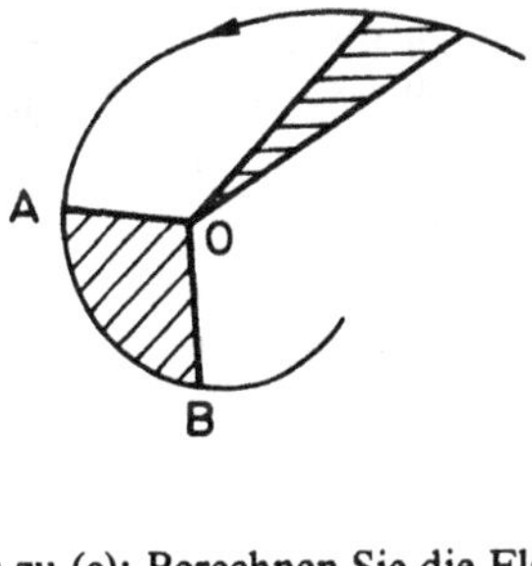


(Hinweis zu (c): Berechnen Sie die Fläche des ebenen „Dreiecks" $\triangle := OAB$ nach dem Stokesschen Satz

$$\int_{\triangle} dx \wedge dy = \tfrac{1}{2} \int_{\partial\triangle} x dy - y dx,$$

der auch „mit Ecken" gültig ist, und überlegen Sie sich, daß das Randintegral gleich $\tfrac{1}{2} \int_{\widehat{AB}} x dy - y dx$ ist.)

## 4. Diffusionsprobleme

Wir betrachten eine in einem Gebiet $G \subset \mathbb{R}^3$ *strömende fiktive Flüssigkeit*. Es bezeichne $t$ die *Zeit*, $\varrho(x, t)$ die *Dichte* zur Zeit $t$ am Ort $x$, und $v(x, t)$ sei die *Geschwindigkeit* am Ort $x$ zur Zeit $t$. Dann stellt

(1) $$m_G(t) := \int_G \varrho(x, t)\, dx$$

die zur Zeit $t$ in $G$ vorhandene *Masse* dar.

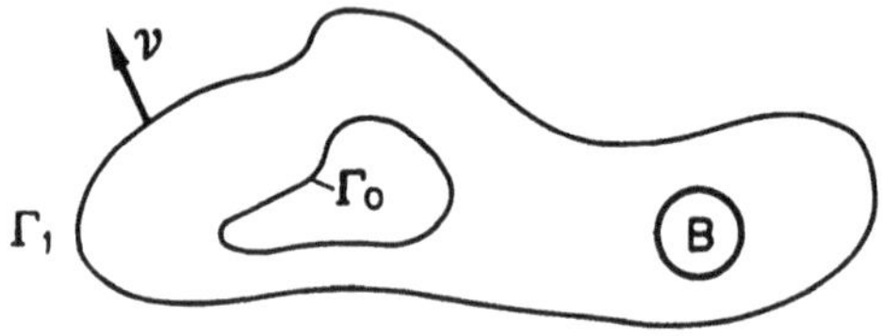


Es sei nun $B$ ein Teilgebiet von $G$, derart daß $\bar{B}$ eine kompakte berandete $C^2$-Mannigfaltigkeit ist, die ganz in $G$ liegt (z. B. ein kleiner Ball). Dann gibt der Ausdruck

(2) $$\Delta t \int_{\partial B} (\varrho v(x, t) | \nu)\, d\sigma(x)$$

($\nu$ = äußere Einheitsnormale an $\partial B$, $\sigma$ = Volumenelement von $\partial B$) in erster Näherung an, wieviel Masse im Zeitintervall $[t, t + \Delta t]$ durch den Rand $\partial B$ aus $B$ hinausströmt.

In der Tat, die Flüssigkeitsteilchen, die im Zeitintervall $[t, t + \Delta t]$ durch ein kleines Oberflächenelement $d\sigma$ von $\partial B$ nach außen strömen, füllen in erster Näherung einen schiefen Zylinder der Höhe $h := (v \Delta t | \nu)$, dessen Grundfläche durch ein Stück der Tangentialebene an $\partial B$ des Volumens $d\sigma$ gebildet wird. Nun folgt (2) mit den üblichen Grenzprozessen.

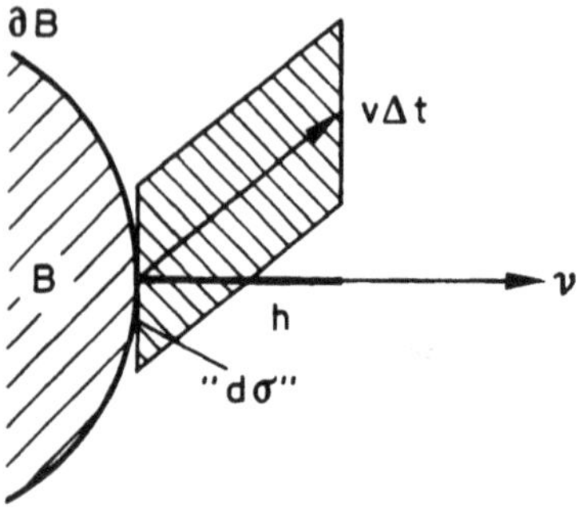


Also stellt

(3) $$-\int_{\partial B} (\varrho v(\cdot, t) | \nu)\, d\sigma$$

die *Zunahme der Masse im Bereich B durch Hereinströmen zum Zeitpunkt t* dar. Wenn wir (3) nach dem Gaußschen Satz umformen, folgt

$$(4)\qquad -\int_{\partial B} (\varrho v(.,t)|\nu)\,d\sigma = -\int_B \operatorname{div}(\varrho v(.,t))\,dx\,.$$

Nun nehmen wir weiter an, im Gebiet $G$ werde Flüssigkeit erzeugt (oder vernichtet), und zwar sei

$$f(x,t)$$

die *Quellendichte* am Ort $x$ zur Zeit $t$. Dann ist

$$\int_B f(x,t)\,dx$$

die zur Zeit $t$ in $B$ *erzeugte Flüssigkeitsmenge* (die natürlich auch negativ sein kann, wenn nämlich *Senken* vorhanden sind, d. h. Flüssigkeit vernichtet wird).

Zusammenfassend ergibt sich die zeitliche Zunahme der Masse im Bereich $B$ zum Zeitpunkt $t$ zu

$$(5)\qquad \frac{dm_B}{dt}(t) = -\int_B \operatorname{div}(\varrho v(x,t))\,dx + \int_B f(x,t)\,dx$$

(„Massenbilanzgleichung"). Unter milden Regularitätsannahmen können wir in (1) unter dem Integral differenzieren und erhalten somit aus (5)

$$(6)\qquad \int_B \left[\frac{\partial \varrho}{\partial t} + \operatorname{div}(\varrho v) - f\right](x,t)\,dx = 0\,,$$

wobei diese Gleichung für jeden „zulässigen" Bereich $B \subset G$ gilt (zulässig in dem Sinne, daß der Gaußsche Integralsatz angewendet werden kann und daß $\bar{B} \subset G$ gilt).

Es sei nun

$$\varphi(x,t) := \left[\frac{\partial \varrho}{\partial t} + \operatorname{div}(\varrho v) - f\right](x,t) \quad \forall (x,t) \in G \times \mathbb{R}$$

und $\varphi$ sei stetig. Ferner sei $t$ fest, und $x_0 \in G$ sei ein beliebiger Punkt. Dann gilt nach den obigen Betrachtungen

$$\frac{\int_B \varphi(x,t)\,dx}{\operatorname{vol}(B)} = 0$$

für jeden zulässigen Bereich $B$. Wenn wir nun nur solche zulässigen Gebiete $B$ betrachten, für die $x_0 \in B$ ist, so zeigt eine einfache Abschätzung, daß

$$\varphi(x_0,t) = \lim_{\substack{\operatorname{vol}(B) \to 0 \\ x_0 \in B}} \frac{\int_B \varphi(x,t)\,dx}{\operatorname{vol}(B)}$$

gilt. Somit erhalten wir aus (6) (und den obigen Regularitätsannahmen, die im folgenden stillschweigend gemacht werden), daß in jedem Punkt $x \in G$ und zu jedem Zeitpunkt $t$ die *Transportgleichung*

$$\frac{\partial \varrho}{\partial t} + \operatorname{div}(\varrho v) = f \tag{7}$$

gelten muß.

Ist die Strömung *quellenfrei*, so vereinfacht sich (7) zu

$$\frac{\partial \varrho}{\partial t} = -\operatorname{div}(\varrho v),$$

und ist außerdem die Dichte $\varrho$ *zeitlich und räumlich konstant*, so gilt

$$\operatorname{div}(v) = 0,$$

d. h. *eine inkompressible quellenfreie Strömung ist divergenzfrei.*

Wir machen nun die zusätzliche Annahme (die in vielen konkreten Fällen experimentell untermauert werden kann), *daß die Flüssigkeit von Stellen hoher Dichte zu den Orten niederer Dichte strömt*, d. h. daß ein *Ausgleichsvorgang*, eine *Diffusion*, stattfindet.

Im einfachsten Fall gilt dann

$$\varrho v = -a \operatorname{grad} \varrho$$

mit einem konstanten *Diffusionskoeffizienten* $a > 0$. Im allgemeinen ist es jedoch nicht zu erwarten, daß die Strömung den Kurven des steilsten Abstiegs folgt. Die Strömungsrichtung wird vielmehr vom Ort, der Zeit und dem Material (d. h. der betrachteten Flüssigkeit) abhängen, d. h. es wird gelten

$$\varrho v = -A \operatorname{grad} \varrho, \tag{8}$$

wobei $A = [a^{ik}]_{1 \leqq i,k \leqq n}$ eine von $x, t$ und $\varrho$ abhängige *Diffusionsmatrix* ist, d. h. $A = A(x, t, \varrho) \in \mathscr{L}(\mathbb{R}^3)$. Die Aussage, daß die Strömung von Stellen hoher Dichte zu Stellen niederer Dichte strömt, bedeutet dann, daß

$$(\varrho v | \operatorname{grad} \varrho) \leqq 0$$

gelten muß, also

$$(A \operatorname{grad} \varrho | \operatorname{grad} \varrho) \geqq 0.$$

Dies ist sicher dann erfüllt, wenn $A(x, t, \varrho) \in \mathscr{L}(\mathbb{R}^3)$ *positiv* [*semi-*]*definit* ist, was üblicherweise vorausgesetzt wird.

Die fundamentale Annahme, unter der wir (8) hergeleitet haben, ist, je nach physikalischem Kontext, unter verschiedenen Namen, wie z. B. *Ficksches Gesetz* oder *Wärmeflußgesetz* etc., bekannt.

Aus (7) und (8) erhalten wir somit, daß in $G$ die *Diffusionsgleichung*

(9)
$$\frac{\partial \varrho}{\partial t} - \operatorname{div}(A \operatorname{grad} \varrho) = f$$

gelten muß. In *euklidischen Koordinaten* lautet (9) (für allgemeines $n$)

$$\frac{\partial \varrho}{\partial t} - \sum_{i,k=1}^{n} D_i(a^{ik} D_k \varrho) = f$$

mit $D_i = \frac{\partial}{\partial x^i}$, $i = 1, \ldots, n$, d. h.

$$\frac{\partial \varrho}{\partial t} = \sum_{i,k=1}^{n} \frac{\partial}{\partial x^i}\left(a^{ik} \frac{\partial \varrho}{\partial x^k}\right) + f.$$

Es handelt sich hierbei um eine partielle *Differentialgleichung 2-ter Ordnung*.
In dem Spezialfall $A = aI_n$, $a > 0$, vereinfacht sich (9) zu

(10)
$$\frac{\partial \varrho}{\partial t} - a\Delta\varrho = f$$

mit $\Delta\varrho := \operatorname{div}(\operatorname{grad}\varrho)$, d. h. in euklidischen Koordinaten:

$$\Delta\varrho = \sum_{i=1}^{n} \frac{\partial^2 \varrho}{(\partial x^i)^2}.$$

Hierbei heißt (10) die (inhomogene) *Wärmeleitungsgleichung* und $\Delta$ ist der *Laplace-Operator*.
Wir müssen nun das Geschehen am Rand $\partial G$ von $G$ betrachten. Hier gibt es mehrere Möglichkeiten. Dazu nehmen wir an, $\partial G$ bestünde aus zwei disjunkten Teilen

$$\partial G = \Gamma_0 \cup \Gamma_1$$

(beides 2-dimensionale (im allgemeinen: $(n-1)$-dimensionale) $C^1$-Mannigfaltigkeiten, so daß $G$ lokal ganz auf einer Seite von $\partial G$ liegt. In anderen Worten: $\bar{G}$ sei eine $n$-dimensionale berandete $C^1$-Mannigfaltigkeit in $\mathbb{R}^n$).

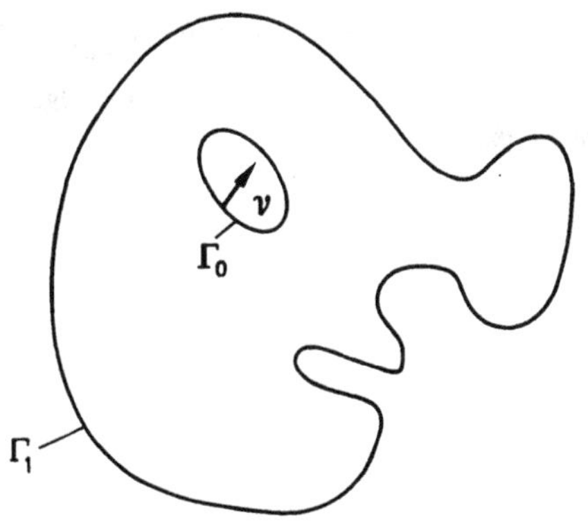

Auf $\Gamma_0$ soll die Dichte $\varrho$ auf einem vorgegebenen Wert $\varphi$ gehalten werden (wobei natürlich i. a. $\varphi$ von $(x, t)$ abhängen kann, z. B. $\varphi \in C(\Gamma_0 \times \mathbb{R}, \mathbb{R})$), d. h.

(11) $$\varrho = \varphi \quad \text{auf} \quad \Gamma_0 .$$

Den Randteil $\Gamma_1$ stellen wir uns als möglicherweise durchlässig vor. Dann (siehe oben) stellt

$$\Delta t(\varrho v(x, t) | \nu) d\sigma$$

die im Zeitintervall $[t, t + \Delta t]$ durch das Oberflächenelement $d\sigma$ nach außen strömende Flüssigkeitsmenge dar, d. h.

$$(\varrho v(x, t) | \nu) d\sigma$$

ist die zeitliche Änderung der Flüssigkeitsmenge zur Zeit $t$ am Ort $x$, also i. a. eine Funktion des Ortes, der Zeit und der Dichte $\varrho$, d. h.

$$(\varrho v(x, t) | \nu(x)) = \psi(x, t, \varrho) .$$

Die Funktion $\psi$ wird i. a. bekannt sein, da sie sich aus geeigneten physikalischen Theorien ergibt, die experimentell bestätigt werden können. So ist es z. B. oft sinnvoll, anzunehmen, die austretende Flüssigkeitsmenge sei zur im Augenblick am Ort vorhandenen Flüssigkeitsmenge proportional oder, etwas allgemeiner,

(12) $$\psi(x, t, \varrho) = \alpha(x, t)\varrho - \beta(x, t) .$$

Hierbei sind $\alpha$ und $\beta$ *Maße für die Durchlässigkeit des Randes.*

Mit (8) erhalten wir (wegen $A = A^T$, was in der Definition der positiven Semidefinitheit stets eingeschlossen sei!)

$$(\varrho v | \nu) = -(A \operatorname{grad} \varrho | \nu) = -(A\nu | \operatorname{grad} \varrho),$$

d. h. in euklidischen Koordinaten:

$$(\varrho v | \nu) = -\sum_{i=1}^{n} \left( \sum_{k=1}^{n} a^{ik} \nu^k \right) \frac{\partial \varrho}{\partial x^i} .$$

Falls $A = aI_n$ mit $a > 0$ gilt, ist $(A\nu | \operatorname{grad} \varrho) = a(\nu | \operatorname{grad} \varrho) = a \dfrac{\partial \varrho}{\partial \nu}$, wobei $\partial/\partial \nu$ die Richtungsableitung in Richtung der äußeren Normalen bezeichnet. Im allgemeinen bezeichnet man $\nu_A := A\nu$ als die *Konormale* bzgl. $A$ und nennt

$$\frac{\partial \varrho}{\partial \nu_A} := (A\nu | \operatorname{grad} \varrho)$$

die *Konormalenableitung* (längs $\partial G$).

Insgesamt gilt also auf $\Gamma_1$:

(13) $$\frac{\partial \varrho}{\partial \nu_A} = -\psi(x, t, \varrho)$$

oder, unter der Annahme (12),

$$\frac{\partial \varrho}{\partial \nu_A} + \alpha \varrho = \beta. \tag{14}$$

Ist speziell der Rand $\Gamma_1$ *undurchlässig,* so gilt

$$\frac{\partial \varrho}{\partial \nu_A} = 0 \quad \text{auf} \quad \Gamma_1.$$

Schließlich nehmen wir an, daß wir zur Zeit $t = t_0$ die Dichteverteilung kennen:

$$\varrho(x, t_0) = u_0(x) \quad \forall x \in G, \tag{15}$$

und daß wir uns für die Dichteverteilung $\varrho(x, t)$ zur Zeit $t > t_0$ am Ort $x \in G$ interessieren, d. h. wir suchen eine Funktion $u: \bar{G} \times [t_0, \infty) \to \mathbb{R}$, welche dem folgenden *Anfangsrandwertproblem* genügt:

$$\begin{cases} \dfrac{\partial u}{\partial t} - \operatorname{div}(A \operatorname{grad} u) = f & \text{in} \quad G \times (t_0, \infty), \\ u = \varphi & \text{auf} \quad \Gamma_0, \\ \dfrac{\partial u}{\partial \nu_A} + \alpha u = \beta & \text{auf} \quad \Gamma_1, \\ u(., t_0) = u_0. \end{cases} \tag{16}$$

Hierbei sind $A, f, \alpha, \beta, \varphi$ bekannte Funktionen von $(x, t)$ und möglicherweise auch von $u$ und $\operatorname{grad} u$, und $A$ ist für jedes feste Argument eine positiv-definite symmetrische Matrix.

**(4.1) Bemerkungen:** (a) Bei der in der Herleitung von (16) betrachteten „Flüssigkeit" braucht es sich keineswegs um eine reale Flüssigkeit zu handeln. Z. B. kann $u$ die Temperatur eines Mediums sein (dann ist die „Flüssigkeit" die Wärmemenge) oder die Population in einem ortsabhängigen Populationsmodell (vgl. § 1), d. h. in einem Populationsmodell, in dem „Wanderungen" der Individuen berücksichtigt werden. Im letzteren Fall stellt natürlich der „Quellenterm" $f$ die durch Geburt und Tod bedingte Änderung der Population am Ort $x$ und zur Zeit $t$ dar.

Insbesondere kann man auch Systeme mit mehreren Populationen betrachten, z. B. *Räuber-Beute-Systeme unter Berücksichtigung von Diffusion* (d. h. Wanderungseffekten). Dann erhält man *Systeme* von *Reaktions-Diffusionsgleichungen:*

$$\begin{cases} \dfrac{\partial u^i}{\partial t} - \operatorname{div}(A_i \operatorname{grad} u^i) = f(x, t, u^1, \ldots, u^m) & \text{in} \quad G \times (t_0, \infty), \\ u^i = \varphi^i \quad \text{auf} \quad \Gamma_0, \\ \dfrac{\partial u^i}{\partial \nu_{A_i}} + \alpha_i u^i = \beta_i \quad \text{auf} \quad \Gamma_1, \\ u^i = u_0^i \quad \text{für} \quad t = t_0, \end{cases}$$

$i = 1, \ldots, m$ (keine Summationskonvention!).

Solche Reaktions-Diffusionsgleichungen treten insbesondere auch in der Chemie auf, bei der mathematischen Beschreibung von chemischen Reaktionen in Lösungen, in denen Diffusion stattfindet. Sie sind von großem aktuellen Interesse, wobei die Mehrzahl der auftretenden mathematischen Fragen (wie globale Existenz von Lösungen, Stabilität, allgemeines Langzeitverhalten etc.) noch offen sind.

(b) Bei dem Anfangsrandwertproblem (16) handelt es sich um ein Problem aus der Theorie der partiellen Differentialgleichungen. Formal kann das Problem (16) auch als ein Anfangswertproblem für eine gewöhnliche Differentialgleichung geschrieben werden, allerdings nicht im $\mathbb{R}^n$, *sondern in einem geeigneten unendlichdimensionalen Raum*. Dazu setzen wir

$$v(t) := u(.,t),$$

d. h. $v$ ist eine Abbildung von $\mathbb{R}$ in einen geeigneten Raum $X(G)$ von Funktionen auf $G$ (z. B. $X(G) = C(G)$ oder $X(G) = L^2(G)$). Ferner seien der Einfachheit halber $A = A(x,u)$ und $f(x,u)$ nicht explizit von $t$ abhängig. Ebenso seien $\alpha, \beta,$ und $\varphi$ unabhängig von $t$. Wir setzen

$$\operatorname{dom}(F) := \{v \in X(G) \mid v \in C^2(G),\ v|\Gamma_0 = \varphi,\ \left(\frac{\partial}{\partial \nu_A} + \alpha\right) v = \beta \quad \text{auf} \quad \Gamma_1\}$$

und

$$F(v) := \operatorname{div}(A \operatorname{grad} v) + f \quad \forall v \in \operatorname{dom}(F).$$

Dann ist (16) formal von der Gestalt

$$\dot{v} = F(v), \quad v(t_0) = u_0 .$$

Dieser Zugang zum Problem (16), nämlich dessen Behandlung als gewöhnliche Differentialgleichung in einem unendlichdimensionalen Raum, ist äußerst wichtig und weitreichend. Er ist die Grundlage der funktionalanalytischen Theorie der Evolutionsgleichungen.

(c) Es sei $M \subset \mathbb{R}^n$ eine $m$-dimensionale $C^2$-Mannigfaltigkeit und es sei $f \in C^2(M, \mathbb{R})$. Dann gilt in lokalen Koordinaten bekanntlich

$$(17) \qquad (\operatorname{grad} f)^i = \sum_{j=1}^{m} g^{ij} \frac{\partial f}{\partial x^j}, \quad i = 1, 2, \dots, m,$$

und

$$(18) \qquad \Delta_M f := \operatorname{div} \operatorname{grad} f = \frac{1}{\sqrt{g}} \sum_{i,j=1}^{m} \frac{\partial}{\partial x^i} \left( \sqrt{g}\, g^{ij} \frac{\partial f}{\partial x^j} \right).$$

Hierbei ist $\Delta_M$ der Laplace-Beltrami-Operator von $M$,

$$[g^{ij}]_{1 \le i,j \le m} = [g_{ij}]^{-1}_{1 \le i,j \le m},$$

$$[g_{ij}]_{1 \le i,j \le m} = \left[ \left( \frac{\partial}{\partial x^i} \middle| \frac{\partial}{\partial x^j} \right) \right]_{1 \le i,j \le m}$$

und $\sqrt{g} = \sqrt{\det [g_{ij}]}$. Außerdem gelten diese Beziehungen in jeder $m$-dimensionalen Riemannschen Mannigfaltigkeit, wobei $[g_{ij}]_{1 \leq i,j \leq m}$ der *metrische Fundamentaltensor* ist (vgl. z. B. Bröcker [1]).

Wenn wir nun annehmen, daß in (16) die Matrix $A$ positiv definit ist und nur von $x \in G$ abhängt, können wir auf $G$

$$(19) \qquad [g_{ij}] := a A^{-1} = [a^{ij}]^{-1} a \quad \text{mit} \quad a := (\det A)^{1/(m-2)}$$

als metrischen Fundamentaltensor verwenden und erhalten so die Riemannsche Mannigfaltigkeit $M := (G, [g_{ik}])$. Dann folgt $\sqrt{g}\,[g^{ij}] = \dfrac{\sqrt{g}}{a}[a^{ij}]$ und, wegen

$$(\sqrt{g})^2 = \det [g_{ij}] = a^m \det A^{-1} = \frac{a^m}{\det A} = \frac{a^m}{a^{m-2}} = a^2,$$

somit aus (18)

$$\begin{aligned}\operatorname{div}(A \operatorname{grad} u) &= \sum_{i,j=1}^{m} \frac{\partial}{\partial x^i}\left(a^{ij}\frac{\partial u}{\partial x^j}\right)\\ &= a \cdot \frac{1}{\sqrt{g}} \sum_{i,j=1}^{m} \frac{\partial}{\partial x^i}\left(\sqrt{g}\, g^{ij}\frac{\partial u}{\partial x^j}\right)\\ &= a(x)\, \Delta_M u\end{aligned}$$

mit $a(x) = [\det A(x)]^{1/(m-2)}$.

Wegen $[g^{ij}] = \dfrac{1}{a}[a^{ij}]$ folgt aus (17)

$$(20) \qquad \begin{aligned}\frac{\partial u}{\partial v_A} &= \sum_{i,j=1}^{m} a^{ij}\frac{\partial u}{\partial x^j} v^i = a \sum_{i=1}^{m}\left(\sum_{j=1}^{m} g^{ij}\frac{\partial u}{\partial x^j}\right) v^i\\ &= a(\operatorname{grad}_M u \mid v) = (\operatorname{grad}_M u \mid a A^{-1} A v)\\ &= (\operatorname{grad}_M u \mid a A^{-1} v_A) = \sum_{i,j=1}^{m} g_{ij} v_A^i (\operatorname{grad}_M u)^j\\ &= (\operatorname{grad}_M u \mid v_A)_M,\end{aligned}$$

da bekanntlich

$$(v \mid w)_M := \sum_{i,j=1}^{m} g_{ij} v^i w^j, \quad v, w \in T(M),$$

das innere Produkt auf dem Tangentialbündel darstellt. Hierbei ist, wie üblich, der Gradient $\operatorname{grad}_M f$ auf der Mannigfaltigkeit $M$ durch

$$df(v) = (\operatorname{grad}_M f \mid v)_M \quad \forall\, v \in T(M)$$

definiert.

Wegen

$$(v|\nu) = \left(v|aA^{-1}\left(\frac{1}{a}A\nu\right)\right) = \left(v|\frac{1}{a}\nu_A\right)_M$$

für $v \in T(M) \cong M \times \mathbb{R}^m$, ist $\nu_A \in T(\partial M)^\perp$ ein nach außen weisender Normalenvektor der Länge

$$\|\nu_A\|_M := \sqrt{(\nu_A|\nu_A)_M} = \sqrt{(A\nu|\nu)a} > 0\,.$$

Also ist (vgl. (20))

$$\frac{\partial u}{\partial \nu_A} = (\operatorname{grad}_M u|\nu_A)_M$$

*die Ableitung von u auf $\partial M$ in Richtung des (nicht normierten) äußeren Normalenvektors* $\nu_A$. Mit der äußeren Einheitsnormale

$$\nu_M := \frac{\nu_A}{\|\nu_A\|_M}$$

auf $\partial M$ können wir nun das Anfangsrandwertproblem (16) als ein Anfangsrandwertproblem auf der Riemannschen Mannigfaltigkeit $M$ auffassen:

$$\begin{cases} \dfrac{\partial u}{\partial t} - a\Delta_M u = f & \text{in} \quad M \times (t_0, \infty), \\ u = \varphi & \text{auf} \quad \Gamma_0, \\ \dfrac{\partial u}{\partial \nu_M} + \alpha_M u = \beta_M & \text{auf} \quad \Gamma_1, \\ u(.,t_0) = u_0 & \text{auf} \quad M, \end{cases}$$

mit $\alpha_M := \alpha/\|\nu_A\|_M$ und $\beta_M := \beta/\|\nu_A\|_M$. □

## *Separationsansätze*

Wir betrachten nun das *homogene* Anfangsrandwertproblem

$$(21)\qquad \begin{aligned} \frac{\partial u}{\partial t} - \operatorname{div}(A \operatorname{grad} u) &= 0 \quad \text{in} \quad G \times (0, \infty), \\ u &= 0 \quad \text{auf} \quad \Gamma_0 \times (0, \infty), \\ \frac{\partial u}{\partial \nu_A} + \alpha u &= 0 \quad \text{auf} \quad \Gamma_1 \times (0, \infty), \\ u(.,0) &= u_0 \quad \text{auf} \quad G, \end{aligned}$$

wobei wir annehmen, daß $A$ und $\alpha$ nur von $x$, aber nicht von $t$ abhängen. Ein wichtiger Spezialfall von (21) stellt die gewöhnliche *Wärmeleitungsgleichung ohne äußere Quellen* dar, d. h. das Problem

$$\begin{aligned} \frac{\partial u}{\partial t} - \Delta u = 0 \quad & \text{in} \quad G \times (0, \infty), \\ u = 0 \quad & \text{auf} \quad \partial G \times (0, \infty), \\ u(.,0) = u_0 \quad & \text{auf} \quad G, \end{aligned}$$

wobei wir sog. *Dirichletsche Randbedingungen* gewählt haben (d. h. auf $\partial G$ wird die Temperatur fest vorgeschrieben).

Um eine Lösung von (21) zu finden, machen wir nun den *Ansatz der getrennten Variablen*

$$u(x, t) = v(x) w(t).$$

Wenn wir mit diesem Ansatz in die Differentialgleichung eingehen, erhalten wir (mit $\cdot = d/dt$)

$$(23) \qquad \begin{aligned} v\dot{w} - w \operatorname{div}(A \operatorname{grad} v) = 0 \quad & \text{in} \quad G \times (0, \infty), \\ wv = 0 \quad & \text{auf} \quad \Gamma_0 \times (0, \infty), \\ w\left(\frac{\partial v}{\partial \nu_A} + \alpha v\right) = 0 \quad & \text{auf} \quad \Gamma_1 \times (0, \infty). \end{aligned}$$

Setzen wir für $x$ einen festen Wert $x_0$ mit $v(x_0) \neq 0$ ein, so folgt aus (23), daß

$$(24) \qquad \dot{w} = -\lambda w, \quad t \geqq 0,$$

mit einer Konstanten $\lambda$ gelten muß. Hieraus erhalten wir für $w$ die explizite Form

$$(25) \qquad w(t) = c e^{-\lambda t}, \quad t \geqq 0,$$

mit einer beliebigen Konstanten $c \in \mathbb{R} \setminus \{0\}$. Aus (24), (25) und (23) ergibt sich nun für die Funktion $v$ das folgende *Randwertproblem:*

$$(26) \qquad \begin{aligned} -\operatorname{div}(A \operatorname{grad} v) = \lambda v \quad & \text{in} \quad G, \\ v = 0 \quad & \text{auf} \quad \Gamma_0, \\ \frac{\partial v}{\partial \nu_A} + \alpha v = 0 \quad & \text{auf} \quad \Gamma_1. \end{aligned}$$

Wir betrachten nun den allereinfachsten Spezialfall, nämlich den Fall, daß $G = (a, b)$ ein beschränktes offenes Intervall in $\mathbb{R}$ ist. Dann ist $-\operatorname{div}(A \operatorname{grad} v)$ ein Differentialoperator der Form

$$-(pv')', \quad ' := \frac{d}{dx},$$

mit $p \in C^1((a, b), \mathbb{R})$, wobei $p > 0$ gilt (was der positiven Definitheit von $A$ entspricht). Mit der *Vereinbarung*

$$v(a) := -1\,, \quad v(b) := 1$$

ergeben sich die Randbedingungen zu:

$$\text{in } x = a: \quad \begin{cases} \qquad v(a) = 0 \\ \text{oder} \\ -p(a)v'(a) + \alpha v(a) = 0 \end{cases}$$

und

$$\text{in } x = b: \quad \begin{cases} \qquad v(b) = 0 \\ \text{oder} \\ p(b)v'(b) + \alpha v(b) = 0\,, \end{cases}$$

was wir im folgenden mit

$$Bv = 0$$

abkürzen werden. Somit nimmt (26) in diesem Fall die Form

$$(27) \qquad \begin{cases} -(pv')' = \lambda v & \text{in } (a, b) \\ \quad Bv = 0 & \text{auf } \partial(a, b) = \{a, b\} \end{cases}$$

an. Randwertprobleme dieser Art heißen *Sturm-Liouvillesche Randwertprobleme*. Sie stellen Spezialfälle der allgemeinen Theorie elliptischer Randwertprobleme dar.

Im Augenblick spezialisieren wir weiter zu $a = 0, b = \pi$ und $p = 1$, d. h. wir untersuchen das spezielle Problem

$$(28) \qquad \begin{cases} -v'' = \lambda v & \text{in } (0, \pi), \\ v(0) = v(\pi) = 0\,. \end{cases}$$

Man verifiziert sofort, daß für jede Wahl der Konstanten $A$ und $B$ die Funktion

$$(29) \qquad v(x) := A \sin(\sqrt{\lambda}x) + B\cos(\sqrt{\lambda}x)$$

eine Lösung der Differentialgleichung $-v'' = \lambda v$ darstellt. Wir werden später sehen, daß wir mit (29) auch bereits alle Lösungen gefunden haben. Die Randbedingungen ergeben:

$$v(0) \overset{!}{=} 0 \Rightarrow B = 0$$
$$v(\pi) \overset{!}{=} 0 \Rightarrow \sin(\sqrt{\lambda}\pi) = 0 \Rightarrow \sqrt{\lambda} \in \mathbb{Z}\,.$$

Also sehen wir, daß (28) nur dann *nichttriviale* Lösungen (d. h. nichtverschwindende Lösungen) hat, wenn

$$\lambda \in \{n^2 \mid n \in \mathbb{N}^*\}$$

ist.

Setzen wir nun

$$\lambda_n := n^2 \quad \forall n \in \mathbb{N}^*$$

und

$$w_n(t) := c_n e^{-\lambda_n t}, \quad c_n \in \mathbb{R}, \ c_n \neq 0,$$

so folgt aus (25) und den obigen Betrachtungen, daß für jedes $n \in \mathbb{N}^*$ die Funktion

$$u_n(x, t) := v_n(x) w_n(t) = c_n \sin(nx) e^{-n^2 t}$$

die Wärmeleitungsgleichung

$$\text{(30)} \qquad \begin{cases} u_t - u_{xx} = 0 & \text{in} \quad (0, \pi) \times (0, \infty) \\ u(0, t) = u(\pi, t) = 0 & \forall t \geqq 0 \end{cases}$$

löst. Da (30) offensichtlich ein lineares Problem ist, stellt mit zwei Lösungen auch deren Summe eine Lösung dar, d. h. es gilt das sog. *Superpositionsprinzip*. Durch rein formale Superposition erhalten wir somit eine Lösung von (30) in der Form

$$u(x, t) = \sum_{n=1}^{\infty} v_n(x) w_n(t) = \sum_{n=1}^{\infty} c_n \sin(nx) e^{-n^2 t}.$$

(Dies wird tatsächlich eine Lösung, wenn die Reihe so gut konvergiert, daß wir „unter dem Summenzeichen" einmal nach $t$ und zweimal nach $x$ differenzieren dürfen.)

Zur Bestimmung der noch freien Koeffizienten $c_n$ müssen wir daran denken, daß wir noch die Anfangsbedingung $u(.,0) = u_0$ erfüllen müssen, d. h. es muß

$$u(x, 0) = \sum_{n=1}^{\infty} c_n \sin(nx) \stackrel{!}{=} u_0(x) \quad \forall x \in (0, \pi)$$

gelten. Mit anderen Worten: wir müssen die Koeffizienten $c_n$ so bestimmen, daß die Funktion $u_0$ durch die *Fourierreihe*

$$\sum_{n=1}^{\infty} c_n \sin(nx)$$

dargestellt wird (falls dies überhaupt geht).

Wir stellen uns nun vor, es gälte tatsächlich

$$\text{(31)} \qquad u_0(x) = \sum_{n=1}^{\infty} c_n \sin(nx),$$

und die Konvergenz sei so gut, daß wir die folgenden Manipulationen ausführen dürfen. Dann multiplizieren wir (31) mit $\sin(mx)$, integrieren von 0 bis $\pi$ und verwenden die (leicht nachzurechnenden) *Orthogonalitätsrelationen*

$$\int_0^\pi \sin(nx)\sin(mx)\,dx = \begin{cases} 0 & n \neq m \\ \dfrac{\pi}{2} & n = m. \end{cases}$$

Damit ergeben sich für die *Fourierkoeffizienten* $c_n$ die Beziehungen

$$c_n = \frac{2}{\pi}\int_0^\pi \sin(nx)\,u_0(x)\,dx.$$

Mit den Abkürzungen

$$(u|v) := \int_0^\pi u(x)\,v(x)\,dx$$

und

$$e_n(x) := \sqrt{\frac{2}{\pi}}\sin(nx) \quad \forall\, n \in \mathbb{N}^*$$

gilt

(32) $$(e_n|e_m) = \delta_{nm} \quad \forall\, n, m \in \mathbb{N}^*$$

und

$$\sqrt{\frac{\pi}{2}}\,c_n = (u_0|e_n) \quad \forall\, n \in \mathbb{N}^*.$$

Also hat die Fourierreihe die Form

$$\sum_{n=1}^\infty (u_0|e_n)\,e_n,$$

und die (formale!) Reihe

$$u(x,t) = \sum_{n=1}^\infty (u_0|e_n)\,e_n(x)\,e^{-n^2 t}$$

stellt (formal) eine Lösung des Anfangsrandwertproblems

$$\begin{cases} u_t - u_{xx} = 0 & \text{in} \quad (0,\pi)\times(0,\infty), \\ u(0,t) = u(\pi,t) = 0 & \forall\, t \geqq 0, \\ u(x,0) = u_0(x) & \forall\, x \in (0,\pi) \end{cases}$$

dar.

Die Relationen (32) sagen offenbar gerade, daß $\{e_n | n \in \mathbb{N}\}$ ein *Orthonormalsystem* im Hilbertraum $L^2(0, \pi)$ darstellt. Diese Beobachtung legt nahe, auch das allgemeine RWP (26) abstrakter zu formulieren. Dazu betrachten wir ein beliebiges (beschränktes) Gebiet $G \subset \mathbb{R}^m$ und definieren einen linearen Operator $\mathbb{A}$ in dem Hilbertraum $H := L^2(G)$ mit dem üblichen Skalarprodukt

$$(u|v) := \int_G u(x)v(x)\,dx$$

wie folgt:

$$\mathrm{dom}(\mathbb{A}) := \{u \in C^2(\bar{G}) \mid \quad u|\Gamma_0 = 0, \frac{\partial u}{\partial \nu_A} + \alpha u = 0 \quad \text{auf} \quad \Gamma_1\}$$

und

$$\mathbb{A}u := -\operatorname{div}(A \operatorname{grad} u) \quad \forall u \in \mathrm{dom}(\mathbb{A}).$$

Man verifiziert, daß

$$\mathbb{A} : \mathrm{dom}(\mathbb{A}) \subset H \to H$$

ein linearer *symmetrischer* Operator ist, d. h. es gilt

$$(\mathbb{A}u|v) = (\mathbb{A}v|u) \quad \forall u, v \in \mathrm{dom}(\mathbb{A}).$$

Mit diesen Definitionen nimmt (26) die einfache Form

(33) $$\mathbb{A}v = \lambda v$$

an. In Anlehnung an die Lineare Algebra nennt man (33) ein *Eigenwertproblem*, und $\lambda \in \mathbb{R}$ heißt *Eigenwert* von $\mathbb{A}$, falls es ein $v \neq 0$ gibt, welches (33) erfüllt. Jedes solche $v$ nennt man eine *Eigenfunktion* zum Eigenwert $\lambda$, und die Menge

$$\sigma_p(\mathbb{A}) := \{\lambda \in \mathbb{R} \mid \lambda \text{ ist Eigenwert von } \mathbb{A}\}$$

heißt das *Punktspektrum* von $\mathbb{A}$.

Da (33) eine andere Formulierung von (26) ist, heißt (26) ebenfalls ein *Eigenwertproblem*.

Die obigen Betrachtungen für den einfachsten Spezialfall (30) führen zu den folgenden Fragestellungen:

(1) *Was ist* $\sigma_p(\mathbb{A})$?

In der Funktionalanalysis zeigt man, daß unter sehr allgemeinen Bedingungen $\sigma_p(\mathbb{A})$ eine unendliche Punktmenge ohne endlichen Häufungspunkt ist, d. h.

$$\sigma_p(\mathbb{A}) = \{\lambda_n \mid n \in \mathbb{N}\}.$$

(Im obigen Spezialfall war $\lambda_n = n^2$.)

(2) *Kann* $u_0 \in H$ *nach den Eigenfunktionen in eine Fourierreihe entwickelt werden, d. h. gilt*

(34) $$u_0 = \sum_{n=0}^{\infty} (u_0 | e_n) e_n$$

*mit* $\mathbb{A} e_n = \lambda_n e_n$*?* Dies ist das sog. *Vollständigkeitsproblem.*

(3) *Kann die Reihe*

$$\sum_{n=0}^{\infty} (u_0 | e_n) e_n(x) e^{-\lambda_n t}$$

*gliedweise differenziert werden, d. h. genauer, kann der Operator* $\dfrac{\partial}{\partial t} + \mathbb{A}$ *mit* $\sum_{n=0}^{\infty}$ *vertauscht werden (Regularitätsproblem)?*

Wenn dies alles der Fall ist (und in der Theorie der partiellen Differentialgleichungen zeigt man, daß es in großer Allgemeinheit richtig ist), wird das Anfangsrandwertproblem (21), das als „abstraktes AWP"

(35) $$\begin{cases} \dot{u} + \mathbb{A} u = 0 & \text{für} \quad t > 0 \\ u(0) = u_0 \end{cases}$$

im Hilbertraum $H$ formuliert werden kann, durch

(36) $$u(x,t) := \sum_{n=0}^{\infty} (u_0 | e_n) e_n(x) e^{-\lambda_n t}$$

gelöst. Wenn wir einmal annehmen, daß (36) sinnvoll ist und daß $\{e_n | n \in \mathbb{N}\}$ ein Orthonormalsystem im Hilbertraum $H$ ist, so folgt (zumindest formal) leicht

$$\|u(.,t)\|_H^2 = (u(.,t) | u(.,t)) = \sum_{n=0}^{\infty} (u_0 | e_n)^2 e^{-2\lambda_n t}.$$

Setzen wir weiter voraus, daß $\lambda_0 \leqq \lambda_1 \leqq \lambda_2 \leqq \cdots$ gilt (wie das im obigen speziellen Beispiel der Fall ist), so erhalten wir die Abschätzung

$$\|u(.,t)\|_H \leqq e^{-\lambda_0 t} \sqrt{\sum_{n=0}^{\infty} (u_0 | e_n)^2} = e^{-\lambda_0 t} \|u_0\|_H,$$

wobei die letzte Gleichheit (formal) aus (34) folgt. Falls also $\lambda_0 > 0$ gilt (vgl. das obige Beispiel), so folgt:

$$u(.,t) \underset{t \to \infty}{\longrightarrow} 0 \quad \text{in} \quad L^2(G).$$

Dies ist eine Aussage über das Langzeitverhalten der Lösungen von (35). Sie besagt, daß die „Gleichgewichtslage" $u = 0$ (d. h. die Nullstelle von $\mathbb{A} u = 0$) asymptotisch stabil ist. [Im Falle eines Wärmeleitungsmodells (mit Null-Randbedingungen) entspricht sie der Tatsache, daß die Temperatur des betrachteten Körpers langfristig auf Null absinkt, wenn keine Wärmequellen vorhanden sind und wenn seine Oberfläche immer die Temperatur 0 hat (d. h. wenn stets alle Wärme „abgesaugt" wird, die an der Oberfläche ankommt).]

Die obigen formalen Betrachtungen sollen einen Vorgeschmack auf die funktionalanalytischen Methoden geben, welche zur Behandlung von Problemen der partiellen Differentialgleichungen herangezogen werden können. Insbesondere erweist es sich als äußerst zweckmäßig, Diffusionsprobleme als abstrakte gewöhnliche Differentialgleichungen in geeigneten Hilbert- oder Banachräumen zu formulieren, wie dies in (35) angedeutet wurde. Eine wesentliche Schwierigkeit, zu deren Überwindung tieferliegende Methoden der Funktionalanalysis herangezogen werden müssen, stellt hierbei die Tatsache dar, daß die auftretenden Operatoren $\mathbb{A}$ i. a. nicht auf ganz $H$ definiert werden können, d. h. daß es sich um *unbeschränkte* (d. h. nicht stetige) lineare Operatoren handelt.

Um die Methode der Separation der Variablen in einem weiteren Beispiel zu demonstrieren, betrachten wir nun das einfachste Modell der *Wärmeleitung in einer homogenen Kugel*. Es sei also $G := \mathbb{B}^3 := \{x \in \mathbb{R}^3 \mid |x| < 1\}$ und gesucht ist eine (oder alle!) Lösung(en) des Anfangsrandwertproblems

$$\begin{cases} \dfrac{\partial u}{\partial t} - \Delta u = 0 & \text{in} \quad \mathbb{B}^3 \times (0, \infty), \\ u = 0 & \text{auf} \quad \mathbb{S}^2 \times (0, \infty), \\ u(.,0) = u_0 & \text{auf} \quad \mathbb{B}^3. \end{cases}$$

Durch den Produktansatz $u = w(t)v(x)$ erhalten wir für $v$ das *Eigenwertproblem* (EWP)

(37)
$$\begin{cases} -\Delta v = \lambda v & \text{in} \quad \mathbb{B}^3, \\ v = 0 & \text{auf} \quad \mathbb{S}^2. \end{cases}$$

Wegen

$$v \Delta u = v \operatorname{div}(\operatorname{grad} u) = \operatorname{div}(v \operatorname{grad} u) - (\operatorname{grad} v \mid \operatorname{grad} u)$$

erhalten wir aus (37), unter der Annahme, daß $v \in C^2(\bar{\mathbb{B}}^3)$ eine Lösung von (37) ist, durch Multiplikation der Gleichung $-\Delta v = \lambda v$ mit $v$ und anschließender Integration über $\mathbb{B}^3$ die Relation

$$\lambda \int_{\mathbb{B}^3} v^2 dx = \int_{\mathbb{B}^3} -v \Delta v dx = -\int_{\mathbb{B}^3} \operatorname{div}(v \operatorname{grad} v) dx + \int_{\mathbb{B}^3} |\operatorname{grad} v|^2 dx.$$

Hieraus ergibt sich nach dem Gaußschen Integralsatz und unter Verwendung der Randbedingung $v = 0$:

$$\lambda \int_{\mathbb{B}^3} v^2 dx = -\int_{\mathbb{S}^2} v \frac{\partial v}{\partial \nu} d\sigma + \int_{\mathbb{B}^3} |\operatorname{grad} v|^2 dx = \int_{\mathbb{B}^3} |\operatorname{grad} v|^2 dx,$$

woraus $\lambda \geqq 0$ folgt. Also können wir

(38) $$\lambda = \mu^2 \quad \text{mit} \quad \mu \geqq 0$$

setzen.

Es ist nun naheliegend, die Symmetrie des Gebietes auszunutzen und den Laplace-Operator in Kugelkoordinaten (und nicht in euklidischen Koordinaten) auszudrücken. Dazu erinnern wir daran, daß (vgl. Bemerkung (4.1c)) der Laplace-Beltrami-Operator der $m$-dimensionalen $C^2$-Untermannigfaltigkeit $M$ des $\mathbb{R}^n$ *in lokalen Koordinaten* die Gestalt

$$\Delta_M u = \operatorname{div}\operatorname{grad} u = \frac{1}{\sqrt{g}} \sum_{i,j=1}^{m} \frac{\partial}{\partial x^i}\left(\sqrt{g}\, g^{ij} \frac{\partial u}{\partial x^j}\right)$$

hat.

**(4.2) Beispiele:** (a) *Parametrisierung von* $\mathbb{B}^3$ *durch Kugelkoordinaten.* Es sei

$$V := (0,1) \times (0, 2\pi) \times \left(-\frac{\pi}{2}, \frac{\pi}{2}\right) \to \mathbb{B}^3$$

$$g : (r, \varphi, \vartheta) \mapsto (r\cos\varphi\cos\vartheta,\ r\sin\varphi\cos\vartheta,\ r\sin\vartheta)$$

die lokale Parametrisierung der offenen Teilmenge

$$U := \mathbb{B}^3 \setminus (\mathbb{R}_+ \times \{0\} \times \mathbb{R})$$

des Balles $\mathbb{B}^3$ durch Kugelkoordinaten. Dann rechnet man mit den Formeln von (4.1c) [wegen $g_{ij} = (D_i g \mid D_j g)$] nach, daß gilt

$$(39) \qquad \Delta_{\mathbb{B}^3} = \frac{1}{r^2}\left[\frac{\partial}{\partial r}\left(r^2 \frac{\partial}{\partial r}\right) + \frac{1}{\cos^2\vartheta}\frac{\partial^2}{\partial\varphi^2} + \frac{1}{\cos\vartheta}\frac{\partial}{\partial\vartheta}\left(\cos\vartheta\frac{\partial}{\partial\vartheta}\right)\right].$$

(b) *Parametrisierung der* $\mathbb{S}^2$ *durch sphärische Koordinaten.*
Es sei

$$V := (0, 2\pi) \times \left(-\frac{\pi}{2}, \frac{\pi}{2}\right) \to \mathbb{S}^2$$

$$g : (\varphi, \vartheta) \mapsto (\cos\varphi\cos\vartheta,\ \sin\varphi\cos\vartheta,\ \sin\vartheta)$$

die lokale Parametrisierung von $U := \mathbb{S}^2 \setminus (\mathbb{R}_+ \times \{0\} \times \mathbb{R})$ durch sphärische Koordinaten. Dann gilt

$$(40) \qquad \Delta_{\mathbb{S}^2} = \frac{1}{\cos^2\vartheta}\frac{\partial^2}{\partial\varphi^2} + \frac{1}{\cos\vartheta}\frac{\partial}{\partial\vartheta}\left(\cos\vartheta\frac{\partial}{\partial\vartheta}\right). \qquad \square$$

Insbesondere sehen wir durch Vergleich von (39) und (40), daß gilt:

$$(41) \qquad \Delta_{\mathbb{B}^3} = \frac{1}{r^2}\left[\frac{\partial}{\partial r}\left(r^2\frac{\partial}{\partial r}\right) + \Delta_{\mathbb{S}^2}\right].$$

(Man überzeugt sich leicht, daß (41) in der Tat „global", d.h. auf ganz $\mathbb{B}^3$, gilt und unabhängig ist von der speziellen Parametrisierung von $\mathbb{S}^2$.)
Mit (38) und (41) lautet nun das EWP (37):

$$\begin{aligned} -\frac{1}{r^2}\left[\frac{\partial}{\partial r}\left(r^2\frac{\partial v}{\partial r}\right) + \Delta_{\mathbb{S}^2} v\right] &= \mu^2 v \text{ in } \mathbb{B}^3 \setminus \{0\} \\ v &= 0 \text{ auf } \mathbb{S}^2, \end{aligned}$$

was den *Produktansatz* $v(r,\omega) = u(r)w(\omega)$ mit $(r,\omega) \in (0,1) \times \mathbb{S}^2$ nahelegt. Setzen wir $v = uw$ in die Differentialgleichung ein, folgt

$$w\{(r^2 u')' + \mu^2 r^2 u\} + u\Delta_{\mathbb{S}^2} w = 0 \quad \text{in} \quad \mathbb{B}^3 \setminus \{0\}.$$

Wenn wir nun ein festes $r_0 \in (0,1)$ mit $u(r_0) \neq 0$ betrachten, erhalten wir für $w$ das EWP

$$(42) \qquad -\Delta_{\mathbb{S}^2} w = \sigma w \quad \text{auf} \quad \mathbb{S}^2.$$

Wenn $w$ der Gleichung (42) genügt, so muß für $u$ offensichtlich die Beziehung

$$(43) \qquad (r^2 u')' + (\mu^2 r^2 - \sigma)u = 0 \quad \text{in} \quad (0,1)$$

erfüllt sein. Durch Multiplikation von (42) mit $w$ und anschließende Integration über $\mathbb{S}^2$ folgt mit dem Gaußschen Satz

$$\sigma \int_{\mathbb{S}^2} w^2 = \int_{\mathbb{S}^2} |\operatorname{grad} w|^2,$$

falls $w \in C^2(\mathbb{S}^2)$ eine Lösung von (42) ist.

Also gilt wieder $\sigma \geqq 0$, und wir können

$$\sigma = \nu^2 \quad \text{mit} \quad \nu \geqq 0$$

setzen. Für $u$ ergibt sich somit die gewöhnliche lineare Differentialgleichung zweiter Ordnung (mit $x := r$)

$$(x^2 u')' + (\mu^2 x^2 - \nu^2)u = 0 \quad \text{in} \quad (0,1).$$

Aus der Randbedingung von (37) folgt die Randbedingung

$$u(1) = 0.$$

Da die Funktion $v(r,\omega) = u(r)w(\omega)$, die nur auf $\mathbb{B}^3 \setminus \{0\}$ definiert ist, stetig differenzierbar auf $\mathbb{B}^3$ fortgesetzt werden muß, damit sie wirklich eine Lösung von (37) darstellt, müssen wir $u'(0) = 0$ fordern. Also erhalten wir für den *Radialanteil* $u$ das RWP

$$\begin{cases} (x^2 u')' + (\mu^2 x^2 - \nu^2)u = 0 \quad \text{für} \quad 0 < x < 1, \\ u'(0) = 0, \\ u(1) = 0. \end{cases}$$

Die Differentialgleichung kann in der äquivalenten Form

$$(44) \qquad u'' + \frac{2}{x}u' + \left(\mu^2 - \frac{\nu^2}{x^2}\right)u = 0$$

geschrieben werden. Hieraus ist ersichtlich, daß an der Stelle $x = 0$ eine Singularität vorliegt. Differentialgleichungen dieser Art können mit funktionentheoretischen Methoden ausführlich diskutiert werden. Speziell handelt es sich bei der obigen Gleichung um eine Differentialgleichung der sog. *Fuchsschen Klasse* (vgl. z. B. Walter [1]).

Wir führen nun in (44) eine neue abhängige Variable durch die Transformation

$$y(x) := \frac{u(x)}{\sqrt{x}}$$

ein. Dann geht (44) über in die Differentialgleichung

$$(45) \qquad y'' + \frac{1}{x} y' + \left[ \mu^2 - \frac{\nu^2 + 1/4}{x^2} \right] y = 0,$$

die sog. *Besselsche Differentialgleichung*. Hierbei ist zu berücksichtigen, daß sich $\nu^2 = \sigma$ aus dem Eigenwertproblem (42) ergibt, also in (45) als bekannt anzusehen ist. Also hat (45) die Form

$$(46) \qquad -y'' - \frac{1}{x} y' + \frac{s^2}{x^2} y = \mu^2 y$$

mit $s^2 := \nu^2 + 1/4 \in (0, \infty)$. Wir erhalten also schließlich ein *Eigenwertproblem für einen singulären Differentialoperator zweiter Ordnung*, genauer, *für den Besselschen Differentialoperator*

$$B_s(y) := -\frac{d^2 y}{dx^2} - \frac{1}{x} \frac{dy}{dx} + \frac{s^2}{x^2} y,$$

nämlich das EWP

$$\begin{cases} B_s(y) = \mu^2 y \quad \text{in} \quad (0, 1), \\ y(1) = 0, \\ \lim_{x \to 0} (\sqrt{x}\, y(x))' = 0. \end{cases}$$

Wir verweisen auf Triebel [1, § 27] für eine funktionalanalytische Behandlung des Besselschen Differentialoperators (unter etwas anderen Randbedingungen). Das Buch von Triebel enthält auch eine mathematisch einwandfreie Darstellung der Separationsmethoden bei vielen Problemen der mathematischen Physik (z. B. Problemen der Quantenmechanik) sowie eine ausführliche Behandlung des EWP (42) für den Laplace-Beltrami-Operator auf der $\mathbb{S}^m$ (Triebel [1, § 31]).

## Aufgaben

1. Es sei $G \subset \mathbb{R}^n$ offen und beschränkt, und $\bar{G}$ sei eine $C^2$-Mannigfaltigkeit mit $\partial G = \Gamma_0 \cup \Gamma_1$ und $\Gamma_0 \cap \Gamma_1 = \emptyset$. Ferner seien $A \in C^1(\bar{G}, \mathscr{L}(\mathbb{R}^n))$ mit $A(x)$ positiv

definit für $x \in \bar{G}$,

$$\operatorname{dom}(\mathbb{A}) := \{u \in C^2(\bar{G}, \mathbb{R}) \mid u = 0 \quad \text{auf} \quad \Gamma_0 \quad \text{und} \quad \frac{\partial u}{\partial \nu_A} + \alpha u = 0 \quad \text{auf} \quad \Gamma_1\},$$

wobei $\nu_A$ die Konormale an $\partial G$ bzgl. $A$ bezeichne und $\alpha \in C(\Gamma_1, \mathbb{R})$ gelte, und

$$\mathbb{A} u := -\operatorname{div}(A \operatorname{grad} u) \quad \forall u \in \operatorname{dom}(\mathbb{A}).$$

Beweisen Sie, daß $\mathbb{A}$ bzgl. des $L^2(G)$-inneren Produkts

$$(u \mid v) := \int_G u(x) v(x)\, dx$$

symmetrisch ist, d. h. daß gilt

$$(\mathbb{A} u \mid v) = (u \mid \mathbb{A} v) \quad \forall u, v \in \operatorname{dom}(\mathbb{A}).$$

2. Es seien $H := L^2(0, \pi)$ und

$$e_n(x) := \sqrt{\frac{2}{\pi}} \sin(nx) \quad \forall x \in [0, \pi], \ \forall n \in \mathbb{N}^*.$$

Dann ist $\{e_n \mid n \in \mathbb{N}^*\}$ ein Orthonormalsystem in $H$, d. h. es gilt $(e_n \mid e_m) = \delta_{nm} \quad \forall n, m \in \mathbb{N}^*$.

Zeigen Sie:

(a) Falls

$$v \in C_0^2[0, \pi] := \{u \in C^2([0, \pi], \mathbb{R}) \mid u(0) = u(\pi) = 0\}$$

ist, so gilt für die „Fourierkoeffizienten" $(v \mid e_n)$ die Abschätzung

$$|(v \mid e_n)| \leqq \frac{\sqrt{2\pi}}{n^2} \max_{0 \leqq x \leqq \pi} |v''(x)| \quad \forall n \in \mathbb{N}^*.$$

(b) Für $v \in C_0^2[0, \pi]$ ist die Separationsmethode für das Anfangswertproblem der Wärmeleitungsgleichung

$$(*) \qquad \begin{cases} u_t - u_{xx} = 0 & \text{in} \quad (0, \pi) \times (0, \infty), \\ u(0, t) = u(\pi, t) = 0 & \text{für} \quad t \geqq 0, \\ u(x, 0) = v(x) & \text{für} \quad x \in [0, \pi] \end{cases}$$

mathematisch gerechtfertigt, d. h. die Funktion

$$u(x, t) := \sum_{n=1}^{\infty} (v \mid e_n) e_n(x) e^{-n^2 t} (x, t) \in [0, \pi] \times \mathbb{R}_+$$

stellt eine (klassische) Lösung von (*) dar. (Verwenden Sie hierbei ohne Beweis, daß die

Fourierreihe

$$\sum_{n=1}^{\infty} (v|e_n)e_n$$

punktweise in $[0, \pi]$ gegen $v$ konvergiert.)

## 5. Elementare Integrationsmethoden

Im folgenden bezeichne $E = (E, |\cdot|)$ einen beliebigen Banachraum über $\mathbb{K} := \mathbb{R}$ oder $\mathbb{C}$. In allen praktisch wichtigen Fällen wird dabei $E = \mathbb{K}^m$ gelten. Ferner sei $D \subset E$ ein Gebiet und $I \subset \mathbb{R}$ sei ein offenes Intervall. Schließlich seien $(t_0, x_0) \in I \times D$ und $f \in C(I \times D, E)$. Wir betrachten das *Anfangswertproblem*

$$(\mathrm{AWP})_{(t_0,x_0)} \qquad \begin{cases} \dot{x} = f(t, x) \\ x(t_0) = x_0 . \end{cases}$$

Eine Funktion $u: J \to D$ heißt *Lösung* von $(\mathrm{AWP})_{(t_0,x_0)}$, falls gilt:

(i) $J \subset I$ ist ein perfektes Intervall mit $t_0 \in J$;

(ii) $u \in C^1(J, D)$;

(iii) $\dot{u}(t) = f(t, u(t)) \quad \forall\, t \in J$;

(iv) $u(t_0) = x_0$.

Erfüllt die Funktion $u: J \to D$ lediglich die Bedingungen (i)–(iii), so ist $u$ eine *Lösung der Differentialgleichung* $\dot{x} = f(t, x)$.

Ist $\tilde{u}: \tilde{J} \to D$ eine weitere Lösung von $(\mathrm{AWP})_{(t_0,x_0)}$, so heißt $\tilde{u}$ eine *Fortsetzung* von $u$, falls $\tilde{u} \supset u$ gilt. Besitzt $u$ keine echte Fortsetzung, so heißt $u$ eine *nicht fortsetzbare Lösung* und das Intervall $J$ ist ein *maximales Existenzintervall* für $(\mathrm{AWP})_{(t_0,x_0)}$. Gilt schließlich $J = I$, so heißt die (offensichtlich nicht fortsetzbare) Lösung $u$ *global.*

Eine Lösung $u: J \to D$ der Differentialgleichung $\dot{x} = f(t, x)$ ist offensichtlich ein $C^1$-Weg in $D$, dessen Tangentialvektor im Punkt $u(t)$ durch $f(t, u(t))$ gegeben ist. Den Graphen der Lösung $u$, d. h.

$$\Gamma := \mathrm{graph}(u) := \{(t, u(t)) \mid t \in J\} \subset \mathbb{R} \times E,$$

nennt man eine *Integralkurve* der Differentialgleichung $\dot{x} = f(t, x)$. Wird $\Gamma$ durch

$\psi : t \to (t, u(t)), t \in J$, parametrisiert, so wird der Tangentialvektor an den Weg $\psi$ im Punkt $(t, u(t))$ durch den Vektor $(1, f(\psi(t))) = (1, f(t, u(t)))$ gegeben.

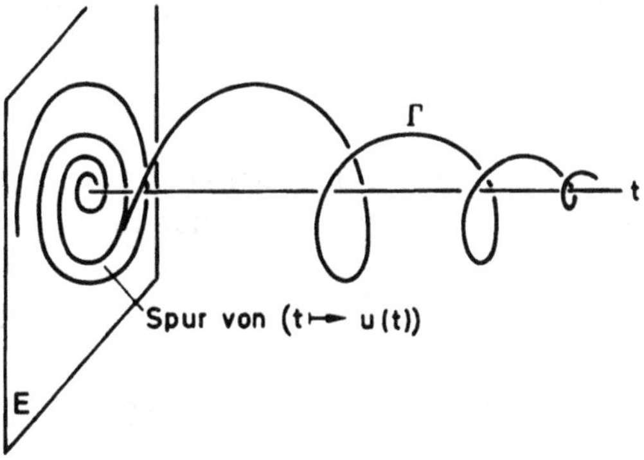


Wir betrachten kurz den eindimensionalen Spezialfall $E = \mathbb{R}$. Dann nennt man das Tripel $(t, x, f(t, x))$ ein *Linienelement* und

$$\{(t, x, f(t, x)) \mid (t, x) \in I \times D\}$$

das *Richtungsfeld* der Differentialgleichung $\dot{x} = f(t, x)$. Da $f(t, x)$ nach dem Obigen die Steigung der Tangente an $\Gamma$ im Punkt $(t, x)$ bestimmt, kann man sich das Richtungsfeld graphisch dadurch veranschaulichen, daß man in den Punkten

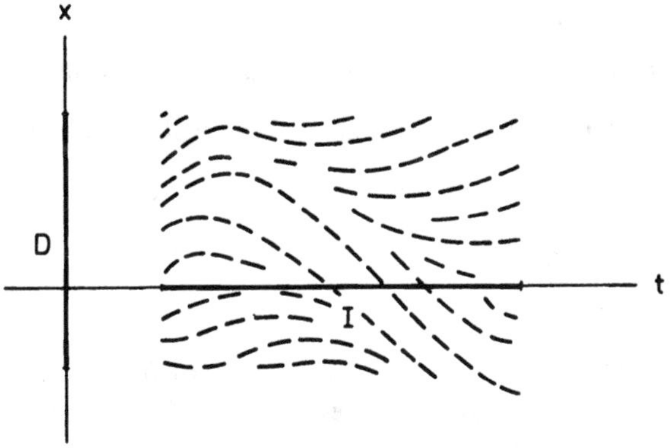


$(t, x)$ von $I \times D$ ein kleines Geradenstück mit der Steigung $f(t, x)$ anträgt. Hierdurch kann man sich einen Überblick über den möglichen Verlauf der Integralkurven verschaffen.

*Trennung der Veränderlichen*

Es seien $E = \mathbb{R}$ und $f(t, x) = g(t)h(x)$ mit $g \in C(I, \mathbb{R})$ und $h \in C(D, \mathbb{R})$. Dann lautet das AWP für die *Differentialgleichung erster Ordnung mit getrennten Variablen*

(1) $$\dot{x} = g(t)h(x), \; x(t_0) = x_0 .$$

Es sei nun $x : J \to D$ eine Lösung von (1) mit $h(x(t)) \neq 0 \;\forall t \in J$. Dann erhalten wir aus (1), durch Division mit $h(x(t))$ und Integration von $t_0$ bis $t \in J$,

(2) $$\int_{t_0}^{t} g(\tau)d\tau = \int_{t_0}^{t} \frac{\dot{x}(\tau)d\tau}{h(x(\tau))} = \int_{x_0}^{x(t)} \frac{d\xi}{h(\xi)} .$$

Der folgende „*Satz über die Separation der Variablen*" besagt nun, daß umgekehrt aus der Relation

(3) $$\int_{x_0}^{x} \frac{d\xi}{h(\xi)} = \int_{t_0}^{t} g(\tau)d\tau$$

durch Auflösen nach $x$ eine Lösung von (1) bestimmt werden kann.

**(5.1) Satz:** (a) *Ist* $h(x_0) = 0$, so ist $x(t) = x_0 \;\forall t \in I$ *eine globale Lösung von* (1).

(b) *Ist* $h(x_0) \neq 0$, *so existiert ein offenes Intervall* $J \subset I$ *um* $t_0$, *derart, daß* (1) *auf* $J$ *genau eine Lösung besitzt* („*lokale Existenz und Eindeutigkeit*"). *Sie kann aus* (3) *durch Auflösen nach* $x$ *gewonnen werden.*

**Beweis:** (a) ist trivial.

(b) Wir definieren $G \in C^1(I, \mathbb{R})$ mit $G' = g$ und $G(t_0) = 0$ eindeutig durch $G(t) = \int_{t_0}^{t} g(\tau)d\tau$. Ferner sei $U$ das maximale Intervall in $D$ mit $x_0 \in U$ und $h(\xi) \neq 0 \;\forall \xi \in U$. Dann ist $U$ offen in $\mathbb{R}$. Für $x \in U$ setzen wir

$$H(x) := \int_{x_0}^{x} \frac{d\xi}{h(\xi)} .$$

Dann ist $H \in C^1(U, \mathbb{R})$, $H(x_0) = 0$ und $H' = 1/h$. Folglich ist $H$ ein $C^1$-Diffeomorphismus von $U$ auf ein offenes Intervall $V \subset \mathbb{R}$ mit $H(x_0) = 0 \in V$. Dann ist $W := G^{-1}(V)$ eine offene Umgebung von $t_0$, und $J$ sei das größte offene Intervall um $t_0$, das in $W$ enthalten ist (die Zusammenhangskomponente von $\{t_0\}$ in $W$).

Die Gleichung (3) lautet nun $H(x) = G(t)$, und für $t \in J$ ist dies äquivalent zu

$$x(t) = H^{-1}(G(t)) .$$

Folglich gilt $x \in C^1(J, \mathbb{R})$ und $x(t_0) = H^{-1}(G(t_0)) = x_0$. Durch Differentiation der impliziten Gleichung $H(x(t)) = G(t)$, $t \in J$, erhalten wir, wegen $H' = 1/h$,

$$\dot{x}(t) = g(t)h(x(t)) \quad \forall t \in J.$$

Somit löst $x := H^{-1} \circ G : J \to D$ das AWP (1).

Ist $\tilde{x} \in C^1(\tilde{J}, D)$ eine andere Lösung von (1) mit $h(\tilde{x}(t)) \neq 0$ $\forall t \in \tilde{J}$, so gilt $\tilde{x}(\tilde{J}) \subset U$, da $\tilde{x}(\tilde{J})$ eine zusammenhängende Teilmenge von $D$ ist, welche $x_0$ enthält. Wegen (2) gilt $H(\tilde{x}(t)) = G(t)$ für $t \in \tilde{J}$, also

$$\tilde{x}(t) = H^{-1}(G(t)) = x(t) \quad \forall t \in J \cap \tilde{J}.$$

Aufgrund der Definition von $J$ ist $\tilde{J} \subset J$, also $J \cap \tilde{J} = \tilde{J}$, und somit $x \supset \tilde{x}$. Dies beweist die lokale Eindeutigkeit. □

**(5.1) Beispiele:** (a) $\dot{x} = 1 + x^2$, $x(t_0) = x_0$. In diesem Fall sind $I = D = \mathbb{R}$, $g = 1$ und $h(x) = 1 + x^2 \neq 0$ $\forall x \in \mathbb{R}$. Also garantiert Satz (5.1) für jedes $(t_0, x_0)$ eine eindeutige Lösung, die aus

$$\int_{x_0}^{x} \frac{d\xi}{1+\xi^2} = \int_{t_0}^{t} d\tau$$

durch Auflösen nach $x$ gewonnen werden kann. Es folgt

$$x(t) = \tan(t - \alpha) \quad \text{für} \quad t \in \left(\alpha - \frac{\pi}{2}, \alpha + \frac{\pi}{2}\right) =: J(t_0, x_0)$$

mit $\alpha := t_0 - \arctan x_0$.

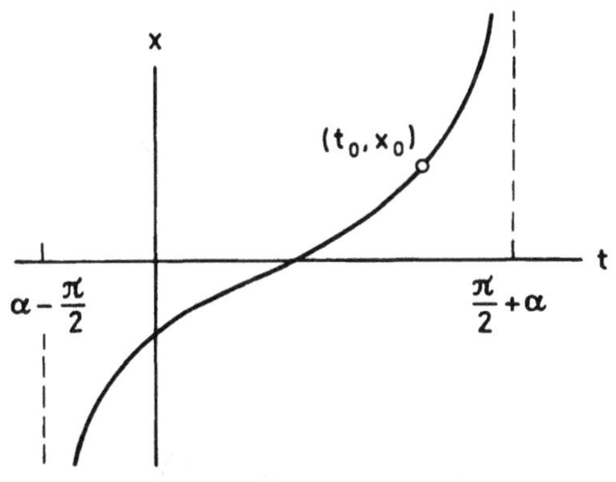


Diese Lösung ist offensichtlich *nicht fortsetzbar, aber nicht global,* obwohl die rechte Seite der Differentialgleichung von allereinfachster Gestalt (ein Polynom in $x$) ist. Außerdem sehen wir, daß durch jeden Punkt $(t_0, x_0)$ der Ebene genau eine Integralkurve der Differentialgleichung $\dot{x} = 1 + x^2$ verläuft und daß alle Integralkurven „von $-\infty$ nach $+\infty$ laufen".

(b) $\dot{x} = f(x)$ mit $f(x) = (\operatorname{sign} x)\sqrt{|x|}$, $x \in \mathbb{R}$. In diesem Fall ist wieder $I = D = \mathbb{R}$ und die rechte Seite ist *ungerade*, d. h. es gilt $f(-x) = -f(x)$ für alle $x \in \mathbb{R}$. Hieraus folgt sofort, daß das Richtungsfeld symmetrisch zur $t$-Achse ist und daß mit jeder Lösung $t \mapsto x(t)$ auch die „gespiegelte" Funktion $t \mapsto -x(t)$ eine Lösung ist. Außerdem hat die Differentialgleichung die triviale Lösung $x = 0$.

Wir betrachten nun das AWP

(4) $$\dot{x} = f(x), \quad x(t_0) = x_0 .$$

Gilt $x_0 > 0$, so berechnet sich eine Lösung von (4) nach Satz (5.1) aus der Beziehung

$$\int_{x_0}^{x} \frac{d\xi}{\sqrt{\xi}} = \int_{t_0}^{t} d\tau ,$$

also

$$x(t) = \left(\sqrt{x_0} + \frac{t - t_0}{2}\right)^2 \quad \text{für} \quad t > t_0 - 2\sqrt{x_0} =: \tau_0$$

(da für $t = \tau_0$ der Ausdruck $\sqrt{x(t)}$ verschwindet und somit Satz (5.1 b) nicht mehr anwendbar ist). *Diese Lösung ist aber nach links durch* 0 *fortsetzbar zu der globalen Lösung*

$$\bar{x}(t) := \begin{cases} \left(\sqrt{x_0} + \dfrac{t - t_0}{2}\right)^2 & \text{für} \quad t \geqq \tau_0 , \\[2ex] 0 & \text{für} \quad t \leqq \tau_0 , \end{cases}$$

und $\bar{x}$ ist offensichtlich die einzige nicht fortsetzbare Lösung von (4) für $x_0 > 0$.

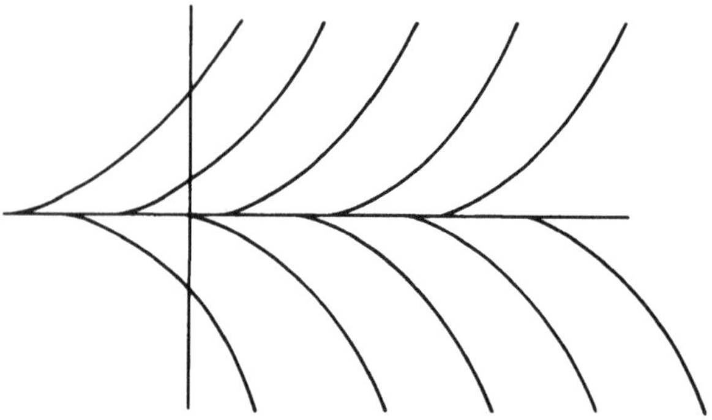

Ist $x_0 < 0$, so erhalten wir aufgrund der obigen Symmetrieüberlegung ebenfalls genau eine nichtfortsetzbare Lösung durch $x_0$, nämlich durch Spiegelung von $\bar{x}$ an der $t$-Achse. *Also hat*

*das AWP* (4) *für jedes* $(t_0, x_0) \in \mathbb{R}^2$ *mit* $x_0 \neq 0$ *die eindeutig bestimmte globale Lösung*

$$x(t) = \begin{cases} \operatorname{sign}(x_0)\left(\sqrt{|x_0|} + \dfrac{t-t_0}{2}\right)^2 & \text{für} \quad t \geqq t_0 - 2\sqrt{|x_0|}, \\ 0 & \text{für} \quad t \leqq t_0 - 2\sqrt{|x_0|}. \end{cases}$$

Andererseits hat das AWP

$$\dot{x} = f(x), \quad x(t_0) = 0$$

für jedes $t_0 \in \mathbb{R}$ *neben der trivialen Lösung* $x = 0$ *die unendlich vielen verschiedenen globalen Lösungen*

$$x_\alpha(t) := \begin{cases} \pm \dfrac{(t-\alpha)^2}{4} & \text{für} \quad t \geqq \alpha, \\ 0 & \text{für} \quad t \leqq \alpha, \end{cases}$$

wobei $\alpha$ eine beliebige reelle Zahl mit $\alpha \geqq t_0$ ist.

Die Mehrdeutigkeit „taucht" im Punkt $x_0 = 0$ auf. Dies ist die einzige Stelle, an der $f$ nicht differenzierbar ist. *Ja*, $f$ ist in 0 nicht einmal *Lipschitz stetig*, d.h. es existiert kein $\lambda \in \mathbb{R}_+$ mit

$$|f(x) - f(0)| \leqq \lambda |x|$$

für alle $x$ in einer Umgebung von 0. Wir werden später sehen, daß für Lipschitz stetige Funktionen das AWP stets eindeutig lösbar ist.

(c) *Die lineare homogene Differentialgleichung erster Ordnung*. Es sei $a \in C(I, \mathbb{R})$, und betrachtet werde das (AWP)

$$(5) \qquad \dot{x} = a(t)x, \quad x(t_0) = x_0$$

für ein beliebiges $(t_0, x_0) \in I \times \mathbb{R}$. Ist $x_0 \neq 0$, so erhalten wir durch Trennung der Variablen

$$\int_{x_0}^{x} \frac{d\xi}{\xi} = \int_{t_0}^{t} a(\tau)\, d\tau,$$

also

$$\log\left|\frac{x}{x_0}\right| = \int_{t_0}^{t} a(\tau)\, d\tau$$

oder

$$\left|\frac{x(t)}{x_0}\right| = e^{\int_{t_0}^{t} a(\tau)\, d\tau}.$$

Hieraus lesen wir ab, daß $x(t) \neq 0$ für alle $t$ im Existenzintervall $J$ gilt. Folglich ist $J = I$, und wegen $x(0) = x_0$ ist $|x(t)/x_0| = x(t)/x_0$. Also ist für jedes $x_0 \neq 0$ die Funktion

(6) $$x(t) = x_0 e^{\int_{t_0}^{t} a(\tau)d\tau}, \quad t \in I,$$

die eindeutig bestimmte globale Lösung von (5). Für $x_0 = 0$ hat (5) die triviale Lösung $x = 0$. Aus (6) folgt, daß keine nichttriviale Lösung die $t$-Achse trifft (d. h. Null wird). Folglich ist auch die triviale Lösung eindeutig. *Also stellt* (6) *für jedes* $(t_0, x_0) \in I \times \mathbb{R}$ *die eindeutig bestimmte globale Lösung des AWP* (5) *dar.*

Es sei bemerkt, daß natürlich im Spezialfall $a =$ konstant (6) in die bereits im ersten Paragraphen gefundene Lösung $x(t) = x_0 e^{a(t-t_0)}$ übergeht. □

*Pfaffsche Formen*

Es seien wieder $I, D$ offene Intervalle in $\mathbb{R}$ und $f \in C(I \times D, \mathbb{R})$. Dann können wir die Differentialgleichung $dy/dx = f(x, y)$ formal als „Gleichung zwischen Differentialen" schreiben:

(7) $$dy - f(x, y)dx = 0.$$

Um diesen Sachverhalt zu präzisieren, bezeichnen wir mit

$$\Omega_k^1(M), \quad k \in \mathbb{N},$$

die Menge (das Bündel) der *Pfaffschen Formen* der Differenzierbarkeitsordnung $k$ auf (der Mannigfaltigkeit) $M$. Ist $M$ offen in $\mathbb{R}^2$, so kann bekanntlich $\alpha \in \Omega_k^1(M)$ in der Form

$$\alpha = A dx + B dy$$

mit $A, B \in C^k(M, \mathbb{R})$ dargestellt werden. Ist $\varphi : V \to \Gamma$ eine $C^1$-Parametrisierung der Kurve $\Gamma \subset M$, so wird die *mittels* $\varphi$ *auf* $V$ *zurückgeholte Pfaffsche Form* $\varphi^* \alpha \in \Omega_0^1(V)$ bekanntlich durch

(8) $$\varphi^* \alpha(t) := [A(\varphi(t))\dot{\varphi}^1(t) + B(\varphi(t))\dot{\varphi}^2(t)]\,dt \quad \forall t \in V$$

definiert. Insbesondere gilt $\varphi^* \alpha = 0$ genau dann, wenn

(9) $$A(\varphi(t))\dot{\varphi}^1(t) + B(\varphi(t))\dot{\varphi}^2(t) = 0, \quad t \in V,$$

gilt. Schließlich heißt ein $C^1$-Weg $\varphi: V \to \mathbb{R}^2$ *regulär*, wenn $\dot{\varphi}(t) \neq 0$ für alle $t \in V$ gilt. Eine *reguläre* $C^1$*-Kurve* $\Gamma$ ist eine Äquivalenzklasse von regulären $C^1$-Wegen, wobei zwei reguläre $C^1$-Wege $\varphi: V \to \mathbb{R}^2$ und $\psi: W \to \mathbb{R}^2$ äquivalent sind, falls ein Diffeomorphismus $a: V \to W$ mit $\varphi = \psi \circ a$ existiert.

Es sei nun

$$\alpha := dy - f dx \in \Omega_0^1(I \times D),$$

und $u \in C^1(J, D)$ sei eine Lösung der Differentialgleichung $\dot{y} = f(x, y)$. Dann definiert $\varphi(t) := (t, u(t))$, $t \in J$, einen regulären $C^1$-Weg in $I \times D$, der

$$\varphi^* \alpha(t) = [\dot{u}(t) - f(t, u(t))] dt = 0, \quad t \in J,$$

d.h. $\varphi^* \alpha = 0$, erfüllt.

Umgekehrt sei $\varphi \in C^1(J, I \times D)$ ein regulärer $C^1$-Weg in $I \times D$, der

$$(10) \qquad \varphi^* \alpha = [\dot{\varphi}^2 - f(\varphi)\dot{\varphi}^1] dt = 0$$

erfülle. Dann gilt $\dot{\varphi}^2 = f(\varphi^1, \varphi^2)\dot{\varphi}^1$. Wäre $\dot{\varphi}^1(t) = 0$ für ein $t \in J$, so wäre auch $\dot{\varphi}^2(t) = 0$, was der Regularität von $\varphi$ widerspräche. Folglich ist $\dot{\varphi}^1(t) \neq 0$ für jedes $t \in J$. Also ist $\varphi^1$ ein $C^1$-Diffeomorphismus von $J$ auf $V := \varphi^1(J)$. Aus (10) lesen wir

$$(11) \qquad \frac{\dot{\varphi}^2(t)}{\dot{\varphi}^1(t)} = f(\varphi^1(t), \varphi^2(t)), \quad t \in J,$$

ab. Wir führen nun durch $x := \varphi^1(t)$ eine neue Variable ein und setzen $u(x) := \varphi^2((\varphi^1)^{-1}(x))$. Dann ergibt sich mittels der Kettenregel

$$\frac{du}{dx} = \dot{\varphi}^2((\varphi^1)^{-1}(x))[(\varphi^1)^{-1}]^{\cdot}(x) = \frac{\dot{\varphi}^2((\varphi^1)^{-1}(x))}{\dot{\varphi}^1((\varphi^1)^{-1}(x))},$$

woraus mit (11)

$$\frac{du}{dx} = f(x, u(x)), \quad x \in V,$$

folgt.

Wir haben also gezeigt:

(5.3) *Das Auffinden einer Integralkurve für die Differentialgleichung*

$$y' = f(x, y)$$

*ist äquivalent zu dem Problem, einen regulären $C^1$-Weg $\varphi : J \to I \times D$ zu finden, derart daß*

$$\varphi^* \alpha = 0 \quad \textit{für} \quad \alpha := dy - f dx \in \Omega_0^1(I \times D)$$

*gilt.*

Dies führt zur folgenden

**Definition:** Es sei $M$ offen in $\mathbb{R}^2$ und $\alpha \in \Omega_0^1(M)$ sei eine stetige Pfaffsche Form. Eine reguläre $C^1$-Kurve $\Gamma$ in $M$ heißt *Lösung(-skurve) der Gleichung* $\alpha = 0$, falls eine reguläre $C^1$-Parametrisierung $\varphi : J \to M$ von $\Gamma$ existiert mit $\varphi^* \alpha = 0$. Die Lösung $\Gamma$ *geht durch den Punkt* $(x_0, y_0) \in M$, wenn $(x_0, y_0)$ auf der Spur von $\Gamma$ liegt.

**(5.4) Bemerkungen:** (a) Der wesentliche Vorteil der obigen Definition ist die Tatsache, daß für die Lösungskurven von $\alpha = 0$ keine speziellen Parametrisierungen ausgezeichnet sind. Insbesondere bereiten nun Kurvenpunkte in der $(x$-$y)$-Ebene mit vertikaler Tangente keine „Schwierigkeiten" mehr. Ist nämlich $\psi$: $\hat{J} \to M$ eine andere reguläre Parametrisierung von $\Gamma$, so gibt es einen $C^1$-Diffeomorphismus $h: J \to \hat{J}$ mit $\psi \circ h = \varphi$. Dann gilt $\varphi^* \alpha = h^* \psi^* \alpha = 0$, was bekanntlich $\psi^* \alpha = 0$ impliziert.

(b) *Ist* $\alpha \in \Omega_0^1(M, \mathbb{R})$ *und* $h \in C(M, \mathbb{R})$ *mit* $h(x, y) \neq 0$, $(x, y) \in M$, *so haben die Gleichungen* $\alpha = 0$ *und* $h\alpha = 0$ *dieselben Lösungskurven.*

**Beweis:** Es sei $\varphi : J \to M$ eine reguläre $C^1$-Parametrisierung einer Lösungskurve $\Gamma$ von $\alpha = 0$. Dann folgt aus $\varphi^* \alpha = 0$ unmittelbar $\varphi^*(h\alpha) = (\varphi^* h)(\varphi^* \alpha) = (h \circ \varphi)\varphi^* \alpha = 0$. Wegen $h(x, y) \neq 0 \ \forall (x, y) \in M$ gilt auch die Umkehrung. □

(c) *Für* $\alpha \in \Omega_0^1(M)$ *gelte* $\alpha(x_0, y_0) \neq 0$ *für ein* $(x_0, y_0) \in M$. *Dann existieren eine offene Umgebung* $U := I \times D$ *von* $(x_0, y_0) \in M$ *und eine in* $U$ *definierte Differentialgleichung der Form*

$$y' = f(x, y) \quad \textit{oder} \quad x' = g(x, y),$$

*welche die gleichen Lösungskurven wie* $\alpha = 0$ *in* $U$ *hat.*

**Beweis:** Es sei $\alpha = A dx + B dy$. Dann ist $(A(x_0, y_0), B(x_0, y_0)) \neq (0,, 0)$. Falls $B(x_0, y_0) \neq 0$ ist, so gilt $B(x, y) \neq 0$ für eine ganze Umgebung $U$ von $(x_0, y_0)$. Folglich haben $\alpha = 0$ und

$$\frac{1}{B} \alpha = \frac{A}{B} dx + dy = 0$$

die gleichen Lösungskurven in $U$ (nach (b)). Nun folgt die Behauptung aus (5.3). Falls $B(x_0, y_0) = 0$ ist, muß $A(x_0, y_0) \neq 0$ gelten, und die Behauptung folgt analog. □

(d) *Die Pfaffsche Form* $\alpha = A dx + B dy \in \Omega_0^1(M)$ *hat dieselben Lösungskurven wie das System*

$$\dot{x} = B(x, y), \quad \dot{y} = -A(x, y).$$

**Beweis:** Es sei $\varphi \in C^1(J, M)$. Dann gilt $\varphi^* \alpha = 0$ genau dann wenn (9) erfüllt ist. Letzteres ist genau dann der Fall, wenn es ein $\lambda \in C(J, \mathbb{R} \setminus \{0\})$ mit $(\dot{\varphi}^1, \dot{\varphi}^2) = \lambda(B(\varphi), -A(\varphi))$ gibt. Es seien $t_0 \in J$ beliebig und

$$a(t) := \int_{t_0}^{t} \lambda(\tau)\,d\tau, \quad t \in J.$$

Dann ist $a$ ein $C^1$-Diffeomorphismus von $J$ auf $V := a(J)$, und für

$$(x(s), y(s)) := (\varphi^1 \circ a^{-1}(s), \varphi^2 \circ a^{-1}(s)), \quad s = a(t) \in V,$$

gilt

$$(\dot{x}(s), \dot{y}(s)) = \frac{1}{\dot{a}(t)} (\dot{\varphi}^1(t), \dot{\varphi}^2(t)) = (B(x(s), y(s)), -A(x(s), y(s)))$$

für $s \in V$. □

Eine Pfaffsche Form $\alpha \in \Omega_0^1(M)$ heißt *exakt*, wenn ein $f \in C^1(M, \mathbb{R})$ existiert mit $df = \alpha$, und $\alpha \in \Omega_1^1(M)$ ist *geschlossen*, wenn $d\alpha = 0$ gilt.

**(5.5) Bemerkungen:** (a) *Wegen $d^2 = 0$ ist jede exakte Form geschlossen.* Die Umkehrung ist bekanntlich i. a. falsch.

(b) *Die Form $\alpha = A dx + B dy \in \Omega_1^1(M)$ ist genau dann geschlossen, wenn die Integrabilitätsbedingung*

$$\frac{\partial A}{\partial y} = \frac{\partial B}{\partial x}$$

*erfüllt ist.*

Aus den Rechenregeln für die äußere Ableitung ergibt sich nämlich

$$d\alpha = dA \wedge dx + dB \wedge dy = \left(\frac{\partial A}{\partial x} dx + \frac{\partial A}{\partial y} dy\right) \wedge dx$$

$$+ \left(\frac{\partial B}{\partial x} dx + \frac{\partial B}{\partial y} dy\right) \wedge dy = \left(-\frac{\partial A}{\partial y} + \frac{\partial B}{\partial x}\right) dx \wedge dy,$$

und damit die Behauptung. □

Es sei daran erinnert, daß $c \in \mathbb{R}$ ein *regulärer Wert* von $f \in C^1(M, \mathbb{R})$ ist, wenn $df(x, y) \neq 0$ für alle $(x, y) \in f^{-1}(c)$ gilt. Dies ist offensichtlich gleichbedeutend mit

$$\operatorname{grad} f(x, y) \neq 0 \quad \forall (x, y) \in f^{-1}(c),$$

d. h. *die Niveaumenge $f^{-1}(c)$ enthält keinen kritischen Punkt.*

**(5.6) Satz:** *Es seien $\alpha \in \Omega_0^1(M)$ und $f \in C^1(M, \mathbb{R})$ mit $df = \alpha$, und $c \in \mathbb{R}$ sei ein regulärer Wert von $f$. Dann ist die Niveaumenge $f^{-1}(c)$ eine lokal endliche Vereinigung von Lösungskurven der Gleichung $\alpha = 0$. Außerdem liegt (die Spur) jede(r) Lösungskurve von $\alpha = 0$ in einer Niveaumenge von $f$.*

**Beweis:** Wenn $c$ ein regulärer Wert ist, so ist bekanntlich $f^{-1}(c)$ eine eindimensionale $C^1$-Mannigfaltigkeit, also insbesondere lokal regulär $C^1$-parametrisierbar (Satz über implizite Funktionen). Ist $\varphi : J \to M$ eine reguläre $C^1$-Parametrisierung einer Kurve $\Gamma$ mit $\operatorname{spur}(\Gamma) \subset f^{-1}(c)$, so ist $\varphi * f = f \circ \varphi = c$ auf $J$. Folglich gilt

$$(12) \qquad 0 = d(\varphi^* f) = \varphi^* df = \varphi^* \alpha .$$

Also ist $\Gamma$ eine Lösungskurve von $\alpha = 0$.

Ist umgekehrt $\varphi$ eine reguläre $C^1$-Parametrisierung einer Lösungskurve $\Gamma$ von $\alpha = 0$, so gilt (12) (von rechts nach links gelesen!). Also ist $\varphi^* f = f \circ \varphi$ konstant auf $J$. □

Eine Funktion $f \in C^1(M, \mathbb{R})$ heißt *Integral der Gleichung* $\alpha = 0$, oder *Stammfunktion* von $\alpha \in \Omega_0^1(M)$, falls $\alpha = df$ gilt.

**(5.7) Korollar:** *Ist $f \in C^1(M, \mathbb{R})$ eine Stammfunktion von $\alpha \in \Omega_0^1(M)$, so stellen die regulären Teile der Niveaumengen alle regulären Lösungen von $\alpha = 0$ dar.*

Hierbei verstehen wir unter dem *regulären Teil einer Niveaumenge* $f^{-1}(c)$ die Menge $f^{-1}(c) \setminus K$ mit

$$K := \{(x, y) \in M \mid df(x, y) = 0\},$$

d. h. aus der Niveaumenge werden die kritischen Punkte entfernt.

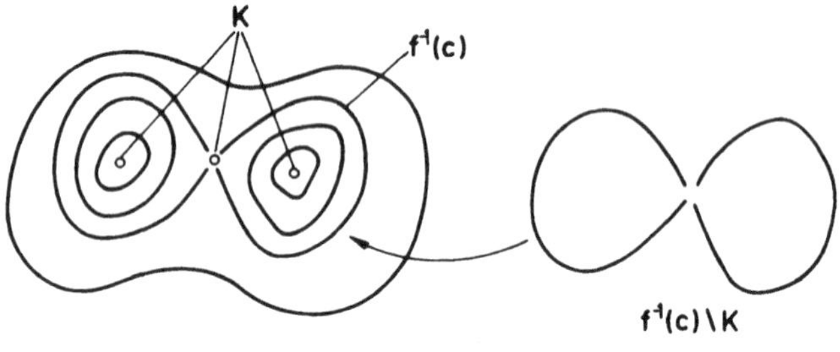


Aus der Analysis ist bekannt, daß die Umkehrung von (5.5a) gilt, falls $M$ ein hinreichend „schönes" Gebiet ist. Genauer gilt das folgende

**(5.8) Theorem:** *Es seien $M \subset \mathbb{R}^2$ ein einfach zusammenhängendes Gebiet und $\alpha \in \Omega_1^1(M)$. Dann ist $\alpha$ genau dann exakt, wenn $\alpha$ geschlossen ist.*

Für einen Beweis dieses Satzes verweisen wir auf die Literatur (z. B. Fleming [1], § 7-7). Im folgenden wollen wir nur den Spezialfall betrachten, daß $M$ ein offenes Rechteck in $\mathbb{R}^2$ ist, dafür aber etwas weniger Regularität voraussetzen.

**(5.9) Theorem:** *Es seien* $M \subset \mathbb{R}^2$ *ein offenes Rechteck und* $\alpha = A dx + B dy \in \Omega_0^1(M)$. *Ferner mögen die partiellen Ableitungen* $A_y := \partial A/\partial y$ *und* $B_x$ *in* $M$ *existieren und stetig sein. Ist dann die Integrabilitätsbedingung* $A_y = B_x$ *erfüllt, so ist* $\alpha$ *exakt.*

**Beweis:** Wir nehmen zuerst an, $f \in C^1(M, \mathbb{R})$ erfülle $df = \alpha$. Dann gilt $f_x = A$ und $f_y = B$. Durch Integration der ersten dieser Gleichungen von $x_0$ bis $x$, bei festem $y$, erhalten wir

$$f(x,y) = \int_{x_0}^{x} A(t,y)\,dt + h(y), \tag{13}$$

wobei $h(y)$ eine Integrationskonstante ist. Wegen $f \in C^1(M, \mathbb{R})$ und $A_y \in C(M, \mathbb{R})$ folgt $h \in C^1((\alpha, \beta), \mathbb{R})$, falls $M = (a,b) \times (\alpha, \beta)$ ist. Durch Differenzieren von (13) nach $y$ erhalten wir nun

$$B(x,y) = f_y(x,y) = \int_{x_0}^{x} A_y(t,y)\,dt + h'(y),$$

also

$$h'(y) = B(x,y) - \int_{x_0}^{x} A_y(t,y)\,dt. \tag{14}$$

Wegen

$$\frac{\partial}{\partial x}\Big[B(x,y) - \int_{x_0}^{x} A_y(t,y)\,dt\Big] = B_x(x,y) - A_y(x,y) = 0$$

ist die rechte Seite von (14) eine reine Funktion von $y \in (\alpha, \beta)$. Folglich können wir $h$ durch eine Quadratur bestimmen:

$$h(y) = \int_{y_0}^{y} \Big[B(x,s) - \int_{x_0}^{x} A_y(t,s)\,dt\Big]\,ds$$

mit einem beliebigen $y_0 \in (\alpha, \beta)$. Somit gilt schließlich

$$f(x,y) = \int_{x_0}^{x} A(t,y)\,dt + \int_{y_0}^{y} \Big[B(x,s) - \int_{x_0}^{x} A_y(t,s)\,dt\Big]\,ds \tag{15}$$

mit einem beliebigen $(x_0, y_0) \in M$. Wenn also $df = \alpha$ gilt, so hat $f$ notwendigerweise die Form (15).

Nun *definieren* wir $f \in C^1(M, \mathbb{R})$ durch die Formel (15) mit einem beliebigen $(x_0, y_0) \in M$. Dann sieht man sofort, daß $df = \alpha$ gilt. □

**(5.10) Bemerkungen:** (a) Unter den Voraussetzungen von Theorem (5.9) können sich zwei Stammfunktionen von $\alpha$ offensichtlich höchstens um eine Konstante unterscheiden.

(b) Es sei ausdrücklich darauf hingewiesen, *daß der Beweis von Theorem* (5.9) *konstruktiv ist,* d. h. ein explizites Verfahren zum Auffinden einer (und damit aller) Stammfunktionen von $\alpha$ enthält.

(c) Aufgrund von Satz (5.6) ist mit dem Auffinden einer Stammfunktion das Integrationsproblem der Gleichung $\alpha = 0$ als gelöst zu betrachten. Die *allgemeine Lösung* erhält man in der impliziten Form

$$f(x, y) = c,$$

wobei die „Integrationskonstante" $c$ durch die Bedingung $f(x_0, y_0) = c$ festgelegt wird, falls man eine Lösung von $\alpha = 0$ sucht, die durch $(x_0, y_0)$ geht. □

**(5.11) Beispiele:** (a) Es soll die allgemeine Lösung der Gleichung

$$\alpha := (y\cos x + 2xe^y)dx + (\sin x + x^2e^y + 2)dy = 0$$

bestimmt werden.

Offensichtlich ist $\alpha = Adx + Bdy \in \Omega^1_\infty(\mathbb{R}^2)$, und wegen

$$A_y = \cos x + 2xe^y = B_x$$

ist $\alpha$ geschlossen, also exakt (nach Theorem (5.9)).

Ist $f \in C^1(\mathbb{R}^2, \mathbb{R})$ eine Stammfunktion, so gilt

$$f_x = y\cos x + 2xe^y, \; f_y = \sin x + x^2e^y + 2. \tag{16}$$

Also, durch Integration der ersten Gleichung bzgl. $x$,

$$f(x, y) = y\sin x + x^2e^y + h(y).$$

Durch Differentiation nach $y$ erhalten wir, unter Verwendung der zweiten Gleichung in (16),

$$\sin x + x^2e^y + h'(y) = f_y = \sin x + x^2e^y + 2,$$

also $h'(y) = 2$ und somit $h(y) = 2y$. Folglich ist

$$f(x, y) := y\sin x + x^2e^y + 2y$$

eine Stammfunktion von $\alpha$, und die allgemeine Lösung der Gleichung $\alpha = 0$ wird durch

$$y\sin x + x^2e^y + 2y = c, \quad c \in \mathbb{R},$$

gegeben.

(b) Es seien $I$, $D$ offene Intervalle in $\mathbb{R}$, und $g \in C(I, \mathbb{R}), h \in C(D, \mathbb{R})$ mit $h(x) \neq 0$ für alle $x \in D$. Nach (5.3) hat die Differentialgleichung

(17) $\dot{x} = g(t)h(x)$

die gleichen Lösungskurven wie die Pfaffsche Form

$$\alpha := dx - g(t)h(x)dt,$$

also, nach (5.4b), die gleichen Lösungskurven wie die Pfaffsche Form

$$\beta := \frac{1}{h}\alpha = \frac{1}{h}dx - g\,dt \in \Omega_0^1(D \times I).$$

Diese Form erfüllt offensichtlich die Integrabilitätsbedingung $A_t = (1/h)_t = 0 = B_x = (-g)_x$. Also ist Theorem (5.9) und dessen Beweismethode anwendbar. Es existiert also ein $f \in C^1(D \times I, \mathbb{R})$ mit $f_x = 1/h$ und $f_t = -g$. Folglich ist

$$f(x,t) = \int_{x_0}^{x} \frac{d\xi}{h(\xi)} + a(t), \quad x_0 \in D \quad \text{beliebig,}$$

woraus

$$a' = f_t = -g$$

folgt. Also ist

$$a(t) = -\int_{t_0}^{t} g(\tau)d\tau, \quad t_0 \in I \quad \text{beliebig,}$$

und somit

$$f(x,t) = \int_{x_0}^{x} \frac{d\xi}{h(\xi)} - \int_{t_0}^{t} g(\tau)d\tau, \quad (x_0, t_0) \in D \times I \quad \text{beliebig.}$$

Die allgemeine Lösung der Differentialgleichung (17) wird also implizit durch

$$f(x,t) = \int_{x_0}^{x} \frac{d\xi}{h(\xi)} - \int_{t_0}^{t} g(\tau)d\tau = c, \quad c \in \mathbb{R},$$

gegeben. Wegen $f(x_0, t_0) = 0$ erhalten wir die Lösung des Anfangswertproblems

$$\dot{x} = g(t)h(x), \quad x(t_0) = x_0$$

in der impliziten Form

$$\int_{x_0}^{x} \frac{d\xi}{h(\xi)} = \int_{t_0}^{t} g(\tau)d\tau.$$

Dies ist die Formel, die wir in Satz (5.1) durch Separation der Variablen erhalten haben.

Folglich ist die Methode der Separation der Variablen als Spezialfall im Integrationsproblem für Pfaffsche Formen enthalten. □

In Beispiel (5.11 b) sind wir von der nicht geschlossenen Pfaffschen Form $\alpha := dx - g(t)h(x)dt$ zur geschlossenen Pfaffschen Form $\beta := \frac{1}{h}\alpha$ übergegangen, welche nach (5.4 b) die gleichen Lösungskurven wie $\alpha$ besitzt. Dieser Trick von allgemeiner Bedeutung ist als die Methode des Eulerschen Multiplikators bekannt. Genauer: es seien $\alpha \in \Omega_0^1(M)$ und $h \in C(M, \mathbb{R})$ mit $h(x,y) \neq 0 \quad \forall (x,y) \in M$. Ist dann $h\alpha$ exakt, so ist $h$ ein *Eulerscher Multiplikator* (oder ein *integrierender Faktor*) *für* $\alpha$.

**(5.12) Bemerkungen:** (a) *Ist h ein Eulerscher Multiplikator für $\alpha$ und ist f eine Stammfunktion von $h\alpha$, so wird die allgemeine Lösung der Gleichung $\alpha = 0$ implizit durch $f(x,y) = c$, $c \in \mathbb{R}$,* gegeben.

**Beweis:** Dies folgt aus (5.4 b) und (5.6). □

(b) Ist $\alpha \in \Omega_1^1(M)$ und ist $h \in C^1(M, \mathbb{R})$ ein Eulerscher Multiplikator für $\alpha$, so ist $h\alpha$ exakt, also geschlossen. Folglich gilt nach (5.5 b) die Integrabilitätsbedingung

$$(hA)_y = (hB)_x,$$

d. h.

$$Ah_y - Bh_x + (A_y - B_x)h = 0 \tag{18}$$

mit $\alpha = Adx + Bdy$. Also gilt nach Theorem (5.8) bzw. Theorem (5.9): *ist M einfach zusammenhängend, und erfüllt $h \in C^1(M, \mathbb{R})$ die partielle Differentialgleichung 1. Ordnung* (18) *und die Relation*

$$h(x,y) \neq 0 \quad \forall (x,y) \in M,$$

*so ist h ein Eulerscher Multiplikator für $\alpha = Adx + Bdy \in \Omega_1^1(M)$. Dies gilt auch, wenn M ein Rechteck ist und wenn für $\alpha \in \Omega_0^1(M)$ die Ableitungen $A_y$ und $B_x$ existieren und auf M stetig sind.*

Wir haben also das Integrationsproblem für die Gleichung $\alpha = 0$ auf das ungleich schwierigere Problem, eine Lösung der partiellen Differentialgleichung (18) zu finden, „zurückgeführt". Glücklicherweise ist es jedoch oft möglich, eine Lösung von (18) in der speziellen Form $h = h(x)$ oder $h = h(y)$ oder $h = h(xy)$ etc. zu finden. □

**(5.13) Beispiele:** (a) *Die Volterra-Lotka-Gleichungen* $\dot{x} = (\alpha - \beta y)x$, $\dot{y} = (\delta x - \gamma)y$. Wir interessieren uns für den biologisch relevanten Fall $x > 0$, $y > 0$. Nach Bemerkung (5.4 d) ist dieses System äquivalent zum Integrationsproblem für die Pfaffsche Form

$$\omega := (\gamma - \delta x)y\,dx + (\alpha - \beta y)x\,dy.$$

Da $\omega$ nicht geschlossen ist, versuchen wir den Ansatz $h(xy)$, um einen Eulerschen Multiplikator zu finden. Aus (18) erhält man durch eine leichte Rechnung die Beziehung

$$xy[(\gamma - \delta x) - (\alpha - \beta y)]\dot{h} + [(\gamma - \delta x) - (\alpha - \beta y)]h = 0,$$

woraus (mit $t := xy$) die Gleichung $t\dot{h} + h = 0$ folgt, welche (z. B. durch Trennung der Variablen) die Lösung $h(t) = t^{-1}$ besitzt. Die Pfaffsche Form

$$\frac{1}{xy}\,\omega = \left(\frac{\gamma}{x} - \delta\right)dx + \left(\frac{\alpha}{y} - \beta\right)dy$$

ist in $(0, \infty)^2$ exakt, und nach dem Verfahren von Beispiel (5.11a) finden wir, daß die allgemeine Lösung der Gleichung $\omega = 0$ – und damit des Volterra-Lotka-Systems – in der Form

$$\alpha \log y + \gamma \log x - \beta y - \delta x = \mathrm{const}$$

bzw. in der dazu äquivalenten Form

$$y^{\alpha} e^{-\beta y} x^{\gamma} e^{-\delta x} = \mathrm{const}$$

gegeben wird. Die Funktion

$$F(x, y) := \alpha \log y + \gamma \log x - \beta y - \delta x, \quad x, y > 0,$$

besitzt offensichtlich im Punkt $(\gamma/\delta, \alpha/\beta)$ ein Maximum und sonst keinen weiteren kritischen Punkt. Außerdem gilt $F(x, y) \to -\infty$ für $(x, y) \to \partial M$. Hieraus folgt, daß die Niveaulinien $\{(x, y) \in M \,|\, F(x, y) = c\}$ geschlossene Kurven sind, die den kritischen Punkt $(\gamma/\delta, \alpha/\beta)$ im Inneren enthalten. (Ein mathematisch exakter Beweis der anschaulich klaren Tatsache, daß die Niveaumenge zu einem festen Niveau $c$ aus einer einzigen geschlossenen Kurve besteht, ergibt sich aus dem später zu beweisenden Korollar (24.22).) Damit ist gezeigt, daß das Volterra-Lotka-System tatsächlich in $M$ das in Abbildung 4 von § 1 angegebene qualitative Verhalten besitzt, d. h. daß alle nichtkritischen Lösungen in $M$ periodisch sind.

(b) *Die linear inhomogene Differentialgleichung 1. Ordnung.* Es seien $I$ ein offenes Intervall in $\mathbb{R}$ und $a, b \in C(I, \mathbb{R})$. Betrachtet werde die Differentialgleichung

(19) $$\dot{x} = a(t)x + b(t).$$

Nach (5.3) ist das Integrationsproblem für (19) äquivalent zum Integrationsproblem für die Pfaffsche Form $\alpha := dx - [ax + b]dt \in \Omega^1(M)$ mit $M := \mathbb{R} \times I$. Diese Form ist nicht geschlossen. Mit dem Ansatz $h = h(t)$ reduziert sich (18) auf die gewöhnliche Differentialgleichung

(20) $$\dot{h} = -ah,$$

die nach (5.2c) die Lösung

(21) $$h(t) = e^{-\int_{t_0}^{t} a(\tau)d\tau}, \quad t_0 \in I,$$

besitzt. Nach (5.12b) ist $h$ ein Eulerscher Multiplikator für $\alpha$, also ist $h\alpha$ exakt. Nach dem Verfahren von Beispiel (5.11a) finden wir die allgemeine Lösung von (19) in der Form $f(x, y) = c$ mit

$$f(x,t) = h(t)x - \int_{t_0}^{t} h(\tau)b(\tau)d\tau \quad \forall\, t \in I$$

und einem beliebigen $t_0 \in I$. Ist $x_0 \in \mathbb{R}$ fest, so erhalten wir aus der impliziten Gleichung

$$f(x,t) = f(x_0, t_0) = h(t_0)x_0$$

durch Auflösen nach $x$ die Funktion

$$x(t) = \frac{h(t_0)}{h(t)} x_0 + \int_{t_0}^{t} \frac{h(\tau)}{h(t)} b(\tau)d\tau .$$

Wegen (21) ist also

$$x(t) = e^{\int_{t_0}^{t} a(\tau)d\tau} x_0 + \int_{t_0}^{t} e^{\int_{s}^{t} a(\tau)d\tau} b(s)ds, \quad t \in I,$$

eine Lösung des AWP

(22) $\qquad \dot{x} = a(t)x + b(t), \quad x(t_0) = x_0 .$

Ist $y \in C^1(I, \mathbb{R})$ eine weitere Lösung von (22), gilt also

$$\dot{y} = a(t)y + b(t), \quad y(t_0) = x_0,$$

so folgt durch Subtraktion, daß die Funktion $u := x - y \in C^1(I, \mathbb{R})$ eine Lösung des homogenen AWP

(23) $\qquad \dot{u} = a(t)u, \quad u(t_0) = 0$

ist. Nach (5.2c) hat (23) die eindeutig bestimmte Lösung $u = 0$. Also gilt $x = y$, d.h. (22) ist eindeutig lösbar. Wir haben somit das folgende Theorem bewiesen:

**(5.14) Theorem:** *Es sei $I \subset \mathbb{R}$ ein offenes Intervall, und $a, b \in C(I, \mathbb{R})$. Dann besitzt das AWP für die lineare inhomogene Differentialgleichung erster Ordnung*

$$\dot{x} = a(t)x + b(t), \quad x(t_0) = x_0$$

*für jedes $(t_0, x_0) \in I \times \mathbb{R}$ eine eindeutig bestimmte globale Lösung $x$. Sie wird durch die Formel*

(24) $\qquad x(t) = U(t, t_0)x_0 + \int_{t_0}^{t} U(t,s)b(s)ds, \quad t \in I,$

*gegeben mit*

(25) $\qquad U(t,s) := e^{\int_{s}^{t} a(\tau)d\tau} \quad \forall\, s, t \in I.$ □

**(5.15) Bemerkungen:** (a) Die Abbildung $x_0 \to U(t, t_0)x_0$ ist bei festen $t, t_0 \in I$ offensichtlich eine lineare Abbildung von $\mathbb{R}$ in sich. Also können wir $U(t, t_0)$ als einen linearen Operator auf $\mathbb{R}$ auffassen. Aus (25) folgt dann (wegen $\mathscr{L}(\mathbb{R}) \cong \mathbb{R}$)

(i) $U \in C^1(I \times I, \mathscr{L}(\mathbb{R}))$;

(ii) $U(s, s) = id_{\mathscr{L}(\mathbb{R})} \quad \forall s \in I$;

(iii) $U(t, \tau)\, U(\tau, s) = U(t, s) \quad \forall s, t, \tau \in I$;

(iv) für jedes $s \in I$ ist $u(.) := U(., s) \in C^1(I, \mathscr{L}(\mathbb{R}))$ die eindeutig bestimmte Lösung des homogenen AWP $\dot{u} = a(t)u, \quad u(s) = id_{\mathscr{L}(\mathbb{R})}\ (= 1)$;

(v) ist $a$ konstant, so ist $U(t, s) = V(t-s)$ mit $V(t) = e^{at}$.

Aus (iii) folgt insbesondere die Relation

$$U(t, s) = [U(s, t)]^{-1} \quad \forall s, t \in I.$$

Ist $E$ ein beliebiger Banachraum und ist

$$U : I \times I \to \mathscr{L}(E)$$

eine Abbildung mit den Eigenschaften (i)–(iii) (wobei natürlich $\mathscr{L}(\mathbb{R})$ durch $\mathscr{L}(E)$ zu ersetzen ist), so heißt $U$ ein *Evolutionsoperator*. Ist speziell $I = \mathbb{R}$ und gilt $U(t, s) = V(t-s)$ mit $V : I \to \mathscr{L}(E)$, so reduzieren sich die Bedingungen (ii) und (iii) auf

(ii) $V(0) = id_{\mathscr{L}(E)}$;

(iii) $V(t)\, V(s) = V(t-s) \quad \forall s, t \in \mathbb{R}$.

Die Abbildung $V : \mathbb{R} \to \mathscr{L}(E)$ stellt in diesem Fall eine *Darstellung der additiven Gruppe* $(\mathbb{R}, +)$ *in der Banachalgebra* $\mathscr{L}(E)$ dar. Derartige Darstellungen treten in der Theorie der partiellen Differentialgleichungen auf, nämlich z. B. bei der funktionalanalytischen Behandlung der Anfangswertprobleme für die Wellengleichung oder die (zeitabhängige) Schrödingergleichung. In diesen Fällen zeigt sich, daß, bei geeigneter Interpretation, die Formel (24) die Lösung dieser Anfangswertprobleme darstellt. Außerdem werden wir die Lösungsformel (24) bei der Behandlung des Anfangswertproblems für lineare Systeme von Differentialgleichungen wiederfinden (vgl. Kap. III).

(b) Der klassische *Trick* zur Lösung des AWP

(26) $$\dot{x} = a(t)x + b(t), \quad x(t_0) = x_0$$

besteht in der sog. *Variation der Konstanten*. Hierbei bestimmt man zuerst eine beliebige Lösung $u$ der homogenen Gleichung

(27) $$\dot{x} = a(t)x,$$

also z. B.

(28) $$u(t) := e^{\int_{t_0}^{t} a(\tau)d\tau}.$$

Dann macht man für die Lösung von (26) den *Ansatz* $x(t) = c(t)u(t)$ mit einer noch zu bestimmenden Funktion $c$ (der „variierten Konstanten“). Einsetzen in die Differentialgleichung (26) ergibt

$$\dot{c}u + \dot{u}c \stackrel{!}{=} acu + b ,$$

also, wegen (27), $\dot{c} = b/u$. Hieraus erhält man durch Quadratur, unter Verwendung von (28) und der Anfangsbedingung, die Formel (24). Aus diesem Grund heißt die Darstellung (24) auch die *Variation-der-Konstanten-Formel.* □

*Variablentransformationen*

Eine wichtige Technik zur Integration von Differentialgleichungen, die auch von großer theoretischer Bedeutung ist, ist die *Einführung neuer abhängiger Variablen.* Zur Illustration betrachten wir die Differentialgleichung

$$\dot{x} = f(t, x), \quad x(t_0) = x_0 \tag{29}$$

mit $f \in C(I \times D, E)$. Weiter betrachten wir eine Abbildung

$$\varphi \in C^1(I \times D, E),$$

derart, daß für jedes $t \in I$

$$\varphi_t := \varphi(t, .) : D \to E$$

ein $C^1$-*Diffeomorphismus in E* ist (d. h. $M_t := \varphi_t(D)$ ist eine offene Teilmenge von $E$, $\varphi_t : D \to M_t$ ist bijektiv, und $\varphi_t$ und $\varphi_t^{-1}$ sind stetig differenzierbar). Ist dann $u : J \to D$ eine Lösung von (29), so folgt für die mit $\varphi$ transformierte Funktion

$$v(t) := \varphi_t(u(t)) = \varphi(t, u(t)), \quad t \in J,$$

offensichtlich

$$\begin{aligned} \dot{v}(t) &= D\varphi_t(u(t))\dot{u}(t) + \frac{\partial \varphi}{\partial t}(t, u(t)) \\ &= D\varphi_t(u(t))f(t, u(t)) + \frac{\partial \varphi}{\partial t}(t, u(t)) . \end{aligned}$$

Wegen $u(t) = \varphi_t^{-1}(v(t))$ gilt also

$$\dot{v}(t) = D\varphi_t(\varphi_t^{-1}(v(t)))f(t, \varphi_t^{-1}(v(t))) + \frac{\partial \varphi}{\partial t}(t, \varphi_t^{-1}(v(t))) .$$

Beachten wir noch, daß

$$D\varphi_t(\varphi_t^{-1}(y)) = [D(\varphi_t^{-1})(y)]^{-1}$$

gilt, so haben wir gezeigt:

*$u: J \to E$ ist genau dann eine Lösung der Differentialgleichung $\dot{x} = f(t,x)$, wenn $v := \varphi_t(u): J \to E$ eine Lösung der transformierten Differentialgleichung*

(30) $$\dot{y} = [D\varphi_t^{-1}(y)]^{-1} f(t, \varphi_t^{-1}(y)) + \frac{\partial \varphi}{\partial t}(t, \varphi_t^{-1}(y))$$

*ist.*

**(5.16) Bemerkung:** In dem Spezialfall

$$\dot{x} = f(x), \quad \varphi = \varphi(x)$$

lautet die transformierte Gleichung

(31) $$\dot{y} = [D\varphi^{-1}(y)]^{-1} f(\varphi^{-1}(y)).$$

Hierbei ist $\varphi: D \to M$ ein $C^1$-Diffeomorphismus von der offenen Menge $D \subset E$ auf die offene Menge $M \subset E$. In dem Spezialfall $E = \mathbb{R}^m$ können wir $D$ und $M$ als $m$-dimensionale Mannigfaltigkeiten auffassen und deren Tangentialbündel $T(D)$ bzw. $T(M)$ mit $D \times \mathbb{R}^m$ bzw. $M \times \mathbb{R}^m$ identifizieren.

Wir definieren nun das Vektorfeld $X \in \mathfrak{X}(D)$ auf $D$ durch

$$X(x) := (x, f(x)) \in T_x(D) \quad \forall x \in D.$$

Der Diffeomorphismus $\varphi^{-1}: M \to D$ induziert den Isomorphismus $T\varphi^{-1}: T(M) \to T(D)$ mit

$$T\varphi^{-1}(y, \eta) = (\varphi^{-1}(y), D\varphi^{-1}(y)\eta) \in T_{\varphi^{-1}(y)}(D)$$

für $(y, \eta) \in T_y(M)$. Mit Hilfe von $T\varphi^{-1}$ können wir das Vektorfeld $X$ auf $D$ zum Vektorfeld $(\varphi^{-1})^* X \in \mathfrak{X}(M)$ „zurückholen", wobei $(\varphi^{-1})^* X$ bekanntlich durch

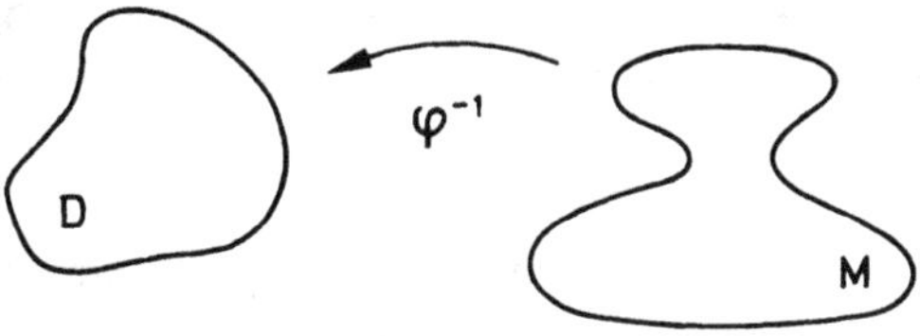


$$(\varphi^{-1})^* X(y) = (T_y \varphi^{-1})^{-1} X(\varphi^{-1}(y)) \quad \forall y \in M$$

definiert wird. Also gilt

$$(\varphi^{-1})^* X(y) = (y, [D\varphi^{-1}(y)]^{-1} f(\varphi^{-1}(y))) \quad \forall y \in M.$$

Folglich stellt die rechte Seite der transformierten Differentialgleichung (31) gerade den Hauptteil des mittels $\varphi^{-1}$ von $D$ auf $M$ zurückgenommenen Vektorfeldes $(\varphi^{-1})^* X$ dar. □

**(5.17) Beispiele:** (a) *Homogene Differentialgleichungen.* Es seien $D \subset \mathbb{R}$ ein offenes Intervall und $f \in C(D, \mathbb{R})$. Dann heißt eine Differentialgleichung der Form

$$\dot{x} = f\left(\frac{x}{t}\right) \tag{32}$$

*homogen* (oder eine *Ähnlichkeitsdifferentialgleichung*). Hier ist es naheliegend, $y := x/t$ als neue Variable einzuführen. In diesem Fall ist also $I := (0, \infty)$ und $\varphi(t, x) := x/t$. Dann rechnet man leicht nach, daß die transformierte Differentialgleichung durch

$$\dot{y} = \frac{1}{t}[f(y) - y]$$

gegeben ist. Folglich haben wir das Integrationsproblem für (32) auf das Integrationsproblem für eine Gleichung mit getrennten Variablen zurückgekehrt, welches wir oben behandelt haben.

(b) *Bernoullische Differentialgleichungen.* Hierunter versteht man die Differentialgleichungen

$$\dot{x} = a(t)x + b(t)x^{\alpha}$$

mit $a, b \in C(I, \mathbb{R})$ und $\alpha \in \mathbb{R}, \alpha \neq 1$. In diesem Fall ist $D = (0, \infty)$, und wir führen die neue Variable $y := x^{1-\alpha}$ ein. Dann ist

$$\varphi : (0, \infty) \to (0, \infty), \; x \to x^{1-\alpha}$$

ein Diffeomorphismus mit $\varphi^{-1}(y) = y^{1/(1-\alpha)}$. Man verifiziert, daß die transformierte Gleichung in diesem Fall die Gestalt

$$\dot{y} = (1 - \alpha)(a(t)y + b(t))$$

hat. Die Bernoullischen Differentialgleichungen können also in lineare Differentialgleichungen transformiert werden, womit das Integrationsproblem als vollständig gelöst angesehen werden kann. □

Die obigen Beispiele zeigen, daß man gewöhnliche Differentialgleichungen manchmal durch geschickte Transformation in einfache Formen bringen und somit lösen kann. Im allgemeinen kann man hierzu keine systematische Theorie entwickeln, sondern ist auf geschickte Tricks angewiesen. Für eine Vielzahl solcher Tricks und für eine Sammlung von (mehr oder weniger explizit) lösbaren gewöhnlichen Differentialgleichungen verweisen wir auf Kamke [1]. Im folgenden wird es unser Ziel sein, nicht einzelne Gleichungen explizit zu lösen, sondern eine mathematische

Theorie aufzubauen, welche es uns erlaubt, die Phänomene zu verstehen, die bei Differentialgleichungen auftreten. Derartige Einsichten sind i. a. wesentlich wertvoller als geschlossene Ausdrücke für einzelne Lösungen, die i. a. doch nicht sehr viel Information enthalten.

**(5.18) Bemerkung:** Es seien $D \subset \mathbb{R}^m$ offen und $I \subset \mathbb{R}$ ein offenes Intervall. Ferner sei $g \in C(I \times D, \mathbb{R})$. Dann stellt

$$x^{(m)} = g(t, x, \dot{x}, \ldots, x^{(m-1)}) \tag{33}$$

eine *gewöhnliche Differentialgleichung m-ter Ordnung in expliziter Form dar.* Genauer verstehen wir unter (33) die Aufgabe, Funktionen $u : J \to \mathbb{R}$ zu finden – *Lösungen von* (33) –, derart, daß gilt:

(i) $u \in C^m(J, \mathbb{R})$;

(ii) $(u(t), \dot{u}(t), \ldots, D^{m-1}u(t)) \in D \quad \forall t \in J$;

(iii) $D^m u(t) = g(t, u(t), \ldots, D^{m-1}u(t)) \quad \forall t \in J$.

Es ist nun theoretisch äußerst wichtig, *daß die Differentialgleichung* (33) *äquivalent zu einem System 1. Ordnung in expliziter Form, d. h. zu einer Differentialgleichung der Gestalt*

$$\dot{y} = f(t, y), \qquad f \in C(I \times D, \mathbb{R}^m),$$

*ist,* nämlich zum System

$$\begin{aligned} \dot{y}_1 &= y_2 \\ \dot{y}_2 &= y_3 \\ &\vdots \\ \dot{y}_{m-1} &= y_m \\ \dot{y}_m &= g(t, y_1, \ldots, y_m). \end{aligned}$$

Es ist also $y := (y_1, \ldots, y_m) \in \mathbb{R}^m$ und

$$f(t, y_1, \ldots, y_m) := (y_2, y_3, \ldots, y_m, g(t, y_1, y_2, \ldots, y_m)).$$

Die Behauptung folgt nun unmittelbar durch die „Transformation“ $x = y_1$. □

## Aufgaben

1. Bestimmen Sie die Lösungen der Anfangswertprobleme

$$y' = -\frac{2y}{x} + 4x, \quad y(1) = y_0$$

für $y_0 = 1$ und $y_0 = 2$.

2. Es sei $\alpha = A\,dx + B\,dy$ eine stetige differenzierbare Pfaffsche Form auf $\mathbb{R}^2$. Zeigen Sie: ist $(A_y - B_x)/B$ eine reine Funktion von $x$ auf einem einfach zusammenhängenden Gebiet $U \subset \mathbb{R}^2$, so existiert ein Eulerscher Multiplikator $h$ der Form $h = h(x)$ auf $U$. Geben Sie ein $h$ explizit an.

3. Bestimmen Sie die Lösungskurven von

(a) $(3xy + y^2)dx + (x^2 + xy)dy = 0$;

(b) $ydx + (2xy - e^{-2y})dy = 0$.

4. Bestimmen Sie die Lösungskurven von

$$(ax + y)dx - xdy = 0, \quad a \in \mathbb{R},$$

und skizzieren Sie die Lösungen in der Nähe des kritischen Punktes (0, 0). (Hinweis: Zeigen Sie durch die Substitution $x = e^t$ in den gefundenen Lösungen, daß die Lösungskurven alle in den Punkt (0, 0) hinein stetig fortgesetzt werden können und bestimmen Sie die Grenzlage der Tangenten im Punkt (0, 0).)

5. Bestimmen Sie die Lösungskurven des Räuber-Beute-Systems

$$\dot{x} = ax - bxy, \quad \dot{y} = -cy + dxy, \quad a, b, c, d > 0,$$

in impliziter Form. (Hinweis: Zurückführung auf das Integrationsproblem einer geeigneten Pfaffschen Form $\alpha = 0$.)

6. Bestimmen Sie die Lösungen der Differentialgleichung

$$y' = \frac{x + y}{x - y}$$

mittels:

(a) der Substitution $z = y/x$

(b) Einführung von Polarkoordinaten

und skizzieren Sie die Lösungskurven.

7. (a) Zeigen Sie, daß die *Riccatische Differentialgleichung*

$$y' + p(x)y + r(x)y^2 = q(x),$$

$p, q, r \in C(I, \mathbb{R})$, durch den Ansatz $y = u + v$ auf eine Bernoullische Differentialgleichung zurückgeführt werden kann, falls eine spezielle Lösung $u$ bekannt ist.

(b) Erraten Sie eine Lösung der Differentialgleichung

$$(*) \qquad y' - (1 - 2x)y + y^2 = 2x$$

und bestimmen Sie dann die allgemeine Lösung von (*).

8. Bestimmen Sie die allgemeine Lösung der Differentialgleichung

$$y'(x + x^2 y) = y - xy^2$$

durch die Transformation $z := \varphi(x, y) = xy$.

9. Lösen Sie das Anfangswertproblem

$$(**) \qquad y' = y^2 - x^2, \; y(0) = 1$$

durch einen *Potenzreihenansatz* $y(x) = \sum_{k=0}^{\infty} a_k x^k$, indem Sie diesen Ansatz formal in (**) einsetzen und einen *Koeffizientenvergleich* (bei Potenzen gleich hoher Ordnung) durchführen. Zeigen Sie dann (durch Induktion), daß für die Koeffizienten die Abschätzung $|a_k| \leqq 1$ gilt. Schließen Sie hieraus, daß die so gefundene formale Lösung im Intervall $-1 < x < 1$ tatsächlich die Lösung von (**) darstellt.

# Kapitel II: Existenz- und Stetigkeitssätze

In diesem Kapitel wird der grundlegende Existenzsatz für gewöhnliche Differentialgleichungen, der Satz von Cauchy-Peano, bewiesen. Unter etwas stärkeren Voraussetzungen wird dieses lokale Resultat zu dem globalen Existenz- und Eindeutigkeitssatz ausgedehnt. Fundamental für alle qualitativen Untersuchungen bei gewöhnlichen Differentialgleichungen sind die Sätze über die stetige bzw. differenzierbare Abhängigkeit der Lösungen von allen Daten, einschließlich Parametern, die hier in der globalen Form bewiesen werden.

Autonome Differentialgleichungen erzeugen (lokale) Flüsse. Da solche Flüsse, und insbesondere auch Halbflüsse, in anderen Zusammenhängen ebenfalls auftreten, z. B. bei partiellen Differentialgleichungen, werden im letzten Paragraphen die grundlegenden Eigenschaften von Flüssen auf metrischen Räumen studiert.

Die Beweise sind – wo möglich – so gehalten, daß sie sich unmittelbar auf den unendlichdimensionalen Fall verallgemeinern lassen. Auf geringfügige notwendige Modifikationen wird an geeigneter Stelle hingewiesen. Gewöhnliche Differentialgleichungen in Banachräumen spielen in der nichtlinearen Funktionalanalysis – besonders im Zusammenhang mit Variationsmethoden – eine Rolle.

## 6. Hilfsmittel

Wir beginnen mit einer fundamentalen Ungleichung, dem

**(6.1) Gronwallschen Lemma:** *Es seien $J$ ein Intervall in $\mathbb{R}$, $t_0 \in J$, und $a, \beta, u \in C(J, \mathbb{R}_+)$. Gilt*

(1) $$u(t) \leqq a(t) + \left| \int_{t_0}^{t} \beta(s) u(s)\, ds \right| \quad \forall\, t \in J,$$

*so folgt*

(2) $$u(t) \leqq a(t) + \left| \int_{t_0}^{t} a(s) \beta(s) e^{\left| \int_s^t \beta(\sigma) d\sigma \right|} ds \right| \quad \forall\, t \in J.$$

**Beweis:** Mit $v(t) := \int_{t_0}^{t} \beta(s) u(s)\, ds$ folgt aus (1)

$$\dot{v}(t) = \beta(t)u(t) \leqq a(t)\beta(t) + \operatorname{sgn}(t-t_0)\beta(t)v(t) \quad \forall t \in J.$$

Durch Multiplikation dieser Ungleichung mit

$$\gamma(t) := \exp\{-|\int_{t_0}^{t} \beta(s)ds|\} = \exp\{-\int_{t_0}^{t} \operatorname{sgn}(s-t_0)\beta(s)ds\}$$

erhalten wir $\gamma\dot{v} \leqq a\beta\gamma - \dot{\gamma}v$, also $(\gamma v)^{\cdot} - a\beta\gamma \leqq 0$, somit durch Integration (wegen $v(t_0) = 0$):

$$\begin{aligned}\operatorname{sgn}(t-t_0)v(t) &\leqq \operatorname{sgn}(t-t_0)\int_{t_0}^{t} a\beta\gamma ds/\gamma(t) \\ &= |\int_{t_0}^{t} [a(s)\beta(s)\gamma(s)/\gamma(t)]ds| \quad \forall t \in J.\end{aligned}$$

Wegen (1) und der Definition von $\gamma$ folgt schließlich

$$\begin{aligned}u(t) &\leqq a(t) + \operatorname{sgn}(t-t_0)v(t) \\ &\leqq a(t) + |\int_{t_0}^{t} a(s)\beta(s)\exp\{|\int_{s}^{t} \beta(\sigma)d\sigma|\}ds| \quad \forall t \in J,\end{aligned}$$

also die behauptete Abschätzung für $u$. □

**(6.2) Korollar:** *Gilt* $a(t) = a_0(|t-t_0|)$ *mit einer wachsenden Funktion* $a_0 \in C(\mathbb{R}_+, \mathbb{R}_+)$, *so folgt aus*

$$u(t) \leqq a(t) + |\int_{t_0}^{t} \beta(s)u(s)ds| \quad \forall t \in J$$

*die Abschätzung*

$$u(t) \leqq a(t)e^{|\int_{t_0}^{t}\beta(s)ds|} \quad \forall t \in J.$$

**Beweis:** Wegen $a(s) \leqq a(t)$ für $|s-t_0| \leqq |t-t_0|$ folgt aus (2)

$$\begin{aligned}u(t) &\leqq a(t)[1 + |\int_{t_0}^{t} \beta(s)\exp\{|\int_{s}^{t} \beta(\sigma)d\sigma|\}ds|] \\ &= a(t)[1 + \operatorname{sgn}(t-t_0)\int_{t_0}^{t} \beta(s)\exp\{\operatorname{sgn}(t-t_0)\int_{s}^{t} \beta(\sigma)d\sigma\}ds] \\ &= a(t)\exp\{\operatorname{sgn}(t-t_0)\int_{t_0}^{t} \beta(\sigma)d\sigma\} \quad \forall t \in J,\end{aligned}$$

also die Behauptung. □

In der Theorie der (gewöhnlichen) Differentialgleichungen spielen Lipschitz stetige Funktionen eine wichtige Rolle. Aus diesem Grunde wollen wir die Klasse dieser Funktionen etwas genauer untersuchen und ihre Beziehung zu den stetig differenzierbaren Funktionen klären.

Es seien $X$ und $Y$ metrische Räume und $T$ sei ein topologischer Raum. Dann heißt $f: T \times X \to Y$ *gleichmäßig Lipschitz stetig bzgl.* $x \in X$, wenn eine Konstante $\lambda \in \mathbb{R}_+$ existiert mit

$$d(f(t,x), f(t,\bar{x})) \leqq \lambda d(x,\bar{x}) \quad \forall x, \bar{x} \in X, \ \forall t \in T.$$

Jedes $\lambda \in \mathbb{R}_+$ mit dieser Eigenschaft heißt *Lipschitzkonstante* für $f$. (Hierbei bezeichnet $d$ natürlich die Metriken in $X$ bzw. $Y$.)

Die Funktion $f: T \times X \to Y$ heißt (lokal) *Lipschitz stetig bzgl.* $x \in X$, falls jeder Punkt $(t_0, x_0) \in T \times X$ eine Umgebung $U \times V$ in $T \times X$ besitzt, derart, daß $f|(U \times V)$ gleichmäßig Lipschitz stetig bzgl. $x \in V$ ist. Schließlich setzen wir

$$C^{0,1-}(T \times X, Y) := \{f: T \times X \to Y \mid f \in C(T \times X, Y) \text{ und } f \text{ ist Lipschitz stetig bzgl. } x \in X\}.$$

Wenn $T$ einpunktig ist, also $f: X \to Y$ gilt, so unterdrücken wir den Zusatz „bzgl. $x \in X$", und wir setzen

$$C^{1-}(X, Y) := \{f: X \to Y \mid f \text{ ist Lipschitz stetig}\}.$$

Natürlich gilt

$$C^{1-}(X, Y) \subset C(X, Y),$$

und, nach Definition,

$$C^{0,1-}(T \times X, Y) \subset C(T \times X, Y).$$

Sind schließlich $X$ bzw. $Y$ offene Teilmengen von Banachräumen $E$ bzw. $F$, so bezeichnen wir mit $C^{0,1}(T \times X, Y)$ die Menge aller stetigen Funktionen $f: T \times X \to Y$, die stetige partielle Ableitungen bzgl. $x \in X$ besitzen, d. h.

$$C^{0,1}(T \times X, Y) := \{f \in C(T \times X, Y) \mid D_2 f \in C(T \times X, \mathscr{L}(E, F))\}.$$

Mit diesen Bezeichnungen erhalten wir folgenden elementaren, aber wichtigen

**(6.3) Satz:** *Es seien $E$ und $F$ Banachräume, $D \subset E$ sei offen und $T$ sei ein beliebiger topologischer Raum. Dann ist*

$$C^{0,1}(T \times D, F) \subset C^{0,1-}(T \times D, F).$$

*Speziell gilt also*

$$C^1(D,F) \subset C^{1-}(D,F),$$

*d. h. jede stetig differenzierbare Funktion ist Lipschitz stetig.*

**Beweis:** Es seien $(t_0, x_0) \in T \times D$ und $f \in C^{0,1}(T \times D, F)$ beliebig. Dann existiert eine Umgebung $U \times V$ von $(t_0, x_0)$ in $T \times D$ mit

$$\|D_2 f(t,x) - D_2 f(t_0, x_0)\| \leqq 1 \quad \forall (t,x) \in U \times V.$$

Also gilt

$$\|D_2 f(t,x)\| \leqq 1 + \|D_2 f(t_0, x_0)\| =: m < \infty \quad \forall (t,x) \in U \times V.$$

Da wir o.B.d.A. $V$ als konvex annehmen dürfen, folgt aus dem Mittelwertsatz die Abschätzung

$$\begin{aligned}\|f(t,x) - f(t,\bar{x})\| &\leqq \sup_{0 \leqq s \leqq 1} \|D_2 f(t, \bar{x} + s(x - \bar{x}))\| \, \|x - \bar{x}\| \\ &\leqq m \|x - \bar{x}\|\end{aligned}$$

für alle $(t,x)$, $(t,\bar{x}) \in U \times V$, also die Behauptung. □

Der folgende Satz, der von erheblicher technischer Bedeutung ist, sagt speziell aus, *daß jede Lipschitz stetige Funktion auf kompakten Teilmengen gleichmäßig Lipschitz stetig ist.*

**(6.4) Satz:** *Es seien $X$ und $Y$ metrische Räume, und $T$ sei ein kompakter topologischer Raum. Ferner seien $K \subset X$ kompakt und $f \in C^{0,1-}(T \times X, Y)$. Dann existiert eine offene Umgebung $W$ von $K$ in $X$, derart daß $f|(T \times W)$ gleichmäßig Lipschitz stetig bzgl. $x \in W$ ist.*

**Beweis:** Nach Voraussetzung existieren zu jedem $(t,x) \in T \times X$ eine offene Umgebung $U_t \times V_x$ von $(t,x)$ in $T \times X$ und ein $\lambda(t,x) \in \mathbb{R}_+$ mit

$$d(f(\bar{t},\bar{x}), f(\bar{t},\bar{\bar{x}})) = \lambda(t,x)\, d(\bar{x},\bar{\bar{x}})$$

für alle $(\bar{t},\bar{x})$, $(\bar{t},\bar{\bar{x}}) \in U_t \times V_x$. O.B.d.A. können wir annehmen, daß

$$V_x = \mathbb{B}(x, \varepsilon(x)) := \{y \in X \mid d(y,x) < \varepsilon(x)\}$$

mit einem geeigneten $\varepsilon(x) > 0$ gilt. Da $T \times K$ kompakt ist, existieren $(t_i, x_i) \in T \times K$, $i = 1, \ldots, m$, mit

$$T \times K \subset \bigcup_{i=1}^{m} U_{t_i} \times \mathbb{B}(x_i, \varepsilon(x_i)/2).$$

Folglich ist

$$W := \bigcup_{i=1}^{m} \mathbb{B}(x_i, \varepsilon(x_i)/2)$$

eine offene Umgebung von $K$ in $X$.

Wir zeigen nun zuerst, daß die Menge $f(T \times W)$ einen endlichen Durchmesser hat. Dazu seien $(t, x), (s, y) \in T \times W$ beliebig. Dann existieren Indizes $i, j \in \{1, \ldots, m\}$ mit $(t, x) \in U_{t_i} \times V_{x_i}$ und $(s, y) \in U_{t_j} \times V_{x_j}$. Hieraus folgt

$$d(f(t,x), f(s,y)) \leqq d(f(t,x), f(t,x_i)) + d(f(t,x_i), f(s,x_j)) + d(f(s,x_j), f(s,y))$$

$$\leqq \lambda(t_i, x_i)\varepsilon(x_i) + \max_{(s,t) \in T \times T} d(f(t,x_i), f(s,x_j)) + \lambda(t_j, x_j)\varepsilon(x_j) =: M_{i,j} < \infty\,,$$

da $T \times T$ kompakt und $(t, s) \mapsto d(f(t, x_i), f(s, x_j))$ stetig sind. Mit $M := \max\{M_{ij} \mid 1 \leqq i, j \leqq m\}$ gilt also

$$\operatorname{diam}(f(T \times W)) \leqq M < \infty\,.$$

Mit

$$\delta := \min\{\varepsilon(x_1), \ldots, \varepsilon(x_m)\}/2 > 0$$

ist folglich

$$\lambda := \max\{\lambda(t_1, x_1), \ldots, \lambda(t_m, x_m), \delta^{-1}\operatorname{diam}(f(T \times W))\} \in \mathbb{R}_+$$

wohldefiniert.

Es seien nun $(t, x), (t, y) \in T \times W$ beliebig. Dann existiert ein $i \in \{1, \ldots, m\}$ mit $(t, x) \in U_{t_i} \times \mathbb{B}(x_i, \varepsilon(x_i)/2)$. Ist $d(x, y) < \delta$, so folgt

$$d(y, x_i) \leqq d(y, x) + d(x, x_i) < \delta + \varepsilon(x_i)/2 \leqq \varepsilon(x_i)\,,$$

also $y \in V_{x_i} = \mathbb{B}(x_i, \varepsilon(x_i))$. Also ist $(t, y) \in U_{t_i} \times V_{x_i}$ und

$$d(f(t,x), f(t,y)) \leqq \lambda(t_i, x_i) d(x, y) \leqq \lambda d(x, y)\,.$$

Ist dagegen $d(x, y) \geqq \delta$, so ist

$$\begin{aligned} d(f(t,x), f(t,y)) &\leqq \operatorname{diam} f(T \times W) \\ &= [\delta^{-1}\operatorname{diam} f(T \times W)]\,\delta \leqq \lambda d(x, y)\,. \end{aligned}$$

Also gilt $d(f(t,x), f(t,y)) \leqq \lambda d(x, y)$ für alle $(t, x), (t, y) \in T \times W$. □

Nach diesen Vorbereitungen kehren wir wieder zu den Differentialgleichungen zurück. Für den Rest dieses Paragraphen treffen wir die folgenden Festlegungen:

> *$J \subset \mathbb{R}$ ist ein offenes Intervall, $E$ ist ein beliebiger Banachraum (über $\mathbb{K}$), $D \subset E$ ist offen und $f \in C(J \times D, E)$.*

Eine Funktion $u: J_u \to D$ heißt dann *Lösung der Differentialgleichung*

(3) $\qquad \dot{x} = f(t, x)$,

falls gilt:

(i) $\qquad J_u \subset J$ ist ein perfektes Intervall;

(ii) $\qquad u \in C^1(J_u, D)$;

(iii) $\qquad \dot{u}(t) = f(t, u(t)) \quad \forall\, t \in J_u$.

Ist $\varepsilon > 0$, so heißt $u: J_u \to D$ *$\varepsilon$-Näherungslösung* von (3), falls gilt:

(i) $\qquad J_u \subset J$ ist ein perfektes Intervall;

(ii) $\qquad u \in C(J_u, D)$, und $u$ ist stückweise stetig differenzierbar (d. h. $J_u$ kann geschrieben werden als eine endliche Vereinigung von perfekten Teilintervallen $I_1, \ldots, I_m$, derart, daß $u$ auf jedem $\bar{I}_k$ stetig differenzierbar ist);

(iii) $\qquad$ Für jedes Teilintervall $I \subset J_u$, auf dem $u$ stetig differenzierbar ist, gilt

$$\|\dot{u}(t) - f(t, u(t))\| \leqq \varepsilon \quad \forall\, t \in I.$$

**(6.5) Bemerkungen:** (a) *Es seien $J_u$ ein perfektes Teilintervall von $J$ und $u: J_u \to D$. Dann ist $u$ genau dann eine Lösung der Differentialgleichung $\dot{x} = f(t, x)$, wenn gilt: $u \in C(J_u, D)$ und*

(4) $$u(t) = u(t_0) + \int_{t_0}^{t} f(s, u(s))\,ds \quad \forall\, t \in J_u,$$

*wobei $t_0 \in J_u$ beliebig ist.*

Dies ist eine unmittelbare Folgerung aus dem Fundamentalsatz der Differential- und Integralrechnung. Die triviale Tatsache, daß die *Integralgleichung* (4) zur Differentialgleichung (3) äquivalent ist, ist von großer theoretischer Bedeutung. Sie erlaubt es nämlich, „im Raum der stetigen Funktionen zu arbeiten", ohne Rücksicht auf Differenzierbarkeitsfragen.

(b) *Es sei $u: J_u \to D$ eine $\varepsilon$-Näherungslösung der Differentialgleichung $\dot{x} = f(t, x)$. Dann gilt*

$$\|u(t) - u(t_0) - \int_{t_0}^{t} f(s, u(s))\,ds\| \leqq \varepsilon |t - t_0| \quad \forall\, t \in J_u,$$

*wobei $t_0 \in J_u$ beliebig ist.*

**Beweis:** Wir betrachten den Fall $t > t_0$. (Der Fall $t < t_0$ wird analog behandelt.)
Es existiert eine Zerlegung $t_0 =: s_0 < s_1 < \cdots < s_m := t$ mit $u|[s_i, s_{i+1}] \in C^1([s_i, s_{i+1}], D)$ für $i = 0, \ldots, m-1$. Nach dem Fundamentalsatz der Differential- und Integralrechnung ist

$$u(s_{i+1}) - u(s_i) = \int_{s_i}^{s_{i+1}} \dot{u}(s)\,ds.$$

Hiermit folgt

$$\begin{aligned}&\|u(s_{i+1}) - u(s_i) - \int_{s_i}^{s_{i+1}} f(s, u(s))\,ds\|\\ &\leqq \int_{s_i}^{s_{i+1}} \|\dot{u}(s) - f(s, u(s))\|\,ds \leqq \varepsilon(s_{i+1} - s_i)\end{aligned}$$

für $i = 0, 1, \ldots, m-1$. Nun ergibt sich die Behauptung wegen

$$\begin{aligned}&u(t) - u(t_0) - \int_{t_0}^{t} f(s, u(s))\,ds\\ &= \sum_{i=0}^{m-1} \Big[u(s_{i+1}) - u(s_i) - \int_{s_i}^{s_{i+1}} f(s, u(s))\,ds\Big].\end{aligned}$$

□

Die folgende einfache Abschätzung wird im weiteren eine fundamentale Rolle spielen.

**(6.6) Lemma:** *Es sei $f: J \times D \to E$ gleichmäßig Lipschitz stetig bzgl. $x \in D$ mit der Lipschitzkonstanten $\lambda$. Sind dann $u: J_u \to D$ bzw. $v: J_v \to D$ $\varepsilon_1$- bzw. $\varepsilon_2$-Näherungslösungen von $\dot{x} = f(t, x)$, so gilt für jedes $t_0 \in J_u \cap J_v$:*

$$\|u(t) - v(t)\| \leqq \{\|u(t_0) - v(t_0)\| + (\varepsilon_1 + \varepsilon_2)|t - t_0|\}\, e^{\lambda|t - t_0|}$$

*für alle $t \in J_u \cap J_v$.*

**Beweis.** Aus der Identität

$$\begin{aligned}u(t) - v(t) = {}&\Big[u(t) - u(t_0) - \int_{t_0}^{t} f(s, u(s))\,ds\Big]\\ &- \Big[v(t) - v(t_0) - \int_{t_0}^{t} f(s, v(s))\,ds\Big] + [u(t_0) - v(t_0)]\\ &+ \int_{t_0}^{t} [f(s, u(s)) - f(s, v(s))]\,ds\end{aligned}$$

folgt unter Verwendung von (6.5b) die Abschätzung

$$\|u(t) - v(t)\| \leqq (\varepsilon_1 + \varepsilon_2)|t - t_0| + \|u(t_0) - v(t_0)\| + \lambda \left| \int_{t_0}^{t} \|u(s) - v(s)\| ds \right|$$

für alle $t \in J_u \cap J_v$. Nun ergibt sich die Behauptung aus Korollar (6.2). □

Als eine erste Anwendung beweisen wir den folgenden *Eindeutigkeitssatz* „für Lipschitz stetige rechte Seiten".

**(6.7) Theorem:** *Es sei* $f \in C^{0,1-}(J \times D, E)$, *und* $u : J_u \to D$ *und* $v : J_v \to D$ *seien Lösungen von* $\dot{x} = f(t, x)$ *mit* $u(t_0) = v(t_0)$ *für ein* $t_0 \in J_u \cap J_v$. *Dann gilt* $u = v$ *auf* $J_u \cap J_v$.

**Beweis:** Es genügt, die Behauptung für jedes kompakte perfekte Teilintervall $I \subset J_u \cap J_v$ mit $t_0 \in I$ zu beweisen. Da $K := u(I) \cup v(I) \subset D$ kompakt ist, existiert eine offene Umgebung $W$ von $K$ in $D$, derart, daß $f|(I \times W)$ gleichmäßig Lipschitz stetig bzgl. $x \in W$ ist (vgl. Satz (6.4)). Nun folgt die Behauptung aus Lemma (6.6). □

### Aufgaben

1. Zeigen Sie, daß unter den Voraussetzungen von Lemma (6.6) die Abschätzung

$$\|u(t) - v(t)\| \leqq \|u(t_0) - v(t_0)\| e^{\lambda|t - t_0|} + \frac{\varepsilon_1 + \varepsilon_2}{\lambda} [e^{\lambda|t - t_0|} - 1]$$

für alle $t, t_0 \in J_u \cap J_v$ gilt. Zeigen Sie auch, daß diese Abschätzung schärfer ist als die von Lemma (6.6).

2. Zeigen Sie, daß die Abschätzung von Aufgabe 1 scharf ist, d. h. i. a. nicht verbessert werden kann.

3. Geben Sie Beispiele dafür, daß die Inklusionen

$$C^1(D, F) \subset C^{1-}(D, F) \subset C(D, F)$$

echt sind ($D \subset E$ offen; $E, F$ Banachräume).

## 7. Existenzsätze

In diesem Paragraphen seien: $J \subset \mathbb{R}$ *ein offenes Intervall,* $E = (E, |.|)$ *ein endlichdimensionaler Banachraum über* $\mathbb{K}$, $D \subset E$ *offen und* $f \in C(J \times D, E)$.

Ferner seien $(t_0, x_0) \in J \times D$ und Konstanten $a, b > 0$ fest gewählt mit

$$[t_0 - a, t_0 + a] \subset J \quad \text{und} \quad \bar{\mathbb{B}}(x_0, b) \subset D,$$

und es sei $R := [t_0 - a, t_0 + a] \times \bar{\mathbb{B}}(x_0, b)$.

**(7.1) Lemma:** *Es seien* $M := \max|f(R)|$ *und* $\alpha := \min(a, b/M)$. *Dann existiert für jedes* $\varepsilon > 0$ *eine* $\varepsilon$-*Näherungslösung*

$$u \in C([t_0 - \alpha, t_0 + \alpha], \bar{\mathbb{B}}(x_0, b))$$

*von* $\dot{x} = f(t, x)$ *mit* $u(t_0) = x_0$ *und*

$$|u(t) - u(s)| \leqq M|t - s| \quad \forall t, s \in [t_0 - \alpha, t_0 + \alpha].$$

**Beweis:** Da $f|R$ gleichmäßig stetig ist, existiert ein $\delta > 0$ mit

$$|f(t, x) - f(\bar{t}, \bar{x})| \leqq \varepsilon \quad \forall (t, x), (\bar{t}, \bar{x}) \in R$$

mit $|t - \bar{t}| \leqq \delta$ und $|x - \bar{x}| \leqq \delta$. Wir zerlegen nun das Intervall $[t_0 - \alpha, t_0 + \alpha]$ in Teilintervalle

$$t_0 - \alpha =: t_{-n} < t_{-n+1} < \cdots < t_{-1} < t_0 < t_1 < \cdots < t_n := t_0 + \alpha,$$

derart, daß

$$\max_{i=-n+1,\ldots,n} |t_{i-1} - t_i| \leqq \min(\delta, \delta/M)$$

gilt.

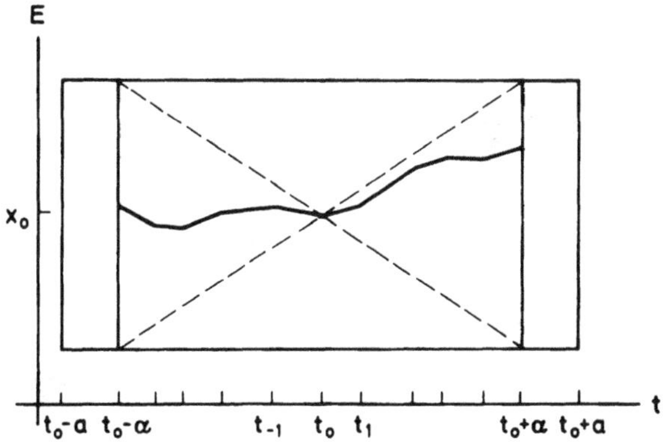


Dann definieren wir induktiv einen Polygonzug – ein sog. *Eulersches Polygon* – durch

$$u(t) := \begin{cases} u(t_i) + (t - t_i) f(t_i, u(t_i)) & \text{für } \quad i \geqq 0 \\ u(t_{i+1}) + (t - t_{i+1}) f(t_{i+1}, u(t_{i+1})) & \text{für } \quad i \leqq -1 \end{cases}$$

und $t_i \leqq t \leqq t_{i+1}$. Man verifiziert, daß $u$ auf ganz $[t_0 - \alpha, t_0 + \alpha]$ definiert ist und daß

$$u \in C([t_0 - \alpha, t_0 + \alpha], \bar{\mathbb{B}}(x_0, b))$$

sowie $|u(t) - u(s)| \leqq M|t - s|$ für alle $s, t \in [t_0 - \alpha, t_0 + \alpha]$ gilt. Ferner gilt offensichtlich

$$\dot{u}(t) = f(t_i, u(t_i))$$

für $t \in [t_i, t_{i+1}] \cap [t_0, \infty)$, bzw. $t \in [t_{i-1}, t_i] \cap (-\infty, t_0]$, und

$$|u(t) - u(t_i)| \leqq \delta \quad \text{für} \quad t \in [t_i, t_{i+1}] \cap [t_0, \infty),$$

bzw. für $t \in [t_{i-1}, t_i] \cap (-\infty, t_0]$. Aus diesen Tatsachen folgt leicht, daß $u$ eine $\varepsilon$-Näherungslösung von $\dot{x} = f(t, x)$ ist. □

Dieses Lemma liefert für jedes $\varepsilon > 0$ eine $\varepsilon$-Näherungslösung auf dem festen Intervall $[t_0 - \alpha, t_0 + \alpha]$. Wenn wir nun für eine Nullfolge $\varepsilon_n \to 0$ wüßten, daß die Folge $(u_{\varepsilon_n})$ der $\varepsilon_n$-Näherungslösungen gleichmäßig gegen eine Funktion $u \in C([t_0 - \alpha, t_0 + \alpha], E)$ konvergierte, so würde ein einfacher Grenzübergang zeigen, daß $u$ eine Lösung des AWP $\dot{x} = f(t, x), x(t_0) = x_0$ ist. Eine derartige konvergente Teilfolge existiert, falls die Menge der $\varepsilon$-Näherungslösungen relativ folgenkompakt, also relativ kompakt, in $C([t_0 - \alpha, t_0 + \alpha], E)$ ist. Wir benötigen also ein Kriterium für die Kompaktheit einer Teilmenge von $C([t_0 - \alpha, t_0 + \alpha], E)$. Ein solches Kriterium wird durch den folgenden Satz von Arzéla-Ascoli geliefert. Hierzu erinnern wir daran, daß für jeden kompakten topologischen Raum $K$ und jeden Banachraum $F$ der Raum $C(K, F)$ bzgl. der *Maximumnorm*

$$\|f\|_C := \max_{x \in K} \|f(x)\|$$

ein Banachraum ist.

**(7.2) Lemma:** *(Arzéla-Ascoli): Es seien $K$ ein kompakter metrischer Raum und $F$ ein beliebiger Banachraum. Ferner sei $\mathscr{M} \subset C(K, F)$. Dann ist $\mathscr{M}$ genau dann relativ kompakt (d. h. $\bar{\mathscr{M}}$ ist kompakt), wenn gilt:*

(i) *$\mathscr{M}$ ist gleichgradig stetig, d. h. zu jedem $y \in K$ und jedem $\varepsilon > 0$ existiert eine Umgebung $V$ von $y$ in $K$ mit*

$$\|f(x) - f(y)\| < \varepsilon \quad \forall x \in V, \ \forall f \in \mathscr{M};$$

(ii) *$\mathscr{M}(y) := \{f(y) \mid f \in \mathscr{M}\}$ ist relativ kompakt in $F$ für jedes $y \in K$.*

*Ist $F$ endlichdimensional, so ist $\mathcal{M}$ genau dann relativ kompakt, wenn $\mathcal{M}$ gleichgradig stetig und beschränkt ist.*

**Beweis:** Für einen einfachen Beweis im Falle eines beliebigen Banachraums $F$ verweisen wir auf Lang [1]. Beweise, die auch für allgemeinere Räume gültig sind, finden sich z. B. in Dugundji [1] oder Schubert [1].

Wenn $\mathcal{M}$ relativ kompakt ist, ist $\mathcal{M}$ notwendigerweise beschränkt. Ist $\mathcal{M}$ beschränkt (in $C(K, F)$ natürlich), so ist offensichtlich $\mathcal{M}(y)$ für jedes $y \in K$ in $F$ beschränkt, also relativ kompakt, falls $F$ endlichdimensional (also isomorph zu $\mathbb{K}^{\dim(F)}$) ist. Somit folgt die letzte Behauptung aus dem allgemeinen Fall. □

Nach diesen Vorbereitungen können wir nun leicht den folgenden fundamentalen Existenzsatz beweisen.

**(7.3) Theorem:** *(Cauchy-Peano): Es sei $f \in C(J \times D, E)$. Dann hat das AWP*

$$\dot{x} = f(t, x), \quad x(t_0) = x_0$$

*mindestens eine Lösung $u$ auf $[t_0 - \alpha, t_0 + \alpha]$ mit $u([t_0 - \alpha, t_0 + \alpha]) \subset \bar{\mathbb{B}}(x_0, b)$.*

**Beweis:** Für $n \in \mathbb{N}^*$ sei $u_n$ eine nach Lemma (7.1) existierende $\frac{1}{n}$-Näherungslösung auf $\bar{J}_\alpha := [t_0 - \alpha, t_0 + \alpha]$ mit $u_n(\bar{J}_\alpha) \subset \bar{\mathbb{B}}(x_0, b)$ und

$$(1) \qquad |u_n(t) - u_n(s)| \leqq M|s - t| \quad \forall s, t \in \bar{J}_\alpha.$$

Aus (1) folgt insbesondere, daß die Menge

$$\mathcal{M} := \{u_n \mid n \in \mathbb{N}^*\} \subset C(\bar{J}_\alpha, E)$$

gleichgradig stetig ist. Ferner folgt aus (1)

$$|u_n(t)| \leqq |u_n(t_0)| + M|t - t_0| \leqq |x_0| + b$$

für alle $n \in \mathbb{N}^*$ und alle $t \in \bar{J}_\alpha$. Folglich ist $\mathcal{M}$ beschränkt in $C(\bar{J}_\alpha, E)$. Also ist $\mathcal{M}$ nach Lemma (7.2) relativ kompakt in $C(\bar{J}_\alpha, E)$, somit relativ folgenkompakt. Folglich existieren ein $u \in C(\bar{J}_\alpha, E)$ und eine Teilfolge $(u_{n_k})$ von $(u_n)$ mit $u_{n_k} \to u$ für $k \to \infty$ in $C(\bar{J}_\alpha, E)$, d. h. gleichmäßig auf $\bar{J}_\alpha$. Nach (6.5b) gilt

$$|u_{n_k}(t) - x_0 - \int_{t_0}^{t} f(s, u_{n_k}(s))ds| \leqq \frac{1}{n_k} |t - t_0|$$

für alle $t \in \bar{J}_\alpha$ und alle $k \in \mathbb{N}$. Da wir aufgrund der gleichmäßigen Konvergenz den Grenzübergang unter dem Integral ausführen dürfen, folgt

$$u(t) - x_0 - \int_{t_0}^{t} f(s, u(s))\,ds = 0 \quad \forall\, t \in \bar{J}_\alpha,$$

woraus sich wegen (6.5a) die Behauptung ergibt. □

Aus Theorem (7.3) und Theorem (6.7) erhalten wir unmittelbar den

**(7.4) Lokalen Existenz- und Eindeutigkeitssatz:** *Es sei* $f \in C^{0,1-}(J \times D, E)$. *Dann hat das AWP*

$$\dot{x} = f(t, x), \quad x(t_0) = x_0$$

*genau eine Lösung u auf* $[t_0 - \alpha, t_0 + \alpha]$.

**(7.5) Bemerkungen:** (a) Wie Beispiel (5.2b) zeigt, braucht die Lösung von Theorem (7.3) i. a. nicht eindeutig zu sein.

(b) Die obige Beweismethode ist auch numerisch brauchbar. Die Eulerschen Polygone können sehr einfach erzeugt werden mit einem Algorithmus, der sich leicht für einen Computer programmieren läßt. Allerdings kann i. a. nur die Konvergenz einer Teilfolge gewährleistet werden. Ein besseres Ergebnis erhält man, wenn

*$f|R$ gleichmäßig Lipschitz stetig ist bzgl.* $x \in \bar{\mathbb{B}}(x_0, b)$. *Dann konvergiert für jede Nullfolge* $\varepsilon_n \to 0$ *die ganze Folge* $(u_{\varepsilon_n})$ *der* $\varepsilon_n$*-Näherungslösungen für* $n \to \infty$ *gleichmäßig auf* $\bar{J}_\alpha := [t_0 - \alpha, t_0 + \alpha]$ *gegen die eindeutige Lösung u des AWP*

$$\dot{x} = f(t, x), \quad x(t_0) = x_0,$$

*und es gilt die Fehlerabschätzung*

$$|u_{\varepsilon_n}(t) - u(t)| \leqq \varepsilon_n |t - t_0| e^{\lambda |t - t_0|},$$

*wobei λ eine Lipschitzkonstante bezeichnet.*

Aus Lemma (6.6) folgt nämlich

$$|u_{\varepsilon_n}(t) - u_{\varepsilon_m}(t)| \leqq (\varepsilon_n + \varepsilon_m)\alpha e^{\lambda\alpha} \quad \forall\, t \in \bar{J}_\alpha$$

und alle $n, m \in \mathbb{N}$. Folglich ist $(u_{\varepsilon_n})$ eine Cauchy-Folge in dem Banachraum $C(\bar{J}_\alpha, E)$.

(c) Die obige Fehlerabschätzung zeigt, daß die Eulersche Polygonzugmethode nicht sonderlich gut geeignet ist, die Lösung über ein großes Zeitintervall numerisch anzunähern. In der Theorie der „numerischen Integration gewöhnlicher Differentialgleichungen" werden Methoden (z. B. Mehrschrittverfahren) entwickelt, welche für diese Zwecke besser geeignet sind. □

Das zentrale Resultat dieses Paragraphen ist der folgende

**(7.6) Globale Existenz- und Eindeutigkeitssatz:** *Es sei*

$$f \in C^{0,1-}(J \times D, E).$$

*Dann existiert für jedes* $(t_0, x_0) \in J \times D$ *genau eine nichtfortsetzbare Lösung*

$$u(.,t_0,x_0): J(t_0,x_0) \to D$$

*des AWP*

(2) $$\dot{x} = f(t,x), \quad x(t_0) = x_0 .$$

*Das maximale Existenzintervall $J(t_0, x_0)$ ist offen:*

$$J(t_0,x_0) = (t^-(t_0,x_0), t^+(t_0,x_0)),$$

*und es gilt entweder*

$$t^- := t^-(t_0,x_0) = \inf J \quad \textit{bzw.} \quad t^+ := t^+(t_0,x_0) = \sup J$$

*oder*

$$\lim_{t \to t^{\pm}} \min\{\operatorname{dist}(u(t,t_0,x_0), \partial D), \, |u(t,t_0,x_0)|^{-1}\} = 0 .$$

(Hierbei ist natürlich der Grenzwert für $t \to t^-$ gemeint, wenn $t^- > \inf J$ gilt, bzw. für $t \to t^+$, wenn $t^+ < \sup J$ ist. Außerdem verwenden wir die *Konvention:* $\operatorname{dist}(x, \emptyset) = \infty$.)

**Beweis:** Es sei $(t_0, x_0) \in J \times D$ fest. Nach Theorem (7.4) existiert ein $\alpha > 0$, derart, daß das AWP (2) genau eine Lösung $u$ auf $\bar{J}_\alpha := [t_0 - \alpha, t_0 + \alpha]$ hat. Wiederum nach Theorem (7.4) existiert ein $\beta > 0$, derart, daß das AWP

$$\dot{x} = f(t,x), \quad x(t_0 + \alpha) = u(t_0 + \alpha)$$

genau eine Lösung $v$ auf $\bar{J}_{\alpha,\beta} := [t_0 + \alpha - \beta, t_0 + \alpha + \beta]$ besitzt. Also gilt aufgrund von Theorem (6.7) $u = v$ auf $\bar{J}_\alpha \cap \bar{J}_{\alpha,\beta}$. Folglich ist die durch

$$u_1 := \begin{cases} u & \text{auf } \bar{J}_\alpha \\ v & \text{auf } \bar{J}_{\alpha,\beta} \end{cases}$$

auf $\bar{J}_\alpha \cup \bar{J}_{\alpha,\beta}$ definierte Funktion eine Lösung des AWP (2), die $u$ echt fortsetzt. Da wir in $t_0 - \alpha$ analog schließen können, sehen wir, daß $u$ nach rechts und nach links echt fortgesetzt werden kann.

Wir setzen nun

$$t^+ := t^+(t_0,x_0) := \sup\{\beta \in \mathbb{R} \mid \text{ (2) hat eine Lösung auf } [t_0, \beta]\}$$

und

$$t^- := t^-(t_0,x_0) := \inf\{\gamma \in \mathbb{R} \mid \text{ (2) hat eine Lösung auf } [\gamma, t_0]\}.$$

Dann existiert aufgrund des Eindeutigkeitssatzes (6.7) genau eine Lösung

$$u := u(.,t_0,x_0): J(t_0,x_0) := (t^-, t^+) \to D$$

von (2) und $u$ ist nicht fortsetzbar. Insbesondere ist $J(t_0, x_0)$ offen, da sonst der obige Fortsetzungsschluß auf $(t^+, u(t^+, t_0, x_0))$ bzw. $(t^-, u(t^-, t_0, x_0))$ angewendet werden könnte.

Es sei nun $t^+ < \sup J$, und wir nehmen an, es existieren ein $\varepsilon > 0$ und eine Folge $t_i \to t^+ - 0$ mit

$$(3) \qquad |u(t_i)| \leqq 1/2\varepsilon \quad \text{und} \quad \operatorname{dist}(u(t_i), \partial D) \geqq 2\varepsilon \quad \forall i \in \mathbb{N}.$$

Hierbei sei o.B.d.A. $\varepsilon^2 \leqq 1/2$. Ferner seien

$$M := \max\{|f(t,x)| \,|\, t_0 \leqq t \leqq t^+, |x| \leqq 1/\varepsilon, \quad \operatorname{dist}(x, \partial D) \geqq \varepsilon\}$$

und $0 < \delta < \varepsilon/M$. Dann gilt:

$$(4) \qquad \begin{array}{l} |u(t_i + s)| < 1/\varepsilon \quad \text{und} \quad \operatorname{dist}(u(t_i + s), \partial D) > \varepsilon \\ \text{für alle } i \in \mathbb{N} \text{ und für } 0 \leqq s \leqq \min\{\delta, t^+ - t_i\}. \end{array}$$

In der Tat, wenn (4) falsch wäre, existierten ein $k \in \mathbb{N}$ und $\beta \in (0, \min\{\delta, t^+ - t_k\}]$ mit $|u(t_k + s)| \leqq 1/\varepsilon$ und $\operatorname{dist}(u(t_k + s), \partial D) \geqq \varepsilon$ für $0 \leqq s \leqq \beta$ und entweder

$$|u(t_k + \beta)| = 1/\varepsilon \quad \text{oder} \quad \operatorname{dist}(u(t_k + \beta), \partial D) = \varepsilon.$$

Dann wäre

$$|f(t_k + s, u(t_k + s))| \leqq M \quad \text{für} \quad 0 \leqq s \leqq \beta$$

und somit (vgl. (6.5a))

$$|u(t_k + \beta) - u(t_k)| \leqq \int_{t_k}^{t_k+\beta} |f(s, u(s))| \, ds \leqq \beta M \leqq \delta M < \varepsilon.$$

Folglich gälte

$$|u(t_k + \beta)| < |u(t_k)| + \varepsilon \leqq (1/2\varepsilon) + \varepsilon \leqq 1/\varepsilon,$$

da $\varepsilon \leqq 1/2\varepsilon$ ist (wegen $\varepsilon^2 \leqq 1/2$) und

$$\operatorname{dist}(u(t_k + \beta), \partial D) \geqq \operatorname{dist}(u(t_k), \partial D) - |u(t_k + \beta) - u(t_k)| > 2\varepsilon - \varepsilon = \varepsilon,$$

was der Wahl von $\beta$ widerspräche.

Wegen (4) gilt somit für alle $i \in \mathbb{N}$ mit $t^+ - t_i \leqq \delta$ die Abschätzung

$$(5) \qquad |u(t) - u(s)| \leqq \left| \int_s^t |f(\tau, u(\tau))| \, d\tau \right| \leqq M|t - s|$$

für alle $s, t \in [t_i, t^+)$. Ist also $(t_k')$ eine beliebige Folge mit $t_k' \to t^+ - 0$, so zeigt (5), daß $(u(t_k'))$ eine Cauchy Folge in $E$ ist. Folglich existiert der Grenzwert

$$y := \lim_{t_k' \to t^+ - 0} u(t_k'),$$

und da $\operatorname{dist}(u(t), \partial D) \geqq \varepsilon$ gilt, für $t$ nahe bei $t^+$, ist $y \in D$. Ebenso folgt aus (5), daß der Grenzwert

$$\lim_{t_k' \to t^+ - 0} \int_{t_0}^{t_k'} f(s, u(s))\, ds$$

existiert.

Ist nun $(s_k)$ eine andere Folge mit $s_k \to t^+ - 0$, so folgt analog

$$u(s_k) \underset{k \to \infty}{\to} z \in D.$$

Also ergibt (5)

$$|y - z| = \lim_{k \to \infty} |u(t_k') - u(s_k)| \leqq M \lim_{k \to \infty} |t_k' - s_k| = 0.$$

Hieraus erhalten wir

$$y = \lim_{t \to t^+ - 0} u(t),$$

und eine analoge Überlegung zeigt, daß

$$\lim_{t \to t^+ - 0} \int_{t_0}^{t} f(s, u(s))\, ds = \int_{t_0}^{t^+} f(s, u(s))\, ds$$

gilt, d. h. daß das rechtsstehende uneigentliche Integral konvergiert. Setzen wir nun

$$v(t) := \begin{cases} u(t) & \text{für} \quad t^- < t < t^+ \\ y & \text{für} \quad t = t^+, \end{cases}$$

so sehen wir, daß

$$v \in C((t^-, t^+], D)$$

und

$$v(t) = x_0 + \int_{t_0}^{t} f(s, v(s))\, ds \quad \forall\, t \in (t^-, t^+]$$

gilt. Also ist $v$ eine Lösung des AWP (2) auf dem Intervall $(t^-, t^+]$, was der Wahl von $t^+$ widerspricht. Dies zeigt, daß (3) nicht gelten kann. Also ist

$$\lim_{t \to t^+} \min\{\operatorname{dist}(u(t), \partial D),\ |u(t)|^{-1}\} = 0 .$$

Analog schließt man an der Stelle $t^-$. □

**(7.7) Korollar:** *Es seien* $f \in C^{0,1-}(J \times D, E)$ und

$$\gamma^+(t_0, x_0) := \{u(t, t_0, x_0) \mid t \in [t_0, t^+(t_0, x_0))\} .$$

(a) *Ist* $\gamma^+(t_0, x_0)$ *beschränkt, so ist entweder* $t^+ = \sup J$ *oder es gilt:* $\operatorname{dist}(u(t, t_0, x_0), \partial D) \to 0$ *für* $t \to t^+$.

(b) *Ist* $\gamma^+(t_0, x_0)$ *in einer kompakten Teilmenge von D enthalten, so gilt* $t^+ = \sup J$.

*Analoge Aussagen gelten für* $t^-$ *und*

$$\gamma^-(t_0, x_0) := u((t^-, t_0], t_0\, x_0) .$$

Etwas unpräzis kann man die obigen Resultate so ausdrücken: *entweder existiert die Lösung für alle Zeiten, oder sie läuft zum Rand von D* (wobei der „unendlich ferne Punkt" ($|x| = \infty$) mit zum Rand von $D$ gerechnet wird).

Der folgende Satz gibt ein nützliches Kriterium dafür, daß jede Lösung der Differentialgleichung beschränkt bleibt (für endliche Zeiten). Beispiel (5.2a) zeigt, daß er nicht wesentlich verbessert werden kann.

**(7.8) Satz:** *Es mögen* $\alpha, \beta \in C(J, \mathbb{R}_+) \cap L_1(J, \mathbb{R})$ *existieren mit*

$$(6) \qquad |f(t, x)| \leqq \alpha(t)|x| + \beta(t) \quad \forall (t, x) \in J \times D$$

*(d. h. f sei bzgl.* $x \in D$ *linear beschränkt). Dann ist jede Lösung von* $\dot{x} = f(t, x)$ *beschränkt.*

**Beweis:** Es sei $u: J_u \to D$ eine Lösung von $\dot{x} = f(t, x)$. Dann folgt aus (6) und Bemerkung (6.5a)

$$|u(t)| \leqq |u(t_0)| + \left| \int_{t_0}^{t} \beta(s)\, ds \right| + \left| \int_{t_0}^{t} \alpha(s)|u(s)|\, ds \right| \quad \forall t \in J_u ,$$

und die Behauptung ist eine einfache Konsequenz des Gronwallschen Lemmas (6.1). □

Durch Anwendung der obigen Resultate erhalten wir nun leicht den folgenden fundamentalen *globalen Existenz- und Eindeutigkeitssatz für lineare Differentialgleichungen.*

**(7.9) Theorem:** *Es seien* $A \in C(J, \mathscr{L}(E))$ *und* $b \in C(J, E)$. *Dann hat das lineare (inhomogene) AWP*

$$\dot{x} = A(t)x + b(t), \; x(t_0) = x_0$$

*für jedes* $(t_0, x_0) \in J \times E$ *eine eindeutig bestimmte globale Lösung.*

**Beweis:** Wir setzen $f(t, x) := A(t)x + b(t)$ und wählen $(s, y) \in J \times E$ fest. Ferner sei $\delta > 0$ so gewählt, daß $[s - \delta, s + \delta] \subset J$ gilt. Dann gilt für alle $(t, x) \in J \times E$ mit $|t - s| \leqq \delta$:

$$|f(s, y) - f(t, x)| \leqq |A(s) - A(t)| \, |y| + \big(\max_{|\tau - s| \leqq \delta} |A(\tau)|\big)|x - y| + |b(s) - b(t)|,$$

was $f \in C(J \times E, E)$ zeigt. Ferner gilt $D_2 f(t, x) = A(t)$, also $D_2 f \in C(J \times E, \mathscr{L}(E))$. Folglich ist

$$f \in C^{0,1}(J \times E, E) \subset C^{0,1-}(J \times E, E)$$

(vgl. Satz (6.3)). Schließlich ist $f$ wegen

$$|f(t, x)| \leqq |A(t)| \, |x| + |b(t)| \quad \forall (t, x) \in J \times E$$

linear beschränkt. Nun folgt die Behauptung aus Satz (7.8) und Theorem (7.6). □

**(7.10) Bemerkungen:** (a) Das Analogon zum Satz von Cauchy-Peano ist falsch, falls $\dim E = \infty$ ist. Für ein Gegenbeispiel verweisen wir auf Deimling [1]. *Der lokale Existenz- und Eindeutigkeitssatz* (7.4) *bleibt dagegen auch im Fall eines unendlichdimensionalen Banachraums E richtig, falls a und b so klein gewählt werden, daß* $f|R$ *beschränkt ist* (was nun nicht mehr aufgrund eines Kompaktheitsschlusses, sondern aus der Stetigkeit gefolgert werden kann). Aus der gleichmäßigen Lipschitzstetigkeit von $f|R$ bzgl. $x \in \bar{\mathbb{B}}(x_0, b)$ und der Kompaktheit von $[t_0 - a, t_0 + a]$ folgert man leicht die gleichmäßige Stetigkeit von $f|R$. Dann bleibt Lemma (7.1) gültig, und der Grenzübergang kann wie in Bemerkung (7.5b) (ohne Kompaktheit) ausgeführt werden. Für einen anderen Beweis, der auch im unendlichdimensionalen Fall gültig ist und auf dem historisch wichtigen *Picard-Lindelöfschen Iterationsverfahren* basiert, verweisen wir auf die Aufgaben zu diesem Paragraphen.

(b) *Der globale Existenzsatz* (7.6) *bleibt auch im unendlichdimensionalen Fall mit wörtlich demselben Beweis richtig, wenn man zusätzlich voraussetzt: f ist beschränkt auf beschränkten Teilmengen von D, die einen positiven Abstand von* $\partial D$ *haben.* Es ist jedoch zu beachten, daß die letztere Voraussetzung *nur* für die Aussage über das Verhalten von $u(\cdot, t_0, x_0)$ für $t \to t^{\pm}$ benötigt wird.

(c) Aufgrund von (b) verifiziert man leicht, daß Theorem (7.9) auch im Fall $\dim(E) = \infty$ richtig bleibt.

(d) Gewöhnliche Differentialgleichungen in unendlichdimensionalen Banachräumen spielen in einigen Gebieten der *nichtlinearen Funktionalanalysis* eine Rolle. Für weiterführende Untersuchungen im Fall $\dim(E) = \infty$ verweisen wir auf die Bücher von Deimling [1] und Martin [1]. □

## Aufgaben

1. *Banachscher Fixpunktsatz.* Es sei $X$ ein vollständiger metrischer Raum und $f: X \to X$ sei eine Kontraktion, d. h. es existiere ein $\alpha \in (0, 1)$ mit

$$d(f(x), f(y)) \leqq \alpha\, d(x, y) \quad \forall\, x, y \in X.$$

Beweisen Sie:

(i) $f$ hat genau einen Fixpunkt $\bar{x} = f(\bar{x})$.

(ii) $\bar{x}$ kann iterativ berechnet werden, d. h. für jedes beliebige $x_0 \in X$ konvergiert die Folge $(x_n)$ mit

$$x_{n+1} := f(x_n), \quad n \in \mathbb{N},$$

gegen $\bar{x}$.

(iii) Es gilt die Fehlerabschätzung

$$d(x_n, \bar{x}) \leqq \frac{\alpha^n}{1-\alpha}\, d(x_1, x_0).$$

(Hinweis: Zeigen Sie, daß $(x_n)$ eine Cauchy-Folge ist.)

2. *Stetige Parameterabhängigkeit.* Es sei $X$ ein vollständiger metrischer Raum und $\Lambda$ sei ein topologischer Raum. Für $f: \Lambda \times X \to X$ gelte:

(i) Es existiert ein $\alpha \in (0, 1)$ mit $d(f(\lambda, x), f(\lambda, y)) \leqq \alpha d(x, y)$ für alle $x, y \in X$ und $\lambda \in \Lambda$.

(ii) $f(.\,, x): \Lambda \to X$ ist stetig für jedes $x \in X$.

Zeigen Sie: Für jedes $\lambda \in \Lambda$ hat die Abbildung $f(\lambda, .): X \to X$ genau einen Fixpunkt $x(\lambda)$ und $x(.) \in C(\Lambda, X)$.

3. *Der Satz von Picard-Lindelöf.* Es seien $J \subset \mathbb{R}$ und $D \subset E$ offen, wobei $E$ ein beliebiger (nicht notwendig endlichdimensionaler) Banachraum sei. Ferner seien $f \in C(J \times D, E)$ und $(t_0, x_0) \in J \times D$, und $a, b, \lambda, M$ seien Konstanten mit folgenden Eigenschaften:

$$R := [t_0 - a, t_0 + a] \times \bar{\mathbb{B}}(x_0, b) \subset J \times D,$$

$$\|f(t, x) - f(t, y)\| \leqq \lambda \|x - y\| \quad \forall\, (t, x), (t, y) \in R,$$

$$\|f(t, x)\| \leqq M \quad \forall\, (t, x) \in R.$$

Schließlich seien

$$\alpha := \min\left(a, \frac{b}{M}, \frac{1}{2\lambda}\right)$$

und $I := [t_0 - \alpha, t_0 + \alpha]$. Dann besitzt das AWP

$$\dot{x} = f(t, x), \quad x(t_0) = x_0$$

eine eindeutig bestimmte Lösung $u : I \to \bar{\mathbb{B}}(x_0, b)$ und sie kann durch das folgende Iterationsverfahren „berechnet" werden:

$$u_{m+1}(t) = x_0 + \int_{t_0}^{t} f(s, u_m(s))ds, \quad m \in \mathbb{N}, t \in I,$$

$$u_0 \in C(I, \bar{\mathbb{B}}(x_0, b)) \quad \text{mit} \quad u_0(t_0) = x_0 \quad \text{beliebig.}$$

Hierbei konvergiert die Folge $(u_m)$ für $m \to \infty$ gleichmäßig auf $I$. (Hinweis: Zeigen Sie, daß der Banachsche Fixpunktsatz auf $X := \{v \in C(I, E) \mid v(t_0) = x_0, \|v - v_0\|_C \leqq b, v_0(t) := x_0 \quad \forall t \in I\}$ und

$$T : X \to C(I, E) \quad \text{mit} \quad Tv(t) := x_0 + \int_{t_0}^{t} f(s, v(s))ds, \quad t \in I,$$

angewendet werden kann.)

4. Das Anfangswertproblem in $\mathbb{R}$

$$(*) \qquad \dot{x} = ax, \quad x(0) = 1, \quad a \in \mathbb{R},$$

soll (a) mit der Eulerschen Polygonzugmethode und (b) mit dem Picard-Lindelöfschen Iterationsverfahren gelöst werden.

(a) Es sei $t > 0$ und das Intervall $[0, t]$ werde in $m$ gleiche Teilintervalle eingeteilt. Welchen Wert hat dann das Eulersche Polygon $u_m$ zu dieser Unterteilung an der Stelle $t$, d. h. was ist $u_m(t)$? Was passiert mit $u_m(t)$ für $m \to \infty$, und was ist, wenn $t < 0$ ist?

(b) Berechnen Sie die $m$-te Näherung $u_m$ der Lösung von (*) nach dem Picard-Lindelöfschen Iterationsverfahren explizit unter Verwendung der „Anfangsfunktion" $u_0(t) = 1$. Auf welchem Intervall konvergiert das Verfahren?

# 8. Stetigkeitssätze

*Im folgenden seien $J$ stets ein offenes Intervall in $\mathbb{R}$ und $D$ eine offene Teilmenge eines endlichdimensionalen Banachraums $E$. Ferner sei $\Lambda$ ein lokalkompakter metrischer Raum, und*

$$f \in C(J \times D \times \Lambda, E)$$

*sei Lipschitz stetig bezüglich $x \in D$.*

Dann existiert nach Theorem (7.6) für jedes $\lambda \in \Lambda$ und $(\tau, \xi) \in J \times D$ eine eindeutig bestimmte nicht fortsetzbare Lösung (kurz: *die Lösung*)

$$u(., \tau, \xi, \lambda) : J(\tau, \xi, \lambda) \to D$$

des *parameterabhängigen* Anfangswertproblems

$$\dot{x} = f(t, x, \lambda), \quad x(\tau) = \xi .$$

Hierbei ist

$$J(\tau, \xi, \lambda) := (t^-(\tau, \xi, \lambda), t^+(\tau, \xi, \lambda)) \subset J$$

das (nach Theorem (7.6) offene) maximale Existenzintervall. Wir bezeichnen mit

$$\mathscr{D}(f, \Lambda) := \{(t, \tau, \xi, \lambda) \in J \times J \times D \times \Lambda \,|\, t \in J(\tau, \xi, \lambda)\}$$

den Definitionsbereich der Funktion

$$u : (t, \tau, \xi, \lambda) \mapsto u(t, \tau, \xi, \lambda) \in D$$

und setzen $\mathscr{D}(f) := \mathscr{D}(f, \emptyset)$.

Es ist das Hauptziel dieses Paragraphen zu zeigen, daß $\mathscr{D}(f, \Lambda)$ offen in $J \times J \times D \times \Lambda$ ist, also offen in $\mathbb{R} \times \mathbb{R} \times E \times \Lambda$, und daß $u : \mathscr{D}(f, \Lambda) \to D$ stetig ist. Dazu benötigen wir einige Hilfsbetrachtungen.

**(8.1) Lemma:** *Es seien X und Y topologische Räume, und A, B und C seien metrische Räume.*

(i) *Gilt für* $f : X \times Y \to A$
  (a) $f(x, .) : Y \to A$ *ist stetig für jedes* $x \in X$,
  (b) $f(., y) : X \to A$ *ist stetig, gleichmäßig bzgl.* $y \in Y$,
  *so ist f stetig.*

(ii) $f : A \times B \to C$ *ist genau dann gleichmäßig Lipschitz stetig, wenn f gleichmäßig Lipschitz stetig bzgl. x und bzgl. y ist.*

(iii) $C^{1-}(B, C) \circ C^{1-}(A, B) \subset C^{1-}(A, C)$, *d. h. Kompositionen Lipschitz stetiger Abbildungen sind Lipschitz stetig.*

**Beweis:** (i) Es seien $(x_0, y_0) \in X \times Y$ und $\varepsilon > 0$ beliebig. Wegen (b) existiert eine Umgebung $U$ von $x_0$ in $X$ mit

$$d(f(x, y), f(x_0, y)) < \varepsilon/2 \quad \forall (x, y) \in U \times Y,$$

und wegen (a) existiert eine Umgebung $V$ von $y_0$ in $Y$ mit

$$d(f(x_0, y), f(x_0, y_0)) < \varepsilon/2 \quad \forall y \in V.$$

Folglich ist

$$d(f(x, y), f(x_0, y_0)) \leqq d(f(x, y), f(x_0, y)) + d(f(x_0, y), f(x_0, y_0)) < \varepsilon$$

für alle $(x, y) \in U \times V$.

(ii) Die Notwendigkeit der obigen Bedingung ist klar. Daß sie auch hinreichend ist, folgt sofort aus der für alle $(a, b), (\bar{a}, \bar{b}) \in A \times B$ gültigen Ungleichung

$$d(f(a, b), f(\bar{a}, \bar{b})) \leqq d(f(a, b), f(\bar{a}, b)) + d(f(\bar{a}, b), f(\bar{a}, \bar{b})).$$

(iii) Es seien $f \in C^{1-}(A, B)$ und $g \in C^{1-}(B, C)$, und $x_0 \in A$ sei beliebig. Dann existieren eine Umgebung $V$ von $y_0 := f(x_0)$ in $B$ und ein $\lambda \in \mathbb{R}_+$ mit

$$d(g(y), g(\bar{y})) \leqq \lambda d(y, \bar{y}) \quad \forall y, \bar{y} \in V.$$

Ferner existieren eine Umgebung $U$ von $x_0$ in $A$ und eine Konstante $\mu \in \mathbb{R}_+$ mit $f(U) \subset V$ und

$$d(f(x), f(\bar{x})) \leqq \mu d(x, \bar{x}) \quad \forall x, \bar{x} \in U.$$

Also gilt für $x, \bar{x} \in U$

$$d(g(f(x)), g(f(\bar{x}))) \leqq \lambda d(f(x), f(\bar{x})) \leqq \lambda \mu d(x, \bar{x}),$$

woraus die Behauptung folgt. □

Wir beweisen nun zuerst einen lokalen Stetigkeitssatz.

**(8.2) Lemma:** *Zu jedem $(\bar{\tau}, \bar{\xi}, \bar{\lambda}) \in J \times D \times \Lambda$ existiert eine Umgebung $I \times V \times W$ von $(\bar{\tau}, \bar{\xi}, \bar{\lambda})$ in $J \times D \times \Lambda$ mit*

$$u \in C^{1-,0}([I \times I \times V] \times W, D).$$

**Beweis:** Es existieren Zahlen $a, b, \mu > 0$ und eine kompakte Umgebung $W$ von $\bar{\lambda}$ in $\Lambda$ mit

$$A := [\bar{\tau} - 2a, \bar{\tau} + 2a] \times \bar{\mathbb{B}}(\bar{\xi}, 2b) \times W \subset J \times D \times \Lambda$$

und

(1) $$|f(t, x, \lambda) - f(t, y, \lambda)| \leqq \mu |x - y| \quad \forall (t, x, \lambda), (t, y, \lambda) \in A.$$

Also gilt für

$$(\tau, \xi, \lambda) \in B := [\bar{\tau} - a, \bar{\tau} + a] \times \bar{\mathbb{B}}(\bar{\xi}, b) \times W$$

die Inklusion

$$[\tau - a, \tau + a] \times \bar{\mathbb{B}}(\xi, b) \times W \subset A.$$

Wir setzen nun

(2) $$M := \sup_{(\tau,\xi,\lambda)\in A} |f(\tau, \xi, \lambda)| \quad \text{und} \quad \alpha := \min(a, b/M).$$

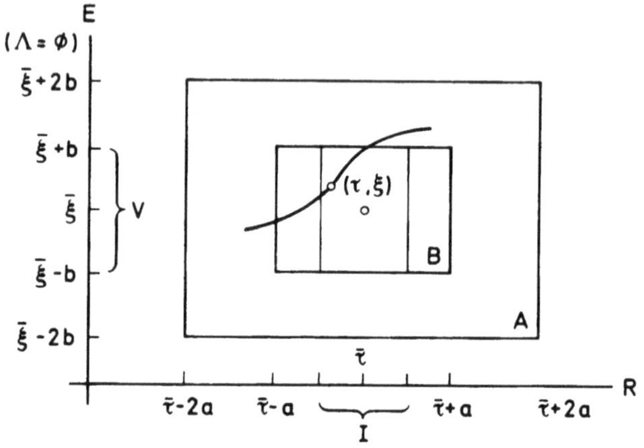


Dann existiert nach Theorem (7.3) die Lösung $u(.,\tau,\xi,\lambda)$ auf $[\tau - \alpha, \tau + \alpha]$, und zwar für jedes $(\tau, \xi, \lambda) \in B$.

Mit

$$I := [\bar{\tau} - \alpha/2, \bar{\tau} + \alpha/2] \quad \text{und} \quad V := \bar{\mathbb{B}}(\bar{\xi}, b)$$

gilt dann

$$I \times I \times V \times W \in \mathscr{D}(f, \Lambda).$$

Aus (6.5a) und (2) folgt

(3) $$|u(s,\tau,\xi,\lambda) - u(t,\tau,\xi,\lambda)| \leqq M|s - t|$$

für $s, t \in I$ und $(\tau, \xi, \lambda) \in I \times V \times W$, und Lemma (6.6) ergibt mit (1) die Abschätzung

(4) $$|u(t,\tau,\xi,\lambda) - u(t,\tau,\eta,\lambda)| \leqq e^{\alpha\mu}|\xi - \eta|$$

für $\xi, \eta \in V$ und $(t, \tau, \lambda) \in I \times I \times W$.

Wegen der Eindeutigkeit der Lösung gilt

$$u(t, \sigma, \xi, \lambda) = u(t, \tau, u(\tau, \sigma, \xi, \lambda), \lambda)$$

für $\sigma, \tau \in I$ und $(t, \xi, \lambda) \in I \times V \times W$. Also ergibt (4)

$$|u(t, \tau, \xi, \lambda) - u(t, \sigma, \xi, \lambda)| \leqq |\xi - u(\tau, \sigma, \xi, \lambda)| e^{\alpha\mu},$$

und folglich, wegen $u(\sigma, \sigma, \xi, \lambda) = \xi$ und (3),

$$(5) \qquad |u(t, \tau, \xi, \lambda) - u(t, \sigma, \xi, \lambda)| \leqq M e^{\alpha\mu} |\tau - \sigma|$$

für $\sigma, \tau \in I$ und $(\tau, \xi, \lambda) \in I \times V \times W$.
Aus (3), (4), (5) und Lemma (8.1 ii) folgt nun, daß für jedes $\lambda \in W$

(6) $u(.\,, .\,, .\,, \lambda)$ gleichmäßig Lipschitz stetig ist auf $I \times I \times V$ mit einer von $\lambda \in W$ unabhängigen Lipschitzkonstanten.

Für $(\tau, \xi) \in I \times V$ und $\lambda, \nu \in W$ setzen wir zur Abkürzung $u := u(.\,, \tau, \xi, \lambda)$ und $v := v(.\,, \tau, \xi, \nu)$. Dann erhalten wir aus

$$u(t) - v(t) = \int_\tau^t [f(s, u(s), \lambda) - f(s, v(s), \nu)]\, ds$$

$$= \int_\tau^t [f(s, u(s), \lambda) - f(s, u(s), \nu)]\, ds + \int_\tau^t [f(s, u(s), \nu) - f(s, v(s), \nu)]\, ds$$

mit $T := [\min\{\tau, t\}, \max\{\tau, t\}]$ die Abschätzung

$$|u(t) - v(t)| \leqq \alpha \max_{s \in T} |f(s, u(s), \lambda) - f(s, u(s), \nu)|$$

$$+ \left| \int_\tau^t \mu |u(s) - v(s)|\, ds \right|$$

für $\lambda, \nu \in W$ und $(t, \tau, \xi) \in I \times I \times V$. Hierbei ist zu berücksichtigen, daß aufgrund von Theorem (7.3)

$$u(s), v(s) \in \bar{\mathbb{B}}(\xi, b) \subset \bar{\mathbb{B}}(\bar{\xi}, 2b)$$

für $s \in T$, $\lambda, \nu \in W$ und $(\tau, \xi) \in I \times V$ gilt, so daß die Lipschitzabschätzung (1) anwendbar ist. Somit impliziert Korollar (6.2) für $\lambda, \nu \in W$ und $(t, \tau, \xi) \in I \times I \times V$ die Abschätzung

$$|u(t, \tau, \xi, \lambda) - u(t, \tau, \xi, \nu)| \leqq \alpha e^{\alpha\mu} \delta(\lambda, \nu)$$

mit

$$\delta(\lambda, \nu) := \max_{s \in T} |f(s, u(s, \tau, \xi, \lambda), \lambda) - f(s, u(s, \tau, \xi, \lambda), \nu)|.$$

Da $C := T \times u(T, \tau, \xi, \lambda) \times W$ für festes $(\tau, \xi, \lambda) \in I \times V \times W$ kompakt ist, ist $f|C$ gleichmäßig stetig. Folglich gilt $\delta(\lambda, \nu) \to 0$ für $\nu \to \lambda$, d. h. für festes $(t, \tau, \xi) \in I \times I \times V$ ist $u(t, \tau, \xi, .) : W \to D$ stetig. Nun folgt $u \in C(I \times I \times V \times W, D)$ aus (6) und Lemma (8.1 i). □

Nach diesen Vorbereitungen können wir den folgenden zentralen *globalen Stetigkeitssatz für parameterabhängige Anfangswertprobleme* beweisen.

**(8.3) Theorem:** *$\mathscr{D}(f, \Lambda)$ ist offen in $J \times J \times D \times \Lambda$ und $u \in C(\mathscr{D}(f, \Lambda), D)$. Ferner ist*

$$u(.,.,.,\lambda) \in C^{1-}(\mathscr{D}(f(.,.,\lambda)), D)$$

*für jedes $\lambda \in \Lambda$.*

**Beweis:** Es sei $(t^*, \tau_0, \xi_0, \lambda_0) \in \mathscr{D}(f, \Lambda)$ beliebig. Nach Lemma (8.2) existiert zu jedem $(\bar{\tau}, \bar{\xi}) \in J \times D$ eine Umgebung $\tilde{I}_{\bar{\tau}} \times \tilde{V}_{\bar{\xi}} \times \tilde{W}_{(\bar{\tau}, \bar{\xi})}$ von $(\bar{\tau}, \bar{\xi}, \lambda_0)$ in $J \times D \times \Lambda$, derart, daß

$$(7) \qquad u \in C^{1-,0}([\tilde{I}_{\bar{\tau}} \times \tilde{I}_{\bar{\tau}} \times \tilde{V}_{\bar{\xi}}] \times \tilde{W}_{(\bar{\tau}, \bar{\xi})}, D)$$

gilt. Durch geeignetes Verkleinern erhalten wir eine Umgebung $I_{\bar{\tau}} \times V_{\bar{\xi}} \times W_{(\bar{\tau}, \bar{\xi})}$ von $(\bar{\tau}, \bar{\xi}, \lambda_0)$ mit $u(t, \tau, \xi, \lambda) \in \tilde{V}_{\bar{\xi}}$ für $(t, \tau, \xi, \lambda) \in I_{\bar{\tau}} \times I_{\bar{\tau}} \times V_{\bar{\xi}} \times W_{(\bar{\tau}, \bar{\xi})}$.

Da

$$K := \{(t, u(t, \tau_0, \xi_0, \lambda_0)) \mid t \in [\tau_0, t^*]\} \subset J \times D$$

kompakt ist (Hierbei betrachten wir den Fall $t^* \geqq \tau_0$. Der Fall $t^* \leqq \tau_0$ wird analog behandelt.), existieren $(\bar{\tau}_i, \bar{\xi}_i) \in K$, $i = 1, \ldots, m$, mit $K \subset \bigcup_{i=1}^{m} (I_i \times V_i)$, wobei $I_i := I_{\bar{\tau}_i}$ und $V_i := V_{\bar{\xi}_i}$ gesetzt sind. Durch eventuelles Verkleinern der Intervalle $I_i$ können wir annehmen, daß $I_i = [t_i, t_{i+1}]$, $i = 1, \ldots, m$, mit $t_1 < \tau_0 < t_2 < \cdots < t_m < t^* < t_{m+1}$ gilt. Ferner sei $W := \bigcap_{i=1}^{m} W_{(\bar{\tau}_i, \bar{\xi}_i)}$.

Für $i = 1, \ldots, m$ sei

$$Z_i := \{(t, u(t, t_i, \xi, \lambda), \lambda) \mid t \in I_i, \xi \in V_i, \lambda \in W\} \subset I_i \times D \times W$$

ein sog. „Lösungszylinder im Intervall $I_i$", und $Z_i(t)$ sei der Schnitt von $Z_i$ in $t \in I_i$,

d. h.

$$Z_i(t) := \{(\xi, \lambda) \in D \times \Lambda \mid (t, \xi, \lambda) \in Z_i\}.$$

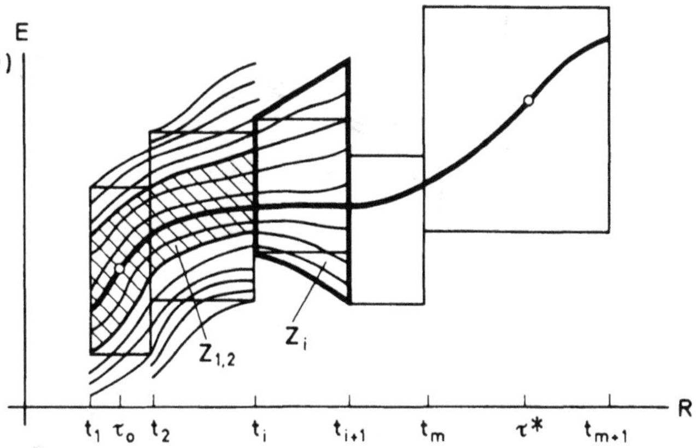


Wegen $u(t, t_i, u(t_i, t, \xi, \lambda), \lambda) = \xi$ und (7) ist

$$g := u(t, t_i, ., .) \times id_W : V_i \times W \to Z_i(t)$$

ein Homöomorphismus mit der Inversen

$$g^{-1} = u(t_i, t, ., .) \times id_W.$$

Also sind insbesondere $V_1 \times W$ und $Z_1(t_2)$ homöomorph, und folglich ist

$$B_2 := Z_1(t_2) \cap (V_2 \times W)$$

eine Umgebung von $(u(t_2, \tau_0, \xi_0, \lambda_0), \lambda_0)$. Wir können nun $Z_1 \cup Z_2$ durch den wohldefinierten Lösungszylinder im Intervall $I_1 \cup I_2$

$$Z_{1,2} := \{(t, u(t, t_2, \xi, \lambda), \lambda) \mid t \in I_1 \cup I_2, (\xi, \lambda) \in B_2\}$$

ersetzen. Durch Wiederholen dieser Schlußweise (mit $Z_{1,2}$ anstelle von $Z_1$ usw.) erhalten wir induktiv einen Lösungszylinder $Z$ für das Intervall $[t_1, t_{m+1}]$,

$$Z = \{(t, u(t, t_m, \xi, \lambda), \lambda) \mid t \in [t_1, t_{m+1}], (\xi, \lambda) \in B_m\},$$

wobei $B_m$ eine geeignete Umgebung von $(u(t_m, \tau_0, \xi_0, \lambda_0), \lambda)$ in $D \times \Lambda$ ist.

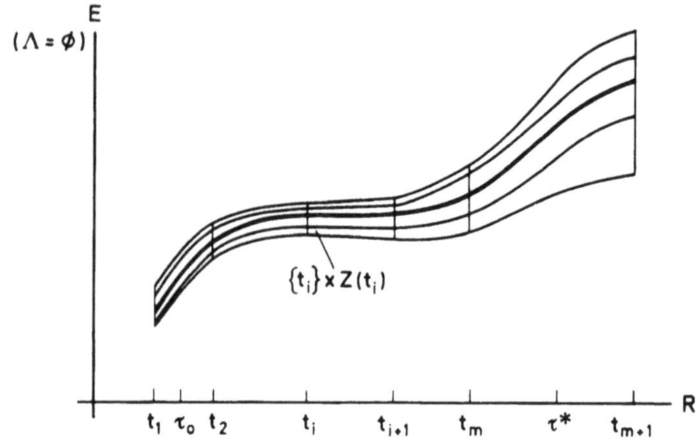


Ferner sind alle Schnitte

$$Z(t_i),\ i = 1, \ldots, m+1,$$

von $Z$ homöomorph, und es gilt

$$Z(t_i) \subset V_i \times W, \quad i = 1, \ldots, m.$$

Wir setzen nun

$$Z[t_i, t_{i+1}] := \{(t, u(t, t_m, \xi, \lambda), \lambda) \mid t \in [t_i, t_{i+1}], (\xi, \lambda) \in B_m\}.$$

Dann gilt

$$Z[t_i, t_{i+1}] = \{(t, u(t, t_i, \xi, \lambda), \lambda) \mid t \in [t_i, t_{i+1}], (\xi, \lambda) \in Z(t_i)\},$$

also insbesondere $Z[t_i, t_{i+1}] \subset [t_i, t_{i+1}] \times V_i \times W$. Da nach Lemma (8.2) die Abbildung

$$h_i : [t_i, t_{i+1}] \times V_i \times W \to \{t_i\} \times V_i \times W$$

$$(t, \xi, \lambda) \mapsto (t_i, u(t_i, t, \xi, \lambda), \lambda)$$

stetig ist, da aufgrund der Eindeutigkeit

$$Z[t_i, t_{i+1}] = h_i^{-1}(\{t_i\} \times Z(t_i))$$

gilt und da wir o.B.d.A. $Z(t_i)$ als offen annehmen können, ist $Z[t_i, t_{i+1}]$ offen in $[t_i, t_{i+1}] \times D \times \Lambda$. Dies impliziert leicht, daß $Z$ offen in $[t_1, t_{m+1}] \times D \times \Lambda$, also eine Umgebung von $\{(t, u(t, \tau_0, \xi_0, \lambda_0), \lambda_0) | t_1 \leqq t \leqq t_{m+1}\}$ ist. Folglich existiert eine Umgebung $\hat{I}_1 \times \hat{A}_1 \times \hat{W}$ von $(\tau_0, \xi_0, \lambda_0)$ in $J \times D \times W$ mit $\hat{I}_1 \times \hat{A}_1 \times \hat{W} \subset Z$. Nach Konstruktion von $Z$ sind die Abbildungen

$$\begin{aligned}
\varphi_1 \quad &: \hat{I}_1 \times \hat{A}_1 \times \hat{W} \to Z(t_2), \; (\tau, \xi, \lambda) \mapsto (u(t_2, \tau, \xi, \lambda), \lambda) \\
\varphi_2 \quad &: Z(t_2) \to Z(t_3), \qquad (\xi, \lambda) \mapsto (u(t_3, t_2, \xi, \lambda), \lambda) \\
&\;\vdots \\
\varphi_{m-1} &: Z(t_{m-1}) \to Z(t_m), \qquad (\xi, \lambda) \mapsto (u(t_m, t_{m-1}, \xi, \lambda), \lambda) \\
\varphi_m \quad &: I_m \times Z(t_m) \to V_m, \qquad (t, \xi, \lambda) \mapsto u(t, t_m, \xi, \lambda)
\end{aligned}$$

wohldefiniert. Nach Lemma (8.2) sind diese Abbildungen alle stetig und für jedes feste $\lambda$ Lipschitz stetig.

Wegen

$$u(t, \tau, \xi, \lambda) = u(t, t_m, u(t_m, \tau, \xi, \lambda), \lambda)$$

für $t \in I_m$ und $(\tau, \xi, \lambda) \in \hat{I}_1 \times \hat{A}_1 \times \hat{W}$ folgt durch Induktion

(8) $$u(t, \tau, \xi, \lambda) = \varphi_m(t, \varphi_{m-1} \circ \cdots \circ \varphi_1(\tau, \xi, \lambda))$$

für $(t, \tau, \xi, \lambda) \in I_m \times \hat{I}_1 \times \hat{A}_1 \times \hat{W}$. Folglich ist

$$U := I_m \times \hat{I}_1 \times \hat{A}_1 \times \hat{W} \subset \mathscr{D}(f, \Lambda),$$

und da $U$ eine Umgebung von $(t^*, \tau_0, \xi_0, \lambda_0)$ ist, ist $\mathscr{D}(f, \Lambda)$ offen. Die Stetigkeitsbehauptungen folgen nun aus (8) und Lemma (8.1 iii). □

Wenn man auch die Lipschitzstetigkeit von $f$ bzgl. $\lambda \in \Lambda$ voraussetzt, erhält man durch geeignete Modifikationen des obigen Beweises, daß $u$ in allen Variablen Lipschitz stetig ist. Anstatt dies genauer auszuführen, wollen wir dieses Resultat durch einen einfachen Trick aus Theorem (8.3) herleiten, falls $\Lambda$ eine offene Teilmenge eines endlichdimensionalen Banachraums ist.

**(8.4) Theorem:** *Es seien $\Lambda$ offen in einem endlichdimensionalen Banachraum $F$, $M := D \times \Lambda$ und $f \in C^{0,1-}(J \times M, E)$. Dann ist*

$$u \in C^{1-}(\mathscr{D}(f, \Lambda), D).$$

**Beweis:** Natürlich ist $M$ offen in $G := E \times F$, und

$$g := (f, 0) \in C^{0,1-}(J \times M, G).$$

Ferner ist das AWP

(9) $\dot{x} = f(t, x, \lambda), \; x(\tau) = \xi$

offensichtlich äquivalent zum AWP

(10) $\dot{z} = g(t, z), \; z(\tau) = (\xi, \lambda),$

das parameterunabhängig ist. Nach Theorem (8.3) ist die Lösung $v : \mathscr{D}(g) \to M$ von (10) Lipschitz stetig. Wegen

$$v(t, \tau, (\xi, \lambda)) = (u(t, \tau, \xi, \lambda), \lambda)$$

folgt

$$\mathscr{D}(g) = \mathscr{D}(f, \Lambda)$$

und somit die Behauptung. □

**(8.5) Bemerkungen:** (a) Wegen Bemerkung (7.10 b) *bleiben alle Resultate dieses Paragraphen auch im Fall* $\dim(E) = \infty$ *gültig.*

(b) Man verifiziert sofort, *daß für $\Lambda$ ein beliebiger metrischer Raum zugelassen werden kann, falls $\lambda \mapsto f(t, x, \lambda)$ stetig ist, gleichmäßig für $(t, x)$ in kompakten Teilmengen von $J \times D$.* □

### Aufgaben

1. Verifizieren Sie die Richtigkeit der Bemerkungen (8.5).
2. Beweisen Sie Lemma (8.2) mit Hilfe der Aufgaben 2 und 3 von Paragraph 7.

## 9. Differenzierbarkeitssätze

*In diesem Abschnitt seien $E$ reell und $\Lambda$ eine offene Teilmenge eines endlichdimensionalen reellen Banachraums $F$.* Die Realitätsannahme stellt keine Einschränkung der Allgemeinheit dar, da wir $E$ mit $\mathbb{K}^n$ und $\mathbb{C}^n$ stets mit $\mathbb{R}^{2n}$ (durch Trennung in Real- und Imaginärteil) identifizieren können.

Wir nehmen nun an, $f \in C^{0,1}(J \times (D \times \Lambda), E)$ und die Lösung $u : \mathscr{D}(f, \Lambda) \to D$ sei differenzierbar. Wenn wir dann die Relationen

(1)
$$\frac{\partial u}{\partial t}(t, \tau, \xi, \lambda) = f(t, u(t, \tau, \xi, \lambda), \lambda)$$
$$u(\tau, \tau, \xi, \lambda) = \xi$$

nach $\tau$ bzw. $\xi$ bzw. $\lambda$ differenzieren und die entsprechenden Ableitungen mit $\partial/\partial t$ vertauschen, so finden wir (formal) für jedes $(\tau, \xi, \lambda) \in J \times D \times \Lambda$:

(a) die Funktion

$$J(\tau, \xi, \lambda) \to E, \quad t \mapsto \frac{\partial u}{\partial \tau}(t, \tau, \xi, \lambda) \tag{2}$$

genügt dem AWP

$$\begin{cases} \dot{y} = D_2 f(t, u(t, \tau, \xi, \lambda), \lambda) y \\ y(\tau) = -f(\tau, \xi, \lambda); \end{cases} \tag{3}$$

(b) die Funktion

$$J(\tau, \xi, \lambda) \to \mathscr{L}(E), \quad t \mapsto \frac{\partial u}{\partial \xi}(t, \tau, \xi, \lambda) \tag{4}$$

genügt dem AWP

$$\begin{cases} \dot{z} = D_2 f(t, u(t, \tau, \xi, \lambda), \lambda) z \\ z(\tau) = id_E; \end{cases} \tag{5}$$

(c) die Funktion

$$J(\tau, \xi, \lambda) \to \mathscr{L}(F, E), \quad t \mapsto \frac{\partial u}{\partial \lambda}(t, \tau, \xi, \lambda) \tag{6}$$

löst das AWP

$$\begin{cases} \dot{v} = D_2 f(t, u(t, \tau, \xi, \lambda), \lambda) v + D_3 f(t, u(t, \tau, \xi, \lambda), \lambda) \\ v(\tau) = 0. \end{cases} \tag{7}$$

Hierbei bedeuten natürlich

$$\frac{\partial u}{\partial \xi} := D_3 u : \mathscr{D}(f, \Lambda) \to \mathscr{L}(E)$$

und

$$\frac{\partial u}{\partial \lambda} := D_4 u : \mathscr{D}(f, \Lambda) \to \mathscr{L}(F, E).$$

Es ist das Ziel dieses Paragraphen zu zeigen, daß diese formalen Operationen gerechtfertigt sind.

**(9.1) Bemerkungen:** (a) Ist $g \in C^{0,1}(J \times D, E)$ und ist $v : J_v \to D$ irgendeine Lösung der Differentialgleichung $\dot{y} = g(t, y)$, so heißt die lineare Differentialgleichung

$$\dot{z} = D_2 g(t, v(t))z$$

*Variationsgleichung in bezug auf die Lösung* $v$ (oder die *Linearisierung in* $v$).

(b) Es seien $f \in C^{0,1}(J \times (D \times \Lambda), E)$,

$$\mu := (\tau, \xi, \lambda) \in J \times D \times \Lambda =: M$$

und

$$A(t, \mu) := D_2 f(t, u(t, \tau, \xi, \lambda), \lambda)$$

sowie

$$b(t, \mu) := D_3 f(t, u(t, \tau, \xi, \lambda), \lambda).$$

Da nach Theorem (8.3)

$$u \in C(\mathscr{D}(f, \Lambda), D)$$

gilt, sind

$$A(t, \mu) \in \mathscr{L}(E)$$

und

$$b(t, \mu) \in \mathscr{L}(F, E)$$

stetig in $(t, \mu)$. Folglich stellen (3), (5) und (7) parameterabhängige lineare AWP dar, nämlich die Probleme

(3) $$\dot{y} = A(t, \mu)y, \quad y(\tau) = -f(\mu),$$

(5) $$\dot{z} = A(t, \mu)z, \quad z(\tau) = id_E,$$

und

(7) $$\dot{v} = A(t, \mu)v + b(t, \mu), \quad v(\tau) = 0.$$

Hierbei sind (3) ein AWP in $E$, (5) ein AWP im endlichdimensionalen Banachraum $\mathscr{L}(E)$ und (7) ein AWP im endlichdimensionalen Banachraum $\mathscr{L}(F, E)$, und der Parameterraum $M$ ist offen in $\mathbb{R} \times E \times F$, also insbesondere lokal kompakt. Nach Theorem (7.9) hat jedes dieser AWP eine eindeutig bestimmte globale Lösung, d. h. bei festem $\mu \in M$ existiert die Lösung auf ganz $J(\mu) = J(\tau, \xi, \lambda)$. Nach Theorem (8.3) sind die Lösungen dieser linearen AWP überdies stetig in allen Variablen. □

**(9.2) Theorem:** *Es sei* $f \in C^{0,1}(J \times (D \times \Lambda), E)$. *Dann ist*

$$u \in C^1(\mathscr{D}(f, \Lambda), D),$$

*und* $\dfrac{\partial u}{\partial \tau}$ *bzw.* $\dfrac{\partial u}{\partial \xi}$ *bzw.* $\dfrac{\partial u}{\partial \lambda}$ *sind die Lösungen der linearisierten AWP* (3) *bzw.* (5) *bzw.* (7). *Außerdem existieren die „gemischten zweiten partiellen Ableitungen"*

$$(*) \qquad \frac{\partial^2 u}{\partial \tau \partial t} = \frac{\partial^2 u}{\partial t \partial \tau}, \; \frac{\partial^2 u}{\partial \xi \partial t} = \frac{\partial^2 u}{\partial t \partial \xi}, \; \frac{\partial^2 u}{\partial \lambda \partial t} = \frac{\partial^2 u}{\partial t \partial \lambda}$$

*und sind stetig.*

**Beweis:** (a) Wenn der erste Teil der Behauptung bewiesen ist, so folgt aus Bemerkung (9.1 b), daß

$$\frac{\partial^2 u}{\partial t \partial \tau} = \frac{\partial}{\partial t}\left(\frac{\partial u}{\partial \tau}\right), \frac{\partial^2 u}{\partial t \partial \xi}, \frac{\partial^2 u}{\partial t \partial \lambda}$$

existieren und stetig sind. Da die Funktion

$$(\tau, \xi, \lambda) \mapsto f(t, u(t, \tau, \xi, \lambda), \lambda)$$

stetig differenzierbar ist, folgt durch Differenzieren von (1), daß auch die anderen gemischten Ableitungen existieren und daß die behaupteten Gleichheiten bestehen. Also genügt es, den ersten Teil der Behauptung zu beweisen.

(b) Durch Übergang zum „erweiterten AWP"

$$\dot{z} = g(t, z), \; z(\tau) = (\xi, \lambda)$$

mit

$$g := (f, 0) \in C^{0,1}(J \times (D \times \Lambda), E \times F)$$

(vgl. den Beweis von Theorem (8.4)), können wir o.B.d.A. $\Lambda = \{0\}$ annehmen.

(c) Es seien $(t, \tau, \xi) \in \mathscr{D}(f)$ und $\varepsilon > 0$, derart, daß $\{(t, \tau)\} \times \mathbb{B}(\xi, \varepsilon) \subset \mathscr{D}(f)$ gilt. Ferner seien $v(t, \tau, \xi, h) := u(t, \tau, \xi + h) - u(t, \tau, \xi)$ und

$$B(t, \tau, \xi, h) := \int_0^1 D_2 f(t, u(t, \tau, \xi) + sv(t, \tau, \xi, h))ds$$

für $h \in \mathbb{B}(\xi, \varepsilon)$. (Da $v$ stetig ist, können wir annehmen, daß $\varepsilon$ so klein gewählt ist, daß $u + sv \in D$ für $0 \leqq s \leqq 1$ gilt.) Dann folgt aus dem Mittelwertsatz

$$\frac{\partial v}{\partial t}(t, \tau, \xi, h) = \frac{\partial u}{\partial t}(t, \tau, \xi + h) - \frac{\partial u}{\partial t}(t, \tau, \xi)$$

$$= f(t, u(t, \tau, \xi + h)) - f(t, u(t, \tau, \xi)) = B(t, \tau, \xi, h)v(t, \tau, \xi, h).$$

Außerdem gilt

$$v(\tau, \tau, \xi, h) = \xi + h - \xi = h.$$

Also ist $v(., \tau, \xi, h)$ die Lösung des parameterabhängigen linearen AWP

(8) $$\dot{z} = B(t, \tau, \xi, h)z, \quad z(\tau) = h$$

in $E$, wobei $B(t, \tau, \xi, h) \in \mathscr{L}(E)$ stetig von seinen Argumenten abhängt. Nach Theorem (7.9) und Theorem (8.3) hat das lineare AWP in $\mathscr{L}(E)$,

(9) $$\dot{C} = B(t, \tau, \xi, h)C, \quad C(\tau) = id_E,$$

eine eindeutig bestimmte Lösung $C(t, \tau, \xi, h) \in \mathscr{L}(E)$, die ebenfalls stetig in allen Argumenten ist. Da $t \mapsto C(t, \tau, \xi, h)h$ offensichtlich eine Lösung von (8) ist, folgt aus der Eindeutigkeit, daß

$$v(t, \tau, \xi, h) = C(t, \tau, \xi, h)h$$

gilt. Hieraus ergibt sich

$$\begin{aligned}&|u(t, \tau, \xi + h) - u(t, \tau, \xi) - C(t, \tau, \xi, 0)h| \\ &\leqq |C(t, \tau, \xi, h) - C(t, \tau, \xi, 0)|_{\mathscr{L}(E)}|h| = o(|h|)\end{aligned}$$

für $h \to 0$, also die stetige Differenzierbarkeit von $\xi \mapsto u(t, \tau, \xi)$. Außerdem ist $D_3 u(t, \tau, \xi) = C(t, \tau, \xi, 0)$, und diese Funktion löst (als Funktion von $t$) das AWP (9) für $h = 0$, also wegen

$$B(t, \tau, \xi, 0) = D_2 f(t, u(t, \tau, \xi)) = A(t, \mu)$$

mit $\mu := (\tau, \xi)$ das AWP (5).

(d) Für betragsmäßig genügend kleine $\sigma \in \mathbb{R}$ sei nun

$$w(t, \tau, \xi, \sigma) := u(t, \tau + \sigma, \xi) - u(t, \tau, \xi).$$

Dann folgt analog wie in (c)

$$\frac{\partial w}{\partial t}(t, \tau, \xi, \sigma) = D(t, \tau, \xi, \sigma) w(t, \tau, \xi, \sigma)$$

mit

$$D(t, \tau, \xi, \sigma) = \int_0^1 D_2 f(t, u(t, \tau, \xi) + s w(t, \tau, \xi, \sigma)) ds.$$

Ferner gilt, wiederum nach dem Mittelwertsatz,

$$\begin{aligned} w(\tau,\tau,\xi,\sigma) &= u(\tau,\tau+\sigma,\xi)-\xi \\ &= -\left[u(\tau+\sigma,\tau+\sigma,\xi)-u(\tau,\tau+\sigma,\xi)\right] \\ &= -\sigma\int_0^1 \frac{\partial u}{\partial t}(\tau+s\sigma,\tau+\sigma,\xi)\,ds \\ &= -\sigma\int_0^1 f(\tau+s\sigma,u(\tau+s\sigma,\tau+\sigma,\xi))\,ds \\ &= -\sigma f(\tau,\xi)+r(\tau,\xi,\sigma)\sigma \end{aligned}$$

mit

$$r(\tau,\xi,\sigma):=\int_0^1 [f(\tau,\xi)-f(\tau+s\sigma,u(\tau+s\sigma,\tau+\sigma,\xi))]\,ds\,.$$

Also löst $w(.,\tau,\xi,\sigma)$ das parameterabhängige lineare AWP

(10) $$\dot z = D(t,\tau,\xi,\sigma)z,\quad z(\tau)=-\sigma f(\tau,\xi)+r(\tau,\xi,\sigma)\sigma$$

in $E$.

Wie in (c) hat das parameterabhängige lineare AWP in $\mathscr{L}(E)$

$$\dot X = D(t,\tau,\xi,\sigma)X,\quad X(\tau)=id_E$$

eine eindeutig bestimmte Lösung $X(t,\tau,\xi,\sigma)$, die stetig in allen Variablen ist. Aufgrund der Eindeutigkeit folgt dann

$$w(t,\tau,\xi,\sigma)=X(t,\tau,\xi,\sigma)[-f(\tau,\xi)+r(\tau,\xi,\sigma)]\sigma\,.$$

Also gilt

$$\begin{aligned} &u(t,\tau+\sigma,\xi)-u(t,\tau,\xi)+X(t,\tau,\xi,0)f(\tau,\xi)\sigma \\ &=\{[X(t,\tau,\xi,0)-X(t,\tau,\xi,\sigma)]f(\tau,\xi)+X(t,\tau,\xi,\sigma)r(\tau,\xi,\sigma)\}\sigma \\ &=o(\sigma) \end{aligned}$$

für $\sigma\to 0$. Folglich ist die Funktion $\tau\mapsto u(t,\tau,\xi)$ stetig differenzierbar, und es gilt

$$D_2u(t,\tau,\xi)=-X(t,\tau,\xi,0)f(\tau,\xi)\,.$$

Wegen $D(t,\tau,\xi,0)=D_2f(t,u(t,\tau,\xi))=A(t,\mu)$ ist $D_2u$ die Lösung des AWP (3).

□

Der obige Beweis zeigt, daß die Aussagen von Theorem (9.2) richtig bleiben, wenn $f$ *zusätzlich* noch von einem Parameter $\mu \in M$ stetig, aber nicht stetig differenzierbar, abhängt. Dann existieren die Ableitungen $\partial u/\partial \tau$, $\partial u/\partial \xi$ und $\partial u/\partial \lambda$ und sind in $(t, \tau, \xi, \lambda, \mu)$ stetig. Genauer gilt das folgende

**(9.3) Korollar:** *Es sei $M$ ein lokal kompakter metrischer Raum und $f \in C(J \times D \times \Lambda \times M, E)$ sei stetig nach $x \in D$ und $\lambda \in \Lambda$ differenzierbar. Dann ist die Lösung $u \in C(\mathscr{D}(f, \Lambda \times M), D)$ stetig nach $\tau$, $\xi$ und $\lambda$ differenzierbar, und $\partial u/\partial \tau$ bzw. $\partial u/\partial \xi$ bzw. $\partial u/\partial \lambda$ sind die Lösungen der linearisierten AWP* (3) *bzw.* (5) *bzw.* (7), *die nun natürlich auch von $\mu \in M$ abhängen. Außerdem existieren die gemischten Ableitungen* (*) *und sind stetig.*

Auf der Basis von Korollar (9.3 ist es nun leicht, auf die Existenz höherer Ableitungen von $u$ zu schließen. Hierbei geht man stets von den linearisierten AWP (3) bzw. (5) bzw. (7) aus und schließt induktiv. Der Einfachheit halber betrachten wir hier nur den Fall der Differenzierbarkeit nach dem Anfangswert $\xi \in D$. Wir überlassen es dem Leser, nach demselben Muster entsprechende Sätze für die höheren Ableitungen von $u$ nach $\tau$ und $\lambda$ aufzustellen und zu beweisen. Aussagen über die höheren Ableitungen von $u$ nach $t$ folgen direkt aus der Gültigkeit der Beziehung (1).

**(9.4) Satz:** *Es sei $M$ ein lokal kompakter metrischer Raum, und $f \in C(J \times D \times M, E)$ sei $m$-mal stetig differenzierbar nach $x \in D$. Dann ist die Lösung $u \in C(\mathscr{D}(f, M), D)$ $m$-mal nach dem Anfangswert $\xi \in D$ stetig differenzierbar.*

**Beweis:** Nach Korollar (9.3) existiert $\partial u/\partial \xi$, ist stetig und ist die Lösung des AWP

(11) $$\dot{z} = A(t, \tau, \xi, \mu)z, \quad z(\tau) = id_E$$

in $\mathscr{L}(E)$ mit

(12) $$A(t, \tau, \xi, \mu) = D_2 f(t, u(t, \tau, \xi, \mu), \mu).$$

Wir setzen nun

$$\hat{E} := \mathscr{L}(E), \quad \hat{D} := \mathscr{L}(E), \quad \hat{\Lambda} := D, \quad \hat{M} := J \times M$$

und definieren $\hat{f} \in C(J \times \hat{D} \times \hat{\Lambda} \times \hat{M}, \hat{E})$ durch

$$\hat{f}(t, \hat{x}, \hat{\lambda}, \hat{\mu}) := A(t, \tau, \hat{\lambda}, \mu)\hat{x}$$

mit $\hat{\mu} = (\tau, \mu)$. Dann können wir für (11)

(13) $$\dot{\hat{x}} = \hat{f}(t, \hat{x}, \hat{\lambda}, \hat{\mu}), \quad \hat{x}(\tau) = id_E$$

schreiben. Wenn $f$ zweimal nach $x$ differenzierbar ist, so folgt aus Korollar (9.3) und (12), daß $\hat{f}$ stetig nach $\hat{x}$ und $\hat{\lambda}$ differenzierbar ist. Also können wir Korollar (9.3) auf das AWP (13) anwenden und erhalten, daß die Lösung $\partial u/\partial \xi$ von (13) stetig nach $\hat{\lambda} = \xi$ differenzierbar ist. Also ist $u$ zweimal stetig nach $\xi$ differenzierbar. Nun können wir diese Schlußweise wieder auf die entsprechende Linearisierung von (13) anwenden und erhalten die Behauptung durch Induktion. □

Als einfache Folgerung aus Satz (9.4) beweisen wir nun das folgende wichtige

**(9.5) Theorem:** *Es sei* $f \in C^m(J \times D \times \Lambda, E)$ *für ein* $m \in \bar{\mathbb{N}}^*$. *Dann ist* $u \in C^m(\mathscr{D}(f, \Lambda), D)$.

**Beweis:** Wir setzen

$$\hat{D} := J \times D \times \Lambda \subset \mathbb{R} \times E \times F = \hat{E}$$

und

$$\hat{f} := (1, f, 0) \in C^m(\hat{D}, \hat{E}).$$

Dann ist das zeit- und parameterabhängige AWP

(14) $$\dot{x} = f(t, x, \lambda), \quad x(\tau) = \xi$$

äquivalent zu dem parameterunabhängigen autonomen AWP

(15) $$\dot{y} = \hat{f}(y), \quad y(\tau) = (\tau, \xi, \lambda) \in \hat{E}.$$

Nach Satz (9.4) ist folglich die Lösung von (15), und somit die Lösung $u$ von (14), $m$-mal stetig nach $(\tau, \xi, \lambda)$ differenzierbar. Aus

(16) $$\frac{\partial u}{\partial t}(t, \tau, \xi, \lambda) = f(t, u(t, \tau, \xi, \lambda), \lambda)$$

folgt, daß $u \in C^1(\mathscr{D}(f, \Lambda), D)$ gilt. Folglich kann (16) nach $t$ differenziert werden, woraus die Existenz und Stetigkeit von $\partial^2 u/\partial t^2$ folgen. Nach dem Beweis von Satz (9.4) genügt jede Ableitung der Ordnung $k \leqq m$ von $u$ nach $(\tau, \xi, \lambda)$ einer Differentialgleichung, die aus (16) durch geeignetes $k$-maliges Differenzieren entsteht. Auf diese „differenzierte" Differentialgleichung können wir den eben durchgeführten Schluß wieder anwenden und erhalten so die Behauptung durch Induktion. □

**(9.6) Bemerkungen:** (a) Wenn man den Beweis von Theorem (9.5) nicht wie oben auf Satz (9.4) zurückführt, sondern nach dem Muster des Beweises von Satz (9.4) direkt schließt, sieht man leicht, daß *die Aussage von Theorem* (9.5) *richtig bleibt, wenn von $f$ nur verlangt wird, daß alle Ableitungen* $D_t^i D_x^j D_\lambda^k f$ *mit* $0 \leqq i + j + k \leqq m$ *und* $0 \leqq i \leqq m - 1$ *existieren und stetig sind, d. h. es genügt zu fordern, daß ‚$f$ bzgl.* $t \in J$ *nur* $(m-1)$*-mal stetig differenzierbar ist".*

(b) *Die Resultate dieses Paragraphen behalten ihre Gültigkeit, wenn* $\dim(E) = \infty$ *oder* $\dim(F) = \infty$ *ist.*

In der Tat, für Theorem (9.2) hat man aufgrund von Bemerkung (8.5) nur zu verifizieren, daß die Abbildungen $(t, \mu, y) \mapsto A(t, \mu)y$, bzw. $(t, \mu, z) \mapsto A(t, \mu)z + b(t, \mu)$ stetig sind in $\mu$, gleichmäßig für $(t, y)$ bzw. $(t, z)$ in kompakten Mengen, was man leicht einsieht. Dann erhält man Korollar (9.3) und Satz (9.4) aufgrund von (8.5b) auch im Fall, daß $M$ ein beliebiger metrischer Raum ist und daß $f$ stetig in $\mu \in M$ ist, gleichmäßig für $(t, x, \lambda)$ in kompakten Teilmengen von $J \times D \times \Lambda$. Der Beweis von Theorem (9.5) ist dann ungeändert.

Für einen anderen Beweis von Theorem (9.5) im unendlichdimensionalen Fall verweisen wir auf Lang [1]. □

### Aufgaben

1. Verifizieren Sie die Behauptungen von Bemerkung (9.6a).
2. Verifizieren Sie die Behauptungen von Bemerkung (9.6b).
3. Studieren Sie die Beweise in Lang [1].

## 10. Flüsse

In diesem Paragraphen seien *E ein endlichdimensionaler Banachraum über* $\mathbb{K}$, *D eine offene Teilmenge von E und* $f \in C^{1-}(D, E)$. Wir betrachten die *autonome* Differentialgleichung

$$\dot{x} = f(x) \tag{1}$$

in $D$.

**(10.1) Bemerkungen:** (a) Es ist angebracht, *f als Vektorfeld auf D zu interpretieren,* d. h. „jedem Punkt $x \in D$ wird der Vektor $f(x) \in E$ angeheftet“. Genauer: $f$ wird identifiziert mit dem Vektorfeld $X: D \to T(D) = D \times E, x \mapsto (x, f(x))$.

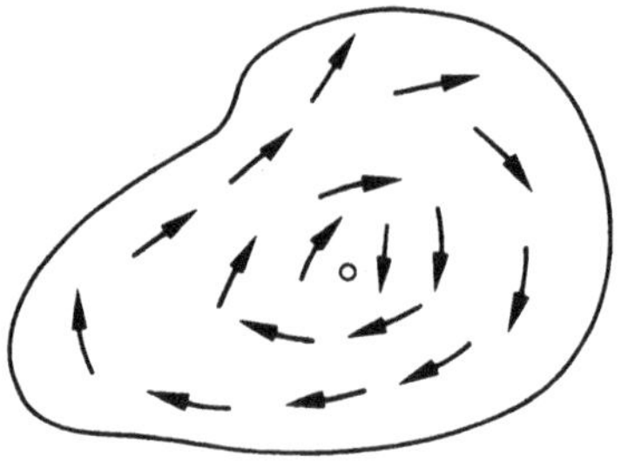

Eine Lösung von (1) kann dann als ein Weg in $D$ interpretiert werden, der in jedem Punkt $x \in D$ den Tangentialvektor $f(x)$ (genauer $(x, f(x))$) besitzt.

(b) Ist $u : J_u \to D$ eine Lösung des AWP

$$\dot{x} = f(x), \ x(\sigma) = \xi ,$$

so ist für jedes $s \in \mathbb{R}$ die Funktion

$$v : J_u - s \to D, \ t \mapsto u(t+s)$$

eine Lösung des AWP

$$\dot{x} = f(x), \ x(\sigma - s) = \xi .$$

Dies folgt aus

$$\dot{v}(t) = \dot{u}(t+s) = f(u(t+s)) = f(v(t))$$

und $v(\sigma - s) = u(\sigma) = \xi$. Folglich gilt für *die Lösung* von

(2) $$\dot{x} = f(x), \ x(\tau) = \xi ,$$

d. h. die eindeutig bestimmte nichtfortsetzbare Lösung

$$u(., \tau, \xi) : J(\tau, \xi) = (t^-(\tau, \xi), t^+(\tau, \xi)) \to D,$$

und für jedes $\sigma \in \mathbb{R}$ aufgrund der Eindeutigkeit:

$$u(t, \tau, \xi) = u(t + \sigma - \tau, \sigma, \xi)$$

für

$$t \in J(\tau, \xi) = J(\sigma, \xi) + \tau - \sigma .$$

Also gilt speziell

$$u(t, \tau, \xi) = u(t - \tau, 0, \xi) \quad \forall \, t \in J(\tau, \xi),$$

und

$$J(\tau, \xi) = J(0, \xi) + \tau = (t^-(0, \xi) + \tau, t^+(0, \xi) + \tau)$$

für jedes $\tau \in \mathbb{R}$ und $\xi \in D$.

Wir setzen nun für $\xi \in D$:

$$t^\pm(\xi) := t^\pm(0, \xi), \quad J(\xi) := J(0, \xi),$$

also

$$J(\xi) = (t^-(\xi), t^+(\xi)),$$

und

$$\varphi(t,\xi) := u(t,0,\xi) \quad \forall\, t \in J(\xi)$$

und fassen zusammen:

*Für jedes* $\xi \in D$ *ist*

$$\varphi(.\,,\xi): J(\xi) = (t^-(\xi), t^+(\xi)) \to D$$

*die (eindeutig bestimmte nichtfortsetzbare) Lösung des AWP*

$$\dot{x} = f(x)\,,\ x(0) = \xi\,.$$

*Für jedes* $\tau \in \mathbb{R}$ *wird die (eindeutig bestimmte nichtfortsetzbare) Lösung des AWP*

$$\dot{x} = f(x)\,,\ x(\tau) = \xi$$

*durch*

$$t \mapsto \varphi(t-\tau,\xi) \quad \forall\, t \in J(\xi)+\tau = (t^-(\xi)+\tau, t^+(\xi)+\tau)$$

*gegeben.*

(c) Es seien $J \subset \mathbb{R}$ ein offenes Intervall und $f \in C(J \times M, E)$. Dann ist das nichtautonome (oder zeitabhängige) AWP

$$\dot{x} = f(t,x)\,,\ x(\tau) = \xi$$

äquivalent zu dem autonomen AWP *in* $\mathbb{R} \times E$

$$\begin{aligned} \dot{x} &= f(t,x), & x(\tau) &= \xi, \\ \dot{t} &= 1, & t(\tau) &= \tau. \end{aligned}$$

Hier ist natürlich $g := (1,f) \in C(J \times D, \mathbb{R} \times E)$ (vgl. z. B. den Beweis von Theorem (9.5)). Im allgemeinen spielt in nichtautonomen Problemen die „Zeit" $t$ aber eine Sonderrolle (z. B. genügte es, in den Paragraphen 7 und 8 $f \in C^{0,1-}(J \times D, E)$ anstelle von $f \in C^{1-}(J \times D, E)$ vorauszusetzen), so daß es nicht immer empfehlenswert ist, nichtautonome Probleme auf autonome zurückzuführen. □

Wir bezeichnen nun mit $\Omega := \Omega(f)$ den Definitionsbereich der Funktion $\varphi$, d. h.

$$\Omega := \Omega(f) := \{(t,x) \in \mathbb{R} \times D \,|\, t^-(x) < t < t^+(x), x \in D\}\,.$$

Dann folgt aus Theorem (8.3):

(i) $\Omega(f)$ ist offen in $\mathbb{R} \times D$.

(ii) $\varphi: \Omega(f) \to D$ ist (Lipschitz) stetig.

Außerdem folgt aus Theorem (9.5) (im Fall $\mathbb{K} = \mathbb{R}$):

(ii') Ist $f \in C^m(D,E), m \geqq 1$, so ist

$$\varphi \in C^m(\Omega(f), D)\,.$$

Schließlich gilt

(iii) $\varphi(0, .) = id_D$,

und, aufgrund der Eindeutigkeit,

(iv) $\varphi(t, \varphi(s, x)) = \varphi(t + s, x) \quad \forall\, x \in D$

und für alle $s \in J(x)$ und $t \in J(\varphi(s, x))$.

Abbildungen mit den obigen Eigenschaften (i) – (iv) treten auch in anderen Zusammenhängen auf (z. B. bei gewissen partiellen Differentialgleichungen oder Integralgleichungen). Aus diesem Grund ist die folgende allgemeine Definition sinnvoll:

Es sei $M$ ein metrischer Raum und für jedes $x \in M$ sei $J(x) := (t^-(x), t^+(x))$ ein offenes Intervall in $\mathbb{R}$ mit $0 \in J(x)$. Ferner seien

$$\Omega := \bigcup_{x \in M} J(x) \times \{x\}$$

und

$$\varphi : \Omega \to M$$

eine Abbildung mit folgenden Eigenschaften:

(i) $\Omega$ ist offen in $\mathbb{R} \times M$;

(ii) $\varphi : \Omega \to M$ ist stetig;

(iii) $\varphi(0, .) = id_M$;

(iv) für $x \in M$, $s \in J(x)$ und $t \in J(\varphi(s, x))$ ist $s + t \in J(x)$, und es gilt

$$\varphi(t, \varphi(s, x)) = \varphi(s + t, x).$$

Dann heißt $\varphi$ *Fluß* auf $M$ (oder (lokales) *dynamisches System* auf $M$). Für jedes $x \in M$ heißt $t^-(x)$ bzw. $t^+(x)$ *negative* bzw. *positive Fluchtzeit von x*. Gilt $\Omega = \mathbb{R} \times M$, d. h. $t^-(x) = -\infty$ und $t^+(x) = \infty$ für alle $x \in M$, so heißt $\varphi$ *globaler Fluß* (oder *globales dynamisches System*).

Ist $\varphi$ ein gegebener Fluß auf $M$ und sind keine Unklarheiten zu erwarten, so setzt man oft

(3) $t \cdot x := \varphi(t, x) \quad \forall\, (t, x) \in \Omega$

und für $R \times A \subset \Omega$:

$$R \cdot A := \{t \cdot x \mid t \in R, x \in A\}$$

mit $R \cdot x := R \cdot \{x\}$ und $t \cdot A := \{t\} \cdot A$.

**(10.2) Bemerkungen:** (a) Mit der Bezeichnung (3) nimmt die Bedingung (iv) der obigen Definition die einfache Gestalt an: sind $x \in M, s \in J(x)$ und $t \in J(s \cdot x)$, so ist $s + t \in J(x)$, und es gilt

$$t \cdot s \cdot x := t \cdot (s \cdot x) = (t + s) \cdot x .$$

Außerdem ist $0 \cdot x = x$ für alle $x \in M$. Ist $\varphi$ ein globaler Fluß, so gilt für alle $x \in M, s, t \in \mathbb{R}$:

$$t \cdot s \cdot x = (t + s) \cdot x ,$$

d.h. die Abbildung $\mathbb{R} \times M \to M, (t, x) \mapsto t \cdot x$ stellt eine stetige (linksseitige) *Operation der additiven Gruppe* $(\mathbb{R}, +)$ *auf M dar.*

(b) Manche Autoren verwenden die Bezeichnung Fluß (bzw. dynamisches System) ausschließlich für globale Flüsse (und betrachten nur solche, was jedoch eine unbefriedigende Einschränkung bedeutet).

(c) Wird in der Definition des Flusses der „Zeitparameterbereich" $\mathbb{R}$ durch $\mathbb{R}_+$ (d. h. die Gruppe $(\mathbb{R}, +)$ durch die Halbgruppe $(\mathbb{R}_+, +)$) ersetzt, so erhält man einen *Halbfluß*. Solche Halbflüsse sind von Bedeutung bei parabolischen Differentialgleichungen (z. B. Diffusions-Reaktionsgleichungen), oder Funktional-Differentialgleichungen, die i. a. nur „in positiver Zeitrichtung" integrierbar sind.

(d) Ist $M$ eine differenzierbare Mannigfaltigkeit (der Klasse $C^m$, $m \geqq 1$), z. B. eine offene Menge in $E$, und wird (ii) in der obigen Definition ersetzt durch

(ii') $\qquad \varphi \in C^m(\Omega, M)$,

so erhält man einen *differenzierbaren Fluß* (analog: Halbfluß) der Klasse $C^m$. □

**(10.3) Theorem:** *Ist* $f \in C^{1-}(D, E)$, *so stellt die Lösung*

$$\varphi : \Omega(f) \to D$$

*des AWP*

$$\dot{x} = f(x), \quad x(0) = \xi$$

*einen Fluß auf D dar, den von f erzeugten Fluß. Sind* $\mathbb{K} = \mathbb{R}$ *und* $f \in C^m(D, E)$, $m \geqq 1$, *so ist der Fluß differenzierbar von der Klasse* $C^m$.

*Ist* $\varphi$ *ein differenzierbarer Fluß auf D der Klasse* $C^{2-}$ *(d. h.* $\varphi \in C^1$ *und* $D\varphi \in C^{1-}$*), so wird er von dem Vektorfeld*

$$D_1 \varphi(0, .) \in C^{1-}(D, E)$$

*erzeugt.*

**Beweis:** Der erste Teil der Behauptung ist eine Wiederholung obiger Feststellungen.

Es sei also $\varphi$ ein differenzierbarer Fluß der Klasse $C^{2-}$ auf $D$. Dann gilt für jedes $(t, x) \in \Omega$ und alle hinreichend kleinen $|h|$ (da $\Omega$ offen ist) für $u(t) := \varphi(t, x)$:

$$u(t+h) - u(t) = \varphi(h, u(t)) - u(t) = \varphi(h, u(t)) - \varphi(0, u(t)),$$

also $\dot{u}(t) = D_1 \varphi(0, u(t))$. □

**(10.4) Bemerkungen:** (a) Es genügt offensichtlich, wenn $D_1 \varphi(0, .)$ existiert und Lipschitz stetig ist.

(b) Wird der Fluß $\varphi$ von einem Vektorfeld $f$ erzeugt, so heißt $f$ der *(infinitesimale) Generator des Flusses*. Wegen

$$f(x) = \lim_{t \to 0} \frac{t \cdot x - x}{t} \quad \forall x \in D$$

ist der Generator durch den Fluß eindeutig bestimmt. Eine entsprechende Beziehung gilt auch für Halbflüsse. Dann ist natürlich nur der rechtsseitige Grenzwert zu betrachten. □

Es sei $X$ ein topologischer Raum. Dann heißt eine Funktion $g: X \to [-\infty, \infty] =: \bar{\mathbb{R}}$ *unterhalbstetig* in $x_0 \in X$, wenn zu jedem $\xi < g(x_0)$ eine Umgebung $U$ von $x_0$ existiert mit $g(x) > \xi$ für alle $x \in U$. Die Funktion $g: X \to \bar{\mathbb{R}}$ heißt *unterhalbstetig*, wenn sie in jedem Punkt unterhalbstetig ist, und $g$ ist *oberhalbstetig*, wenn $-g$ unterhalbstetig ist.

**(10.5) Lemma:** *Es sei $\varphi$ ein Fluß auf $M$.*

(i) $t^+, -t^-: M \to (0, \infty]$ *sind unterhalbstetig.*

(ii) *Für alle $(t, x) \in \Omega$ gilt:*

$$J(t \cdot x) = J(x) - t.$$

**Beweis:** (i) Es sei $(t, x) \in \Omega$. Da $\Omega$ offen ist, existieren eine Umgebung $U$ von $x$ in $M$ und ein $\varepsilon > 0$ mit $(t - \varepsilon, t + \varepsilon) \times U \subset \Omega$. Folglich gilt $t^-(y) \leqq t - \varepsilon < t < t + \varepsilon \leqq t^+(y)$ für alle $y \in U$.

(ii) Für $s \in J(t \cdot x)$ gilt $s + t \in J(x)$ nach Definition des Flusses. Also ist $J(t \cdot x) \subset J(x) - t$.

Es sei nun $t^+(t \cdot x) < t^+(x) - t$, also insbesondere $t^+(t \cdot x) < \infty$. Ferner sei $t_j \in J(t \cdot x)$ mit $t_j \to t^+(t \cdot x)$. Dann gilt $t_j + t \in J(x)$ und

$$x_j := t_j \cdot (t \cdot x) = (t_j + t) \cdot x \to (t^+(t \cdot x) + t) \cdot x =: y$$

wegen der Stetigkeit. Also folgt aus (i) und der bereits bewiesenen Inklusion

$$0 < t^+(y) \leqq \varliminf_{j \to \infty} t^+(x_j) \leqq \varliminf_{j \to \infty} (t^+(t \cdot x) - t_j) = 0,$$

was unmöglich ist. Also ist $t^+(t\cdot x) = t^+(x) - t$. Da ein analoger Beweis für $t^-$ gilt, folgt die Behauptung. □

Es sei nun $\varphi$ ein Fluß auf $M$, und $t \cdot x := \varphi(t, x)$. Dann heißt für jedes $x \in M$ die Abbildung

$$\varphi_x := \varphi(.\,, x) : J(x) \to M, \quad t \mapsto t \cdot x$$

die *Flußlinie durch x*, und $M$ ist der *Phasenraum* des Flusses. Für jedes $x \in M$ ist

$$\gamma^+(x) := [0, t^+(x)) \cdot x = \{t \cdot x \,|\, 0 \leqq t < t^+(x)\}$$

bzw.

$$\gamma^-(x) := (t^-(x), 0] \cdot x$$

bzw.

$$\gamma(x) := (t^-(x), t^+(x)) \cdot x = \gamma^+(x) \cup \gamma^-(x)$$

*der positive* bzw. *der negative Halborbit* bzw. *der Orbit* (oder *die Trajektorie*) *durch x*.

**(10.6) Bemerkungen:** (a) Der Orbit $\gamma(x)$ ist die Spur der Flußlinie $\varphi_x : J(x) \to M$. Die Flußlinie stellt somit eine Parametrisierung des Orbits dar. Dadurch wird $\gamma(x)$ mit einer Orientierung versehen, nämlich mit „der Richtung, in der die Flußlinie den Orbit durchläuft". Anschaulich kann man die Abbildung $t \mapsto t \cdot x$ als die Bewegung des Punktes $x$ mit der Zeit deuten. Aus diesem Grund werden in graphischen Darstellungen die Orbits meist mit einem Richtungspfeil versehen (vgl. die Abbildungen in Paragraph 1).

(b) *Durch die Orbits wird der Phasenraum disjunkt zerlegt, d. h. jeder Punkt von M ist in genau einem Orbit enthalten.*

Diese Zerlegung von $M$ nennt man das *Phasenporträt* des Flusses (bzw. des Vektorfeldes, wenn der Fluß von einem Vektorfeld erzeugt wird).

In der Tat, es ist klar, daß $M = \bigcup_{x \in M} \gamma(x)$ gilt, d. h., daß jeder Punkt in einem Orbit enthalten ist. Gilt $\gamma(x) \cap \gamma(y) \neq \emptyset$, so existieren $s \in J(x)$ und $t \in J(y)$ mit $s \cdot x = t \cdot y$. Also ist, wegen (10.5ii), $-s \in J(x) - s = J(s \cdot x) = J(t \cdot y)$, und somit $x = (-s) \cdot s \cdot x = (t - s) \cdot y$. Folglich gilt für jedes $\tau \in J(x) = J((t-s) \cdot y)$ die Relation $\tau \cdot x = \tau \cdot (t-s) \cdot y = (t + \tau - s) \cdot y$, d. h. $\gamma(x) \subset \gamma(y)$. Aus Symmetriegründen gilt dann auch $\gamma(y) \subset \gamma(x)$, also $\gamma(x) = \gamma(y)$, d. h. zwei Orbits sind entweder identisch oder disjunkt. □

Ein Punkt $x \in M$ heißt *kritischer Punkt* oder *Ruhepunkt* oder *Gleichgewichtspunkt* des Flusses $\varphi$, falls $t \cdot x = x$ für alle $t \in J(x)$ gilt.

**(10.7) Satz:** *Die folgenden Aussagen* (i) – (iv) *sind äquivalent:*

(i) $x$ *ist kritisch,*

(ii) $\gamma(x) = \{x\}$,

(iii) $\gamma^+(x) = \{x\}$,

(iv) $\gamma^-(x) = \{x\}$,

(v) $[a, b] \cdot x = \{x\}$ *für ein Paar* $a, b \in J(x)$ *mit* $a < b$,

(vi) *es existiert eine Folge* $t_j \in J(x)$ *mit* $t_j > 0, t_j \to 0$ *und* $t_j \cdot x = x$ *für alle* $j \in \mathbb{N}$.

*Ist x kritisch, so gilt* $J(x) = \mathbb{R}$.

**Beweis:** Wir zeigen zuerst:

(4) gilt $t \cdot x = x$ für ein $t \neq 0$, so sind $J(x) = \mathbb{R}$ und $(nt) \cdot x = x$ für alle $n \in \mathbb{Z}$.

Aus (10.5ii) folgt $J(x) = J(t \cdot x) = J(x) - t$, was wegen $t \neq 0$ nur für $J(x) = \mathbb{R}$ möglich ist.

Für $n \in \mathbb{N}$ folgt $(n \cdot t) \cdot x = x$ aus $t \cdot x = x$ durch Induktion. Wegen $(-t) \cdot x = (-t) \cdot (t \cdot x) = x$ folgt die Behauptung nun für alle $n \in \mathbb{Z}$.

Aus (4) folgt insbesondere, daß in jedem der Fälle (i)–(vi) $J(x) = \mathbb{R}$ gilt.

(vi) $\Rightarrow$ (i): Gilt $t = n \cdot t_j$ für ein Paar $n \in \mathbb{Z}$ und $j \in \mathbb{N}$, so folgt $t \cdot x = x$ aus (4). Es sei nun $t \neq n \cdot t_j$ für alle $(n, j) \in \mathbb{Z} \times \mathbb{N}$. Dann existiert zu jedem $j \in \mathbb{N}$ ein $n_j \in \mathbb{Z}$ mit $n_j \cdot t_j \leqq t < (n_j + 1) \cdot t_j$, d.h. $0 \leqq t - n_j \cdot t_j < t_j$. Folglich gilt $n_j \cdot t_j \to t$, und somit $x = (n_j \cdot t_j) \cdot x \to t \cdot x$, also $x = t \cdot x$.

Die restlichen Implikationen sind nun trivial. □

**(10.8) Satz:** *Der Fluß $\varphi$ auf D werde von dem Vektorfeld $f \in C^{1-}(D, E)$ erzeugt. Dann sind die kritischen Punkte genau die Nullstellen von f.*

**Beweis:** Ist $x$ kritisch, so folgt $f(x) = 0$ aus der Relation

$$f(x) = \lim_{t \to 0} \frac{t \cdot x - x}{t}$$

(vgl. (10.4b)). Ist umgekehrt $f(\bar{x}) = 0$, so stellt die Funktion $u : \mathbb{R} \to D, t \mapsto \bar{x}$ eine Lösung des AWP $\dot{x} = f(x), x(0) = \bar{x}$ dar. Wegen der Eindeutigkeit gilt dann $\bar{x} = u(t) = t \cdot \bar{x}$ für $t \in J(x)$. □

Ein Punkt $x \in M$ heißt *periodischer Punkt,* falls ein $T \neq 0$ existiert mit

$$(t + T) \cdot x = t \cdot x \quad \forall t \in J(x).$$

Jedes $T \neq 0$ mit dieser Eigenschaft ist eine *Periode* von $x$. Falls $x$ periodisch ist, so heißen auch der Orbit $\gamma(x)$ und die Flußlinie $\varphi(.,x)$ *periodisch.*

**(10.9) Satz:** *Es sei $\varphi$ ein Fluß auf $M$.*

(a) *$x \in M$ ist genau dann periodisch, wenn ein $T \neq 0$ existiert mit $T \cdot x = x$.*

(b) *Ist $x$ periodisch, so ist $J(x) = \mathbb{R}$.*

(c) *Ist $x$ periodisch, aber nicht kritisch, so existiert eine kleinste positive Periode $T$ von $x$, die minimale (oder fundamentale) Periode, und $T\mathbb{Z}^* = \{Tn \mid n \in \mathbb{Z}^* := \mathbb{Z} \setminus \{0\}\}$ ist genau die Menge aller Perioden von $x$.*

**Beweis:** (a) Ist $x$ periodisch mit der Periode $T$, so gilt trivialerweise $T \cdot x = x$. Gilt umgekehrt $T \cdot x = x$ für ein $T \neq 0$, so folgt für jedes $t \in J(x) = J(T \cdot x)$:

$$t \cdot x = t \cdot T \cdot x = (t+T) \cdot x.$$

(b) folgt aus der Zwischenbehauptung (4) des Beweises von Satz (10.7).

(c) Es sei

$$P := \{\tau \in \mathbb{R} \mid \tau \cdot x = x\}.$$

Dann ist $P$ abgeschlossen in $\mathbb{R}$ und $P \neq \{0\}, \mathbb{R}$. Für $\tau_1, \tau_2 \in P$ gilt $\tau_1 \cdot x = x = \tau_2 \cdot x$, also $x = (-\tau_1) \cdot \tau_1 \cdot x = (-\tau_1) \cdot \tau_2 \cdot x = (\tau_2 - \tau_1) \cdot x$ und folglich $\tau_2 - \tau_1 \in P$. Wählt man $\tau_2 = 0$, folgt $-\tau_1 \in P$. Ersetzt man nun $\tau_1$ durch $-\tau_1$, folgt $\tau_1 + \tau_2 \in P$. Also ist $P$ eine abgeschlossene Untergruppe von $\mathbb{R}$.

Wegen $P \neq \mathbb{R}$ enthält $P$ ein kleinstes Element $T > 0$. Denn sonst gäbe es zu jedem $\varepsilon > 0$ ein $\tau \in P$ mit $0 < \tau < \varepsilon$, und folglich zu jedem $t \in \mathbb{R}$ ein $m \in \mathbb{Z}$ mit $|t - m\tau| < \varepsilon$. Also wäre $P = \bar{P} = \mathbb{R}$.

Nun gilt $P = T\mathbb{Z}$. Denn sonst gäbe es ein $t \in P \setminus T\mathbb{Z}$, welches wir o.B.d.A. als positiv annehmen können. Dann gäbe es ein $n \in \mathbb{N}$ mit $nT < t < (n+1)T$, d. h. $0 < t - nT < T$. Da $P$ eine Untergruppe von $\mathbb{R}$ ist, gälte $t - nT \in P$ im Widerspruch zur Definition von $T$. □

**(10.10) Bemerkung:** Im Teil (c) des obigen Beweises haben wir gezeigt: *ist $G$ eine abgeschlossene Untergruppe von $(\mathbb{R}, +)$, so gilt entweder $G = \{0\}$, $G = \mathbb{R}$, oder $G$ ist unendlich zyklisch.* □

Zusammenfassend haben wir die folgenden Aussagen über das Phasenporträt eines Flusses bewiesen, die wir für die entsprechenden Flußlinien formulieren.

**(10.11) Korollar:** *Es sei $\varphi$ ein Fluß auf $M$, und $x \in M$ sei beliebig. Dann gilt für die Flußlinie $\varphi_x : J(x) \to M$ eine der folgenden Aussagen:*

(i) *$\varphi_x$ ist konstant. Dies ist genau dann der Fall, wenn $x$ ein kritischer Punkt ist.*

(ii) $\varphi_x$ *ist periodisch mit einer positiven minimalen Periode* $T$.

(iii) $\varphi_x$ *ist injektiv.*

*Ist* $M = D$ *und wird* $\varphi$ *von dem Vektorfeld* $f \in C^{1-}(D, E)$ *erzeugt, so gilt* (i) *genau dann, wenn* $f(x) = 0$ *ist. In den Fällen* (ii) *und* (iii) *ist die Flußlinie regulär, d. h. es gilt* $\dot{\varphi}_x(t) \neq 0 \quad \forall t \in J(x)$.

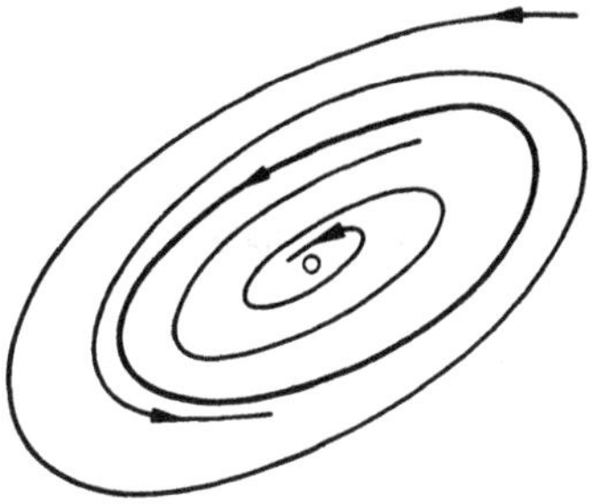

Es gibt also genau drei Typen von Orbits: (i) Ruhepunkte, (ii) periodische Orbits, die kein Ruhepunkt sind, also geschlossene (reguläre) Kurven, und (iii) „offene" (reguläre) Kurven, d. h. (reguläre) Kurven ohne Doppelpunkte. (Hierbei bezieht sich „regulär" auf den Fall $M = D$.) Außerdem wissen wir, daß in den Fällen (i) und (ii) die Flußlinien „für alle Zeiten existieren", d. h., daß $t^+(x) = \infty$ und $t^-(x) = -\infty$ gilt. Wird der Fluß von dem Vektorfeld $f \in C^{1-}(D, E)$ erzeugt, so wissen wir nach Korollar (7.7) sogar, daß $t^+(x) = \infty$ [bzw. $t^-(x) = -\infty$] gilt, wenn $\gamma^+(x)$ [bzw. $\gamma^-(x)$] in einer kompakten Menge enthalten ist. Der folgende Satz zeigt, daß dies für jeden Fluß richtig ist.

**(10.12) Satz:** *Es sei* $\varphi$ *ein Fluß auf* $M$. *Gilt* $t^+(x) < \infty$ [*bzw.* $t^-(x) > -\infty$], *so existiert zu jeder kompakten Menge* $K \subset M$ *ein* $t_K \in J(x)$ *mit* $t \cdot x \notin K$ *für* $t > t_K$ [*bzw.* $t < t_K$], *d. h. jeder Punkt* $x \in M$ *mit endlicher positiver* [*bzw. negativer*] *Fluchtzeit verläßt jede kompakte Menge für immer für* $t \to t^+(x)$ [*bzw.* $t \to t^-(x)$].

**Beweis:** Es sei $t^+(x) < \infty$, und $K$ sei eine kompakte Menge, derart, daß eine Folge $t_j \to t^+(x)$ existiert mit $t_j \cdot x \in K$ für alle $j \in \mathbb{N}$. Dann hat die Folge $(t_j \cdot x)_{j \in \mathbb{N}}$ einen Häufungspunkt $y \in K$. Nach Lemma (10.5i) existieren eine Umgebung $V$ von $y$ in $M$ und ein $\delta > 0$ mit $t^+(z) > \delta$ für alle $z \in V$. Da $t_j + \delta > t^+(x)$ für alle hinreichend großen $j \in \mathbb{N}$ gilt und da $y$ ein Häufungspunkt von $(t_j \cdot x)$ ist, existiert ein $k \in \mathbb{N}$ mit $t_k + \delta > t^+(x)$ und $t_k \cdot x \in V$. Also folgt aus Lemma (10.5ii):

$$t^+(x) = t^+(t_k \cdot x) + t_k > \delta + t_k > t^+(x),$$

was unmöglich ist. Der Beweis für den Fall $t^-(x) > -\infty$ ist analog. □

**(10.13) Korollar:** *Ist $\gamma^+(x)$ [bzw. $\gamma^-(x)$] relativ kompakt, so ist $t^+(x) = \infty$ [bzw. $t^-(x) = -\infty$]. Ist $M$ kompakt, so ist $\varphi$ ein globaler Fluß, d. h. $J(x) = \mathbb{R}$ für alle $x \in M$.*

Im folgenden setzen wir

$$\varphi^t(x) := \varphi(t, x) = t \cdot x \quad \forall (t, x) \in \Omega$$

und

$$\Omega_t := \{x \in M \mid (t, x) \in \Omega\}$$

für alle $t \in \mathbb{R}$. *Dann ist $\Omega_t$ offen in $M$* (möglicherweise leer) *und*

(5) $$\varphi^t \in C(\Omega_t, M) \quad \forall t \in \mathbb{R}.$$

Außerdem sind

$$\Omega_0 = M \quad \text{und} \quad \varphi^0 = id_M,$$

und falls $\varphi$ ein globaler Fluß ist, gilt

$$\varphi^t \circ \varphi^s = \varphi^s \circ \varphi^t = \varphi^{s+t} \quad \forall s, t \in \mathbb{R}.$$

Hieraus folgt speziell, daß $\varphi^t : M \to M$ für jedes $t \in \mathbb{R}$ ein Homöomorphismus ist mit $(\varphi^t)^{-1} = \varphi^{-t}$. Das folgende Theorem verallgemeinert diesen Sachverhalt auf den Fall beliebiger Flüsse.

**(10.14) Theorem:** *Es sei $\varphi$ ein Fluß auf $M$. Dann ist $\varphi^t$ für jedes $t \in \mathbb{R}$ ein Homöomorphismus von $\Omega_t$ auf $\Omega_{-t}$, und $(\varphi^t)^{-1} = \varphi^{-t}$.*

**Beweis:** Nach Lemma (10.5ii) ist $J(t \cdot x) = J(x) - t$. Also gilt für jedes $t \in \mathbb{R}$ und $x \in \Omega_t$ stets $-t \in J(t \cdot x)$, also $t \cdot x \in \Omega_{-t}$. Also folgt $(-t) \cdot (t \cdot x) = (t - t) \cdot x = x$, und somit $\varphi^{-t}(\varphi^t(x)) = x$ für alle $x \in \Omega_t$. Wenn wir $t$ durch $-t$ ersetzen, folgt $\varphi^t(\varphi^{-t}(y)) = y$ für alle $y \in \Omega_{-t}$. Also ist $\varphi^t$ eine Bijektion von $\Omega_t$ auf $\Omega_{-t}$ mit $(\varphi^t)^{-1} = \varphi^{-t}$, und die Behauptung folgt aus (5). □

**(10.15) Beispiel:** Es sei $M = \mathbb{R}$ und $\varphi$ sei der von dem Vektorfeld $x \mapsto x^2$ auf $\mathbb{R}$ erzeugte Fluß. Also ist $\varphi_y := \varphi(., y)$ die Lösung des AWP $\dot{x} = x^2$, $x(0) = y$. Durch Trennung der Veränderlichen berechnet man sofort, daß gilt:

$$t \cdot x = \begin{cases} \dfrac{1}{\dfrac{1}{x} - t} & \text{für } x \neq 0 \\[2ex] 0 & \text{für } x = 0 \end{cases}$$

und

$$t^{-}(x)=\begin{cases}-\infty & \text{für} \quad x \geqq 0\\ \dfrac{1}{x} & \text{für} \quad x<0,\end{cases} \qquad t^{+}(x)=\begin{cases}\dfrac{1}{x} & \text{für} \quad x>0\\ \infty & \text{für} \quad x \leqq 0.\end{cases}$$

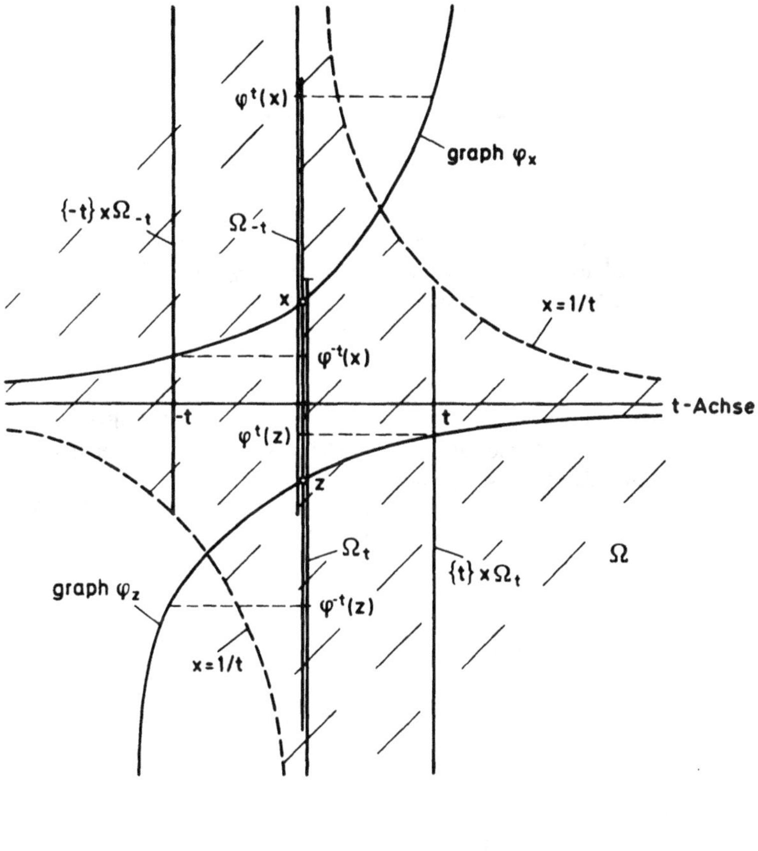


Also ist $\Omega \subset \mathbb{R} \times \mathbb{R}$ das Gebiet zwischen den beiden Ästen der Hyperbel $x = 1/t$. Für $t > 0$ ist $\Omega_t = \left(-\infty, \frac{1}{t}\right)$ und $\Omega_{-t} = \left(-\frac{1}{t}, \infty\right)$. Für $x \in \Omega_t$ erhält man $\varphi^t(x) \in \Omega_{-t}$ durch Projektion des Punktes $(t, t \cdot x)$ des Graphen von $\varphi_x$ auf die senkrechte Achse.

Wir sehen insbesondere, daß der Ruhepunkt $x = 0$ der einzige Punkt in $M$ ist, für den $J(x) = \mathbb{R}$ gilt.

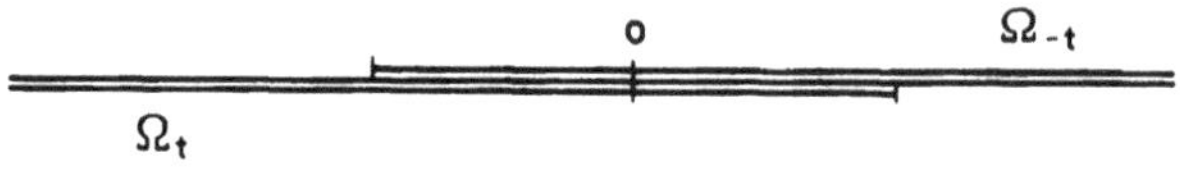


Der Homöomorphismus $\varphi^t : \Omega_t \to \Omega_{-t}$ läßt natürlich den Ruhepunkt 0 fest und bildet das Intervall $(-\infty, 0)$ orientierungserhaltend auf $\left(-\frac{1}{t}, 0\right)$ und das Intervall $\left(0, \frac{1}{t}\right)$ orientierungserhaltend auf $(0, \infty)$ ab. Das Phasenporträt des Flusses besteht aus genau drei Orbits, nämlich $(-\infty, 0)$, $\{0\}$, $(0, \infty)$.



Auch ohne explizite Darstellung von $t^{\pm}(x)$ kann man hieraus ablesen, daß $t^+(x) = \infty$ für $x < 0$ und $t^-(x) = -\infty$ für $x > 0$ gilt, da für $x < 0$ der positive Halborbit $\gamma^+(x)$ in der kompakten Menge $[x, 0] \subset M$ und für $x > 0$ der negative Halborbit $\gamma^-(x)$ in der kompakten Menge $[0, x]$ enthalten sind (vgl. Korollar (10.13)). □

**(10.16) Bemerkungen:** (a) Mit den offensichtlichen Modifikationen gelten Lemma (10.5), Satz (10.7) und Satz (10.12) auch für Halbflüsse, da in den (für Halbflüsse sinnvollen Teilen der) Beweise(n) nur von der Halbgruppe $(\mathbb{R}_+, +)$ Gebrauch gemacht wurde. Bei Halbflüssen gilt i. a. aber keine „negative Eindeutigkeit", d. h. es kann vorkommen, daß sich Halborbits durch verschiedene Punkte $x, y \in M$ schneiden, ohne periodisch zu sein.

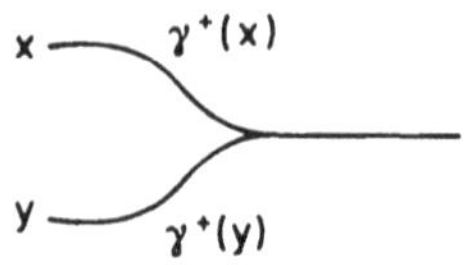


Folglich hat man i. a. bei Halbflüssen keine disjunkte Zerlegung des Phasenraumes durch die Halborbits. (Für konkrete Beispiele solcher Situationen sei auf Hale [2] verwiesen.)

(b) Aufgrund der Bemerkung (7.10b) bleiben Theorem (10.3) und Satz (10.8) auch im Fall $\dim(E) = \infty$ richtig. Ist in diesem Fall $f$ zusätzlich beschränkt auf beschränkten Mengen, die einen positiven Abstand von $\partial D$ haben, so enthält der globale Existenz- und Eindeutigkeitssatz (7.6) eine schärfere Aussage über das asymptotische Verhalten der Flußlinien $\varphi_x$ als Satz (10.12). □

## Aufgaben

1. Zeigen Sie, daß durch die folgenden Vorschriften globale Flüsse auf $M$ definiert werden und skizzieren Sie die zugehörigen Phasenporträts.

(a) $M = \mathbb{R}^2, \quad t \cdot (x, y) = (e^t x, e^t y)$

(b) $M = \mathbb{R}^2, \quad t \cdot (x, y) = (e^t x, e^{-t} y)$

(c) $M = \mathbb{C}, \quad t \cdot z = e^{it} z$

(d) $M = \mathbb{C}, \quad t \cdot z = e^{(i-1)t} z$

(e) $M = \mathbb{R}^2, \quad t \cdot (x, y) = (x, tx + y)$

(f) $M = \mathbb{R}^2, \quad t \cdot (x, y) = (e^{-t} x, (tx + y) e^{-t})$

2. Es seien $\varphi$ bzw. $\psi$ globale Flüsse auf den metrischen Räumen $M$ bzw. $N$. Dann wird ein globaler Fluß $\varphi \times \psi$ auf $M \times N$, der *Produktfluß*, durch

$$t \cdot (x, y) := (t \cdot x, t \cdot y) \quad \forall (x, y) \in M \times N$$

definiert.

(a) Beweisen Sie diese Behauptung.

(b) Beschreiben Sie die Orbits des Produktflusses auf dem Zylinder $\mathbb{R} \times \mathbb{S}^1$ der beiden Flüsse

$$t \cdot x = e^t x, \qquad x \in \mathbb{R},$$

und

$$t \cdot z = e^{i\alpha t} z, \qquad z \in \mathbb{S}^1 \triangleq \{z \in \mathbb{C} \mid |z| = 1\},$$

mit $\alpha \in \mathbb{R}$ beliebig.

(c) Beschreiben Sie die Orbits des Produktflusses auf dem Torus $T^2 := \mathbb{S}^1 \times \mathbb{S}^1$ der beiden Flüsse

$$t \cdot z = e^{2\pi i t} z, \; t \cdot z = e^{2\pi i \alpha t} z, \; z \in \mathbb{S}^1,$$

für $\alpha \in \mathbb{R}$, d. h. zeigen Sie, daß für $\alpha \in \mathbb{Q}$ jeder Punkt periodisch ist und daß für $\alpha \in \mathbb{R} \setminus \mathbb{Q}$ jeder Orbit dicht in $T^2$ liegt. (Hinweis für $\alpha \in \mathbb{R} \setminus \mathbb{Q}$: überlegen Sie sich zuerst, daß $G := \{e^{2\pi i \alpha m} \mid m \in \mathbb{Z}\}$ eine unendliche multiplikative Untergruppe der Gruppe $\mathbb{S}^1$ (bzgl. der Multiplikation zweier komplexer Zahlen) ist, die dicht in $\mathbb{S}^1$ ist.)

3. Bestimmen Sie den durch das Vektorfeld $x \mapsto |x| x$ auf $M = \mathbb{R}$ erzeugten Fluß. Was sind $\Omega$ und $J(x)$ für $x \in \mathbb{R}$? Bestimmen Sie das Phasenporträt dieses Flusses. Was ist $\Omega_t := \{x \in M \mid (t, x) \in \Omega\}$ für $t \in \mathbb{R}$? Beschreiben Sie die Wirkung der Abbildungen $\varphi^t : \Omega_t \to M$ und $\varphi^{-t} : \Omega_{-t} \to M$ mit $\varphi^t(x) := t \cdot x$ für $(t, x) \in \Omega$.

4. Es sei $\varphi$ ein Fluß auf dem metrischen Raum $M$. Beweisen Sie:

(a) Die Menge der kritischen Punkte ist abgeschlossen.

(b) $x \in M$ ist genau dann kritisch, wenn jede Umgebung von $x$ einen Halborbit enthält.

(c) Gilt für $x, y \in M$ die Beziehung $t \cdot y \to x$ für $t \to t^+(y)$ [bzw. für $t \to t^-(y)$], so ist $x$ kritisch. (Hinweise: (b) Widerspruchsbeweis. (c) folgt aus (b).)

5. Es seien $X$ ein topologischer Raum und $f: X \to \bar{\mathbb{R}}$. Beweisen Sie:

(i) Die folgenden Aussagen sind äquivalent:
(a) $f$ ist unterhalbstetig (uhs).
(b) $\forall \xi \in \mathbb{R}$ ist $f^{-1}((\xi, \infty])$ offen in $X$.
(c) $\forall \xi \in \mathbb{R}$ ist $f^{-1}([-\infty, \xi])$ abgeschlossen in $X$.

(ii) Ist $f_\alpha: X \to \bar{\mathbb{R}}$, $\alpha \in A$, eine beliebige nichtleere Familie unterhalbstetiger Funktionen, so ist ihre „obere Einhüllende"

$$\sup_\alpha f_\alpha : X \to \bar{\mathbb{R}} \quad [\text{mit} \quad (\sup_\alpha f_\alpha)(x) := \sup_\alpha f_\alpha(x)]$$

uhs.

(iii) $f$ ist genau dann uhs, wenn der *Epigraph*

$$\operatorname{epi}(f) := \{(x, \xi) \in X \times \mathbb{R} \mid \xi \geqq f(x)\}$$

abgeschlossen ist.

(iv) $A \subset X$ ist genau dann offen, wenn die charakteristische Funktion $\chi_A$ uhs ist.

(v) Ist $X$ ein metrischer Raum (allgemeiner: erfüllt $X$ das 1. Abzählbarkeitsaxiom), so ist $f$ genau dann uhs, wenn

$$f(x_0) \leqq \varliminf_{k \to \infty} f(x_k)$$

für jede Folge $(x_k)$ mit $x_k \to x_0$ gilt.

6. Es sei $X$ ein kompakter metrischer Raum und $f: X \to X$ erfülle

$$d(f(x), f(y)) < d(x, y) \quad \forall x \neq y.$$

Zeigen Sie:

(i) $f$ hat genau einen Fixpunkt.

(ii) Geben Sie ein Beispiel für eine Abbildung $f: [0, 1] \to [0, 1]$ mit den obigen Eigenschaften, die für kein $\alpha \in [0, 1)$ eine $\alpha$-Kontraktion (d. h. global Lipschitz stetig mit der Lipschitzkonstanten $\alpha$) ist.

(Hinweis zu (i): Betrachten Sie die Funktion $x \mapsto d(x, f(x))$.)

7. Es sei $M$ ein metrischer Raum, $\varphi$ sei ein Halbfluß auf $M$ und $A \subset M$ sei kompakt. Ferner gelte:

$$d(t \cdot x, t \cdot y) < d(x, y) \quad \forall x, y \in A, \ x \neq y, \ t > 0,$$

und

$$t \cdot x \in A \qquad \forall x \in A, \ \forall t \geqq 0.$$

Zeigen Sie:

(i) Es existiert genau ein kritischer Punkt $a$ in $A$.

(ii) Für jedes $x \in A$ gilt: $t \cdot x \to a$ für $t \to \infty$.

(Hinweis: (i) Aufgabe 6. (ii) Betrachten Sie die Funktion $t \mapsto d(t \cdot x, a)$.)

8. Für $f \in C^{1-}(\mathbb{R}^m, \mathbb{R}^m)$ gelte

$$\langle f(x) - f(y), x - y \rangle > 0 \quad \forall x \neq y,$$

und es existiere eine $R > 0$ mit

$$\langle f(x), x \rangle > 0 \qquad \forall |x| = R.$$

Dann hat $f$ genau eine Nullstelle $x_0$ und $|x_0| < R$.

(*Hinweis:* Wenden Sie Aufgabe 7 auf den von $-f$ auf $\mathbb{R}^m$ erzeugten Fluß an.)

# Kapitel III: Lineare Differentialgleichungen

In diesem Kapitel wird das Anfangswertproblem für lineare Differentialgleichungen erster Ordnung auf einem endlichdimensionalen Banachraum behandelt. Insbesondere wird der Fall der Gleichungen mit konstanten Koeffizienten vollständig gelöst. Die hier entwickelte Theorie ist die Grundlage für lokale Untersuchungen in der Nähe von kritischen Punkten bei allgemeinen nichtlinearen Systemen.

Neben den klassischen Resultaten wird auch die topologische Klassifizierung hyperbolischer linearer Flüsse durchgeführt, wodurch die Bedeutung der „Sattelpunkte" besonders hervorgehoben wird. Im letzten Abschnitt dieses Kapitels werden kurz die wesentlichsten Resultate für lineare Differentialgleichungen höherer Ordnung durch Rückführung auf Systeme erster Ordnung hergeleitet.

## 11. Lineare nichtautonome Differentialgleichungen

In diesem Paragraphen seien $J$ ein offenes Intervall in $\mathbb{R}$ und $E = (E, |\cdot|)$ ein endlichdimensionaler Banachraum über $\mathbb{K}$. Ferner seien

$$A \in C(J, \mathscr{L}(E)) \quad \text{und} \quad b \in C(J, E).$$

Dann heißt die Differentialgleichung

$$\text{(1)} \qquad \dot{x} = A(t)x + b(t)$$

*lineare inhomogene* (falls $b \neq 0$ ist) *bzw. lineare homogene* (falls $b = 0$ gilt) *Differentialgleichung erster Ordnung in E.*

**(11.1) Bemerkung:** Ist $E = \mathbb{K}^m$ und identifizieren wir $A(t)$ mit seiner Matrixdarstellung bzgl. der kanonischen Basis von $\mathbb{K}^m$,

$$A(t) = [a_j^i(t)]_{1 \leq i,j \leq m},$$

so lautet (1) ausgeschrieben:

$$\begin{aligned}
\dot{x}^1 &= a_1^1(t)x^1 + \cdots + a_m^1(t)x^m + b^1(t) \\
&\vdots \\
\dot{x}^m &= a_1^m(t)x^1 + \cdots + a_m^m(t)x^m + b^m(t),
\end{aligned}$$

oder, wenn $x = (x^1, \ldots, x^m) \in \mathbb{K}^m$ mit dem Spaltenvektor $[x^1, \ldots, x^m]^T$ identifiziert wird:

$$\begin{bmatrix} \dot{x}^1 \\ \vdots \\ \dot{x}^m \end{bmatrix} = \begin{bmatrix} a_1^1(t) & \ldots & a_m^1(t) \\ \vdots & & \vdots \\ a_1^m(t) & \ldots & a_m^m(t) \end{bmatrix} \begin{bmatrix} x^1 \\ \vdots \\ x^m \end{bmatrix} + \begin{bmatrix} b^1(t) \\ \vdots \\ b^m(t) \end{bmatrix}.$$

□

*Homogene Gleichungen*

Aufgrund von Theorem (7.9) wissen wir bereits, daß für jedes $(t_0, x_0) \in J \times E$ das AWP

$$\dot{x} = A(t)x + b(t),$$
$$x(t_0) = x_0$$

eine eindeutig bestimmte globale Lösung

$$u(., t_0, x_0) : J \to E$$

besitzt. Nach Theorem (8.3) gilt ferner

$$u \in C(J \times J \times E, E).$$

Hieraus folgt sofort das fundamentale

**(11.2) Theorem:** *Die Gesamtheit der Lösungen der homogenen Gleichung*

(2) $$\dot{x} = A(t)x$$

*bildet einen Untervektorraum $V$ von $C^1(J, E)$ der Dimension $m := \dim(E)$. Für jedes feste $t_0 \in J$ wird durch die Abbildung*

(3) $$\xi \mapsto u(., t_0, \xi)$$

*ein Isomorphismus von $E$ auf $V$ definiert.*

**Beweis:** Für $\lambda, \mu \in \mathbb{K}$ und $\xi, \eta \in E$ folgt aus der eindeutigen Lösbarkeit

$$u(., t_0, \lambda\xi + \mu\eta) = \lambda u(., t_0, \xi) + \mu u(., t_0, \eta),$$

da auf beiden Seiten eine Lösung von (2) mit dem Anfangswert $\lambda\xi + \mu\eta$ für $t = t_0$ steht. Also ist die Abbildung (3) linear. Aufgrund der Eindeutigkeit folgt aus $u(., t_0, \xi) = 0$ stets $\xi = 0$. Somit ist die Abbildung (3) injektiv, also ein Vektorraumisomorphismus von $E$ auf sein Bild $V$. □

**(11.3) Bemerkungen:** (a) *Jede Linearkombination von Lösungen von* (2) *ist wieder eine Lösung von* (2).

(b) *Ist* $u \in C^1(J, E)$ *eine Lösung von* (2) *und gilt* $u(t_0) = 0$ *für ein* $t_0 \in J$, *so ist* $u = 0$.

(c) *Es gibt genau* $m := \dim(E)$ *linear unabhängige Lösungen* $x_1, \ldots, x_m \in C^1(J, E)$ *von* (2). Jedes System $\{x_1, \ldots, x_m\}$ von $m$ linear unabhängigen Lösungen von (2) heißt *Fundamentalsystem* von (2).

(d) Es sei $E = \mathbb{K}^m$, und $\{x_1, \ldots, x_m\}$ sei ein Fundamentalsystem von (2). Dann heißt die Matrix $X$ mit den Spalten $x_1, \ldots, x_m$, d. h.

$$X(t) := [x_1(t), \ldots, x_m(t)],$$

*Fundamentalmatrix*. Gilt außerdem $X(t_0) = id_{\mathbb{K}^m}$, d. h. $x_j^i(t_0) = \delta_j^i$, $1 \leqq i, j \leqq m$, so heißt $X_{t_0} := X$ *Hauptfundamentalmatrix zum Zeitpunkt* $t_0$ *für* (2). Die Hauptfundamentalmatrix $X_{t_0}$ ist die eindeutige globale Lösung des linearen homogenen AWP in $\mathscr{L}(\mathbb{K}^m)$

$$\dot{X} = A(t)X, \quad X(t_0) = id_{\mathbb{K}^m} =: I_m,$$

falls $\mathscr{L}(\mathbb{K}^m)$ mit dem Raum $\mathbb{M}^m(\mathbb{K})$ der $(m \times m)$-Matrizen mit Elementen in $\mathbb{K}$ über die kanonische Basis von $\mathbb{K}^m$ identifiziert wird.

*Ist* $X_\tau$ *die Hauptfundamentalmatrix zum Zeitpunkt* $\tau$ *für* (2), *so wird für jedes* $\xi \in \mathbb{K}^m$ *die eindeutige Lösung* $u(.,\tau,\xi) \in C^1(J, \mathbb{K}^m)$ *des AWP*

$$\dot{x} = A(t)x, \quad x(\tau) = \xi$$

*durch*

$$u(t, \tau, \xi) = X_\tau(t)\xi$$

*gegeben. Insbesondere ist*

$$V = \{X_\tau(.)\xi \mid \xi \in \mathbb{K}^m\} \subset C^1(J, \mathbb{K}^m)$$

*der Lösungsraum von* (2). □

Allgemein heißt jede Lösung von

(4) $$\dot{X} = A(t)X \quad \text{in} \quad \mathbb{M}^m(\mathbb{K})$$

*Lösungsmatrix* der homogenen Differentialgleichung

(5) $$\dot{x} = A(t)x \quad \text{in} \quad \mathbb{K}^m.$$

Ist $X$ eine Lösungsmatrix von (5) – dies ist offensichtlich genau dann der Fall, wenn jeder Spaltenvektor von $X$ eine Lösung von (5) ist –, so heißt die Funktion

$$J \to \mathbb{K}, \quad t \mapsto W(t) := \det(X(t))$$

die *Wronskideterminante* der Lösungsmatrix $X = [x_1, \ldots, x_m]$ oder des Lösungssystems $\{x_1, \ldots, x_m\}$ von (5).

*Der Satz von Liouville*

**(11.4) Satz** *(Liouville): Es sei X eine Lösungsmatrix der homogenen linearen Differentialgleichung*

$$\dot{x} = A(t)x \quad in \quad \mathbb{K}^m.$$

*Dann ist die Wronskideterminante W von X eine Lösung der homogenen linearen Differentialgleichung*

(6) $$\dot{y} = \operatorname{spur}(A(t))y \quad in \quad \mathbb{K}.$$

*Also gilt*

(7) $$W(t) = W(\tau)e^{\int_\tau^t \operatorname{spur}(A(s))ds} \qquad \forall\, t, \tau \in J.$$

**Beweis:** Da die Determinante eine (alternierende) $m$-lineare Funktion

$$\underbrace{\mathbb{K}^m \times \cdots \times \mathbb{K}^m}_{m} \to \mathbb{K}$$

ist, folgt

$$\begin{aligned}\dot{W}(t) &= (\det X)^{\cdot}(t)\\ &= \sum_{j=1}^{m} \det[x_1(t), \ldots, x_{j-1}(t), \dot{x}_j(t), x_{j+1}(t), \ldots, x_m(t)]\end{aligned}$$

für $t \in J$. Also gilt

(8) $$\dot{W} = \sum_{j=1}^{m} \det[x_1, \ldots, x_{j-1}, Ax_j, x_{j+1}, \ldots, x_m].$$

Ist nun $X = X_\tau$ eine Hauptfundamentalmatrix zum Zeitpunkt $\tau \in J$, gilt also $x_j(\tau) = e_j$ mit $e_j^i = \delta_j^i$, $1 \leqq i, j \leqq m$, so folgt aus (8) mit $W_\tau := \det X_\tau$ [wegen $Ae_j = j$-te Spalte von $A$, und $W_\tau(\tau) = 1$]

(9) $$\dot{W}_\tau(\tau) = \operatorname{spur}(A(\tau)) = \operatorname{spur}(A(\tau))\,W_\tau(\tau).$$

Ist $X$ eine beliebige Lösungsmatrix, so gilt nach (11.3d):

$$X(t) = X_\tau(t)C \quad \forall\, t \in J$$

mit einem geeigneten $C \in \mathbb{M}^m(\mathbb{K})$. Also folgt aus (9)

$$\dot{W}(\tau) = \dot{W}_\tau(\tau)\det C = \operatorname{spur}(A(\tau))\, W_\tau(\tau)\det C$$
$$= \operatorname{spur} A(\tau)\, W(\tau)\,,$$

und da dies für jedes $\tau \in J$ gilt, ist gezeigt, daß $W$ die Gleichung (6) löst. Nun verifiziert man, daß (7) eine Lösung von (6) ist, und die Behauptung folgt aus der eindeutigen Lösbarkeit (vgl. auch Beispiel (5.2c), wo allerdings nur der reelle Fall behandelt wurde). □

**(11.5) Korollar:** *Die Wronskideterminante einer Lösungsmatrix von $\dot{x} = A(t)x$ verschwindet entweder identisch oder nirgends. Ein Lösungssystem $\{x_1, \ldots, x_m\}$ ist genau dann ein Fundamentalsystem, wenn die zugehörige Wronskideterminante von Null verschieden ist.*

Um eine Anwendung des Satzes von Liouville geben zu können, benötigen wir den folgenden elementaren

**(11.6) Satz:** *Es sei $M$ ein kompakter metrischer Raum und $f: M \to \bar{\mathbb{R}}$ sei unterhalbstetig. Dann nimmt $f$ das Minimum an, d. h. es existiert ein $m \in M$ mit $f(m) \leqq f(x)$ für alle $x \in M$.*

**Beweis:** Es sei $(x_j)$ eine *Minimalfolge*, d. h. $f(x_j) \to a := \inf(f) \in \bar{\mathbb{R}}$. Da $M$ kompakt, also folgenkompakt ist, existieren eine Teilfolge $(y_k)$ von $(x_j)$ und ein $m \in M$ mit $y_k \to m$. Also folgt aus der Unterhalbstetigkeit (vgl. Aufgabe (10.5))

$$f(m) \leqq \varliminf_{k\to\infty} f(y_k) = \lim_{k\to\infty} f(y_k) = a\,,$$

woraus sich die Behauptung ergibt. □

**(11.7) Bemerkung:** Der obige Satz ist einer der fundamentalen Existenzsätze in der Variationsrechnung, da die dort auftretenden Funktionen in vielen Fällen unterhalbstetig, aber nicht stetig sind. Allerdings ist die Annahme, daß $M$ ein kompakter metrischer Raum sei, für viele Anwendungen (insbesondere im Bereich der Differentialgleichungen) zu restriktiv. Der obige Beweis zeigt aber, daß es genügt zu verlangen, daß $M$ *folgenkompakt* ist, was i. a., d. h. wenn $M$ nicht das erste Abzählbarkeitsaxiom erfüllt, eine sehr viel schwächere Forderung als die Kompaktheit ist. Ferner zeigt der obige Beweis, daß es genügt, wenn $f$ „folgenunterhalbstetig" ist. Hierbei heißt eine Funktion $f: X \to \bar{\mathbb{R}}$ auf einem beliebigen topologischen Raum $X$ *folgenunterhalbstetig im Punkt* $x$, wenn für jede Folge $(x_k)$ in $X$ mit $x_k \to x$ gilt:

$$f(x) \leqq \varliminf_{k\to\infty} f(x_k)\,,$$

und $f$ heißt *folgenunterhalbstetig*, wenn $f$ in jedem Punkt folgenunterhalbstetig ist. Offensichtlich ist jede unterhalbstetige Funktion auch folgenunterhalbstetig (vgl. Aufgabe (10.5)), aber wenn $X$ nicht das erste Abzählbarkeitsaxiom erfüllt, gilt die Umkehrung i. a. nicht.

Wir haben also in Wirklichkeit den folgenden *fundamentalen Existenzsatz der Variationsrechnung* bewiesen:

*Es sei $X$ ein folgenkompakter topologischer Raum und $f: X \to \bar{\mathbb{R}}$ sei folgenunterhalbstetig. Dann nimmt $f$ das Minimum an.* □

Wir kommen nun zur angekündigten Anwendung von Satz (11.4).

**(11.8) Theorem:** *(Liouville): Es seien $M \subset \mathbb{R}^m$ offen und $f \in C^1(M, \mathbb{R}^m)$. Ferner sei $\varphi$ der von $f$ auf $M$ erzeugte Fluß, und $K \subset M$ sei kompakt. Schließlich seien $t_K^+ := \min_{x \in K} t^+(x)$ und $t_K^- := \max_{x \in K} t^-(x)$, und für jedes $t \in (t_K^-, t_K^+)$ sei*

$$V(t) := \mathrm{vol}_m(t \cdot K) := \int_{t \cdot K} dx^1 \wedge \cdots \wedge dx^m$$

*das orientierte m-dimensionale Volumen von $t \cdot K$.*

*Dann gilt:*

$$\dot{V}(t) = \int_{t \cdot K} \mathrm{div} f dx .$$

**Beweis:** Da $t^+, -t^- : M \to (0, \infty]$ unterhalbstetig sind (Lemma (10.5i)), sind $t_K^\pm$ nach Satz (11.6) wohldefiniert, und es gilt $-\infty \leqq t_K^- < 0 < t_K^+ \leqq \infty$. Aufgrund der Definition von $t_K^\pm$ ist

$$K \subset \Omega_t = \{x \in M \mid (t, x) \in \Omega\}$$

für $t_K^- < t < t_K^+$. Nach Theorem (10.14) ist $\varphi^t$ ein Homöomorphismus von $\Omega_t$ auf $\Omega_{-t}$ mit $(\varphi^t)^{-1} = \varphi^{-t}$. Da aufgrund von Theorem (10.3) der Fluß $\varphi$ stetig differenzierbar ist, ist folglich

$$\varphi^t : \Omega_t \to \Omega_{-t}$$

ein $C^1$-Diffeomorphismus.

Es sei nun $t \in (t_K^-, t_K^+)$ fest, und $\omega := dx^1 \wedge \cdots \wedge dx^m$ sei das kanonische Volumenelement auf $\mathbb{R}^m$. Da

$$t \cdot K = \varphi^t(K)$$

kompakt ist, ist $t \cdot K$ meßbar und hat ein endliches Volumen $V(t)$, für das wegen $t \cdot K \subset \Omega_{-t}$ gilt:

$$V(t) = \int_{t \cdot K} \omega = \int_K (\varphi^t)^* \omega .$$

Da für jedes $h \in \mathbb{R}$ mit $t_K^- < t + h < t_K^+$ gilt:

$$\varphi^{t+h}(x) = \varphi^h \circ \varphi^t(x) \quad \forall x \in K,$$

erhalten wir

$$V(t+h) = \int_K (\varphi^h \circ \varphi^t)^* \omega = \int_K (\varphi^t)^* (\varphi^h)^* \omega$$
$$= \int_{t \cdot K} (\varphi^h)^* \omega = \int_{t \cdot K} \det(D\varphi^h) dx,$$

da bekanntlich für jedes Paar von offenen Mengen $U, V$ in $\mathbb{R}^m$ und für jede $C^1$-Abbildung

$$g: U \to V, \; x \mapsto y = g(x)$$

gilt:

$$g^* dy^1 \wedge \cdots \wedge dy^m = \det(Dg) dx^1 \wedge \cdots \wedge dx^m.$$

Nun wählen wir $\varepsilon > 0$ mit $t_K^- < t - \varepsilon < t + \varepsilon < t_K^+$ fest und setzen

$$g(s, x) := \det[D_2 \varphi(s, x)] \quad \forall (s, x) \in [-\varepsilon, \varepsilon] \times (t \cdot K).$$

Dann ist $g: [-\varepsilon, \varepsilon] \times (t \cdot K) \to \mathbb{R}$ stetig und es gilt

$$V(t+s) = \int_{t \cdot K} g(s, x) dx \quad \forall s \in [-\varepsilon, \varepsilon].$$

Wenn wir zeigen können, daß

$$D_1 g: [-\varepsilon, \varepsilon] \times (t \cdot K) \to \mathbb{R}$$

existiert und stetig ist, so folgt wegen der Kompaktheit von $[-\varepsilon, \varepsilon] \times (t \cdot K)$ aus dem Satz über die Differenzierbarkeit von Parameterintegralen, daß $\dot{V}(t)$ existiert und daß

$$\dot{V}(t) = \int_{t \cdot K} D_1 g(0, x) dx \tag{10}$$

gilt.

Wegen

$$\dot{\varphi}_x(t) = f(\varphi_x(t)) \quad \forall t \in J(x),$$
$$\varphi_x(0) = x$$

folgt aus dem Differenzierbarkeitstheorem (9.2), daß für jedes feste $x \in M$ die Funktion

$$J(x) \to \mathscr{L}(\mathbb{R}^m), \quad t \mapsto D_2 \varphi(t, x)$$

die Lösung der Variationsgleichung

$$\dot{X} = Df(\varphi(t, x))X \quad \text{in} \quad \mathscr{L}(\mathbb{R}^m)$$

ist. Also erhalten wir aus Satz (11.4) (wenn wir wie üblich $\mathscr{L}(\mathbb{R}^m)$ mit $\mathbb{M}^m(\mathbb{R})$ identifizieren)

$$\det(X)^{\cdot}(t) = \operatorname{spur}[Df(\varphi(t, x))]\det X(t) \quad \forall t \in J(x).$$

Somit gilt für alle $(s, x) \in [-\varepsilon, \varepsilon] \times (t \cdot K)$:

$$D_1 g(s, x) = \operatorname{spur}[Df(\varphi(s, x))]g(s, x).$$

Also ist $D_1 g$ stetig und es gilt

$$D_1 g(0, x) = \operatorname{spur}[Df(x)] = \sum_{i=1}^{m} D_i f^i(x) = \operatorname{div} f(x)$$

für alle $x \in t \cdot K$, da $D_2\varphi(0, x) = id_{\mathbb{R}^m}$ aus $\varphi(0, x) = x$, und somit $g(0, x) = 1$, folgt. Nun ergibt sich die Behauptung aus (10). □

**(11.9) Korollar:** *Ist $f \in C^1(M, \mathbb{R}^m)$ divergenzfrei, d. h. gilt $\operatorname{div} f = 0$, so ist der von $f$ erzeugte Fluß volumenerhaltend, d. h. für jede kompakte Menge $K \subset M$ gilt*

$$\operatorname{vol}_m(K) = \operatorname{vol}_m(t \cdot K)$$

*für $t_K^- < t < t_K^+$.*

**(11.10) Beispiele:** (a) *Es sei $M \subset \mathbb{R}^{2m}$ offen und $H \in C^2(M, \mathbb{R})$. Dann ist der vom zugehörigen Hamiltonschen Vektorfeld erzeugte Fluß*

$$\dot{x} = H_y, \ \dot{y} = -H_x, \ (x, y) \in \mathbb{R}^m \times \mathbb{R}^m,$$

*volumenerhaltend.*

**Beweis:** Dies folgt wegen

$$\operatorname{div}(H_y, -H_x) = \sum_{i=1}^{m} \left[\frac{\partial^2 H}{\partial x^i \partial y^i} - \frac{\partial^2 H}{\partial y^i \partial x^i}\right] = 0.$$ □

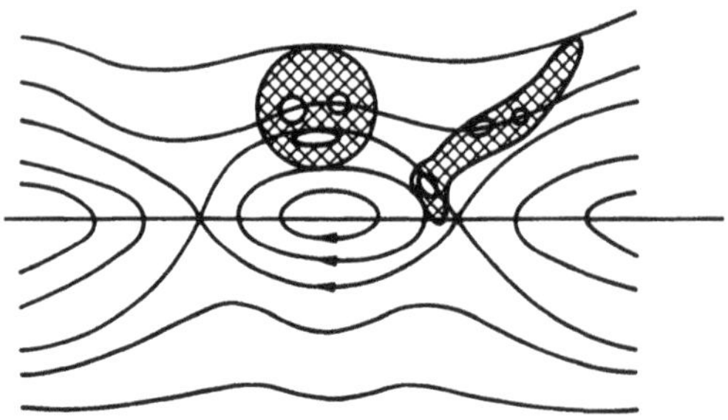

(b) *Es sei* $A \in \mathscr{L}(\mathbb{R}^m)$ *und* $\varphi$ *sei der von dem linearen Vektorfeld*

$$(x \mapsto Ax) \in C^\infty(\mathbb{R}^m, \mathbb{R}^m)$$

*erzeugte globale Fluß auf* $\mathbb{R}^m$. *Dann gilt für jede kompakte Menge* $K \subset \mathbb{R}^m$

$$\mathrm{vol}_m(t \cdot K) = e^{t\,\mathrm{spur}(A)}\mathrm{vol}_m(K) \quad \forall t \in \mathbb{R}.$$

**Beweis:** Für $f(x) := Ax$ gilt $\mathrm{div} f = \mathrm{spur}(A)$. Also ist nach Theorem (11.8)

$$\dot{V}(t) = \int_{t \cdot K} \mathrm{spur}(A)\,dx = \mathrm{spur}(A)\,V(t) \quad \forall t \in \mathbb{R}$$

mit $V(t) = \mathrm{vol}_m(t \cdot K)$ und $V(0) = \mathrm{vol}_m(K)$. □

**(11.11) Bemerkungen:** (a) Da das $m$-dimensionale Lebesguesche Maß $\lambda_m$ *regulär* ist, also insbesondere für jede Lebesgue-meßbare Menge $A \subset \mathbb{R}^m$ mit endlichem Maß

$$\lambda_m(A) = \sup\{\lambda_m(K) \mid K \subset A, K \text{ kompakt}\}$$

gilt, kann das Liouvillesche Theorem (11.8) auf beliebige Lebesgue-meßbare Mengen $A$, die endliches Maß haben und für die $t \cdot A$ wohldefiniert ist, ausgedehnt werden (vgl. den Beweis von Theorem (23.11)).

(b) Das Liouvillesche Theorem, insbesondere im Zusammenhang mit Beispiel (11.10), spielt in einem Teilgebiet der statistischen Mechanik – aus der sich die mathematische *Ergodentheorie* entwickelt hat – eine bedeutende Rolle. □

## *Inhomogene Gleichungen*

Wir wenden uns nun der inhomogenen Differentialgleichung

(11) $$\dot{x} = A(t)x + b(t), \quad t \in J,$$

zu und erhalten sofort das

**(11.12) Theorem:** *Die Gesamtheit der Lösungen der inhomogenen Gleichung* (11) *bildet den affinen Unterraum*

$$v + V$$

*von* $C^1(J, E)$, *wobei* $v \in C^1(J, E)$ *eine beliebige Lösung der inhomogenen Gleichung und* $V \subset C^1(J, E)$ *der Lösungsraum der zugehörigen homogenen Gleichung* $\dot{x} = A(t)x$ *sind.*

**Beweis:** Sind $u$ und $v$ beliebige Lösungen von (11), so gilt offensichtlich $u - v \in V$. □

Um nun die inhomogene Gleichung effektiv zu integrieren, versuchen wir, sie mittels einer Variablensubstitution auf eine möglichst einfache Form zu bringen. Dazu machen wir den Ansatz

$$x = By$$

mit

$$B \in C^1(J, \mathscr{G}\mathscr{L}(E))$$

und

$$\mathscr{G}\mathscr{L}(E) := \{B \in \mathscr{L}(E) \mid B^{-1} \in \mathscr{L}(E)\},$$

da die Linearität der Gleichung eine lineare Transformation nahelegt (vgl. Abschnitt 5 für allgemeine Transformationen). Also folgt für die transformierte Gleichung:

$$\begin{aligned} \dot{y} = (B^{-1}x)^{\cdot} &= (B^{-1})^{\cdot}\, x + B^{-1}\dot{x} \\ &= (B^{-1})^{\cdot}\, By + B^{-1}ABy + B^{-1}b\,. \end{aligned}$$

Aus $BB^{-1} = id_E$ erhalten wir

$$\dot{B}B^{-1} + B(B^{-1})^{\cdot} = 0,$$

also

$$(B^{-1})^{\cdot} = -B^{-1}\dot{B}B^{-1},$$

und somit

(12) $$\dot{y} = B^{-1}[AB - \dot{B}]y + B^{-1}b\,.$$

Wir identifizieren nun (durch Einführen einer Basis) $E$ mit $\mathbb{K}^m$ und $\mathscr{L}(E)$ mit $\mathbb{M}^m(\mathbb{K})$ und wählen für $B$ die Hauptfundamentalmatrix $X_\tau$ zum Zeitpunkt $\tau \in J$ der homogenen Gleichung $\dot{x} = A(t)x$. Dann nimmt die transformierte Gleichung (12) die einfache Gestalt

$$\dot{y} = X_\tau^{-1}(t)\, b(t)$$

an. Diese Gleichung hat als Lösung die Funktion

$$y_\tau(t) = \int_\tau^t X_\tau^{-1}(s)\, b(s)\, ds \quad \forall\, t \in J\,.$$

Also ist

$$v_\tau(t) := X_\tau(t) \int_\tau^t X_\tau^{-1}(s)\, b(s)\, ds\,, \quad t \in J,$$

eine Lösung der inhomogenen Gleichung (11). Somit erhalten wir nach Theorem (11.12) und Bemerkung (11.3d) alle Lösungen von (11) in der Form

$$(13) \qquad u(t) = X_\tau(t)\xi + \int_\tau^t X_\tau(t)X_\tau^{-1}(s)b(s)\,ds\,, \quad t \in J\,,$$

wenn $\xi$ ganz $\mathbb{K}^m$ durchläuft.

Es sei nun $X$ eine beliebige Fundamentalmatrix der Gleichung $\dot{x} = A(t)x$. Dann ist nach Korollar (11.5) die Funktion

$$(14) \qquad U(t,s) := X(t)X^{-1}(s)\,, \quad t,s \in J\,,$$

wohldefiniert und

$$U \in C^1(J \times J, \mathscr{L}(E))\,.$$

Außerdem gelten

$$D_1 U(t,s) = \dot{X}(t)X^{-1}(s) = A(t)X(t)X^{-1}(s) = A(t)U(t,s)$$

und

$$(15) \qquad U(s,s) = id_E\,.$$

Also ist $U(.\,,\tau)$ für jedes $\tau \in J$ die eindeutig bestimmte globale Lösung des AWP

$$\dot{Y} = A(t)Y\,, \quad Y(\tau) = id_E$$

in $\mathscr{L}(E)$, d.h. $U(.\,,\tau)$ ist die Hauptfundamentalmatrix von $\dot{x} = A(t)x$ im Zeitpunkt $\tau$:

$$(16) \qquad U(t,\tau) = X_\tau(t) \quad \forall\, t,\tau \in J\,.$$

Aus (14) (oder aus der eindeutigen Lösbarkeit des obigen AWP) folgt für $s, t, \sigma \in J$:

$$(17) \qquad \begin{aligned} U(t,\sigma)U(\sigma,s) &= X(t)X^{-1}(\sigma)X(\sigma)X^{-1}(s) \\ &= X(t)X^{-1}(s) = U(t,s)\,, \end{aligned}$$

also, wegen (15),

$$U(t,s)U(s,t) = id_E\,,$$

und somit

$$U(s,t) = [U(t,s)]^{-1} \quad \forall\, s,t \in J\,.$$

Folglich gilt aufgrund von (16) insbesondere

$$X_\tau(t)^{-1} = U(\tau, t),$$

also

$$X_\tau(t)X_\tau^{-1}(s) = U(t,\tau)\,U(\tau,s) = U(t,s).$$

Wir können nun (13) in der Form

$$u(t) = U(t,\tau)\xi + \int_\tau^t U(t,s)b(s)\,ds$$

schreiben und haben das folgende Theorem bewiesen.

**(11.13) Theorem** *(Variation der Konstanten): Die eindeutig bestimmte globale Lösung* $u(.,\tau,\xi)$ *des AWP*

$$\dot{x} = A(t)x + b(t), \; x(\tau) = \xi$$

*mit* $\tau \in J$ *und* $\xi \in E$ *wird durch die Formel*

$$u(t,\tau,\xi) = U(t,\tau)\xi + \int_\tau^t U(t,s)b(s)\,ds, \; t \in J, \tag{18}$$

*gegeben. Hierbei ist* $U(.,\tau)$ *die globale Lösung des AWP in* $\mathscr{L}(E)$*:*

$$\dot{X} = A(t)X, \; X(\tau) = id_E$$

*für jedes* $\tau \in J$. *Insbesondere gilt für den* *Evolutionsoperator*

$$U \in C^1(J \times J, \mathscr{L}(E))$$

*und*

(i) $U(s,s) = id_E \qquad \forall s \in J,$

(ii) $U(t,\tau)\,U(\tau,s) = U(t,s) \; \forall \tau, t, s \in J.$

*Werden E mit* $\mathbb{K}^m$ *und* $\mathscr{L}(E)$ *mit* $\mathbb{M}^m(\mathbb{K})$ *identifiziert, so ist* $U(.,\tau)$ *die Hauptfundamentalmatrix der homogenen Gleichung* $\dot{x} = A(t)x$ *zum Zeitpunkt* $\tau \in J$.

**(11.14) Bemerkungen:** (a) Ist $X_\tau$ die Hauptfundamentalmatrix der Gleichung $\dot{x} = A(t)x$, so wird nach Bemerkung (11.3) die „allgemeine Lösung" der homogenen Gleichung durch $X_\tau(t)\xi$ mit $\xi \in \mathbb{K}^m$ gegeben. Macht man für eine Lösung der inhomogenen Gleichung den *Ansatz* $y_\tau(t) = X_\tau(t)\xi(t)$ mit $\xi \in C^1(J, \mathbb{K}^m)$, so folgt

$$\dot{y}_\tau = \dot{X}_\tau\xi + X_\tau\dot{\xi} = Ay_\tau + X_\tau\dot{\xi}.$$

Ist also $y_\tau$ eine Lösung der inhomogenen Gleichung $\dot{y} = Ay + b$, so folgt $b = X_\tau \dot{\xi}$ oder $\dot{\xi} = X_\tau^{-1} b$, und somit

$$y_\tau(t) = X_\tau(t) \int_\tau^t X_\tau^{-1}(s) b(s) ds \quad \forall t \in J.$$

Dies ist der Ausdruck, den wir oben durch die Transformation auch gefunden haben und erklärt den Namen „Variation der Konstanten".

(b) Nach Theorem (11.12) *erhält man die allgemeine Lösung der inhomogenen Gleichung*

(19) $$\dot{x} = A(t)x + b(t)$$

*durch Addition einer beliebigen Lösung von* (19) – *einer sog. partikulären Lösung – zu der allgemeinen Lösung der homogenen Gleichung.* Hierbei versteht man unter der allgemeinen Lösung die Lösung $u(.,\tau,\xi)$, in der die Anfangsdaten nicht spezifiziert, d. h. „freie Parameter", sind.

Da

$$t \to \int_\tau^t U(t,s) b(s) ds, \quad t \in J,$$

eine partikuläre Lösung von (19) ist, und da $U(.,\tau)\xi$ die allgemeine Lösung der homogenen Gleichung $\dot{x} = A(t)x$ darstellt, wird der obige Sachverhalt auch durch die Lösungsformel (18) bestätigt.

(c) Ist $m = 1$, so wird der Evolutionsoperator $U$ offensichtlich durch

$$U(t,s) = e^{\int_s^t a(\sigma) d\sigma}, \quad t, s \in J,$$

gegeben (vgl. Theorem (5.14), in dem allerdings nur der Fall $\mathbb{K} = \mathbb{R}$ betrachtet wurde). □

Es sei $E'$ der Dualraum von $E$. Dann wird bekanntlich für jedes $B \in \mathscr{L}(E)$ der duale Operator $B' \in \mathscr{L}(E')$ durch

$$\langle B'e', e \rangle = \langle e', Be \rangle \quad \forall e' \in E', e \in E$$

definiert, wobei $\langle .,. \rangle : E' \times E \to \mathbb{K}$ die Dualitätspaarung bezeichnet. Wir definieren nun die zur homogenen linearen Gleichung $\dot{x} = A(t)x$ *duale lineare Differentialgleichung* durch

$$\dot{y} = -A'(t)y \quad \text{in} \quad E'.$$

Der folgende Satz stellt einen Zusammenhang zwischen den zugehörigen Evolutionsoperatoren her.

**(11.15) Satz:** *Ist* $U(t,\tau)$ *der Evolutionsoperator der Gleichung* $\dot{x} = A(t)x$, *so ist*

$$V(t,\tau) := U'(\tau, t)$$

*der Evolutionsoperator der dualen linearen Gleichung*

$$\dot{y} = -A'(t)y\,,$$

*und es gilt:*

$$U'(\tau, t) = [U'(t, \tau)]^{-1}.$$

**Beweis:** Aus dem Differenzierbarkeitstheorem (9.2) folgt, daß gilt: $D_2 U(.\,, \tau) \in C^1(J, \mathscr{L}(E))$ und $D_2 U(.\,, \tau)$ ist für jedes $\tau \in J$ die Lösung des AWP

$$\dot{z} = A(t)z\,, \quad z(\tau) = -A(\tau) \quad \text{in} \quad \mathscr{L}(E)\,.$$

Die eindeutig bestimmte Lösung dieser Gleichung wird durch $-U(.\,, \tau)A(\tau)$ gegeben, woraus

$$D_2 U(t, \tau) = -U(t, \tau)A(\tau) \quad \forall\, t, \tau \in J$$

folgt. Durch Dualisieren erhalten wir hieraus

$$[D_2 U(t, \tau)]' = D_2 U'(t, \tau) = -A'(\tau)U'(t, \tau) \quad \forall\, t, \tau \in J$$

und $U'(t, t) = id_{E'}$, also

$$V(t, \tau) = U'(\tau, t)\,.$$

Da nach Theorem (11.13) $U(t, \tau)U(\tau, t) = id_E$, also $U(\tau, t) = [U(t, \tau)]^{-1}$ gilt, folgt die Behauptung, da man leicht verifiziert, daß für jedes $B \in \mathscr{G}\mathscr{L}(E)$ die Beziehung $(B^{-1})' = (B')^{-1}$ richtig ist. □

**(11.16) Bemerkungen:** (a) Es sei $(.\,|\,.)$ ein inneres Produkt auf $E$. Dann definieren wir eine Abbildung $\vartheta : E \to E'$ durch

$$\langle \vartheta(x), y \rangle := (y\,|\,x) \quad \forall\, x, y \in E\,.$$

Offensichtlich gilt

$$\vartheta(\alpha x + y) = \bar{\alpha}\vartheta(x) + \vartheta(y) \quad \forall\, \alpha \in \mathbb{K}, x, y \in E\,,$$

d. h. die Abbildung $\vartheta$ ist *antilinear* (oder *konjugiert linear*). Ist $\mathbb{K} = \mathbb{R}$, so ist $\vartheta$ linear. Ist $\vartheta(x) = 0$, d. h. $(y\,|\,x) = 0$ für alle $y \in E$, so ist $x = 0$. Also ist $\vartheta$ injektiv und somit – da $E$ endlichdimensional ist und folglich $\dim E = \dim E'$ gilt – bijektiv. Schließlich verifiziert man, daß $|\vartheta(x)| = |x|$ gilt, d. h. *$\vartheta : E \to E'$ ist eine antilineare bijektive Isometrie, die sog. Dualitätsabbildung. Ist insbesondere $\mathbb{K} = \mathbb{R}$, so ist $\vartheta$ ein Normisomorphismus von $E$ auf $E'$* (d. h. ein isometrischer Isomorphismus).

Für jedes $A \in \mathscr{L}(E)$ ist der *adjungierte lineare Operator* $A^* \in \mathscr{L}(E)$ bekanntlich durch

$$(Ay|x) = (y|A^*x) \quad \forall\, x, y \in E$$

definiert. Also gilt

$$\langle \vartheta(x), Ay\rangle = (Ay|x) = (y|A^*x) = \langle \vartheta(A^*x), y\rangle \quad \forall\, x, y \in E,$$

was $A'\vartheta(x) = \vartheta(A^*x)$ für alle $x \in E$, also

(20) $$A'\vartheta = \vartheta A^* \quad \text{oder} \quad A^* = \vartheta^{-1}A'\vartheta$$

impliziert. Mit anderen Worten: das Diagramm

$$\begin{array}{ccc} E & \xrightarrow{A^*} & E \\ \vartheta \big\downarrow & & \big\downarrow \vartheta \\ E' & \xrightarrow{A'} & E' \end{array}$$

ist kommutativ. Hieraus folgt z. B., *daß die Gleichung*

$$A'x' = y' \quad \textit{in} \quad E'$$

*äquivalent ist zur Gleichung*

$$A^*x = y \quad \textit{in} \quad E.$$

Dazu genügt es nämlich, $x' = \vartheta(x)$ und $y' = \vartheta(y)$ zu setzen. Man kann also das Heranziehen des Dualraumes und der dualen linearen Operatoren durch Betrachten der adjungierten Operatoren vermeiden. Dies hat den Vorteil, daß man alle Betrachtungen im Raum $E$ selbst durchführen kann. Ist $\mathbb{K} = \mathbb{R}$, so bringt man dies oft dadurch zum Ausdruck, daß man $E'$ mit $E$ mittels der Dualitätsabbildung $\vartheta$ identifiziert. In diesem Fall unterscheidet man nicht zwischen der Dualitätspaarung $\langle\cdot,\cdot\rangle$ und dem inneren Produkt $(\cdot|\cdot)$ sowie zwischen $A'$ und $A^*$. Der größeren Klarheit wegen ist es jedoch empfehlenswert, auf diese Identifikation zu verzichten.

Es sei ausdrücklich darauf hingewiesen, *daß der adjungierte Operator* $A^* \in \mathscr{L}(E)$ *von* $A \in \mathscr{L}(E)$ *von der Wahl des Skalarprodukts* $(\cdot|\cdot)$ *in* $E$ *abhängt.* Auch aus diesem Grund ziehen wir es oft vor, mit dem dualen Operator zu arbeiten, um invariante Aussagen zu erhalten.

(b) Es sei $\{e_1, \ldots, e_m\}$ eine Basis von $E$, und $\{e'_1, \ldots, e'_m\}$ sei die zugehörige *Dualbasis*, d. h.

$$\langle e'_j, e_k\rangle = \delta_{j,k}, \quad j, k = 1, \ldots, m.$$

Ferner sei $[a^j_k]$ bzw. $[b^j_k]$ die zugehörige Matrixdarstellung von $A \in \mathscr{L}(E)$ bzw. $A' \in \mathscr{L}(E')$. Dann gelten (unter Verwendung der Summationskonvention) $Ae_k = a^j_k e_j$, also $a^j_k = \langle e', Ae_k\rangle$, und $A'e'_k = b^j_k e'_j$, also

$$b^j_k = \langle A'e'_k, e_j\rangle = \langle e'_k, Ae_j\rangle = a^k_j \quad \forall\, j, k = 1, \ldots, m.$$

Folglich ist

$$[b_k^j] = [a_k^j]^T,$$

d. h. *die Matrix des dualen Operators $A'$ bzgl. der Dualbasis ist die Transponierte der Matrix von $A$.*

Es sei nun $(.\,|\,.)$ ein inneres Produkt auf $E$ und $\{e_1, \ldots, e_m\}$ sei eine orthonormale Basis, d. h.

$$(e_j | e_k) = \delta_{jk}, \quad j, k = 1, \ldots, m.$$

Ferner sei $[a^{*j}_k]$ die Matrixdarstellung des adjungierten Operators $A^* \in \mathscr{L}(E)$ von $A$ bzgl. dieser Basis. Dann folgt, analog wie oben, aus $A^* e_k = a^{*j}_k e_j$ und $A^{**} = A$

$$a^{*j}_k = (A^* e_k | e_j) = (e_k | A e_j) = \overline{(A e_j | e_k)} = \overline{a^k_j}.$$

Also ist

$$[a^{*j}_k] = [a^j_k]^* := \overline{[a^j_k]^T},$$

d. h. *die Matrix des adjungierten Operators $A^*$ bzgl. einer Orthonormalbasis von $A$ ist die (hermitesch) konjugierte Matrix von $A$.*

Es sei $E = \mathbb{K}^m$, und $(.\,|\,.)$ sei das euklidische innere Produkt auf $\mathbb{K}^m$,

$$(x | y) = \sum_{j=1}^{m} x^j \overline{y^j}.$$

Dann ist die Standardbasis $e_1 = (1, 0, \ldots, 0), \ldots, e_m = (0, \ldots, 0, 1)$ eine Orthonormalbasis. Identifiziert man $E'$ mit $\mathbb{K}^m$, d. h. setzt man

$$\langle x | y \rangle := \sum_{j=1}^{m} x^j y^j \quad \forall x, y \in \mathbb{K}^m,$$

so ist die Standardbasis von $\mathbb{K}^m = E'$ gleichzeitig die Dualbasis zur Standardbasis von $E = \mathbb{K}^m$. Also gilt für die Matrixdarstellungen bzgl. der Standardbasis von $\mathbb{K}^m$ und dieser Identifikationen: die Matrix des dualen Operators $A'$ von $A \in \mathscr{L}(\mathbb{K}^m)$ ist die Transponierte der Matrix von $A$, und die Matrix des adjungierten Operators $A^*$ ist die (hermitesch) adjungierte Matrix der Matrix von $A$.

(c) Es sei $(.\,|\,.)$ ein festes inneres Produkt auf $E$. Dann definiert man die zur Gleichung $\dot{x} = A(t)x$ gehörige *adjungierte lineare Differentialgleichung* durch

$$\dot{y} = -A^*(t)y.$$

Im Gegensatz zur dualen Differentialgleichung ist dies eine Gleichung in $E$ (die allerdings von der Wahl des Skalarprodukts abhängt). □

## Aufgaben

1. Es seien $J \subset \mathbb{R}$ ein offenes Intervall und $A \in C(J, \mathscr{L}(E))$. Ferner sei $(.\,|\,.)$ ein inneres Produkt auf $E$. Beweisen Sie:

(i) Ist $U(t,\tau)$ der Evolutionsoperator der Gleichung $\dot{x} = A(t)x$, so ist

$$W(t,\tau) := U^*(\tau,t) = [U^{-1}(t,\tau)]^*$$

der Evolutionsoperator der adjungierten Gleichung

$$\dot{y} = -A^*(t)y.$$

(ii) Sind $u$ eine Lösung von $\dot{x} = A(t)x$ und $v$ eine Lösung der dazu adjungierten Gleichung, so ist das innere Produkt $(u|v)$ konstant.

(iii) Gilt $A(t) = -A^*(t)\ \forall t \in J$, d. h. ist $A(t)$ *antihermitesch*, so ist die Funktion

$$V(x) := |x|^2, \quad x \in E,$$

ein erstes Integral von $\dot{x} = A(t)x$. Also liegen alle Lösungskurven von $\dot{x} = A(t)x$ auf Zylindern in $\mathbb{R} \times E$ mit $\mathbb{R} \times \{0\}$ (d. h. der „Zeitachse") als Mittelachse.

2. Es sei $A \in C(\mathbb{R}, E)$. Beweisen Sie: wenn $A(t)$ und $\int_0^t A(\tau)\,d\tau$ für jedes $t \in \mathbb{R}$ kommutieren, so gilt für den Lösungsoperator von $\dot{x} = A(t)x$:

$$U(t,0) = \exp\left\{\int_0^t A(\tau)\,d\tau\right\}.$$

3. Gegeben sei das System $\dot{x} = A(t)x + b(t)$ auf $(0,\infty)$ mit

$$A(t) = \begin{bmatrix} 0 & 1 \\ -\frac{2}{t^2} & \frac{2}{t} \end{bmatrix}, \quad b(t) = \begin{bmatrix} t^4 \\ t^3 \end{bmatrix}.$$

Bestimmen Sie die Lösung zum Anfangswert $x(2) = \begin{bmatrix} 1 \\ 4 \end{bmatrix}$.

4. Es seien $\mathbb{J} \in \mathcal{L}(\mathbb{R}^{2m})$ die symplektische Normalform (vgl. § 3) und $A \in C(J, \mathcal{L}(\mathbb{R}^{2m}))$ mit $A(t) = [A(t)]^*$ für alle $t \in J$. Beweisen Sie: ist $X$ eine Hauptfundamentalmatrix der Gleichung $\dot{x} = \mathbb{J}A(t)x$, so gilt

$$[X(t)]^* \mathbb{J}\, X(t) = \mathbb{J} \quad \forall t \in J,$$

d. h. $X(t)$ ist für jedes $t \in J$ *symplektisch*.

## 12. Lineare autonome Differentialgleichungen

In diesem Paragraphen ist $E$ wieder ein endlichdimensionaler Banachraum über $\mathbb{K}$, und

$$A \in \mathscr{L}(E).$$

Wir betrachten nun die autonome lineare homogene Differentialgleichung

$$\dot{x} = Ax \tag{1}$$

in $E$.

**(12.1) Bemerkungen:** (a) Werden $E$ mit $\mathbb{K}^m$ und $\mathscr{L}(E)$ mit $\mathbb{M}^m(\mathbb{K})$ identifiziert, so handelt es sich bei (1) um die „Kurzschreibweise" für ein homogenes System von $m$ expliziten gewöhnlichen Differentialgleichungen erster Ordnung *mit konstanten Koeffizienten.*

(b) Da das Vektorfeld

$$f: E \to E, \quad x \to Ax$$

unendlich oft differenzierbar ist, erzeugt es nach Theorem (10.3) und Theorem (7.9) einen globalen $C^\infty$-Fluß $\varphi$ auf $E$. □

*Die Exponentialfunktion*

Nach Theorem (11.13) und Bemerkung (10.1 b) ist der Fluß $\varphi$ durch

$$\varphi(t,x) = U(t,0)x, \quad (t,x) \in \mathbb{R} \times E, \tag{2}$$

gegeben, wobei $U(t) := U(t,0)$ die globale Lösung des linearen AWP

$$\dot{X} = AX, \quad X(0) = id_E \tag{3}$$

in $\mathscr{L}(E)$ ist. Mit $I := id_E$ ist (3) äquivalent zur Integralgleichung

$$X(t) = I + \int_0^t AX(\tau)d\tau = I + A\int_0^t X(\tau)d\tau, \quad t \in \mathbb{R},$$

was die folgende Iteration nahelegt (vgl. Aufgabe (7.3)):

$$\begin{aligned}
X_0 &:= I \\
X_1(t) &= I + A\int_0^t X_0(\tau)d\tau = I + tA \\
X_2(t) &= I + A\int_0^t X_1(\tau)d\tau = I + tA + \frac{t^2}{2}A^2 \\
&\;\;\vdots \\
X_{n+1}(t) &= I + A\int_0^t X_n(\tau)d\tau = \sum_{k=0}^{n+1}\frac{t^k}{k!}A^k.
\end{aligned} \tag{4}$$

Die Reihe in $\mathscr{L}(E)$

$$(5) \qquad \sum_{k=0}^{\infty} \frac{t^k}{k!} A^k$$

hat die Majorante in $\mathbb{R}$

$$\sum_{k=0}^{\infty} \frac{|t|^k}{k!} \|A\|^k = e^{|t|\,\|A\|}, \quad t \in \mathbb{R} .$$

Folglich *konvergiert* (5) aufgrund des Weierstraßschen Majorantenkriteriums in $\mathscr{L}(E)$ *absolut und gleichmäßig auf jedem kompakten Intervall von* $\mathbb{R}$. Wir *definieren* nun $e^{tA} \in \mathscr{L}(E)$ durch

$$e^{tA} := \sum_{k=0}^{\infty} \frac{t^k}{k!} A^k \quad \forall t \in \mathbb{R} .$$

Dann folgt aus der gleichmäßigen Konvergenz auf kompakten Intervallen, daß die Funktion

$$U : \mathbb{R} \to \mathscr{L}(E), \; t \mapsto e^{tA}$$

stetig ist. Ebenfalls aufgrund der lokal gleichmäßigen Konvergenz können wir (für festes $t \in \mathbb{R}$) in (4) zur Grenze übergehen und finden

$$U(t) = I + \int_0^t AU(s)\,ds \quad \forall t \in \mathbb{R} .$$

*Also ist $U$ die eindeutige globale Lösung des AWP in* $\mathscr{L}(E)$

$$(6) \qquad \dot{X} = AX, \; X(0) = I .$$

Hieraus folgt sofort das folgende

**(12.2) Theorem:** *Für jedes* $A \in \mathscr{L}(E)$ *ist die Funktion*

$$U : \mathbb{R} \mapsto \mathscr{L}(E), \; t \mapsto e^{tA}$$

*ein Gruppenhomomorphismus der Differenzierbarkeitsklasse* $C^\infty$ *von der additiven Gruppe* $(\mathbb{R}, +)$ *in die multiplikative Gruppe* $\mathscr{GL}(E)$, *d. h. es gilt*

$$U(t+s) = U(t)\,U(s) \quad \forall s, t \in \mathbb{R} .$$

**Beweis:** Da $A$ konstant ist, gilt nach Bemerkung (10.1 b) für die globale Lösung $u(.,\tau,\xi)$ des autonomen AWP

$$\dot{x} = Ax\,, \ x(\tau) = \xi$$

die Relation

$$u(t, \tau, \xi) = u(t - \tau, 0, \xi) \quad \forall\, t, \tau \in \mathbb{R}\,, \xi \in E\,.$$

Also ist, mit den Bezeichnungen von Theorem (11.13),

$$U(t, \tau)\xi = \mathrm{U}(t - \tau, 0)\xi \quad \forall\, t, \tau \in \mathbb{R}\,, \xi \in E\,,$$

und folglich

$$U(t, \tau) = U(t - \tau, 0) = U(t - \tau) \quad \forall\, t, \tau \in \mathbb{R}\,,$$

wobei die letzte Gleichheit aus der eindeutigen Lösbarkeit des AWP (6) folgt. Somit ergibt Theorem (11.13 ii)

$$\begin{aligned} U(t)\,U(s) &= U(t, 0)\,U(s, 0) = U(t + s, s)\,U(s, 0) \\ &= U(t + s, 0) = U(t + s) \end{aligned}$$

für alle $s, t \in \mathbb{R}$.

Aus

$$U(t)\,U(-t) = U(-t)\,U(t) = U(0) = I$$

folgt, daß $U(t) \in \mathscr{GL}(E)$ mit $U(t)^{-1} = U(-t)$ für alle $t \in \mathbb{R}$ gilt. Also ist $U$ ein Gruppenhomomorphismus von $(\mathbb{R}, +)$ in $\mathscr{GL}(E)$. Wegen $U \in C(\mathbb{R}, \mathscr{L}(E))$ und $\dot{U} = AU$ erhalten wir durch Induktion, daß $U \in C^\infty(\mathbb{R}, \mathscr{L}(E))$ ist. □

**(12.3) Bemerkungen:** (a) *Für* $A \in \mathscr{L}(E)$ *und* $s, t \in \mathbb{R}$ *gilt:*

(i) $e^{0A} = I, \ e^{(t+s)A} = e^{tA}e^{sA}$.

(ii) $e^{tA} \in \mathscr{GL}(E)$ *und* $(e^{tA})^{-1} = e^{-tA}$.

(iii) $(e^{tA})^{\cdot} = Ae^{tA} = e^{tA}A$.

(iv) $\|e^{tA}\| \leqq e^{|t|\,\|A\|}$.

(b) *Für den von dem konstanten Vektorfeld* $A \in \mathscr{L}(E)$ *auf $E$ erzeugten globalen Fluß* $\varphi$ *gilt*

$$\varphi(t, x) = e^{tA}x \quad \forall\,(t, x) \in \mathbb{R} \times E\,.$$

(c) Sind $A \in \mathscr{L}(E)$ und $b \in C(J, E)$, $J \subset \mathbb{R}$ ein offenes Intervall, so wird die globale Lösung des inhomogenen AWP

$$\dot{x} = Ax + b(t)\,, \ x(\tau) = \xi\,, \ \tau \in J, \xi \in E\,,$$

durch die „Variation-der-Konstanten-Formel“

$$u(t,\tau,\xi) = e^{(t-\tau)A}\xi + \int_\tau^t e^{(t-s)A} b(s)\,ds\,, \quad t \in J\,,$$

gegeben.

(d) Für $A \in \mathscr{L}(E)$ wird der Gruppenhomomorphismus $t \mapsto e^{tA}$ oft als *„die von A erzeugte Gruppe in $\mathscr{L}(E)$“* bezeichnet. □

Im folgenden Satz stellen wir die *Rechenregeln für die Exponentialfunktion in* $\mathscr{L}(E)$ zusammen.

**(12.4) Satz:** *Es seien $A, B \in \mathscr{L}(E)$.*

(i) *Gilt $AB = BA$, so folgt*

$$Ae^B = e^B A \quad \textit{und} \quad e^{A+B} = e^A e^B\,.$$

(ii) *Für $B \in \mathscr{G}\mathscr{L}(E)$ gilt*

$$e^{BAB^{-1}} = Be^A B^{-1}\,.$$

**Beweis:** Für die durch $X(t) := Ae^{tB}$ und $Y(t) := e^{tB}A$ definierten Funktionen $X, Y \in C^\infty(\mathbb{R}, \mathscr{L}(E))$ gilt $X(0) = Y(0) = A$ und

$$\dot{X}(t) = ABe^{tB} = BAe^{tB} = BX(t)$$

sowie

$$\dot{Y}(t) = Be^{tB}A = BY(t)$$

für alle $t \in \mathbb{R}$. Also folgt aus der eindeutigen Lösbarkeit des AWP $\dot{X} = BX$, $X(0) = A$ in $\mathscr{L}(E)$, daß $X = Y$ gilt, somit insbesondere $X(1) = Y(1)$.

Analog seien

$$U(t) = e^{t(A+B)} \quad \text{und} \quad V(t) = e^{tA}e^{tB} \quad \forall\, t \in \mathbb{R}\,.$$

Dann gilt $U(0) = V(0) = I$ und

$$\dot{U}(t) = (A+B)\,U(t) \quad \forall\, t \in \mathbb{R}\,,$$

sowie

$$\dot{V}(t) = Ae^{tA}e^{tB} + e^{tA}Be^{tB}\,.$$

Also folgt aus dem bereits Bewiesenen:

$$\dot{V}(t) = (A+B)\,V(t) \quad \forall\, t \in \mathbb{R}\,,$$

woraus wiederum nach dem Eindeutigkeitssatz die Behauptung folgt.

(ii) Mit $X(t) := e^{tBAB^{-1}}$ und $Y(t) := Be^{tA}B^{-1}$ gilt $X(0) = Y(0) = I$ und

$$\dot{X}(t) = BAB^{-1}X(t) \quad \forall t \in \mathbb{R},$$

sowie

$$\dot{Y}(t) = BAe^{tA}B^{-1} = BAB^{-1}Y(t) \quad \forall t \in \mathbb{R},$$

woraus wiederum $X = Y$ folgt. □

*Lösungsformeln*

Die Differentialgleichung $\dot{x} = Ax$ geht durch die Transformation $y = Bx$ mit $B \in \mathscr{GL}(E)$ über in die transformierte Gleichung

$$\dot{y} = BAB^{-1}y$$

mit der Fundamentalmatrix

$$e^{tBAB^{-1}} = Be^{tA}B^{-1}, \quad t \in \mathbb{R}.$$

Also gilt für die Fundamentalmatrix von $\dot{x} = Ax$ die Beziehung

$$e^{tA} = B^{-1}e^{tBAB^{-1}}B \quad \forall t \in \mathbb{R}.$$

Um die Fundamentalmatrix von $\dot{x} = Ax$ zu berechnen, werden wir durch geschickte Wahl der Transformation (was dazu äquivalent ist: durch Einführen einer geeigneten Basis) den Operator $A$ auf eine möglichst einfache Form bringen.

Es sei nun $E$ die direkte Summe der Untervektorräume $E_1, \ldots, E_k$, d. h.

(7) $$E = E_1 \oplus \cdots \oplus E_k.$$

Dann gilt für jedes $x \in E$ eine eindeutige Darstellung

$$x = x_1 + \cdots + x_k, \quad x_j \in E_j,\ j = 1, \ldots, k,$$

und durch

$$P_j : E \to E_j,\ x \mapsto x_j, \quad j = 1, \ldots, k,$$

werden die (bezüglich der direkten Summe) kanonischen Projektionen definiert. Hierbei gilt offensichtlich

(8) $$P_j P_i = \delta_{ji} P_j,\ i, j = 1, \ldots, k,$$

und

(9) $$\sum_{j=1}^{k} P_j = I.$$

Sind umgekehrt $P_1, \ldots, P_k \in \mathscr{L}(E)$ Operatoren mit den Eigenschaften (8) und (9) und setzen wir $E_j := P_j(E)$, so gilt

$$E = E_1 \oplus \cdots \oplus E_k,$$

und die $P_j$ sind die zugehörigen kanonischen Projektionen.

Es sei nun $A \in \mathscr{L}(E)$ mit $A(E_j) \subset E_j$ für alle $j = 1, \ldots, k$. Dann sagt man, die direkte Summe (7) *zerlegt (reduziert)* den Endomorphismus $A$, und $A$ ist offensichtlich durch die *Teile* $A_j \in \mathscr{L}(E_j)$ mit $A_j x := Ax$ für $x \in E_j$ vollständig bestimmt. Man schreibt dann auch

(10) $$A = A_1 \oplus \cdots \oplus A_k$$

und sagt, $A$ sei die *direkte Summe* der Operatoren $A_1, \ldots, A_k$.

**(12.5) Lemma:** *Es seien $A \in \mathscr{L}(E)$ und $E = E_1 \oplus \cdots \oplus E_k$ mit den zugehörigen Projektionen $P_j, j = 1, \ldots, k$. Dann wird $A$ durch die direkte Summe $E = E_1 \oplus \cdots \oplus E_k$ genau dann zerlegt, wenn*

$$AP_j = P_j A, \; j = 1, \ldots, k,$$

*gilt.*

**Beweis:** Es werde $A$ zerlegt und $x \in E$ sei beliebig. Dann gilt $P_j x \in E_j$ und folglich $AP_j x \in E_j$, also $P_i A P_j x = \delta_{ij} A P_j x$ für $j = 1, \ldots, k$. Durch Aufsummieren erhalten wir wegen (9)

$$AP_i x = \sum_{j=1}^{k} \delta_{ij} A P_j x = \sum_{j=1}^{k} P_i A P_j x = P_i A \left( \sum_{j=1}^{k} P_j x \right) = P_i A x .$$

Also gilt $AP_i = P_i A$ für alle $i = 1, \ldots, k$.

Kommutiert umgekehrt $A$ mit jedem $P_j$, so folgt für $x \in E_j$, wegen $x = P_j x$,

$$Ax = AP_j x = P_j A x \in E_j,$$

also $A(E_j) \subset E_j$ für $j = 1, \ldots, k$. □

**(12.6) Korollar:** *Der Operator $A \in \mathscr{L}(E)$ werde durch die direkte Summe $E = E_1 \oplus \cdots \oplus E_k$ zerlegt. Dann zerlegt diese Summe auch $e^{tA}$ für jedes $t \in \mathbb{R}$, d. h. der von $A$ erzeugte Fluß wird auch durch $E = E_1 \oplus \cdots \oplus E_k$ zerlegt.*

**Beweis:** Für $P_j, j = 1, \ldots, k$, gilt nach Lemma (12.5) $AP_j = P_j A$. Also gilt nach Satz (12.4)

$$P_j e^{tA} = e^{tA} P_j, \quad j = 1, \ldots, k,$$

und Lemma (12.5) liefert die Behauptung. □

Es seien nun $\mathbb{K} = \mathbb{C}$ und $A \in \mathscr{L}(E)$, und $\lambda_1, \ldots, \lambda_k$ seien die paarweise verschiedenen *Eigenwerte* von $A$, d. h. $\lambda_1, \ldots, \lambda_k$ seien die paarweise verschiedenen (komplexen) Wurzeln des *charakteristischen Polynoms*

$$\det(A - \lambda) = 0 \quad \text{mit} \quad A - \lambda := A - \lambda I .$$

Die Menge der Eigenwerte von $A$ heißt auch das *Spektrum* $\sigma(A)$ von $A$, d. h.

$$\sigma(A) = \{\lambda_j | j = 1, \ldots, k\}.$$

Offensichtlich gilt:

$$\lambda \in \sigma(A) \Leftrightarrow \ker(A - \lambda) \neq \{0\} \Leftrightarrow \operatorname{im}(A - \lambda) \neq E,$$

da $E$ endlichdimensional ist. Wir bezeichnen mit $m_1, \ldots, m_k$ die Vielfachheiten der Wurzeln $\lambda_1, \ldots, \lambda_k$ des charakteristischen Polynoms. Dann gilt

$$\det(A - \lambda) = (-1)^m (\lambda - \lambda_1)^{m_1} \cdots (\lambda - \lambda_k)^{m_k},$$

mit $m = m_1 + \cdots + m_k$, und $m_j$ heißt die *algebraische Vielfachheit* des Eigenwerts $\lambda_j$ von $A$. In der Linearen Algebra wird gezeigt, daß der *algebraische Eigenraum* zum Eigenwert $\lambda_j$:

$$E_j := \ker[(A - \lambda_j)^{m_j}]$$

die Dimension $m_j$ hat und daß $E$ die direkte Summenzerlegung

$$E = E_1 \oplus \cdots \oplus E_k \tag{11}$$

besitzt. In diesem Zusammenhang heißen die kanonischen Projektionen $P_j : E \to E_j$ die *Eigenprojektionen* zu den Eigenwerten $\lambda_j$ (vgl. z. B. das erste Kapitel von Kato [1] für eine elegante kurze Darstellung der hier benötigten Tatsachen oder auch R. Walter [2]).

Es ist unmittelbar ersichtlich, daß $A(E_j) \subset E_j$ für alle $j = 1, \ldots, k$ gilt. Also zerlegt die direkte Summe (11) den Operator $A$, d. h. $A = A_1 \oplus \cdots \oplus A_k$, und nach Korollar (12.6) gilt

$$e^{tA} = e^{tA_1} \oplus \cdots \oplus e^{tA_k}.$$

Somit genügt es, $e^{tA_j}$ für jedes $j = 1, \ldots, k$ zu bestimmen.

Es sei nun $j \in \{1, \ldots, k\}$ fest, und wir setzen

$$X := E_j, \ \lambda := \lambda_j, \ N := (A - \lambda) | X,$$

also

$$A_j := \lambda + N.$$

Nach der Definition von $X$ und $N$ gilt offensichtlich

$$N^{m_j} = 0\,,$$

d. h. $N$ ist *nilpotent*, die *Eigennilpotente von $A$ zum Eigenwert* $\lambda_j$.

Da $N$ nilpotent ist, lehrt die Lineare Algebra, daß $X$ eine direkte Summenzerlegung

$$X = X_1 \oplus \cdots \oplus X_s$$

besitzt mit folgenden Eigenschaften:

(i) $N(X_i) \subset X_i$, $i = 1, \ldots, s$, d. h. die Zerlegung reduziert $N$.

(ii) Jedes $X_i$ besitzt eine Basis $\{u_{i,1}, \ldots, u_{i,q_i}\}$ mit $Nu_{i,1} = 0$ und

$$Nu_{i,r} = u_{i,r-1}\,, \quad 2 \leqq r \leqq q_i\,.$$

Bezüglich dieser Basis wird $A|X_i$ somit durch die *Jordanmatrix*

$$\begin{bmatrix} \lambda & 1 & & & & \\ & \lambda & 1 & & \text{\Large 0} & \\ & & \ddots & \ddots & & \\ & & & \ddots & \ddots & \\ & \text{\Large 0} & & & \ddots & 1 \\ & & & & & \lambda \end{bmatrix}$$

(mit $q_i$ Zeilen und $q_i$ Spalten) dargestellt.

Wegen (i) und (12.6) gilt

$$e^{tA_i} = e^{tA|X_1} \oplus \cdots \oplus e^{tA|X_s},$$

und es genügt, $e^{tA|X_i}$ zu bestimmen.

Aus (ii) folgt

(12) $$N^n u_{i,r} = u_{i,r-n}\,, \quad 1 \leqq r \leqq q_i,\ 0 \leqq n \leqq r-1$$

und

(13) $$N^r u_{i,r} = 0\,, \quad 1 \leqq r \leqq q_i\,.$$

Hieraus erhalten wir für

$$x = \sum_{r=1}^{q_i} \alpha^r u_{i,r} \in X_i\,, \quad \alpha^r \in \mathbb{C}\,,$$

aufgrund der Definition von $e^{tA|X_i}$ und wegen Satz (12.4):

$$\begin{aligned}
e^{tA}x &= e^{tA|X_i}x = e^{t\lambda}e^{tN}x \\
&= e^{\lambda t}\sum_{r=1}^{q_i}\alpha^r\sum_{n=0}^{\infty}\frac{t^n}{n!}N^n u_{i,r} \\
&= e^{\lambda t}\sum_{r=1}^{q_i}\alpha^r\sum_{n=0}^{r-1}\frac{t^n}{n!}u_{i,r-n} \\
&= e^{\lambda t}\alpha^1 u_{i,1} \\
&\quad + e^{\lambda t}\alpha^2[u_{i,2}+tu_{i,1}] \\
&\quad + e^{\lambda t}\alpha^3\left[u_{i,3}+tu_{i,2}+\frac{t^2}{2}u_{i,1}\right] \\
&\quad \vdots \\
&\quad + e^{\lambda t}\alpha^{q_i}\left[u_{i,q_i}+tu_{i,q_i-1}+\cdots+\frac{t^{q_i-1}}{(q_i-1)!}u_{i,1}\right].
\end{aligned}$$

Zusammenfassend haben wir also folgendes Theorem bewiesen:

**(12.7) Theorem:** *Es seien* $\mathbb{K}=\mathbb{C}$ *und* $A\in\mathscr{L}(E)$, *und* $\lambda_1,\dots,\lambda_k$ *seien die paarweise verschiedenen Eigenwerte von A mit den algebraischen Multiplizitäten* $m_1,\dots,m_k$. *Dann gibt es für jedes* $j=1,\dots,k$ *genau* $m_j$ *linear unabhängige Lösungen der homogenen Differentialgleichung*

$$(14) \qquad \dot{x}=Ax \quad \text{in} \quad E$$

*der Form*

$$x_{j,s}(t)=e^{\lambda_j t}p_{j,s-1}(t), \quad t\in\mathbb{R},\ 1\leqq s\leqq m_j,$$

wobei die $p_{j,\nu}(t)$ *Polynome in t vom Grad* $\leqq\nu$ *mit Koeffizienten in E sind. Die Gesamtheit dieser Lösungen bildet ein Fundamentalsystem für* (14).

*Ist A halbeinfach (d. h. diagonalisierbar), so besitzt* (14) *ein Fundamentalsystem der Form*

$$\{e^{\lambda_j t}y_{j,s}\,|\,1\leqq s\leqq m_j,\ 1\leqq j\leqq k\}$$

*mit linear unabhängigen Vektoren* $y_{j,s}\in E$.

**(12.8) Bemerkungen:** (a) Für $\lambda\in\sigma(A)$ heißt

$$\dim[\ker(A-\lambda)]$$

die *geometrische Multiplizität* des Eigenwertes $\lambda$. Offensichtlich ist *die geometrische Multiplizi-*

*tät höchstens gleich der algebraischen Multiplizität*, und $A$ heißt *halbeinfach*, wenn diese beiden Vielfachheiten für alle $\lambda \in \sigma(A)$ übereinstimmen. Die obigen Überlegungen zeigen, daß $A$ *genau dann halbeinfach ist, wenn alle Eigennilpotenten verschwinden, d. h. wenn $A$ bezüglich einer geeigneten Basis Diagonalgestalt hat* (d. h. wenn $A$ diagonalisierbar ist).

Bekanntlich ist jeder hermitesche Operator ($A = A^*$) (bezüglich eines inneren Produktes auf $E$) oder, allgemeiner, jeder *normale* Operator $A \in \mathscr{L}(E)$ halbeinfach. Hierbei heißt $A \in \mathscr{L}(E)$ normal, wenn $AA^* = A^*A$ gilt.

(b) Wenn $A$ halbeinfach ist, so hat die Matrix von $A$ bzgl. einer geeigneten Basis Diagonalgestalt,

$$A = \operatorname{diag}[\lambda_1, \dots, \lambda_1, \lambda_2, \dots, \lambda_2, \dots, \lambda_k, \dots, \lambda_k].$$

Hierbei erscheint $\lambda_j$ genau $m_j$ mal. Bezüglich dieser Basis lautet dann das Gleichungssystem

$$\dot{x} = Ax$$

einfach

$$\begin{aligned} \dot{x}^1 &= \mu_1 x^1 \\ &\vdots \\ \dot{x}^m &= \mu_m x^m \end{aligned}$$

mit $\mu_l = \lambda_j$ für $m_1 + \cdots + m_{j-1} < l \leqq m_1 + \cdots + m_j$. Diese Tatsache spiegelt sich im zweiten Teil von Theorem (12.7) wider. □

**(12.9) Beispiel:** Es sei $E = \mathbb{C}^2$ und wir betrachten das System

$$\begin{aligned} \dot{x} &= x - y \\ \dot{y} &= 4x - 3y. \end{aligned} \tag{15}$$

Also ist

$$A = \begin{bmatrix} 1 & -1 \\ 4 & -3 \end{bmatrix}$$

und

$$\det(A - \lambda) = (\lambda + 1)^2.$$

Folglich hat $A$ einen einzigen Eigenwert der algebraischen Vielfachheit 2, nämlich $\lambda = -1$. Wegen

$$A - \lambda = A + 1 = \begin{bmatrix} 2 & -1 \\ 4 & -2 \end{bmatrix}$$

sieht man sofort, daß

$$\begin{bmatrix} 1 \\ 2 \end{bmatrix} \in \ker(A + 1)$$

gilt. Also stellt

$$t \to \begin{bmatrix} 1 \\ 2 \end{bmatrix} e^{-t}, \quad t \in \mathbb{R},$$

eine Lösung von (15) dar. Um eine zweite, linear unabhängige Lösung zu erhalten, machen wir gemäß Theorem (12.7) den *Ansatz*

$$\begin{bmatrix} x(t) \\ y(t) \end{bmatrix} = \begin{bmatrix} a + bt \\ c + dt \end{bmatrix} e^{-t}.$$

Damit dies eine Lösung wird, müssen die Konstanten so bestimmt werden, daß gilt

$$\begin{bmatrix} x(t) \\ y(t) \end{bmatrix}^{\cdot} = \begin{bmatrix} b - a - bt \\ d - c - dt \end{bmatrix} e^{-t} = A \begin{bmatrix} a + bt \\ c + dt \end{bmatrix} e^{-t} \quad \forall\, t \in \mathbb{R}.$$

Also müssen

$$A \begin{bmatrix} a \\ c \end{bmatrix} = \begin{bmatrix} b - a \\ d - c \end{bmatrix} \quad \text{und} \quad A \begin{bmatrix} b \\ d \end{bmatrix} = - \begin{bmatrix} b \\ d \end{bmatrix}$$

erfüllt sein. Da die zweite Gleichung gerade die Eigenwertgleichung ist, hat sie die Lösung $b = 1$, $d = 2$. Folglich lautet das erste Gleichungssystem

$$\begin{aligned} a - \phantom{3}c &= 1 - a \\ 4a - 3c &= 2 - c, \end{aligned}$$

welches offensichtlich die Lösung $a = 0$, $c = -1$ besitzt. Somit wird eine zweite linear unabhängige Lösung durch

$$t \to \begin{bmatrix} t \\ -1 + 2t \end{bmatrix} e^{-t}$$

gegeben. □

Es sei nun $\mathbb{K} = \mathbb{R}$. Dann ist die *Komplexifizierung* $E_{\mathbb{C}}$ von $E = (E, |\cdot|)$ ein normierter $\mathbb{C}$-Vektorraum, der folgendermaßen gebildet wird: Auf $E \times E$ werden eine Multiplikation mit komplexen Skalaren $\gamma := \alpha + i\beta \in \mathbb{C} = \mathbb{R} + i\mathbb{R}$ definiert durch

$$\gamma z := (\alpha x - \beta y, \beta x + \alpha y) \quad \forall\, z = (x, y) \in E \times E$$

und eine Norm durch

$$|z|_{E_{\mathbb{C}}} := \max_{0 \leq \varphi \leq 2\pi} |x \cos\varphi + y \sin\varphi|.$$

Man verifiziert dann leicht, daß $(E \times E, |\cdot|_{E_{\mathbb{C}}}) =: E_{\mathbb{C}}$ mit dieser Multiplikation ein normierter $\mathbb{C}$-Vektorraum der Dimension $m$ (über $\mathbb{C}$!) ist, wenn $E$ die Dimension $m$ (über $\mathbb{R}$) hat. Außerdem gilt

$$1(x,0) = (x,0)$$

und

$$i(x,0) = (0,x)$$

sowie

$$|(x,0)|_{E_{\mathbb{C}}} = |x| \quad \forall x \in E.$$

Folglich können wir $E$ mit $E \times \{0\}$ in $E_{\mathbb{C}}$ identifizieren und jedes Element $z = (x,y)$ eindeutig in der Form

$$z = x + iy$$

darstellen. Aus diesem Grund schreiben wir kurz

$$E_{\mathbb{C}} = E + iE.$$

Es sei nun $A \in \mathscr{L}(E)$. Dann wird die *Komplexifizierung* $A_{\mathbb{C}}$ von $A$ durch

$$A_{\mathbb{C}}(x+iy) := Ax + iAy \quad \forall x + iy \in E_{\mathbb{C}}$$

erklärt. Es ist $A_{\mathbb{C}}$ offenbar ein Endomorphismus von $E_{\mathbb{C}}$, d. h. $A_{\mathbb{C}} \in \mathscr{L}(E_{\mathbb{C}})$, und es gilt

(16) $$|A_{\mathbb{C}}|_{\mathscr{L}(E_{\mathbb{C}})} = |A|_{\mathscr{L}(E)}.$$

In der Tat, aus

$$|A_{\mathbb{C}}(x+iy)|_{E_{\mathbb{C}}} = \max_{0 \leqq \varphi \leqq 2\pi} |Ax\cos\varphi + Ay\sin\varphi| \leqq |A|_{\mathscr{L}(E)}|x+iy|_{E_{\mathbb{C}}}$$

folgt $|A_{\mathbb{C}}|_{\mathscr{L}(E_{\mathbb{C}})} \leqq |A|_{\mathscr{L}(E)}$. Umgekehrt gilt für $x \in E \subset E_{\mathbb{C}}$

$$|Ax| = |A_{\mathbb{C}}x|_{E_{\mathbb{C}}} \leqq |A_{\mathbb{C}}|_{\mathscr{L}(E_{\mathbb{C}})}|x|,$$

also $|A|_{\mathscr{L}(E)} \leqq |A_{\mathbb{C}}|_{\mathscr{L}(E_{\mathbb{C}})}$, womit die behauptete Gleichheit der Normen gezeigt ist. Im folgenden werden wir – wenn keine Mißverständnisse zu befürchten sind – die Normen in $E_{\mathbb{C}}$ und in $\mathscr{L}(E_{\mathbb{C}})$ wieder mit $|.|$ bezeichnen.

Nun gilt offensichtlich

$$A_{\mathbb{C}}^n = (A^n)_{\mathbb{C}} \quad \forall n \in \mathbb{N}$$

und folglich

$$(e^{tA})_{\mathbb{C}} = e^{tA_{\mathbb{C}}} \quad \forall t \in \mathbb{R}.$$

Also erhalten wir ein Fundamentalsystem für die Differentialgleichung

$$\dot{x} = Ax \quad \text{in} \quad E$$

aus einem Fundamentalsystem der (komplexen) Differentialgleichung

(19) $$\dot{z} = A_{\mathbb{C}} z \quad \text{in} \quad E_{\mathbb{C}}$$

durch Zerlegen in Real- und Imaginärteil. Nach Theorem (12.7) ist jede Komponente einer Lösung von (19) eine komplexe Linearkombination von Funktionen der Gestalt

$$t^n e^{\lambda t}$$

mit $\lambda \in \sigma(A_{\mathbb{C}})$ und $n < m(\lambda)$, wobei $m(\lambda)$ die algebraische Vielfachheit von $\lambda$ bezeichnet. Aus der Eigenwertgleichung

$$A_{\mathbb{C}} z = \lambda z$$

folgt

$$A_{\mathbb{C}} \bar{z} = \overline{A_{\mathbb{C}} z} = \overline{\lambda z} = \bar{\lambda} \bar{z} .$$

Also ist mit $\lambda$ auch $\bar{\lambda}$ ein Eigenwert von $A_{\mathbb{C}}$.
Es sei

$$\lambda = \alpha + i\omega \in \sigma(A_{\mathbb{C}}),$$

also

$$e^{\lambda t} = e^{\alpha t}[\cos(\omega t) + i \sin(\omega t)] .$$

Wenn wir jeden der Terme

$$c t^n e^{\lambda t} = (a + ib) t^n e^{\alpha t}(\cos(\omega t) + i \sin(\omega t))$$

mit $c = a + ib \in E_{\mathbb{C}}$ in Real- und Imaginärteil zerlegen, so folgt aus Theorem (12.7) unmittelbar das

**(12.10) Theorem:** *Es seien* $\mathbb{K} = \mathbb{R}$ *und* $A \in \mathscr{L}(E)$, *und u sei eine Lösung der homogenen Differentialgleichung*

$$\dot{x} = Ax \quad \text{in} \quad E .$$

*Dann ist u eine Linearkombination von Funktionen der Form*

$$t^k e^{\alpha t} \cos(\omega t) a, \ t^l e^{\alpha t} \sin(\omega t) b, \ a, b \in E,$$

*wobei* $\lambda := \alpha + i\omega$ *alle Eigenwerte von* $A_{\mathbb{C}}$ *mit* $\omega \geqq 0$ *durchläuft und*

$$k, l \leqq m(\lambda) - 1$$

*gilt. Hierbei ist* $m(\lambda)$ *die algebraische Multiplizität des Eigenwertes* $\lambda$ *von* $A_{\mathbb{C}}$.

Um die Darstellung zu vereinfachen, *werden wir im folgenden unter einem Eigenwert von* $A \in \mathscr{L}(\mathbb{R}^m)$ *stets einen Eigenwert von* $A_{\mathbb{C}}$ *verstehen,* d. h.

$$\sigma(A) := \sigma(A_{\mathbb{C}}).$$

Dies bedeutet, *daß wir auch im reellen Fall komplexe Eigenwerte zulassen.* Diese Vereinbarung ist sinnvoll, denn es gilt

$$\det(A_{\mathbb{C}} - \lambda) = \det(A - \lambda)$$

für $\lambda \in \mathbb{R}$. In der Tat, wenn $\{a_1, \ldots, a_m\}$ eine Basis von $E$ ist, so ist offensichtlich $\{a_1 + i0, \ldots, a_m + i0\}$ eine Basis von $E_{\mathbb{C}}$, und bezüglich dieser Basen werden $A$ und $A_{\mathbb{C}}$ durch dieselbe Matrix dargestellt.

*Stabilitätsaussagen*

Als einfache Anwendung von Theorem (12.7) erhalten wir das folgende wichtige

**(12.11) Stabilitätskriterium:** *Für* $A \in \mathscr{L}(E)$ *gilt*

$$\lim_{t \to \infty} e^{tA} = 0 \quad in \quad \mathscr{L}(E) \Leftrightarrow Re\,\lambda < 0 \quad \forall\, \lambda \in \sigma(A),$$

*d. h. alle Eigenwerte von A liegen genau dann in der offenen negativen komplexen Halbebene, wenn für jede Lösung u von* $\dot{x} = Ax$ *in E gilt:*

$$\lim_{t \to \infty} u(t) = 0.$$

**Beweis:** Ist $\mathbb{K} = \mathbb{R}$, so gilt

$$(e^{tA})_{\mathbb{C}} = e^{tA_{\mathbb{C}}} \quad \forall\, t \in \mathbb{R}$$

und, wegen $\max\{|x|, |y|\} \leqq |x + iy| \leqq 2\max\{|x|, |y|\}$ für $x + iy \in E + iE$,

$$(e^{tA})_{\mathbb{C}} \to 0 \quad \text{in} \quad \mathscr{L}(E_{\mathbb{C}}) \Leftrightarrow e^{tA} \to 0 \quad \text{in} \quad \mathscr{L}(E).$$

Also genügt es, den Fall $\mathbb{K} = \mathbb{C}$ zu betrachten.

Es sei $Re\,\lambda < 0$ für alle $\lambda \in \sigma(A)$, und $u$ sei eine beliebige Lösung von $\dot{x} = Ax$. Dann ist $u$ nach Theorem (12.7) eine Linearkombination von Funktionen der Form

$$t^n e^{\lambda t} y, \quad \lambda \in \sigma(A), y \in E.$$

Wegen

$$|t^n e^{\lambda t} y| = t^n e^{t\,Re\,\lambda} |y|, \quad t \geqq 0,$$

folgt $u(t) \to 0$ für $t \to \infty$.

Ist umgekehrt $Re\lambda \geqq 0$ für ein $\lambda \in \sigma(A)$, so ist

$$u(t) := e^{\lambda t} y, \quad y \in \ker(A - \lambda), y \neq 0,$$

eine Lösung von $\dot{x} = Ax$ mit

$$\lim_{t \to \infty} |u(t)| = |y| \lim_{t \to \infty} e^{t\,Re\lambda} \neq 0.$$

Da klar ist, daß $e^{tA}$ für $t \to \infty$ genau dann in $\mathscr{L}(E)$ gegen Null konvergiert, wenn jede Lösung $u$ von $\dot{x} = Ax$ für $t \to \infty$ in $E$ gegen Null konvergiert, ist alles bewiesen. □

**(12.12) Korollar 1:** *Für $A \in \mathscr{L}(E)$ gilt genau dann $Re\lambda < 0$ für alle $\lambda \in \sigma(A)$, wenn für jede Lösung $u \neq 0$ von $\dot{x} = Ax$ gilt*

$$\lim_{t \to -\infty} |u(t)| = \infty .$$

**Beweis:** Es sei $u(t) = e^{tA}x$ mit $x \neq 0$. Wegen $u(t) = e^{-|t|A}x$ für $t \leqq 0$ folgt

$$|x| = |e^{|t|A} u(t)| \leqq |e^{|t|A}|\,|u(t)| .$$

Da nach (12.11)

$$\lim_{t \to \infty} |e^{|t|A}| = 0$$

genau dann gilt, wenn $Re\lambda < 0$ für alle $\lambda \in \sigma(A)$ ist, folgt die Behauptung. □

**(12.13) Korollar 2:** *Für jede Lösung $u$ von $\dot{x} = Ax$ in $E$ ist*

$$\lim_{t \to \infty} |u(t)| = \infty$$

*genau dann, wenn $Re\lambda > 0$ für alle $\lambda \in \sigma(A)$ gilt.*

**Beweis:** Für $u(t) = e^{tA}x$ und $t > 0$ gilt

$$u(t) = e^{-t(-A)}x .$$

Wegen

$$\lambda \in \sigma(A) \Leftrightarrow -\lambda \in \sigma(-A)$$

folgt die Behauptung aus (12.12). □

Analog erhalten wir das folgende

**(12.14) Beschränktheitskriterium:** *Es sei $A \in \mathscr{L}(E)$. Dann bleibt jede Lösung u von $\dot{x} = Ax$ für $t \to \infty$ genau dann beschränkt, wenn gilt:*

(i) $Re\lambda \leqq 0 \quad \forall \lambda \in \sigma(A)$.

(ii) *Jedes $\lambda \in \sigma(A)$ mit $Re\lambda = 0$ ist ein halbeinfacher Eigenwert, d. h. seine geometrische ist gleich seiner algebraischen Multiplizität.*

**Beweis:** Es genügt wieder, den Fall $\mathbb{K} = \mathbb{C}$ zu betrachten. Sind die Bedingungen (i) und (ii) erfüllt, so ist jede Lösung $u$ eine Linearkombination von Funktionen der Form

(20) $$t^n e^{\lambda t} y, \quad \lambda \in \sigma(A), \ y \in E,$$

mit $n = 0$ für $Re\lambda = 0$. Hieraus folgt unmittelbar die Beschränktheit von $u$.

Umgekehrt zeigt der Beweis von Theorem (12.7), daß für jedes $\lambda \in \sigma(A)$ eine Lösung der Form

$$e^{\lambda t}(y_1 + ty_2 + \cdots + t^{n-1}y_n)$$

mit linear unabhängigen Vektoren $y_1, \ldots, y_n \in \mathbb{C}^m$ existiert. Hierbei können wir genau dann $n > 1$ wählen, wenn $\lambda$ nicht halbeinfach ist. Dies zeigt, daß die Bedingungen (i) und (ii) auch notwendig sind. □

**(12.15) Bemerkung:** Der letzte Beweis zeigt, daß für $Re\lambda \leqq 0$ die Lösungen von $\dot{x} = Ax$ höchstens *polynomial wachsen*. Und zwar gibt es genau dann Lösungen, die unbeschränkt wachsen, wenn $A$ einen Eigenwert $\lambda$ mit $Re\lambda = 0$ besitzt, der nicht halbeinfach ist. □

## Aufgaben

1. Es sei

$$J = \begin{bmatrix} 0 & I_m \\ -I_m & 0 \end{bmatrix} \in \mathscr{L}(\mathbb{R}^m \times \mathbb{R}^m)$$

die symplektische Normalform. Berechnen Sie $e^J$.

2. Es sei $A \in \mathscr{L}(\mathbb{C}^m)$ halbeinfach und $\lambda_1, \ldots, \lambda_k \in \mathbb{C}$ seien die paarweise verschiedenen Eigenwerte von $A$. Berechnen Sie die Eigenwerte von $e^A$.

3. Beweisen Sie, daß für $A \in \mathscr{L}(\mathbb{K}^m)$ gilt

$$\det e^A = e^{\operatorname{spur}(A)}.$$

4. Berechnen Sie die allgemeine Lösung des Systems:

$$\dot{x} = 4x + 9y + 3e^t$$
$$\dot{y} = -x - 2y - e^t.$$

5. Berechnen Sie die allgemeine Lösung des Systems

$$\dot{x} = y + z$$
$$\dot{y} = z + x$$
$$\dot{z} = x + y.$$

Wie verhalten sich die Lösungen für $t \to \pm\infty$?

## 13. Die Klassifikation linearer Flüsse

In diesem Abschnitt untersuchen wir das Verhalten des *linearen Flusses* $e^{tA}x$, $A \in \mathscr{L}(E)$, in der Nähe des kritischen Punktes $x = 0$ in einigen wichtigen Spezialfällen. Diese Untersuchungen werden für die Stabilitätstheorie bei nichtlinearen Gleichungen $\dot{x} = f(x)$ von fundamentaler Bedeutung sein.

*Ebene lineare Flüsse*

Wir betrachten zuerst *zweidimensionale reelle Systeme*

(1) $$\dot{x} = Ax \quad \text{in} \quad \mathbb{R}^2,$$

d. h. in Komponentenschreibweise:

(2) $$\begin{aligned} \dot{x}^1 &= ax^1 + bx^2 \\ \dot{x}^2 &= cx^1 + dx^2 \end{aligned} \qquad a, b, c, d \in \mathbb{R}.$$

Aus dem vorhergehenden Abschnitt wissen wir, daß die Lösungen von (1) durch $\sigma(A)$ und die algebraischen Vielfachheiten der Eigenwerte charakterisiert sind und daß wir statt (1) sinnvollerweise die transformierte Gleichung $(x = Py)$

$$\dot{y} = By$$

mit $B = P^{-1}AP$ und einem geeigneten $P \in \mathscr{GL}(\mathbb{R}^2)$ betrachten. Dazu müssen wir verschiedene Fälle unterscheiden:

*1. Fall: A hat reelle nichtverschwindende Eigenwerte verschiedenen Vorzeichens.* In diesem Fall ist $A$ halbeinfach und es existiert ein $P \in \mathscr{GL}(\mathbb{R}^2)$ mit

$$B = P^{-1}AP = \begin{bmatrix} \lambda & 0 \\ 0 & \mu \end{bmatrix}, \quad \lambda < 0 < \mu.$$

Also wird der von $B$ erzeugte Fluß $e^{tB}y$ (in $y$-Koordinaten!) durch

$$t \to (e^{\lambda t} y^1, e^{\mu t} y^2)$$

gegeben. Folglich hat das Phasenporträt des Flusses $e^{tA} = Pe^{tB}P^{-1}$ in den $y$-Koordinaten die Gestalt

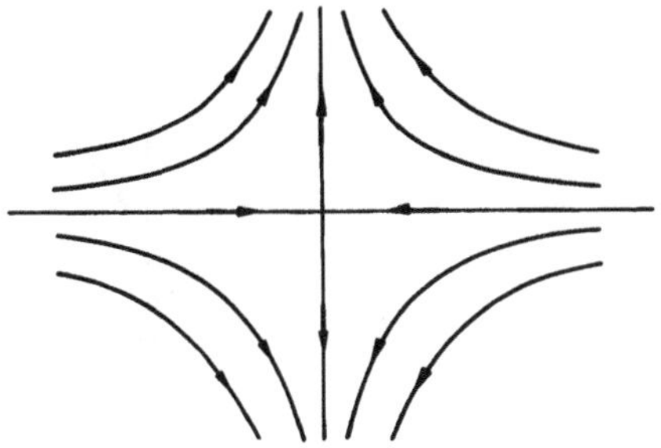

In den ursprünglichen $x$-Koordinaten sieht das Phasenporträt dann beispielsweise folgendermaßen aus.

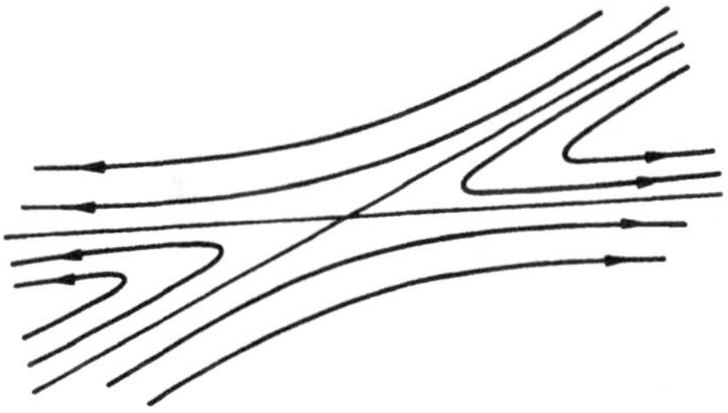

In diesem Fall sagt man, der Nullpunkt sei ein *Sattel.*

*2. Fall: Alle Eigenwerte haben negative Realteile.* Dann wissen wir aufgrund des Stabilitätskriteriums (12.11), daß

$$\lim_{t \to \infty} u(t) = 0$$

für jede Lösung von (1) gilt. In diesem Fall sagt man, der Nullpunkt sei eine *Senke* oder er sei *asymptotisch stabil.*

Wir betrachten nun verschiedene *Unterfälle:*

(a) *Die Eigenwerte sind reell:* $\lambda \leqq \mu < 0$. Wenn $A$ halbeinfach ist, kann $A$ auf die

Gestalt

$$B = \begin{bmatrix} \lambda & 0 \\ 0 & \mu \end{bmatrix}$$

transformiert werden. Dann erhält man als Phasenporträts in den transformierten Koordinaten (wegen $y(t) = (e^{\lambda t} y^1, e^{\mu t} y^2)$):

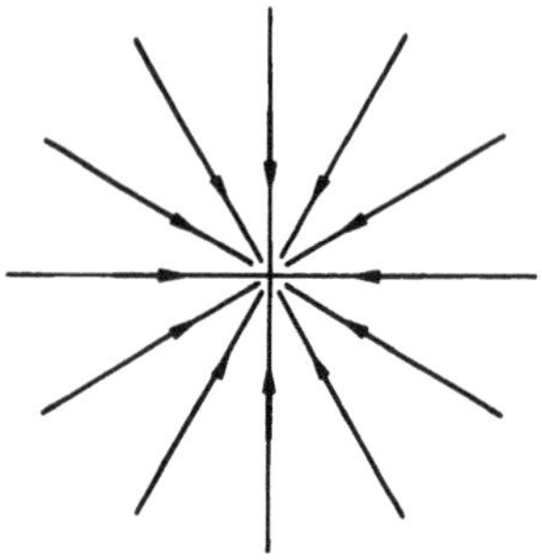

$$B = \begin{bmatrix} \lambda & 0 \\ 0 & \lambda \end{bmatrix}, \quad \lambda < 0$$

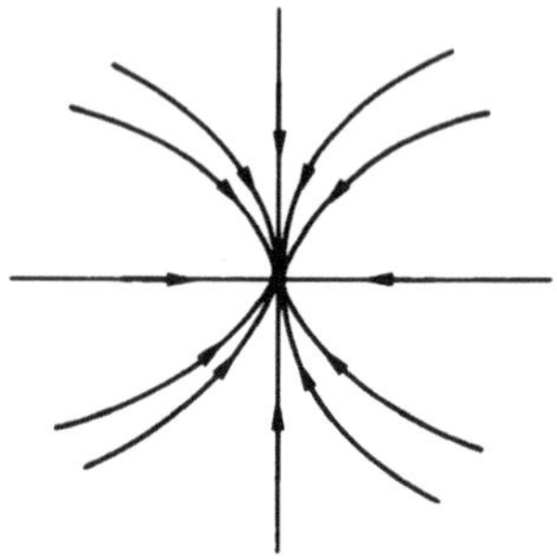

$$B = \begin{bmatrix} \lambda & 0 \\ 0 & \mu \end{bmatrix}, \quad \lambda < \mu < 0$$

Ist $A$ nicht halbeinfach (dann muß notwendigerweise $\lambda = \mu$ sein), so kann $A$ auf die Jordansche Normalform

$$B = \begin{bmatrix} \lambda & 1 \\ 0 & \lambda \end{bmatrix}, \quad \lambda < 0$$

transformiert werden (und zwar durch eine „reelle" Transformation $P \in \mathcal{GL}(\mathbb{R}^2)$, da $\lambda$ reell ist). Dann hat die transformierte Gleichung $\dot{y} = By$ die Lösungen

$$(3) \qquad \begin{aligned} y^1(t) &= \alpha e^{\lambda t} + \beta t e^{\lambda t} \\ y^2(t) &= \beta e^{\lambda t} \end{aligned}$$

mit $\alpha, \beta \in \mathbb{R}$. In diesem Fall hat das Phasenporträt in den $y$-Koordinaten die Form:

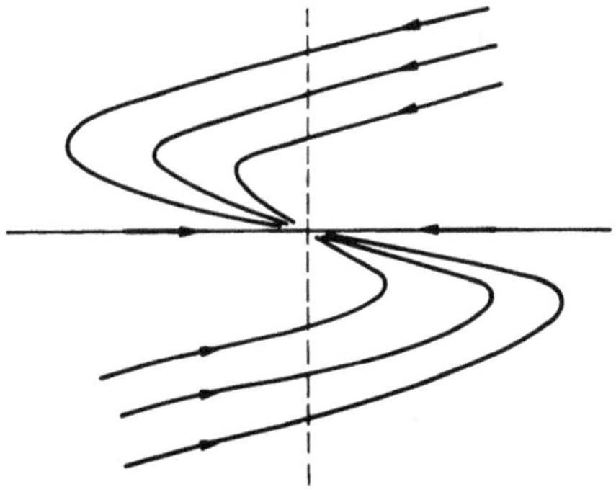

[Um dies zu sehen, kann man beispielsweise (bei geeigneten Konstanten $\alpha$ und $\beta$) $y^1 =: \xi$ als Funktion von $y^2 =: \eta$ ausdrücken. Dann ergibt (3)

$$\xi = (\alpha/\beta)\eta + (1/\lambda)\eta \log(\eta/\beta)$$

mit $\lambda < 0$.]

In allen diesen Fällen sagt man, 0 sei ein *(stabiler) Knoten*, wobei man im letzten Fall oft von einem *uneigentlichen Knoten* und im Fall von $B = \operatorname{diag}[\lambda, \lambda]$ von einem *Focus* spricht.

Der Fall $0 \in \sigma(A)$ bleibt dem Leser überlassen.

(b) *Die Eigenwerte sind komplex,* also konjugiert komplex, wie wir bereits wissen. Ist $A_{\mathbb{C}} \in \mathscr{L}(\mathbb{C}^2)$ die Komplexifizierung von $A \in \mathscr{L}(\mathbb{R}^2)$, so folgt aus $A_{\mathbb{C}} z = \lambda z$ durch Konjugation:

$$A_{\mathbb{C}} \bar{z} = \bar{\lambda} \bar{z},$$

d. h.

$$z \in \ker(A_{\mathbb{C}} - \lambda) \Leftrightarrow \bar{z} \in \ker(A_{\mathbb{C}} - \bar{\lambda}).$$

Ist also $z$ ein Eigenvektor von $A_{\mathbb{C}}$ zum Eigenwert $\lambda$, so besitzt $\mathbb{C}^2$ die Basis

$$\{z, \bar{z}\} = \{x + iy, x - iy\} \quad \text{mit} \quad x, y \in \mathbb{R}^2.$$

Wegen $\lambda \notin \mathbb{R}$ ist dann $\{x, y\}$ eine Basis von $\mathbb{R}^2$. Ferner gilt mit $\lambda = \alpha + i\omega$:

$$Ax + iAy = A_{\mathbb{C}}(x + iy) = (\alpha + i\omega)(x + iy) = \alpha x - \omega y + i(\alpha y + \omega x),$$

also

$$Ax = \alpha x - \omega y$$
$$Ay = \omega x + \alpha y.$$

Wir sehen: *hat* $A \in \mathscr{L}(\mathbb{R}^2)$ *einen nichtreellen Eigenwert* $\lambda = \alpha + i\omega, \omega \neq 0$, *so ist auch* $\bar{\lambda} = \alpha - i\omega$ *ein Eigenwert und es existiert ein* $P \in \mathscr{GL}(\mathbb{R}^2)$ *mit*

$$B := P^{-1}AP = \begin{bmatrix} \alpha & -\omega \\ \omega & \alpha \end{bmatrix}, \quad \omega > 0 .$$

Um $e^{tB}$ zu berechnen, identifizieren wir $\mathbb{R}^2$ mit $\mathbb{C}$ wie üblich durch

$$(4) \qquad (\xi, \eta) \leftrightarrow \xi + i\eta .$$

Wegen

$$\begin{bmatrix} \alpha & -\omega \\ \omega & \alpha \end{bmatrix} \begin{bmatrix} \xi \\ \eta \end{bmatrix} = \begin{bmatrix} \alpha\xi - \omega\eta \\ \omega\xi + \alpha\eta \end{bmatrix} \leftrightarrow (\alpha + i\omega)(\xi + i\eta),$$

entspricht bei dieser Identifikation $B$ der Multiplikation mit $\lambda = \alpha + i\omega$. Wenn wir $\mathscr{L}(\mathbb{C})$ mit $\mathbb{C}$ wie üblich (durch $M \in \mathscr{L}(\mathbb{C}) \leftrightarrow m := M \cdot 1 \in \mathbb{C}$) identifizieren, ist klar, daß (4) einen $\mathbb{R}$-Algebraisomorphismus

$$\mathscr{L}(\mathbb{R}^2) \leftrightarrow \mathscr{L}(\mathbb{C}) = \mathbb{C}$$

induziert. Folglich gilt

$$B^n \leftrightarrow \lambda^n \quad \forall n \in \mathbb{N}$$

und somit

$$e^{tB} \leftrightarrow e^{\lambda t} = e^{\alpha t}[\cos(\omega t) + i \sin(\omega t)],$$

also

$$e^{tB} = e^{\alpha t} \begin{bmatrix} \cos \omega t & -\sin \omega t \\ \sin \omega t & \cos \omega t \end{bmatrix}.$$

*Geometrisch bewirkt also* $e^{tB}$ *eine Streckung mit dem Faktor* $e^{\alpha t}$ *und eine Drehung im mathematisch positiven Sinn um den Winkel* $\omega t$.

Da in unserem Fall $\alpha < 0$ ist, erhalten wir in den $y$-Koordinaten das folgende Phasenporträt:

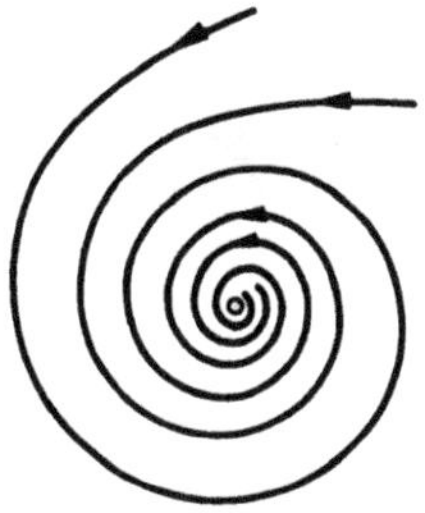

$$B = \begin{bmatrix} \alpha & -\omega \\ \omega & \alpha \end{bmatrix}, \quad \alpha < 0 < \omega .$$

In diesem Fall sagt man, der Ursprung sei ein *stabiler Strudel* oder eine *stabile Spirale*.

*3. Fall: Alle Eigenwerte haben positive Realteile.* In diesem Fall gilt für jede Lösung $u \neq 0$

$$\lim_{t \to \infty} |u(t)| = \infty \quad \text{und} \quad \lim_{t \to -\infty} u(t) = 0$$

(vgl. Korollar (12.12) und Korollar (12.13)). Man sagt, der Ursprung sei eine *Quelle*.

Wegen $e^{tA} = e^{-t(-A)}$ erhält man die Phasenporträts aus den Phasenporträts von Fall 2 durch Umkehren der Pfeile. Man spricht dann von *instabilen* Foci, Knoten und Strudeln.

*4. Fall: Die Eigenwerte sind rein imaginär.* In diesem Fall kann $A$ auf die Form

$$B = P^{-1} A P = \begin{bmatrix} 0 & -\omega \\ \omega & 0 \end{bmatrix}, \quad \omega > 0,$$

transformiert werden. Folglich gilt

$$e^{tB} = \begin{bmatrix} \cos \omega t & -\sin \omega t \\ \sin \omega t & \cos \omega t \end{bmatrix},$$

und *alle Lösungen sind periodisch mit der Periode* $2\pi/\omega$. In den $y$-Koordinaten sind die Orbits Kreise mit 0 als Mittelpunkt, in den $x$-Koordinaten Ellipsen.

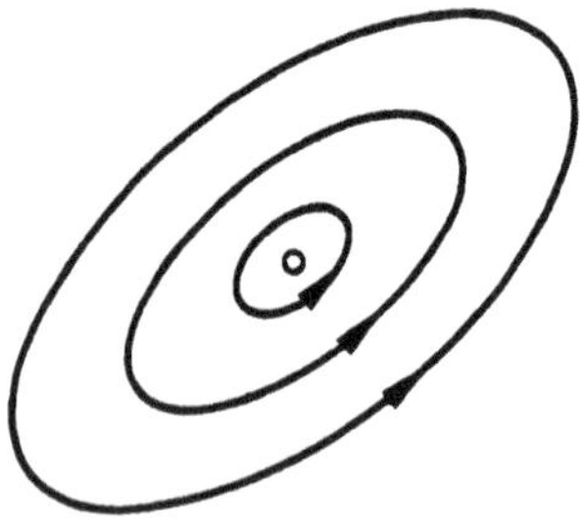

In diesem Fall sagt man, 0 sei ein *Zentrum* oder ein *Wirbel*. □

Die gesamte Information über die Eigenwerte von $A \in \mathscr{L}(\mathbb{R}^2)$ ist natürlich in dem charakteristischen Polynom

$$\det(A-\lambda) = \lambda^2 - \operatorname{spur}(A)\lambda + \det(A)$$

enthalten. Mit der *Diskriminante*

$$D := [\operatorname{spur}(A)]^2 - 4\det(A)$$

werden die Eigenwerte durch

$$\tfrac{1}{2}(\operatorname{spur}(A) \pm \sqrt{D})$$

gegeben. Folglich sind die Eigenwerte reell, wenn $D \geqq 0$ gilt, und sie sind komplex mit negativem Realteil für $\operatorname{spur}(A) < 0$ und $D < 0$, usw. Also kann man die geometrische Information über die Phasenporträts von $\dot{x} = Ax$, die vom charakteristischen Polynom abgeleitet werden kann, in dem folgenden Schema zusammenfassen.

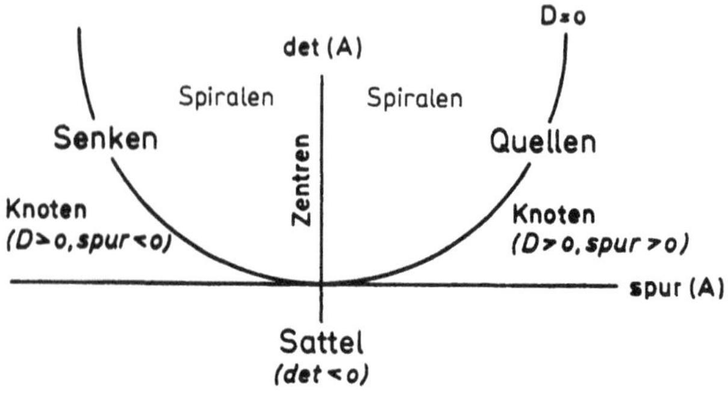


*Hyperbolische lineare Flüsse*

Wir betrachten nun den allgemeinen Fall eines beliebigen $\mathbb{K}$-Vektorraums $E = (E, |\cdot|)$ der Dimension $m < \infty$. Für $A \in \mathscr{L}(E)$ nennen wir dann kurz

$e^{tA}$ *den von* $A$ *erzeugten linearen Fluß auf* $E$ (statt der präziseren Bezeichnung

$$\varphi : \mathbb{R} \times E \to E, \; (t, x) \mapsto e^{tA} x,$$

die wir früher verwendeten). Der Nullpunkt von $E$, der natürlich ein kritischer Punkt von $e^{tA}$ ist (und zwar der einzige, wenn $A$ injektiv ist), heißt eine *Senke* [bzw. *Quelle*], wenn für jedes $x \in E \setminus \{0\}$ gilt

$$\lim_{t \to \infty} e^{tA} x = 0 \quad [\text{bzw. } \lim_{t \to \infty} |e^{tA} x| = \infty].$$

Nach (12.12) und (12.13) wissen wir, daß 0 genau dann eine Senke [bzw. Quelle] ist, wenn gilt

$$Re\lambda < 0 \quad [\text{bzw. } Re\lambda > 0] \quad \forall \lambda \in \sigma(A).$$

Ist 0 eine Senke [bzw. Quelle], so sagt man auch, der lineare Fluß $e^{tA}$ sei eine *Kontraktion* [bzw. *Expansion*]. Wir wollen nun zeigen, daß bei einer Kontraktion [bzw. Expansion] jede Flußlinie $\varphi_x(t) = e^{tA} x$ mit $x \neq 0$ für $t \to \infty$ exponentiell gegen 0 [bzw. „gegen $\infty$"] konvergiert. Dazu benötigen wir das folgende wichtige Lemma (13.1).

Ist $M \subset \mathbb{C}$ nicht leer und ist $\beta \in \mathbb{R}$, so schreiben wir im folgenden

$$Re M < \beta,$$

wenn $Re\, m < \beta$ *für alle* $m \in M$ gilt. Analog sind verwandte Ungleichungen zu interpretieren. Ferner verstehen wir unter einer *Hilbertnorm* $\|.\|$ eine aus einem Skalarprodukt abgeleitete Norm, d. h. für ein geeignetes Skalarprodukt $(.|.)$ auf $E$ gilt $\|x\|^2 = (x|x)$.

**(13.1) Lemma:** *Für* $A \in \mathscr{L}(E)$ *und* $\alpha \in \mathbb{R}$ *gelte*

$$Re\,\sigma(A) < \alpha .$$

*Dann existiert eine Hilbertnorm* $\|.\|$ *auf* $E$ *mit*

$$\|e^{tA}\| \leqq e^{\alpha t} \quad \forall t \in \mathbb{R}_+ .$$

**Beweis:** Es sei $\mathbb{K} = \mathbb{C}$. Dann wissen wir, daß $A$ bzgl. einer geeigneten Basis die Form $A = D + N$ hat mit

$$\begin{aligned} D &= \text{diag}[\lambda_1, \ldots, \lambda_1, \lambda_2, \ldots, \lambda_2, \ldots, \lambda_k, \ldots, \lambda_k] \\ &= \text{diag}[\mu_1, \ldots, \mu_m] \end{aligned}$$

und $N^m = 0$ sowie $DN = ND$. Außerdem können wir die Basis $\{e_1, \ldots, e_m\}$ von

$E$ so wählen, daß gilt: $Ne_j = e_{j-1}$ oder 0. Ersetzen wir $e_j$ durch $a_j := \delta^j e_j$ mit $\delta > 0$, so bleibt $D$ unverändert, und für $N$ gilt: $Na_j = \delta a_{j-1}$ oder 0.

Also hat die Matrix von $N$ bezüglich der Basis $\{a_1, \ldots, a_m\}$ höchstens in der oberen Nebendiagonalen von Null verschiedene Elemente, und zwar die Zahlen $\delta$. Wenn wir nun die zu dieser Basis gehörige euklidische Norm verwenden, so folgt: zu jedem $\varepsilon > 0$ gibt es eine Hilbertnorm $\|.\|$ auf $E$ mit $\|N\| \leqq \varepsilon$.

Da für $D = \operatorname{diag}[\mu_1, \ldots, \mu_m]$ offensichtlich

$$\|D\| = \max_{1 \leqq j \leqq m} |\mu_j|$$

gilt, folgt aus

$$e^{tD} = \operatorname{diag}[e^{t\mu_1}, \ldots, e^{t\mu_m}]$$

die Abschätzung

$$\|e^{tD}\| = \max_{1 \leqq j \leqq m} |e^{t\mu_j}| = \max_{1 \leqq j \leqq m} e^{t\,Re\,\mu_j} \leqq e^{t(\alpha-\varepsilon)},$$

wenn wir $\varepsilon > 0$ so klein wählen, daß $Re\,\lambda \leqq \alpha - \varepsilon$ für alle $\lambda \in \sigma(A)$ ist. Also ergibt Satz (12.4) zusammen mit Bemerkung (12.3a) die Abschätzung

$$\begin{aligned}\|e^{tA}\| = \|e^{t(D+N)}\| &\leqq \|e^{tD}\|\,\|e^{tN}\| \leqq e^{t(\alpha-\varepsilon)} e^{t\|N\|} \\ &\leqq e^{t(\alpha-\varepsilon)} e^{t\varepsilon} = e^{\alpha t}\end{aligned}$$

für $t > 0$.

Bekanntlich (z. B. Yosida [1]) ist eine Norm $\|.\|$ auf einem $\mathbb{K}$-Vektorraum genau dann eine Hilbertnorm, wenn sie die Parallelogrammgleichung $\|x+y\|^2 + \|x-y\|^2 = 2(\|x\|^2 + \|y\|^2)$ erfüllt. Hieraus folgt sofort, daß eine Hilbertnorm $\|.\|_{E_{\mathbb{C}}}$, die auf der Komplexifizierung $E_{\mathbb{C}}$ eines reellen Vektorraumes $E$ definiert ist, auf dem reellen Untervektorraum $E$ eine Hilbertnorm $\|.\|_E$ induziert. Da für $A \in \mathscr{L}(E)$ und $x \in E$ offensichtlich $\|Ax\|_E = \|A_{\mathbb{C}}x\|_{E_{\mathbb{C}}}$ gilt, folgt $\|A\|_{\mathscr{L}(E)} \leqq \|A_{\mathbb{C}}\|_{\mathscr{L}(E_{\mathbb{C}})}$. Also erhalten wir die Behauptung im reellen Fall ($\mathbb{K} = \mathbb{R}$) durch Anwenden der obigen Resultate auf die Komplexifizierung. □

**(13.2) Bemerkungen:** (a) *Gilt* $Re\,\sigma(A) < \alpha$, *so existiert eine Konstante* $\beta \geqq 0$ *mit*

$$|e^{tA}| \leqq \beta e^{\alpha t} \quad \forall t \geqq 0.$$

Dies folgt unmittelbar aus (13.1) und der Tatsache, daß auf einem endlichdimensionalen Vektorraum – also insbesondere auf $\mathscr{L}(E)$ – alle Normen äquivalent sind.

(b) *Für* $A \in \mathscr{L}(E)$ *und* $\alpha \in \mathbb{R}$ *gelte*

$$Re\,\sigma(A) > \alpha.$$

*Dann existieren eine Hilbertnorm* $\|\cdot\|$ *auf E und eine Konstante* $\gamma > 0$ *mit*

$$\|e^{tA}x\| \geqq e^{\alpha t}\|x\|$$

*und*

$$|e^{tA}x| \geqq \gamma e^{\alpha t}|x|$$

*für* $x \in E$ *und* $t \geqq 0$.

**Beweis:** Nach Lemma (13.1) ist

$$\|e^{-tA}\| = \|e^{t(-A)}\| \leqq e^{-\alpha t} \quad \forall t \geqq 0$$

wegen $\sigma(-A) = -\sigma(A)$. Hieraus folgt

$$\|x\| = \|e^{-tA}e^{tA}x\| \leqq \|e^{-tA}\|\,\|e^{tA}x\| \leqq e^{-\alpha t}\|e^{tA}x\|$$

für $x \in E$ und $t \geqq 0$, also die erste der behaupteten Ungleichungen. Die zweite ergibt sich wieder aus der Äquivalenz der Normen. □

Nach diesen Vorbereitungen erhalten wir leicht das folgende Theorem über das exponentielle Abklingen bzw. Anwachsen der Flußlinien im Falle einer Senke bzw. Quelle.

**(13.3) Theorem:** *Es sei* $A \in \mathscr{L}(E)$. *Dann sind äquivalent:*

(i) *Der Nullpunkt ist eine Senke.*

(ii) *Es existieren Konstanten* $\alpha > 0$ *und* $\beta \geqq 0$ *mit*

$$|e^{tA}x| \leqq \beta e^{-\alpha t}|x| \quad \forall t \geqq 0, x \in E.$$

(iii) *Es existieren eine Hilbertnorm* $\|\cdot\|$ *auf E und eine Konstante* $\alpha > 0$ *mit*

$$\|e^{tA}x\| \leqq e^{-\alpha t}\|x\| \quad \forall t \geqq 0, x \in E.$$

*Ebenso sind äquivalent:*

(i′) *Der Nullpunkt ist eine Quelle.*

(ii′) *Es existieren Konstanten* $\alpha, \beta > 0$ *mit*

$$|e^{tA}x| \geqq \beta e^{\alpha t}|x| \quad \forall t \geqq 0, x \in E.$$

(iii′) *Es existieren eine Hilbertnorm* $\|\cdot\|$ *auf E und eine Konstante* $\alpha > 0$ *mit*

$$\|e^{tA}x\| \geqq e^{\alpha t}\|x\| \quad \forall t \geqq 0, x \in E.$$

**Beweis:** Die Behauptung folgt unmittelbar aus dem Stabilitätskriterium (12.11), aus Korollar (12.13) und aus Lemma (13.1) und den Bemerkungen (13.2). □

Im folgenden bezeichnen wir mit

$$m(\lambda)$$

*die algebraische Vielfachheit des Eigenwerts* $\lambda$ *von* $A \in \mathscr{L}(E)$. Außerdem zerlegen wir das Spektrum $\sigma(A)$ disjunkt,

$$\sigma(A) = \sigma_s(A) \cup \sigma_n(A) \cup \sigma_u(A),$$

in das *„stabile Spektrum"*

$$\sigma_s(A) := \{\lambda \in \sigma(A) \mid Re\,\lambda < 0\},$$

das *„neutrale Spektrum"*

$$\sigma_n(A) := \{\lambda \in \sigma(A) \mid Re\,\lambda = 0\}$$

und das *„unstabile"* (besser: *instabile) Spektrum*

$$\sigma_u(A) := \{\lambda \in \sigma(A) \mid Re\,\lambda > 0\}.$$

Der von $A$ erzeugte Fluß $e^{tA}$ heißt *hyperbolisch*, wenn $\sigma_n(A) = \emptyset$, also wenn

$$\sigma(A) = \sigma_s(A) \cup \sigma_u(A)$$

gilt.

Das folgende Theorem liefert die mehrdimensionale Verallgemeinerung des zweidimensionalen Sattels.

**(13.4) Theorem:** *Es sei* $e^{tA}$ *ein hyperbolischer linearer Fluß. Dann gibt es eine direkte Summenzerlegung*

$$E = E_s \oplus E_u,$$

*welche* $A$ *und damit den Fluß* $e^{tA}$ *zerlegt,*

$$A = A_s \oplus A_u \quad \text{und} \quad e^{tA} = e^{tA_s} \oplus e^{tA_u},$$

*derart, daß* $e^{tA_s}$ *eine Kontraktion und* $e^{tA_u}$ *eine Expansion sind. Diese Zerlegung ist eindeutig, und*

$$\dim(E_s) = \sum_{\lambda \in \sigma_s(A)} m(\lambda).$$

**Beweis:** Wir betrachten zuerst den komplexen Fall: $\mathbb{K} = \mathbb{C}$. Wir setzen

$$E_s := \bigoplus_{\lambda \in \sigma_s(A)} \ker[(A - \lambda)^{m(\lambda)}]$$

und

$$E_u := \bigoplus_{\lambda \in \sigma_u(A)} \ker[(A-\lambda)^{m(\lambda)}].$$

Dann (vgl. den Beweis von Theorem (12.7)) ist

$$E = E_s \oplus E_u,$$

und diese Zerlegung zerlegt $A$, d. h. $A = A_s \oplus A_u$. Man verifiziert leicht, daß gilt

$$\sigma(A_s) = \sigma_s(A) \quad \text{und} \quad \sigma(A_u) = \sigma_u(A).$$

Nun folgt aus dem Stabilitätskriterium (12.11) bzw. Korollar (12.13), daß $e^{tA_s}$ eine Kontraktion bzw. $e^{tA_u}$ eine Expansion ist. Außerdem ist die Formel für $\dim(E_s)$ klar. Es bleibt noch, die Eindeutigkeit zu zeigen.

Es sei also $E = E_1 \oplus E_2$ eine andere Zerlegung von $E$, welche $A$ reduziert,

$$A = A_1 \oplus A_2,$$

derart, daß $e^{tA_1}$ eine Kontraktion und $e^{tA_2}$ eine Expansion sind. Für $x \in E_1$ gilt dann

$$x = y + z \quad \text{mit} \quad y \in E_s \quad \text{und} \quad z \in E_u.$$

Wegen $e^{tA}x = e^{tA_1}x \to 0$ für $t \to \infty$ folgt

$$e^{tA}z = e^{tA}P_u x = P_u e^{tA}x \to 0$$

für $t \to \infty$, wobei $P_u : E \to E_u$ die zur Zerlegung $E = E_s \oplus E_u$ gehörige kanonische Projektion bezeichnet. Nach Theorem (13.3) existieren Konstanten $\alpha, \beta > 0$ mit

$$|e^{tA}z| = |e^{tA_u}z| \geqq \beta e^{\alpha t}|z| \quad \forall\, t \geqq 0.$$

Folglich muß $z = 0$ gelten, d. h. $E_1 \subset E_s$. Aus Symmetriegründen folgt $E_s \subset E_1$, also $E_1 = E_s$.

Wenn wir nun $x \in E_2$ wählen, so gilt

$$e^{tA}x = e^{tA_2}x \to 0 \quad \text{für} \quad t \to -\infty$$

(vgl. die Korollare (12.12) und (12.13)) und folglich

$$e^{tA}y \to 0 \quad \text{für} \quad t \to -\infty.$$

Wegen $e^{tA_s} = e^{|t|(-A_s)}$ und $\sigma(-A_s) = -\sigma(A_s)$ folgt aus Theorem (13.3)

$$|e^{tA}y| = |e^{tA_s}y| = |e^{|t|(-A_s)}y| \geqq \beta e^{\alpha|t|}|y|$$

für $t \leqq 0$ und geeignete Konstanten $\alpha, \beta > 0$, also $y = 0$. Somit gilt $E_2 \subset E_u$ und aus Symmetriegründen $E_u \subset E_2$, also $E_2 = E_u$, womit die Eindeutigkeit der Zerlegung gezeigt ist.

Es sei nun $\mathbb{K} = \mathbb{R}$. Dann können wir das bereits Bewiesene auf die Komplexifizierung $E_{\mathbb{C}} = E + iE$ und $A_{\mathbb{C}} \in \mathscr{L}(E_{\mathbb{C}})$ anwenden. Also gilt

$$E_{\mathbb{C}} = (E_{\mathbb{C}})_s \oplus (E_{\mathbb{C}})_u \quad \text{und} \quad A_{\mathbb{C}} = (A_{\mathbb{C}})_s \oplus (A_{\mathbb{C}})_u,$$

derart, daß $e^{t(A_{\mathbb{C}})_s}$ eine Kontraktion und $e^{t(A_{\mathbb{C}})_u}$ eine Expansion sind. Wir setzen

$$E_s := (E_{\mathbb{C}})_s \cap E \quad \text{und} \quad E_u := (E_{\mathbb{C}})_u \cap E,$$

und zeigen, daß

$$(5) \qquad (E_{\mathbb{C}})_s = (E_s)_{\mathbb{C}} \quad \text{und} \quad (E_{\mathbb{C}})_u = (E_u)_{\mathbb{C}}$$

gilt. Dazu betrachten wir zuerst den Fall $\sigma(A) = \{\lambda\} \subset \mathbb{R}$. Nach § 12 hat dann $E_{\mathbb{C}}$ eine Zerlegung $X_1 \oplus \cdots \oplus X_n$, welche $A_{\mathbb{C}}$ reduziert, derart, daß jedes $X = X_j$ eine Basis $\{e_1, \ldots, e_m\}$ besitzt mit $(A_{\mathbb{C}} - \lambda)e_k = e_{k-1}$, wobei $e_0 := 0$ gesetzt ist. Durch Konjugation folgt $(A_{\mathbb{C}} - \lambda)\bar{e}_k = \bar{e}_{k-1}$. Also sind auch $\bar{e}_1, \ldots, \bar{e}_m$ in $X$.

Ist $x \in X \cap E$, so zeigt $e^{tA}x = e^{tA_{\mathbb{C}}}x$, daß $x$ als Element von $X$ dasselbe asymptotische Verhalten (bzgl. des Flusses) hat wie in $X \cap E$. Ist $z = x + iy \in X$, so folgt aus der Darstellung $z = \sum_{j=1}^{m} \alpha_j e_j$ und den obigen Betrachtungen, daß auch $\bar{z} = \sum_{j=1}^{m} \bar{\alpha}_j \bar{e}_j$ zu $X$ gehört. Also sind $x = (z + \bar{z})/2$ und $y = (z - \bar{z})/(2i)$ Elemente von $X \cap E$. Ist $e^{tA_{\mathbb{C}}}$ eine Kontraktion (bzw. Expansion), so folgt aus $e^{tA}x = e^{tA_{\mathbb{C}}}x = e^{tA_{\mathbb{C}}}(z + \bar{z})/2$, daß $e^{tA}$ auf $X \cap E$ ebenfalls eine Kontraktion (bzw. Expansion) ist. Hieraus folgt die Behauptung (5) in diesem Fall.

Als nächstes betrachten wir den Fall $\sigma(A) = \{\lambda, \bar{\lambda}\}$ mit $Im(\lambda) \neq 0$. Dann können wir $E_{\mathbb{C}}$ zerlegen in $X_1 \oplus Y_1 \oplus \cdots \oplus X_n \oplus Y_n$, derart, daß $X_j \oplus Y_j$ eine Basis $\{e_1, \ldots, e_m, \bar{e}_1, \ldots, \bar{e}_m\}$ besitzt mit $(A_{\mathbb{C}} - \lambda)e_k = e_{k-1}$ und $(A_{\mathbb{C}} - \bar{\lambda})\bar{e}_k = \bar{e}_{k-1}$ für $k = 1, \ldots, m$ und mit $e_0 := 0$ (vgl. 2. Fall, b). Hieraus erhalten wir analog wie oben die Behauptung (5). Da sich der allgemeine Fall aus derartigen Unterfällen zusammensetzt (durch direkte Summen), ergibt sich die Behauptung (5) auch im allgemeinen Fall. Aus (5) und der Gültigkeit des Theorems im komplexen Fall erhalten wir nun die Behauptung. □

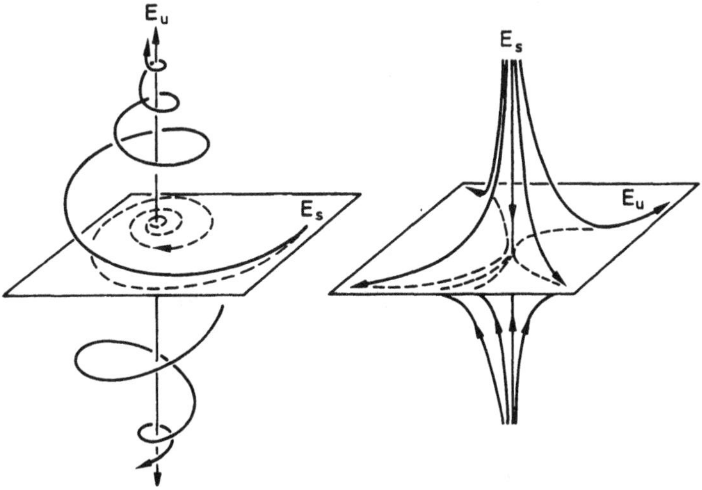


Die invarianten Untervektorräume $E_s$ bzw. $E_u$ des hyperbolischen linearen Flusses $e^{tA}$ heißen *stabile* bzw. *instabile Untervektorräume* des Flusses. Ein hyperbolischer linearer Fluß kann eine Kontraktion ($E_u = \{0\}$) oder eine Expansion ($E_s = \{0\}$) sein. Ist $E = \mathbb{R}^3$ und sind weder der stabile noch der instabile Untervektorraum trivial, so können typische Orbits wie die in den Abbildungen aussehen.

*Flußäquivalenz*

Es erhebt sich nun die Frage, was an den Phasenporträts dieses Abschnitts charakteristisch ist. Ist es möglich, durch Einführen geeigneter nichtlinearer Koordinaten einen Sattel in einen Knoten oder einen stabilen Knoten in eine instabile Spirale zu verwandeln. Wir werden zeigen, daß dies nicht der Fall ist, daß es aber wohl möglich ist, einen stabilen Knoten in einen stabilen Strudel zu transformieren. Dazu müssen wir zuerst den Begriff äquivalenter Flüsse präzisieren.

Es seien $M$ und $N$ metrische Räume und $\varphi$ bzw. $\psi$ seien Flüsse auf $M$ bzw. $N$ mit Definitionsbereich $\Omega_\varphi$ bzw. $\Omega_\psi$. Dann heißen $\varphi$ und $\psi$ (*topologisch*) *äquivalent*, wenn es einen orientierungserhaltenden Automorphismus $\alpha : \mathbb{R} \to \mathbb{R}$ und einen Homöomorphismus $h : M \to N$ gibt, derart, daß gilt

$$h(\varphi(t, x)) = \psi(\alpha(t), h(x)) \quad \forall (t, x) \in \Omega_\varphi .$$

Jedes Paar $(\alpha, h)$ mit diesen Eigenschaften heißt eine (*topologische*) *Flußäquivalenz*. Folglich ist $(\alpha, h)$ genau dann eine topologische Flußäquivalenz, wenn das folgende Diagramm kommutiert:

$$\begin{array}{ccc} \mathbb{R}\times M\supset \Omega_\varphi & \xrightarrow{\quad\varphi\quad} & M \\ \alpha\times h \big\downarrow & & \big\downarrow h \\ \mathbb{R}\times N \supset \Omega_\psi & \xrightarrow{\quad\psi\quad} & N \end{array},$$

wobei, wie üblich, $\alpha\times h$ durch

$$\alpha\times h:\Omega_\varphi\to\mathbb{R}\times N,\ (t,x)\to(\alpha(t),h(x))$$

definiert ist.

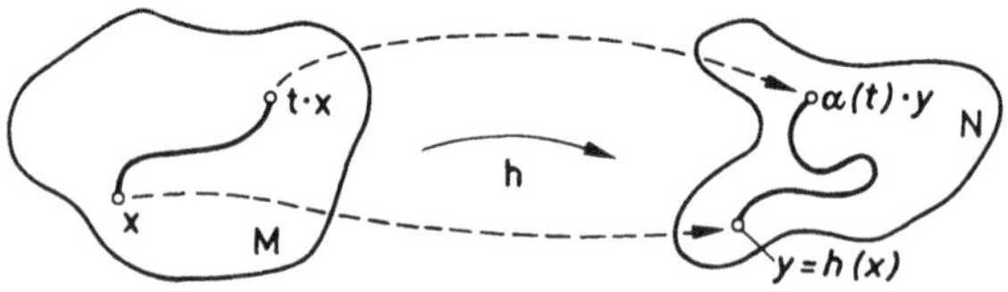


Sind $M$ und $N$ differenzierbare Mannigfaltigkeiten, ist $(\alpha, h)$ eine Flußäquivalenz zwischen $\varphi$ und $\psi$ und ist $h$ ein $C^1$-Diffeomorphismus, so heißen $\varphi$ und $\psi$ *differenzierbar äquivalent* und $(\alpha, h)$ ist eine *$C^1$-Flußäquivalenz*. Sind $M$ und $N$ Banachräume, ist $(\alpha, h)$ eine Flußäquivalenz zwischen den Flüssen $\varphi$ auf $M$ und $\psi$ auf $N$ und ist $h$ ein Vektorraumisomorphismus, so heißen $\varphi$ und $\psi$ *linear äquivalent* und $(\alpha, h)$ ist eine *lineare Flußäquivalenz*.

**(13.5) Bemerkungen:** (a) Jeder orientierungserhaltende Automorphismus $\alpha$ von $\mathbb{R}$ ist von der Form

(6) $$\alpha(t)=\alpha\cdot t\quad\forall t\in\mathbb{R}$$

mit einer eindeutig bestimmten positiven Zahl $\alpha$. Da auch jedes $\alpha>0$ durch (6) einen orientierungserhaltenden Automorphismus definiert, werden wir im folgenden den Automorphismus $\alpha$ stets mit der durch ihn bestimmten positiven Zahl identifizieren.

(b) *Ist $(\alpha, h)$ eine Flußäquivalenz, so bildet $\alpha\times h$ die Menge $\Omega_\varphi$ homöomorph auf $\Omega_\psi$ ab.*

**Beweis:** Aufgrund der Definition der Flußäquivalenz folgt $\alpha\times h(\Omega_\varphi)\subset\Omega_\psi$. Da $\alpha\times h$ ein Homöomorphismus von $\mathbb{R}\times M$ auf $\mathbb{R}\times N$ ist, ist $\tilde{\Omega}:=\alpha\times h(\Omega_\varphi)$ offen in $N$, also in $\Omega_\psi$, da $\Omega_\varphi$ und $\Omega_\psi$ offen sind. Wegen $\psi\circ(\alpha\times h)=h\circ\varphi$ verifiziert man leicht, daß $\tilde{\psi}:=\psi|\tilde{\Omega}$ ein Fluß auf $\tilde{\Omega}$ ist. Wenn nun $\tilde{\Omega}\neq\Omega_\psi$ ist, existiert ein $y\in N$ mit $J_{\tilde{\psi}}(y)\subsetneq J_\psi(y)$, also entweder

$$\tau:=t^+_{\tilde{\psi}}(y)<t^+_\psi(y)\quad\text{oder}\quad\sigma:=t^-_{\tilde{\psi}}(y)>t^-_\psi(y).$$

Im ersten Fall gilt $\tilde{\psi}([0,\tau),y)\subset\psi([0,\tau],y)$ und im zweiten Fall $\tilde{\psi}((\sigma,0],y)\subset\psi([\sigma,0],y)$.

Also folgt aus Korollar (10.13) im ersten Fall $\tau = \infty$ und im zweiten Fall $\sigma = -\infty$, was unmöglich ist. Also ist $\alpha \times h(\Omega_\varphi) = \Omega_\psi$ und $\alpha \times h$ ist ein Homöomorphismus von $\Omega_\varphi$ auf $\Omega_\psi$.
□

(c) Aus (b) folgt unmittelbar: *(Topologische) Flußäquivalenz bzw. $C^1$-Flußäquivalenz bzw. lineare Flußäquivalenz sind Äquivalenzrelationen.*

(d) *Wenn* $(\alpha, h)$ *eine Flußäquivalenz zwischen* $\varphi$ *und* $\psi$ *ist, so bildet der Homöomorphismus* $h: M \to N$ die Orbits von $\varphi$ genau auf die Orbits von $\psi$ ab, und zwar unter Erhaltung der Orientierung. □

Es ist nun leicht, lineare Flüsse *linear zu klassifizieren*, d. h. die Äquivalenzklassen der linearen Flußäquivalenz zu bestimmen.

**(13.6) Satz:** *Es seien* $A, B \in \mathscr{L}(E)$. *Dann sind* $e^{tA}$ *und* $e^{tB}$ *genau dann linear flußäquivalent, wenn ein* $\alpha > 0$ *existiert mit* $\sigma(A) = \sigma(\alpha B)$ *und die geometrischen und algebraischen Vielfachheiten der Eigenwerte übereinstimmen.*

**Beweis:** Ist $(\alpha, h)$ eine lineare Flußäquivalenz zwischen $e^{tA}$ und $e^{tB}$, so gilt

$$he^{tA} = e^{\alpha tB}h \quad \forall t \in \mathbb{R},$$

also, wegen Satz (12.4),

$$e^{tA} = h^{-1}e^{\alpha tB}h = e^{th^{-1}(\alpha B)h} \quad \forall t \in \mathbb{R}.$$

Da der Generator des Flusses eindeutig bestimmt ist, folgt $A = h^{-1}(\alpha B)h$ mit $\alpha > 0$ und $h \in \mathscr{GL}(E)$, und somit [z. B. wegen $\det(h^{-1}(\alpha B)h - \lambda) = \det(\alpha B - \lambda)$] $\sigma(A) = \sigma(\alpha B)$.

Gilt umgekehrt $\sigma(A) = \sigma(\alpha B)$ für ein $\alpha > 0$, so lehrt die Lineare Algebra (als unmittelbare Konsequenz der Jordanschen Normalform), daß ein $h \in \mathscr{GL}(E)$ existiert mit $A = h^{-1}(\alpha B)h$. Also folgt die lineare Flußäquivalenz von $e^{tA}$ und $e^{tB}$ aus

$$e^{tA} = e^{th^{-1}(\alpha B)h} = h^{-1}e^{\alpha tB}h \quad \forall t \in \mathbb{R}.$$ □

Der nächste Satz zeigt, daß die differenzierbare Klassifizierung nichts Neues ergibt.

**(13.7) Satz:** *Es seien* $A, B \in \mathscr{L}(E)$. *Dann sind* $e^{tA}$ *und* $e^{tB}$ *genau dann* $C^1$-*flußäquivalent, wenn sie linear flußäquivalent sind.*

**Beweis:** Es sei $(\alpha, h)$ eine $C^1$-Flußäquivalenz zwischen $e^{tA}$ und $e^{tB}$. Dann führt der Diffeomorphismus $h \in C^1(E, E)$ den kritischen Punkt $x = 0$ des Flusses $e^{tA}$ in einen kritischen Punkt $y$ des Flusses $e^{tB}$ über, also in ein $y \in E$ mit $e^{sB}y = y$ für alle $s \in \mathbb{R}$. Bezeichnen wir mit $T: E \to E$ die Translation $x \to x - y$, so stellt $(\alpha, T \circ h)$ eine Flußäquivalenz zwischen $e^{tA}$ und $e^{tB}$ dar wegen

$$
\begin{aligned}
T \circ h \circ e^{tA} x &= h \circ e^{tA} x - y = e^{\alpha t B} h(x) - y \\
&= e^{\alpha t B} h(x) - e^{\alpha t B} y = e^{\alpha t B}(T \circ h)(x) \quad \forall x \in E,\ t \in \mathbb{R}\,.
\end{aligned}
$$

Außerdem ist $T \circ h(0) = 0$ und $C := D(T \circ h)(0) \in \mathscr{GL}(E)$. Durch Differenzieren der Beziehung

$$(T \circ h) \circ e^{tA} x = e^{\alpha t B}(T \circ h)(x)$$

in $x = 0$ folgt

$$C e^{tA} = e^{\alpha t B} C \quad \forall t \in \mathbb{R}\,.$$

Also ist $(\alpha, C)$ eine lineare Flußäquivalenz zwischen $e^{tA}$ und $e^{tB}$. Die Umkehrung ist trivial. □

Für die wesentlich schwierigere *topologische Klassifizierung* linearer Flüsse benötigen wir das folgende

**(13.8) Lemma:** *Für* $A \in \mathscr{L}(E)$ *gelte*

$$Re\,\sigma(A) < 0\,,$$

*und* $\varphi$ *sei der von* $A$ *erzeugte lineare Fluß auf* $E$, *d. h.* $\varphi^t = e^{tA}$ *für* $t \in \mathbb{R}$. *Dann existiert eine Hilbertnorm* $\|\,.\,\|$ *auf* $E$, *derart, daß mit* $\mathbb{S} := \{x \in E \mid \|x\| = 1\}$ *gilt:*

$$\bar{\varphi} : \mathbb{R} \times \mathbb{S} \to E \setminus \{0\},\ (t, x) \to \varphi(t, x)$$

*ist ein Homöomorphismus.*

**Beweis:** Wähle $\alpha > 0$ mit $Re\,\sigma(A) < -\alpha < 0$. Dann existiert nach Lemma (13.1) eine Hilbertnorm $\|\,.\,\|$ auf $E$ mit

$$\|e^{tA}\| \leqq e^{-\alpha t} \quad \forall t \geqq 0\,.$$

Es sei nun $y \in E \setminus \{0\}$ beliebig. Dann ist $\varphi^t(y) = e^{tA} y \neq 0$ für alle $t \in \mathbb{R}$ und

(7) $$\|\varphi^t(y)\| \leqq e^{-\alpha t}\|y\| \quad \text{für} \quad t \geqq 0\,.$$

Hieraus folgt

$$\|y\| = \|\varphi^t \circ \varphi^{-t}(y)\| \leqq e^{-\alpha t}\|\varphi^{-t}(y)\|\,,$$

also

(8) $$\|\varphi^{-t}(y)\| \geqq e^{\alpha t}\|y\| \quad \forall t \geqq 0\,.$$

Aus (7) und (8) ergibt sich unmittelbar, daß jeder nichtkritische Orbit die Sphäre $\mathbb{S}$

in genau einem Punkt schneidet. Also ist

$$\bar{\varphi} : \mathbb{R} \times \mathbb{S} \to E \setminus \{0\}$$

eine stetige Bijektion. Es bleibt zu zeigen, daß die Umkehrabbildung stetig ist.

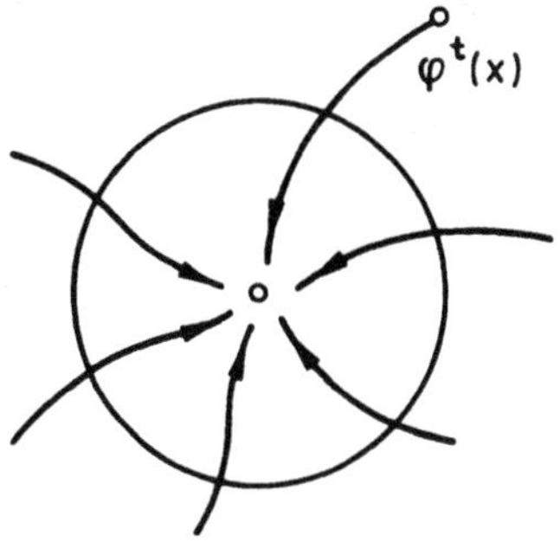


Es sei also $(y_k)$ eine Folge in $E \setminus \{0\}$ mit $y_k \to y \in E \setminus \{0\}$. Dann existieren eine Folge $(t_k)$ in $\mathbb{R}$ und eine Folge $(x_k)$ in $\mathbb{S}$ mit $y_k = \varphi(t_k, x_k)$. Da $\mathbb{S}$ kompakt ist, können wir durch Übergang zu einer geeigneten Teilfolge annehmen, daß $x_k \to x \in \mathbb{S}$ konvergiert. Durch Auswahl einer weiteren Teilfolge können wir auch annehmen, daß $(t_k)$ gegen $t \in \bar{\mathbb{R}}$ konvergiert. Gilt $t \in (0, \infty]$, so folgt aus (7) für große $k$

$$\|y_k\| = \|\varphi^{t_k}(x_k)\| \leqq e^{-\alpha t_k}\|x_k\| = e^{-\alpha t_k},$$

also $\|y\| \leqq e^{-\alpha t}$, woraus wegen $y \neq 0$ folgt, daß $t$ endlich ist. Ist $t \in [-\infty, 0)$, so folgt aus (8) für große $k$

$$\|y_k\| = \|\varphi^{t_k}(x_k)\| \geqq e^{-\alpha t_k}\|x_k\| = e^{-\alpha t_k},$$

also $\|y\| \geqq e^{-\alpha t} = e^{\alpha|t|}$, woraus sich $t > -\infty$ ergibt. Somit ist $t \in \mathbb{R}$, und aus der Stetigkeit von $\varphi$ folgt $y = \varphi(t, x) = \varphi^t(x)$. Da dies für jede konvergente Teilfolge gilt, sehen wir, daß die Umkehrabbildung $\bar{\varphi}^{-1}$ (d. h. die „Projektion" von $y \in E \setminus \{0\}$ „längs des Orbits" $\gamma(y)$ auf $\mathbb{S}$) stetig ist. □

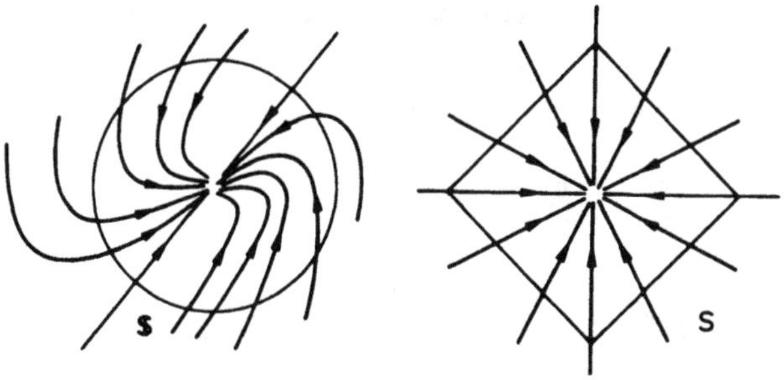

Das obige Lemma besagt geometrisch, daß für die Einheitssphäre $\mathbb{S}$ einer geeigneten Hilbertnorm gilt: jeder nichtkritische Orbit schneidet $\mathbb{S}$ *„transversal"*. Das folgende Lemma besagt anschaulich, daß die Orbits einer Kontraktion „geradegebogen" werden können.

**(13.9) Lemma:** *Für $A \in \mathscr{L}(E)$ gelte: $\operatorname{Re}\sigma(A) < 0$. Dann ist $e^{tA}$ flußäquivalent zu $e^{-t}I$ mit einer Flußäquivalenz der Form $(1, h)$.*

**Beweis:** Nach Lemma (13.8) existiert eine Hilbertnorm $\|\,.\,\|$ auf $E$, derart, daß für die zugehörige Einheitssphäre $\mathbb{S}$ gilt:

$$\mathbb{R} \times \mathbb{S} \to E \setminus \{0\}, \quad (t, x) \to e^{tA}x =: \varphi^t(x)$$

ist ein Homöomorphismus. Es sei nun $S$ die Einheitssphäre bzgl. der ursprüngli-

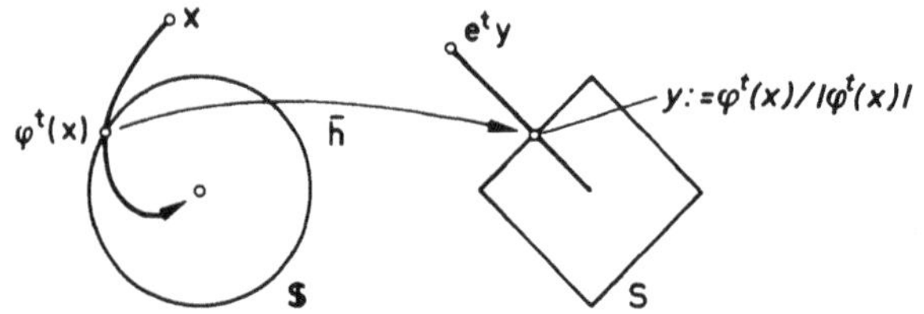


chen Norm $|\,.\,|$ von $E$. Dann definieren wir eine Bijektion $h: E \to E$ durch $h(0) := 0$ und

$$h(x) := e^t \frac{\varphi^t(x)}{|\varphi^t(x)|}, \quad x \in E \setminus \{0\},$$

wobei $t$ die nach Lemma (13.8) eindeutig bestimmte reelle Zahl ist mit $\varphi^t(x) \in \mathbb{S}$. Da die Abbildung

$$\bar{h}: \mathbb{S} \to S, \quad y \to y/|y|$$

offensichtlich ein Homöomorphismus ist und da $h(x) = e^t \bar{h} \circ \varphi^t(x)$ gilt, ist aufgrund von Lemma (13.8) $h$ ein Homöomorphismus von $E \setminus \{0\}$ auf sich. Um zu zeigen, daß $h$ stetig ist in $0 \in E$, sei $V$ eine Umgebung von 0 mit $V \subset \mathbb{B}$. Dann existiert ein $t_0 > 0$ mit $e^{-t}S \subset V$ für alle $t \geqq t_0$. Es sei nun

$$U := \{x \in E \mid \|x\| < 1/\|e^{-t_0A}\|\}.$$

Dann gilt für $x \in U$

$$\|\varphi^{-t_0}(x)\| = \|e^{-t_0A}x\| \leqq \|e^{-t_0A}\| \, \|x\| < 1.$$

Da nach (8) für $t \geqq 0$ die Ungleichung

$$\|\varphi^{t-t_0}(x)\| = \|\varphi^t(\varphi^{-t_0}(x))\| \leqq e^{-\alpha t}\|\varphi^{-t_0}(x)\| < e^{-\alpha t} \leqq 1$$

mit einem geeigneten $\alpha > 0$ richtig ist, sehen wir, daß für das eindeutig bestimmte $t = t(x)$ mit $\varphi^t(x) \in \mathbb{S}$ gilt: $t < -t_0$. Also folgt aus der Definition von $h$ die Beziehung $h(U) \subset V$. Somit ist $h$ stetig in $0$. Analog zeigt man, daß $h^{-1}$ in $0$ stetig ist. Folglich ist $h$ ein Homöomorphismus von $E$ auf sich.

Damit $(1, h)$ eine Flußäquivalenz ist, muß gezeigt werden, daß

$$h \circ \varphi^t(x) = e^{-t}h(x) \quad \forall x \in E, \ \forall t \in \mathbb{R}$$

gilt. Für $x = 0$ ist dies trivialerweise richtig. Für $x \neq 0$ ist $x = \varphi^s(y)$ für ein geeignetes Paar $(s, y) \in \mathbb{R} \times \mathbb{S}$. Hieraus folgt aufgrund der Definition von $h$

$$\begin{aligned} h \circ \varphi^t(x) &= h \circ \varphi^t \circ \varphi^s(y) = h \circ \varphi^{t+s}(y) \\ &= e^{-(t+s)} \frac{y}{|y|} = e^{-t}\left(e^{-s} \frac{y}{|y|}\right) \\ &= e^{-t}\left(e^{-s} \frac{\varphi^{-s}(x)}{|\varphi^{-s}(x)|}\right) = e^{-t}h(x) \end{aligned}$$

für alle $t \in \mathbb{R}$. □

Nach diesen Vorbereitungen können wir den zentralen Klassifikationssatz für hyperbolische Flüsse beweisen. Dabei setzen wir für $A \in \mathscr{L}(E)$

$$m_-(A) := \sum_{\lambda \in \sigma_s(A)} m(\lambda).$$

**(13.10) Theorem:** *Zwei hyperbolische lineare Flüsse $e^{tA}$ und $e^{tB}$ sind genau dann flußäquivalent, wenn $m_-(A) = m_-(B)$ gilt. D. h. die Dimension des stabilen Untervektorraums ist die einzige Invariante der Flußäquivalenz für hyperbolische lineare Flüsse.*

**Beweis:** „⇐“ Nach Theorem (13.4) existiert eine direkte Summenzerlegung

$$E = E_s \oplus E_u, \quad e^{tA} = e^{tA_s} \oplus e^{tA_u}$$

mit $\dim(E_s) = m_-(A)$, derart, daß $e^{tA_s}$ eine Kontraktion und $e^{tA_u}$ eine Expansion sind. Aufgrund des Stabilitätskriteriums (12.11) und wegen Lemma (13.9) existiert eine Flußäquivalenz $(1, h_s)$ zwischen $e^{tA_s}$ und $e^{-t}id_{E_s}$. Analog erhalten wir wegen $e^{tA_u} = e^{-t(-A_u)}$ aus Lemma (13.9) eine Flußäquivalenz $(1, h_u)$ zwischen $e^{tA_u}$ und $e^t id_{E_u}$. Nun verifiziert man unmittelbar, daß $(1, h_s \oplus h_u)$ mit

$$h_s \oplus h_u : E_s \oplus E_u \to E_s \oplus E_u, \quad x + y \to h_s(x) + h_u(y)$$

eine Flußäquivalenz zwischen $e^{tA} = e^{tA_s} \oplus e^{tA_u}$ und $e^{-t}id_{E_s} \oplus e^t id_{E_u}$ ist.

Analog existieren eine direkte Summenzerlegung

$$E = \bar{E}_s \oplus \bar{E}_u, \quad e^{tB} = e^{tB_s} \oplus e^{tB_u}$$

und eine Flußäquivalenz $(1, \bar{h}_s \oplus \bar{h}_u)$ zwischen $e^{tB}$ und $e^{-t} id_{\bar{E}_s} \oplus e^t id_{\bar{E}_u}$. Wegen $\dim E_s = \dim \bar{E}_s$ existieren ein Isomorphismus $T_s : E_s \to \bar{E}_s$ und ein Isomorphismus $T_u : E_u \to \bar{E}_u$. Dann ist aber offensichtlich $(1, T_s \oplus T_u)$ eine Flußäquivalenz zwischen den Flüssen $e^{-t} id_{E_s} \oplus e^t id_{E_u}$ und $e^{-t} id_{\bar{E}_s} \oplus e^t id_{\bar{E}_u}$. Also folgt die Flußäquivalenz von $e^{tA}$ und $e^{tB}$ aus der Transitivität.

„⇒" Ist $(\alpha, h)$ eine Flußäquivalenz zwischen $e^{tA}$ und $e^{tB}$, so folgt aus

$$h(e^{tA}x) = e^{\alpha t B} h(x) \quad \forall (t, x) \in \mathbb{R} \times E,$$

daß $h(E_s) \subset \bar{E}_s$ und somit, aus Symmetriegründen, auch $h(\bar{E}_s) \subset E_s$ gilt (weil der Homöomorphismus $h$ die Konvergenz gegen 0 für $t \to \infty$ erhält). Also bildet $h$ den Vektorraum $E_s$ homöomorph auf den Vektorraum $\bar{E}_s$ ab. Nun folgt aus dem Gebietsinvarianzsatz der Topologie (z. B. Dugundji [1]), daß $\dim(\bar{E}_s) = \dim(E_s)$ ist. Also erhalten wir $m_-(A) = m_-(B)$ aus Theorem (13.4). □

**(13.11) Bemerkungen:** (a) Das Problem der topologischen Klassifikation linearer Flüsse $e^{tA}$ mit $\sigma(A) \subset i\mathbb{R}$, d.h. mit $\sigma(A) = \sigma_n(A)$, ist in Kuiper [1] und Ladis [1] gelöst worden. Danach sind zwei lineare Flüsse $e^{tA}$ und $e^{tB}$ mit $\sigma(A) \subset i\mathbb{R}$ und $\sigma(B) \subset i\mathbb{R}$ genau dann topologisch flußäquivalent, wenn sie linear flußäquivalent sind.

(b) Es ist nicht schwer zu sehen, daß *die Menge der* $A \in \mathscr{L}(E)$ *mit* $\sigma(A) = \sigma_s(A) \cup \sigma_u(A)$ *offen und dicht in* $\mathscr{L}(E)$ *ist,* d. h. die Eigenschaft, einen hyperbolischen Fluß zu erzeugen, ist eine *generische* Eigenschaft, sie kommt „fast allen" $A \in \mathscr{L}(E)$ zu. Folglich können wir mit Theorem (13.10) „fast alle" linearen Flüsse klassifizieren (was allerdings nichts nützt, wenn wir uns speziell für solche Flüsse interessieren, die nicht hyperbolisch sind).

(c) Ist $e^{tA}$ ein hyperbolischer linearer Fluß, so ist er insbesondere flußäquivalent zu dem einfachen „mehrdimensionalen Sattel"

$$\dot{x} = -x \qquad x \in \mathbb{K}^{m_-}$$

$$\dot{y} = y \qquad y \in \mathbb{K}^{m_+}$$

mit $m_\pm := m_\pm(A)$.

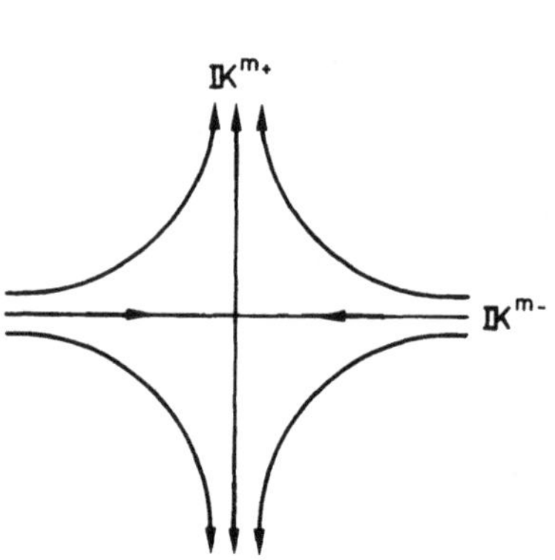


□

### Aufgaben

1. Beschreiben Sie die Phasenporträts eines ebenen linearen Flusses in den im Text nicht behandelten Fällen, d. h. wenn mindestens ein Eigenwert Null ist.

2. Beschreiben Sie die Phasenporträts des linearen Flusses $e^{tA}$ mit $A \in \mathscr{L}(\mathbb{R}^3)$, d. h. des dreidimensionalen linearen Flusses, unter den verschiedenen möglichen Verteilungen der Eigenwerte von $A$ in $\mathbb{C}$.

3. Veranschaulichen Sie sich das Phasenporträt des linearen Flusses $e^{tA}$ mit $A = \mathrm{diag}[\omega_1, -\omega_1, \omega_2, -\omega_2] \in \mathscr{L}(\mathbb{R}^4)$.

4. Beweisen Sie, daß $\{A \in \mathscr{L}(E) \mid \sigma(A) \cap i\mathbb{R} = \emptyset\}$ offen und dicht in $\mathscr{L}(E)$ ist.

## 14. Lineare Differentialgleichungen höherer Ordnung

In diesem Abschnitt ist $J$ ein offenes Intervall in $\mathbb{R}$, und es sind

$$a_0, \ldots, a_m, b \in C(J, \mathbb{K})$$

mit

$$a_m(t) \neq 0 \quad \forall t \in J.$$

Wir definieren den *linearen gewöhnlichen Differentialoperator m-ter Ordnung*

$$A(t, D) : C^m(J, \mathbb{K}) \to C(J, \mathbb{K})$$

durch

$$A(t, D) := \sum_{j=0}^{m} a_j D^j,$$

d. h.

$$[A(t, D)u](t) = a_m(t)u^{(m)}(t) + a_{m-1}(t)u^{(m-1)}(t) + \cdots + a_1(t)\dot{u}(t) + a_0(t)u(t)$$

für $u \in C^m(J, \mathbb{K})$ und $t \in J$.

**(14.1) Bemerkungen:** (a) Die Variable $t$ in $A(t, D)$ hat natürlich nur symbolische Bedeutung. Sie deutet darauf hin, daß die *Koeffizienten* $a_0, \ldots, a_m$ Funktionen von $t \in J$ sind. Sind alle $a_0, \ldots, a_m$ konstant, so schreiben wir kurz

$$A(D) = \sum_{j=0}^{m} a_j D^j$$

und nennen $A(D)$ einen linearen gewöhnlichen Differentialoperator $m$-ter Ordnung *mit konstanten Koeffizienten.*

(b) Es ist klar, daß

$$A(t, D) : C^m(J, \mathbb{K}) \to C(J, \mathbb{K})$$

eine lineare Abbildung ist.

(c) Ist $b \neq 0$, so heißt die Gleichung

$$A(t, D)u = b$$

*inhomogen*, andernfalls *homogen*. □

Wie wir bereits aus Abschnitt 5 wissen, ist die Gleichung $A(t, D)u = b$ äquivalent zu dem System (mit $x^\circ := u$)

$$\begin{aligned} \dot{x}^0 &= x^1 \\ \dot{x}^1 &= x^2 \\ &\vdots \\ \dot{x}^{m-2} &= x^{m-1} \\ \dot{x}^{m-1} &= -\frac{a_0}{a_m} x^0 - \frac{a_1}{a_m} x^1 - \cdots - \frac{a_{m-1}}{a_m} x^{m-1} + \frac{b}{a_m}, \end{aligned}$$

also zum System

$$\dot{x} = A(t)x + \vec{b}(t)$$

mit

$$A := \begin{bmatrix} 0 & 1 & 0 & \cdots & \cdots & 0 \\ 0 & 0 & 1 & 0 & \cdots & 0 \\ \vdots & & \ddots & \ddots & & \vdots \\ \cdot & & & \ddots & \ddots & 0 \\ 0 & & & & \ddots & 1 \\ \frac{-a_0}{a_m} & \frac{-a_1}{a_m} & \frac{-a_2}{a_m} & \cdots & \cdots & \frac{-a_{m-1}}{a_m} \end{bmatrix}, \quad \vec{b} := \begin{bmatrix} 0 \\ \vdots \\ \vdots \\ 0 \\ \frac{b}{a_m} \end{bmatrix}.$$

Dem AWP

$$\dot{x} = A(t)x + \vec{b}(t), \quad x(\tau) = \xi \in \mathbb{K}^m$$

entspricht also das AWP

$$(1) \qquad \begin{cases} A(t,D)u = b \\ u(\tau) = \xi^0, \dot{u}(\tau) = \xi^1, \ldots, u^{(m-1)}(\tau) = \xi^{m-1} \end{cases}$$

mit $\xi^0, \ldots, \xi^{m-1} \in \mathbb{K}$. Wir können somit die Resultate über lineare Systeme erster Ordnung unmittelbar auf (1) übertragen und erhalten so das fundamentale

**(14.2) Existenztheorem:** *Das AWP (1) besitzt für jeden „Anfangswert" $(\tau, \xi_0, \ldots, \xi_{m-1}) \in J \times \mathbb{K}^m$ eine eindeutig bestimmte Lösung $u(.,\tau,\xi_0,\ldots,\xi_{m-1})$, und*

$$u \in C(J \times J \times \mathbb{K}^m, \mathbb{K}).$$

*Gilt außerdem $a_0, \ldots, a_m, b \in C^n(J, \mathbb{K})$, $n \geqq 1$, so ist*

$$u \in C^n(J \times J \times \mathbb{K}^m, \mathbb{K})$$

*(d. h. die allgemeine Lösung u ist so oft stetig differenzierbar wie die Daten [d. h. die Koeffizientenfunktionen] des Problems). Die Gesamtheit der Lösungen der homogenen Differentialgleichung $A(t,D)u = 0$ bildet einen m-dimensionalen Untervektorraum V von $C^m(J, \mathbb{K})$, und die Lösungsmenge der inhomogenen Gleichung $A(t,D)u = b$ ist die lineare Mannigfaltigkeit*

$$V + v \subset C^m(J, \mathbb{K}),$$

*wobei v eine beliebige „partikuläre" Lösung von $A(t,D)u = b$ ist.*

Jedes $m$-Tupel von linear unabhängigen Lösungen der homogenen Gleichung $A(t,D)u = 0$ heißt ein *Fundamentalsystem*, und die *Wronskideterminante* von $m$ beliebigen Funktionen $u_1, \ldots, u_m \in C^m(J, \mathbb{K})$ wird definiert durch

$$W(u_1, \ldots, u_m) := \det \begin{bmatrix} u_1 & \ldots & u_m \\ \dot{u}_1 & & \dot{u}_m \\ \vdots & & \vdots \\ u_1^{(m-1)} & \ldots & u_m^{(m-1)} \end{bmatrix}.$$

Aus Korollar (11.5) folgt dann, daß *die Lösungen $u_1, \ldots, u_m$ genau dann ein Fundamentalsystem bilden, wenn die Wronskideterminante an einer Stelle $t \in J$ (und damit überall) von Null verschieden ist.*

Es sei nun $\{u_1, \ldots, u_m\}$ ein Fundamentalsystem und

$$X := \begin{bmatrix} u_1 & \ldots & u_m \\ \dot{u}_1 & & \dot{u}_m \\ \vdots & & \vdots \\ u_1^{(m-1)} & \ldots & u_m^{(m-1)} \end{bmatrix}$$

sei die zugehörige Fundamentalmatrix. Dann wissen wir aus der Variation-der-Konstanten-Formel (Theorem (11.13)), daß eine partikuläre Lösung $y$ des Systems

$$\dot{x} = A(t)x + \vec{b}(t)$$

durch

$$y(t) = X(t) \int_{\tau}^{t} X^{-1}(s)\vec{b}(s)\,ds, \quad t \in J,$$

gegeben wird. Es sei

$$\vec{a}(s) := X^{-1}(s)\vec{b}(s),$$

also

$$X\vec{a} = \vec{b}. \tag{2}$$

Nach der Cramerschen Regel wird die Lösung dieses Gleichungssystems durch

$$a^j = \frac{V_j}{W}, \; j = 1, \ldots, m,$$

gegeben mit $W := W(u_1, \ldots, u_m)$ und

$$V_j := \det \begin{bmatrix} u_1 & \cdots & u_{j-1} & 0 & u_{j+1} & \cdots & u_m \\ \dot{u}_1 & & \vdots & \vdots & \vdots & & \vdots \\ \vdots & & \vdots & 0 & \vdots & & \vdots \\ u_1^{(m-1)} & \cdots & u_{j-1}^{(m-1)} & \dfrac{b}{a_m} & u_{j+1}^{(m-1)} & \cdots & u_m^{(m-1)} \end{bmatrix}.$$

Also gilt

$$V_j = (-1)^{m+j} \frac{b}{a_m} W(u_1, \ldots, u_{j-1}, u_{j+1}, \ldots, u_m),$$

wobei natürlich das letzte Symbol die Wronskideterminante von $m-1$ Funktionen, also eine $(m-1) \times (m-1)$-Determinante, bezeichnet.

Da die erste Komponente des Vektors $y$ eine partikuläre Lösung der inhomogenen Gleichung $A(t, D)u = b$ darstellt, haben wir den folgenden Satz bewiesen.

**(14.3) Satz:** *Es sei* $\{u_1, \ldots, u_m\}$ *ein Fundamentalsystem der homogenen Gleichung* $A(t, D)u = 0$. *Dann stellt die Funktion*

(3) $$v(t) := \sum_{j=1}^{m} (-1)^{m+j} \int_{\tau}^{t} \frac{W(u_1, \ldots, u_{j-1}, u_{j+1}, \ldots, u_m)}{W(u_1, \ldots, u_m)} \frac{b}{a_m} ds\, u_j(t)$$

*eine partikuläre Lösung der inhomogenen Gleichung* $A(t, D)u = b$ *dar.*

**(14.4) Bemerkungen:** (a) Die partikuläre Lösung (3) erhält man auch durch den Ansatz der *Variation der Konstanten*

$$v(t) = \sum_{j=1}^{m} c_j(t) u_j(t), \quad t \in J.$$

(b) Im *Spezialfall* $m = 2$ wird mit dem Fundamentalsystem $\{u_1, u_2\}$ eine partikuläre Lösung durch

$$v(t) = -\int_{\tau}^{t} \frac{u_2 b}{a_2 W(u_1, u_2)} ds\, u_1(t) + \int_{\tau}^{t} \frac{u_1 b}{a_2 W(u_1, u_2)} ds\, u_2(t), \quad t \in J,$$

mit $W(u_1, u_2) = u_1 \dot{u}_2 - \dot{u}_1 u_2$ gegeben. □

Wir betrachten nun den *Fall konstanter Koeffizienten*

$$A(D) = \sum_{j=0}^{m} a_j D^j, \quad a_j \in \mathbb{K}, \ a_m \neq 0.$$

Dann wird das charakteristische Polynom der zugehörigen Matrix $A \in \mathbb{M}^m(\mathbb{K})$ durch

$$\det(A - \lambda) = \det \begin{bmatrix} -\lambda & 1 & 0 & \cdots & \cdots & 0 \\ 0 & -\lambda & 1 & 0 & \cdots & 0 \\ \vdots & & & & & \vdots \\ 0 & \cdots & \cdots & \cdots & -\lambda & 1 \\ -\dfrac{a_0}{a_m} & \cdots & \cdots & \cdots & -\dfrac{a_{m-2}}{a_m} & -\dfrac{a_{m-1}}{a_m} - \lambda \end{bmatrix}$$

gegeben. Durch Entwicklung nach der letzten Zeile ergibt sich

$$\det(A - \lambda) = (-1)^{m+1}\left(-\frac{a_0}{a_m}\right) + (-1)^{m+2}\left(-\frac{a_1}{a_m}\right)(-\lambda)$$
$$+ (-1)^{m+3}\left(-\frac{a_2}{a_m}\right)(-\lambda)^2 + \cdots + (-1)^{m+m-1}\left(-\frac{a_{m-2}}{a_m}\right)(-\lambda)^{m-2}$$
$$+ (-1)^{2m}\left(-\frac{a_{m-1}}{a_m} - \lambda\right)(-\lambda)^{m-1}$$
$$= \frac{(-1)^m}{a_m}[a_0 + a_1\lambda + \cdots + a_{m-1}\lambda^{m-1} + a_m\lambda^m].$$

*Also ist $\lambda$ genau dann ein Eigenwert der Vielfachheit $m(\lambda)$ der Matrix $A$, wenn $\lambda$ eine Nullstelle der Vielfachheit $m(\lambda)$ des Polynoms*

$$A(\lambda) := \sum_{j=0}^{m} a_j \lambda^j$$

*ist*. Dieses Polynom heißt das *charakteristische Polynom des Differentialoperators* $A(D)$. Man erhält es aus dem „Operatorpolynom" $A(D)$ durch Ersetzen der Unbestimmten $D$ durch $\lambda$.

Nun ist es leicht, ein Fundamentalsystem für die homogene Gleichung $A(D)u = 0$ anzugeben.

**(14.5) Theorem:** *Es sei*

$$A(D) = \sum_{j=0}^{m} a_j D^j, \quad a_j \in \mathbb{K}, \ a_m \neq 0,$$

*ein linearer Differentialoperator mit konstanten Koeffizienten, und $\lambda_1, \ldots, \lambda_k$ seien die paarweise verschiedenen Wurzeln des charakteristischen Polynoms*

$$A(\lambda) := \sum_{j=0}^{m} a_j \lambda^j$$

*mit den Vielfachheiten $m(\lambda_j)$. Dann bilden die Funktionen $(t \in \mathbb{R})$*

$$e^{\lambda_l t}, t e^{\lambda_l t}, \ldots, t^{m(\lambda_l)-1} e^{\lambda_l t}, \quad 1 \leqq l \leqq k, \tag{4}$$

*ein Fundamentalsystem für die homogene Gleichung $A(D)u = 0$.*

*Sind alle Koeffizienten reell, $a_j \in \mathbb{R}$, so erhält man ein reelles Fundamentalsystem, indem man* (4) *in Real- und Imaginärteile zerlegt. Sind also*

$$\lambda_1, \ldots, \lambda_r, \alpha_1 \pm i\omega_1, \ldots, \alpha_s \pm i\omega_s,$$

*mit $\lambda_1, \ldots, \lambda_r, \alpha_1, \ldots, \alpha_s \in \mathbb{R}$, $\omega_1 > 0, \ldots, \omega_s > 0$, alle paarweise verschiedenen Nullstellen des charakteristischen Polynoms, so bilden die Funktionen*

$$e^{\lambda_\varrho t}, t e^{\lambda_\varrho t}, \ldots, t^{m(\lambda_\varrho)-1} e^{\lambda_\varrho t}, \quad 1 \leqq \varrho \leqq r,$$

$$\begin{aligned} &e^{\alpha_\sigma t}\cos(\omega_\sigma t), e^{\alpha_\sigma t}\sin(\omega_\sigma t), t e^{\alpha_\sigma t}\cos(\omega_\sigma t), t e^{\alpha_\sigma t}\sin(\omega_\sigma t), \ldots, \\ &t^{m_\sigma - 1} e^{\alpha_\sigma t}\cos(\omega_\sigma t), t^{m_\sigma - 1} e^{\alpha_\sigma t}\sin(\omega_\sigma t), \quad 1 \leqq \sigma \leqq s, \end{aligned}$$

*mit $m_\sigma := m(\alpha_\sigma + i\omega_\sigma)$ ein reelles Fundamentalsystem.*

**Beweis:** Mit den obigen Überlegungen folgt die Behauptung unmittelbar aus Theorem (12.7) und Theorem (12.10). □

**(14.6) Bemerkungen:** (a) Zu dem charakteristischen Polynom $A(\lambda)$ des Differentialoperators $A(D)$ mit konstanten Koeffizienten wird man direkt durch den klassischen *Exponentialansatz* geführt, d. h. man sucht, eine Lösung $u$ von $A(D)u = 0$ in der Form $u(t) = e^{\lambda t}$, $t \in \mathbb{R}$, zu bestimmen. Hierfür gilt offensichtlich

$$A(D)u = A(\lambda)u,$$

also $A(D)u = 0 \Leftrightarrow A(\lambda) = 0$.

(b) Der Exponentialansatz liefert nur so viele verschiedene Lösungen, wie es verschiedene Nullstellen des charakteristischen Polynoms gibt. Man sieht auch sofort ein, daß diese Lösungen linear unabhängig sind (in $C^m(\mathbb{R}, \mathbb{K})$). Ist $k < m$, d. h. erhält man durch den Exponentialansatz kein Fundamentalsystem, dann lautet die übliche (klassische) Argumentation, um auf die Lösungen $t^n e^{\lambda t}$ zu kommen, folgendermaßen:

Es sei $\lambda_1$ eine Doppelwurzel von $A(D)$. Dann betrachten wir einen „benachbarten" Differentialoperator $\tilde{A}(D)$, der zwei einfache Wurzeln $\tilde{\lambda}_1$ und $\tilde{\lambda}_2$ „in der Nähe" von $\lambda_1$ hat. Dann sind $e^{\tilde{\lambda}_1 t}$, $e^{\tilde{\lambda}_2 t}$ zwei linear unabhängige Lösungen von $\tilde{A}(D)u = 0$, d. h.

$$\tilde{W} := \operatorname{span}\{e^{\tilde{\lambda}_1 t}, e^{\tilde{\lambda}_2 t}\}$$

ist ein zweidimensionaler Untervektorraum des Lösungsraums von $\tilde{A}(D)u = 0$. Nun gilt offensichtlich

$$\tilde{W} = \operatorname{span}\left\{e^{\tilde{\lambda}_1 t}, \frac{e^{\tilde{\lambda}_2 t} - e^{\tilde{\lambda}_1 t}}{\tilde{\lambda}_2 - \tilde{\lambda}_1}\right\}.$$

Wenn wir nun $\tilde{A}(D)$ so in $A(D)$ „deformieren", daß $\tilde{\lambda}_1$ und $\tilde{\lambda}_2$ gegen $\lambda_1$ konvergieren, so „geht $\tilde{W}$ in die Grenzlage $W$ über", d. h. in den zweidimensionalen Untervektorraum

$$W = \operatorname{span}\{e^{\lambda_1 t}, te^{\lambda_1 t}\}.$$

Nun verifiziert man direkt, daß $t \mapsto te^{\lambda_1 t}$ eine Lösung von $A(D)u = 0$ ist. □

**(14.7) Beispiele:** (a) Wir betrachten die reelle lineare Differentialgleichung zweiter Ordnung mit konstanten Koefffizienten

(5) $\quad a\ddot{u} + b\dot{u} + cu = 0, \quad a, b, c \in \mathbb{R}, a > 0.$

Das zugehörige charakteristische Polynom

$$a\lambda^2 + b\lambda + c = 0$$

hat die Wurzeln

$$\lambda_{1/2} = \frac{-b \pm \sqrt{b^2 - 4ac}}{2a}.$$

*1. Fall:* $b^2 > 4ac, c > 0$. In diesem Fall sind $\lambda_1 > \lambda_2$ reell und die allgemeine (reelle) Lösung lautet

$$u(t) = c_1 e^{\lambda_1 t} + c_2 e^{\lambda_2 t} \quad \text{mit} \quad c_1, c_2 \in \mathbb{R} .$$

Ist $b > 0$, so ist $\lambda_2 < \lambda_1 < 0$, und alle Lösungen klingen exponentiell ab, d. h. es liegt der Fall der *Dämpfung* vor.

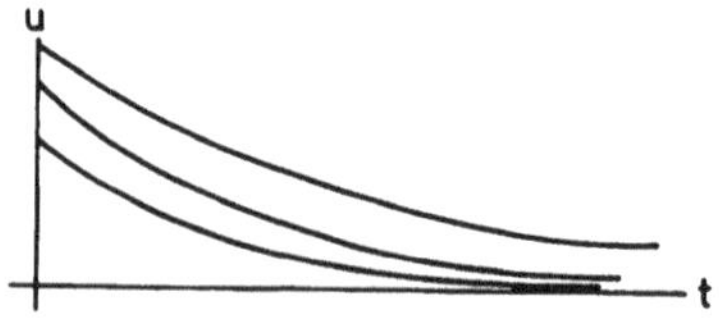


In der *Phasenebene* $(x = u, y = \dot{u})$ haben wir einen stabilen Knoten.

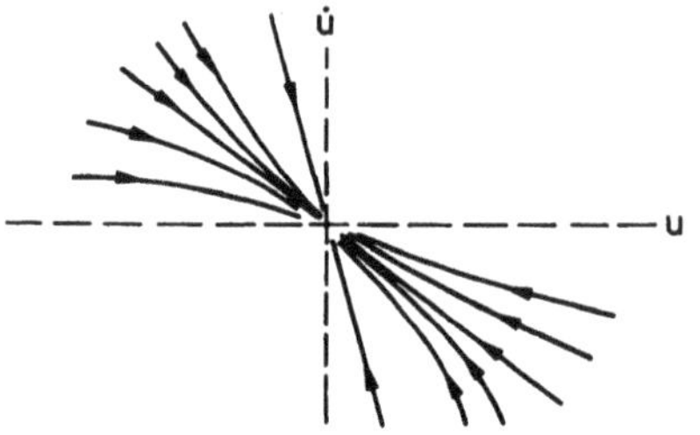


Ist dagegen $b < 0$, so gilt $0 < \lambda_2 < \lambda_1$, und man spricht von *Anfachung* oder *Anregung*. In der Phasenebene haben wir einen instabilen Knoten.

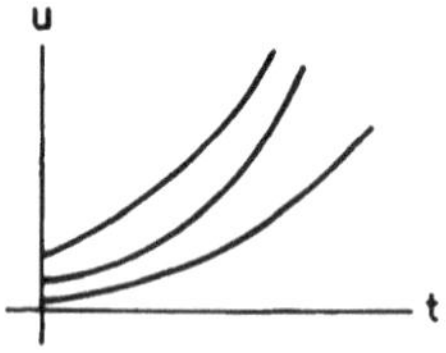


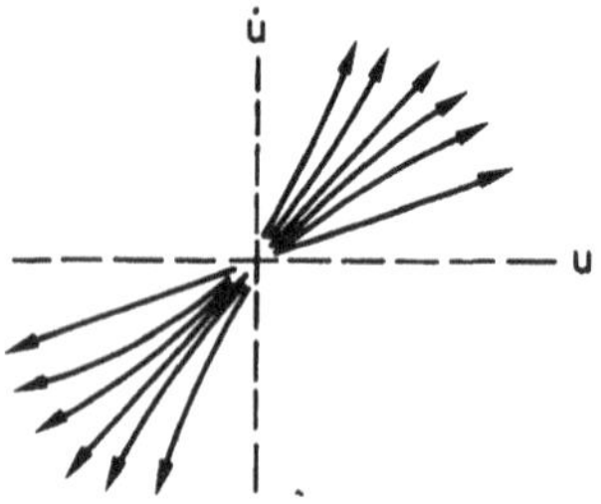


*2. Fall:* $b^2 = 4ac$, $b \neq 0$. In diesem Fall lautet die allgemeine Lösung von (5)

$$u(t) = c_1 e^{\lambda t} + c_2 t e^{\lambda t}, \quad t \in \mathbb{R} ,$$

mit $\lambda = -b/2a \neq 0$, und man spricht vom *aperiodischen Grenzfall.* Ist $b > 0$ – der Fall der *Dämpfung* –, so ist $\lambda < 0$, und in der Phasenebene haben wir einen stabilen uneigentlichen Knoten.

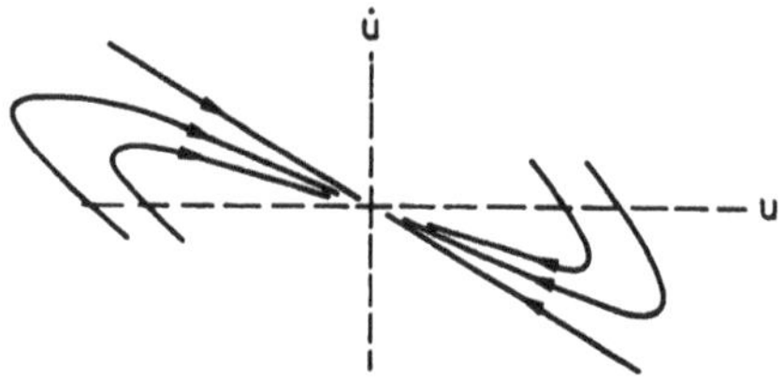

Ist dagegen $b < 0$ – der Fall der Anfachung –, so ist $\lambda > 0$, und in der Phasenebene haben wir einen instabilen uneigentlichen Knoten.

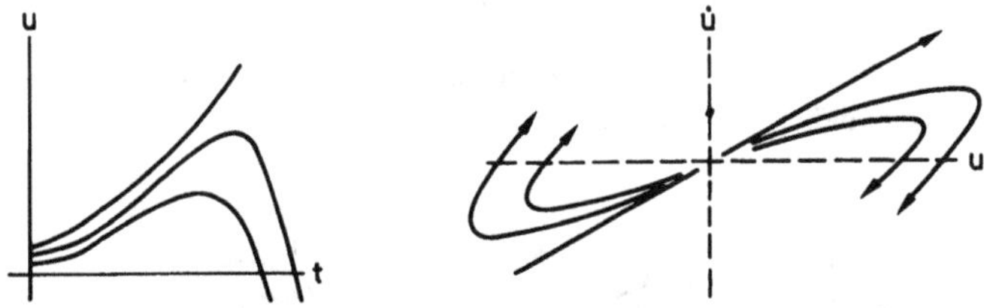


*3. Fall:* $b^2 < 4ac$, $b \neq 0$. In diesem Fall setzen wir

$$\alpha := -\frac{b}{2a} \quad \text{und} \quad \omega := \frac{\sqrt{4ac - b^2}}{2a}.$$

Dann lautet die allgemeine Lösung von (5)

$$u(t) = e^{\alpha t}\{c_1 \cos(\omega t) + c_2 \sin(\omega t)\}, \quad t \in \mathbb{R},$$

mit $c_1, c_2 \in \mathbb{R}$. Ist $b > 0$, also $\alpha < 0$, so handelt es sich um eine *gedämpfte Schwingung*, und in der Phasenebene liegt ein stabiler Strudel vor.

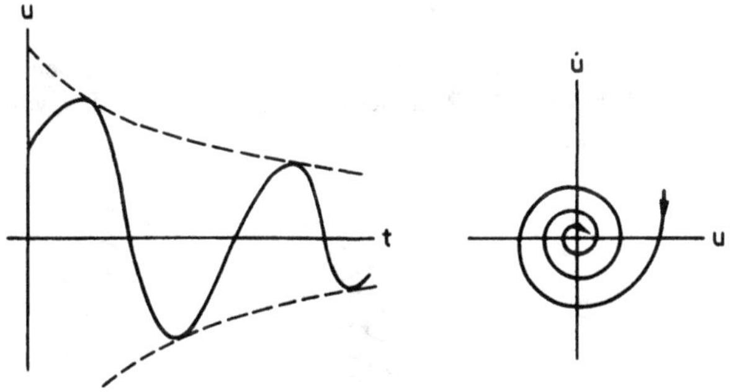


Ist dagegen $b < 0$, also $\alpha > 0$, so handelt es sich um eine *angefachte Schwingung*, und in der Phasenebene haben wir einen instabilen Strudel.

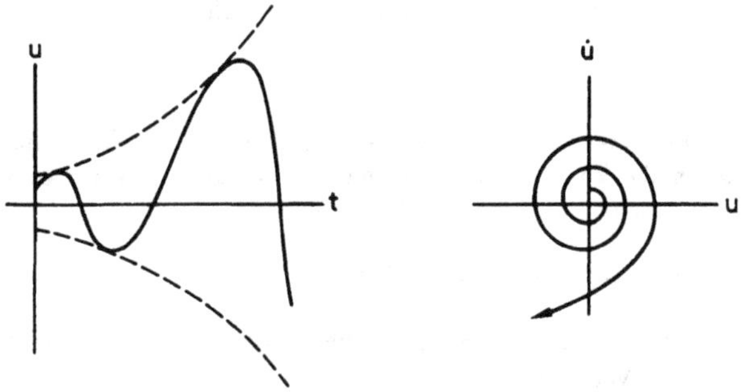

*4. Fall:* $b = 0$, $c > 0$. In diesem Fall wird die allgemeine Lösung von (5) durch

$$u(t) = c_1 \cos(\omega t) + c_2 \sin(\omega t), \quad t \in \mathbb{R},$$

mit $c_1, c_2 \in \mathbb{R}$ und $\omega = \sqrt{c/a}$ gegeben. Also sind alle Lösungen $\omega$-periodisch und in der Phasenebene haben wir ein Zentrum.

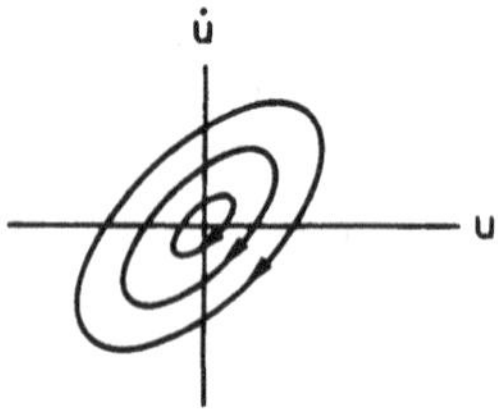


In diesem Fall ist (5) äquivalent zur Differentialgleichung

$$\ddot{u} + \omega^2 u = 0,$$

der Gleichung des *harmonischen Oszillators.*

*5. Fall:* $c < 0$. Nun lautet die allgemeine Lösung

$$u(t) = c_1 e^{\lambda_1 t} + c_2 e^{\lambda_2 t}, \quad t \in \mathbb{R},$$

mit $c_1, c_2 \in \mathbb{R}$ und $\lambda_1 < 0 < \lambda_2$. In der Phasenebene haben wir einen Sattel, und das Stabilitätsverhalten hängt von der Wahl der Konstanten $c_1, c_2$ – d. h. von der Wahl der Anfangsbedingungen – ab.

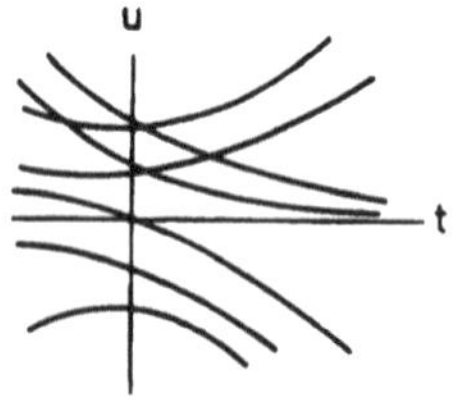


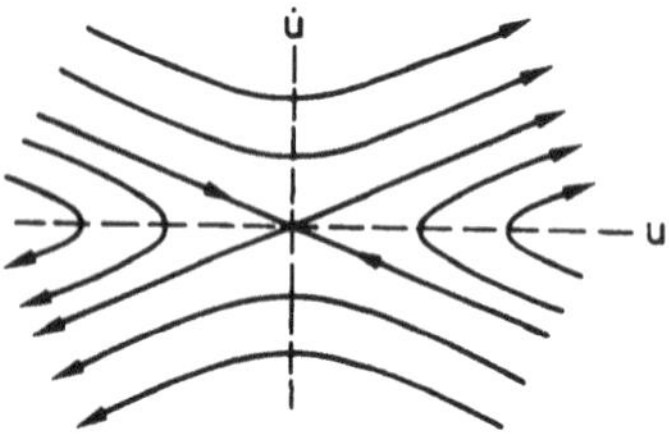


*6. Fall:* $b \neq 0, c = 0$. Die allgemeine Lösung ist durch

(6) $$u(t) = c_1 e^{\lambda t} + c_2, \quad t \in \mathbb{R},$$

mit $c_1, c_2 \in \mathbb{R}$ und $\lambda := -b/a$ gegeben. Ist $c_1 \neq 0$, so konvergieren die Lösungen im Fall $b > 0$ gegen die konstanten Lösungen $u = c_2$, und sie wachsen im Fall $b < 0$ exponentiell an. Aus (6) folgt für den Phasenfluß

$$u(t) = \lambda^{-1}\dot{u}(0)e^{\lambda t} + c, \; \dot{u}(t) = \dot{u}(0)e^{\lambda t}, \quad c \in \mathbb{R}.$$

Also ist jeder Punkt der $u$-Achse ein kritischer Punkt, und für $b > 0$ finden wir das folgende qualitative Verhalten.

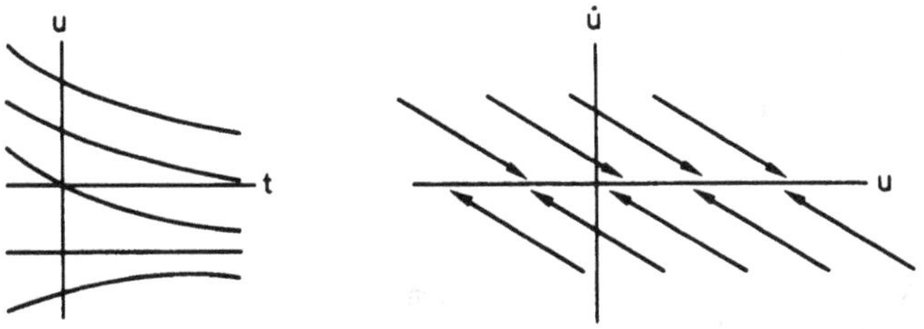


Ist dagegen $b < 0$, also $\lambda > 0$, so liegt Instabilität vor.

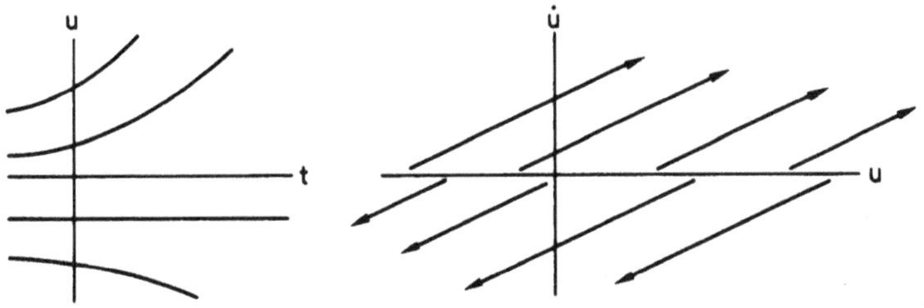


*7. Fall:* $b = 0$, $c = 0$. Jetzt sind natürlich die Lösungen die Geraden

$$u(t) = c_1 t + c_2, \quad t \in \mathbb{R},$$

mit $c_1, c_2 \in \mathbb{R}$, und für den Phasenfluß gilt

$$\begin{bmatrix} u \\ \dot{u} \end{bmatrix}(t) = \begin{bmatrix} c_2 \\ c_1 \end{bmatrix} + \begin{bmatrix} c_1 \\ 0 \end{bmatrix} t \quad \forall t \in \mathbb{R}.$$

Also ist jeder Punkt der $u$-Achse ein Ruhepunkt, und die nichtkritischen Orbits sind die Parallelen zur $u$-Achse.

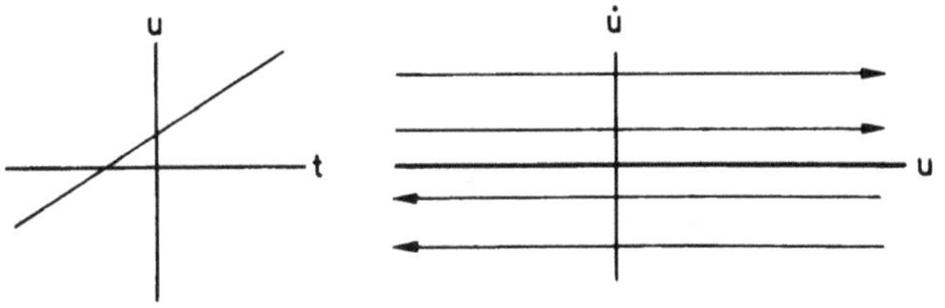


Die Differentialgleichung

$$\ddot{u} + 2\alpha\dot{u} + \omega^2 u = 0, \quad \alpha, \omega > 0,$$

welche mit $a = 1$, $b = -2\alpha$ und $c = \omega^2$ als Spezialfall in (5) enthalten ist, spielt (für $\alpha^2 \leqq \omega^2$) in der klassischen Mechanik als Gleichung des *gedämpften harmonischen Oszillators* eine wichtige Rolle. In diesem Zusammenhang entspricht das „Dämpfungsglied“

$-2\alpha\dot{u}$ einer *Reibungskraft*, welche die harmonische Schwingung bremst und für $t \to \infty$ zum Erliegen bringt.

(b) Die inhomogene Gleichung

$$a\ddot{u} + b\dot{u} + cu = f(t), \quad t \in \mathbb{R},$$

mit $a, b, c \in \mathbb{R}$ und $a > 0$ kann man nun leicht aufgrund von Bemerkung (14.4b) mittels der Methode der Variation der Konstanten lösen. In vielen Fällen – insbesondere auch bei Gleichungen höherer Ordnung – ist es aber einfacher, sich eine partikuläre Lösung direkt (z. B. durch Erraten oder durch einen geeigneten Ansatz) zu verschaffen. Dies ist stets möglich, wenn $f(t)$ eine Summe von *Quasipolynomen* ist, d. h. von Ausdrücken der Form

$$e^{\lambda t} \sum_{k=0}^{m} \alpha_k t^k .$$

Man kann nämlich zeigen, daß der folgende Satz gilt: *Ist die rechte Seite der inhomogenen linearen Differentialgleichung*

$$\sum_{j=0}^{m} a_j D^j u = f, \quad a_j \in \mathbb{K},$$

*eine Summe von Quasipolynomen, so ist auch jede Lösung dieser Gleichung von dieser Form.* Für Einzelheiten und Beispiele verweisen wir auf Abschnitt 26 des Buches von Arnold [2]. □

## Aufgaben

1. Zeigen Sie, daß die allgemeine Lösung der Gleichung des harmonischen Oszillators $\ddot{u} + \omega_0^2 u = 0$ mit $\omega_0 > 0$ in der Form

$$u(t) = \beta \sin(\omega_0 t + \gamma) \quad \forall t \in \mathbb{R}$$

mit $\beta, \gamma \in \mathbb{R}$ geschrieben werden kann.

2. Zeigen Sie, daß die allgemeine Lösung der Differentialgleichung der „erzwungenen ungedämpften Schwingungen"

$$\ddot{u} + \omega_0^2 u = c \sin(\omega t), \quad t \in \mathbb{R},$$

mit $\omega_0, \omega > 0, c \in \mathbb{R}$, die Form

$$u(t) = A \sin(\omega_0 t + \gamma) + \frac{c}{\omega_0^2 - \omega^2} \sin(\omega t), \quad t \in \mathbb{R},$$

besitzt und veranschaulichen Sie sich die Lösungen graphisch, besonders auch nahe beim „Resonanzfall" $\omega \approx \omega_0$.

3. Bestimmen Sie die allgemeine Lösung der Differentialgleichung der „erzwungenen gedämpften Schwingungen"

$$\ddot{u} + 2\alpha\dot{u} + \omega_0^2 u = c\sin(\omega t), \quad t \in \mathbb{R},$$

mit $\alpha, \omega_0, \omega > 0$, $c \in \mathbb{R}$, und diskutieren Sie die Lösung.

# Kapitel IV: Qualitative Theorie

Es ist das Hauptziel dieses Kapitels, ein möglichst gutes Verständnis des qualitativen Verhaltens des von einer gewöhnlichen Differentialgleichung erzeugten Flusses in der Nähe eines kritischen Punktes zu gewinnen. Diese Fragestellung steht in engem Zusammenhang mit dem Langzeitverhalten, der sog. Stabilitätstheorie.

In einem ersten Paragraphen beweisen wir das „Prinzip der linearisierten Stabilität", welches es erlaubt, aus dem Spektrum des in einem kritischen Punkt linearisierten Vektorfeldes Aufschluß über die Ljapunovstabilität dieses kritischen Punktes zu bekommen. Daran anschließend betrachten wir Halbflüsse im Großen und gewinnen Kriterien für die positive Invarianz von Mengen. Diese Begriffe stehen in engem Zusammenhang mit allgemeinen Stabilitätsüberlegungen, die wir im folgenden Paragraphen durchführen.

Zentral für die Ljapunovsche Stabilitätstheorie ist der Begriff der Ljapunovfunktion, den wir ausführlich diskutieren. Da nichtautonome Gleichungen durch Erweiterung des Zustandsraums auf den autonomen Fall zurückgeführt werden können, behandeln wir in erster Linie den autonomen Fall. Um einerseits die allgemeinen Ideen herauszuarbeiten, und da andererseits diese Begriffe auch bei parabolischen Differentialgleichungen von großer Bedeutung sind, entwickeln wir die relevante Theorie so weit wie möglich für allgemeine Halbflüsse auf metrischen Räumen.

Im letzten Paragraphen dieses Kapitels betrachten wir, in Analogie zur Klassifizierung linearer Flüsse, hyperbolische kritische Punkte eines differenzierbaren Vektorfeldes. Wir beweisen den Linearisierungssatz von Grobman und Hartman sowie den Satz über die lokalen stabilen und instabilen Mannigfaltigkeiten.

## 15. Ljapunovstabilität

In diesem Paragraphen sei $E = (E, |\cdot|)$ ein endlichdimensionaler Banachraum, $D \subset E$ sei offen und $J \subset \mathbb{R}$ sei ein offenes Intervall mit $\mathbb{R}_+ \subset J$. Ferner sei

$$f \in C^{0,1-}(J \times D, E),$$

und $u \in C^{1-}(\mathscr{D}(f), D)$ sei die durch das AWP

$$\dot{x} = f(t, x), \quad x(\tau) = \xi, \quad (\tau, \xi) \in J \times D,$$

definierte Lösung (vgl. Theorem (8.3)).

Es sei nun $f(.\,, 0) = 0$ (was natürlich $0 \in D$ impliziert), so daß die Differentialgleichung $\dot{x} = f(t, x)$ die globale *Nullösung* $x = 0$ besitzt. Dann heißt die Nullösung (*Ljapunov*) *stabil*, wenn zu jeder Umgebung $U$ von 0 und jedem $\tau \in J$ eine Umgebung $V$ von 0 existiert mit

$$u(t, \tau, \xi) \in U \quad \forall t \in [\tau, t^+(\tau, \xi)), \ \forall \xi \in V.$$

Ist die Nullösung nicht stabil, so heißt sie *instabil* (im Sinne von Ljapunov).

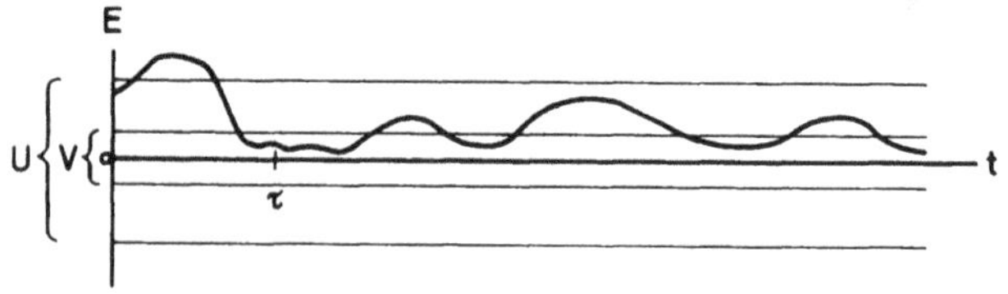


Die Nullösung ist *attraktiv*, wenn zu jedem $\tau \in J$ eine Umgebung $W$ von 0 existiert, derart, daß für jedes $\xi \in W$

(1) $$t^+(\tau, \xi) = \infty \quad \text{und} \quad \lim_{t \to \infty} u(t, \tau, \xi) = 0$$

gilt. Ist die Nullösung stabil und attraktiv, so heißt sie *asymptotisch stabil*.

Schließlich sagt man, die Nullösung sei *gleichmäßig stabil* bzw. *gleichmäßig attraktiv*, wenn die Umgebungen $V$ bzw. $W$ unabhängig von $\tau \in J$ gewählt werden können und wenn der Grenzwert in (1) gleichmäßig bzgl. $(\tau, \xi) \in J \times W$ existiert. Die letzte Forderung bedeutet, daß zu jeder Umgebung $\tilde{U}$ von 0 ein $T > 0$ existiert mit $u(t, \tau, \xi) \in \tilde{U}$ für $t > \tau + T$ und alle $(\tau, \xi) \in J \times W$.

Die Nullösung ist *gleichmäßig asymptotisch stabil*, wenn sie gleichmäßig stabil und gleichmäßig attraktiv ist.

**(15.1) Bemerkungen:** (a) Wenn wir für $U$ eine Umgebung von 0 mit $\operatorname{dist}(U, \partial D) > 0$ wählen, impliziert Theorem (7.6), daß $t^+(\tau, \xi) = \infty$ für alle $\xi \in V$ gilt. *Folglich ist die Nullösung genau dann stabil, wenn zu jeder Umgebung $U$ von 0 und jedem $\tau \in J$ eine Umgebung $V$ von 0 existiert mit*

$$t^+(\tau, \xi) = \infty \quad \textit{und} \quad u(t, \tau, \xi) \in U \quad \forall (t, \xi) \in [\tau, \infty) \times V.$$

Wenn die Nullösung instabil ist, kann es, bei festem $\tau \in J$, beliebig nahe bei 0 Anfangswerte $\xi$ mit $t^+(\tau, \xi) < \infty$ geben.

(b) Der Begriff der Stabilität ist offensichtlich eine Verschärfung der „stetigen Abhängigkeit von den Anfangswerten". Sie bedeutet, daß für jedes $\tau \in J$ gilt:

(2) $$\lim_{\xi \to 0} u(t, \tau, \xi) = 0,$$

*gleichmäßig bezüglich* $t \in [\tau, \infty)$. Aus Theorem (8.3) kann man nur folgern, daß der Grenzwert (2) gleichmäßig auf kompakten Teilintervallen von $J$ existiert.

(c) *Die Begriffe der Stabilität und Attraktivität sind unabhängig von* $\tau \in J$ *in folgendem Sinn: wenn* $x = 0$ *stabil bzw. attraktiv bzgl.* $\tau \in J$ *ist, so auch bzgl.* $\sigma \in J$.

In der Tat, wenn $x = 0$ stabil bzgl. $\tau \in J$ ist, existiert zu jeder Umgebung $U$ von 0 eine Umgebung $V$ von 0 mit $u(t, \tau, \xi) \in U$ für $(t, \xi) \in [\tau, \infty) \times V$. Ist $\sigma < \tau$, so existiert eine Umgebung $\tilde{V}$ von 0 mit $u(t, \sigma, \eta) \in V$ für $(t, \eta) \in [\sigma, \tau] \times \tilde{V}$. Dies folgt leicht aus der Stetigkeit von $u$ und der Kompaktheit des Intervalls $[\sigma, \tau]$. Also gilt $u(t, \sigma, \eta) \in U$ für $(t, \eta) \in [\sigma, \infty) \times \tilde{V}$.

Ist $\tau < \sigma$, so ist $\tilde{V} := u(\sigma, \tau, V)$ eine Umgebung von 0, da $u(\sigma, \tau, .)$ ein Homöomorphismus ist. Also gilt auch in diesem Fall $u(t, \sigma, \eta) \in U$ für $(t, \eta) \in [\sigma, \infty) \times \tilde{V}$.

(d) *Stabilität und Attraktivität sind unabhängige Begriffe.* Z. B. ist ein Zentrum (vgl. § 13) stabil, aber nicht attraktiv. Umgekehrt kann man zeigen (z. B. Hahn [1], § 40), daß es ein autonomes System in $\mathbb{R}^2$ gibt mit einem Phasenporträt der folgenden Gestalt:

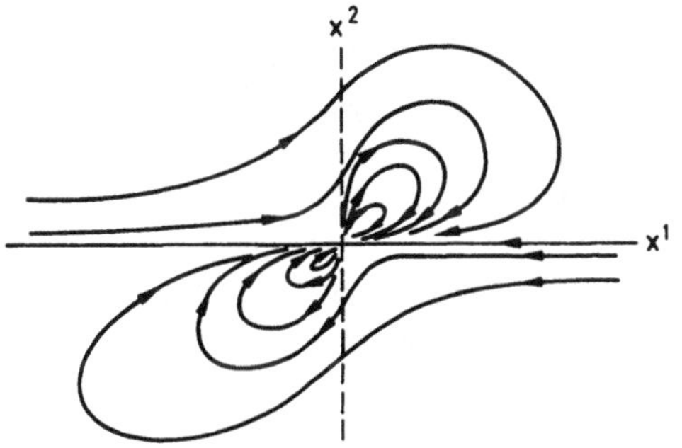


In diesem Fall ist die Nullösung zugleich attraktiv und instabil.

(e) *Ist f entweder unabhängig von t oder periodisch in t, so impliziert die Stabilität bzw. die asymptotische Stabilität die Gleichmäßigkeit der entsprechenden Eigenschaften.*

Der einfache Beweis ist dem Leser überlassen.

(f) Ist $\bar{u} := u(., \tau_0, \xi_0)$ irgendeine globale Lösung von $\dot{x} = f(t, x)$, so besitzt die Differentialgleichung

(3) $$\dot{y} = f(t, y + \bar{u}(t)) - f(t, \bar{u}(t))$$

die globale Nullösung und $y$ „mißt die Abweichung von $\bar{u}$". Aus diesem Grund sagt man, *die Lösung* $\bar{u}$ *sei stabil bzw. attraktiv etc., wenn die triviale Lösung von* (3) *die entsprechenden*

*Eigenschaften besitzt.* Ist insbesondere $f$ unabhängig von $t$ und gilt $f(x_0) = 0$, d. h. ist $x_0$ ein kritischer Punkt, so heißt $x_0$ stabil bzw. attraktiv etc., wenn die konstante Lösung $\bar{u}(t) := x_0$, $t \in \mathbb{R}$, die entsprechenden Eigenschaften hat.

(g) Aufgrund der Bemerkungen (7.10) und (8.5a) gelten die obigen Bemerkungen auch im unendlichdimensionalen Fall. □

Wir studieren nun zuerst das Stabilitätsverhalten autonomer linearer Differentialgleichungen.

**(15.2) Theorem:** *Es sei $A \in \mathscr{L}(E)$. Dann ist die Nullösung der linearen Differentialgleichung $\dot{x} = Ax$ genau dann stabil, wenn gilt:*

(i) $Re\,\sigma(A) \leqq 0$,

(ii) *jedes $\lambda \in \sigma(A)$ mit $Re\,\lambda = 0$ ist ein halbeinfacher Eigenwert.*

*Die Nullösung ist genau dann asymptotisch stabil, wenn*

$$Re\,\sigma(A) < 0$$

*gilt.*

**Beweis:** Wegen (15.1c) genügt es, den Fall $\tau = 0$, d. h. den Fluß $e^{tA}\xi$, $\xi \in E$, zu betrachten.

Es sei $\alpha := sup\{|e^{tA}| \mid t \in \mathbb{R}_+\} < \infty$. Dann folgt für $\varepsilon > 0$

$$|e^{tA}\xi| \leqq |e^{tA}|\,|\xi| < \varepsilon \quad \forall (t, \xi) \in \mathbb{R}_+ \times \mathbb{B}(0, \varepsilon/\alpha),$$

d. h. die Stabilität der Nullösung. Ist $\{x_1, \ldots, x_m\}$ eine Basis von $E$, so folgt mit $\xi = \sum \xi^i x_i$ aus $e^{tA}\xi = \sum \xi^i e^{tA} x_i$, der Äquivalenz der Normen und der Definition der Operatornorm, daß $\alpha < \infty$ genau dann gilt, wenn jede der Lösungen $e^{tA}x_i$, $i = 1, \ldots, m$, beschränkt ist. Dies ist genau dann der Fall, wenn jede Lösung von $\dot{x} = Ax$ beschränkt ist, also nach dem Beschränktheitskriterium (12.14) genau dann, wenn (i) und (ii) erfüllt sind.

Ist eine der Bedingungen (i) oder (ii) verletzt, so folgt aus (12.14) die Existenz eines $x \in E$ mit $|e^{tA}x| \to \infty$ für $t \to \infty$. Da dann auch $|e^{tA}(\varepsilon x)|$ für jedes $\varepsilon > 0$ unbeschränkt wächst, ist die Nullösung instabil.

Der zweite Teil der Behauptung folgt unmittelbar aus dem bereits Bewiesenen und dem Stabilitätskriterium (12.11). □

*Linearisierte Stabilität*

Als nächstes betrachten wir „gestörte lineare Systeme" der Gestalt

$$\dot{x} = Ax + g(t, x), \tag{4}$$

wobei $g$ eine in einem geeigneten Sinne kleine Störung ist. Genauer soll im folgenden gezeigt werden, daß unter der Voraussetzung

$$g(t, x) = o(|x|) \quad \text{für} \quad x \to 0,$$

gleichmäßig bzgl. $t \in J$, das gestörte lineare System (4) nahezu dasselbe asymptotische Stabilitätsverhalten wie die ungestörte lineare Gleichung $\dot{x} = Ax$ – die „Linearisierung" – besitzt.

Wir beginnen mit einer einfachen, aber fundamentalen Bemerkung. Ist $g \in C^{0,1-}(J \times D, E)$ und ist $u(t) := u(t, \tau, \xi)$, $t \in J(\tau, \xi)$, irgendeine Lösung der Differentialgleichung (4), so besitzt die inhomogene lineare Gleichung

$$\dot{x} = Ax + g(t, u(t)), \quad t \in J(\tau, \xi),$$

die eindeutig bestimmte Lösung $u$ auf $J(\tau, \xi)$ mit $u(\tau) = \xi$. Also folgt aus der Variation-der-Konstanten-Formel (12.3c), daß $u$ der (nichtlinearen) *Integralgleichung*

$$u(t) = e^{(t-\tau)A}\xi + \int_\tau^t e^{(t-s)A} g(s, u(s))\, ds, \quad t \in J(\tau, \xi), \tag{5}$$

genügt. Diese Integralgleichung ist die Grundlage für den folgenden – im wesentlichen auf Ljapunov zurückgehenden – Stabilitätssatz (sowie für zahlreiche Existenzbeweise im analogen Fall unendlichdimensionaler Evolutionsgleichungen, z. B. bei parabolischen Systemen).

**(15.3) Theorem** *(asymptotische Stabilität): Für* $A \in \mathscr{L}(E)$ *gelte*

$$Re\,\sigma(A) < 0.$$

*Ferner sei* $g \in C^{0,1-}(J \times D, E)$ *mit*

$$g(t, x) = o(|x|) \quad \textit{für} \quad x \to 0, \tag{6}$$

*gleichmäßig bzgl.* $t \in J$. *Dann ist die Nullösung der gestörten linearen Gleichung*

$$\dot{x} = Ax + g(t, x)$$

*gleichmäßig asymptotisch stabil.*

**Beweis:** Nach (13.2) existieren positive Konstanten $\alpha$ und $\beta$ mit

$$|e^{tA}| \leqq \beta e^{-\alpha t} \quad \forall\, t \geqq 0,$$

wobei wir $\beta > 1$ annehmen dürfen. Also folgt aus (5) die Abschätzung

(7) $$|u(t)| \leqq \beta e^{-\alpha(t-\tau)}|\xi| + \beta \int_\tau^t e^{-\alpha(t-s)}|g(s, u(s))|\,ds$$

für $\tau \leqq t < t^+(\tau, \xi)$.

Es sei nun $\varepsilon \in (0, \alpha)$ beliebig. Nach (6) existiert ein $\delta \in (0, \varepsilon)$ mit

(8) $$|g(t, x)| \leqq (\varepsilon/\beta)|x| \quad \text{für} \quad |x| \leqq \delta, \ t \geqq \tau.$$

Wir behaupten nun, daß $|u(t)| < \delta < \varepsilon$ für $|\xi| < \delta/\beta$ und $t \in [\tau, t^+(\tau, \xi))$ gilt, was die gleichmäßige Stabilität der Nullösung beweist. In der Tat, andernfalls existieren ein $\xi \in \mathbb{B}(0, \delta/\beta)$ und ein $\bar{t} \in (\tau, t^+(\tau, \xi))$ mit

$$\bar{t} = \inf\{t \in [\tau, t^+(\tau, \xi)) \mid |u(t)| = \delta\}.$$

Dann folgt aus (7) und (8) für $\tau \leqq t \leqq \bar{t}$

$$|u(t)| \leqq \delta e^{-\alpha(t-\tau)} + \varepsilon \int_\tau^t e^{-\alpha(t-s)}|u(s)|\,ds,$$

was zu

$$e^{\alpha t}|u(t)| \leqq \delta e^{\alpha\tau} + \varepsilon \int_\tau^t e^{\alpha s}|u(s)|\,ds$$

äquivalent ist. Aus dem Gronwallschen Lemma (6.2) erhalten wir nun

(9) $$|u(t)| \leqq \delta e^{-(\alpha-\varepsilon)(t-\tau)} \quad \text{für} \quad \tau \leqq t \leqq \bar{t},$$

also insbesondere

$$\delta = |u(\bar{t})| \leqq \delta e^{-(\alpha-\varepsilon)(\bar{t}-\tau)} < \delta,$$

was unmöglich ist.

Ist $\xi \in \mathbb{B}(0, \delta/\beta)$, so folgt aus der Tatsache, daß $|u(t)| < \delta$ für alle $t \in [\tau, t^+(\tau, \xi))$ gilt, die Gültigkeit von (9) für $\tau < t < t^+(\tau, \xi)$. Somit ist die Nullösung gleichmäßig attraktiv. □

Zum Beweis des entsprechenden Instabilitätssatzes benötigen wir das folgende

**(15.4) Lemma:** *Für* $A \in \mathscr{L}(E)$ *gelte*

$$\alpha < Re\,\sigma(A) < \beta.$$

*Dann existiert eine euklidische Norm* $\|\,.\,\|$ *auf E, so daß für das zugehörige innere Produkt* $(.\,|\,.)$ *gilt*

$$\alpha\|x\|^2 \leqq Re(Ax|x) \leqq \beta\|x\|^2 \quad \forall x \in E.$$

**Beweis:** Wir betrachten zuerst den Fall $\mathbb{K} = \mathbb{C}$. Nach dem Beweis von Lemma (13.1) wissen wir, daß $A$ die Form $A = D + N$ mit $D = \mathrm{diag}[\mu_1, \ldots, \mu_m]$ hat, wobei $\mu_1, \ldots, \mu_m$ die gemäß ihrer Vielfachheit gezählten Eigenwerte von $A$ sind, und daß es zu jedem $\varepsilon > 0$ eine euklidische Norm $\|.\|$ auf $E$ gibt mit $\|N\| \leqq \varepsilon$. Wir fixieren nun $\varepsilon > 0$ (und damit $\|.\|$) mit

$$\varepsilon \leqq \min\{\beta - \max[Re\,\sigma(A)], \min[Re\,\sigma(A)] - \alpha\}.$$

Wegen $(Dx|x) = \sum \mu_j |x^j|^2$, wobei $x^1, \ldots, x^m$ die Koordinaten von $x$ bzgl. der (zur Konstruktion der Norm) verwendeten Orthonormalbasis sind, gilt

$$\min[Re\,\sigma(A)]\|x\|^2 \leqq Re(Dx|x) \leqq \max[Re\,\sigma(A)]\|x\|^2.$$

Da ferner $Re(Ax|x) = Re(Dx|x) + Re(Nx|x)$ und $|Re(Nx|x)| \leqq \|N\|\;\|x\|^2 \leqq \varepsilon\|x\|^2$ ist, folgt die Behauptung aus

$$Re(Dx|x) - \varepsilon\|x\|^2 \leqq Re(Ax|x) \leqq Re(Dx|x) + \varepsilon\|x\|^2$$

und der Wahl von $\varepsilon$.

Es sei nun $\mathbb{K} = \mathbb{R}$. Dann können wir das eben Bewiesene auf die Komplexifizierung $A_{\mathbb{C}}$ in $E_{\mathbb{C}}$ anwenden. Die Hilbertnorm $\|.\|_{\mathbb{C}}$ auf $E_{\mathbb{C}}$ induziert (durch Restriktion auf $E \subset E_{\mathbb{C}}$) eine Hilbertnorm $\|.\|$ auf $E$ (vgl. den Beweis von Lemma (13.1)). Für die zugehörigen Skalarprodukte erhalten wir

$$Re(\xi|\eta)_{\mathbb{C}} = (\|\xi + \eta\|_{\mathbb{C}}^2 - \|\xi - \eta\|_{\mathbb{C}}^2)/4 \quad \forall \xi, \eta \in E_{\mathbb{C}}$$

bzw.

$$(x|y) = (\|x + y\|^2 - \|x - y\|^2)/4 \quad \forall x, y \in E.$$

Hieraus folgt

$$\alpha\|x\|^2 = \alpha\|x\|_{\mathbb{C}}^2 \leqq Re(A_{\mathbb{C}}x|x)_{\mathbb{C}} = (Ax|x) \leqq \beta\|x\|_{\mathbb{C}}^2 = \beta\|x\|^2$$

für alle $x \in E$. □

**(15.5) Theorem** *(Instabilität): Der Operator $A \in \mathscr{L}(E)$ besitze mindestens einen Eigenwert mit positivem Realteil. Ferner sei $g \in C^{0,1-}(J \times D, E)$, und es gelte*

(10) $\qquad g(t, x) = o(|x|)$ *für* $x \to 0$,

*gleichmäßig für $t \in J$. Dann ist die Nullösung der gestörten linearen Gleichung*

(11) $\qquad \dot{x} = Ax + g(t, x)$

*instabil.*

**Beweis:** Nach Voraussetzung ist das instabile Spektrum $\sigma_u(A)$ nicht leer. Folglich existiert ein $\gamma$ mit $0 < \gamma < Re\,\sigma_u(A)$. Wegen $\sigma(A-\gamma) = \sigma(A) - \gamma$ ist das neutrale Spektrum $\sigma_n(A_\gamma)$ von $A_\gamma := A - \gamma$ leer und $A_\gamma$ erzeugt einen hyperbolischen linearen Fluß $e^{tA_\gamma}$. Nach Theorem (13.4) gibt es eine direkte Summenzerlegung

$$(12) \qquad E = E_- \oplus E_+ ,$$

welche $A_\gamma$ zerlegt, $A_\gamma = (A_\gamma)_- \oplus (A_\gamma)_+$, derart, daß $\sigma_s(A_\gamma) = \sigma((A_\gamma)_-)$ und $\sigma_u(A_\gamma) = \sigma((A_\gamma)_+)$ gelten. Offensichtlich zerlegt (12) auch den Operator $A$,

$$A = A_- \oplus A_+ ,$$

und $\sigma(A_+) = \sigma_u(A)$ sowie $\sigma(A_-) = \sigma_s(A) \cup \sigma_n(A)$. Es gilt also

$$Re\,\sigma(A_-) \leqq 0 \quad \text{und} \quad Re\,\sigma(A_+) > \alpha > 0$$

für ein geeignetes $\alpha > 0$.

Wir wählen nun $\beta \in (0, \alpha)$ fest. Dann existieren nach Lemma (15.4) Hilbertnormen $\|\cdot\|_+$ auf $E_+$ und $\|\cdot\|_-$ auf $E_-$, derart, daß gilt:

$$(13) \qquad Re(A_- x_- \,|\, x_-)_- \leqq \beta \|x_-\|_-^2 \quad \forall x_- \in E_-$$

und

$$(14) \qquad Re(A_+ x_+ \,|\, x_+)_+ \geqq \alpha \|x_+\|_+^2 \quad \forall x_+ \in E_+ .$$

Offensichtlich wird durch

$$(x_- + x_+ \,|\, y_- + y_+) := (x_- \,|\, y_-)_- + (x_+ \,|\, y_+)_+$$

ein inneres Produkt auf $E = E_- \oplus E_+$ definiert und somit eine Norm $\|\cdot\|$ mit

$$(15) \qquad \|x\|^2 = \|x_- + x_+\|^2 = \|x_-\|_-^2 + \|x_+\|_+^2 \quad \forall x = x_- + x_+ \in E .$$

Schließlich setzen wir

$$\Phi(x) := (\|x_+\|^2 - \|x_-\|^2)/2 = (\|Px\|^2 - \|Qx\|^2)/2 \quad \forall x \in E ,$$

wobei $P : E \to E_+$ und $Q : E \to E_-$ die zu (12) gehörigen Projektionen sind, und $\gamma := (\alpha - \beta)/4$. Dann existiert nach (10) ein $\delta > 0$ mit

$$(16) \qquad \|g(t, x)\| \leqq \gamma \|x\| \quad \text{für} \quad \|x\| \leqq \delta .$$

Es sei nun $u$ eine Lösung von (11) mit $\|u(0)\| < \delta$ und $\Phi(u(0)) > 0$. Dann gilt, für $t \geqq 0$ mit $\|u(t)\| \leqq \delta$, für $\varphi(t) := \Phi(u(t))$, wegen (13), (14) und (16):

$$\begin{aligned}\dot\varphi(t) &= Re(Pu(t)\,|\,P\dot u(t)) - Re(Qu(t)\,|\,Q\dot u(t))\\ &= Re(A_+u_+(t)\,|\,u_+(t)) - Re(A_-u_-(t)\,|\,u_-(t))\\ &\quad + Re(Pu(t)\,|\,Pg(t,u(t))) - Re(Qu(t)\,|\,Qg(t,u(t)))\\ &\geqq \alpha\|Pu(t)\|^2 - \beta\|Qu(t)\|^2 - \gamma\|P\|\,\|Pu(t)\|\,\|u(t)\|\\ &\quad - \gamma\|Q\|\,\|Qu(t)\|\,\|u(t)\|.\end{aligned}$$

Da nach (15)

$$\|Px\| \leqq \|x\| \quad \text{und} \quad \|Qx\| \leqq \|x\| \quad \forall x \in E$$

gilt, folgt $\|P\| \leqq 1$ und $\|Q\| \leqq 1$, also

(17) $$\dot\varphi(t) \geqq \alpha\|Pu(t)\|^2 - \beta\|Qu(t)\|^2 - \gamma(\|Pu(t)\| + \|Qu(t)\|)\|u(t)\|.$$

Für kleine $t \geqq 0$ folgt aus $\varphi(0) > 0$ auch $\varphi(t) = \Phi(u(t)) \geqq 0$, also $\|Qu(t)\| \leqq \|Pu(t)\|$, und somit nach (15)

$$\|u(t)\| \leqq 2\|Pu(t)\|.$$

Also erhalten wir aus (17)

(18) $$\dot\varphi(t) \geqq (\alpha - 4\gamma)\|Pu(t)\|^2 - \beta\|Qu(t)\|^2 = 2\beta\varphi(t)$$

für alle $t \geqq 0$ mit $\|u(t)\| \leqq \delta$ und $\varphi(t) \geqq 0$. Durch Integration von (18) folgt

(19) $$\varphi(t) \geqq \varphi(0)e^{2\beta t}$$

für die obigen Werte von $t$. Hieraus liest man insbesondere ab, daß $\varphi(t) > 0$ für alle $t \geqq 0$ mit $\|u(t)\| \leqq \delta$ gilt. Mit anderen Worten: keine Lösung von (11) mit An-

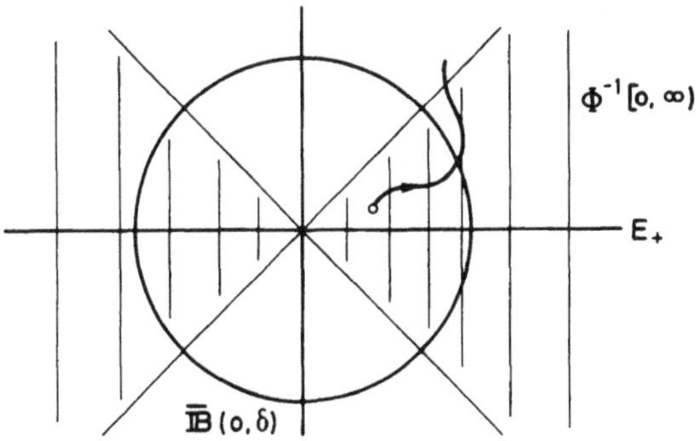

fangswert in $\mathbb{B}(0,\delta)\cap\Phi^{-1}[0,\infty)$ verläßt den „Doppelkegel" $\Phi^{-1}[0,\infty)$, bevor sie den Ball $\bar{\mathbb{B}}(0,\delta)$ verläßt. Ferner folgt aus (19), daß jede Lösung mit von Null verschiedenem Anfangswert in $\mathbb{B}(0,\delta)\cap\Phi^{-1}[0,\infty)$ den Rand von $\mathbb{B}(0,\delta)$ erreicht, was die Instabilität der Nullösung beweist. □

Als einfaches Korollar der Theoreme (15.3) und (15.5) erhalten wir das folgende *Prinzip der linearisierten Stabilität* für kritische Punkte autonomer Differentialgleichungen. Dieses fundamentale Prinzip ist eines der bekanntesten Stabilitäts- bzw. Instabilitätskriterien, das besonders in den angewandten Naturwissenschaften unzählige Anwendungen besitzt.

**(15.6) Theorem:** *Es sei $f\in C^1(D,E)$ mit $f(x_0)=0$. Gilt dann*

$$Re\,\sigma(Df(x_0))<0,$$

*so ist der kritische Punkt $x_0$ der autonomen Differentialgleichung $\dot{x}=f(x)$ asymptotisch stabil. Ist*

$$\sigma(Df(x_0))\cap\{z\in\mathbb{C}\,|\,Re\,z>0\}\neq\emptyset,$$

*so ist $x_0$ instabil.*

**Beweis:** Mit $A:=Df(x_0)\in\mathscr{L}(E)$ und $g(y):=f(y+x_0)-Df(x_0)y$ gilt $g(y)=o(|y|)$ für $y\to 0$ und $\dot{y}=f(y+x_0)=Ay+g(y)$. Also folgt die Behauptung unmittelbar aus (15.1 f), Theorem (15.3) und Theorem (15.5). □

**(15.7) Beispiele:** (a) Wir betrachten das *Räuber-Beute-Modell* mit beschränktem Wachstum aus Paragraph 1:

$$(20)\qquad \begin{aligned}\dot{x}&=(\alpha-\beta y-\lambda x)x\\ \dot{y}&=(\delta x-\gamma-\mu y)y\end{aligned}$$

mit positiven Konstanten $\alpha,\beta,\gamma,\delta,\lambda,\mu$. Dieses System besitzt die kritischen Punkte $(0,0),(0,-\gamma/\mu),(\alpha/\lambda,0)$ und $\left(\frac{\alpha\mu+\beta\gamma}{\lambda\mu+\beta\delta},\frac{\alpha\delta-\lambda\gamma}{\lambda\mu+\beta\delta}\right)$, wobei der letzte Punkt der Schnittpunkt $z$ der beiden Geraden $L$ und $M$ ist (vgl. die Abb. 5 und 6 in § 1). Mit den offensichtlichen Identifikationen gilt

$$Df(x,y)=\begin{bmatrix}\alpha-\beta y-2\lambda x & -\beta x\\ \delta y & \delta x-\gamma-2\mu y\end{bmatrix},$$

also

$$Df(0,0)=\begin{bmatrix}\alpha & 0\\ 0 & -\gamma\end{bmatrix},\qquad Df\left(0,-\frac{\gamma}{\mu}\right)=\begin{bmatrix}\alpha+\beta\gamma/\mu & 0\\ * & \gamma\end{bmatrix},$$

$$Df\left(\frac{\alpha}{\lambda},0\right)=\begin{bmatrix}-\alpha & *\\ 0 & \alpha\delta/\lambda-\gamma\end{bmatrix},\qquad Df(\xi,\eta)=\begin{bmatrix}-\lambda\xi & -\beta\xi\\ \delta\eta & -\mu\eta\end{bmatrix}$$

mit $z = (\xi, \eta)$. Hieraus und aus Theorem (15.6) liest man ab, daß die kritischen Punkte $(0, 0)$ und $(0, -\gamma/\mu)$ stets instabil sind. Der kritische Punkt $(\alpha/\lambda, 0)$ ist asymptotisch stabil für $\alpha/\lambda < \gamma/\delta$ und instabil für $\alpha/\lambda > \gamma/\delta$, was mit den Abbildungen 5 und 6 von § 1 in Einklang steht. Für die Eigenwerte $\lambda_{1/2}$ von $Df(\xi, \eta)$ errechnet man leicht

$$\lambda_{1/2} = \frac{-(\lambda\xi + \mu\eta) \pm \sqrt{(\lambda\xi + \mu\eta)^2 - 4\xi\eta(\lambda\mu + \delta\beta)}}{2}.$$

Für den für die Anwendungen interessanten Fall, daß die Geraden $L$ und $M$ sich im positiven Quadranten schneiden, also $\xi > 0$ und $\eta > 0$ sind, liest man aus dieser Formel ab, daß $Re\,\sigma(Df(\xi, \eta)) < 0$ gilt. Aus der expliziten Formel für $(\xi, \eta)$ folgt somit, daß für $\alpha/\lambda > \gamma/\delta$ der kritische Punkt $z$ asymptotisch stabil ist, was ebenfalls mit den Abb. 7 und 8 von § 1 übereinstimmt.

(b) Setzen wir in (20) $\lambda = \mu = 0$, so erhalten wir die Volterra-Lotka-Gleichungen von § 1:

$$\begin{aligned} \dot{x} &= (\alpha - \beta y)x \\ \dot{y} &= (\delta x - \gamma)y. \end{aligned} \tag{21}$$

Dieses System besitzt die kritischen Punkte $(0, 0)$ und $(\gamma/\delta, \alpha/\beta)$. Aus den obigen Berechnungen (mit $\lambda = \mu = 0$) folgt wieder, daß $(0, 0)$ instabil ist. Ferner gilt

$$Df\left(\frac{\gamma}{\delta}, \frac{\alpha}{\beta}\right) = \begin{bmatrix} 0 & -\beta\gamma/\delta \\ \alpha\delta/\beta & 0 \end{bmatrix},$$

also $\lambda_{1/2} = \pm i\sqrt{\alpha\gamma}$. In diesem Fall ist der kritische Punkt $(\gamma/\delta, \alpha/\beta)$ ein *Zentrum für die linearisierte Gleichung*, aber für das nichtlineare System (21) ist mit Theorem (15.6) keine Aussage möglich. □

**(15.8) Bemerkungen:** (a) Theorem (15.6) macht keine Aussagen über das Stabilitätsverhalten im Fall $Re\,\sigma(Df(x_0)) \leqq 0$ und $\sigma(Df(x_0)) \cap i\mathbb{R} \neq \emptyset$. In diesem Fall hängt das Stabilitätsverhalten wesentlich von den Termen höherer Ordnung ab. Um dies zu sehen, betrachten wir das System

$$\begin{aligned} \dot{x} &= -y + x^3 \\ \dot{y} &= x + y^3 \end{aligned}$$

mit $(0, 0)$ als einzigem kritischen Punkt, der ein Zentrum für die Linearisierung ist. Für $r^2 := x^2 + y^2$ folgt $r\dot{r} = x\dot{x} + y\dot{y} = -xy + x^4 + xy + y^4 = x^4 + y^4$, also

$$\dot{r} = \frac{x^4 + y^4}{r} \quad \text{für} \quad r > 0.$$

Folglich ist $\dot{r} > 0$ und die Orbits laufen von $(0, 0)$ weg, d. h. $(0, 0)$ ist instabil.

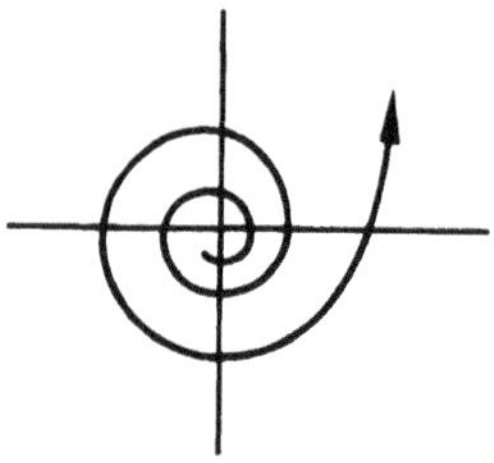

Das System

$$\dot{x} = -y - x^3$$
$$\dot{y} = x - y^3$$

hat dieselbe Linearisierung im kritischen Punkt $(0, 0)$. Nun folgt aber $\dot{r} = -(x^4 + y^4)/r < 0$ für $r > 0$. Folglich „laufen die Orbits in $(0, 0)$ hinein", d. h. $(0, 0)$ ist stabil.

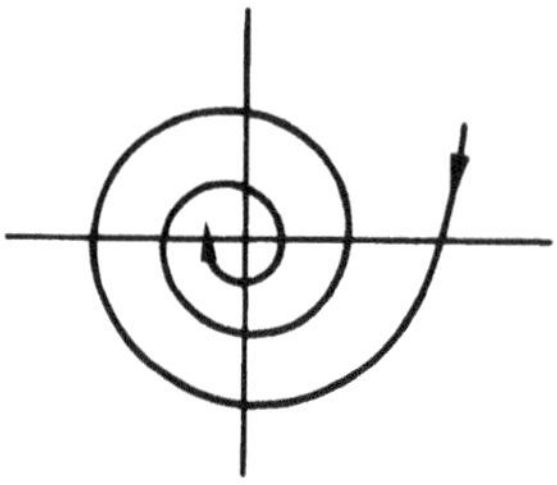

Es ist leicht zu sehen, daß das Phasenporträt bei allgemeineren Störungen höherer Ordnung wesentlich komplizierter aussehen kann (vgl. Aufgabe 1).

(b) Das zentrale in Theorem (15.6) enthaltene Stabilitätsresultat ist eine *lokale Aussage*. Es enthält keine Angaben über den *Einzugsbereich* eines asymptotisch stabilen kritischen Punktes. Einige Aussagen in dieser Richtung werden wir in den folgenden Paragraphen kennenlernen.

(c) Offensichtlich bleibt Theorem (15.6) richtig, wenn nur verlangt wird: $f \in C^{1-}(D, E)$ und $f$ ist in $x_0$ differenzierbar.

(d) Unter geeigneten Voraussetzungen an den Evolutionsoperator $U$ der nichtautonomen linearen Gleichung $\dot{x} = A(t)x$ (vgl. Theorem (11.13)) lassen sich verwandte Resultate auch für gestörte nichtautonome Gleichungen

$$\dot{x} = A(t)x + g(t, x)$$

beweisen (vgl. z. B. Hale [1], § III 2, und Daleckii-Krein [1], §§ VII, 3 und 4). Da solche Voraussetzungen in praktischen Fällen jedoch kaum zu verifizieren sind, werden wir uns im folgenden in erster Linie mit dem besonders wichtigen Fall autonomer Gleichungen befassen.

(e) Wenn wir in Beispiel (15.7 a) nur die in den kritischen Punkten *linearisierten Gleichungen* betrachten, so liegen im Fall $(0, 0)$ ein Sattel, im Fall $(0, -\gamma/\mu)$ eine Quelle, im Fall $(\alpha/\lambda, 0)$

eine Senke für $\alpha/\lambda < \gamma/\delta$ und ein Sattel für $\alpha/\lambda > \gamma/\delta$, sowie im Fall $(\xi, \eta) \in (0, \infty)^2$ eine Senke vor. Die Abbildungen von § 1 zeigen, daß – anschaulich gesprochen – diese qualitativen Strukturen der Phasenporträts auch im nichtlinearen Fall in der Nähe der kritischen Punkte erhalten bleiben. Aus diesem Grund sagt man auch, der kritische Punkt $x_0$ des autonomen Systems $\dot{x} = f(x)$ sei eine *Senke* bzw. eine *Quelle* bzw. ein *Sattelpunkt*, wenn der Nullpunkt eine Senke bzw. eine Quelle bzw. ein Sattelpunkt für die linearisierte Gleichung

$$\dot{y} = Df(x_0)y$$

ist. In Paragraph 19 werden wir diese Ausdrucksweise mittels eines wichtigen allgemeinen „Linearisierungssatzes" rechtfertigen.

(f) Um die obigen Stabilitätssätze praktisch anwenden zu können, benötigt man Kriterien, welche es erlauben festzustellen, ob $Re\,\sigma(A) < 0$ gilt. Da die Eigenwerte die Wurzeln des charakteristischen Polynoms

$$\det(\lambda - A) = \lambda^m + a_1\lambda^{m-1} + a_2\lambda^{m-2} + \cdots + a_{m-1}\lambda + a_m$$

sind (im Fall $\dim(E) = m$), möchte man möglichst aus den Koeffizienten eines Polynoms ablesen, ob alle Wurzeln in der negativen komplexen Halbebene liegen.

Es gibt eine Reihe von Kriterien dieser Art. Das bekannteste dürfte das folgende *Routh-Hurwitz-Kriterium* sein (z. B. Hahn [1, § 6]).

*Es sei*

$$p_m(z) = z^m + a_1 z^{m-1} + \cdots + a_{m-1}z + a_m$$

*ein Polynom mit reellen Koeffizienten, und für* $k = 1, \ldots, m$ *sei*

$$D_k := \det\begin{bmatrix} a_1 & a_3 & a_5 & \cdots & \cdots & a_{2k-1} \\ 1 & a_2 & a_4 & \cdots & \cdots & a_{2k-2} \\ 0 & a_1 & a_3 & \cdots & \cdots & a_{2k-3} \\ & 1 & a_2 & a_4 & \cdots & a_{2k-4} \\ & & \cdots & \cdots & \cdots & \cdots \\ \bigcirc & & & \vdots & & \end{bmatrix}$$

*mit* $a_j = 0$ *für* $j > m$. *Dann haben alle Wurzeln von* $p_m$ *genau dann negative Realteile, wenn die Ungleichungen*

$$a_k > 0 \quad und \quad D_k > 0,\ k = 1, 2, \ldots, m,$$

*erfüllt sind.* □

## Aufgaben

1. Zeigen Sie, daß das Phasenporträt des gestörten linearen Systems

$$\begin{aligned} \dot{x} &= -y + xr^2 \sin \frac{\pi}{r} \\ \dot{y} &= \phantom{-y+{}} x + yr^2 \sin \frac{\pi}{r} \end{aligned} \qquad r^2 = x^2 + y^2$$

das folgende qualitative Verhalten hat:

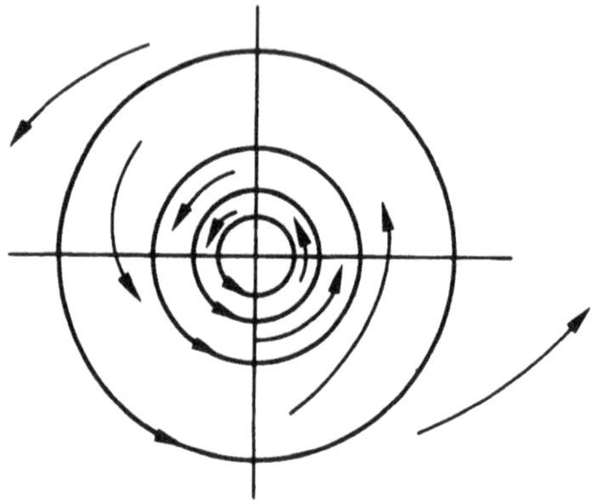

Genauer: es gibt eine Folge von konzentrischen Kreisen um $(0, 0)$ mit Radien $1/n$, so daß sich „die Orbits abwechselnd im mathematisch positiven Sinn zu diesen Kreisen hin- bzw. von ihnen wegdrehen".

*Hinweis:* Leiten Sie ein Differentialgleichungssystem für die Polarkoordinaten $(r, \varphi)$ her (vgl. (15.8a)).

2. Das folgende, von *Field* und *Noyes* aufgestellte System

$$(F\text{-}N) \qquad \begin{aligned} \varepsilon\dot{x} &= x + y - xy - qx^2 \\ \dot{y} &= 2fz - y - xy \\ p\dot{z} &= x - z \end{aligned}$$

ist ein mathematisches Modell zur Beschreibung einer chemischen Oszillation, der sog. *Belousov-Zhabotinsky-Reaktion* (vgl. z. B. Spektrum der Wissenschaften, *5* (1980), 131–137, für eine Beschreibung dieser Reaktion, insbesondere die dortigen Bilder!). Hierbei sind $f, p, q$ und $\varepsilon$ positive Konstanten (mit $\varepsilon \ll 1$) und die Gleichungen sind bereits dimensionslos geschrieben. Die Größen $x, y$ und $z$ entsprechen chemischen Konzentrationen. Folglich sind nur „nichtnegative Lösungen", d. h. Lösungen im positiven Oktanden $\mathbb{R}^3_+$ von Interesse.

Zeigen Sie, daß das System $(F\text{-}N)$ außer dem Ursprung $(0, 0, 0)$ genau einen kritischen Punkt $(\xi, \eta, \zeta) \in \mathbb{R}^3_+$ hat, und bestimmen Sie das Stabilitätsverhalten dieser beiden Ruhepunkte. (Verwenden Sie das Routh-Hurwitz-Kriterium.)

3. Zur mathematischen Beschreibung gewisser biologischer Modelle für Zellteilungen wurde von *Goodwin* folgendes System vorgeschlagen:

$$(G)\qquad \begin{aligned} \dot{x}_1 &= \frac{1}{1 + x_m^k} - \alpha_1 x_1 \\ \dot{x}_2 &= x_1 - \alpha_2 x_2 \\ &\vdots \\ \dot{x}_m &= x_{m-1} - \alpha_m x_m . \end{aligned}$$

Hierbei sind $\alpha_1, \ldots, \alpha_m$ positive Konstanten und der „Hill-Koeffizient" $k$ ist eine positive ganze Zahl. Die Gleichungen sind wieder dimensionslos geschrieben, und $x_1, \ldots, x_m$ entsprechen Konzentrationen gewisser Substanzen (Enzyme, Nukleinsäuren, etc.). Also sind nur nichtnegative Lösungen in $\mathbb{R}^m_+$ von Interesse.

Zeigen Sie, daß $(G)$ genau einen kritischen Punkt in $\mathbb{R}^m_+$ besitzt, und diskutieren Sie sein Stabilitätsverhalten im Fall $m = 3$ und $k = 1$.

4. Diskutieren Sie die Stabilität der kritischen Punkte der Gleichung des *gedämpften mathematischen Pendels*

$$\ddot{x} + 2\alpha\dot{x} + \lambda \sin x = 0\,, \quad x \in \mathbb{R}\,,$$

mit $\alpha > 0$ und $\lambda = g/l > 0$ (vgl. Beispiel (3.4c)).

## 16. Invarianz

In diesem Paragraphen bezeichnet $X$ einen metrischen Raum, und $\varphi : \Omega \to X$ ist ein *Halbfluß* auf $X$ (vgl. (10.2c)). Wir betrachten hier Halbflüsse, weil wir in erster Linie am „Verhalten in der Zukunft", d. h. für $t \to t^+(x)$ interessiert sind und weil die allgemeinen Resultate über Halbflüsse z. B. auch bei parabolischen Differentialgleichungen (Reaktions-Diffusionsgleichungen) Anwendungen finden.

**(16.1) Bemerkung:** Ist $\varphi : \Omega \to X$ ein Fluß, so erhalten wir durch „Restriktion auf positive Zeiten" einen Halbfluß $\varphi^+$ auf $X$, den *positiven Halbfluß* $\varphi^+ : \Omega_+ \to X$ *von* $\varphi$, d. h.

$$\varphi^+ := \varphi | \Omega \cap (\mathbb{R}_+ \times X)\,,$$

oder ausführlicher,

$$\Omega_+ := \{(t, x) \in \mathbb{R}_+ \times X \,|\, 0 \leqq t < t^+(x)\}$$

und

$$\varphi^+(t,x) := \varphi(t,x) \quad \forall (t,x) \in \Omega_+ .$$

Insbesondere haben also $\varphi$ und $\varphi^+$ dieselben positiven Fluchtzeiten.

Weiter seien $J_-(x) := \{t \in \mathbb{R}_+ \mid -t \in J(x)\}$ und

$$\Omega_- := \{(t,x) \in \mathbb{R}_+ \times X \mid t \in J_-(x)\}$$

sowie

$$\varphi^-(t,x) := \varphi(-t,x) \quad \forall (t,x) \in \Omega_- .$$

Dann ist auch $\varphi^- : \Omega_- \to X$ ein Halbfluß auf $X$, der *negative Halbfluß von* $\varphi$, und $-t^-(x)$ ist die positive Fluchtzeit von $\varphi^-$.

Es kann somit jede Aussage über Halbflüsse sowohl auf den positiven als auch auf den negativen Halbfluß eines Flusses angewendet werden. Aus diesem Grund kann man sich bei Stabilitätsuntersuchungen von Flüssen auf das Studium von Halbflüssen beschränken. Falls nicht ausdrücklich etwas anderes gesagt wird, gilt für das folgende die Vereinbarung: *Jede Aussage über Halbflüsse wird im Falle eines Flusses* $\varphi$ *auf den positiven Halbfluß* $\varphi^+$ *angewendet.* □

Wenn $x$ ein periodischer Punkt von $\varphi$ ist, z. B. ein kritischer Punkt, so ist es intuitiv klar, daß der positive Halborbit $\gamma^+(x)$ auch „nach links verlängert werden", d. h. für negative Zeiten durchlaufen werden kann. Der Begriff der Lösung eines Halbflusses präzisiert diesen Sachverhalt.

Eine stetige Funktion $u : J_u \to X$ heißt *Lösung des Halbflusses* $\varphi : \Omega \to X$ (durch $x$), wenn gilt:

(i) $J_u$ ist ein offenes Intervall in $\mathbb{R}$ mit $[0, t^+(x)) \subset J_u$.

(ii) $u(0) = x$.

(iii) Für alle $(t, \tau)$ mit $(t, u(\tau)) \in \Omega$ und $t + \tau \in J_u$ gilt

$$t \cdot u(\tau) = u(t + \tau) .$$

(iv) Die Funktion $u$ ist maximal, d. h. es gibt keine echte stetige Erweiterung von $u$ mit den Eigenschaften (i) – (iii).

**(16.2) Bemerkungen:** (a) Durch einen gegebenen Punkt $x \in X$ braucht es keine Lösung von $\varphi$ zu geben. In diesem Fall heißt $x$ *Startpunkt*.

(b) *Es seien* $\varphi$ *ein Fluß und* $\varphi^+$ *sein positiver Halbfluß. Dann ist* $\varphi_x := \varphi(.,x) : (t^-(x), t^+(x)) \to X$ *für jedes* $x \in X$ *die eindeutig bestimmte Lösung von* $\varphi^+$ *durch* $x$. *Insbesondere ist also* $\varphi^+$ *negativ eindeutig und hat keine Startpunkte.*

In der Tat, $\varphi_x$ erfüllt offensichtlich (i) – (iii). Ist $u : J_u \to X$ eine echte Erweiterung von $\varphi_x$, dann existiert ein $\bar{t} \in J_u$ mit $\bar{t} < t^-(x)$ oder $\bar{t} > t^+(x)$. Also ist entweder $\gamma^-(x)$ in der kompakten Menge $u([\bar{t}, 0])$ enthalten, oder es gilt $\gamma^+(x) \subset u([0, \bar{t}])$, was nach Satz (10.12) unmöglich ist. Folglich ist $\varphi_x$ eine Lösung von $\varphi^+$ durch $x$.

Ist schließlich $v$ eine weitere Lösung von $\varphi^+$ durch $x$, so existiert ein $\tau < 0$ mit $(-\tau) \cdot v(\tau) = v(-\tau + \tau) = v(0) = x$ und $(-\tau) \cdot \varphi_x(\tau) = (-\tau) \cdot (\tau \cdot x) = x$. Mit $t := -\tau$ und $y := v(\tau)$, $z := \varphi_x(\tau)$ gilt also: $t \cdot y = t \cdot z$ und $t > 0$, also insbesondere $y, z \in \Omega_t$. Folglich ist $t \cdot y = t \cdot z \in \Omega_{-t}$ und $y = \varphi^{-t}(t \cdot y) = \varphi^{-t}(t \cdot z) = z$ nach Theorem (10.14). Hieraus folgt $v = \varphi_x$, d. h. die Eindeutigkeit. □

Eine Teilmenge $M \subset X$ heißt *positiv invariant*, wenn $\gamma^+(M) \subset M$ gilt, d. h. wenn aus $m \in M$ stets $\gamma^+(m) \subset M$ folgt. Die Menge $M$ ist *invariant*, wenn für jedes $m \in M$ eine Lösung $u_m : J \to X$ von $\varphi$ durch $m$ existiert mit $u_m(J) \subset M$. Ist schließlich $\varphi$ ein *Fluß*, so heißt $M$ *negativ invariant*, wenn $\gamma^-(M) \subset M$ gilt.

**(16.3) Bemerkungen:** (a) Eine invariante Menge hat keine Startpunkte.

(b) *Ist $\varphi$ ein Fluß, so ist $M \subset X$ genau dann bzgl. des positiven Halbflusses $\varphi^+$ invariant, wenn $M$ positiv und negativ invariant ist.*

Dies folgt unmittelbar aus (16.2b).

(c) Gemäß unserer Vereinbarung nennen wir $M \subset X$ bzgl. des Flusses $\varphi$ invariant, wenn $M$ bzgl. des positiven Halbflusses $\varphi^+$ invariant ist. Also können wir (b) auch folgendermaßen ausdrücken: *ist $\varphi$ ein Fluß, so ist $M$ genau dann invariant, wenn $M$ positiv und negativ invariant ist.*

(d) Offensichtlich ist $\emptyset$ invariant und $X$ ist positiv invariant. Hat $\varphi$ keine Startpunkte, so ist auch $X$ invariant. Ferner sind beliebige Vereinigungen [positiv] invarianter Mengen [positiv] invariant. Ebenso sind beliebige Durchschnitte positiv invarianter Mengen positiv invariant. Ist $\varphi$ negativ eindeutig, also insbesondere ein Fluß, so sind auch beliebige Durchschnitte invarianter Mengen invariant.

*Zu jeder Teilmenge $M \subset X$ gibt es also eine kleinste positiv invariante Obermenge und eine größte [positiv] invariante Teilmenge. Ist $\varphi$ negativ eindeutig und hat keine Startpunkte, so gibt es auch eine kleinste invariante Obermenge.*

(e) *Ist $M$ positiv invariant, so ist es auch $\bar{M}$.*

In der Tat, zu $x \in \bar{M}$ existiert eine Folge $(x_k)$ in $M$ mit $x_k \to x$. Nach Lemma (10.5i) (und Bemerkung (10.16)) gilt $t^+(x) \leqq \underline{\lim}\, t^+(x_k)$. Also existiert zu jedem $t \in [0, t^+(x))$ ein $k_t \in \mathbb{N}$ mit $t^+(x_k) > t$ für $k \geqq k_t$. Folglich ist $t \cdot x_k$ für $k \geqq k_t$ definiert und $t \cdot x_k \to t \cdot x$. Somit ist $t \cdot x \in \bar{M}$, da $t \cdot x_k \in M$ aufgrund der positiven Invarianz von $M$ gilt.

(f) Es ist anschaulich klar, daß eine Menge $M$ positiv invariant ist, wenn in jedem Randpunkt die Trajektorie „nach innen läuft". Die folgende einfache, aber äußerst nützliche Aussage präzisiert diese Vorstellung.

*Eine abgeschlossene Menge $M \subset X$ ist genau dann positiv invariant, wenn es zu jedem $x \in \partial M$ ein $\varepsilon > 0$ gibt mit $[0, \varepsilon) \cdot x \subset M$.*

Es ist klar, daß die Bedingung notwendig ist. Ist $M$ nicht positiv invariant, so existieren ein $x \in M$ und ein $t \in (0, t^+(x))$ mit $t \cdot x \notin M$. Da $M$ abgeschlossen ist, gibt es ein $s \in [0, t)$ mit $s \cdot x \in M$, aber $\tau \cdot x \notin M$ für $s < \tau \leqq t$. Dann ist $y := s \cdot x \in \partial M$ und die angegebene Bedingung ist für $y$ nicht erfüllt.

(g) *Ist $\varphi$ ein Fluß, so ist $M$ genau dann positiv invariant, wenn $M^c$ negativ invariant ist.*

In der Tat, ist $M^c$ nicht negativ invariant, gibt es $x \in M^c$ und $t \in (t^-(x), 0)$ mit $y := t \cdot x \in M$, also $(-t) \cdot y = (-t) \cdot (t \cdot x) = x \notin M$. Folglich ist $M$ nicht positiv invariant. Analog folgt die Hinlänglichkeit der obigen Bedingung.

(h) *Es sei $\varphi$ ein Fluß. Ist $M$ [positiv] invariant, so sind es auch $\mathring{M}$ und $\bar{M}$.*

Ist nämlich $\mathring{M}$ nicht positiv invariant, so existieren $x \in \mathring{M}$ und $t \in (0, t^+(x))$ mit $t \cdot x \in \partial M$. Also gibt es eine Folge $(x_k)$ in $M^c$ mit $x_k \to t \cdot x$. Wegen $t \cdot x \in \Omega_{-t}$, und da $\Omega_{-t}$ offen ist, existiert ein $k_0$ mit $x_k \in \Omega_{-t}$ für $k \geqq k_0$. Also gilt $(-t) \cdot x_k \to (-t) \cdot (t \cdot x) = x \in \mathring{M}$, und folglich ist $(-t) \cdot x_k \in \mathring{M}$ für $k \geqq k_1 \geqq k_0$. Also ist $t \cdot [(-t) \cdot x_k] = x_k \in M^c$, was der positiven Invarianz von $M$ widerspricht. Wenn folglich $M$ positiv invariant ist, so sind auch $\mathring{M}$ und wegen (e) auch $\bar{M}$.

Ist $M$ negativ invariant, so ist $M^c$ nach (g) positiv invariant, also auch $(\overline{M^c})$ und $(M^c)^0$. Folglich sind auch $[(M^c)^0]^c = \bar{M}$ und $[(\overline{M^c})]^c = \mathring{M}$ negativ invariant aufgrund von (g) und (d). Nach (c) folgt also aus der Invarianz von $M$ auch die von $\mathring{M}$ und $\bar{M}$.

(i) *Es sei $\varphi$ ein Fluß. Ist $M$ invariant, so ist es auch $\partial M$. Ist $\partial M$ invariant, so sind es auch $\bar{M}$ und $\mathring{M}$.*

Wegen $\partial M = \bar{M} \cap (\overline{M^c})$ folgt die erste Behauptung aus (h), (g) und (d). Ist $\partial M$ invariant, so auch trivialerweise $\bar{M}$, also nach (g), und wegen $\mathring{\bar{M}} = \mathring{M}$, auch $\mathring{M}$. □

Es sei nun $X$ eine offene Teilmenge eines Banachraums $(E, |\,.\,|)$ und der Fluß $\varphi$ werde von dem Vektorfeld $f \in C^{1-}(X, E)$ erzeugt. Dann gilt

$$t \cdot x = x + tf(x) + o(t) \quad \text{für} \quad t \to 0+$$

für jedes $x \in X$ (vgl. Bemerkung (10.4b)). Ist $x \in M \subset X$ und ist $M$ positiv invariant, so folgt (wegen $t \cdot x \in M$ für $0 \leqq t < \varepsilon$)

$$\operatorname{dist}(x + tf(x), M) \leqq |x + tf(x) - t \cdot x| = o(t)$$

für $t \to 0+$. Das folgende Theorem (16.5) zeigt, daß positiv invariante Mengen durch diese Eigenschaft charakterisiert werden können. Dazu benötigen wir einige Vorbereitungen über Dini-Ableitungen und *Differentialungleichungen.*

Es seien $-\infty < \alpha < \beta \leqq \infty$ und $h : [\alpha, \beta) \to \mathbb{R}$. Dann wird die (rechte) *untere Dini-Ableitung* $D_+ h(\alpha)$ von $h$ in $\alpha$ durch

$$D_+ h(\alpha) := \varliminf_{\xi \to 0+} \frac{h(\alpha + \xi) - h(\alpha)}{\xi}$$

erklärt. Offensichtlich ist $D_+ h(\alpha)$ endlich, wenn $h$ Lipschitz stetig ist, und $D_+ h(\alpha)$ stimmt mit der üblichen (rechtsseitigen) Ableitung überein, wenn $h$ in $\alpha$ differenzierbar ist.

**(16.4) Lemma** *(Vergleichssatz): Es seien $J$ und $D$ offene Intervalle in $\mathbb{R}$ und $g \in C^{0,1-}(J \times D, \mathbb{R})$. Ferner sei $u \in C^1(J, D)$ eine Lösung der Differentialgleichung $\dot{x} = g(t, x)$. Gilt dann für $v \in C(J, D)$ und $\alpha \in J$*

$$v(\alpha) \leqq u(\alpha) \quad \textit{und} \quad D_+ v(t) \leqq g(t, v(t)) \quad \forall\, t \in J \cap [\alpha, \infty),$$

*so ist $v \leqq u$ auf $J \cap [\alpha, \infty)$.*

**Beweis:** Es sei $\beta \in J$ mit $\beta > \alpha$, und $u_\lambda$ sei die Lösung des parameterabhängigen AWP

$$\dot{x} = g(t, x) + \lambda, \ x(\alpha) = u(\alpha)$$

für $0 < \lambda < \lambda_0$, wobei $\lambda_0$ so klein gewählt sei, daß $u_\lambda$ auf $[\alpha, \beta]$ existiert, was nach dem Stetigkeitstheorem (8.3) möglich ist (vgl. den Beweis von Lemma (10.5i)).

Wir nehmen nun an, es gäbe ein $\lambda \in (0, \lambda_0)$ und ein $t_1 \in (\alpha, \beta)$ mit $v(t_1) > u_\lambda(t_1)$. Dann gibt es ein $t_0 \in [\alpha, t_1)$ mit $v(t_0) = u_\lambda(t_0)$ und $v(t) > u_\lambda(t)$ für $t_0 < t < t_1$. Hieraus folgt

$$D_+ v(t_0) \geqq \dot{u}_\lambda(t_0) = g(t_0, u_\lambda(t_0)) + \lambda > g(t_0, v(t_0))$$

im Widerspruch zur Voraussetzung. Also gilt $v \leqq u_\lambda$ auf $[\alpha, \beta]$ für jedes $\lambda \in (0, \lambda_0)$. Für $\lambda \to 0+$ erhalten wir somit aus dem Stetigkeitssatz (8.3) die Ungleichung $v \leqq u$ auf $[\alpha, \beta]$. Da $\beta \in J$ mit $\beta > \alpha$ beliebig war, folgt die Behauptung. □

Im folgenden sei $X$ eine offene Teilmenge eines endlichdimensionalen Banachraums $(E, |\cdot|)$, und $f \in C^{1-}(X, E)$. Die weiteren Aussagen über positive Invarianz beziehen sich dann auf den von $f$ erzeugten Fluß.

**(16.5) Theorem:** *Es sei $M \subset X$ abgeschlossen. Dann ist $M$ genau dann positiv invariant, wenn für jedes $x \in M$ die Subtangentialbedingung*

(1) $$\varliminf_{t \to 0+} t^{-1} \operatorname{dist}(x + tf(x), M) = 0$$

*erfüllt ist.*

**Beweis:** Aufgrund der obigen motivierenden Betrachtungen genügt es, die Hinlänglichkeit der Bedingung (1) zu zeigen.

Es sei also $x \in M$, und $r > 0$ sei so gewählt, daß $\bar{\mathbb{B}}(x, 4r) \subset X$ gilt. Wir setzen $v(t) := \operatorname{dist}(t \cdot x, M)$ für $0 \leqq t < t^+(x)$ und fixieren ein $\varepsilon \in (0, t^+(x))$ mit

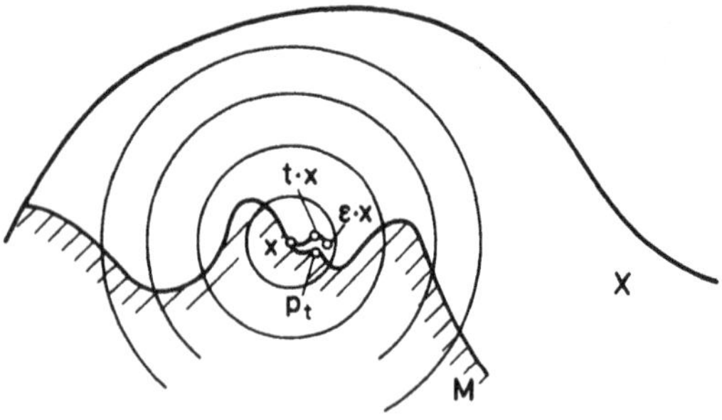


$[0,\varepsilon]\cdot x \subset \bar{\mathbb{B}}(x,r)$. Für $t\in[0,\varepsilon]$ gilt dann sicher $0 \leqq v(t) \leqq r$, und da $M_r := M \cap \bar{\mathbb{B}}(x,2r)$ kompakt ist, existiert ein $p := p_t \in M_r$ mit $v(t) = |t\cdot x - p|$. Für $t\in[0,\varepsilon)$ sei $s\in(0,\varepsilon-t)$ so klein, daß $s|f(p)| \leqq r$, also $p + sf(p) \in \bar{\mathbb{B}}(x,3r)$ gilt. Dann finden wir ein $q \in M \cap \bar{\mathbb{B}}(x,4r)$ mit $|p+sf(p)-q| = \operatorname{dist}(p+sf(p),M)$. Hieraus folgt

$$\begin{aligned} v(t+s) &\leqq |(t+s)\cdot x - q| \leqq |t\cdot x - p| + s|f(t\cdot x) - f(p)| \\ &\quad + |s\cdot(t\cdot x) - t\cdot x - sf(t\cdot x)| + |p + sf(p) - q| \\ &= v(t) + s|f(t\cdot x) - f(p)| + o(s) + \operatorname{dist}(p+sf(p),M), \end{aligned}$$

also

$$(2) \qquad D_+ v(t) \leqq |f(t\cdot x) - f(p_t)| \quad \forall\, t\in[0,\varepsilon).$$

Da $([0,\varepsilon]\cdot x)\cup M_r$ kompakt ist, existiert nach Satz (6.4) ein $\lambda > 0$ mit

$$|f(t\cdot x) - f(p_t)| \leqq \lambda |t\cdot x - p_t| = \lambda v(t) \quad \forall\, t\in[0,\varepsilon).$$

Somit ergibt (2)

$$D_+ v(t) \leqq \lambda v(t) \quad \forall\, t\in[0,\varepsilon),$$

und wegen $v(0) = 0$ und $v \geqq 0$ folgt $v = 0$ auf $[0,\varepsilon)$ aus Lemma (16.4). Also ist $[0,\varepsilon)\cdot x \subset M$, und die Behauptung folgt aus (16.3f). □

**(16.6) Bemerkungen:** (a) Theorem (16.5) gilt auch für $\dim(E) = \infty$, allerdings mit einem wesentlich komplizierteren Beweis (vgl. Deimling [1], Martin [1]). In beliebigen Banachräumen existiert i. a. kein $p_t \in M$ mit $v(t) = |t\cdot x - p_t|$. Folglich läßt sich der obige Beweis nicht übertragen.

(b) Die Bedingung (1) ist für $x \in \mathring{M}$ trivialerweise erfüllt. Also stellt sie nur eine Bedingung an $f$ am Rand von $M$ dar. (Es ist aber zu beachten, daß $\mathring{M}$ leer sein kann, so daß $\partial M = M$ möglich ist.) □

Im folgenden Theorem (16.9) soll gezeigt werden, daß, wenn $M$ eine berandete Mannigfaltigkeit mit $\dim(M) = \dim(E)$ ist, die Bedingung (1) äquivalent dazu ist, daß das Vektorfeld $f$ auf $\partial M$ „nach innen zeigt" oder „unterhalb der Tangentialhyperebene liegt", was den Namen „Subtangentialbedingung" erklärt.

Zum Beweis dieses Theorems benötigen wir das auch für sich interessante und nützliche

**(16.7) Approximationslemma:** *Es seien $Y$ und $Z$ beliebige Banachräume, $U \subset Y$ sei offen und $f \in C(U, Z)$. Dann existiert zu jedem $\varepsilon > 0$ ein $f_\varepsilon \in C^{1-}(U, Z)$ mit $f_\varepsilon(U) \subset co(f(U))$ und*

$$\sup_{x \in U} |f_\varepsilon(x) - f(x)| < \varepsilon,$$

*wobei $co(C)$ die konvexe Hülle, d. h. die kleinste konvexe Obermenge von $C$ bezeichnet.*

**Beweis:** Für jedes $x \in U$ sei

$$U_x := \{y \in U \mid |f(x) - f(y)| < \varepsilon/2\}.$$

Dann ist $\{U_x \mid x \in U\}$ eine offene Überdeckung von $U$. Da jeder metrische Raum parakompakt ist (z. B. Dugundji [1], Schubert [1]), existiert eine lokal endliche Verfeinerung $\{V_\alpha \mid \alpha \in \mathrm{A}\}$ dieser Überdeckung, d. h. $\{V_\alpha \mid \alpha \in \mathrm{A}\}$ ist eine offene Überdeckung von $U$, derart, daß jedes $x \in U$ eine Umgebung hat, welche nur endlich viele der $V_\alpha$ schneidet, und derart, daß zu jedem $\alpha \in \mathrm{A}$ ein $x \in U$ mit $V_\alpha \subset U_x$ existiert. Nun setzen wir

$$\psi_\alpha := \operatorname{dist}(., V_\alpha^c)$$

und

$$\varphi_\alpha := \psi_\alpha \Big/ \sum_{\alpha \in \mathrm{A}} \psi_\alpha.$$

Aus der Dreiecksungleichung folgt für jedes $b \in B \subset U$ und alle $x, y \in U$

$$|x - b| \leqq |x - y| + |y - b|,$$

also $\operatorname{dist}(x, B) \leqq |x - y| + |y - b|$ für alle $b \in B$ und somit

$$\operatorname{dist}(x, B) \leqq |x - y| + \operatorname{dist}(y, B).$$

Durch Vertauschen von $x$ und $y$ erhalten wir

$$|\operatorname{dist}(x, B) - \operatorname{dist}(y, B)| \leqq |x - y|,$$

d. h. $\operatorname{dist}(.,B)$ ist gleichmäßig Lipschitz stetig. Da $\{V_\alpha | \alpha \in \mathsf{A}\}$ lokal endlich ist, verifiziert man nun leicht, daß $\varphi_\alpha \in C^{1-}(U, \mathbb{R})$ gilt.

Für jedes $\alpha \in \mathsf{A}$ wählen wir nun ein $y_\alpha \in V_\alpha$ und setzen

$$f_\varepsilon := \sum_{\alpha \in \mathsf{A}} \varphi_\alpha f(y_\alpha).$$

Dann ist $f_\varepsilon \in C^{1-}(U, Z)$ und

$$|f_\varepsilon(x) - f(x)| = |\sum_\alpha \varphi_\alpha(x)[f(y_\alpha) - f(x)]| \leqq \sum_\alpha \varphi_\alpha(x)|f(y_\alpha) - f(x)|$$

wegen $\varphi_\alpha \geqq 0$ und $\sum \varphi_\alpha = 1$. Wenn nun $\varphi_\alpha(x) \neq 0$ ist, so ist $x \in V_\alpha \subset U_{x_\lambda}$ für ein $x_\lambda \in U$, und es ist $y_\alpha \in V_\alpha$. Also gilt $|f(y_\alpha) - f(x)| \leqq \varepsilon$ und somit $|f_\varepsilon(x) - f(x)| \leqq \varepsilon \sum_\alpha \varphi_\alpha(x) = \varepsilon$. Da schließlich $f_\varepsilon(x)$ eine Konvexkombination von Elementen in $f(U)$ ist, folgt $f_\varepsilon(U) \subset co(f(U))$. □

**(16.8) Bemerkung:** Im obigen Beweis haben wir gezeigt, *daß es zu jeder lokal endlichen Familie* $\{V_\alpha | \alpha \in \mathsf{A}\}$ *offener Teilmengen eines Banachraumes* $Y$ *eine untergeordnete* $C^{1-}$-*Zerlegung der Eins gibt,* d. h. eine Familie $\{\varphi_\alpha | \alpha \in \mathsf{A}\}$ mit $\varphi_\alpha \in C^{1-}(Y, \mathbb{R}_+)$,

$$\operatorname{supp} \varphi_\alpha := \overline{\{y \in Y | \varphi_\alpha(y) \neq 0\}} \subset \bar{V}_\alpha$$

und $\sum_\alpha \varphi_\alpha = 1$. □

Nach diesen Vorbereitungen können wir das folgende wichtige und anschaulich einleuchtende Theorem beweisen.

**(16.9) Theorem:** *Es seien* $E = \mathbb{R}^m$ *und* $\Phi \in C^1(X, \mathbb{R})$ *mit* $\nabla \Phi(x) \neq 0$ *für alle* $x \in \Phi^{-1}(0)$, *d. h.* 0 *sei ein regulärer Wert von* $\Phi$. *Dann ist* $M := \Phi^{-1}(-\infty, 0]$ *genau dann positiv invariant, wenn*

$$(3) \qquad (\nabla \Phi(x) | f(x)) \leqq 0 \quad \forall x \in \partial M = \Phi^{-1}(0)$$

*gilt.*

**Beweis:** „⇒" Für ein $x \in \partial M$ gelte $(\nabla \Phi(x) | f(x)) > 0$. Dann gibt es eine ganze Umgebung $U$ von $x$ mit $(\nabla \Phi(y) | f(y)) > 0$ für alle $y \in U$. Wir wählen $\varepsilon > 0$ so klein, daß $[0, \varepsilon) \cdot x \subset U$ gilt. Dann folgt für $0 < t < \varepsilon$

$$\Phi(t \cdot x) - \Phi(x) = \int_0^t \frac{d}{ds} \Phi(s \cdot x) ds = \int_0^t (\nabla \Phi(s \cdot x) | f(s \cdot x)) ds > 0,$$

also $(0, \varepsilon) \cdot x \subset M^c$. Also ist $M$ wegen (16.3f) nicht positiv invariant.

„$\Leftarrow$“ Es sei $x \in \partial M$ beliebig, $U$ sei eine Umgebung von $x$ und $\alpha$ eine positive Zahl mit $|\nabla \Phi(y)| \geqq 2\alpha$ für $y \in U$. Nach Lemma (16.7) existiert ein $g \in C^{1-}(X, \mathbb{R}^m)$ mit $|\nabla \Phi(y) - g(y)| \leqq \alpha$ für alle $y \in X$. Hieraus folgt

$$(4) \qquad \begin{aligned} (\nabla \Phi(y) | g(y)) &= |\Phi(y)|^2 - (\nabla \Phi(y) | \nabla \Phi(y) - g(y)) \\ &\geqq |\nabla \Phi(y)|^2 - |\nabla \Phi(y)| \alpha \geqq |\nabla \Phi(y)|^2/2 \geqq \alpha^2 \end{aligned}$$

für $y \in U$.

Für jedes $\lambda \geqq 0$ sei $\varphi_\lambda$ der vom Vektorfeld $f - \lambda g$ auf $U$ erzeugte Fluß, und $y \in \partial M \cap U$ sei beliebig. Wegen (3) und (4) folgt

$$(\nabla \Phi(y) | f(y) - \lambda g(y)) \leqq -\lambda \alpha^2 .$$

Also existiert für $\lambda > 0$ eine Umgebung $V$ von $y$ mit $(\nabla \Phi | f - \lambda g) \leqq 0$ in $V$. Wir wählen nun $\varepsilon \in (0, t^+_{\varphi_\lambda}(y))$ so klein, daß $\varphi_\lambda([0, \varepsilon], y) \subset V$ gilt. Dann erhalten wir

$$\Phi(\varphi^t_\lambda(y)) - \Phi(y) = \int_0^t (\nabla \Phi(\varphi^s_\lambda(y)) | f(\varphi^s_\lambda(y)) - \lambda g(\varphi^s_\lambda(y))) ds \leqq 0$$

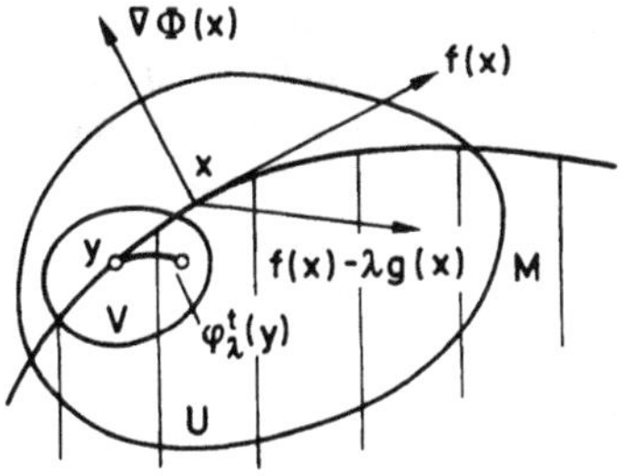


für $0 \leqq t \leqq \varepsilon$, d. h. $\varphi_\lambda([0, \varepsilon), y) \subset M$. Also ist $M \cap U$ nach (16.3f) für den von $f - \lambda g$ erzeugten Fluß positiv invariant.

Aufgrund des Stetigkeitstheorems (8.3) existieren positive Zahlen $\bar{\varepsilon}$ und $\bar{\lambda}$, derart, daß $\varphi_\lambda(., x)$ für jedes $\lambda \in [0, \bar{\lambda}]$ auf $[0, \bar{\varepsilon}]$ definiert ist und daß

$$\varphi_\lambda(t, x) \subset U \quad \text{für} \quad (\lambda, t) \in [0, \bar{\lambda}] \times [0, \bar{\varepsilon}]$$

gilt. Da nach dem Obigen $\varphi_\lambda(t, x) \in M$ für $(\lambda, t) \in (0, \bar{\lambda}] \times [0, \bar{\varepsilon}]$ ist, und da nach Theorem (8.3) $\varphi_\lambda(t, x) \to \varphi_0(t, x) = t \cdot x$ für $\lambda \to 0$ und $t \in [0, \bar{\varepsilon}]$ gilt, folgt $[0, \bar{\varepsilon}] \cdot x \subset M$. Also ist $M$ wegen (16.3f) positiv invariant. □

**(16.10) Korollar:** *Es seien* $E = \mathbb{R}^m$ *und* $\Phi_1, \ldots, \Phi_k \in C^1(X, \mathbb{R})$. *Ferner sei* 0 *ein* *regulärer Wert für jedes* $\Phi_j, j = 1, \dots, k$, *und*

$$M := \bigcap_{j=1}^{k} \Phi_j^{-1}(-\infty, 0].$$

*Gilt dann*

(5) $$(\nabla \Phi_j(x) | f(x)) \leqq 0 \quad \forall x \in \Phi_j^{-1}(0), j = 1, \dots, k,$$

*so ist M positiv invariant. Gilt sogar*

(6) $$(\nabla \Phi_j(x) | f(x)) = 0 \quad \forall x \in \Phi_j^{-1}(0), j = 1, \dots, k,$$

*so sind M und jede der Hyperflächen* $\Phi_j^{-1}(0), j = 1, \dots, k$, *invariant.*

**Beweis:** Die erste Behauptung folgt unmittelbar aus Theorem (16.9) und Bemerkung (16.3d). Da der negative Halbfluß $\varphi^-$ vom Vektorfeld $-f$ erzeugt wird, folgt aus (6) und dem eben bewiesenen Teil, daß $M$ auch negativ invariant, also nach (16.3c) invariant ist. Wegen $\Phi_j^{-1}(0) = \Phi_j^{-1}(-\infty, 0] \cap \Phi_j^{-1}[0, \infty)$ folgt analog die Invarianz von $\Phi_j^{-1}(0)$. □

**(16.11) Bemerkungen:** (a) Ist 0 ein regulärer Wert von $\Phi \in C^1(X, \mathbb{R})$, so ist bekanntlich $\Phi^{-1}(0)$ eine Hyperfläche in $\mathbb{R}^m$, welche die $m$-dimensionale $C^1$-Mannigfaltigkeit $\Phi^{-1}(-\infty, 0]$ berandet. Außerdem ist $\nabla \Phi(x)$ ein Vektor in Richtung der äußeren Einheitsnormalen in $x \in \Phi^{-1}(0)$. Korollar (16.10) besagt also insbesondere, daß $M$ invariant ist, wenn $f$ in jedem Punkt $x$ ein Tangentialvektor an jede der Hyperflächen $\Phi_j^{-1}(0)$ ist, die durch diesen Punkt gehen.

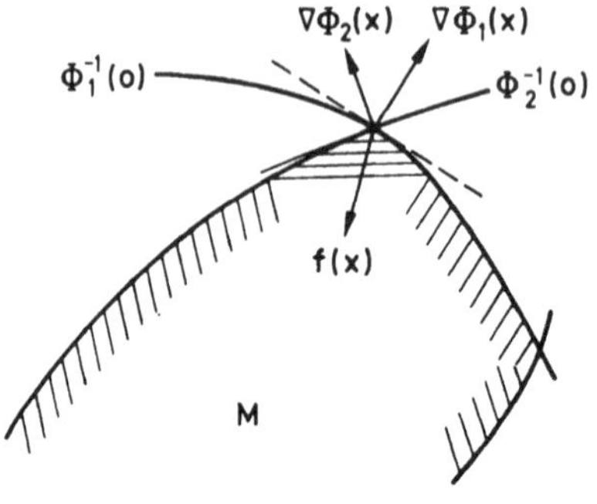


(b) Aus (16.5) und (16.9) folgt, daß unter den Voraussetzungen von Theorem (16.9) die Subtangentialbedingung (1) zu (3) äquivalent ist.

(c) Ist $(E, (\cdot|\cdot))$ ein beliebiger reeller Hilbertraum und ist $f \in C^1(X, \mathbb{R})$, so wird der Gradient $\nabla f(x)$ von $f$ in $x$ aufgrund des Rieszschen Darstellungssatzes eindeutig durch die Formel

$$(\nabla f(x) | y) = Df(x)y \quad \forall y \in E$$

definiert. Mit dieser Definition verifiziert man aufgrund von Bemerkung (8.5) leicht, daß Theorem (16.9) und Korollar (16.10) in einem beliebigen (unendlichdimensionalen) reellen Hilbertraum richtig sind. □

**(16.12) Beispiele:** *Ökologische Modelle.* Im folgenden betrachten wir *Zwei-Populationen-Modelle* der Form

$$\text{(7)} \qquad \begin{aligned} \dot{x} &= a(x,y)x \\ \dot{y} &= b(x,y)y, \end{aligned}$$

wobei $x$ bzw. $y$ die Populationsgrößen zweier verschiedener Spezies und $a$ bzw. $b$ die zugehörigen Wachstumsraten sind. Wir setzen

$$a, b \in C^1(\mathbb{R}^2, \mathbb{R})$$

voraus und interessieren uns natürlich nur für nichtnegative Lösungen, d. h. Lösungen in $\mathbb{R}^2_+$.

Aus Korollar (16.10) folgt sofort, daß der positive Quadrant $\mathbb{R}^2_+$ und jede der beiden positiven Halbachsen $\mathbb{R}_+ \times \{0\}$ und $\{0\} \times \mathbb{R}_+$ für den von (7) erzeugten Fluß invariant sind. Wir können uns also vollkommen auf das Studium des Flusses in $\mathbb{R}^2_+$ beschränken.

(a) *Räuber-Beute-Modelle.* Es seien nun $y$ die Räuber- und $x$ die Beutepopulationen. Dann sind die folgenden Annahmen sinnvoll:

(i) Wenn es zuwenig Beute gibt, nimmt die Räuberpopulation ab, d. h. es gibt ein $B > 0$ mit

$$b(x,y) < 0 \quad \text{für} \quad x < B, y \in \mathbb{R}_+ .$$

(ii) Ein Zuwachs der Beutepopulation vergrößert die Wachstumsrate des Räubers, d. h.

$$D_1 b > 0 .$$

(iii) Ist kein Räuber vorhanden, so nimmt eine kleine Beutepopulation zu. Also gilt

$$a(0,0) > 0 .$$

(iv) Überschreitet die Beutepopulation eine gewisse Größe, muß sie abnehmen, d. h. es gibt ein $A > 0$ mit

$$a(x,y) < 0 \quad \text{für} \quad x > A, y \in \mathbb{R}_+ .$$

(v) Nimmt die Räuberpopulation zu, so nimmt die Wachstumsrate der Beute ab, d. h.

$$D_2 a < 0 .$$

Diese Voraussetzungen sind offensichtlich bei dem einfachen Modell

$$\text{(8)} \qquad a(x,y) = \alpha - \beta y - \lambda x, \quad b(x,y) = \delta x - \gamma - \mu y$$

des ersten Paragraphen erfüllt. Im allgemeinen Fall sind in den Abbildungen 1 und 2 typische Situationen angegeben. In jedem dieser Fälle sind aufgrund von Korollar (16.10) die eingezeichneten Rechtecke positiv invariant und die dicken Punkte sind kritische Punkte. In Abb. 2 sind außerdem die vertikal und horizontal schraffierten Bereiche positiv invariant. Im Spezialfall (8) entsprechen die Abb. 1 bzw. 2 den Abb. 6 bzw. 5 von Paragraph 1.

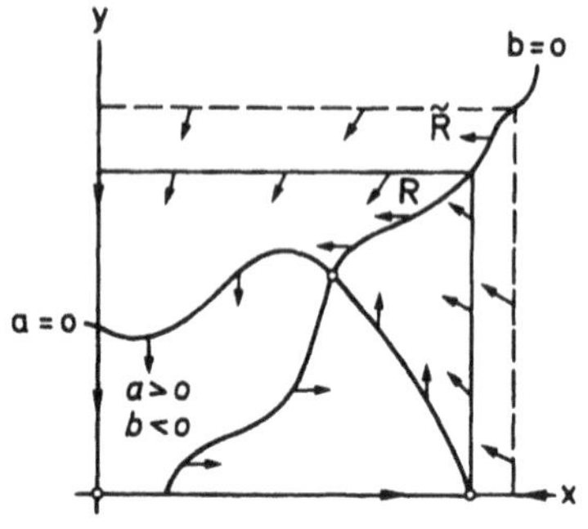


Abb. 1

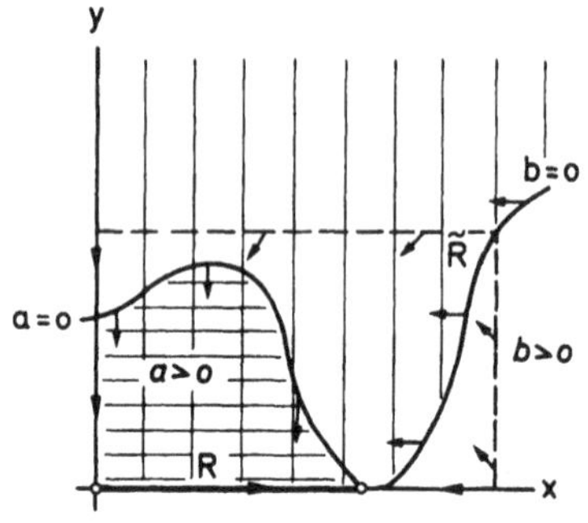


Abb. 2

(b) *Konkurrenzmodelle (Wettbewerbsmodelle).* Wir betrachten nun zwei Populationen, die um einen gemeinsamen Futtervorrat kämpfen. In diesem Zusammenhang sind die folgenden Annahmen sinnvoll:

(i) Wenn eine Population zunimmt, so nimmt die Wachstumsrate der anderen ab, d. h.

$$D_2 a < 0 \quad \text{und} \quad D_1 b < 0 .$$

(ii) Wenn eine Population sehr groß ist, kann sie nicht mehr wachsen („beschränktes Wachstum"), d. h. es gibt positive Konstanten $A$ und $B$ mit

$$a(x,y) \leqq 0 \quad \text{und} \quad b(x,y) \leqq 0 \quad \text{für} \quad x \geqq A \quad \text{oder} \quad y \geqq B .$$

(iii) Wenn eine Population fehlt, hat die andere zuerst eine positive und dann eine negative Wachstumsrate, d. h. es gibt positive Konstanten $\alpha$ und $\beta$ mit

$$a(x,0)(\alpha - x) > 0 \quad \forall x \in \mathbb{R}_+ \setminus \{\alpha\}$$

und

$$b(0,y)(\beta - y) > 0 \quad \forall y \in \mathbb{R}_+ \setminus \{\beta\} .$$

Typische Situationen sind in den Abbildungen 3 und 4 dargestellt.

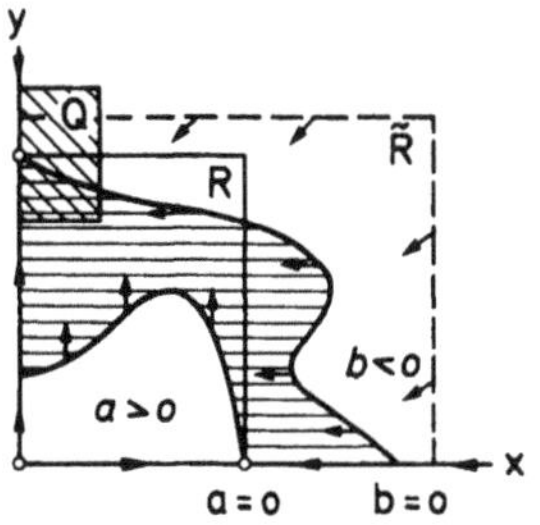


Abb. 3

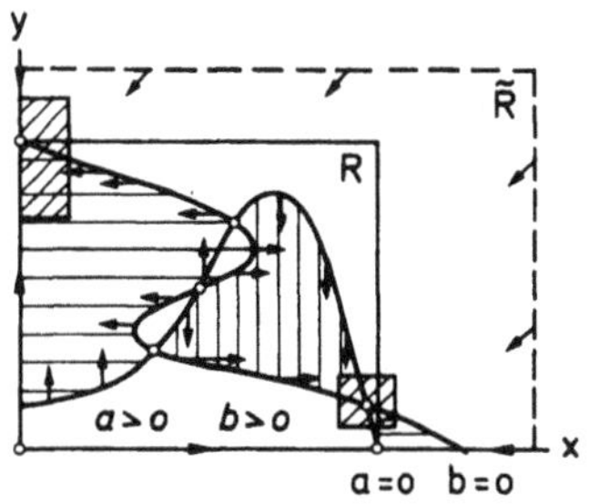


Abb. 4

In jedem Fall sind die horizontal und vertikal schraffierten Bereiche zwischen den beiden Kurven $a = 0$ und $b = 0$, ebenso wie die eingezeichneten Rechtecke, positiv invariant. Da die schräg schraffierten Rechtecke beliebig klein gewählt werden können, folgt, daß die darin enthaltenen kritischen Punkte (asymptotisch) stabil sind. Allgemein gilt: wenn sich die Kurven $a = 0$ und $b = 0$ in einem Punkt $P \in (0, \infty)^2$ transversal schneiden, in $P$ beide negative Steigung haben und die Steigung von $a = 0$ kleiner als die von $b = 0$ ist, so ist $P$ (asymptotisch) stabil. In diesem Fall können wir nämlich beliebig kleine positiv invariante Rechtecke um $P$ wählen, die ihre Ecken in den vier verschiedenen „Quadranten" haben. (Die Tatsache, daß asymptotische Stabilität vorliegt, ist zwar anschaulich klar, wird aber erst in Paragraph 18 exakt bewiesen werden.)

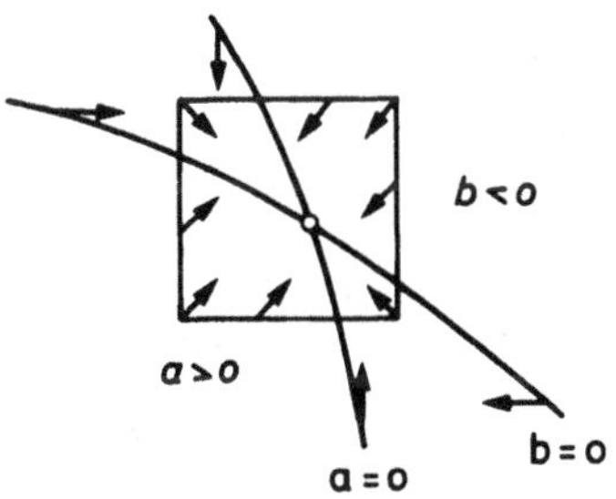


(c) *Symbiose-Modelle.* Wir nehmen nun an, die beiden Spezies lebten in Symbiose. Genauer machen wir folgende Annahmen:

(i) Wenn eine Population zunimmt, so nimmt die Wachstumsrate der anderen Population ebenfalls zu, d. h.

$$D_2 a > 0 \quad \text{und} \quad D_1 b > 0 .$$

(ii) Beide Populationen können nicht mehr anwachsen, wenn sie eine bestimmte Größe überschritten haben, d. h. es existieren positive Konstanten $A$ und $B$ mit

$$a(x, y) < 0 \quad \text{für} \quad x > A, y \in \mathbb{R}_+$$

und

$$b(x, y) < 0 \quad \text{für} \quad y > B, x \in \mathbb{R}_+ .$$

(iii) Wenn die Populationen sehr klein sind, nehmen sie zu, d. h.

$$a(0,0) > 0 \quad \text{und} \quad b(0,0) > 0 .$$

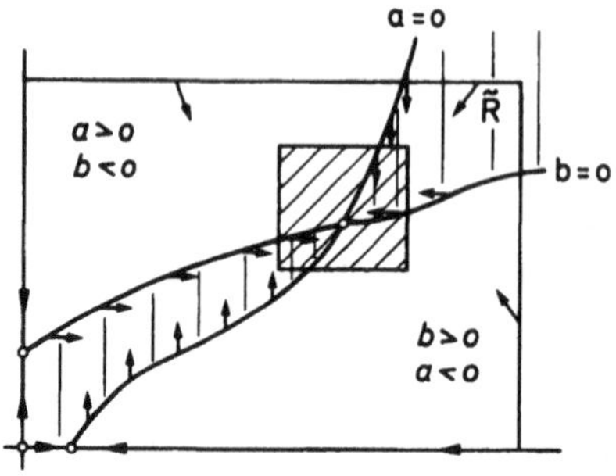


Abb. 5

Eine typische Situation ist wieder in der Abbildung 5 dargestellt. Die Rechtecke sowie die schraffierten Bereiche zwischen den Kurven sind positiv invariant. Da das schräg schraffierte Rechteck beliebig klein gewählt werden kann, ist der darin enthaltene kritische Punkt (asymptotisch) stabil.

In den Abbildungen 1–4 sind die positiv invarianten Rechtecke $R$ minimal gewählt. (In der Abbildung 2 ist $R$ zu einem Intervall $[0, x_0]$ der $x$-Achse degeneriert.) Jedes achsenparallele Rechteck $\tilde{R}$, das $R$ enthält, ist ebenfalls positiv invariant. Hieraus und aus Korollar (10.13) folgt, daß (7) auf $\mathbb{R}^2_+$ einen globalen Fluß erzeugt. Anschaulich ist es auch klar, daß für jedes $(\xi, \eta) \in \mathbb{R}^2_+ \setminus R$ gilt:

$$t \cdot (\xi, \eta) \to R \quad \text{für} \quad t \to \infty ,$$

d. h. alle Orbits „laufen in $R$ hinein", oder „$(\xi, \eta)$ wird von $R$ angezogen". In den nächsten Paragraphen werden wir Methoden entwickeln, welche uns erlauben, diesen Sachverhalt exakt zu beweisen. □

## Aufgaben

1. Es seien $J$ und $D$ offene Intervalle in $\mathbb{R}$ und $f \in C^{0,1-}(J \times D, \mathbb{R})$. Eine Funktion $v \in C^1(J, D)$ heißt *Unterlösung* für das AWP

(*) $\qquad \dot{x} = f(t, x), \quad x(\tau) = \xi ,$

wenn

(**) $\quad \dot{v}(t) \leqq f(t, v(t)), \; v(\tau) \leqq \xi$

für alle $t \in J$ gilt. Werden die Ungleichungen in (**) umgedreht, heißt $v$ *Oberlösung* für das AWP (*). Beweisen Sie: *sind $\bar{v}$ eine Unterlösung und $\hat{v}$ eine Oberlösung von (*) mit $\bar{v} \leqq \hat{v}$, so besitzt (*) genau eine Lösung $u$ auf ganz $J \cap [\tau, \infty)$, und auf $J \cap [\tau, \infty)$ gilt $\bar{v} \leqq u \leqq \hat{v}$.*

2. Zeigen Sie, daß der positive Hyperoktand $\mathbb{R}^m_+$ für den von den Goodwin-Gleichungen $(G)$ erzeugten Fluß positiv invariant ist. Zeigen Sie weiter, daß der positive Halbfluß auf $\mathbb{R}^m_+$ global ist. Bestimmen Sie eine kompakte positiv invariante Teilmenge $M \subset \mathbb{R}^m_+$.

3. Zeigen Sie, daß $\mathbb{R}^3_+$ für die Field-Noyes-Gleichungen $(F\text{-}N)$ positiv invariant ist, und bestimmen Sie einen möglichst kleinen kompakten positiv invarianten Quader, falls $q < 1$ ist. Zeigen Sie, daß der positive Halbfluß auf $\mathbb{R}^3_+$ global ist.

4. In ihren Untersuchungen über die Übertragung von Impulsen in Nervensträngen, für die sie 1959 den Nobelpreis erhielten, stellten *Hodgkin* und *Huxley* das folgende System von Reaktions-Diffusionsgleichungen auf:

$$(H\text{-}H) \qquad \begin{aligned} cu_t - \frac{1}{R}u_{xx} &= g(u, v, w, z) \\ v_t - \varepsilon_1 v_{xx} &= g_1(u)(h_1(u) - v) \\ w_t - \varepsilon_2 w_{xx} &= g_2(u)(h_2(u) - w) \\ z_t - \varepsilon_3 z_{xx} &= g_3(u)(h_3(u) - z). \end{aligned}$$

Hierbei ist

$$g(u, v, w, z) := k_1 v^3 w(c_1 - u) + k_2 z^4 (c_2 - u) + k_3(c_3 - u),$$

$c, R, k_i$ sind positive Konstanten, $c_1 > c_3 > 0 > c_2$ und $\varepsilon_i \geqq 0$, $i = 1, 2, 3$. Die Funktionen $g_i$ und $h_i$ sind $C^1$ und erfüllen die Ungleichungen $g_i > 0$ und $0 < h_i < 1$ punktweise, $i = 1, 2, 3$. Mit $U := (u, v, w, z)$ und dem (eindimensionalen) Laplaceoperator $\Delta U := (\Delta u, \Delta v, \Delta w, \Delta z)$ kann $(H\text{-}H)$ in der Form

$$(***) \qquad \frac{\partial U}{\partial t} - D \Delta U = f(U)$$

geschrieben werden, wobei die Diffusionsmatrix $D$ eine Diagonalmatrix mit nichtnegativen Elementen ist. In der Theorie solcher Reaktions-Diffusionsgleichungen spielen positiv invariante achsenparallele (Hyper-)Rechtecke der zugehörigen gewöhnlichen Differentialgleichung – der zu (***) gehörigen sog. *kinetischen Gleichung* –

$$\dot{y} = f(y), \; y \in \mathbb{R}^m \quad (m = 4 \quad \text{in} \quad (***)),$$

eine wichtige Rolle.

Bestimmen Sie für die zu $(H\text{-}H)$ gehörige kinetische Gleichung ein möglichst kleines positiv invariantes Rechteck in $\mathbb{R}^4$.

5. Da die Hodgkin-Huxley-Gleichungen ernsthafte mathematische Schwierigkeiten bereiten, wurden einfachere Modelle aufgestellt, welche wesentliche Phänomene des vollen

H-H-Modells wiederzugeben in der Lage sind. Ein besonders bekanntes Modell ist das *FitzHugh-Nagumo*-System:

$$\text{(FH-N)} \quad \begin{aligned} u_t - \varepsilon u_{xx} &= \sigma v - \gamma u \\ v_t - v_{xx} &= g(v) - u . \end{aligned}$$

Hierbei sind $\sigma$ und $\gamma$ positive Konstanten, $\varepsilon \geqq 0$, und $g \in C^1(\mathbb{R}, \mathbb{R})$ hat die qualitative Form eines kubischen Polynoms, d. h.

$$g(v) = -v(v-a)(v-b)$$

mit $0 < a < b$.

Bestimmen Sie ein möglichst kleines positiv invariantes Rechteck für die zu (FH-N) gehörige kinetische Gleichung.

## 17. Limesmengen und Attraktoren

In diesem Paragraphen sei $X$ ein metrischer Raum, und $\varphi : \Omega \to X$ sei ein *Halbfluß* auf $X$.

Für jedes $x \in X$ wird die *positive Limesmenge* (die *ω-Limesmenge*) $\omega(x)$ *von* $x$ durch

$$\text{(1)} \qquad \omega(x) := \bigcap_{t>0} \overline{\gamma^+(t \cdot x)}$$

definiert. Ist $\varphi$ ein *Fluß*, wird die *negative Limesmenge* (die *α-Limesmenge*) $\omega^-(x)$ *von* $x$ durch

$$\omega^-(x) := \bigcap_{t<0} \overline{\gamma^-(t \cdot x)}$$

gegeben.

**(17.1) Bemerkungen:** (a) Ist $\varphi$ ein Fluß, so ist $\omega^-(x)$ offensichtlich die positive Limesmenge von $x$ bezüglich des zugehörigen negativen Halbflusses $\varphi^-$ (vgl. Bemerkung (16.1)). Folglich genügt es i. a., sich mit der positiven Limesmenge zu beschäftigen.

(b) Ist $t^+(x) < \infty$, so ist $\omega(x)$ leer.

(c) *Für jedes* $x \in X$ *mit* $t^+(x) = \infty$ *gilt:*

$$\omega(x) = \{y \in X \mid \exists\, t_k \to \infty \ \ \textit{mit} \ \ t_k \cdot x \to y\} .$$

Ist nämlich $(t_k)$ eine Folge in $\mathbb{R}_+$ mit $t_k \to \infty$ und $t_k \cdot x \to y$, so gilt $y \in \overline{\gamma^+(x)}$. Wegen $y = \lim t_k \cdot x = \lim (t_k - t) \cdot (t \cdot x)$ folgt $y \in \overline{\gamma^+(t \cdot k)}$ für alle $t \geqq 0$, also $y \in \omega(x)$.

Umgekehrt sei $y \in \omega(x)$, also $y \in \overline{\gamma^+(t \cdot x)}$ für alle $t \geqq 0$. Folglich gibt es zu jedem $k \in \mathbb{N}$ ein $n(k) > k$ mit $n(k) \cdot x \in \mathbb{B}(y, 1/k)$. Mit $t_k := n(k)$ gilt dann $t_k \to \infty$ und $t_k \cdot x \to y$.

(d) *Für jedes* $x \in X$ *mit* $t^+(x) = \infty$ *ist* $\overline{\gamma^+(x)} = \gamma^+(x) \cup \omega(x)$.

(e) *Für jedes* $x \in X$ *sind* $\overline{\gamma^+(x)}$ *und* $\omega(x)$ *abgeschlossen und positiv invariant.*

Die Abgeschlossenheit ist klar. Da $\gamma^+(x)$ positiv invariant ist, folgt die positive Invarianz von $\overline{\gamma^+(x)}$ aus (16.3e). Nun erhalten wir die positive Invarianz von $\omega(x)$ aus (1) und (16.3d).

(f) $\omega(x) = \omega(t \cdot x)$ *für* $0 \leqq t < t^+(x)$. □

Unter einer zusätzlichen Kompaktheitsvoraussetzung erhalten wir die folgende wichtige Verschärfung von (17.1e). Hier und im folgenden sagen wir, $t \cdot x$ *konvergiere für* $t \to t^+$ *gegen die Menge* $M \subset X$,

$$t \cdot x \to M \quad \text{für} \quad t \to t^+,$$

wenn es zu jeder Umgebung $U$ von $M$ ein $t_U < t^+$ gibt mit $t \cdot x \in U$ für $t \geqq t_U$. Mit den offensichtlichen Modifikationen definiert man die Konvergenz einer Punktfolge gegen eine Menge.

**(17.2) Theorem:** *Es sei* $\gamma^+(x)$ *relativ kompakt. Dann ist* $\omega(x)$ *nicht leer, kompakt, zusammenhängend, invariant und*

$$t \cdot x \to \omega(x) \quad \textit{für} \quad t \to \infty.$$

**Beweis:** Nach Korollar (10.13) ist $t^+(x) = \infty$. Folglich ist $\gamma^+(t \cdot x) \neq \emptyset$ für jedes $t \in \mathbb{R}_+$. Da aus $0 \leqq t \leqq s$ stets $\gamma^+(t \cdot x) \supset \gamma^+(s \cdot x)$ folgt, ist $\overline{\gamma^+(t \cdot x)} \neq \emptyset$ und kompakt für jedes $t \in \mathbb{R}_+$, und die Mengen $\overline{\gamma^+(t \cdot x)}, t \geqq 0$, besitzen die „endliche Durchschnittseigenschaft" (d. h. je endlich viele haben einen nichtleeren Durchschnitt). Also ist $\omega(x) = \bigcap_{t \geqq 0} \overline{\gamma^+(t \cdot x)}$ nicht leer und kompakt (z. B. Dugundji [1], Schubert [1]). Nach (17.1e) ist $\omega(x)$ positiv invariant.

Es sei nun $U$ eine offene Umgebung von $\omega(x)$, und $t_k \to \infty$ sei eine Folge mit $t_k \cdot x \notin U$. Aufgrund der Kompaktheit von $U^c \cap \overline{\gamma^+(x)}$ gibt es dann eine Teilfolge $(t_{k'})$ und ein $y \in U^c$ mit $t_{k'} \cdot x \to y$. Also ist nach (17.1c) $\omega(x) \cap U^c \neq \emptyset$, was unmöglich ist. Folglich konvergiert $t \cdot x$ gegen $\omega(x)$ für $t \to \infty$.

Wir nehmen nun an, $\omega(x)$ sei nicht zusammenhängend. Dann gilt $\omega(x) = \omega_1 \cup \omega_2$ mit abgeschlossenen, nichtleeren und disjunkten Mengen $\omega_1$ und $\omega_2$. Da $\omega(x)$ kompakt ist, sind auch die $\omega_i$ kompakt, und da ein metrischer Raum normal ist, existieren disjunkte offene Umgebungen $U_i$ von $\omega_i, i = 1, 2$. Wegen $t \cdot x \to \omega(x)$ gibt es ein $t \in \mathbb{R}_+$ mit $\gamma^+(t \cdot x) \subset U_1 \cup U_2$ und $\gamma^+(t \cdot x) \cap U_i \neq \emptyset$, wegen $\omega_i \neq \emptyset$, $i = 1, 2$, und (17.1c). Also ist $\gamma^+(t \cdot x)$ nicht zusammenhängend, was falsch ist, da $\gamma^+(t \cdot x)$ das stetige Bild des Intervalls $[t, \infty)$ ist. Folglich ist $\omega(x)$ zusammenhängend.

Es sei $y_0 \in \omega(x)$. Dann existiert nach (17.1 c) eine Folge $t_k \to \infty$ mit $t_k \cdot x \to y_0$. Wegen der Kompaktheit von $\overline{\gamma^+(x)}$ existiert eine Teilfolge $t_{k_1} \to \infty$ mit $\lim_{k_1 \to \infty} (t_{k_1} - 1) \cdot x = y_1$ für ein geeignetes $y_1 \in \omega(x)$. Induktiv erhalten wir für jedes $j \in \mathbb{N}$ eine Teilfolge $(t_{k_j})$ der vorhergehenden Teilfolge und $y_j \in \omega(x)$ mit $\lim_{k_j \to \infty} (t_{k_j} - j) \cdot x = y_j$. Dann gilt für die Diagonalfolge $t_i' := t_{i_i}$, $i \in \mathbb{N}$,

$$(t_i' - j) \cdot x \to y_j \quad \text{für} \quad i \to \infty$$

und jedes $j \in \mathbb{N}$.

Es sei nun $0 \leqq k \leqq j$. Dann folgt aus

$$\begin{aligned} y_k &= \lim_{i \to \infty} (t_i' - k) \cdot x = \lim_{i \to \infty} (t_i' - j + j - k) \cdot x \\ &= \lim_{i \to \infty} (j - k) \cdot (t_i' - j) \cdot x = (j - k) \cdot \lim_{i \to \infty} (t_i' - j) \cdot x = (j - k) \cdot y_j , \end{aligned}$$

daß für $t \in \mathbb{R}$ mit $-t \leqq k \leqq j$ gilt

$$(t + j) \cdot y_j = (t + k + j - k) \cdot y_j = (t + k) \cdot (j - k) \cdot y_j = (t + k) \cdot y_k .$$

Also können wir $u : \mathbb{R} \to X$ durch

$$u(t) := (t + j) \cdot y_j \quad \text{für} \quad t + j \geqq 0, \ j \in \mathbb{N} ,$$

definieren. Da $\omega(x)$ positiv invariant ist, folgt $u(\mathbb{R}) \subset \omega(x)$, und es ist klar, daß $u$ eine Lösung des Halbflusses durch $y_0$ ist. Da $y_0 \in \omega(x)$ beliebig war, ist somit $\omega(x)$ invariant. □

**(17.3) Bemerkung:** Ist $\gamma^+(x)$ relativ kompakt, so zeigt der obige Beweis, daß durch jeden Punkt $y \in \omega(x)$ eine auf ganz $\mathbb{R}$ definierte Lösung $u$ – eine *globale Lösung* – geht mit $u(\mathbb{R}) \subset \omega(x)$. □

**(17.4) Beispiele:** (a) *$x$ ist genau dann ein periodischer Punkt, wenn gilt: $\gamma^+(x) = \omega(x)$ und $\gamma^+(x)$ ist kompakt.*

Die Notwendigkeit der Bedingung ist klar. Es sei also $\gamma^+(x) = \omega(x)$, und $\gamma^+(x)$ sei kompakt. Dann gibt es nach (17.3) durch $x$ eine globale Lösung $u$. Folglich gilt $\tau \cdot u(-\tau) = u(0)$ für jedes $\tau > 0$. Wegen $u(\mathbb{R}) \subset \omega(x) = \gamma^+(x)$ existiert zu festem $\tau > 0$ ein $\tau' \geqq 0$ mit $u(-\tau) = \tau' \cdot x$. Dann folgt für jedes $t \geqq 0$

$$(t + \tau + \tau') \cdot x = t \cdot \tau \cdot \tau' \cdot x = t \cdot \tau \cdot u(-\tau) = t \cdot u(0) = t \cdot x .$$

Also ist $x$ periodisch mit der Periode $\tau + \tau' > 0$.

Wenn der Halbfluß nicht negativ eindeutig ist und wenn $x$ ein periodischer Punkt ist, so kann es durch $x$ natürlich Lösungen geben, die nicht in $\omega(x)$ liegen.

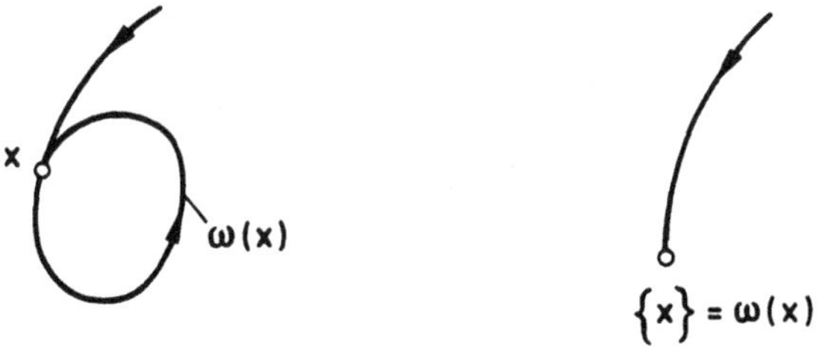


Eine derartige Situation kann bei Flüssen nicht auftreten. Hier gilt sogar:

(b) *Ist $\varphi$ ein Fluß, so ist $x$ genau dann periodisch, wenn gilt:* $\gamma(x) = \omega(x)$ *und* $\gamma(x)$ *ist kompakt.*

Dies folgt sofort durch Anwendung von (a) auf den positiven und den negativen Halbfluß von $\varphi$.

(c) Für den durch die Differentialgleichung $\dot{r} = r(1-r)$, $\dot{\vartheta} = 1$ (Polarkoordinaten) erzeugten ebenen Fluß gilt: $\omega(0) = \{0\}$, $\omega(x) = \mathbb{S}^1$ für $x \in \mathbb{R}^2 \setminus \{0\}$, $\omega^-(x) = \emptyset$ für $|x| > 1$, $\omega^-(x) = \mathbb{S}^1$ für $|x| = 1$ und $\omega^-(x) = \{0\}$ für $|x| < 1$.

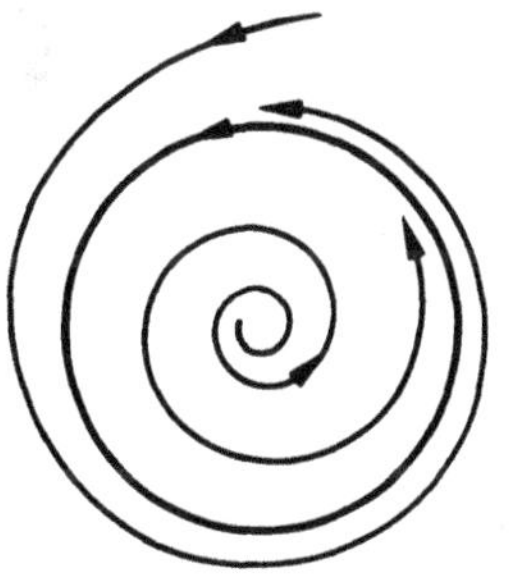

(d) Es sei $\varphi$ ein hyperbolischer linearer Fluß $e^{tA}$.

Dann gilt:

$$\begin{aligned} \omega(x) &= \{0\} \quad \forall x \in E_s, \\ \omega(x) &= \emptyset \quad \forall x \in E \setminus E_s, \\ \omega^-(x) &= \{0\} \quad \forall x \in E_u, \\ \omega^-(x) &= \emptyset \quad \forall x \in E \setminus E_u. \end{aligned}$$

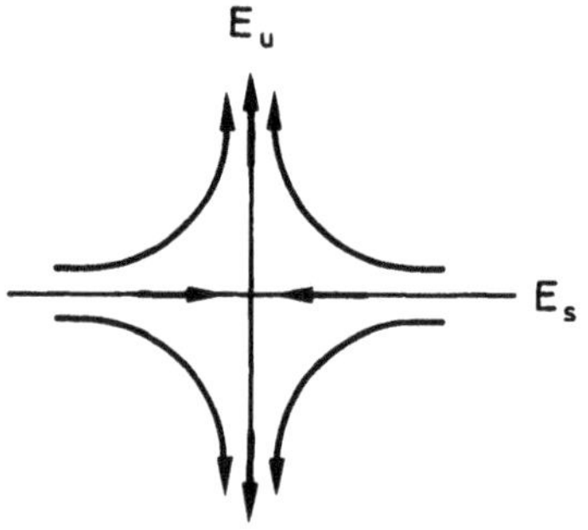


(e) Es sei $t \cdot (\xi, \eta) = (e^{2\pi i t}\xi, e^{2\pi i \alpha t}\eta)$ der „lineare" Fluß auf dem Torus $T^2 = \mathbb{S}^1 \times \mathbb{S}^1$. Ist $\alpha \in \mathbb{Q}$, so ist jeder Punkt periodisch (vgl. Aufgabe 2c von Abschnitt 10). Also gilt $\gamma(x) = \omega(x)$ für jedes $x \in T^2$. Ist dagegen $\alpha$ irrational, so ist jeder Orbit dicht in $T^2$. Also gilt in diesem Fall $\omega(x) = T^2$ für jedes $x \in T^2$.

(f) Wenn wir den obigen linearen Fluß auf $T^2$ für $\alpha \in \mathbb{R} \setminus \mathbb{Q}$ auf einen einzigen Orbit einschränken, d. h. $X = \gamma(x)$ für ein festes $x \in T^2$, so erhalten wir einen Fluß auf $X$, für den offensichtlich gilt $\gamma(x) = \omega(x)$, aber $x$ ist nicht periodisch. Dies zeigt, daß auf die Kompaktheitsforderungen in (a) und (b) nicht verzichtet werden kann. □

In Verallgemeinerung der in Paragraph 15 eingeführten Begriffe sagen wir nun, ein Punkt $x \in X$ werde von der Menge $M \subset X$ *angezogen*, wenn

$$t^+(x) = \infty \quad \text{und} \quad t \cdot x \to M \quad \text{für} \quad t \to \infty$$

gilt. Die Menge

$$\mathscr{A}(M) := \{x \in X \mid x \text{ wird von } M \text{ angezogen}\}$$

ist der *Anziehungsbereich* von $M$, und $M$ ist *attraktiv* (oder *ein Attraktor*), wenn $\mathscr{A}(M)$ eine Umgebung von $M$ ist. Im Falle $\mathscr{A}(M) = X$ sagt man, $M$ sei ein *globaler Attraktor*.

**(17.5) Bemerkungen:** (a) Es ist offensichtlich, *daß $\mathscr{A}(M)$ positiv invariant ist.* Ferner ist klar, daß für jedes $x \in \mathscr{A}(M)$ und jede Lösung $u: J \to X$ durch $x$ gilt: $u(J) \subset \mathscr{A}(M)$. *Ist also $\varphi$ ein Fluß, so ist $\mathscr{A}(M)$ invariant.*

(b) *Ist $M$ ein Attraktor, so ist $\mathscr{A}(M)$ offen.*

In der Tat, da $U := \operatorname{int}(\mathscr{A}(M))$ eine offene Umgebung von $M$ ist, existiert zu $x \in \mathscr{A}(M)$ ein $\tau \geqq 0$ mit $t \cdot x \in U$ für $t \geqq \tau$. Wegen der Stetigkeit von $\varphi^\tau : \Omega_\tau \to X$, und da $\Omega_\tau$ offen ist in $X$, ist $W := (\varphi^\tau)^{-1}(U)$ eine offene Umgebung von $x$ in $X$. Also ist $\mathscr{A}(M)$ offen.

(c) $\omega(x) \subset \bar{M}$ *für jedes* $x \in \mathscr{A}(M)$.

Dies folgt unmittelbar aus (17.1c). □

**(17.6) Beispiele:** (a) Sind $X \subset E$ offen und $f \in C^{1-}(X, E)$ mit $f(x_0) = 0$, so ist $\{x_0\}$ genau dann ein Attraktor für den von $f$ erzeugten Fluß, wenn $x_0$ ein attraktiver kritischer Punkt im Sinne des Paragraphen 15 ist.

(b) Für den von

$$\dot{x} = -y + x \sin^2(\pi/r)$$
$$\dot{y} = x + y \sin^2(\pi/r)$$

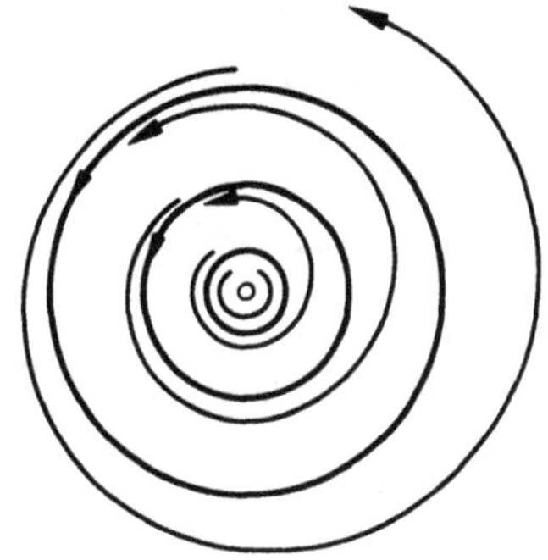

mit $r^2 := x^2 + y^2$ erzeugten Fluß in $\mathbb{R}^2$ gilt: der Nullpunkt ist kritisch und die Kreise $(1/n)\mathbb{S}^1$ um 0 mit Radien $1/n$ sind periodische Orbits. Alle anderen Orbits sind Spiralen, die sich gegen die äußeren Kreise (bzw. „gegen $\infty$") drehen für $t \to \infty$. Also wird jeder Punkt $(x, y) \in \mathbb{B}(0, 1/n) \setminus \bar{\mathbb{B}}(0, 1/(n+1))$ von $(1/n)\mathbb{S}^1$ angezogen, aber keiner der Orbits $(1/n)\mathbb{S}^1$ ist ein Attraktor.

(c) In dem in Aufgabe 1 von Paragraph 15 beschriebenen Fluß ist jeder der Kreise $(1/2n)\mathbb{S}^1$ ein Attraktor mit $\mathscr{A}((1/2n)\mathbb{S}^1) = \mathbb{B}(0, 1/(2n-1)) \setminus \bar{\mathbb{B}}(0, 1/(2n+1))$ für $n \in \mathbb{N}^*$.

(d) Ist $\gamma^+(x)$ relativ kompakt, so folgt aus Theorem (17.2) und den Bemerkungen (17.1 d) und (17.1 f), daß $\gamma^+(x) \subset \mathscr{A}(\omega(x))$ gilt. □

Die Menge $M \subset X$ heißt *stabil*, wenn es zu jeder Umgebung $U$ von $M$ und jedem $x \in M$ eine Umgebung $V$ von $x$ gibt mit $t^+(y) = \infty$ für alle $y \in V$, und $t \cdot V \subset U$ für $t \geqq 0$. Sie heißt *asymptotisch stabil*, wenn sie stabil und attraktiv ist. Ist $M$ nicht stabil, so ist $M$ *instabil*.

**(17.7) Bemerkungen:** (a) *Sind $X$ lokalkompakt und $M$ kompakt, so ist $M$ genau dann stabil, wenn es zu jedem $x \in M$ und jeder Umgebung $U$ von $M$ eine Umgebung $V$ von $x$ gibt mit*

$$t \cdot y \in U \quad \forall t \in [0, t^+(y)), \quad \forall y \in V.$$

Die Notwendigkeit der Bedingung ist klar. Ist umgekehrt die obige Bedingung erfüllt, so können wir aufgrund der Kompaktheit von $M$ und der Lokalkompaktheit von $X$ kompakte Umgebungen $U$ von $M$ wählen. Dann folgt $t^+(y) = \infty$ für $y \in V$ aus Korollar (10.13).

(b) Ist $x_0$ ein kritischer Punkt des von dem Vektorfeld $f \in C^{1-}(X, E)$, $X \subset E$ offen, erzeugten Flusses, so ist $\{x_0\}$ genau dann (asymptotisch) stabil, wenn $x_0$ (asymptotisch) stabil im Sinne von Ljapunov ist.

(c) Ist $\gamma^+(x)$ stabil (bzw. attraktiv bzw. asymptotisch stabil), so sagt man, $x$ (oder $\varphi_x$ oder $\gamma^+(x)$) sei *orbital stabil* (bzw. *orbital attraktiv bzw. orbital asymptotisch stabil*).

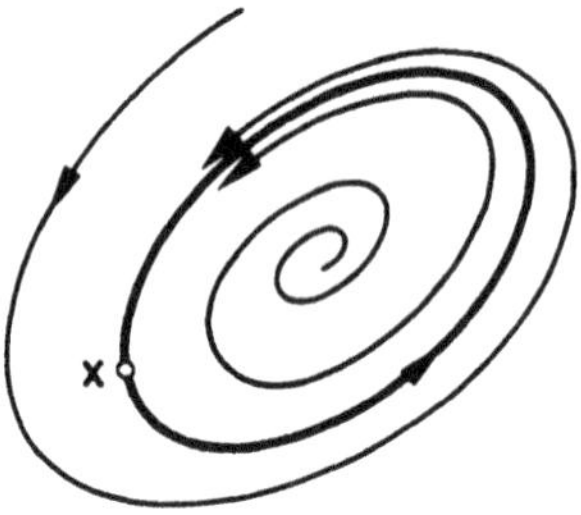


x orbital asymptotisch stabil

(d) *Ist M stabil und abgeschlossen, so ist M positiv invariant.*

Dies folgt unmittelbar aus der offensichtlichen Relation: $M = \cap\{U \mid U$ ist Umgebung von $M\}$. □

## Aufgaben

1. Zeichnen Sie das Phasenporträt des von

$$\dot{r} = r(1-r), \quad \dot{\vartheta} = \sin^2(\vartheta/2)$$

(Polarkoordinaten) erzeugten Flusses in $\mathbb{R}^2$ und bestimmen Sie die positiven und negativen Limesmengen für jedes $x \in \mathbb{R}^2$.

2. Es sei $\varphi$ ein Halbfluß auf dem metrischen Raum $X$. Beweisen Sie: ist $\{x_0\}$ stabil, so ist $x_0$ ein kritischer Punkt.

3. Es sei $\varphi$ ein Halbfluß auf dem metrischen Raum $X$. Eine Flußlinie $\varphi_x$ (engl.: *motion*) heißt *Ljapunov-stabil,* wenn zu jedem $\varepsilon > 0$ ein $\delta > 0$ existiert, derart, daß für jedes $y \in \mathbb{B}(x, \delta)$ gilt:

$$t^+(y) = \infty \quad \text{und} \quad d(t \cdot y, t \cdot x) < \varepsilon \quad \forall t \geqq 0.$$

Zeigen Sie:

(i) Ist $x$ ein kritischer Punkt, so ist $\varphi_x$ genau dann Ljapunov-stabil, wenn $x$ stabil ist (im alten Sinn!).

(ii) Wenn $\varphi_x$ Ljapunov stabil ist, so ist $\gamma^+(x)$ orbital stabil.

(iii) Die Mengen $X_b := \{x \in X \mid \gamma^+(x) \text{ ist beschränkt}\}$ und $X_k := \{x \in X \mid \gamma^+(x) \text{ ist relativ kompakt}\}$ sind positiv invariant. Sind alle Flußlinien Ljapunov stabil, dann sind $X_b$ und $X_k$ abgeschlossen.

## 18. Ljapunovfunktionen

In der Diskussion Hamiltonscher Gleichungen im Paragraphen 3 haben wir (z. B. zum Zeichnen des Phasenporträts des mathematischen Pendels) wesentlich davon Gebrauch gemacht, daß der Energieerhaltungssatz gilt, d. h. daß ein erstes Integral existiert. Wenn nämlich ein erstes Integral existiert, so müssen die Orbits auf Niveauflächen liegen, was – z. B. bei beschränkten Niveauflächen – eine Art von Stabilitätsaussage darstellt. Diese Idee wollen wir nun beträchtlich verallgemeinern, was zu wichtigen und äußerst nützlichen Methoden der Stabilitätsanalyse führen wird.

Es sei $X$ wieder ein metrischer Raum, und $\varphi : \Omega \to X$, $(t, x) \mapsto t \cdot x$ sei ein Halbfluß auf $X$. Ferner sei $M \subset X$ und $V: M \to \mathbb{R}$ sei stetig. Dann definieren wir für jedes $x \in M$ die *orbitale Ableitung* $\dot{V}(x)$ im Punkt $x$ durch

$$\dot{V}(x) := \varliminf_{t \to 0+} t^{-1}(V(t \cdot x) - V(x)),$$

falls $x$ ein Häufungspunkt von $M \cap [0, \varepsilon) \cdot x$ für ein $\varepsilon \in (0, t^+(x))$ ist, und durch $\dot{V}(x) := -\infty$ sonst. Gibt es zu $x \in M$ ein $\varepsilon \in (0, t^+(x))$ mit $[0, \varepsilon) \cdot x \subset M$, so ist $\dot{V}(x)$ gerade die rechte untere Diniableitung der stetigen Funktion $[0, \varepsilon) \to \mathbb{R}$, $t \mapsto V(t \cdot x)$ im Punkt 0.

Die stetige Funktion $V: M \to \mathbb{R}$ heißt *Ljapunovfunktion* für $\varphi$ *auf* (oder für) $M$, falls

gilt.

**(18.1) Bemerkungen:** (a) Es sei $X$ eine offene Teilmenge eines reellen Banachraumes $E$, und $\varphi$ sei der von $f \in C^{1-}(X, E)$ erzeugte Fluß. Ist dann $V: X \to \mathbb{R}$ differenzierbar, so folgt aus der Kettenregel sofort

$$(1) \qquad \dot{V}(x) = \langle DV(x), f(x) \rangle \quad \forall x \in X.$$

Hierbei stellt $\langle .\,, . \rangle : E' \times E \to \mathbb{K}$ die „Dualitätspaarung" zwischen dem Dualraum $E'$ von $E$ und $E$ dar, d. h. $\langle x', x \rangle$ ist der Wert des stetigen linearen Funktionals $x' \in E'$ an der Stelle $x$. Ist $(E, (.\,|\,.))$ ein Hilbertraum (also insbesondere der $\mathbb{R}^m$), und wird der Gradient $\nabla V$ von $V$ durch

$$(\nabla V(x) \mid y) = \langle DV(x), y \rangle \quad \forall x \in X, \ \forall y \in E$$

erklärt (vgl. (16.11c)), so gilt

(2) $$\dot{V}(x) = (\nabla V(x) | f(x)) \quad \forall x \in X.$$

Die Formel (1) zeigt insbesondere, daß *unter den obigen Voraussetzungen die „orbitale Ableitung“ $\dot{V}(x)$, d. h. die Ableitung von V längs der Orbits, ohne Kenntnis des Flusses, allein aus dem Vektorfeld, berechnet werden kann.*

(b) Die wesentlichste Eigenschaft einer Ljapunovfunktion ist die Tatsache, daß *sie längs Orbits abnimmt.* Genauer gilt:

*V sei eine Ljapunovfunktion für $\varphi$ auf M, und es sei $t \cdot x \in M$ für $0 \leqq t \leqq T < t^+(x)$. Dann ist die Funktion $t \mapsto V(t \cdot x)$ auf $[0, T]$ fallend, und*

(3) $$V(t \cdot x) \leqq V(x) + \int_0^t \dot{V}(\tau \cdot x) d\tau \quad \text{für} \quad 0 \leqq t < T.$$

*Ist umgekehrt M positiv invariant und ist die stetige Funktion $V: M \to \mathbb{R}$ fallend längs Orbits, so ist sie eine Ljapunovfunktion.*

Um dies zu sehen, setzen wir $f(t) := V(t \cdot x)$ für $0 \leqq t < T$. Dann gilt für die rechte untere Diniableitung

$$D_+ f(t) = \dot{V}(t \cdot x) \leqq 0 \quad \forall t \in [0, T).$$

Es sei $\varepsilon > 0$ beliebig, und $f_\varepsilon(t) := f(t) - \varepsilon t$. Dann gilt $D_+ f_\varepsilon(t) \leqq -\varepsilon$ für $t \in [0, T)$. Wenn $f_\varepsilon$ nicht fallend ist, so gibt es Zahlen $0 \leqq t_0 < t_1 < T$ mit $f_\varepsilon(t_1) > f_\varepsilon(t_0)$. Aufgrund der Stetigkeit von $f_\varepsilon$ können wir (durch eventuelles Vergrößern von $t_0$) annehmen, daß $f_\varepsilon(t) > f_\varepsilon(t_0)$ für $t \in (t_0, t_1)$ gilt. Dann folgt aber $D_+ f_\varepsilon(t_0) \geqq 0$, was unmöglich ist. Also ist $f_\varepsilon$ fallend. Für $\varepsilon \to 0$ folgt hieraus, daß auch $f$ fallend, und somit f. ü. differenzierbar, ist. Ferner gilt: $f' = D_+ f$ f. ü., $f'$ ist integrierbar auf $[0, T]$ und

$$f(t) - f(0) = \varphi(t) + \int_0^t f'(s) ds, \quad 0 \leqq t < T,$$

mit einer stetigen fallenden Funktion $\varphi$, deren Ableitung f. ü. verschwindet (vgl. z. B. Theorem 8.18 in Rudin [1]). Hieraus folgt der erste Teil der Behauptung. Die Umkehrung ist trivial.

(c) *Ist V eine Ljapunovfunktion auf M und existiert ein $\alpha > 0$ mit $\dot{V}(y) \leqq -\alpha V(y)$ für alle $y \in M$, dann gilt für jedes $x \in M$ und $T \in [0, t^+(x))$ mit $[0, T] \cdot x \subset M$:*

$$V(t \cdot x) \leqq e^{-\alpha t} V(x) \quad \forall t \in [0, T).$$

In der Tat, da $t \mapsto V(t \cdot x)$ fallend ist, folgt aus (3)

$$V(x) - V(t \cdot x) \geqq \alpha \int_0^t V(\tau \cdot x) d\tau \geqq \alpha t V(t \cdot x)$$

für $t \in [0, T)$. Somit erhalten wir für $t \in [0, T)$ und $n = 2, 3, \ldots$

$$V(x) \geqq \left(1+\frac{\alpha t}{n}\right) V\left(\frac{t}{n}\cdot x\right) \geqq \left(1+\frac{\alpha t}{n}\right)^2 V\left(\frac{2t}{n}\cdot x\right)$$
$$\geqq \cdots \geqq \left(1+\frac{\alpha t}{n}\right)^n V(t\cdot x).$$

Für $n \to \infty$ folgt nun $V(x) \geqq e^{\alpha t} V(t\cdot x)$, also die Behauptung.

(d) Für manche Untersuchungen ist es günstig, auch nichtstetige Ljapunovfunktionen zuzulassen (z. B. Bhatia Szegö [1], Dafermos [1]). Der Einfachheit halber wollen wir nicht näher auf diese Verallgemeinerung eingehen. □

Das folgende Theorem zeigt, daß Ljapunovfunktionen zur Bestimmung positiv invarianter Mengen verwendet werden können.

**(18.2) Theorem:** *Es seien* $-\infty \leqq \gamma < \beta < \infty$, *und* $V \in C(X, \mathbb{R})$ *sei eine Ljapunovfunktion auf*

$$\{x \in X \mid \gamma < V(x) < \beta\}.$$

*Dann ist*

$$M_\alpha := \{x \in X \mid V(x) \leqq \alpha\}$$

*für jedes* $\alpha \in [\gamma, \beta)$ *positiv invariant.*

**Beweis:** Es sei $\gamma < \alpha < \beta$, und $x \in \partial M_\alpha \subset V^{-1}(\alpha)$ sei beliebig. Da $U := V^{-1}(\gamma, \beta)$ eine Umgebung von $x$ ist, existiert ein $\varepsilon > 0$ mit $[0, \varepsilon)\cdot x \subset U$. Da $V$ eine Ljapunovfunktion auf $U$ ist, folgt $V(t\cdot x) \leqq V(x) = \alpha$ für $t \in [0, \varepsilon)$ aus (3). Also ist $[0, \varepsilon)\cdot x \subset M_\alpha$, und nach (16.3f) ist $M_\alpha$ positiv invariant. Da schließlich $M_\gamma = \bigcap \{M_\alpha \mid \gamma < \alpha < \beta\}$ gilt, folgt die positive Invarianz von $M_\gamma$ aus (16.3d). □

Theorem (18.2) ist offensichtlich eng verwandt mit Theorem (16.9). Das letztere Theorem ist jedoch (unter den speziellen Umständen, unter denen es anwendbar ist) wesentlich schärfer, da nur eine Bedingung am Rand von $M_\alpha$ zu erfüllen ist, während in Theorem (18.2) $V$ eine Ljapunovfunktion (d. h. abnehmend auf Orbits) in einer ganzen Umgebung von $\partial M_\alpha$ sein muß.

Das folgende *LaSallesche Invarianzprinzip* zeigt, daß Ljapunovfunktionen dazu verwendet werden können, positive Limesmengen zu lokalisieren.

**(18.3) Theorem:** *Es sei* $M \subset X$ *abgeschlossen, und* $V \in C(M, \mathbb{R})$ *sei eine Ljapunovfunktion auf* $M \subset X$. *Ist dann* $\gamma^+(x) \subset M$, *so existiert ein* $\alpha \in \mathbb{R}$ *mit* $\omega(x) \subset V^{-1}(\alpha)$. *Insbesondere gilt*

$$\omega(x) \subset \{y \in M \mid \dot{V}(y) = 0\}.$$

**Beweis:** O.B.d.A. sei $\omega(x) \neq \emptyset$, also $t^+(x) = \infty$, nach (17.1 b). Nach (17.2 d) ist $\omega(x) \subset \overline{\gamma^+(x)}$, also $\omega(x) \subset M$, und da $V$ eine Ljapunovfunktion auf $M$ ist, ist die Funktion $t \mapsto V(t \cdot x)$ nach (18.1 b) fallend auf $\mathbb{R}_+$. Folglich konvergiert $V(t \cdot x)$ für $t \to \infty$ gegen

$$\alpha := \inf\{V(t \cdot x) \mid t \in \mathbb{R}_+\}.$$

Aufgrund der Stetigkeit von $V$ folgt aus (17.1 c), daß $V(y) = \alpha$ für alle $y \in \omega(x)$ gilt. Folglich ist insbesondere $\alpha$ endlich. Die letzte Behauptung folgt nun unmittelbar aus der positiven Invarianz von $\omega(x)$ (vgl. (17.1 e)). □

**(18.4) Korollar:** *Es sei $V \in C(M, \mathbb{R})$ eine Ljapunovfunktion auf der abgeschlossenen Menge $M \subset X$, und $\gamma^+(x)$ sei relativ kompakt mit $\gamma^+(x) \subset M$. Ferner sei $M_V$ die größte invariante Teilmenge von $\{x \in M \mid \dot{V}(x) = 0\}$. Dann gilt*

$$t \cdot x \to M_V \quad \textit{für} \quad t \to \infty.$$

**Beweis:** Dies folgt unmittelbar aus den Theoremen (17.2) und (18.3). □

**(18.5) Korollar:** *Es sei $M \subset X$ abgeschlossen und positiv invariant, und $V \in C(M, \mathbb{R})$ sei eine Ljapunovfunktion für $M$. Ist jeder positive Halborbit in $M$ relativ kompakt, so zieht $M_V$ jeden Punkt von $M$ an, d. h. $\mathscr{A}(M_V) \supset M$.*

Natürlich ist jeder Halborbit $\gamma^+(x) \subset M$ relativ kompakt, wenn $M$ kompakt ist. Dies ist die Situation, die i. a. bei Flüssen vorliegt, die von autonomen gewöhnlichen Differentialgleichungen erzeugt werden. Bei parabolischen Differentialgleichungen (z. B. Reaktions-Diffusionsgleichungen) ist. i. a. $M$ nicht kompakt, jedoch ist es oft möglich, die relative Kompaktheit von Halborbits in $M$ nachzuweisen.

Im folgenden wollen wir Ljapunovfunktionen zu Stabilitätsuntersuchungen heranziehen. Dazu verwenden wir folgende Bezeichnungen: ist $M \subset X$ nicht leer, so sei

$$d(x, M) := \operatorname{dist}(x, M) \quad \text{und} \quad \mathbb{B}(M, r) := \{x \in X \mid d(x, M) < r\}.$$

Es ist klar, daß $\mathbb{B}(M, r)$ eine offene Umgebung – *die r-Umgebung* – von $M$ ist.

Schließlich sagt man, die Menge $M$ sei *exponentiell stabil* (mit Exponent $\alpha$), falls positive Konstanten $\alpha, \gamma$ und $\delta$ existieren, derart, daß für alle $x \in \mathbb{B}(M, \delta)$ gilt:

$$(4) \qquad t^+(x) = \infty \quad \text{und} \quad d(t \cdot x, M) \leqq \gamma e^{-\alpha t} d(x, M)$$

für $t \geqq 0$. Gibt es positive Konstanten $\alpha$ und $\gamma$, so daß (4) für alle $x \in X$ richtig ist, so nennt man $M$ *global exponentiell stabil* (mit Exponent $\alpha$).

**(18.6) Bemerkungen:** (a) *Ist $M$ kompakt und global exponentiell stabil, so ist $M$ asymptotisch stabil.*

In der Tat, wenn $U$ eine beliebige Umgebung von $M$ ist, so ist $r := d(M, U^c) := \inf_{m \in M} d(m, U^c)$ wegen der Kompaktheit von $M$ und der Stetigkeit von $d(., M)$ positiv. Also ist $\mathbb{B}(M, r) \subset U$, und aus (4) folgt die Existenz eines $T > 0$ mit $t \cdot x \in U$ für $t \geqq T$. (Ist $M$ abgeschlossen, aber nicht kompakt, so braucht es zu einer Umgebung $U$ von $M$ keine $r$-Umgebung mit $\mathbb{B}(M, r) \subset U$ zu geben.

Beispiel: $X = \mathbb{R}^2_+$, $M = \{(x, y) \in X \mid xy \geqq 1\}$, $U = (0, \infty)^2$.)

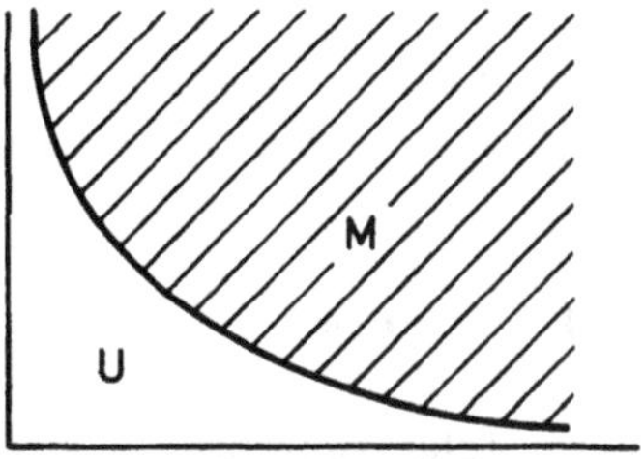


(b) *Es sei $X$ eine offene Teilmenge des endlichdimensionalen Banachraums $E$, und es sei $f \in C^{1-}(X, E)$ mit $f(x_0) = 0$. Gilt dann*

$$Re\,\sigma(Df(x_0)) < \alpha < 0,$$

*so ist $x_0$ ein exponentiell stabiler kritischer Punkt (d. h. $\{x_0\}$ ist exponentiell stabil) mit Exponent $\alpha$.*

Dies folgt sofort aus Formel (9) im Beweis von Theorem (15.3). □

Im folgenden Theorem bezeichnet $\mathscr{W}_r$ die Menge aller wachsenden Funktionen $g : [0, r] \to \mathbb{R}$, die $g(0) = 0$ und $g(\xi) > 0$ für $\xi > 0$ erfüllen.

**(18.7) Theorem** *(Stabilität): Es sei $V \in C(X, \mathbb{R})$, und $M := V^{-1}(-\infty, 0]$ sei kompakt und nicht leer. Ferner sei $r > 0$, und $V$ sei eine Ljapunovfunktion auf $\mathbb{B}(M, r) \setminus M$. Schließlich sei jeder in $\mathbb{B}(M, r)$ enthaltene positive Halborbit relativ kompakt.*

(i) *Gilt dann für ein $g \in \mathscr{W}_r$*

(5) $$V(x) \geqq g(d(x, M)) \quad \forall x \in \mathbb{B}(M, r) \setminus M,$$

*so ist $M$ stabil.*

(ii) *Gibt es zusätzlich ein $h \in \mathscr{W}_r$ mit*

(6) $$\dot{V}(x) \leqq -h(d(x, M)) \quad \forall x \in \mathbb{B}(M, r) \setminus M,$$

*so ist $M$ asymptotisch stabil.*

(iii) *Gibt es schließlich positive Konstanten $\alpha, \beta, \bar{\gamma}$ und $\hat{\gamma}$ mit*

(7) $\dot{V}(x) \leqq -\alpha V(x)$

*und*

(8) $\bar{\gamma}[d(x,M)]^\beta \leqq V(x) \leqq \hat{\gamma}[d(x,M)]^\beta$

*für alle* $x \in \mathbb{B}(M,r)$, *so ist M exponentiell stabil mit Exponent* $\alpha/\beta$. *In den Fällen* (ii) *und* (iii) *ist außerdem*

$$\mathscr{A}(M) \supset V^{-1}(-\infty, \bar{\alpha})$$

*mit*

$$\bar{\alpha} := \sup\{\alpha \geqq 0 \mid V^{-1}(-\infty, \alpha] \subset \mathbb{B}(M,r)\}.$$

**Beweis:** Aus Korollar (10.13) folgt zunächst $t^+(x) = \infty$ für jedes $x$ mit $\gamma^+(x) \subset \mathbb{B}(M,r)$. Ist ferner $U$ eine beliebige Umgebung von $M$, so existiert wegen der Kompaktheit von $M$ ein $\varepsilon \in (0,r)$ mit $\mathbb{B}(M,\varepsilon) \subset U$.

(i) Es sei nun $0 < \beta < g(\varepsilon)$. Da $g$ wachsend ist, folgt

$$M_\beta := \{x \in X \mid V(x) \leqq \beta\} \subset \mathbb{B}(M,\varepsilon) \subset U.$$

Da $V$ stetig ist, ist $M_\alpha$ für $\alpha \in (0,\beta)$ eine Umgebung von $M$. Da $V$ eine Ljapunovfunktion auf $V^{-1}(0,\beta)$ ist, ist $M_\alpha$ nach Theorem (18.2) positiv invariant. Also ist $M$ stabil.

(ii) Gilt $0 < \alpha < \beta < g(r)$, so ist $V$ eine Ljapunovfunktion auf der abgeschlossenen Menge $M_\beta \setminus \mathring{M}_\alpha \subset \mathbb{B}(M,r) \setminus M$. Wegen (6) folgt aus dem Invarianztheorem (18.3), daß für kein $x \in M_\beta \setminus \mathring{M}_\alpha$ der Halborbit $\gamma^+(x)$ ganz in $M_\beta \setminus \mathring{M}_\alpha$ liegen kann (da sonst auch $\omega(x) \subset M_\beta \setminus \mathring{M}_\alpha$ gälte). Also gibt es zu jedem $x \in M_\beta \setminus M_\alpha$ ein $t > 0$ mit $t \cdot x \in M_\alpha$. Da $M_\alpha$ nach Theorem (18.2) positiv invariant ist, gilt $\gamma^+(t \cdot x) \subset M_\alpha$. Da für jede Umgebung $U$ von $M$ ein $\alpha \in (0,\beta)$ mit $M_\alpha \subset U$ existiert, zeigt diese Überlegung, daß $M$ ein Attraktor mit $\mathscr{A}(M) \supset M_\beta$ ist.

(iii) Es sei $x \in M_\gamma \subset \mathbb{B}(M,r)$. Da aus (8) insbesondere (5) folgt, ist $M_\gamma$ positiv invariant. Also gilt $t \cdot x \in \mathbb{B}(M,r)$ für $t \geqq 0$. Aus (7), (8) und Bemerkung (18.1 c) erhalten wir nun

$$\bar{\gamma}[d(t \cdot x, M)]^\beta \leqq V(t \cdot x) \leqq e^{-\alpha t} V(x) \leqq e^{-\alpha t} \hat{\gamma}[d(x,M)]^\beta,$$

also

$$d(t \cdot x, M) \leqq \delta e^{-(\alpha/\beta)t} d(x,M),$$

für $x \in M_\gamma$ und $t \geqq 0$, wobei $\delta := (\hat{\gamma}/\bar{\gamma})^{1/\beta}$ gesetzt ist. Also ist $M$ exponentiell stabil mit Exponent $\alpha/\beta$, und $\mathscr{A}(M) \supset M_\gamma$.

Die letzte Aussage ist nun offensichtlich. □

Dieses Stabilitätskriterium vereinfacht sich erheblich, wenn $X$ ein lokalkompakter metrischer Raum ist. Der Einfachheit und Wichtigkeit wegen beschränken wir uns im nächsten Korollar auf die folgende Situation: *$E$ ist ein endlichdimensionaler reeller Banachraum, $X$ ist offen in $E$ und der Fluß wird von dem Vektorfeld $f \in C^{1-}(X, E)$ erzeugt.*

**(18.8) Korollar:** *Es sei $V \in C(X, \mathbb{R})$, und $M := V^{-1}(-\infty, 0]$ sei kompakt und nicht leer. Ferner sei $\overline{\mathbb{B}_E(M, r)} \subset X$ für ein $r > 0$, und $V$ sei auf $\mathbb{B}(M, r) \setminus M$ stetig differenzierbar. Gilt dann*

$$(9) \qquad \langle DV(x), f(x) \rangle \leqq 0 \quad \forall x \in \mathbb{B}(M, r) \setminus M,$$

*so ist $M$ stabil. Gilt sogar*

$$(10) \qquad \langle DV(x), f(x) \rangle < 0 \quad \forall x \in \mathbb{B}(M, r) \setminus M,$$

*so ist $M$ asymptotisch stabil mit $\mathscr{A}(M) \supset V^{-1}(-\infty, \bar{\alpha}]$ und $\bar{\alpha} := \sup\{\alpha \geqq 0 \mid V^{-1}(-\infty, \alpha] \subset \mathbb{B}(M, r)\}$.*

**Beweis:** Da $M$ kompakt, also beschränkt, ist, ist auch $\mathbb{B}(M, r)$ beschränkt, also relativ kompakt (da $\dim(E) < \infty$ gilt). Folglich ist jeder Halborbit $\gamma^+(x) \subset \mathbb{B}(M, r)$ relativ kompakt. Wegen (9) und (1) ist $V$ eine Ljapunovfunktion auf $\mathbb{B}(M, r) \setminus M$.

Es seien nun $g(0) := 0$ und, für $0 < \xi < r$,

$$g(\xi) := \min\{V(x) \mid \xi \leqq d(x, M) \leqq r\}.$$

Aus Kompaktheitsgründen ist dann $g \in \mathscr{W}_r$, und $V$ erfüllt (5). Analog folgt aus (10), daß $h \in \mathscr{W}_r$ ist, wobei $h$ durch $h(0) := 0$ und für $0 < \xi < r$ durch

$$h(\xi) := \min\{-\langle DV(x), f(x) \rangle \mid \xi \leqq d(x, M) \leqq r\}$$

definiert ist. Also gilt (6), und die Behauptungen folgen aus Theorem (18.7) (mit $X = \mathbb{B}(M, r)$). □

**(18.9) Bemerkungen:** (a) Ist – unter den Voraussetzungen von Korollar (18.8) – $M = \{x_0\}$, also $x_0$ ein isoliertes Minimum von $V$, so ist $x_0$ ein kritischer Punkt von $f$ (vgl. Aufgabe 4 von Paragraph 10). Also gibt Korollar (18.8) in diesem Fall hinreichende Bedingungen für die (asymptotische) Stabilität eines kritischen Punktes. Da man bei dieser Methode die Lösungen der Differentialgleichung $\dot{x} = f(x)$ nicht kennen muß, spricht man auch von der *direkten Ljapunovschen Methode* (oder von der *zweiten Ljapunovschen Methode*). Es gibt allerdings keine allgemeinen Kriterien, welche zur Konstruktion von geeigneten Ljapunovfunktionen führen. In vielen praktischen Fällen ist man auf Geschick und Erfindungsgabe angewiesen, wobei es oft hilfreich sein kann, die ursprüngliche Herkunft der Gleichungen (d. h. die physikalischen, ökologischen etc. Theorien, welche hinter dem mathematischen Modell stehen) zu berücksichtigen. Für Beispiele in dieser Hinsicht sei auf die Literatur (z. B. Hahn [1], Rouche-Habets-Laloy [1]) verwiesen.

In diesem Zusammenhang sind auch sog. *Umkehrsätze* von Interesse, welche Aussagen darüber machen, wann aus der (asymptotischen) Stabilität auf die Existenz von Ljapunovfunktionen geschlossen werden kann (vgl. die oben zitierte Literatur).

(b) Es sei $J \subset \mathbb{R}$ ein offenes Intervall mit $\mathbb{R}_+ \subset J$, und es sei $g \in C^{1-}(J \times X, E)$ mit $g(.,0) = 0$. Dann kann bekanntlich die Differentialgleichung

$$(11) \qquad \dot{x} = g(t, x)$$

durch „Erweiterung des Zustandsraums" als autonome Gleichung aufgefaßt werden. Genauer setzen wir: $\hat{X} := J \times X \subset \mathbb{R} \times E =: \hat{E}$, $\hat{x} := (t, x) \in \hat{X}$ und $\hat{f} := (1, g) \in C^{1-}(\hat{X}, \hat{E})$. Dann ist (11) äquivalent zu

$$(12) \qquad \dot{\hat{x}} = \hat{f}(\hat{x}), \quad \text{d. h. zu} \quad \dot{t} = 1, \ \dot{x} = g(t, x).$$

Eine Funktion $\hat{V} \in C^1(J \times X, \mathbb{R})$ ist eine *Ljapunovfunktion für die nichtautonome Differentialgleichung* (11) *auf* $M \subset X$, falls gilt:

$$(13) \qquad D_1 \hat{V}(t, x) + \langle D_2 \hat{V}(t, x), \ g(t, x)\rangle_E \leqq 0$$

für alle $(t, x) \in J \times M$, d. h. wenn $\hat{V}$ eine Ljapunovfunktion für (12) auf $\hat{M} := J \times M$ ist. Dann entspricht der Nullösung von (11) die Menge $\hat{M}_0 := J \times \{0\} \subset \hat{X}$, die allerdings nicht kompakt ist. Folglich läßt sich Korollar (18.8) nicht direkt auf diesen Fall anwenden.

Im Beweis von Theorem (18.7) haben wir jedoch die Kompaktheit von $M$ nur an zwei Stellen benützt, nämlich um zu zeigen, daß $t^+(x) = \infty$ für $x \in \mathbb{B}(M, r)$ gilt, und um zu zeigen, daß zu jeder Umgebung $U$ von $M$ eine $\varepsilon$-Umgebung mit $\mathbb{B}(M, \varepsilon) \subset U$ existiert. In dem nichtautonomen Problem (11) entspricht die Definition der (asymptotischen) Stabilität der Nullösung (vgl. § 15), aber nicht der Definition der (asymptotischen) Stabilität der Menge $\hat{M}_0$ aus § 17. In diesem Fall hat man nicht beliebige Umgebungen $\hat{U}$ von $\hat{M}_0$ zu betrachten, sondern nur „Zylinderumgebungen" der Form $\hat{U} = J \times U$, wobei $U$ eine Umgebung von 0 in $X$ ist. Es ist aber unmittelbar klar, daß zu jeder solchen Zylinderumgebung $J \times U$ von $\hat{M}_0$ eine „Zylinder-$\varepsilon$-Umgebung" $\hat{\mathbb{B}}(\hat{M}_0, \varepsilon) := J \times \mathbb{B}_E(0, \varepsilon)$ von $\hat{M}_0$ mit $\hat{\mathbb{B}}(\hat{M}_0, \varepsilon) \subset J \times U$ existiert. Aus Bemerkung (15.1 a) folgt dann, daß $\hat{t}^+(\hat{x}) := t^+(\tau, x) = \infty$ für $\hat{x} = (\tau, x) \in \hat{\mathbb{B}}(\hat{M}_0, r)$ gilt. Aus diesen Überlegungen ergibt sich, daß wir die Teile (i) und (ii) von Theorem (18.7) auf das Problem der Stabilität der Nullösung von (11) anwenden können, wenn wir die Bedingungen (5) bzw. (6) ersetzen durch

$$(5') \qquad \hat{V}(t, x) \geqq g(|x|)$$

bzw.

$$(6') \qquad \dot{\hat{V}}(t, x) \leqq -h(|x|)$$

für alle $(t, x) \in J \times \mathbb{B}(0, r)$, wobei $\dot{\hat{V}}$ durch die linke Seite von (13) definiert ist. Da die folgenden Bedingungen (14) bzw. (16), ähnlich wie im Beweis von Korollar (18.8), die Ungleichungen (5') bzw. (6') implizieren, erhalten wir schließlich das folgende Analogon zu Korollar (18.8) für den nichtautonomen Fall:

*Es sei* $J \subset \mathbb{R}$ *ein offenes Intervall mit* $\mathbb{R}_+ \subset J$, *und* $g \in C^{1-}(J \times X, E)$ *erfülle* $g(.,0) = 0$. *Ferner sei* $r > 0$ *mit* $\bar{\mathbb{B}}_E(0, r) \subset X$, *und* $\hat{V} \in C^1(J \times \mathbb{B}_E(0, r), \mathbb{R}_+)$ *erfülle die folgenden Bedingungen:*

(α) $$D_1 \hat{V}(t, x) + \langle D_2 \hat{V}(t, x), g(t, x)\rangle \leqq 0$$

*für alle* $(t, x) \in J \times \mathbb{B}_E(0, r)$.

(β) $$\hat{V}(t, 0) = 0 \quad \forall t \in J.$$

*Existiert dann eine Funktion* $W \in C(\mathbb{B}_E(0, r), \mathbb{R})$ *mit* $W(x) > 0$ *für* $|x| > 0$ *und*

(14) $$\hat{V}(t, x) \geqq W(x) \quad \forall (t, x) \in J \times \mathbb{B}_E(0, r),$$

*so ist die Nullösung der nichtautonomen Differentialgleichung*

(15) $$\dot{x} = g(t, x)$$

*stabil. Gibt es außerdem eine Funktion* $W_1 \in C(\mathbb{B}_E(0, r), \mathbb{R})$ *mit* $W_1(x) > 0$ *für* $|x| > 0$ *und*

(16) $$D_1 \hat{V}(t, x) + \langle D_2 \hat{V}(t, x), g(t, x)\rangle \leqq -W_1(x)$$

*für alle* $(t, x) \in J \times \mathbb{B}_E(0, r)$, *so ist die Nullösung von* (15) *asymptotisch stabil.* □

Unser nächstes Theorem zeigt, daß Ljapunovfunktionen auch zum Nachweis der Instabilität verwendet werden können. Der Einfachheit halber beschränken wir uns auf den Fall eines kritischen Punktes und überlassen dem Leser die Übertragung auf den allgemeineren Fall von Mengen.

**(18.10) Theorem:** *Es sei* $V \in C(X, \mathbb{R})$, *und* $x_0 \in X$ *sei ein kritischer Punkt mit* $V(x_0) = 0$. *Ferner existiere ein* $r > 0$ *und ein* $h \in \mathscr{W}_\infty$, *derart, daß*

(17) $$\dot{V}(x) \leqq -h(-V(x))$$

*für alle*

$$x \in \{y \in X \mid V(y) < 0\} \cap \mathbb{B}(x_0, r) =: A_r$$

*gilt. Ist dann* $A_\varepsilon$ *für jedes* $\varepsilon > 0$ *nicht leer und gilt* $t^+(x) = \infty$ *für jedes x mit* $\gamma^+(x) \subset A_r$, *so ist* $x_0$ *instabil.*

**Beweis:** Es sei $\delta \in (0, r)$ so klein, daß $V(x) \geqq -1$ für $x \in A_\delta$ gilt. Ist $x_0$ stabil, so gibt es ein $\varepsilon > 0$ mit $\gamma^+(y) \subset \mathbb{B}(x_0, \delta)$ für alle $y \in A_\varepsilon$. Da wegen (17) $V$ eine Ljapunovfunktion auf $A_r$ ist, folgt aus (18.1 b), daß $\gamma^+(y) \subset A_\delta$ für $y \in A_\varepsilon$ gilt. Außerdem ergibt (3)

$$V(t \cdot y) \leqq V(y) + \int_0^t \dot{V}(\tau \cdot y)\,d\tau \leqq V(y) - \int_0^t h(-V(\tau \cdot y))\,d\tau$$
$$\leqq V(y) - th(-V(y)),$$

da $V$ auf den Orbits in $A_\delta$ fällt. Also folgt $V(t \cdot y) \to -\infty$, was $V(t \cdot y) \geqq -1$ widerspricht. □

Wir überlassen dem Leser die vereinfachte Formulierung dieses Instabilitätskriteriums im endlichdimensionalen Fall. Es sei auch darauf hingewiesen, daß der Beweis von Theorem (15.5) auf derselben Idee wie der Beweis des obigen Instabilitätssatzes beruht.

**(18.11) Beispiele:** (a) *Gradientensysteme.* Es sei $X \subset \mathbb{R}^m$ offen und $V \in C^2(X, \mathbb{R})$. Dann heißt das Differentialgleichungssystem

(18) $\quad \dot{x} = -\operatorname{grad} V(x)$

*Gradientensystem.* Wegen (2) gilt

(19) $\quad \dot{V}(x) = -|\operatorname{grad} V(x)|^2 \quad \forall x \in X.$

Also ist $V$ eine Ljapunovfunktion auf $X$, und $\dot{V}(x) = 0$ genau dann, wenn $x$ ein kritischer Punkt ist. Ist $x_0$ ein regulärer Punkt von $V$, d. h. gilt $\nabla V(x_0) \neq 0$, so stellt $\nabla V(x_0)$ bekanntlich einen Normalenvektor an die Niveauhyperfläche $V(x) = V(x_0)$ in $x_0$ dar. Folglich gilt:

*In regulären Punkten schneiden die Orbits die Niveauhyperflächen orthogonal. Nichtreguläre Punkte sind Ruhepunkte des Gradientenflusses,* d. h. des von (18) erzeugten Flusses.

Wenn wir das Invarianztheorem (18.3) auf den positiven und den negativen Halbfluß anwenden, erhalten wir:

*Die $\alpha$- und die $\omega$-Limespunkte eines Gradientenflusses sind genau die kritischen Punkte von $V$.*

Ist $x_0$ ein isoliertes Minimum von $V$, so gibt es eine offene Umgebung $U$ von $x_0$ mit

(20) $\quad V(x) - V(x_0) > 0 \quad \forall x \in U \setminus \{x_0\}.$

Ist $x_0$ außerdem ein isolierter kritischer Punkt, so können wir $U$ so wählen, daß auch

(21) $\quad [V - V(x_0)]^{\cdot}(x) < 0 \quad \forall x \in U \setminus \{x_0\}$

gilt (vgl. (19)). Also können wir Korollar (18.8) auf $U$ und die Ljapunovfunktion $V - V(x_0)$ anwenden und erhalten:

*Isolierte Minima von $V$, die auch isolierte kritische Punkte sind, sind asymptotisch stabile Ruhepunkte des Gradientenflusses.*

Eine gute Beschreibung eines (zweidimensionalen) Gradientenflusses erhält man, wenn man sich vorstellt, auf der durch $\operatorname{graph}(V)$ beschriebenen Fläche im $\mathbb{R}^3$ fließe Wasser reibungsfrei unter dem Einfluß einer konstanten „Schwerkraft". Dann folgen die einzelnen Stromfäden („Flußlinien") den Linien steilsten Abfalls, also den Gradientenlinien in Richtung auf die „Täler" und Senken, wo sie zur Ruhe kommen.

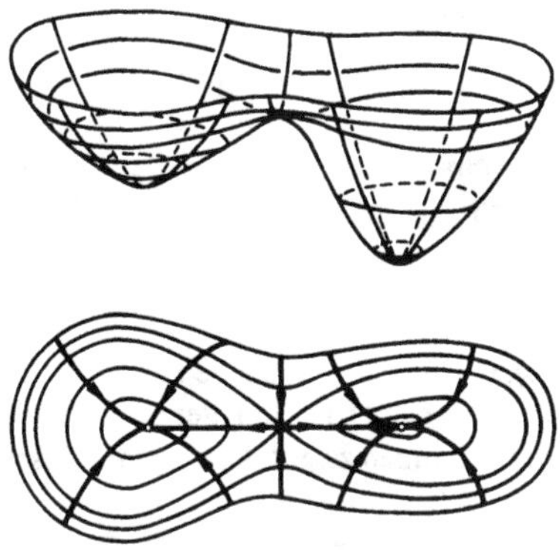

Insbesondere sehen wir, daß ein Gradientenfluß keine nichtkritischen periodischen Punkte besitzt. Differentialgleichungssysteme, die periodische Phänomene beschreiben sollen (z. B. in der Biologie oder Chemie), dürfen also keine Gradientensysteme sein.

(b) *Hamiltonsche Systeme.* Es sei $X$ eine offene Teilmenge von $\mathbb{R}^n \times \mathbb{R}^n$, und $H \in C^2(X, \mathbb{R})$. Dann ist nach dem allgemeinen Energieerhaltungssatz (Korollar (3.12)) die Hamiltonfunktion $H$ ein erstes Integral des Hamiltonschen Systems

(22) $\quad \dot{x} = H_y, \; \dot{y} = -H_x.$

Folglich ist $H$ eine Ljapunovfunktion auf $X$ für (22) mit $\dot{H}(x, y) = 0$ für alle $(x, y) \in X$ (die Orbits von (22) liegen auf den Äquiniveaumengen $H^{-1}(\alpha), \alpha \in \mathbb{R}$). Somit folgt aus Korollar (18.8):

*Ist $(x_0, y_0)$ ein isoliertes Minimum der Hamiltonfunktion, so ist $(x_0, y_0)$ ein stabiler kritischer Punkt.*

Ist also $H$ von der speziellen Form

$$H(x, y) = \tfrac{1}{2}(A(x)y \,|\, y) + U(x) = E_{\text{kin}} + E_{\text{pot}}$$

mit einer gleichmäßig positiv definiten symmetrischen Matrix $A(x) \in \mathbb{M}^n(\mathbb{R})$, so ist für jedes isolierte lokale Minimum $x_0$ der potentiellen Energie $U$ der Punkt $(x_0, 0)$ eine stabile Ruhelage (vgl. z. B. das Phasenporträt des mathematischen Pendels (Abb. 2 in § 3)).

Als einfache, aber wichtige Konsequenz des Liouvilleschen Satzes über die Volumenerhaltung (Beispiel (11.10)) halten wir fest:

*Kein kritischer Punkt bzw. kein Orbit eines Hamiltonschen Systems kann asymptotisch stabil bzw. asymptotisch orbital stabil sein.*

(c) *Normen als Ljapunovfunktionen.* Es sei $(E, (\cdot\,|\,\cdot))$ ein reeller Hilbertraum mit zugehöriger Norm $|\cdot|$. Dann ist die Funktion

(23) $$V(x) := \tfrac{1}{2}|x|^2, \quad x \in E,$$

stetig differenzierbar, und es gilt

(24) $$\langle DV(x), y\rangle = (\nabla V(x)\,|\,y) = (x\,|\,y) \quad \forall\, x, y \in E,$$

d. h. $\nabla V(x) = x$. Die Niveaumenge $V^{-1}(\alpha)$, $\alpha > 0$, ist die Sphäre um 0 mit Radius $\sqrt{2\alpha}$. Ist $f \in C^{1-}(E, E)$ ein Vektorfeld mit

(25) $$(x\,|\,f(x)) \leqq 0 \quad \forall\, x \in V^{-1}(\alpha, \beta),$$

so ist $V$ auf $V^{-1}(\alpha, \beta)$, $0 < \alpha < \beta < \infty$, eine Ljapunovfunktion für den von $f$ erzeugten Fluß. Da $x$ als Radiusvektor die Richtung der äußeren Normalen hat, besagt (25), daß das Vektorfeld $f$ in $x$ „nach innen zeigt". Diese geometrische Interpretation ist natürlich

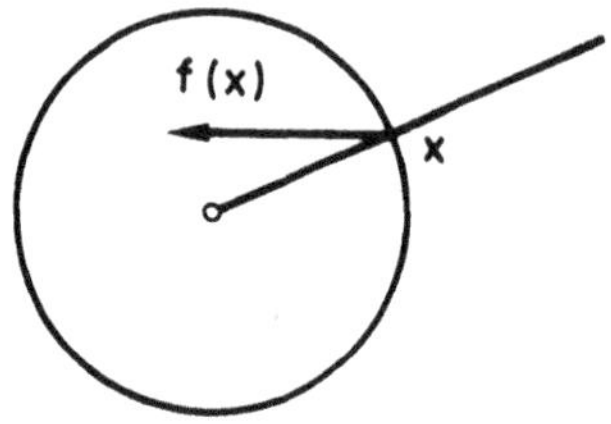


auch bei beliebigen Normen in Banachräumen möglich, auch wenn die Norm nicht differenzierbar ist (wie z. B. die Maximumnorm $|\cdot|_\infty$ im $\mathbb{R}^m$). Man muß dann – anschaulich gesprochen – den Radiusvektor, d. h. die äußere Normale, nur durch $\vartheta(x)$, den „Kegel

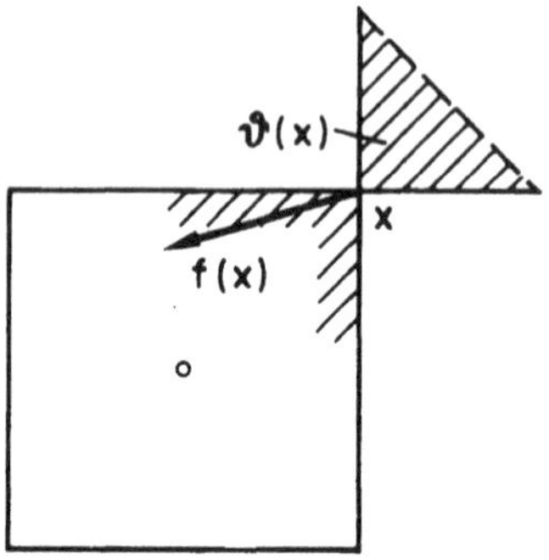


der äußeren Normalen", d. h. die Menge aller nach außen gerichteten Stellungsvektoren von Stützhyperebenen an den (mit der entsprechenden Norm gebildeten) Ball $\mathbb{B}(0, \sqrt{2\alpha})$, ersetzen. Im allgemeinen Fall eines *beliebigen reellen Banachraums* $(E, |\cdot|)$ ist $\vartheta(x)$ eine Teilmenge des Dualraums $E'$. Definitionsgemäß gilt nämlich

$$\vartheta(x) := \{x' \in E' \mid \langle x', x\rangle = |x|^2, |x'| = |x|\}$$

für jedes $x \in E$. Aufgrund des Satzes von Hahn-Banach (z. B. Yosida [1]) gibt es zu jedem $x \in E$ mit $|x| = 1$ ein $x' \in E'$ mit $|x'| = 1$ und $\langle x', x\rangle = 1$. Also ist $\vartheta(x)$ für jedes $x \in E$ nicht leer. Die Abbildung

$$E \to 2^{E'}, \quad x \mapsto \vartheta(x)$$

heißt die *Dualitätsabbildung von E,* wobei $2^{E'}$ die Potenzmenge, d. h. die Menge aller Teilmengen von $E'$, bezeichnet. Offensichtlich gilt

$$\vartheta(x) = \{x' \in E' \mid \langle x', x\rangle \geqq |x|^2\} \cap \{x' \in E' \mid |x'| \leqq |x|\}, \tag{26}$$

d. h. $\vartheta(x)$ ist der Durchschnitt eines abgeschlossenen Halbraumes mit dem abgeschlossenen Ball $\bar{\mathbb{B}}_{E'}(0, |x|)$. Also ist $\vartheta(x)$ konvex, abgeschlossen und beschränkt und daher – nach dem Satz von Alaoglu (z. B. Yosida [1]) – $w^*$-kompakt. Somit existiert für jedes Paar $x, y \in E$ ein

$$y'(y) \in \vartheta(y) \quad \text{mit} \quad \langle y'(y), x\rangle = \max\{\langle y', x\rangle \mid y' \in \vartheta(y)\}.$$

Wir definieren nun für jedes Paar $x, y \in E$ ein *semi-inneres Produkt* $[y|x]$ durch

$$[y|x] := \max\{\langle y', x\rangle \mid y' \in \vartheta(y)\}.$$

Offensichtlich gilt

$$[y|x_1 + x_2] \leqq [y|x_1] + [y|x_2],$$
$$|[y|x]| \leqq |y|\,|x| \quad \text{und} \quad [\alpha x|\beta y] = \alpha\beta[x|y]$$

für alle $x, y, x_1, x_2 \in E$ und $\alpha, \beta \in \mathbb{R}_+$. Aber i. a. ist $[.|.]$ weder bilinear noch stetig. Ist $E'$ *strikt konvex,* d. h. enthält die Einheitssphäre in $E'$ keine Geradensegmente mit mehr als einem Punkt, so folgt aus (26) sofort, daß $\vartheta(x)$ einelementig ist. Dies ist z. B. in jedem Hilbertraum, oder auch in jedem $L^p$-Raum, $1 < p < \infty$, der Fall. Hieraus folgt insbesondere, daß in einem Hilbertraum das semi-innere Produkt mit dem inneren Produkt übereinstimmt (vgl. Bemerkung (11.16a)).

Es sei nun $C \subset E$ eine abgeschlossene konvexe Menge mit nichtleerem Inneren. Dann existiert nach dem Trennungssatz für konvexe Mengen (d. h. der geometrischen Form des Satzes von Hahn-Banach, z. B. Schaefer [1]) für jedes $x \in \partial C$ ein $x' \in E' \setminus \{0\}$ mit

$$\langle x', y\rangle \leqq \langle x', x\rangle \quad \forall y \in C, \tag{27}$$

ein sog. *Stützfunktional an C (in x).* In diesem Fall heißt

$$H_{x'} := \{y \in E \mid \langle x', y\rangle \leqq \langle x', x\rangle\}$$

ein *Stützhalbraum* an $C$ in $x$, und der Durchschnitt aller Stützhalbräume von $C$ in $x$ ist der *Stützkegel* $K_x(C)$ *an C in* $x \in \partial C$. Offensichtlich ist $K_x(C)$ ein abgeschlossener konvexer Kegel mit Spitze in $x$ (d. h. aus $y \in K_x(C)$ folgt $x + t(y - x) \in K_x(C)$ für $t \geqq 0$), und es gilt $C \subset K_x(C)$ für jedes $x \in \partial C$. Insbesondere hat also $K_x(C)$ innere Punkte.

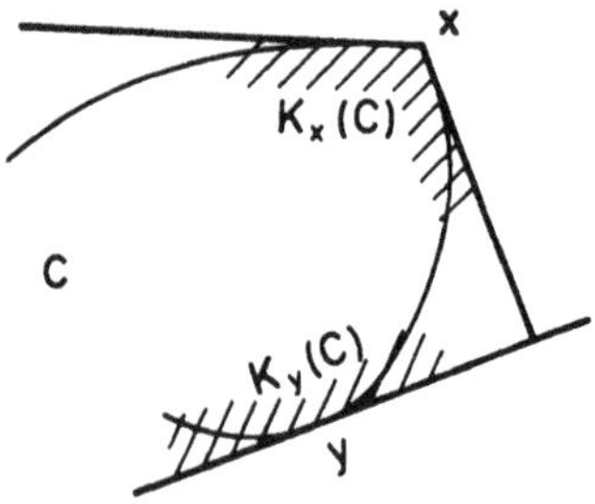


Genauer:

*$y$ ist genau dann ein innerer Punkt von $K_x(C)$, wenn $\langle x', y\rangle < \langle x', x\rangle$ für jedes Stützfunktional $x'$ an $C$ in $x \in \partial C$ gilt.*

In der Tat, die Notwendigkeit dieser Bedingung ist klar. Ist umgekehrt $y \notin \operatorname{int}(K_x(C))$, so existiert nach dem oben zitierten Trennungssatz ein $y' \in E' \setminus \{0\}$ mit $\langle y', y\rangle \geqq \langle y', z\rangle$ für alle $z \in K_x(C)$. Da aus $u \in K_x(C)$ stets $x + t(u-x) \in K_x(C)$ für alle $t \geqq 0$ folgt, erhalten wir aus

$$\langle y', y\rangle \geqq \langle y', x + t(u-x)\rangle = \langle y', x\rangle + t\langle y', u-x\rangle,$$

daß $\langle y', u-x\rangle \leqq 0$, d. h. $\langle y', u\rangle \leqq \langle y, x\rangle$, für alle $u \in K_x(C)$ gilt. Wegen $C \subset K_x(C)$ ist also $y'$ ein Stützfunktional an $C$ in $x$ und es gilt $\langle y', y\rangle \geqq \langle y', x\rangle$. Folglich ist die obige Bedingung auch hinreichend.

Es sei nun $C := \bar{\mathbb{B}}(0, |x|)$ für ein $x \neq 0$. Ist $x' \in E'$ ein Stützfunktional an $C$ in $x$, so erhalten wir wegen $|x'| = \sup\{\langle x', y\rangle \mid |y| \leqq 1\}$ aus (27), daß $|x'| = \langle x', x\rangle / |x|$ gilt. Für $u := (|x|/|x'|)x'$ folgt also $|u| = |x|$ und $\langle u, x\rangle = |x|^2$, d. h. $u \in \vartheta(x)$. Umgekehrt ist wegen

$$\langle x', x\rangle = |x|^2 = |x'|\,|x| \geqq |x'|\,|y| \geqq \langle x', y\rangle \quad \forall y \in \bar{\mathbb{B}}(0, |x|)$$

jedes $x' \in \vartheta(x)$ ein Stützfunktional an $C$ in $x$. Also ist $\{tx' \mid t > 0, x' \in \vartheta(x)\}$ die Menge aller Stützfunktionale in $x$ an $\bar{\mathbb{B}}(0, |x|)$. Hieraus erhalten wir die wichtige Relation

(28) $$K_x(\bar{\mathbb{B}}(0, |x|)) = x + \{y \in E \mid [x|y] \leqq 0\}.$$

Bezeichnen wir mit $T_x(E)$ den Tangentialraum von $E$ in $x$, d. h. $T_x(E) = \{(x, y) \mid y \in E\}$, so bedeutet (28):

(29) *der Vektor $(x, y) \in T_x(E)$ liegt genau dann im Stützkegel $K_x(\bar{\mathbb{B}}(0, |x|))$, wenn $[x|y] \leqq 0$ gilt.*

Außerdem folgt aus den obigen Überlegungen:

(30) *$(x, y) \in T_x(E)$ liegt genau dann im Inneren des Stützkegels $K_x(\bar{\mathbb{B}}(0, |x|))$, wenn $[x|y] < 0$ ist.*

Hiermit haben wir eine mathematisch präzise Formulierung der Sprechweise „der Vektor $y$ zeigt in $x \in \bar{\mathbb{B}}(0, |x|)$ nach innen" gefunden.

Das folgende Lemma gibt nun eine Verallgemeinerung der Formel (24).

**(18.12) Lemma:** *Für jedes Paar* $x, y \in E$ *gilt*

$$\lim_{t \to 0+} \frac{1}{2} \frac{|x + ty|^2 - |x|^2}{t} = [x|y].$$

**Beweis:** Wegen $|x + ty|^2 - |x|^2 = (|x + ty| + |x|)(|x + ty| - |x|)$ genügt es zu zeigen, daß (für festes $x \in E$)

$$\varphi(y) := \lim_{t \to 0+} (|x + ty| - |x|)/t$$

existiert, und daß $|x|\varphi(y) = [x|y]$ gilt.

Da $t \mapsto |x + ty|$ konvex ist, folgt leicht, daß $t \mapsto (|x + ty| - |x|)/t$ für $t > 0$ wachsend ist. Da außerdem $|x + ty| - |x| \geqq -t|y|$ gilt, ist $\varphi : E \to \mathbb{R}$ wohldefiniert.

Aus der Definition von $\varphi$ folgt unmittelbar

(31) $\qquad \varphi(y) \leqq |y|, \; \varphi(sy) = s\varphi(y) \quad \forall s > 0, \; \forall y \in \mathrm{E},$

und

(32) $\qquad \varphi(\lambda x) = \lambda\varphi(x) \quad \forall \lambda \in \mathbb{R}.$

Wegen $2|x + t(y_1 + y_2)/2| \leqq |x + ty_1| + |x + ty_2|$ folgt aus (31) die Subadditivität von $\varphi$:

(33) $\qquad \varphi(y_1 + y_2) \leqq \varphi(y_1) + \varphi(y_2) \quad \forall y_1, y_2 \in E.$

Hieraus folgt weiter $0 = \varphi(0) = \varphi(y - y) \leqq \varphi(y) + \varphi(-y)$, und somit $-\varphi(-y) \leqq \varphi(y)$. Zusammen mit (31) ergibt dies

(34) $\qquad s\varphi(y) \leqq \varphi(sy) \quad \forall s \in \mathbb{R}, \; \forall y \in E.$

Für $x' \in \vartheta(x)$ und $t > 0$ erhalten wir sofort $\langle x', y \rangle = (\langle x', x + ty \rangle - \langle x', x \rangle)/t \leqq |x|(|x + ty| - |x|)/t$, also

(35) $\qquad [x|y] \leqq |x|\varphi(y) \quad \forall y \in E.$

Wir definieren nun auf $E_0 := \operatorname{span}\{x, y\}$ ein lineares Funktional $u$ durch

$$u(\xi x + \eta y) := \xi|x| + \eta\varphi(y) \quad \forall \xi, \eta \in \mathbb{R}.$$

Gelten $\xi x + \eta y = 0$ und $\eta \neq 0$, also $y = \zeta x$ mit $\zeta = -\xi/\eta$, so folgt $\varphi(y) = \zeta|x|$ aus (32), also $\xi|x| + \eta\varphi(y) = 0$. Folglich ist $u$ wohldefiniert.

Aus

$$|x + t(\xi x + \eta y)| - |x| = (1 + t\xi)\{|x + t(1 + t\xi)^{-1}\eta y| - |x|\} + t\xi|x|$$

erhalten wir $\varphi(\xi x + \eta y) = \xi |x| + \varphi(\eta y)$, also mit (34):

$$u(z) \leqq \varphi(z) \quad \forall z \in E_0 .$$

Wegen (33) garantiert der Satz von Hahn-Banach die Existenz einer linearen Erweiterung $\bar{u}: E \to \mathbb{R}$ von $u$ mit $\bar{u}(z) \leqq \varphi(z) \leqq |z|$ für alle $z \in E$. Also ist $\bar{u} \in E'$ und $|\bar{u}| \leqq 1$. Aus $\bar{u}(x) = u(x) = |x|$ folgt $|\bar{u}| = 1$. Folglich ist $x' := |x|\bar{u} \in \vartheta(x)$, und wegen $\bar{u}(y) = u(y) = \varphi(y)$ gilt $\langle x', y\rangle = |x|\varphi(y)$. Also gilt in (35) das Gleichheitszeichen. □

**(18.13) Korollar:** *Es sei* $-\infty < \alpha < \beta \leqq \infty$, *und* $u \in C([\alpha, \beta), E)$ *sei rechtsseitig differenzierbar (mit* $\dot{u} := D_+ u$*). Dann ist*

$$v(t) := |u(t)|^2/2 , \quad t \in [\alpha, \beta),$$

*rechtsseitig differenzierbar, und es gilt:*

$$D_+ v(t) = [u(t) | \dot{u}(t)] \quad \forall t \in [\alpha, \beta) .$$

**Beweis:** Aus $u(t+s) = u(t) + s\dot{u}(t) + o(s)$ für $s \to 0+$ folgt leicht

$$v(t+s) - v(s) = (|u(t) + s\dot{u}(t)|^2 - |u(t)|^2)/2 + o(s)$$

für $s \to 0+$, und somit aus Lemma (18.12) die Behauptung. □

**(18.14) Korollar:** *Es seien* $X \subset E$ *offen und* $f \in C^{1-}(X, E)$. *Dann ist*

$$V(x) := |x|^2/2 + \gamma \quad \forall x \in E$$

*für jedes* $\gamma \in \mathbb{R}$ *eine Ljapunovfunktion auf*

$$M := \{x \in X | [x | f(x)] \leqq 0\}$$

*für den durch* $f$ *erzeugten Fluß.*

Um nun zu nützlichen Fällen zu gelangen, erinnern wir daran, daß eine Teilmenge $B \subset E$ *ausgeglichen* ist, wenn aus $b \in B$ stets $tb \in B$ für $-1 \leqq t \leqq 1$ folgt. Ist ferner $B$ eine abgeschlossene, beschränkte, ausgeglichene, konvexe Teilmenge von $E$, die innere Punkte besitzt, so definiert das *Minkowskifunktional* $|.|_B$ von $B$,

$$|x|_B := \inf\{t > 0 | x \in tB\} ,$$

auf $E$ eine zu $|.|$ äquivalente Norm, und $B$ stellt gerade den abgeschlossenen Einheitsball in $(E, |.|_B)$ dar (z. B. Yosida [1]).

Nach diesen Betrachtungen können wir das folgende, anschaulich plausible *geometrische Stabilitätskriterium* beweisen.

**(18.15) Theorem:** *Es seien* $U \subset \mathbb{R}^m$ *offen und* $f \in C^{1-}(U, \mathbb{R}^m)$. *Ferner sei* $X \subset U$ *eine (in* $\mathbb{R}^m$*) abgeschlossene, konvexe, positiv invariante Teilmenge für den von* $f$ *erzeugten Fluß,* $B$ *sei eine kompakte, konvexe und ausgeglichene Teilmenge von* $\mathbb{R}^m$ *mit* $0 \in \mathring{B}$, *es sei* $x_0 \in \mathbb{R}^m$, *und für* $\alpha \geqq 0$ *sei*

$$M_\alpha := (x_0 + \alpha B) \cap X .$$

*Schließlich gelte* $0 \leqq \beta < \gamma < \infty$, *und* $\partial_X M_\alpha$ *sei der Rand von* $M_\alpha$ *in (der Relativtopologie von)* $X$.

(i) *Gilt für alle* $\alpha \in (\beta, \gamma]$ *und jedes* $x \in \partial_X M_\alpha$:

$$(x, f(x)) \in T_x(\mathbb{R}^m) \text{ liegt im Stützkegel } K_x(x_0 + \alpha B),$$

*so ist* $M_\beta$ *stabil.*

(ii) *Gilt für alle* $\alpha \in (\beta, \gamma]$ *und jedes* $x \in \partial_X M_\alpha$:

(a) $(x, f(x)) \in T_x(\mathbb{R}^m)$ *liegt im Inneren von* $K_x(x_0 + \alpha B)$,

(b) $M_\beta \neq \emptyset$,

*so ist* $M_\beta$ *asymptotisch stabil mit* $\mathscr{A}(M_\beta) \supset M_\gamma$.

**Beweis:** (i) Wir bezeichnen mit $|\cdot|_B$ das Minkowskifunktional von $B$ und setzen

$$V(x) := (|x - x_0|_B^2 - \beta^2)/2 \quad \forall x \in X.$$

Dann gilt

$$M_\alpha = V^{-1}(-\infty, (\alpha^2 - \beta^2)/2) = \mathbb{B}(M_\beta, \alpha - \beta),$$

wobei $\mathbb{B}$ den bzgl. $|\cdot|_B$ gebildeten Einheitsball bezeichnet. Mit $r := \gamma - \beta$ folgt aus (29) und Korollar (18.14), daß $V$ eine Ljapunovfunktion auf $\mathbb{B}(M_\beta, r) \setminus M_\beta$ ist. Außerdem ist jeder Halborbit in $\mathbb{B}(M_\beta, r)$ relativ kompakt.

Für $x \in \mathbb{B}(M_\beta, r) \setminus M_\beta$ gilt offensichtlich

$$V(x) \geqq [d(x, M_\beta)]^2/2.$$

Also folgt die Behauptung aus Theorem (18.7i).

(ii) Aus der Voraussetzung (a) und (30) folgt mit Korollar (18.13), daß $\dot{V}(x) < 0$ für alle $x \in M_\gamma \setminus M_\beta$ gilt. Nun ergibt sich die Attraktivität von $M_\beta$ mit $\mathscr{A}(M_\beta) \supset M_\gamma$ aus dem Invarianzprinzip (Korollar (18.4)) wie im Beweis von Theorem (18.7ii). □

Wir wollen nun Theorem (18.15) dazu verwenden zu zeigen, daß die in den Abbildungen 1–4 von § 16 angegebenen Rechtecke *R global asymptotisch stabil* sind. Wir beschränken uns dabei auf den Fall der Abb. 2. Die analogen, aber einfacheren Beweise für die anderen Fälle überlassen wir dem Leser.

Da wir aus § 16 schon wissen, daß jedes der Rechtecke $\tilde{R}$ positiv invariant ist, folgt unmittelbar, daß $R$ stabil ist. Es bleibt also zu zeigen, daß $R$ attraktiv ist mit $\mathscr{A}(R) = \mathbb{R}_+^2$.

Es sei also $x \in \mathbb{R}_+^2$ beliebig. Dann finden wir ein abgeschlossenes Rechteck der Form $S$ (vgl. die Abbildung) mit $x \in S$ und „rechter oberer Ecke" $y$, derart, daß die Verbindungsstrecke zwischen 0 und $y$ ganz in der Menge $\{x \in \mathbb{R}_+^2 \mid b(x) < 0\}$ liegt. Da $S$ positiv invariant ist, gilt insbesondere $t^+(x) = \infty$. Es sei nun $T$ das kleinste abgeschlossene Rechteck der Form $\tau S$, $\tau > 0$, welches $R$ ganz enthält, und $B$ sei das kleinste bezüglich Spiegelungen an den Koordinatenachsen symmetrische abgeschlossene Rechteck in $\mathbb{R}^2$, welches $T$ enthält. Wir setzen nun $X := \mathbb{R}_+^2$, $\gamma := 1/\tau$, $x_0 := 0$ und $M_\alpha := (\alpha B) \cap X$ für

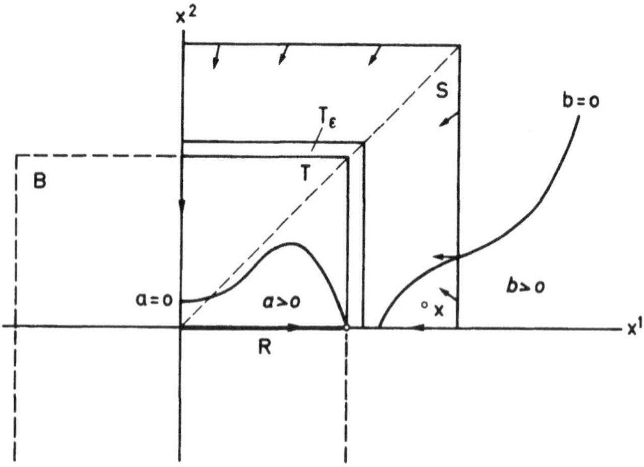


$\alpha \geqq 0$. Dann gilt $T = M_1$ und $S = M_\gamma$, und die Voraussetzungen von Theorem (18.15ii) sind für $\beta := 1$ erfüllt. Also ist $T$ symptotisch stabil mit $\mathscr{A}(T) \supset S$.

Es sei nun $\varepsilon > 0$ so klein, daß $T_\varepsilon := M_{1+\varepsilon}$ in $\{x \in X \mid b(x) < 0\}$ liegt. Dann ist $T_\varepsilon$ eine positiv invariante Umgebung von $T$ in $X$. Also existiert ein $t_\varepsilon \geqq 0$ mit $t \cdot x \in T_\varepsilon$ für $t \geqq t_\varepsilon$. In einem zweiten Schritt zeigen wir nun, daß $R$ attraktiv ist mit $\mathscr{A}(R) \supset T_\varepsilon$. Dann gilt offensichtlich $t \cdot x \to R$ für $t \to \infty$, und da $x \in X$ beliebig war, ist die globale Attraktivität von $R$ gezeigt.

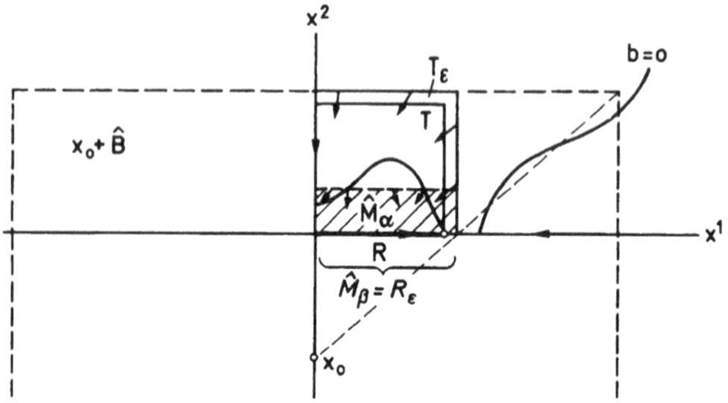


Dazu setzen wir jetzt $X := T_\varepsilon$ und wählen ein $x_0$ der Form $x_0 = (0, \eta)$ mit $\eta < 0$. Dann bezeichnen wir mit $x_0 + \hat{B}$ das kleinste abgeschlossene achsenparallele Rechteck in $\mathbb{R}^2$ mit Mittelpunkt $x_0$, das $T_\varepsilon$ enthält. Dann existiert ein $\beta \in (0, 1)$ mit $\hat{M}_\beta := (x_0 + \beta\hat{B}) \cap X = R_\varepsilon$. Ferner sind die Voraussetzungen von Theorem (18.15ii) mit $\gamma = 1$ erfüllt. Also ist $\hat{M}_\beta$ asymptotisch stabil. Für $\delta \in (0, 1 - \beta)$ ist $\hat{M}_{\beta+\delta}$ eine Umgebung von

$R$ in $X$. Folglich existiert ein $t_\delta \geqq 0$ mit $t \cdot x \in \hat{M}_{\beta+\delta}$ für $t \geqq t_\delta$. Da schließlich $\varepsilon$ und $\delta$ beliebig klein gewählt werden können, ist die asymptotische Stabilität von $R$ gezeigt.

Es ist nun auch leicht zu zeigen, daß der von 0 verschiedene kritische Punkt $z_0$ asymptotisch stabil ist mit $\mathscr{A}(z_0) = \mathbb{R}^2_+ \setminus (\{0\} \times \mathbb{R}_+)$. Hierzu betrachten wir wieder einen beliebigen Punkt $x \in \mathbb{R}^2_+$ mit $x^1 \neq 0$. Wir wählen nun ein abgeschlossenes achsenparalleles Rechteck $Q$ in $\mathbb{R}^2_+$, für welches gilt $R \subset \mathring{Q} \subset Q \subset \{x \in \mathbb{R}^2_+ \,|\, b(x) < 0\}$. Außerdem wählen wir $Q$ in $x^2$-Richtung so schmal, daß der Abschnitt auf der $x^2$-Achse halb so lang wie die Strecke von 0 bis zum Schnittpunkt von $\{x \in \mathbb{R}^2_+ \,|\, a(x) = 0\}$ mit der $x^2$-Achse ist.

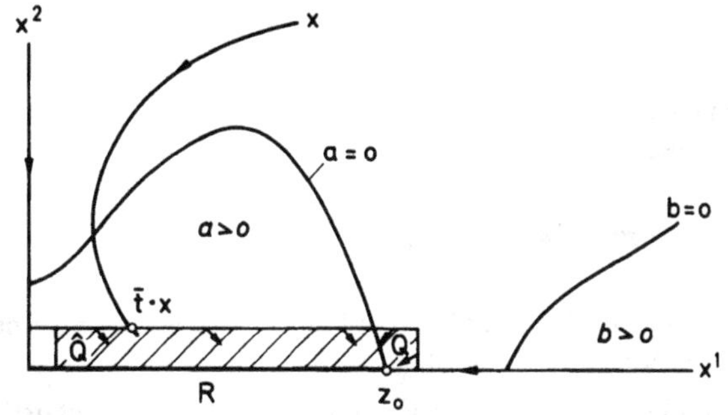


Dann ist $Q$ eine positiv invariante Umgebung von $R$. Also existiert ein $\bar{t} > 0$ mit $t \cdot x \in Q$ für $t \geqq \bar{t}$. Wenn wir für $\bar{t}$ den ersten Zeitpunkt wählen, für den $t \cdot x \in Q$ gilt, so liegt $\bar{t} \cdot x$ sicher nicht auf der $x^2$-Achse (da die positive $x^2$-Halbachse ein Orbit des (auf $\mathbb{R}^2_+$ restringierten) Flusses ist und sich verschiedene Orbits nicht schneiden können). Also können wir $Q$ zu $\hat{Q}$ dadurch verkleinern, daß wir „die linke Seite etwas nach rechts schieben", derart, daß das neue abgeschlossene Rechteck $\hat{Q}$ immer noch positiv invariant ist und den Punkt $\bar{t} \cdot x$, aber keinen Punkt auf der $x^2$-Achse, enthält.

Nun setzen wir $X := \hat{Q}$, $x_0 := z_0$ und $B := \{x \in \mathbb{R}^2 \,|\, |x^i| \leqq 1, i = 1, 2\}$. Dann gibt es ein $\gamma > 0$ mit $M_\gamma := (z_0 + \gamma B) \cap X = \hat{Q}$. Mit $\beta := 0$ sind dann die Voraussetzungen von Theorem (18.15ii) erfüllt. Also ist $M_0 = \{z_0\}$ asymptotisch stabil mit $\mathscr{A}(z_0) \supset \hat{Q}$.

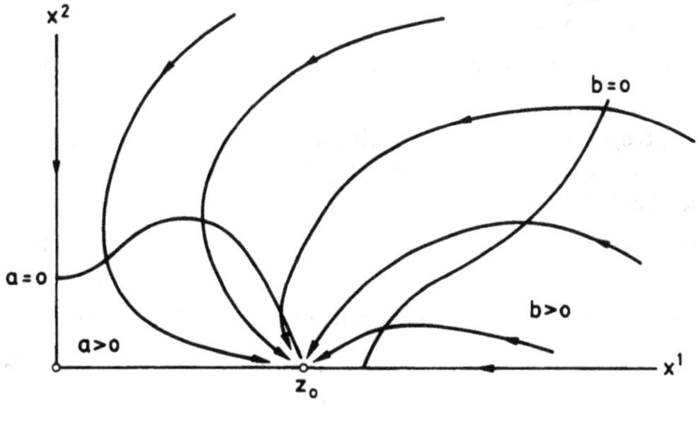

Insbesondere gilt somit $t \cdot x \to z_0$ für $t \to \infty$. Da $x \in \mathbb{R}^2_+ \setminus (\{0\} \times \mathbb{R}_+)$ beliebig war, folgt $\mathscr{A}(z_0) = \mathbb{R}^2_+ \setminus (\{0\} \times \mathbb{R}_+)$.

Wir haben also gezeigt: liegt in dem Räuber-Beute-System von Beispiel (16.12a) der Fall vor, daß die Nullstellenmengen $a^{-1}(0)$ und $b^{-1}(0)$ keinen Punkt in $\mathbb{R}^2_+$ gemeinsam haben, so gilt $t \cdot x \to z_0 := a^{-1}(0) \cap (\mathbb{R}_+ \times \{0\})$ für $t \to \infty$ und jedes $x \in \mathbb{R}^2_+$ mit $x^1 \neq 0$. In diesem Fall stirbt also der Räuber aus und die Beutepopulation nähert sich (für $t \to \infty$) dem Gleichgewichtszustand $z_0$ (falls anfänglich überhaupt Beute vorhanden war). □

## Aufgaben

1. Es sei $E$ ein endlichdimensionaler Banachraum, und für $A \in \mathscr{L}(E)$ gelte $Re\,\sigma(A) < -\alpha < 0$. Zeigen Sie, daß – mit einer geeigneten Hilbertnorm $\|.\|$ – die Funktion

$$V(x) := \int_0^\infty \|e^{\tau A} x\|^2 d\tau, \quad x \in E,$$

eine Ljapunovfunktion auf $E$ für den linearen Fluß $e^{tA}$ ist. Beweisen Sie damit, daß der Nullpunkt global exponentiell stabil ist.

2. Beweisen Sie mit Hilfe der Funktion $V$ von Aufgabe 1 das Stabilitätstheorem (15.3) unter der Voraussetzung $g \in C^{1-}(J \times D, E)$.

3. Bestimmen Sie mit Hilfe des Ansatzes $V(x, y) = F(x) + G(y)$ eine Ljapunovfunktion auf $(0, \infty)^2$ für die *Volterra-Lotka-Gleichungen*

$$\dot{x} = (\alpha - \beta y)x, \quad \dot{y} = (\delta x - \gamma)y, \quad \alpha, \beta, \gamma, \delta > 0,$$

und zeigen Sie, daß der kritische Punkt $(\gamma/\delta, \alpha/\beta)$ stabil ist.

4. In der Theorie elektrischer Schaltkreise spielt die folgende (spezielle) *Liénard-Gleichung*

$$(L) \qquad \dot{x} = y - f(x), \quad \dot{y} = -x, \quad f \in C^1(\mathbb{R}, \mathbb{R})$$

(oder als Gleichung zweiter Ordnung geschrieben: $\ddot{x} + f'(x)\dot{x} + x = 0$) eine wichtige Rolle. Als Spezialfall enthält $(L)$ für $f(x) = x^3 - x$ die *Van-der-Polsche Gleichung*.

(i) Bestimmen Sie die Stabilität des Gleichgewichtspunktes von $(L)$ in Abhängigkeit von $f'(0)$.

(ii) Zeigen Sie, daß der Nullpunkt global asymptotisch stabil ist, falls $xf(x) > 0$ für $x \neq 0$ gilt. (In der Schaltkreistheorie heißt $f$ die „Charakteristik" des Widerstandes, und ein Widerstand, dessen Charakteristik $xf(x) > 0$ für $x \neq 0$ erfüllt, heißt „passiv".)

(*Hinweis* zu (ii). Es ist nützlich zu wissen, daß $x^2 + y^2$ als Energie interpretiert werden kann.)

5. Es sei $\varphi$ der von den Zweipopulationenmodellen auf $\mathbb{R}^2_+$ erzeugte Fluß. Zeigen Sie:

(i) Die abgeschlossenen Rechtecke $R$ der Abbildungen 1, 3–4 von § 16 sind asymptotisch stabil.

(ii) Falls sich die Nullstellenmengen $a^{-1}(0)$ und $b^{-1}(0)$ in $\mathbb{R}^2_+$ nicht schneiden, so ist im Fall des Konkurrenzmodells der nichttriviale kritische Punkt $z$ auf der $x^2$-Achse asymptotisch stabil mit $\mathscr{A}(z) = \mathbb{R}^2_+ \setminus (\mathbb{R}_+ \times \{0\})$ (vgl. Abb. 3 von § 16).

(iii) Im Falle des Konkurrenzmodells ist folgender Sachverhalt richtig: wenn die Kurven $a^{-1}(0)$ und $b^{-1}(0)$ nur endlich viele transversale Schnittpunkte haben, so gilt: $t \cdot x \to \{y \in \mathbb{R}^2_+ \mid y \text{ ist kritischer Punkt}\}$. In diesen Fällen gibt es also keine periodischen Lösungen.

6. Es seien $-\infty < \alpha < \beta < \infty$ und $E$ ein Banachraum. Dann kann man $g \in C^1([\alpha, \beta], E)$ als Parametrisierung einer Kurve $\Gamma$ in $E$ auffassen. Wie im Endlichdimensionalen definiert man die *Länge* $l(\Gamma)$ *von* $\Gamma$ als das Supremum über die Längen aller in $\Gamma$ einbeschriebenen endlichen Streckenzüge, und wie im Endlichdimensionalen zeigt man, daß

$$(*) \qquad l(\Gamma) = \int_\alpha^\beta \|Dg(t)\|\, dt$$

gilt, wobei $g$ eine beliebige $C^1$-Parametrisierung von $\Gamma$ ist. (Verifizieren Sie diese Behauptungen, indem Sie sich davon überzeugen, daß in den üblichen Beweisen für Kurven im $\mathbb{R}^m$ die Dimension keine Rolle spielt.) Ist schließlich $\Gamma$ eine „halboffene Kurve", d. h. existiert eine Parametrisierung $g \in C^1([\alpha, \beta), E)$ von $\Gamma$, so definiert man die Länge von $\Gamma$ durch

$$l(\Gamma) := \lim_{\gamma \to \beta -} \int_\alpha^\gamma \|Dg(t)\|\, dt.$$

Beweisen Sie: ist $\Gamma$ eine halboffene Kurve in $E$ mit einer $C^1$-Parametrisierung $g \in C^1([\alpha, \beta), E)$ und hat $\Gamma$ endliche Länge, so ist $\Gamma$ relativ kompakt.

*Anwendung:* Ist $\varphi$ ein Halbfluß auf $E$ und hat $\gamma^+(x)$ endliche Länge, d. h. gilt

$$(**) \qquad l(\gamma^+(x)) := \lim_{t \to t^+(x) -} \int_0^t \left\| \frac{d}{d\tau}(\tau \cdot x) \right\| d\tau < \infty,$$

so ist $\gamma^+(x)$ relativ kompakt.

(*Hinweis:* Da $E$ vollständig ist, genügt es zu zeigen, daß $\Gamma$ *total beschränkt* ist, d. h. zu jedem $\varepsilon > 0$ existieren endlich viele Punkte $x_1, \ldots, x_m \in \Gamma$ mit $\Gamma \subset \bigcup_{j=1}^m \mathbb{B}(x_j, \varepsilon)$. Dies folgt leicht aus (*) bzw. (**) durch Betrachten hinreichend kleiner Parameterintervalle unter Verwendung des Fundamentalsatzes der Differential- und Integralrechnung.)

7. Es seien $E$ ein reeller Banachraum, $g \in C^1(E, \mathbb{R})$ und $v \in C^{1-}(E, E)$. Dann heißt $v$ *Pseudogradientenvektorfeld* (PGVF) *für* $g$, falls für alle $x \in E$ gilt:

$$\|v(x)\| \leqq 2\|Dg(x)\| \quad \text{und} \quad \langle Dg(x), v(x)\rangle \geqq \|Dg(x)\|^2/2.$$

Ist $E = (E, (\cdot \mid \cdot))$ ein Hilbertraum, so ist $v := \operatorname{grad} g$ offensichtlich ein PGVF für $g$. PGVF spielen eine wichtige Rolle in der globalen Variationsrechnung/nichtlinearen Funktionalanalysis, wo man versucht, Aussagen über die Existenz und Anzahl kritischer Punkte von $g$ zu gewinnen.

Zeigen Sie: ist $\gamma^+(x)$ ein positiver Halborbit des von $-v$ erzeugten Flusses und hat $\gamma^+(x)$ endliche Länge, so existiert ein kritischer Punkt von $g$ „auf dem Niveau" $\alpha := \inf g(\gamma^+(x))$, d. h. $g^{-1}(\alpha) \cap \{x \in E \mid Dg(x) = 0\} \neq \emptyset$.

## 19. Linearisierungen

In diesem Paragraphen sind $(E, |\cdot|)$ ein endlichdimensionaler Banachraum, $M$ eine offene Teilmenge von $E$ und $f \in C^1(M, E)$.

Es ist unser Hauptziel, den von $f$ erzeugten Fluß $\varphi$ in der Nähe eines kritischen Punktes $x_0$ zu studieren, und zwar in Situationen, in denen das Prinzip der linearisierten Stabilität (Theorem (15.6)) nicht anwendbar ist. Der Einfachheit halber beschränken wir uns auf den Fall, daß $Df(x_0)$ einen hyperbolischen linearen Fluß erzeugt. Wir werden zeigen, daß lokal, d. h. in der Nähe von $x_0$, der Fluß $\varphi$ flußäquivalent zum linearen Fluß $e^{tDf(x_0)}$ ist, d. h., daß die Sattelpunktstruktur qualitativ erhalten bleibt. Außerdem werden wir präzise Aussagen über die „stabilen und instabilen Mannigfaltigkeiten" $W_s$ und $W_u$ herleiten.

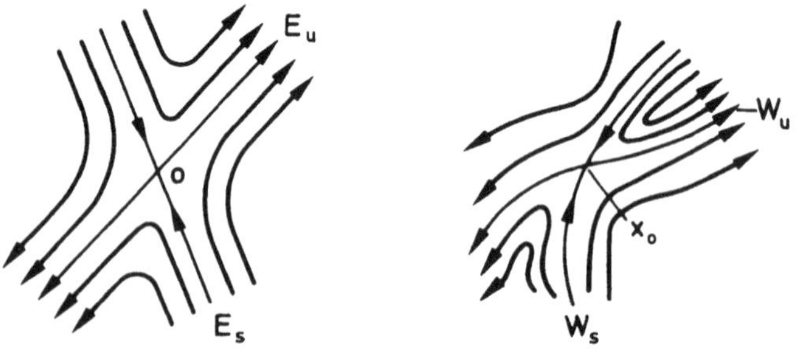


Sind $X$ und $Y$ metrische Räume bzw. differenzierbare Mannigfaltigkeiten und $\varphi : \Omega_\varphi \to X$ sowie $\psi : \Omega_\psi \to Y$ Flüsse auf $X$ bzw. $Y$, so sagen wir, *$\varphi$ ist in $x_0 \in X$ zu $\psi$ in $y_0 \in Y$ (lokal) $C^k$-flußäquivalent,* oder kurz: *$\varphi | x_0$ ist zu $\psi | y_0$ $C^k$-flußäquivalent,* $0 \leq k \leq \infty$, wenn es Umgebungen $U$ von $x_0$ und $V$ von $y_0$ gibt, derart, daß der von $\varphi$ auf $U$ (durch Restriktion) induzierte Fluß zu dem von $\psi$ auf $V$ induzierten Fluß $C^k$-flußäquivalent ist, kurz: derart, daß $\varphi | U$ $C^k$-flußäquivalent zu $\psi | V$ ist.

Im folgenden sei $\varphi : \Omega \to M$ stets der von $f$ auf $M$ erzeugte Fluß, und wir schreiben wieder $t \cdot x$ für $\varphi(t, x)$.

Der erste Satz zeigt, daß in einer Umgebung eines *regulären,* d. h. nicht kritischen, Punktes „die Orbits geradegebogen" werden können. Hierbei ist $\dim_{\mathbb{R}} E = 2\dim_{\mathbb{C}} E$, falls $\mathbb{K} = \mathbb{C}$ gilt („Zerlegung in Real- und Imaginärteil").

**(19.1) Satz:** *Es sei $x_0 \in M$ ein regulärer Punkt von $\varphi$, und $\psi$ sei der von dem konstanten Vektorfeld $y \mapsto e_1 = (1, 0, \ldots, 0)$ auf $\mathbb{R}^m$, $m := \dim_{\mathbb{R}} E$, erzeugte Fluß, d. h.*

$$\psi(t, y) = y + te_1 \quad \forall (t, y) \in \mathbb{R} \times \mathbb{R}^m.$$

*Dann sind $\varphi | x_0$ und $\psi | 0$ $C^1$-flußäquivalent.*

**Beweis:** Durch Zerlegen von $f$ und $x$ in Real- und Imaginärteil können wir $\mathbb{K} = \mathbb{R}$ annehmen. Durch eine Translation können wir $x_0 = 0$ erreichen, und durch Einführen einer Basis mit $f(0)$ als erstem Basisvektor können wir $E$ mit $\mathbb{R}^m$ und $f(0)$ mit $e_1$ identifizieren. Dann ist in einer geeigneten Umgebung $U$ von $0 \in \mathbb{R}^m = \mathbb{R} \times \mathbb{R}^{m-1}$ eine $C^1$-Abbildung $h : U \to \mathbb{R}^m$ durch

$$h(t, \eta) := \varphi(t, (0, \eta))$$

wohldefiniert.

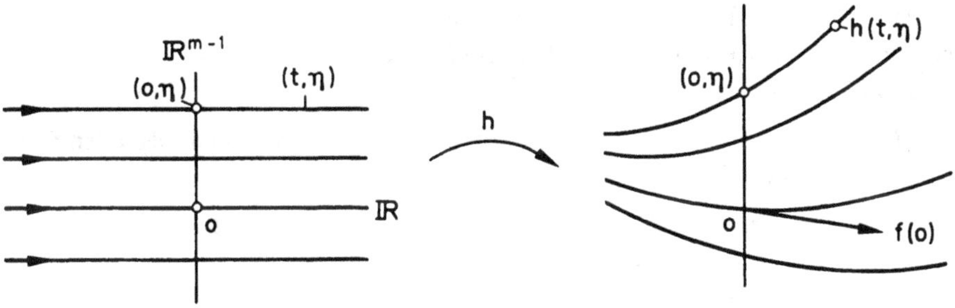


Für $(s, \eta), (t, \eta) \in U$ mit $(s + t, \eta) \in U$ gilt dann

$$\begin{aligned} h \circ \psi(t, (s, \eta)) &= h((s, \eta) + te_1) = h(s + t, \eta) \\ &= \varphi(s + t, (0, \eta)) = \varphi(t, \varphi(s, (0, \eta))) = \varphi(t, h(s, \eta)), \end{aligned}$$

d. h. lokal in der Nähe von $0 \in \mathbb{R}^m$ gilt

(1) $$h \circ \psi = \varphi \circ (id \times h).$$

Wegen $h | \{0\} \times \mathbb{R}^{m-1} = (0, id_{\mathbb{R}^{m-1}})$ und $D_1 h(0) = D_1 \varphi(0, 0) = f(0) = e_1$ ist

$$Dh(0) = \begin{bmatrix} 1 & 0 \\ 0 & id_{\mathbb{R}^{m-1}} \end{bmatrix} = id_{\mathbb{R}^m}.$$

Also ist nach dem Satz über die Umkehrabbildung $h$ in 0 ein lokaler $C^1$-Diffeomorphismus, also – wegen (1) – eine lokale $C^1$-Flußäquivalenz.

**(19.2) Bemerkungen:** (a) Aus dem Differenzierbarkeitstheorem (9.5) und dem obigen Beweis folgt, daß $\varphi|x_0$ und $\psi|0$ $C^k$-flußäquivalent sind, falls $f \in C^k(M, E)$, $1 \leqq k \leqq \infty$, und $\mathbb{K} = \mathbb{R}$ sind.

(b) Der obige Beweis zeigt, daß $\varphi|x_0$ und $\psi|0$ *isochron flußäquivalent* sind, d. h. die Zeitvariable wird nicht verändert. □

*Das Linearisierungstheorem*

Nun wenden wir uns der Hauptaufgabe dieses Paragraphen zu, dem Studium des Flusses in der Nähe eines *hyperbolischen kritischen Punktes*. Hierbei heißt der kritische Punkt $x_0$ des von $f$ erzeugten Flusses hyperbolisch, wenn $\sigma_n(Df(x_0)) = \emptyset$ ist, d. h. wenn der lineare Fluß $e^{tDf(x_0)}$ hyperbolisch ist.

Es besteht ein enger Zusammenhang zwischen Flüssen und Homöomorphismen. Nach Theorem (10.14) ist nämlich $\varphi^t$ für jedes $t \in \mathbb{R}$ ein Homöomorphismus von $\Omega_t$ auf $\Omega_{-t}$. Insbesondere gilt für den linearen Fluß $e^{tA}$, daß $e^{tA} \in \mathcal{GL}(E)$ für jedes $t \in \mathbb{R}$ erfüllt ist, d. h. $e^{tA}$ ist ein Automorphismus von $E$. Aus diesen Gründen ist es sinnvoll (und für Anwendungen auf andere Probleme nützlich), zuerst den Fall von Homöomorphismen zu betrachten.

Zur Motivierung der folgenden Definition beweisen wir zuerst den folgenden Spezialfall des *Spektralabbildungssatzes* (vgl. z. B. Yosida [1]).

**(19.3) Lemma:** *Für* $A \in \mathcal{L}(E)$ *gilt*

$$\sigma(e^A) = e^{\sigma(A)} := \{e^\lambda \mid \lambda \in \sigma(A)\}.$$

**Beweis:** Wegen $\sigma(A) := \sigma(A_{\mathbb{C}})$ können wir – durch Übergang zur Komplexifizierung – annehmen, daß $E$ ein komplexer Banachraum ist. Sind dann $\lambda_1, \ldots, \lambda_k$ die paarweise verschiedenen Eigenwerte von $A$, so wissen wir nach § 12, daß $E$ die direkte Summenzerlegung $E = E_1 \oplus \cdots \oplus E_k$ besitzt, die sowohl $A$ als auch $e^A$ reduziert. Es genügt also, $\sigma(e^{A_j}) = e^{\sigma(A_j)}$ mit $A_j := A|E_j$ für $j = 1, \ldots, k$ zu beweisen. Wir können somit annehmen (vgl. § 12), daß gilt: $\sigma(A) = \{\lambda\}$ und $A = \lambda + N$ mit einem nilpotenten Operator $N \in \mathcal{L}(E)$. Es gibt folglich ein $x \in E\backslash\{0\}$ mit $Ax = \lambda x$, d. h. $Nx = 0$. Hieraus folgt

$$e^A x = e^\lambda e^N x = e^\lambda x,$$

d. h. $\sigma(e^A) \supset e^{\sigma(A)}$. Gilt umgekehrt $e^A y = \mu y$ für ein Paar $\mu \in \mathbb{C}$ und $y \in E\backslash\{0\}$, so folgt

$$\mu y = e^\lambda e^N y = e^\lambda \sum_{k=0}^{m} \frac{1}{k!} N^k y. \tag{2}$$

Dann gibt es einen kleinsten Index $l$ mit $0 \leqq l \leqq m$ und $N^{l+1}y = 0$. Durch Anwenden von $N^l$ auf (2) erhalten wir

$$\mu N^l y = e^{\lambda} N^l y,$$

also $\mu = e^{\lambda}$ wegen $N^l y \neq 0$, was $\sigma(e^A) \subset e^{\sigma(A)}$ impliziert. □

Es sei nun $A \in \mathscr{L}(E)$, und $A$ erzeuge einen hyperbolischen linearen Fluß $e^{tA}$, d. h. $\sigma_n(A) = \sigma(A) \cap i\mathbb{R} = \emptyset$. Dann folgt aus Lemma (19.3), daß $\sigma(e^A) \cap \mathbb{S}_{\mathbb{C}} = \emptyset$ gilt, wobei $\mathbb{S}_{\mathbb{C}} := \{z \in \mathbb{C} \mid |z| = 1\}$ die Einheitskreislinie der komplexen Ebene ist. Mit anderen Worten: $e^A \in \mathscr{GL}(E)$ besitzt keine Eigenwerte vom Betrag 1. Allgemein heißt nun *ein Automorphismus $T \in \mathscr{GL}(E)$ hyperbolisch,* wenn $T$ keine Eigenwerte vom Betrag 1 besitzt, d. h. wenn $\sigma(T) \cap \mathbb{S}_{\mathbb{C}} = \emptyset$ gilt.

Ist $T \in \mathscr{GL}(E)$ hyperbolisch, so gilt

$$\sigma(T) = \sigma_0(T) \cup \sigma_\infty(T)$$

mit

$$\sigma_0(T) := \{\lambda \in \sigma(T) \mid |\lambda| < 1\}$$

und

$$\sigma_\infty(T) := \{\lambda \in \sigma(T) \mid |\lambda| > 1\}.$$

Bezeichnen wir wieder mit $m(\lambda)$ die algebraische Multiplizität des Eigenwertes $\lambda \in \sigma(T)$, so folgt – im Fall $\mathbb{K} = \mathbb{C}$ –, daß

$$E_0 := \bigoplus_{\lambda \in \sigma_0(T)} \ker[(\lambda - T)^{m(\lambda)}]$$

und

$$E_\infty := \bigoplus_{\lambda \in \sigma_\infty(T)} \ker[(\lambda - T)^{m(\lambda)}]$$

invariante Untervektorräume von $E$ sind, die $T$ reduzieren, d. h.

(3) $$E = E_0 \oplus E_\infty \quad \text{und} \quad T = T_0 \oplus T_\infty,$$

und daß

(4) $$\sigma(T_0) = \sigma_0(T) \quad \text{und} \quad \sigma(T_\infty) = \sigma_\infty(T)$$

gilt. Ist $\mathbb{K} = \mathbb{R}$, so wenden wir diese Zerlegung auf die Komplexifizierung an und restringieren anschließend auf die reellen Teilräume, d. h.

$$E_0 := (E_{\mathbb{C}})_0 \cap E \quad \text{und} \quad E_\infty := (E_{\mathbb{C}})_\infty \cap E$$

sowie

$$T_0 := (T_{\mathbb{C}})_0 | E_0 \quad \text{und} \quad T_\infty := (T_{\mathbb{C}})_\infty | E_\infty .$$

Dann verifiziert man leicht, daß die Relationen (3) und (4) auch im rellen Fall gelten (vgl. den Beweis von Theorem (13.4)).

Das folgende Lemma stellt ein Analogon zu Lemma (13.1) dar. Zur einfacheren Formulierung verwenden wir die anschauliche Schreibweise

$$|\sigma(A)| < \alpha \Leftrightarrow |\lambda| < \alpha \quad \forall \lambda \in \sigma(A).$$

Andere Ungleichungen sind analog zu interpretieren.

**(19.4) Lemma:** *Es sei* $T \in \mathcal{GL}(E)$ *hyperbolisch, und für* $\alpha \in \mathbb{R}_+$ *gelte*

$$|\sigma(T_0)| < \alpha \quad \textit{und} \quad |\sigma((T_\infty)^{-1})| < \alpha .$$

*Dann gibt es eine Hilbertnorm* $\|\,.\,\|$ *auf E mit*

$$\max\{\|T_0\|, \|(T_\infty)^{-1}\|\} \leqq \alpha ,$$

*derart, daß* $E_0$ *und* $E_\infty$ *orthogonal sind.*

**Beweis:** Wegen $\|A_{\mathbb{C}}\| = \|A\|$ (vgl. den Beweis von Lemma (13.1)) können wir o.B.d.A. $\mathbb{K} = \mathbb{C}$ annehmen. Nach dem Beweis von Lemma (13.1) wissen wir dann, daß $T_0 = D + N$ ist, mit einem nilpotenten Operator $N \in \mathcal{L}(E_0)$ und einem Diagonaloperator (bzgl. einer geeigneten Basis) $D = \operatorname{diag}[\mu_1, \ldots, \mu_k]$, wobei $\mu_1, \ldots, \mu_k$ die gemäß ihrer Vielfachheit gezählten Eigenwerte von $T_0$ sind. Außerdem wissen wir, daß wir die Basis so wählen können, daß für die zugehörige euklidische Norm $\|\,.\,\|_0$ auf $E_0$ gilt

$$\|N\|_0 \leqq \alpha - \max\{|\mu_j| \mid j = 1, \ldots, k\} .$$

Hieraus folgt unmittelbar

$$\|T_0\|_0 \leqq \|D\|_0 + \|N\|_0 \leqq \max\{|\mu_j| \mid 1 \leqq j \leqq k\} + \|N\|_0 \leqq \alpha .$$

Analog finden wir eine Hilbertnorm $\|\,.\,\|_\infty$ auf $E_\infty$, derart, daß für die zugehörige Operatornorm gilt: $\|T_\infty^{-1}\|_\infty \leqq \alpha$. Dann wird durch

$$\|x\|^2 := \|x_0\|_0^2 + \|x_\infty\|_\infty^2 \quad \forall x = x_0 + x_\infty \in E_0 \oplus E_\infty = E$$

die gewünschte Hilbertnorm auf $E$ definiert. □

**(19.5) Bemerkung:** Ist $T \in \mathcal{GL}(E)$ hyperbolisch, so ist

(5) $$|\sigma_0(T)| < 1 < |\sigma_\infty(T)|.$$

Da für jedes $B \in \mathcal{GL}(E)$ trivialerweise

$$\sigma(B^{-1}) = [\sigma(B)]^{-1} := \left\{\frac{1}{\lambda} \,\middle|\, \lambda \in \sigma(B)\right\}$$

gilt, folgt aus (4) und (5)

$$|\sigma(T_\infty^{-1})| < 1.$$

Also existieren nach Lemma (19.4) ein $\alpha < 1$ und eine Norm $\|.\|$ auf $E$ mit

$$\|T_0\| \leqq \alpha < 1 \quad \text{und} \quad \|T_\infty^{-1}\| \leqq \alpha < 1.$$

Für $x \in E_0$ folgt hieraus

$$T^k x = (T_0)^k x \to 0 \quad \text{für} \quad k \to \infty,$$

und für $y \in E_\infty$ ergibt sich

$$T^{-k} y = (T_\infty)^{-k} y \to 0 \quad \text{für} \quad k \to \infty.$$

In Analogie zur Situation bei linearen Flüssen nennt man deshalb $E_0$ den *stabilen* und $E_\infty$ den *instabilen* Untervektorraum von $T$ (oder genauer: des von $T$ erzeugten *diskreten Flusses*). □

Ist $X$ ein topologischer Raum, so setzen wir

$$BC(X, E) := B(X, E) \cap C(X, E),$$

wobei $B(X, E)$ der Banachraum aller beschränkten Abbildungen $u: X \to E$ mit der *Supremumsnorm*

$$\|u\|_\infty := \sup_{x \in X} |u(x)|_E$$

ist. Da $BC(X, E)$ nach dem Satz über die Stetigkeit der Grenzfunktion einer gleichmäßig konvergenten Folge stetiger Funktionen ein abgeschlossener Untervektorraum von $B(X, E)$ ist, ist $BC(X, E)$ selbst ein Banachraum mit der Supremumsnorm, der *Raum der beschränkten stetigen Funktionen* (auf $X$ mit Werten in $E$). Ist $X$ kompakt, so ist natürlich $BC(X, E) = C(X, E)$ und

$$\|u\|_\infty = \max_{x \in X} |u(x)| =: \|u\|_C.$$

Außerdem ist es klar, daß wir eine äquivalente Norm auf $BC(X, E)$ erhalten, wenn wir die Norm in $E$ durch eine äquivalente Norm ersetzen.

Es sei nun $E = E_1 \oplus E_2$ eine direkte Summenzerlegung von $E$, und für die zugehörigen Projektionen $P_i : E \to E_i$, $i = 1, 2$, gelte $|P_i| \leqq 1$, $i = 1, 2$. Dann läßt sich jedes Element $u \in B := BC(X, E)$ eindeutig in der Form

$$u = P_1 u + P_2 u$$

schreiben, und es ist

$$P_i u \in BC(X, E_i) := B_i, \quad i = 1, 2.$$

Außerdem gilt trivialerweise

$$\|P_i u\|_{B_i} = \sup_{x \in X} |P_i u(x)| \leqq |P_i| \, \|u\|_\infty \leqq \|u\|_\infty$$

für $i = 1, 2$. Folglich werden durch

$$(P_i u)(x) := P_i u(x) \quad \forall\, x \in X$$

stetige Projektionen $P_i : B \to B_i$, $i = 1, 2$, mit $P_1 + P_2 = id_B$ definiert, d. h. es gilt:

$$B = B_1 \oplus B_2,$$

und $P_i : B \to B_i$ sind die zugehörigen Projektionen. Setzen wir schließlich

$$\|u\|_B := \max\{\|P_1 u\|_{B_1}, \|P_2 u\|_{B_2}\},$$

so folgt aus

$$(6) \qquad \begin{aligned} (1/2)\|u\|_\infty &= (1/2)\|P_1 u + P_2 u\|_\infty \leqq (1/2)\{\|P_1 u\|_\infty + \|P_2 u\|_\infty\} \\ &= (1/2)\{\|P_1 u\|_{B_1} + \|P_2 u\|_{B_2}\} \leqq \|u\|_B \leqq \|u\|_\infty, \end{aligned}$$

daß $\|\cdot\|_B$ eine äquivalente Norm auf $B$ ist.

Schließlich benötigen wir noch das Analogon zum Begriff der „Flußäquivalenz" für den Fall topologischer Abbildungen. Sind $X$ und $Y$ topologische Räume und $f: X \to X$ sowie $g: Y \to Y$ Homöomorphismen, so heißt ein Homöomorphismus $h: X \to Y$ eine *topologische Konjugation von $f$ nach $g$*, falls $h \circ f = g \circ h$ gilt, d. h. wenn das Diagramm

$$\begin{array}{ccc} X & \xrightarrow{\;f\;} & X \\ {\scriptstyle h}\big\downarrow & & \big\downarrow{\scriptstyle h} \\ Y & \xrightarrow{\;g\;} & Y \end{array}$$

kommutiert. Sind $X$ und $Y$ differenzierbare Mannigfaltigkeiten (z. B. offene Teilmengen von Banachräumen), und sind $f, g$ und $h$ $C^k$-Diffeomorphismen, $1 \leqq k \leqq \infty$, so heißt $h$ eine *$C^k$-Konjugation.* Schließlich heißen $f$ und $g$ *topologisch* (bzw. *$C^k$-)konjugiert,* falls eine topologische (bzw. $C^k$-)Konjugation von $f$ nach $g$ existiert. Hierdurch wird trivialerweise eine Äquivalenzrelation in der Klasse der Homöomorphismen (bzw. der $C^k$-Diffeomorphismen) definiert.

Nach diesen Vorbereitungen können wir nun den *globalen Hartmanschen Linearisierungssatz* beweisen.

**(19.6) Satz:** *Ist $T \in \mathscr{GL}(E)$ hyperbolisch, so sind, für jede gleichmäßig Lipschitz stetige Funktion $g \in BC(E, E)$ mit genügend kleiner Lipschitzkonstanten, die Abbildungen $T$ und $T + g$ topologisch konjugiert.*

**Beweis:** Nach Lemma (19.4) und Bemerkung (19.5) gibt es eine Hilbertnorm $\|\,.\,\|$ auf $E$ mit

(7) $$\max\{\|T_0\|, \|T_\infty^{-1}\|\} \leqq \alpha < 1 .$$

Da beim Übergang zu einer äquivalenten Norm auf $E$ die Lipschitzkonstante von $g$ mit einem positiven Faktor multipliziert wird, können wir die Norm $\|\,.\,\|$ auf $E$ verwenden und annehmen, daß

(8) $$\|g(x) - g(y)\| \leqq \lambda \|x - y\| \quad \forall x, y \in E$$

mit $2\lambda < \min\{1 - \alpha, \|T^{-1}\|^{-1}\}$ gilt.

(i) Wir zeigen zuerst, daß $T + g \in C(E, E)$ ein Homöomorphismus ist. Da, für jedes $z \in E$, die Gleichung $Tx + g(x) = z$ äquivalent zur Fixpunktgleichung

$$x = T^{-1}(z - g(x)) =: f_z(x)$$

ist, ist $T + g$ bijektiv, falls $f_z : E \to E$ genau einen Fixpunkt $x(z)$ hat. Wegen

(9) $$\begin{aligned}\|f_z(x) - f_z(y)\| &\leqq \|T^{-1}\|\,\|g(y) - g(x)\| \leqq \lambda \|T^{-1}\|\,\|x - y\| \\ &\leqq (1/2)\|x - y\|\end{aligned}$$

für alle $x, y \in E$ folgt dies aus dem Banachschen Fixpunktsatz. Aus (9) erhalten wir für $z, \tilde{z} \in E$ (vgl. Aufgabe 2 von § 7)

$$\begin{aligned}\|x(z) - x(\tilde{z})\| &= \|f_z(x(z)) - f_{\tilde{z}}(x(\tilde{z}))\| \\ &\leqq \|f_z(x(z)) - f_z(x(\tilde{z}))\| + \|f_z(x(\tilde{z})) - f_{\tilde{z}}(x(\tilde{z}))\| \\ &\leqq (1/2)\|x(z) - x(\tilde{z})\| + \|T^{-1}\|\,\|z - \tilde{z}\| ,\end{aligned}$$

also $\|x(z) - x(\tilde{z})\| \leqq 2\|T^{-1}\| \, \|z - \tilde{z}\|$. Folglich ist $x(.) = (T+g)^{-1} : E \to E$ (gleichmäßig Lipschitz) stetig.

(ii) Es sei nun $h \in BC(E, E) =: B$ eine zweite Funktion, welche gleichmäßig Lipschitz stetig ist mit der Lipschitzkonstanten $\lambda$. Ferner nehmen wir an, daß es zu jedem Paar $(g, h)$ solcher Funktionen genau ein $H := H(g, h) \in C(E, E)$ gibt mit

(10) $\qquad H - id \in B$

und

(11) $\qquad (T+g) \circ H = H \circ (T+h)$.

Dann gilt für $a := H(g, 0)$

(12) $\qquad (T+g) \circ a = a \circ T$,

und für $b := H(0, g)$

(13) $\qquad T \circ b = b \circ (T+g)$.

Aus (12) und (13) folgt

(14) $\qquad (T+g) \circ a \circ b = a \circ T \circ b = a \circ b \circ (T+g)$.

Wegen $a = id + u$ und $b = id + v$ mit $u, v \in B$ folgt $a \circ b = id + w$ mit $w = v + u \circ b \in B$. Also erhalten wir aus (14), aufgrund der Eindeutigkeit von $H$, daß $a \circ b = H(g, g) = id$ ist. Analog folgt $b \circ a = id$. Folglich ist $a$ ein Homöomorphismus von $E$ auf sich, also – wegen (12) – eine topologische Konjugation von $T + g$ nach $T$.

(iii) Mit $H = id + u$ bleibt zu zeigen, daß es genau ein $u \in B$ gibt mit

(15) $\qquad (T+g) \circ (id+u) = (id+u) \circ (T+h)$.

Da nach (i) $T + h$ ein Homöomorphismus ist, ist (15) äquivalent zu

$$\begin{aligned} id + u &= (T+g) \circ (id+u) \circ (T+h)^{-1} \\ &= g \circ (id+u) \circ (T+h)^{-1} + T(T+h)^{-1} + Tu \circ (T+h)^{-1}. \end{aligned}$$

Wegen $id = (T+h) \circ (T+h)^{-1}$ ist die letzte Gleichung äquivalent zu

(16) $\qquad u = Tu \circ (T+h)^{-1} + G(u) =: \tilde{F}(u)$

mit

(17) $\qquad G(u) := g \circ (id+u) \circ (T+h)^{-1} - h \circ (T+h)^{-1}$.

Offensichtlich bildet $\tilde{F}$ den Banachraum $B$ in sich ab. Es bleibt zu zeigen, daß $\tilde{F}$ genau einen Fixpunkt in $B$ hat.

Wegen $E = E_0 \oplus E_\infty$, und da $E_0$ und $E_\infty$ orthogonal sind, folgt $\|P_0\|, \|P_\infty\| \leqq 1$ für die zugehörigen Projektionen (vgl. den Beweis von Theorem (15.5)). Die Fixpunktgleichung (16) ist somit äquivalent zu dem Paar von Gleichungen

$$P_0 u = T_0 P_0 u \circ (T+h)^{-1} + P_0 G(u) =: F_0(u) \tag{18}$$

$$P_\infty u = T_\infty P_\infty u \circ (T+h)^{-1} + P_\infty G(u)\,. \tag{19}$$

Da die Gleichung (19) durch Multiplikation von links mit $T_\infty^{-1}$ und von rechts mit $T+h$ in die äquivalente Gleichung

$$P_\infty u = T_\infty^{-1} P_\infty u \circ (T+h) - T_\infty^{-1} P_\infty G(u) \circ (T+h) =: F_\infty(u) \tag{20}$$

übergeht, ist (16) äquivalent zu dem Paar (18) und (20).

Nach den dem Satz vorangehenden Betrachtungen induziert die Zerlegung $E = E_0 \oplus E_\infty$ die Zerlegung $B = B_0 \oplus B_\infty$, und für die Norm

$$\|u\|_B := \max\{\|P_0 u\|_\infty, \|P_\infty u\|_\infty\}$$

gilt

$$(1/2)\|u\|_\infty \leqq \|u\|_B \leqq \|u\|_\infty \quad \forall\, u \in B\,.$$

Also wird durch

$$F := F_0 + F_\infty$$

eine Abbildung von $B$ in sich definiert, derart, daß die Fixpunktgleichung $u = F(u)$ zur Fixpunktgleichung $u = \tilde{F}(u)$ äquivalent ist.

Für $u, v \in B$ und $x \in E$ erhalten wir mit $y := (T+h)^{-1}(x)$ und $z := (T+h)(x)$ und unter Verwendung von (7) die Abschätzungen

$$\begin{aligned} &\|F_0(u)(x) - F_0(v)(x)\| \\ &\quad \leqq \alpha\|P_0 u(y) - P_0 v(y)\| + \|g(y+u(y)) - g(y+v(y))\| \\ &\quad \leqq \alpha\|P_0(u-v)\|_\infty + \lambda\|u-v\|_\infty \end{aligned}$$

und

$$\begin{aligned} &\|F_\infty(u)(x) - F_\infty(v)(x)\| \\ &\quad \leqq \alpha\|P_\infty u(z) - P_\infty v(z)\| + \|g(x+u(x)) - g(x+v(x))\| \\ &\quad \leqq \alpha\|P_\infty(u-v)\|_\infty + \lambda\|u-v\|_\infty\,, \end{aligned}$$

also

$$\|F_0(u) - F_0(v)\|_\infty \leqq \alpha\|P_0(u-v)\|_\infty + 2\lambda\|u-v\|_B$$
$$\leqq (\alpha + 2\lambda)\|u-v\|_B$$

und

$$\|F_\infty(u) - F_\infty(v)\|_\infty \leqq (\alpha + 2\lambda)\|u-v\|_B,$$

woraus wegen $F_0(B) \subset B_0$ und $F_\infty(B) \subset B_\infty$

$$\|F(u) - F(v)\|_B \leqq (\alpha + 2\lambda)\|u-v\|_B \quad \forall\, u, v \in B$$

folgt. Wegen $\alpha + 2\lambda < 1$ folgt die Existenz eines eindeutigen Fixpunktes von $F$ aus dem Banachschen Fixpunktsatz. □

**(19.7) Bemerkungen:** (a) Der obige Beweis zeigt, daß es genau eine topologische Konjugation $h$ von $T$ nach $T+g$ gibt, welche $h - id \in BC(E, E)$ erfüllt (falls natürlich die Lipschitzkonstante von $g$ hinreichend klein ist).

(b) Wenn $g \in C^k(E, E)$, $1 \leqq k \leqq \infty$, gilt, ist es natürlich zu erwarten, daß die topologische Konjugation von $T+g$ nach $T$ auch die entsprechenden Differenzierbarkeitseigenschaften hat, d. h. daß $T+g$ und $T$ $C^k$-konjugiert sind. Dies ist jedoch im allgemeinen nicht richtig. Für weitere Untersuchungen in dieser Richtung sei auf Hartman [1] verwiesen. □

Zur Lokalisierung des obigen Linearisierungssatzes benötigen wir das folgende einfache

**(19.8) Lemma:** *Es sei $F$ ein beliebiger NVR, und $r_\alpha : F \to \bar{\mathbb{B}}(0, \alpha)$ sei die radiale Retraktion, d.h.*

$$r_\alpha(x) := \begin{cases} x & \text{für } |x| \leqq \alpha \\ \alpha x/|x| & \text{für } |x| \geqq \alpha. \end{cases}$$

*Dann ist $r_\alpha$ gleichmäßig Lipschitz stetig mit der Lipschitzkonstanten* 2.

**Beweis:** Für $|x| > \alpha \geqq |y|$ gilt

$$|r_\alpha(x) - r_\alpha(y)| = |\alpha|x|^{-1}x - y| \leqq \alpha|x|^{-1}|x-y| + |\alpha|x|^{-1}y - y|$$
$$\leqq |x-y| + |x|^{-1}|y|(|x| - \alpha)$$
$$\leqq |x-y| + |x| - |y| \leqq 2|x-y|.$$

Sind $|x| > \alpha$ und $|y| > \alpha$, erhalten wir

$$|r_\alpha(x) - r_\alpha(y)| = |\alpha|x|^{-1}x - \alpha|y|^{-1}y|$$
$$\leqq \alpha|x|^{-1}|x-y| + \alpha|y|\,||x|^{-1} - |y|^{-1}|$$
$$\leqq |x-y| + ||x| - |y|| \leqq 2|x-y|.$$

Hieraus folgt die Behauptung. □

Nach diesen Vorbereitungen können wir nun leicht das Hauptresultat dieses Paragraphen beweisen. Dazu erinnern wir daran, daß $E$ ein endlichdimensionaler Banachraum ist, daß $M$ offen ist in $E$ und daß $f \in C^1(M, E)$ gilt.

**(19.9) Theorem** *(Grobman, Hartman): Es sei $x_0$ ein hyperbolischer kritischer Punkt von $\varphi$. Dann sind $\varphi | x_0$ und $e^{tDf(x_0)} | 0$ isochron flußäquivalent.*

**Beweis:** (i) Da die Translation offensichtlich eine isochrone Flußäquivalenz darstellt, können wir o.B.d.A. $x_0 = 0$ annehmen. Ist $\lambda > 0$ beliebig, so existiert ein $\alpha > 0$ mit $|Df(x) - Df(0)| \leqq \lambda/2$ für alle $x \in \bar{\mathbb{B}}(0, \alpha)$. Aufgrund des Mittelwertsatzes ist die Funktion $x \mapsto f(x) - Df(0)x$ auf $\bar{\mathbb{B}}(0, \alpha)$ gleichmäßig Lipschitz stetig mit der Lipschitzkonstanten $\lambda/2$. Wir definieren nun $g \in BC(E, E)$ mittels der radialen Retraktion $r_\alpha : E \to \bar{\mathbb{B}}(0, \alpha)$ durch

$$g := [f - Df(0)] \circ r_\alpha .$$

Dann folgt aus Lemma (19.8) (und dem Beweis von Lemma (8.1 iii)), daß $g$ global Lipschitz stetig ist mit der Lipschitzkonstanten $\lambda$. Mit $A := Df(0) \in \mathscr{L}(E)$ gilt

$$(A + g) | \mathbb{B}(0, \alpha) = f | \mathbb{B}(0, \alpha) . \tag{21}$$

Ist $\psi$ der von $A + g$ auf $E$ erzeugte Fluß, so stimmt $\psi$ auf $\mathbb{B}(0, \alpha)$ wegen (21) mit $\varphi$ überein (vgl. Theorem (10.3) und Bemerkung (10.4b)). Es genügt also zu zeigen, daß $\psi$ und $e^{tA}$ isochron flußäquivalent sind.

(ii) Da $g$ global Lipschitz stetig ist, ist $g$ (und damit $A + g$) linear beschränkt. Also ist $\psi$ nach Satz (7.8) ein globaler Fluß. Wegen $\dot{x} = Ax + g(x)$ folgt aus der Variation-der-Konstanten-Formel (vgl. Formel (5) in § 15)

$$\psi^t(x) = e^{tA}x + \int_0^t e^{(t-\tau)A} g(\psi^\tau(x)) d\tau \quad \forall t \in \mathbb{R} . \tag{22}$$

Hieraus ergibt sich

$$|\psi^t(x) - \psi^t(y)| \leqq e^{t|A|}|x - y| + \int_0^t e^{(t-\tau)|A|} \lambda |\psi^\tau(x) - \psi^\tau(y)| d\tau$$

für $t \geqq 0$ und $x, y \in E$. Nach Multiplikation dieser Ungleichung mit $e^{-t|A|}$ können wir die Gronwallsche Ungleichung (Korollar (6.2)) anwenden und erhalten

$$|\psi^t(x) - \psi^t(y)| \leqq |x - y| e^{(\lambda + |A|)t} \quad \forall x, y \in E, \ t \geqq 0 . \tag{23}$$

Wegen $g \in BC(E, E)$ erhalten wir aus (22)

$$|\psi^t(x) - e^{tA}x| \leqq \|g\|_\infty \Big| \int_0^t e^{|t-\tau||A|} d\tau \Big|$$

für $t \in \mathbb{R}$ und $x \in E$, also

(24) $$\psi^t - e^{tA} \in BC(E, E) \quad \forall t \in \mathbb{R}.$$

Schließlich folgt aus (22) und (23)

(25) $$\begin{aligned} |(\psi^t - e^{tA})(x) - (\psi^t - e^{tA})(y)| &\leqq \int_0^t e^{(t-\tau)|A|} \lambda |\psi^\tau(x) - \psi^\tau(y)| \, d\tau \\ &\leqq \lambda |x-y| e^{t|A|} \int_0^t e^{\lambda\tau} d\tau = |x-y| e^{t|A|}(e^{\lambda t} - 1) \end{aligned}$$

für $t \geqq 0$ und $x, y \in E$.

(iii) Da 0 nach Voraussetzung ein hyperbolischer kritischer Punkt ist, ist $\sigma(A) \cap i\mathbb{R} = \emptyset$. Also folgt aus Lemma (19.3), daß $T := e^A$ ein hyperbolischer Automorphismus von $E$ ist. Da wir $\lambda$ beliebig klein wählen können, folgt aus (25), daß die Lipschitzkonstante von $\tilde{g} := \psi^1 - T$ beliebig klein gemacht werden kann. Da $\tilde{g} \in BC(E, E)$ gilt (vgl. (24)), können wir nach Satz (19.6) annehmen, daß $T$ und $\psi^1 = T + \tilde{g}$ topologisch konjugiert sind. Nach Bemerkung (19.7a) wissen wir außerdem, daß es genau eine topologische Konjugation $h$ von $T$ nach $\psi^1$ gibt mit $h - id \in BC(E, E)$.

Aus $h \circ T = \psi^1 \circ h$ folgt für jedes $t \in \mathbb{R}$ (mit $T^t := e^{tA}$)

$$\begin{aligned} \psi^1 \circ (\psi^t \circ h \circ T^{-t}) &= \psi^t \circ \psi^1 \circ h \circ T^{-t} = \psi^t \circ h \circ T \circ T^{-t} \\ &= (\psi^t \circ h \circ T^{-t}) \circ T. \end{aligned}$$

Also ist auch $\psi^t \circ h \circ T^{-t}$ eine topologische Konjugation von $T$ nach $\psi^1$. Wegen

$$\psi^t \circ h \circ T^{-t} - id = (\psi^t - T^t) \circ h \circ T^{-t} + T^t \circ (h - id) \circ T^{-t}$$

folgt aus (24), daß $\psi^t \circ h \circ T^{-t} - id \in BC(E, E)$ gilt. Also ist $\psi^t \circ h \circ T^{-t} = h$ und somit $\psi^t \circ h = h \circ e^{tA}$ für jedes $t \in \mathbb{R}$, d. h. $\psi$ und $e^{tA}$ sind isochron flußäquivalent.

□

*Stabile Mannigfaltigkeiten*

Das obige Theorem besagt, daß in der Nähe eines hyperbolischen kritischen Punktes $x_0$ das Phasenporträt des Flusses $\varphi$ die gleiche topologische Struktur wie das Phasenporträt der Linearisierung in der Nähe von 0 hat. In Analogie zum stabilen Untervektorraum $E_s$ bzw. instabilen Untervektorraum $E_u$ eines linearen Flusses definiert man die *stabile Mannigfaltigkeit* $W_s(x_0)$ *von* $\varphi$ *in* $x_0$ bzw. die *instabile Mannigfaltigkeit* $W_u(x_0)$ *von* $\varphi$ *in* $x_0$ durch

$$W_s(x_0) := \{x \in E \mid t^+(x) = \infty \quad \text{und} \quad t \cdot x \to x_0 \quad \text{für} \quad t \to \infty\}.$$

bzw.

$$W_u(x_0) := \{x \in E \mid t^-(x) = -\infty \quad \text{und} \quad t \cdot x \to x_0 \quad \text{für} \quad t \to -\infty\}.$$

Offensichtlich gilt $x_0 \in W_s(x_0) \cap W_u(x_0)$. Wir wollen nun zeigen, daß, in der Nähe von $x_0$, die Mengen $W_s(x_0)$ und $W_u(x_0)$ tatsächlich differenzierbare Untermannigfaltigkeiten von $E$ sind, die sich in $x_0$ transversal schneiden, und daß die Tangentialräume an $W_s(x_0)$ bzw. $W_u(x_0)$ parallel zu $E_s$ bzw. $E_u$ sind, d. h. daß $T_{x_0} W_s(x_0) = x_0 + E_s$ und $T_{x_0} W_u(x_0) = x_0 + E_u$ gelten.

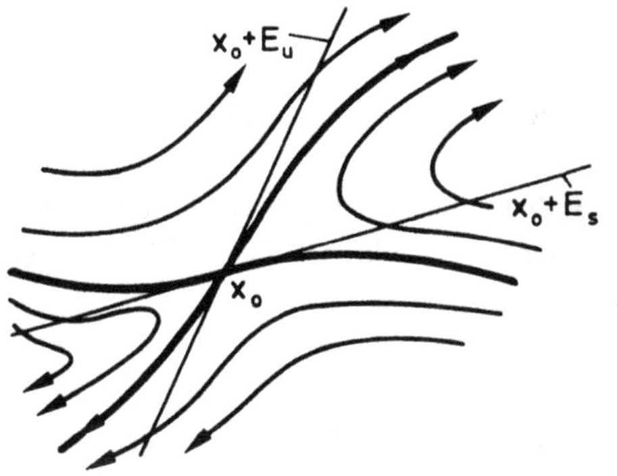


Zum Beweis dieses Sachverhaltes betrachten wir zuerst wieder Homöomorphismen von $E$ auf sich. Ist $h: E \to E$ ein Homöomorphismus mit $h(0) = 0$, so nennen wir die Menge

$$W_0 := \{x \in E \mid h^n(x) \to 0 \quad \text{für} \quad n \to \infty\}$$

die *stabile Menge* von $h$ in 0, wobei $h^n$ die $n$-fach Iterierte von $h$ bezeichnet. Analog definiert man die *instabile Menge* von $h$ in 0 durch

$$W_\infty := \{x \in E \mid h^{-n}(x) \to 0 \ \text{für} \ n \to \infty\},$$

wobei $h^{-n} := (h^{-1})^n$ gesetzt ist. Offensichtlich gehen $W_0$ und $W_\infty$ ineinander über, wenn wir $h$ durch $h^{-1}$ ersetzen. Folglich genügt es, $W_0$ zu betrachten.

Es sei nun $T \in \mathcal{GL}(E)$ hyperbolisch, und

$$E = E_0 \oplus E_\infty, \ T = T_0 \oplus T_\infty$$

sei die weiter oben eingeführte Zerlegung in den stabilen und den instabilen Untervektorraum.

**(19.10) Satz:** *Es sei* $g: E \to E$ *gleichmäßig Lipschitz stetig mit* $g(0) = 0$. *Besitzt g eine genügend kleine Lipschitzkonstante, so existiert eine eindeutig bestimmte gleichmäßig Lipschitz stetige Funktion* $h: E_0 \to E_\infty$, *derart, daß der Graph von h die stabile Menge* $W_0$ *von* $T + h$ *in* 0 *ist. Gehört g in einer Umgebung von* 0 *zur Klasse* $C^k, 1 \leqq k \leqq \infty$, *so auch die Funktion h. In diesem Fall gibt es eine Umgebung V von* 0 *in* $E_0$, *derart, daß*

$$W_0^V := \{(x, h(x)) \mid x \in V\}$$

*eine* $C^k$*-Mannigfaltigkeit ist. Gilt außerdem* $Dg(0) = 0$, *so ist* $T_0 W_0^V = E_0$.

**Beweis:** Es sei

$$B_0 := \{u: \mathbb{N} \to E \mid u(k) \to 0 \text{ für } k \to \infty\}.$$

Dann ist leicht zu sehen, daß $B_0$ ein abgeschlossener Untervektorraum des Banachraums $(B(\mathbb{N}, E), \|\cdot\|_\infty)$ aller beschränkten Folgen in $E$ ist. Also ist $B_0$ selbst ein Banachraum mit der Supremumsnorm.

Es sei

$$\mathbb{W}_0 := \{u \in B_0 \mid u(k) = (T+g)^k(x),\ k \in \mathbb{N},\ x \in E\}.$$

Dann gilt offensichtlich

$$W_0 = \{u(0) \mid u \in \mathbb{W}_0\}.$$

Ferner ist

$$u \in \mathbb{W}_0 \Leftrightarrow u(k+1) = (T+g)(u(k)) \quad \forall k \in \mathbb{N}.$$

Mit den kanonischen Projektionen $P_0: E \to E_0$ und $P_\infty: E \to E_\infty$ ist die letzte Gleichung äquivalent zu dem Paar

$$\begin{aligned} P_0 u(k+1) &= T_0 P_0 u(k) + P_0 g(u(k)) \\ P_\infty u(k+1) &= T_\infty P_\infty u(k) + P_\infty g(u(k)), \end{aligned}$$

also zum Paar

$$\begin{aligned} P_0 u(k+1) &= T_0 P_0 u(k) + P_0 g(u(k)) \\ P_\infty u(k) &= T_\infty^{-1} P_\infty u(k+1) - T_\infty^{-1} P_\infty g(u(k)) \end{aligned}$$

für $k \in \mathbb{N}$. Setzen wir nun, für $x \in E$ und $u \in B_0$,

$$(26) \qquad F_x(u)(k) := \begin{cases} T_0 P_0 u(k-1) + T_\infty^{-1} P_\infty u(k+1) + P_0 g(u(k-1)) \\ \qquad\qquad\qquad\qquad\qquad - T_\infty^{-1} P_\infty g(u(k)) \\ P_0 x + T_\infty^{-1}(P_\infty u(1) - P_\infty g(u(0))) \quad \text{für} \quad k = 0, \end{cases}$$

so sehen wir, daß $x \in E_0$ genau dann zu $W_0$ gehört, wenn $u$ ein Fixpunkt von $F_x$ in $B_0$ ist.

Wie im Beweis von Satz (19.6) können wir annehmen, daß gilt

$$|T_0|, |T_\infty^{-1}| \leqq \alpha < 1, \ |P_0|, |P_\infty| \leqq 1$$

und

$$(27) \qquad |g(x) - g(y)| \leqq \lambda |x - y| \quad \forall x, y \in E$$

mit $2\lambda < 1 - \alpha$. Außerdem können wir in $B_0$ die äquivalente Norm $\|u\|_B := \max\{\|P_0 u\|_\infty, \|P_\infty u\|_\infty\}$ verwenden, für die

$$(1/2)\|u\|_\infty \leqq \|u\|_B \leqq \|u\|_\infty \quad \forall u \in B_0$$

gilt. Für $x \in E$ und $u, v \in B_0$ erhalten wir dann leicht die Abschätzungen

$$(28) \qquad \|F_x(u) - F_x(v)\|_B \leqq (\alpha + 2\lambda)\|u - v\|_B$$

und

$$(29) \qquad |F_x(u)(k)| \leqq (\alpha + \lambda)|u(k-1)| + \alpha\lambda|u(k)| + \alpha|u(k+1)|$$

für $k \geqq 1$. Aus (29) folgt, daß $F_x$ den Banachraum $B_0$ in sich abbildet, und wegen (28) ist $F_x : B_0 \to B_0$ eine Kontraktion mit der von $x \in E$ unabhängigen Kontraktionskonstanten $\alpha + 2\lambda < 1$. Der Banachsche Fixpunktsatz impliziert somit die Existenz eines eindeutig bestimmten Fixpunktes $u_x$ von $F_x$ in $B_0$. Aus der Abschätzung

$$\begin{aligned} \|u_x - u_y\|_B &= \|F_x(u_x) - F_y(u_y)\|_B \\ &\leqq \|F_x(u_x) - F_x(u_y)\|_B + \|F_x(u_y) - F_y(u_y)\|_B \\ &\leqq (\alpha + 2\lambda)\|u_x - u_y\|_B + |P_0 x - P_0 y| \end{aligned}$$

folgt

$$(30) \qquad \|u_x - u_y\|_B \leqq |P_0 x - P_0 y|/(1 - \alpha - 2\lambda) \quad \forall x, y \in E.$$

Wir setzen nun

$$h(x) := P_\infty u_x(0) \quad \forall x \in E_0 .$$

Dann bildet $h$ den Raum $E_0$ wegen (30) gleichmäßig Lipschitz stetig in $E_\infty$ ab, und aus (26) liest man die Beziehung

$$W_0 = \{(x, h(x)) \,|\, x \in E_0\} = \operatorname{graph}(h)$$

ab.

Wir bezeichnen mit $S_1, S_{-1} : B_0 \to B_0$ die „Verschiebungsoperatoren"

$$(S_{-1}u)(k) := u(k+1) \quad \forall k \in \mathbb{N}$$

und

$$(S_1 u)(k) := \begin{cases} u(k-1) & \forall k \in \mathbb{N}^* \\ 0 & \text{für} \quad k = 0 . \end{cases}$$

Offensichtlich sind $S_{-1}$ und $S_1$ stetig mit

(31) $$\|S_{-1}\|_B,\ \|S_1\|_B \leqq 1 .$$

Schließlich definieren wir $G : B_0 \to B_0$ durch

$$G(u)(k) := g(u(k)) \quad \forall k \in \mathbb{N} .$$

Gilt dann, für ein $\beta > 0$ und ein $k \in \mathbb{N}^* \cup \{\infty\}$,

$$g \in C^k(\mathbb{B}_E(0, \beta), E) ,$$

so verifiziert man leicht, daß

(32) $$G \in C^k(\mathbb{B}_{B_0}(0, \beta), B_0)$$

und (wegen $Dg(0) = 0$)

$$DG(0) = 0$$

richtig sind.

Mit dem „Einheitsvektor" $e_0 := (1, 0, \ldots) \in B_0$ kann $F_x$ in der Form

$$F_x = (P_0 x) e_0 + T_0 P_0 (S_1 + G \circ S_1) + T_\infty^{-1} P_\infty (S_{-1} - G)$$

geschrieben werden. Für

$$H(x,u) := u - F_x(u)$$

erhalten wir somit aus (32)

$$H \in C^k(E \times \mathbb{B}_{B_0}(0,\beta), B_0)$$

und

(33) $$D_2 H(0,0) = id_{B_0} - T_0 P_0 S_1 - T_\infty^{-1} P_\infty S_{-1} =: id_{B_0} - K.$$

Mit Hilfe von (31) findet man die Abschätzung

$$\|K\|_{\mathscr{L}(B_0)} \leqq \alpha < 1,$$

woraus (mittels der Neumannschen Reihe (z. B. Yosida [1])) leicht $D_2 H(0,0) \in \mathscr{G}\mathscr{L}(B_0)$ folgt (vgl. Bemerkung 25.6a). Wegen $H(0,0) = 0$, und da für jedes $x \in E_0$ das Element $u_x \in B_0$ die eindeutig bestimmte Lösung der Gleichung

$$H(x,u) = 0$$

ist, folgt aus dem Satz über implizite Funktionen (vgl. Dieudonné [1]), daß in einer Umgebung von $x = 0$ die Funktion

$$E_0 \to B_0; \; x \mapsto u_x$$

zur Klasse $C^k$ gehört. Also ist – da die „Evaluationsabbildung" $B_0 \to E, u \mapsto u(0)$ offensichtlich linear und stetig ist – die Funktion $h: E_0 \to E_\infty$ in einer Umgebung $V$ von 0 in der Klasse $C^k$. Folglich ist $W_0^V$ als Graph einer $C^k$-Funktion eine $C^k$-Mannigfaltigkeit der Dimension $\dim_{\mathbb{R}} E_0$. Da durch

$$V \ni x \mapsto (x, h(x)) \in E$$

eine Parametrisierung von $W_0^V$ gegeben wird, gilt bekanntlich

$$T_0 W_0^V = \operatorname{im}(id_{E_0}, Dh(0))$$

(wobei wir o.B.d.A. $\mathbb{K} = \mathbb{R}$ annehmen können). Durch Differenzieren der Identität $H(x, u_x) = 0$ im Punkt $x = 0$ folgt

(34) $$D_1 H(0,0) + D_2 H(0,0) Du_0 = 0$$

mit $Du_0 \in \mathscr{L}(E_0, B_0)$ und

$$D_1 H(0,0)\xi = -(P_0\xi)e_0 \quad \forall \xi \in E.$$

Also erhalten wir $P_\infty D_1 H(0,0)\xi = 0$, und aus (33) und (34) ergibt sich (durch Anwenden von $P_\infty$ auf (34))

$$P_\infty Du_0 - T_\infty^{-1} P_\infty S_{-1} Du_0 = 0,$$

d. h.

$$P_\infty [(Du_0)x](k) = T_\infty^{-1} P_\infty [(Du_0)x](k+1)$$

für alle $k \in \mathbb{N}$ und $x \in E_0$. Hieraus folgt

$$|P_\infty [(Du_0)x](k)| \leqq \alpha \| P_\infty Du_0 \|_{\mathscr{L}(E_0, B_0)} \| x \|_E \quad \forall k \in \mathbb{N},$$

also

$$\| P_\infty Du_0 \|_{\mathscr{L}(E_0,B_0)} \leqq \alpha \| P_\infty Du_0 \|_{\mathscr{L}(E_0,B_0)},$$

d. h. $P_\infty Du_0 = 0$, da $\alpha < 1$ ist. Wegen

$$Dh(0)\xi = P_\infty [(Du_0)\xi](0)$$

für alle $\xi \in E_0$ erhalten wir $Dh(0) = 0$ und somit die Behauptung. □

Ist $V$ eine Umgebung eines kritischen Punktes $x_0$ des Flusses $\varphi$, so definieren wir die *lokalen stabilen* bzw. *instabilen Mannigfaltigkeiten von* $\varphi$ *in* $x_0$ *bzgl.* $V$ durch

$$W_s^V(x_0) := \{x \in W_s(x_0) \mid t \cdot x \in V \quad \text{für} \quad t \geqq 0\}$$

und

$$W_u^V(x_0) := \{x \in W_u(x_0) \mid t \cdot x \in V \quad \text{für} \quad t \leqq 0\}.$$

Wie die nebenstehende Skizze zeigt, braucht i. a. nicht $W_s^V(x_0) = W_s(x_0) \cap V$ oder $W_u^V(x_0) = W_u(x_0) \cap V$ zu gelten.

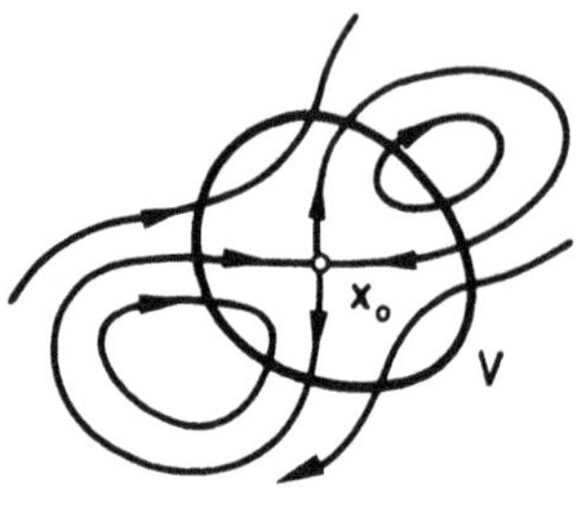


Nach diesen Vorbereitungen können wir das angekündigte *Theorem über die lokalen stabilen und instabilen Mannigfaltigkeiten* beweisen, das im wesentlichen bereits auf Hadamard und Perron zurückgeht.

**(19.11) Theorem:** *Es sei $M$ offen im endlichdimensionalen reellen Banachraum $E$, und $f \in C^k(M, E)$ für ein $k \in \mathbb{N}^* \cup \{\infty\}$. Ferner sei $x_0$ ein hyperbolischer kritischer Punkt des von $f$ erzeugten Flusses $\varphi$. Dann gibt es eine Umgebung $V$ von $x_0$, derart, daß $W_s^V(x_0)$ und $W_u^V(x_0)$ $C^k$-Mannigfaltigkeiten sind. Außerdem gilt*

$$T_{x_0} W_s^V(x_0) = x_0 + E_s \quad \text{und} \quad T_{x_0} W_u^V(x_0) = x_0 + E_u,$$

*wobei $E_s$ und $E_u$ die stabilen und instabilen Untervektorräume des linearen Flusses $e^{tDf(x_0)}$ bezeichnen.*

**Beweis:** O.B.d.A. können wir $x_0 = 0$ annehmen. Wie im Beweis von Theorem (19.9) setzen wir

$$g := [f - Df(0)] \circ r_\alpha,$$

wobei $r_\alpha : E \to \bar{\mathbb{B}}(0, \alpha)$ die radiale Retraktion bezeichnet. Dann ist $g$ gleichmäßig Lipschitz stetig, $g(0) = 0$, und $g \in C^k(\mathbb{B}(0, \alpha), E)$ mit $Dg(0) = 0$. Außerdem kann durch geeignete Wahl von $\alpha > 0$ die Lipschitzkonstante von $g$ beliebig klein gemacht werden. Mit $A := Df(0) \in \mathscr{L}(E)$ gilt

$$(A + g) | \mathbb{B}(0, \alpha) = f | \mathbb{B}(0, \alpha).$$

Also stimmt auf $\mathbb{B}(0, \alpha)$ der von $A + g$ erzeugte globale Fluß $\psi$ mit dem von $f$ erzeugten Fluß $\varphi$ überein.

Wir setzen nun $T := e^A$. Dann ist $T$ ein hyperbolischer Automorphismus, und wie im Beweis von Theorem (19.9) folgt, daß $\tilde{g} := \psi^1 - T$ global Lipschitz stetig ist, wobei die Lipschitzkonstante von $\tilde{g}$ durch geeignete Wahl von $\alpha$ beliebig klein gemacht werden kann (vgl. (25)). Außerdem folgt aus Theorem (10.3), daß $\tilde{g}$ in einer Umgebung von 0 zur Klasse $C^k$ gehört. Offensichtlich ist $\tilde{g}(0) = 0$, und da nach Theorem (9.2) $D_2\psi(.\,, 0)$ die Lösung des AWP für die linearisierte Gleichung

$$\dot{z} = [A + Dg(\psi(t, 0))]z, \; z(0) = id_E$$

ist, folgt aus $\psi(t, 0) = 0$ und $Dg(0) = 0$, daß $D_2\psi(t, 0) = e^{tA}$, also $D\tilde{g}(0) = 0$, gilt. Folglich erfüllen $T$ und $\tilde{g}$ die Voraussetzungen von Satz (19.10). Somit ist die stabile Menge $W_0$ von $\psi^1 = T + \tilde{g}$ als Graph einer global Lipschitz stetigen Abbildung $h : E_0 \to E_\infty$ darstellbar. Außerdem gibt es eine Umgebung $V_0$ von 0 in $E_0$ mit $h \in C^k(V_0, E_\infty)$, derart, daß

$$W_0^{V_0} := \{(x, h(x)) \in E \,|\, x \in V_0\}$$

eine $C^k$-Mannigfaltigkeit mit $T_0 W_0^{V_0} = E_0 = E_s$ ist.

Wir behaupten nun, daß $W_0 = \tilde{W}_s(0)$ gilt, wobei $\tilde{W}_s(0)$ die stabile Mannigfaltigkeit von $\psi$ im Punkt 0 ist. Da aus $\lim_{t\to\infty} \psi^t(x) = 0$ stets $\psi^k(x) \to 0$ für $k \to \infty$ folgt, ist $\tilde{W}_s(0) \subset W_0$. Zum Beweis der umgekehrten Inklusion beachten wir zuerst, daß zu jedem $\varepsilon > 0$ ein $\delta > 0$ existiert mit

$$(36) \qquad |\psi^t(x)| \leqq \varepsilon \quad \text{für} \quad |t| \leqq 1 \quad \text{und} \quad |x| \leqq \delta .$$

Denn andernfalls gäbe es für ein $\varepsilon > 0$ eine Folge $(t_k, x_k)$ in $[-1, 1] \times E$ mit $x_k \to 0$ und $|\psi^{t_k}(x_k)| \geqq \varepsilon$. Durch Übergang zu einer geeigneten Teilfolge könnten wir $t_k \to \bar{t} \in [-1, 1]$ annehmen, was $|\psi^{\bar{t}}(0)| \geqq \varepsilon$ implizierte, im Widerspruch zu $\psi(.\,, 0) = 0$.

Es sei nun $\varepsilon > 0$ beliebig und es gelte

$$\psi^k(x) \to 0 \quad \text{für} \quad k \to \infty .$$

Dann existiert ein $k(\varepsilon) \in \mathbb{N}$ mit $|\psi^k(x)| \leqq \delta$ für $k \geqq k(\varepsilon)$, wobei $\delta > 0$ wie in (36) gewählt ist. Also folgt aus (36) für $t \geqq k(\varepsilon)$ mit $k := [t]$

$$|\psi^t(x)| = |\psi^{t-k}(\psi^k(x))| \leqq \varepsilon ,$$

d. h. $\psi^t(x) \to 0$ für $t \to \infty$, und somit $W_0 \subset \tilde{W}_s(0)$.

Nach dem Beweis von Satz (19.10) ist $h(x) = P_\infty u_x(0)$ für $x \in E_0$, wobei die Funktion

$$E \to B_0, \; y \mapsto u_y$$

stetig ist, in $y = 0$ verschwindet und $u_y(k) = (T + \tilde{g})^k(y) = \psi^k(y)$ für alle $k \in \mathbb{N}$ erfüllt. Also existiert zu jedem $\varepsilon > 0$ ein $\delta > 0$ mit

$$\{(x, h(x)) \mid |x| \leqq \delta\} \subset \{y \in W_0 \mid |\psi^k(y)| \leqq \varepsilon \quad \forall k \in \mathbb{N}\} .$$

Aus (36) folgt nun, wie im Beweis der Inklusion $W_0 \subset \tilde{W}_s(0)$, daß wir – zu vorgegebenem $\varepsilon > 0$ – die Zahl $\delta > 0$ so wählen können, daß

$$\{(x, h(x)) \mid |x| \leqq \delta\} \subset \{y \in W_0 \mid |\psi^t(y)| \leqq \varepsilon \quad \forall t \geqq 0\}$$

gilt. Wegen $W_0 = \tilde{W}_s(0)$ existieren also Nullumgebungen $V$ in $E$ und $\hat{V} \subset V_0$ in $E_0$ mit $W_0^{\hat{V}} \subset \tilde{W}_s^V(0)$. Da in der Nähe von 0 die Flüsse übereinstimmen, können wir $V$ so klein wählen, daß $\tilde{W}_s^V(0) = W_s^V(0)$ gilt. Insbesondere ist $W_s^V(0) \subset W_0$, und da $W_0$ der Graph einer auf $E_0$ definierten Funktion ist, gilt $W_s^V(0) \subset W_0^{V_0}$ für eine

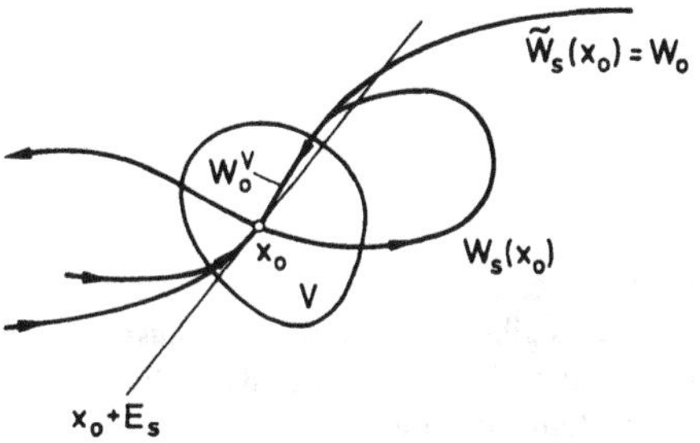


genügend kleine Umgebung $V$ von 0. Also ist $W_s^V(0)$ eine $C^k$-Mannigfaltigkeit mit $T_{x_0} W_s^V(0) = E_s$. Die Behauptung für $W_u^V(0)$ folgt nun durch „Zeitumkehr". □

**(19.12) Bemerkungen:** (a) Die Tatsache, daß $E$ endlichdimensional ist, wurde nur im Beweis der Lemmata (19.3) und (19.4) verwendet. Aufgrund des Dunfordschen Funktionalkalküls (z. B. Dunford-Schwartz [1], Yosida [1]) gilt Lemma (19.3) aber in einem beliebigen Banachraum $E$. In diesem Fall heißt $T \in \mathscr{G}\mathscr{L}(E)$ ebenfalls hyperbolisch, wenn $\sigma(T) \cap \mathbb{S}^1_{\mathbb{C}} = \emptyset$ gilt (wenn also das gesamte Spektrum von $T$ einen positiven Abstand von der Einheitskreislinie in der komplexen Ebene hat). Mit Hilfe des Dunfordschen Kalküls zeigt man dann wieder, daß eine Zerlegung $E = E_0 \oplus E_\infty$ mit $T = T_0 \oplus T_\infty$ und $\sigma(T_0) = \sigma_0(T) := \sigma(T) \cap \mathbb{B}_{\mathbb{C}}(0, 1)$ und $\sigma(T_\infty) = \sigma_\infty(T) := \sigma(T) \setminus \sigma(T_0)$ gilt. Mit Hilfe der Spektraltheorie kann man auch zeigen, daß auf $E$ eine äquivalente Norm $\|\,.\,\|$ (aber i. a. keine Hilbertnorm) existiert mit

$$\max\{\|T_0\|, \|T_\infty^{-1}\|\} \leqq \alpha < 1 .$$

Mit diesen Modifikationen bleiben dann Satz (19.6), Theorem (19.9), Satz (19.10) und Theorem (19.11) auch im Fall $\dim(E) = \infty$ richtig (es muß lediglich die Ungleichung $\|u\|_B \leqq \|u\|_\infty$ durch $\|u\|_B \leqq \beta \|u\|_\infty$ mit $\beta := \max\{\|P_0\|, \|P_\infty\|\}$ ersetzt werden).

(b) Das Theorem von Grobman und Hartman kann auch folgendermaßen ausgedrückt werden: wenn $x_0$ ein hyperbolischer kritischer Punkt des Vektorfeldes $f \in C^1(M, E)$ ist, so existiert ein Homöomorphismus $h: U \to V$ von einer Umgebung $U$ von $x_0$ auf eine Umgebung $V$ von 0 mit $h(x_0) = 0$, derart, daß die Lösungen der Differentialgleichung

$$\dot{x} = f(x)$$

in $U$ durch $y = h(x)$ topologisch auf die Lösungen der linearen Differentialgleichung

$$\dot{y} = Ay$$

in $V$ abgebildet werden, wobei $A := Df(x_0)$ gesetzt ist. Es erhebt sich natürlich unmittelbar die Frage, was passiert, wenn $x_0$ ein kritischer Punkt ist, der nicht notwendig hyperbolisch ist. In diesem Fall gibt es eine Zerlegung

$$E = E_n \oplus E_h, \quad A = A_n \oplus A_h$$

mit

$$\sigma(A_n) = \sigma_n(A) = \sigma(A) \cap i\mathbb{R}$$

und

$$\sigma(A_h) = \sigma(A) \setminus \sigma_n(A).$$

Mit anderen Worten: $A_h$ erzeugt auf $E_h$ einen hyperbolischen linearen Fluß. In diesem Fall kann man „partiell linearisieren", d. h. es gibt einen Homöomorphismus $h$ von einer Umgebung $U$ von $x_0$ auf eine Umgebung $V$ von 0 mit $h(x_0) = 0$ und eine Funktion $g \in C^1(V, E_n)$, derart, daß die Lösungen der Differentialgleichung

$$\dot{x} = f(x)$$

in $U$ durch $y = h(x)$ topologisch auf die Lösungen der Differentialgleichung

$$\begin{aligned} \dot{y}_n &= A_n y_n + g(y_n, y_h) \\ \dot{y}_h &= A_h y_h, \end{aligned} \tag{37}$$

$y = (y_n, y_h) \in V$, abgebildet werden. Man kann weiterhin zeigen, daß es eine Umgebung $V_n$ von 0 in $E_n$ und eine Funktion $G \in C^1(V_n, E_h)$ mit $G(0) = 0$ und $DG(0) = 0$ gibt, derart, daß für jede Lösung $v$ in $V_0$ der Gleichung

$$\dot{v} = A_n v + g(v, G(v))$$

die Funktion $t \mapsto (v(t), G(v(t)))$ eine Lösung des „vollen" Systems (37) ist. Der Graph von $G$ stellt somit eine $C^1$-Mannigfaltigkeit dar, welche im Punkt 0 den Raum $E_n$ als Tangentialraum hat. Diese Mannigfaltigkeit $Z$ – die *Zentrumsmannigfaltigkeit* – ist dadurch charakterisiert, daß sie alle Lösungen von (37) enthält, welche beschränkte Projektionen $y_h$ in $E_h$ besitzen. Für Beweise und weitere Untersuchungen in dieser Richtung sei auf die Literatur verwiesen (z. B. Palmer [1–3], Abraham-Robbin [1], Marsden-McCracken [1], Knobloch-Kappel [1]).

(c) Ist $x_0$ ein hyperbolischer kritischer Punkt des von $f \in C^k(M, E)$ erzeugten Flusses, so kann man zeigen, daß $W_s(x_0)$ und $W_u(x_0)$ *immersierte $C^k$-Mannigfaltigkeiten* sind, d. h. es gibt $C^k$-Atlanten für $W_s(x_0)$ und $W_u(x_0)$, derart, daß die Inklusionen $W_s(x_0) \hookrightarrow E$ und $W_u(x_0) \hookrightarrow E$ Immersionen sind (d. h. die Tangentialabbildungen sind in jedem Punkt injektiv) (vgl. z. B. Irwin [1]). Im allgemeinen sind jedoch $W_s(x_0)$ und $W_u(x_0)$ *keine* eingebetteten Untermannigfaltigkeiten von $E$, wie die nebenstehende Skizze zeigt.

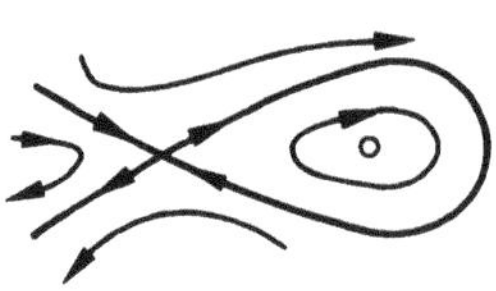

(d) Ein Punkt $x \in M$ heißt *heteroklin*, falls $x \in W_s(x_0) \cap W_u(x_1)$ gilt, wobei $x_0$ und $x_1$ verschiedene hyperbolische kritische Punkte sind. Der Punkt $y \in M$ heißt *homoklin*, wenn $y \in W_s(x_0) \cap W_u(x_0)$ gilt. In diesen Fällen sagt man auch, $\gamma(x)$ sei ein *heterokliner* und $\gamma(y)$ ein *homokliner Orbit*. Im allgemeinen ist das Phasenporträt eines Flusses äußerst kompliziert (vgl. z. B. die Abbildungen in Abraham-Marsden [1]), und selbst in relativ einfachen Fällen ist man weit davon entfernt, eine vollständige Beschreibung geben zu können. □

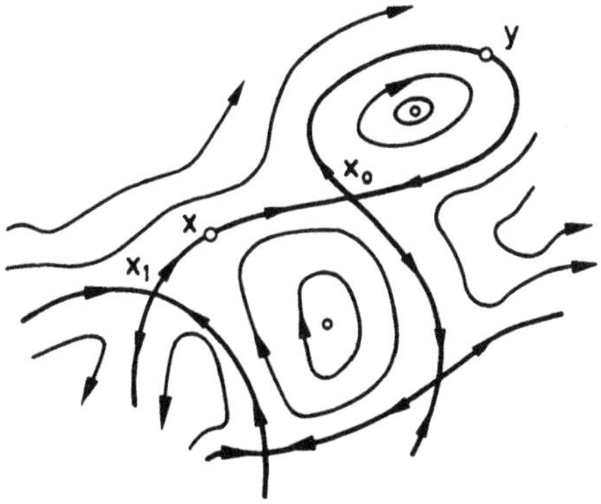


## Aufgaben

Im folgenden sei stets $f \in C^1(\mathbb{R}, \mathbb{R})$ mit

$$f(0) = f(1) = 0,$$

und betrachtet werde die einfache Reaktions-Diffusionsgleichung

$$(*) \qquad \frac{\partial v}{\partial t} - \frac{\partial^2 v}{\partial x^2} = f(v).$$

In diesen Fällen (z. B. in der Chemie oder Biologie) sind sog. *laufende Wellen* (traveling waves) von Interesse, d.h. Lösungen von (*) der Form

$$v(t, x) = u(x + ct), \quad (t, x) \in \mathbb{R} \times \mathbb{R},$$

mit $u \in C^2(\mathbb{R}, \mathbb{R})$ und $c \neq 0$, mit der Eigenschaft, daß

$$u(\pm\infty) := \lim_{\xi \to \pm\infty} u(\xi)$$

existieren. Hierbei ist eine laufende Welle vom *Wellenfronttyp*, wenn gilt

$$0 \leqq u \leqq 1 \quad \text{und} \quad u(-\infty) = 0, \; u(\infty) = 1,$$

und sie ist eine *„Pulslösung"* oder ein *Soliton*, wenn gilt

$$u \neq 0, \; u \geqq 0 \quad \text{und} \quad u(-\infty) = u(\infty) = 0.$$

1. Machen Sie sich diese Bezeichnungen geometrisch klar.

2. Zeigen Sie, daß die laufenden Wellen vom Wellenfronttyp charakterisiert werden als die heteroklinen Orbits des Systems

$$(**) \qquad \begin{aligned} \dot{x} &= y \\ \dot{y} &= cy - f(x), \end{aligned}$$

welche in $[0, 1] \times \mathbb{R}$ verlaufen und die kritischen Punkte $(0, 0)$ und $(1, 0)$ verbinden. Die Solitonen entsprechen den homoklinen Orbits des kritischen Punktes $(0, 0)$, die in $\mathbb{R}_+ \times \mathbb{R}$ verlaufen.

3. Zeigen Sie, daß die heteroklinen Orbits, welche den Wellenfronttyplösungen entsprechen, ganz in $(0, 1) \times (0, \infty)$ verlaufen.

In dem Spezialfall

$$f(u) = ku(1 - u)$$

mit einer Konstanten $k > 0$ heißt (*) die *Fishersche Gleichung*, da sie im Jahr 1937 von R. A. Fisher als ein Modell in der Genetik vorgeschlagen und untersucht wurde.

4. Zeigen Sie für die Fishersche Gleichung, daß es für jedes $c > 2\sqrt{k}$ genau eine laufende Welle vom Wellenfronttyp gibt.

5. Zeigen Sie (im allgemeinen Fall), daß (*) keine Solitonlösungen besitzt, wenn $f'(0) > 0$ gilt.

6. Es sei $M$ offen in $\mathbb{R}^2$ und $g \in C^1(M, \mathbb{R}^2)$. Ferner sei $x_0 \in M$ ein kritischer Punkt von $g$, derart, daß 0 ein Wirbelpunkt der linearisierten Gleichung $\dot{y} = Dg(x_0)y$ ist. Beweisen Sie durch Einführung von Polarkoordinaten, daß dann auch $x_0$ ein „Wirbel“ für die nichtlineare Gleichung $\dot{x} = g(x)$ ist, d. h. die Orbits haben in der Nähe von $x_0$ die gleiche Struktur wie die Orbits von $e^{tDg(x_0)}$: sie drehen sich spiralförmig in den Punkt $x_0$ hinein oder aus ihm heraus.

7. Verwenden Sie Aufgabe 6, um zu zeigen, daß für $c^2 < 4f'(0)$ keine Wellenfronttyplösungen für (*) existieren können.

# Kapitel V: Periodische Lösungen

Dieses Kapitel ist Existenz- und Stabilitätsfragen für periodische Lösungen gewöhnlicher Differentialgleichungen gewidmet.

In einem ersten Paragraphen studieren wir die Frage der Existenz periodischer Lösungen bei linearen Gleichungen mit periodischen Koeffizienten. Als Grundlage für die später behandelte Stabilitätstheorie entwickeln wir die Floquettheorie.

Mittels des Zeit-$T$-Operators ist die Frage der Existenz periodischer Lösungen bei nichtlinearen, nichtautonomen $T$-periodischen Differentialgleichungen einem Fixpunktproblem äquivalent. Um derartige Fixpunktprobleme behandeln zu können – die auch bei nichtlinearen Randwertproblemen und im allgemeineren Rahmen der nichtlinearen Funktionalanalysis von großer Bedeutung sind – geben wir, in einem eigenen Paragraphen, eine im wesentlichen in sich geschlossene Herleitung des Brouwerschen Abbildungsgrades und beweisen u. a. den Borsukschen Antipodensatz. Diese Theorie wird im darauf folgenden Paragraphen angewendet, um die Existenz periodischer Lösungen bei nichtautonomen Gleichungen nachzuweisen. Hierbei sind die im letzten Kapitel gewonnenen Kenntnisse über invariante Mengen und Ljapunovfunktionen besonders nützlich.

Unter Verwendung der Floquettheorie führen wir das Stabilitätsproblem periodischer Lösungen nichtautonomer Differentialgleichungen auf den Fall der Ljapunovstabilität kritischer Punkte zurück. Die orbitale Stabilität eines periodischen Orbits einer autonomen Gleichung studieren wir mit Hilfe des Poincaréoperators. Außerdem beweisen wir – sozusagen als Ausblick auf die Stabilitätstheorie Hamiltonscher Systeme – den Poincaréschen Wiederkehrsatz.

In einem eigenen Paragraphen studieren wir ebene Flüsse, wobei natürlich der Satz von Poincaré-Bendixson im Mittelpunkt des Interesses steht. Dann beweisen wir in allgemeinem Rahmen (d. h. im $\mathbb{R}^m$), daß die durch das Kroneckersche Integral definierte Windungszahl eines Vektorfeldes auf dem Rand einer offenen Menge mit dem Brouwerschen Abbildungsgrad übereinstimmt. Diese Tatsache wird dann verwendet, um allgemeine Kriterien für die Existenz bzw. Nichtexistenz kritischer Punkte und periodischer Orbits ebener Flüsse abzuleiten.

## 20. Lineare periodische Differentialgleichungen

In diesem Paragraphen sei $E = (E, |\cdot|)$ wieder ein endlichdimensionaler Banachraum über $\mathbb{K}$.

Wir beginnen mit einigen einfachen allgemeinen Bemerkungen. Es seien $M \subset E$ offen und $f \in C^{0,1-}(\mathbb{R} \times M, E)$, und $u(\cdot, \tau, \xi)$ bezeichne die (nichtfortsetzbare) Lösung des AWP

$$\dot{x} = f(t, x), \quad x(\tau) = \xi .$$

Ferner sei $T \in \mathbb{R}$. Dann definieren wir die *Zeit-T-Abbildung* (oder den *T-Verschiebungsoperator*)

$$u_T : \mathrm{dom}(u_T) \subset M \to M$$

durch

$$\mathrm{dom}(u_T) := \{\xi \in M \mid t^-(0, \xi) < T < t^+(0, \xi)\}$$

und

$$u_T(\xi) := u(T, 0, \xi) .$$

Da nach Theorem (8.3)

$$\mathscr{D}(f) = \{(t, \tau, \xi) \in \mathbb{R} \times \mathbb{R} \times M \mid t^-(\tau, \xi) < t < t^+(\tau, \xi)\}$$

offen in $\mathbb{R} \times \mathbb{R} \times M$ ist, und da $\mathrm{dom}(u_T)$ die Projektion des Schnittes

$$\mathscr{D}(f) \cap (T \times \{0\} \times M)$$

in $M$ ist, ist $\mathrm{dom}(u_T)$ offen in $M$ und – wiederum aufgrund von Theorem (8.3) –

$$u_T \in C^{1-}(\mathrm{dom}(u_T), M) .$$

Das folgende einfache, aber wichtige, im wesentlichen auf Poincaré zurückgehende Theorem reduziert das Problem der Existenz von $T$-periodischen Lösungen ($T > 0$) der Gleichung $\dot{x} = f(t, x)$ auf ein Fixpunktproblem für die Zeit-$T$-Abbildung.

**(20.1) Theorem:** *Es sei $f \in C^{0,1-}(\mathbb{R} \times M, E)$ T-periodisch in t, d. h.*

$$f(t + T, x) = f(t, x) \quad \forall t \in \mathbb{R}, x \in M .$$

*Dann besitzt die Differentialgleichung $\dot{x} = f(t, x)$ genau dann eine T-periodische Lösung, wenn die Zeit-T-Abbildung $u_T$ einen Fixpunkt hat.*

**Beweis:** „⇒“ Es sei $u(\cdot, \tau, \xi)$ eine $T$-periodische Lösung von $\dot{x} = f(t, x)$. Dann ist, aufgrund der Periodizität, $(t^-(0, \xi), t^+(0, \xi)) = J(\tau, \xi) = \mathbb{R}$. Also können wir o.B.d.A. $\tau \leqq 0$ annehmen. Wir setzen nun $\xi_0 := u(0, \tau, \xi)$ und beachten

$$u(t, 0, \xi_0) = u(t, \tau, \xi).$$

Dann folgt aus der $T$-Periodizität von $u(\cdot, \tau, \xi)$

$$u_T(\xi_0) = u(T, 0, \xi_0) = u(T, \tau, \xi) = u(0, \tau, \xi) = \xi_0.$$

„⇐“ Ist $\xi \in M$ ein Fixpunkt von $u_T$, so setzen wir

$$x(t) := u(t + T, 0, \xi) \quad \text{für} \quad t \in J(0, \xi) - T.$$

Dann gilt $x(0) = u(T, 0, \xi) = u_T(\xi) = \xi$ und

$$\dot{x}(t) = \dot{u}(t + T, 0, \xi) = f(t + T, x(t)) = f(t, x(t)).$$

Also löst $x$ das AWP

$$\dot{x} = f(t, x), \quad x(0) = \xi,$$

und aus der Eindeutigkeit folgt

$$x(t) = u(t + T, 0, \xi) = u(t, 0, \xi) \quad \text{für} \quad t \in J(0, \xi) - T.$$

Induktiv erhält man nun, daß $u(\cdot, 0, \xi)$ auf ganz $\mathbb{R}$ definiert und eine $T$-periodische Lösung von $\dot{x} = f(t, x)$ ist. □

**(20.2) Bemerkungen:** (a) Der obige Beweis zeigt, daß $\xi \in M$ genau dann ein Fixpunkt von $u_T$ ist, wenn $u(\cdot, 0, \xi)$ eine $T$-periodische Lösung von $\dot{x} = f(t, x)$ ist.

(b) Im Falle der linearen Differentialgleichung

$$\dot{x} = A(t)x + a(t), \quad A \in C(\mathbb{R}, \mathscr{L}(E)), a \in C(\mathbb{R}, E),$$

wird aufgrund von Theorem (7.9) und Theorem (11.13) die Zeit-$T$-Abbildung für jedes $T \in \mathbb{R}$ durch $\operatorname{dom}(u_T) = E$ und

$$u_T(\xi) := U(T, 0)\xi + \int_0^T U(T, \tau)a(\tau)\,d\tau, \quad \xi \in E,$$

gegeben.

(c) Das Problem der Existenz $T$-periodischer Lösungen ist nichttrivial, wie das eindimensionale Beispiel $\dot{x} = 1$ zeigt. Diese Gleichung ist offensichtlich $T$-periodisch für jedes $T > 0$ (d. h. die rechte Seite ist $T$-periodisch in $t$), hat aber keine $T$-periodischen Lösungen. □

Im folgenden betrachten wir *T-periodische lineare Differentialgleichungen*

(2) $\dot{x} = A(t)x + a(t)$

mit $A \in C(\mathbb{R}, \mathscr{L}(E))$ und $a \in C(\mathbb{R}, E)$, sowie

$$A(t+T) = A(t), \quad a(t+T) = a(t) \quad \forall t \in \mathbb{R},$$

wobei $T > 0$ sei.

**(20.3) Theorem:** *Die T-periodische lineare Differentialgleichung* (2) *besitzt genau dann eine T-periodische Lösung, wenn sie eine gleichmäßig beschränkte Lösung hat.*

**Beweis:** „$\Rightarrow$" trivial.

„$\Leftarrow$" Nach Theorem (20.1) und Bemerkung (20.2b) wissen wir, daß (2) genau dann eine $T$-periodische Lösung hat, wenn ein $\xi \in E$ existiert mit

(3) $\xi = U(T)\xi + \eta,$

wobei

$$\eta := \int_0^T U(T, \tau)a(\tau)\,d\tau$$

und

$$U(T) := U(T, 0)$$

gesetzt sind. Es ist also zu zeigen, daß jede Lösung von (2) unbeschränkt ist, wenn (3) nicht lösbar ist.

Aus der Linearen Algebra ist bekannt, daß (3) genau dann nicht lösbar ist, wenn ein $\zeta \in E'$ existiert mit

(4) $\zeta = [U(T)]'\zeta \quad \text{und} \quad \langle \zeta, \eta \rangle \neq 0$

(wobei – wie üblich – der Strich den Dualraum bzw. den dualen Operator und $\langle \cdot, \cdot \rangle : E' \times E \to \mathbb{K}$ die Dualitätspaarung bezeichnen).

Ist nun $x$ eine beliebige Lösung von (2), so gilt

$$x(t) = U(t, 0)\xi + \int_0^t U(t, \tau)a(\tau)\,d\tau \quad \forall t \in \mathbb{R}$$

mit einem geeigneten $\xi \in E$ (vgl. Theorem (11.13)). Also folgt

(5) $x(T) = U(T)\xi + \eta,$

und

$$\begin{aligned}\dot{x}(t+kT) &= A(t+kT)x(t+kT) + a(t+kT) \\ &= A(t)x(t+kT) + a(t)\end{aligned}$$

für alle $k \in \mathbb{N}$ und $t \in \mathbb{R}$. Aufgrund der Eindeutigkeit ist somit $x_k(t) := x(t+kT)$ die Lösung des AWP

$$\dot{y} = A(t)y + a(t), \; y(0) = x(kT).$$

Also folgt aus (5)

$$x_k(T) = x((k+1)T) = U(T)x(kT) + \eta,$$

somit, durch Induktion,

$$x_k(T) = [U(T)]^k \xi + \sum_{j=0}^{k-1} [U(T)]^j \eta.$$

Aus (4) erhalten wir nun

$$\begin{aligned}\langle \zeta, x_k(T) \rangle &= \langle [U(T)']^k \zeta, \xi \rangle + \sum_{j=0}^{k-1} \langle [U(T)']^j \zeta, \eta \rangle \\ &= \langle \zeta, \xi \rangle + k \langle \zeta, \eta \rangle.\end{aligned}$$

Wegen $\langle \zeta, \eta \rangle \neq 0$ folgt hieraus $\langle \zeta, x_k(T) \rangle = \langle \zeta, x(kT) \rangle \to \infty$ für $k \to \infty$. Also ist $x$ nicht beschränkt. □

Der folgende Satz gibt eine notwendige und hinreichende Bedingung dafür, daß (2) eine eindeutige gleichmäßig beschränkte – und damit eine eindeutige $T$-periodische – Lösung besitzt, falls $A$ konstant ist.

**(20.4) Satz:** *Es seien $A \in \mathcal{L}(E)$ und $g \in BC(\mathbb{R}, E)$. Dann besitzt die Gleichung*

(6) $$\dot{x} = Ax + g(t)$$

*genau dann eine eindeutig bestimmte Lösung $u$ in $BC(\mathbb{R}, E)$, wenn $e^{tA}$ hyperbolisch ist. Ist dies der Fall, so wird sie gegeben durch*

(7) $$u(t) := \int_{-\infty}^{t} e^{(t-\tau)A} P_s g(\tau)\, d\tau - \int_{t}^{\infty} e^{(t-\tau)A} P_u g(\tau)\, d\tau,$$

*wobei $P_s : E \to E_s$ und $P_u : E \to E_u$ die zu $E = E_s \oplus E_u$ gehörigen Projektionen sind.*

**Beweis:** „⇒" Wenn (6) eine eindeutig bestimmte Lösung in $BC(\mathbb{R}, E)$ besitzt, so hat die homogene Gleichung $\dot{x} = Ax$ nur die triviale Lösung in $BC(\mathbb{R}, E)$. Ist $e^{tA}$

nicht hyperbolisch, so existiert ein $\lambda = i\omega \in \sigma(A) \cap i\mathbb{R}$. Dann ist nach Theorem (12.7) die Funktion $t \to ce^{i\omega t}$, $c \in E \setminus \{0\}$, eine nichttriviale Lösung von $\dot{x} = Ax$ in $BC(\mathbb{R}, E)$. Also muß $e^{tA}$ hyperbolisch sein.

„$\Leftarrow$" Ist $e^{tA}$ hyperbolisch, so ist nach Theorem (13.4) jede nichttriviale Lösung von $\dot{x} = Ax$ unbeschränkt. Also hat $\dot{x} = Ax$ nur die triviale Lösung in $BC(\mathbb{R}, E)$. Folglich kann (6) höchstens eine Lösung in $BC(\mathbb{R}, E)$ haben. Es genügt also zu zeigen, daß (7) eine Lösung von (6) in $BC(\mathbb{R}, E)$ ist.

Aus den Folgerungen (13.2) folgt die Existenz von Konstanten $\alpha, \beta > 0$ mit

$$\max\{|e^{tA}P_s x|, |e^{-tA}P_u x|\} \leqq \beta e^{-t\alpha}|x| \quad \forall t \geqq 0, x \in E.$$

Hieraus erhalten wir für die durch (7) definierte Funktion

$$|u(t)| \leqq \beta\{\int_{-\infty}^{t} e^{-(t-\tau)\alpha} d\tau + \int_{t}^{\infty} e^{-(\tau-t)\alpha} d\tau\} \|g\|_\infty \leqq (2\beta/\alpha)\|g\|_\infty$$

für alle $t \in \mathbb{R}$. Also ist $u \in B(\mathbb{R}, E)$. Aus dem Theorem über die Differenzierbarkeit von Parameterintegralen folgt leicht, daß $u$ stetig differenzierbar ist mit

$$\dot{u}(t) = P_s g(t) + \int_{-\infty}^{t} Ae^{(t-\tau)A} P_s g(\tau) d\tau + P_u g(t)$$
$$- \int_{t}^{\infty} Ae^{(t-\tau)A} P_u g(\tau) d\tau = g(t) + Au(t)$$

für alle $t \in \mathbb{R}$. □

**(20.5) Bemerkung:** Ist $e^{tA}$ hyperbolisch, so ist die Gleichung (6) äquivalent zu dem System

(8) $$\dot{x}_s = A_s x_s + P_s g(t), \quad \dot{x}_u = A_u x_u + P_u g(t)$$

mit $x_s := P_s x$ und $x_u := P_u x$. Also wird für jedes $\xi = \xi_s + \xi_u$ die eindeutig bestimmte Lösung von (8) zum Anfangswert $(t_0, \xi)$ durch

$$x_s(t) = e^{(t-t_0)A_s}\xi_s + \int_{t_0}^{t} e^{(t-\tau)A_s} P_s g(\tau) d\tau$$
$$x_u(t) = e^{(t-t_0)A_u}\xi_u + \int_{t_0}^{t} e^{(t-\tau)A_u} P_u g(\tau) d\tau$$

gegeben. Da $e^{tA_s}$ eine Kontraktion auf $E_s$ ist, folgt leicht, daß $x_s \in B([t_0, \infty), E)$ ist. Analog erhalten wir $x_u \in B((-\infty, t_0], E)$, da $e^{tA_u}$ eine Expansion auf $E_u$ ist (vgl. Theorem (13.4)). Wenn also $x(t) = x_s(t) + x_u(t)$ auf ganz $\mathbb{R}$ beschränkt sein soll, müssen wir im ersten Ausdruck $t_0 \to -\infty$ und im zweiten Ausdruck $t_0 \to \infty$ streben lassen. Dann erhalten wir (formal)

$$x_s(t) = \int_{-\infty}^{t} e^{(t-\tau)A} P_s g(\tau)\, d\tau$$

und

$$x_u(t) = \int_{\infty}^{t} e^{(t-\tau)A} P_u g(\tau)\, d\tau = -\int_{t}^{\infty} e^{(t-\tau)A} P_u g(\tau)\, d\tau,$$

also durch Addition die Formel (7) für $u := x_s + x_u$. Daß dieser Ausdruck tatsächlich eine Lösung von (6) in $BC(\mathbb{R}, E)$ darstellt, wurde im Beweis von Satz (20.4) gezeigt. □

**(20.6) Korollar:** *Es seien $A$ konstant und $e^{tA}$ hyperbolisch. Dann besitzt die $T$-periodische lineare Gleichung*

$$\dot{x} = Ax + a(t)$$

*genau eine $T$-periodische Lösung. Sie wird durch*

$$u(t) := \int_{-\infty}^{t} e^{(t-\tau)A} P_s a(\tau)\, d\tau - \int_{t}^{\infty} e^{(t-\tau)A} P_u a(\tau)\, d\tau$$

*gegeben.*

**Beweis:** Dies folgt unmittelbar aus Satz (20.4) und Theorem (20.3). □

*Die Floquettheorie*

Im folgenden werden wir zeigen, daß die $T$-periodische Gleichung (2) in eine $T$-periodische Gleichung mit konstantem Hauptteil transformiert werden kann. Dazu benötigen wir das folgende

**(20.7) Lemma:** *Es seien $\mathbb{K} = \mathbb{C}$ und $C \in \mathcal{GL}(E)$. Dann existiert ein $B \in \mathcal{L}(E)$ mit $C = e^B$.*

**Beweis:** Unter Verwendung der Zerlegung

$$E = E_1 \oplus \cdots \oplus E_k \quad \text{und} \quad C = C_1 \oplus \cdots \oplus C_k$$

mit $E_j := \ker[(\lambda_j - C)^{m(\lambda_j)}]$ können wir annehmen, daß $C$ die Form

$$C = \lambda + N \ \text{mit} \ \lambda \neq 0 \quad \text{und} \quad N^m = 0$$

für ein $m \in \mathbb{N}$ hat (vgl. § 12). Wegen $\lambda \neq 0$ existiert ein $\beta \in \mathbb{C}$ mit $\lambda = e^\beta$ (z. B. kann für $\beta$ der Hauptwert des komplexen Logarithmus $\beta = \log \lambda$ gewählt werden). Wir setzen nun

$$L := \log(1 + \lambda^{-1} N) := \sum_{j=1}^{m-1} \frac{(-1)^{j+1}}{j} (\lambda^{-1} N)^j,$$

d. h. wir definieren $L$ durch die für $\log(1 + x)$ in der Nähe von $x = 0$ gültige Potenzreihe (in

$\mathscr{L}(E))$, die aufgrund der Nilpotenz von $N$ abbricht. Durch Substitution von $L$ in die $e^L$ definierende Potenzreihe verifiziert man leicht, daß $e^L = 1 + \lambda^{-1}N$ gilt. Hieraus folgt

$$C = \lambda(1 + \lambda^{-1}N) = e^{\beta}e^L = e^{\beta + L},$$

also mit $B := \beta + L$ die Behauptung. □

**(20.8) Bemerkungen:** (a) Wegen der Vieldeutigkeit des komplexen Logarithmus ist natürlich auch $B$ durch $C$ nicht eindeutig bestimmt.

(b) Ist $\mathbb{K} = \mathbb{R}$ und $C \in \mathscr{GL}(E)$, so ist die Komplexifizierung $C_{\mathbb{C}} \in \mathscr{GL}(E_{\mathbb{C}})$. Also können wir Lemma (20.9) auf $C_{\mathbb{C}}$ anwenden und finden ein $B \in \mathscr{L}(E_{\mathbb{C}})$ mit $C_{\mathbb{C}} = e^B$. Dann ist natürlich $C = e^B | E$, d. h. $e^B(E) \subset E$, *aber B ist i. a. nicht reell, d. h. in* $\mathscr{L}(E)$, wie das Beispiel $E = \mathscr{L}(E) = \mathbb{R}$ und $C = -1$ zeigt. □

**(20.9) Theorem** *(Floquet): Es sei* $\mathbb{K} = \mathbb{C}$. *Dann existieren eine T-periodische Funktion* $Q \in C^1(\mathbb{R}, \mathscr{GL}(E))$ *und ein* $B \in \mathscr{L}(E)$, *derart, daß die Floquetdarstellung*

$$U(t, 0) = Q(t)e^{tB} \quad \forall t \in \mathbb{R}$$

*gilt.*

**Beweis:** Zur Abkürzung setzen wir $U(t) := U(t, 0)$ und $V(t) := U(t + T)U^{-1}(T) = U(t + T)U(0, T)$ (vgl. Theorem (11.13)). Dann gilt

$$\dot{V}(t) = \dot{U}(t + T)U^{-1}(T) = A(t + T)V(t) = A(t)V(t) \quad \forall t \in \mathbb{R}$$

und $V(0) = I := id_E$, woraus aufgrund der eindeutigen Lösbarkeit des AWP

$$\dot{X} = A(t)X, \; X(0) = I \quad \text{in} \quad \mathscr{L}(E)$$

die Beziehung $V(t) = U(t)$, also

(9) $$U(t + T) = U(t)U(T) \quad \forall t \in \mathbb{R}$$

folgt. Wegen $U(T) \in \mathscr{GL}(E)$ existiert nach Lemma (20.7) ein $B \in \mathscr{L}(E)$ mit

(10) $$U(T) = e^{TB}.$$

Wir definieren nun $Q \in C^1(\mathbb{R}, \mathscr{GL}(E))$ durch

(11) $$Q(t) := U(t)e^{-tB}.$$

Dann folgt aus (9) und (11)

$$\begin{aligned} Q(t + T) &= U(t + T)e^{-(t+T)B} = U(t)U(T)e^{-TB}e^{-tB} \\ &= U(t)e^{-tB} = Q(t) \end{aligned}$$

für alle $t \in \mathbb{R}$, also die $T$-Periodizität von $Q$. □

**(20.10) Korollar:** *Ist* $\mathbb{K} = \mathbb{C}$, *so führt die Transformation*

$$x = Q(t)y$$

*die T-periodische lineare Gleichung*

$$\dot{x} = A(t)x + a(t)$$

*in die T-periodische lineare Gleichung mit konstantem Hauptteil*

$$\dot{y} = By + b(t)$$

*über, wobei*

$$b(t) := Q^{-1}(t)a(t)$$

*gilt.*

**Beweis:** Aus $\dot{x} = \dot{Q}y + Q\dot{y}$ folgt

$$\dot{y} = Q^{-1}(Ax + a - \dot{Q}y) = Q^{-1}(AQ - \dot{Q})y + b .$$

Wegen $Q(t) = U(t,0)e^{-tB}$ erhalten wir

$$\dot{Q}(t) = \dot{U}(t,0)e^{-tB} - U(t,0)e^{-tB}B = A(t)Q(t) - Q(t)B,$$

woraus sich die Behauptung ergibt. □

**(20.11) Bemerkungen:** (a) Der Operator

$$U(T) := U(T,0) \in \mathcal{GL}(E),$$

d. h. der Zeit-$T$-Operator von $\dot{x} = A(t)x$, heißt (auch im Fall $\mathbb{K} = \mathbb{R}$) *Monodromieoperator* der $T$-periodischen homogenen linearen Gleichung

$$\dot{x} = A(t)x. \tag{12}$$

Die Eigenwerte des Monodromieoperators $U(T)$ heißen *charakteristische* (oder *Floquet-*) *Multiplikatoren* der Gleichung (12). Ist $\lambda \in \sigma(U(T))$ ein Floquetmultiplikator von (12), so heißt jedes $\beta \in \mathbb{C}$ mit $\lambda = e^{T\beta}$ ein *charakteristischer* (oder *Floquet-*)*Exponent* der Gleichung (12). Die Floquetexponenten sind offenbar nur bis auf ganzzahlige Vielfache von $2\pi i/T$ bestimmt.

(b) *Der Monodromieoperator von* (12) *ist der eindeutig bestimmte Operator* $C \in \mathcal{L}(E)$ *mit*

$$U(t+T,0) = U(t,0)C \quad \forall t \in \mathbb{R} . \tag{13}$$

In der Tat genügt $U(T)$ wegen (9) der Gleichung (13). Andererseits folgt aus (9) und (13)

$$C = U^{-1}(t,0)U(t+T,0) = U(T),$$

also die Eindeutigkeit. (Im Beweis von (9) wurde die Voraussetzung $\mathbb{K} = \mathbb{C}$ noch nicht verwendet.)

(c) *Ist* $\mathbb{K} = \mathbb{C}$, *so hat der Monodromieoperator von* (12) *die Darstellung*

$$U(T) = e^{TB}$$

*mit einem geeigneten* $B \in \mathscr{L}(E)$, *und für die Floquetexponenten können die Eigenwerte von B gewählt werden.*

Dies folgt aus (10) und dem Spektralabbildungssatz (Lemma (19.3)).

(d) Die Floquetdarstellung von Theorem (20.9) enthält wichtige Informationen über die Lösungen der $T$-periodischen homogenen Gleichung $\dot{x} = A(t)x$ im Fall $\mathbb{K} = \mathbb{C}$. Nach Theorem (12.7) wissen wir nämlich, daß jede Funktion $e^{tB}\xi$, $\xi \in E$, eine Linearkombination von Funktionen der Gestalt

$$p(t)e^{\beta t} \tag{14}$$

ist, wobei $\beta$ ein charakteristischer Exponent (ein Eigenwert von $B$) und $p(t)$ ein Polynom in $t$ vom Grad $< m(\beta)$ ($=$ algebraische Vielfachheit des Eigenwertes $\beta$ von $B$) sind. Also folgt aus Theorem (20.9), *daß jede Lösung von* $\dot{x} = A(t)x$ *eine Linearkombination von Funktionen der Gestalt* (14) *ist, wobei nun die Koeffizienten der Polynome* $p(t)$ *T-periodische Funktionen sind.* Ist $B$ halbeinfach, so sind alle Polynome $p(t)$ vom Grad 0, d. h. in diesem Fall ist jede Lösung von $\dot{x} = A(t)x$ eine Linearkombination von Funktionen der Gestalt

$$c(t)e^{\beta t},$$

wobei die $\beta$ charakteristische Exponenten und die $c$ $T$-periodische Funktionen sind. □

**(20.12) Satz:** *Die T-periodische homogene lineare Gleichung* $\dot{x} = A(t)x$ *besitzt genau dann eine nichttriviale T-periodische Lösung, wenn* 1 *ein Floquetmultiplikator ist.*

**Beweis:** Nach Theorem (20.1) und Bemerkung (20.2) wissen wir, daß $\xi \in E$ genau dann ein Fixpunkt des Monodromieoperators $U(T)$ ist, wenn $U(\cdot, 0)\xi$ eine $T$-periodische Lösung von $\dot{x} = A(t)x$ ist. Also existiert genau dann eine nichttriviale $T$-periodische Lösung, wenn es ein $\xi \in E \setminus \{0\}$ gibt mit $\xi - U(T)\xi = 0$, d. h. wenn $\ker(1 - U(T)) \neq \{0\}$ gilt. □

Es ist äußerst schwierig, die Floquetmultiplikatoren einer periodischen linearen Gleichung $\dot{x} = A(t)x$ zu bestimmen. Dies liegt natürlich daran, daß zur Bestimmung des Monodromieoperators $U(T)$ im Prinzip die Lösungen der Gleichung $\dot{x} = A(t)x$ vollständig bekannt sein müssen. Dennoch ist die Floquettheorie von fundamentaler theoretischer Bedeutung, insbesondere für die in Paragraph 23 zu behandelnden Stabilitätsfragen.

### Aufgaben

1. Es seien $\mathbb{K} = \mathbb{C}$ und $\mu_j = e^{\beta_j T}, j = 1, \ldots, m := \dim E$, die gemäß ihrer Vielfachheit gezählten charakteristischen Multiplikatoren der $T$-periodischen Gleichung $\dot{x} = A(t)x$. Beweisen Sie:

$$(*) \qquad \prod_{j=1}^{m} \mu_j = \exp\left(\int_0^T \operatorname{spur} A(s)\,ds\right)$$

und

$$\sum_{j=1}^{m} \beta_j \equiv \frac{1}{T} \int_0^T \operatorname{spur} A(s)\,ds \quad (\operatorname{mod} 2\pi i/T).$$

(*Hinweis:* Satz von Liouville.)

**Bemerkung:** Die Formel (*) kann dazu benützt werden, einen weiteren Floquetmultiplikator zu bestimmen, wenn bereits $m-1$ von ihnen bekannt sind.

2. Beweisen Sie, daß die Nullösung der $T$-periodischen linearen Gleichung $\dot{x} = A(t)x$ genau dann stabil ist, wenn gilt:

(a) für jeden Floquetmultiplikator $\mu$ ist $|\mu| \leqq 1$.

(b) ist für den Floquetmultiplikator $\mu$ die Beziehung $|\mu| = 1$ erfüllt, so ist $\mu$ ein halbeinfacher Eigenwert des Monodromieoperators $U(T)$.

Die Nullösung ist genau dann asymptotisch stabil, wenn $|\mu| < 1$ für jeden Floquetmultiplikator $\mu$ gilt.

(*Hinweis:* Korollar (20.10).)

3. Beweisen Sie: es sei $\mathbb{K} = \mathbb{C}$. Dann ist $\beta \in \mathbb{C}$ genau dann ein Floquetexponent der $T$-periodischen Gleichung $\dot{x} = A(t)x$, wenn die Gleichung

$$\dot{y} = (A(t) - \beta)y$$

eine nichttriviale $T$-periodische Lösung besitzt. (*Hinweis:* stellen Sie eine Beziehung her zwischen den Monodromieoperatoren der beiden Gleichungen.)

## 21. Der Brouwersche Abbildungsgrad

Aufgrund von Theorem (20.1) ist das Existenzproblem für $T$-periodische Lösungen der $T$-periodischen Differentialgleichung $\dot{x} = f(t, x)$ äquivalent zum Problem, Fixpunkte für die Zeit-$T$-Abbildung $u_T$ nachzuweisen. Deshalb führen wir in diesem Paragraphen einige allgemeine Betrachtungen über Fixpunktprobleme oder – was wegen

$$g(x) = x \Leftrightarrow f(x) := x - g(x) = 0$$

dazu äquivalent ist – über die Existenz und Anzahl von Nullstellen stetiger Abbildungen durch.

*Im folgenden sei $E = (E, |\,.\,|)$ ein endlichdimensionaler Banachraum über $\mathbb{K}$, und $\Omega$ sei eine beschränkte offene Teilmenge von $E$.*

Wir betrachten eine stetige Funktion $f: \bar{\Omega} \to E$ und möchten – idealerweise – eine einfach zu berechnende Größe finden, welche uns erlaubt, auf die Existenz und Anzahl von Nullstellen von $f$ in $\bar{\Omega}$ zu schließen. Diese Größe soll in einfachen Fällen gerade die Anzahl der Nullstellen von $f$ angeben und invariant gegen kleine Störungen (d. h. Deformationen) von $f$ sein. Einfache eindimensionale Beispiele zeigen, daß man dazu sicher $0 \notin f(\partial\Omega)$ fordern muß. Ferner ist offensichtlich die Anzahl der Nullstellen – selbst im Fall endlich vieler einfacher Nullstellen –

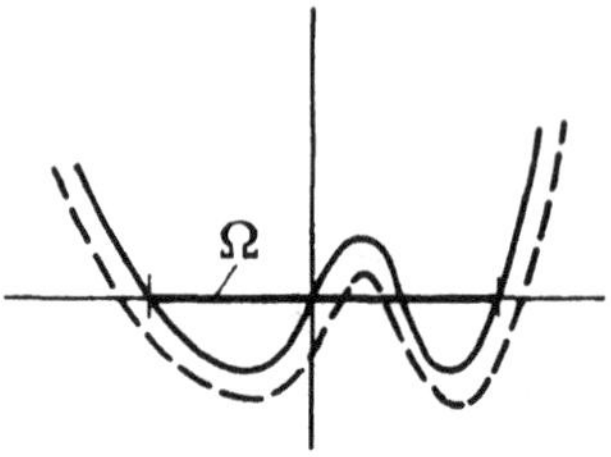


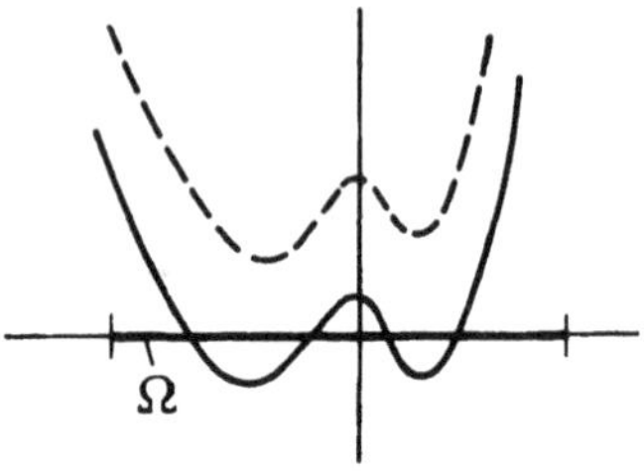


nicht invariant gegen stetige Deformationen von $f$, bei denen „keine Nullstellen über den Rand $\partial\Omega$ hinauswandern". Wenn man jedoch die Nullstellen mit einer „Orientierung" versieht, d. h. man erteilt der Nullstelle $x_0 \in \Omega \subset \mathbb{R}$ den Wert 1, falls $f'(x_0) > 0$, und $-1$, falls $f'(x_0) < 0$ gilt, so sieht man – zumindest in den einfachen eindimensionalen Bildern –, daß die „algebraische Anzahl der Nullstellen"

(1) $$a(f, \Omega) := \sum_{x \in f^{-1}(0)} \operatorname{sign} f'(x)$$

die gewünschte Stetigkeitseigenschaft hat, falls $f \in C^1(\Omega, \mathbb{R}) \cap C(\bar{\Omega}, \mathbb{R})$ und $0 \notin f(\partial\Omega)$ gelten, und falls $f$ nur endlich viele einfache Nullstellen besitzt.

Die Formel (1) läßt sich auf den $m$-dimensionalen Fall, d. h. auf den Fall $E = \mathbb{R}^m$, übertragen, da dann die Orientierung der Nullstelle durch das Vorzeichen der Funktionaldeterminante gegeben wird. Also lautet die Verallgemeinerung von (1)

(2) $$a(f, \Omega) := \sum_{x \in f^{-1}(0)} \operatorname{sign}(\det Df(x))$$

für $f \in C^1(\Omega, \mathbb{R}^m) \cap C(\bar{\Omega}, \mathbb{R}^m)$ mit $0 \notin f(\partial\Omega)$, und falls $f$ nur endlich viele Nullstellen hat, die alle regulär sind (d. h. für die $\det Df(x) \neq 0$ gilt).

Um die obigen Überlegungen zu präzisieren, sei $E = \mathbb{R}^m$. Eine Abbildung $f: \bar{\Omega} \to \mathbb{R}^n$ heißt *glatt*, falls es eine offene Umgebung $U$ von $\bar{\Omega}$ und eine Funktion $\bar{f} \in C^\infty(U, \mathbb{R}^n)$ gibt mit $\bar{f}|\bar{\Omega} = f$ (symbolisch: $f \in \bar{C}^\infty(\bar{\Omega})$). Ist $f: \bar{\Omega} \to \mathbb{R}^n$ glatt, so heißt $y \in \mathbb{R}^n$ *regulärer Wert* von $f$, falls es eine offene Umgebung $U$ von $\bar{\Omega}$ und eine Funktion $\bar{f} \in C^\infty(U, \mathbb{R}^n)$ mit $\bar{f}|\bar{\Omega} = f$ gibt, derart, daß $y$ regulärer Wert von $\bar{f}$ ist, d. h., derart, daß für jedes $x \in \bar{f}^{-1}(y)$ gilt: $D\bar{f}(x) \in \mathscr{L}(\mathbb{R}^m, \mathbb{R}^n)$ ist surjektiv. Definitionsgemäß ist jedes $y \in \mathbb{R}^n \setminus \bar{f}(U)$ ein regulärer Wert von $\bar{f}$. Ein wichtiger Satz der Differentialtopologie – das sog. *Sardsche Lemma* (z. B. Hirsch [1] oder Milnor [1]) – besagt, daß für jede Abbildung $g \in C^\infty(U, \mathbb{R}^n)$, $U \subset \mathbb{R}^m$ offen, die Menge der regulären Werte dicht in $\mathbb{R}^n$ ist.

Im folgenden sei

$$\bar{C}_r^\infty(\bar{\Omega}, \mathbb{R}^n) := \{f : \bar{\Omega} \to \mathbb{R}^n \mid f \text{ ist glatt und 0 ist ein regulärer Wert von } f\}.$$

Dann ist der folgende Approximationssatz eine einfache Konsequenz des Sardschen Lemmas.

**(21.1) Lemma:** *Es sei $\Omega \subset \mathbb{R}^m$ offen und beschränkt. Dann ist $\bar{C}_r^\infty(\bar{\Omega}, \mathbb{R}^n)$ dicht im Banachraum $C(\bar{\Omega}, \mathbb{R}^n)$.*

**Beweis:** Es seien $\varepsilon > 0$ und $f \in C(\bar{\Omega}, \mathbb{R}^n)$ beliebig. Nach Bemerkung (2.12) existiert ein $f_\varepsilon \in \bar{C}^\infty(\bar{\Omega}, \mathbb{R}^n)$ mit $\|f_\varepsilon - f\|_\infty < \varepsilon/2$. Aufgrund des Sardschen Lemmas existiert ein $y \in \mathbb{R}^n$ mit $|y| < \varepsilon/2$, derart, daß $y$ ein regulärer Wert von $f_\varepsilon$ ist. Dann ist $g_\varepsilon := f_\varepsilon - y \in \bar{C}_r^\infty(\bar{\Omega}, \mathbb{R}^n)$ und

$$\|f - g_\varepsilon\|_\infty \leqq \|f - f_\varepsilon\|_\infty + |y| < \varepsilon,$$

woraus die Behauptung folgt. □

Es seien nun $E = \mathbb{R}^m$, $f \in \bar{C}_r^\infty(\bar{\Omega}, \mathbb{R}^m)$ und $0 \notin f(\partial\Omega)$. Dann definieren wir die *algebraische Anzahl der Nullstellen von f in $\Omega$* durch

$$(3) \qquad a(f, \Omega) := \sum_{x \in f^{-1}(0)} \operatorname{sign} \det Df(x)$$

mit der üblichen Konvention: $\sum_{\phi} = 0$. Aufgrund des Satzes über die Umkehrabbildung hat jeder Punkt $x \in f^{-1}(0)$ eine Umgebung $U_x$, die durch $f$ diffeomorph auf eine Umgebung $V_x$ von 0 abgebildet wird. Da $\bar{\Omega}$ kompakt ist, folgt hieraus insbesondere, daß $f$ nur endlich viele Nullstellen hat, also daß die Summe in (3) endlich und damit $a(f, \Omega)$ wohldefiniert ist. Falls $\det Df(x) > 0$ ist, stellt $f \mid U_x$ einen orientierungserhaltenden Diffeomorphismus auf $V_x$ dar, und falls $\det Df(x) < 0$ ist, kehrt $f \mid U_x$ die Orientierung um. Diese Tatsache erklärt den Namen „algebraische Anzahl".

**(21.2) Lemma:** *Es sei $f \in \bar{C}_r^\infty(\bar{\Omega}, \mathbb{R}^m)$. Dann gibt es eine offene Umgebung $V$ von 0, derart, daß jedes $y \in V$ ein regulärer Wert von $f$ ist, und derart, daß*

$$a(f - y, \Omega) = a(f, \Omega) \quad \forall y \in V$$

*gilt.*

**Beweis:** Da $f$ stetig und $\bar{\Omega}$ kompakt sind, ist $f(\bar{\Omega})$ kompakt, also insbesondere abgeschlossen. Folglich ist die Aussage trivialerweise richtig, wenn $0 \notin f(\bar{\Omega})$ ist.

Es sei also $f^{-1}(0) = \{x_1, \ldots, x_k\}$, und $U_1, \ldots, U_k$ seien paarweise disjunkte Umgebungen von $x_1, \ldots, x_k$, die diffeomorph auf Umgebungen $V_1, \ldots, V_k$ von 0 abgebildet werden. Dann hat

$$V := \bigcap_{j=1}^{k} V_j \backslash f(\bar{\Omega} \backslash \bigcup_{j=1}^{k} U_j)$$

die gewünschten Eigenschaften. □

Das folgende Lemma enthält eine fundamentale Stetigkeitsaussage der Funktion $f \to a(f, \Omega)$, welche es erlauben wird, sie auf eine größere Klasse von Abbildungen auszudehnen.

**(21.3) Lemma:** *Die Abbildung*

$$a(.,\Omega):\{f\in \bar{C}_r^\infty(\bar{\Omega},\mathbb{R}^m)\,|\,0\notin f(\partial\Omega)\}\to\mathbb{Z}$$

*ist lokal konstant, d. h. zu jedem* $f_0\in\bar{C}_r^\infty(\bar{\Omega},\mathbb{R}^m)$ *mit* $0\notin f_0(\partial\Omega)$ *existiert eine Umgebung U von* $f_0$ *in* $C(\bar{\Omega},\mathbb{R}^m)$ *mit* $0\notin f(\partial\Omega)$ *und* $a(f,\Omega)=a(f_0,\Omega)$ *für alle*

$$f\in U\cap\bar{C}_r^\infty(\bar{\Omega},\mathbb{R}^m).$$

**Beweis:** Es sei $f_0\in\bar{C}_r^\infty(\bar{\Omega},\mathbb{R}^m)$ mit $0\notin f_0(\partial\Omega)$. Da $\partial\Omega$ kompakt und $f_0:\bar{\Omega}\to\mathbb{R}^m$ stetig sind, ist $f_0(\partial\Omega)$ kompakt, also $\operatorname{dist}(0,f_0(\partial\Omega))>0$.
Es sei $f_1\in\bar{C}_r^\infty(\bar{\Omega},\mathbb{R}^m)$ mit

$$\|f_0-f_1\|_\infty<\operatorname{dist}(0,f_0(\partial\Omega)).$$

Für $\lambda\in[0,1]$ sei

$$h:\bar{\Omega}\times[0,1]\to\mathbb{R}^m,\quad (x,\lambda)\mapsto h(x,\lambda):=(1-\lambda)f_0(x)+\lambda f_1(x).$$

Dann ist $h$ offensichtlich glatt und erfüllt

$$0\notin h(\partial\Omega\times[0,1])$$

wegen

$$\begin{aligned}|h(x,\lambda)|&\geqq|f_0(x)|-\lambda|f_0(x)-f_1(x)|\\&\geqq\operatorname{dist}(0,f_0(\partial\Omega))-\|f_0-f_1\|_\infty>0.\end{aligned}$$

Aufgrund des Sardschen Lemmas und wegen Lemma (21.2) existiert ein $y\in\mathbb{R}^m$ mit $|y|<\operatorname{dist}(0,h(\partial\Omega\times[0,1]))$, derart, daß $y$ regulärer Wert von $h$ und von $f_0$ und $f_1$ ist, und derart, daß

$$a(f_j,\Omega)=a(f_j-y,\Omega),\quad j=0,1,$$

gilt. Wenn wir folglich $f_j$ durch $f_j-y, j=0,1$, ersetzen, können wir annehmen, daß 0 ein regulärer Wert von $h, f_0$ und $f_1$ ist, und daß

$$0\notin h(\partial\Omega\times[0,1])$$

gilt.

Nach Voraussetzung existieren eine offene Umgebung $W$ von $\bar{\Omega}\times[0,1]$ in $\mathbb{R}^m\times\mathbb{R}$ und eine Funktion $\bar{h}\in C^\infty(W,\mathbb{R}^m)$, derart, daß $\bar{h}|\bar{\Omega}\times[0,1]=h$ gilt und 0 regulärer Wert von $\bar{h}$ ist. Dann ist aber $\bar{h}^{-1}(0)$ eine 1-dimensionale $C^\infty$-Mannigfaltigkeit. Da nach Voraussetzung $\bar{h}^{-1}(0)\cap(\partial\Omega\times[0,1])=\emptyset$ ist, ist

$$N:=h^{-1}(0)\cap(\Omega\times[0,1])=\bar{h}^{-1}(0)\cap(\Omega\times[0,1])$$

eine eindimensionale Untermannigfaltigkeit der berandeten $C^\infty$-Mannigfaltigkeit $Z:=\Omega\times[0,1]$. Da $\bar{\Omega}\times[0,1]$ kompakt ist, und da $N=\bar{h}^{-1}(0)\cap(\bar{\Omega}\times[0,1])$ gilt, ist $N$

kompakt, also eine endliche Vereinigung paarweise disjunkter, zusammenhängender, eindimensionaler $C^\infty$-Untermannigfaltigkeiten von $Z$.

Offensichtlich sind

$$\partial Z = (\Omega \times \{0\}) \cup (\Omega \times \{1\})$$

und

$$h \mid \Omega \times \{j\} = f_j, \; j = 0, 1 .$$

Folglich ist 0 ein regulärer Wert für $h$ und für $h \mid \partial Z$. Dann folgt aus dem Satz über implizite

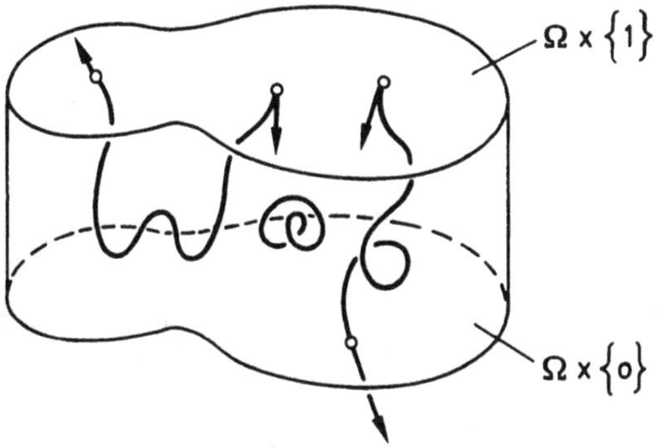


Funktionen leicht, daß $N$ eine berandete $C^\infty$-Mannigfaltigkeit ist mit $\partial N = \bar{h}^{-1}(0) \cap \partial Z$ (vgl. Theorem I.4.1 in Hirsch [1] oder Lemma (2.4) in Milnor [1]).

In der Differentialtopologie zeigt man, daß jede zusammenhängende kompakte 1-dimensionale $C^\infty$-Mannigfaltigkeit entweder zu $[0, 1]$ oder zur Kreislinie $\mathbb{S}^1$ diffeomorph ist (z. B. Guillemin-Pollack [1] oder Milnor [1]). Also besteht $N$ aus endlich vielen glatten Kurven, die entweder geschlossen sind und im Inneren von $Z$, also in $\Omega \times (0, 1)$, liegen, oder diffeomorph zum Intervall $[0, 1]$ sind und ihre Anfangs- und Endpunkte in $\partial Z$ haben.

Es sei nun $C$ eine der obigen Kurven. Wir orientieren dann $C$ nach der folgenden Vorschrift: für $z \in C$ sei $[v_1, \ldots, v_{m+1}]$ eine positiv orientierte Basis für $T_z Z = T_z \mathbb{R}^{m+1}$ mit $v_{m+1} \in T_z C$. Dann ist $T_z C$ genau dann positiv orientiert, wenn $Dh(z)$ die Basis $[v_1, \ldots, v_m]$ in eine positiv orientierte Basis von $T_0 \mathbb{R}^m$ überführt. Es sei nun $t(z) \in T_z C$ der positiv orientierte Einheitstangentialvektor an $C$ in $z$, und $\partial C = \{a, b\} \neq \emptyset$. Dann zeigt $t$ in einem Randpunkt, sagen wir in $a$, nach außen und im anderen, also in $b$, nach innen (bzgl. $Z$). Ist $a \in \Omega \times \{j\}$, so folgt aus $Dh(a, j) \mid (\mathbb{R}^m \times \{\mathbb{0}\}) = Df_j(a)$ leicht sign det $Df_j(a) = 1$ für $j = 1$, und $= -1$ für $j = 0$. Analog erhalten wir sign det $Df_j(b) = -1$ für $j = 1$, und $= 1$ für $j = 0$.

Für jede der endlich vielen orientierten Kurven $C$, welche $N$ bilden, gibt es vier Möglichkeiten:

(i) $C$ ist eine in $\Omega \times (0, 1)$ enthaltene geschlossene Kurve.

(ii) $C$ hat beide Endpunkte im selben Randteil $\Omega \times \{j\}$ von $Z$.

(iii) $C$ läuft von $\Omega \times \{0\}$ nach $\Omega \times \{1\}$.

(iv) $C$ läuft von $\Omega \times \{1\}$ nach $\Omega \times \{0\}$.

In den Fällen (i) und (ii) erhalten wir keinen Beitrag zu $a(f_j, \Omega)$, während aufgrund der obigen Betrachtungen aus (iii) und (iv) unmittelbar $a(f_0, \Omega) = a(f_1, \Omega)$ folgt. Hieraus ergibt sich mit

$$U := \{f \in C(\bar{\Omega}, \mathbb{R}^m) \mid \|f - f_0\| < \operatorname{dist}(0, f_0(\partial\Omega))\}$$

die Behauptung. □

Schließlich benötigen wir das folgende einfache technische Lemma, welches wir für spätere Zwecke in größerer Allgemeinheit als augenblicklich benötigt formulieren.

**(21.4) Lemma:** *Es seien F ein Banachraum, X eine nichtleere Menge und* $Y \subset X$. *Dann ist*

$$\{f \in B(X, F) \mid 0 \notin \overline{f(Y)}\}$$

*offen in* $B(X, F)$.

**Beweis:** Für $f \in B(X, F)$ mit $0 \notin \overline{f(Y)}$ sei $\varepsilon := \operatorname{dist}(0, f(Y))$. Dann gilt für jedes $g \in B(X, F)$ mit $\|f - g\|_\infty < \varepsilon/2$ und alle $y \in Y$

$$\|g(y)\| \geqq \|f(y)\| - \|f(y) - g(y)\| > \varepsilon/2,$$

und damit die Behauptung. □

Nach diesen Vorbereitungen können wir das zentrale Resultat dieses Paragraphen beweisen. Dazu versehen wir $\mathbb{Z}$ mit der diskreten Topologie (d. h. jeder Punkt ist offen), und für jedes $y \in E$ setzen wir

$$\mathscr{D}_y(\Omega, E) := \{f \in C(\bar{\Omega}, E) \mid y \notin f(\partial\Omega)\}.$$

**(21.5) Theorem:** *Es sei E ein endlichdimensionaler Banachraum. Dann gibt es zu jeder beschränkten offenen Teilmenge Ω von E und jedem* $y \in E$ *eine Abbildung*

$$\deg(., \Omega, y) : \mathscr{D}_y(\Omega, E) \to \mathbb{Z},$$

*den Brouwerschen Abbildungsgrad, mit folgenden Eigenschaften:*

(i) *(Normalisierung): Ist* $y \in \Omega$, *so ist* $\deg(id, \Omega, y) = 1$.

(ii) *(Additivität): Für jedes Paar offener disjunkter Teilmengen* $\Omega_1, \Omega_2$ *von Ω und jedes* $f \in C(\bar{\Omega}, E)$ *mit* $y \notin f(\bar{\Omega} \setminus \Omega_1 \cup \Omega_2)$ *gilt*

$$\deg(f, \Omega, y) = \deg(f \mid \bar{\Omega}_1, \Omega_1, y) + \deg(f \mid \bar{\Omega}_2, \Omega_2, y).$$

(iii) *(Stetigkeit):* $\deg(., \Omega, y)$ *ist stetig.*

(iv) *(Translationsinvarianz): Für jedes* $f \in \mathscr{D}_y(\Omega, E)$ *gilt* $\deg(f, \Omega, y) = \deg(f - y, \Omega, 0)$.

**Beweis:** Offensichtlich genügt es, die Existenz einer Abbildung

$$\deg(., \Omega, 0) : \mathscr{D}_0(\Omega, E) \to \mathbb{Z}$$

mit den Eigenschaften (i) – (iii) zu beweisen. Das allgemeine Resultat folgt dann mittels der Definition

$$\deg(f, \Omega, y) := \deg(f - y, \Omega, 0).$$

(a) Es sei $E = \mathbb{R}^m$. Nach Lemma (21.4) ist $\mathscr{D}_0(\Omega, \mathbb{R}^m)$ offen in $C(\bar{\Omega}, \mathbb{R}^m)$. Folglich ist aufgrund von Lemma (21.1)

$$\mathscr{D} := \mathscr{D}_0(\Omega, \mathbb{R}^m) \cap \bar{C}_r^\infty(\bar{\Omega}, \mathbb{R}^m)$$

dicht in $\mathscr{D}_0(\Omega, \mathbb{R}^m)$. Die Abbildung (3)

$$a(.\,, \Omega) : \mathscr{D} \to \mathbb{Z}$$

besitzt offensichtlich die Eigenschaften (i) und (ii), und nach Lemma (21.3) ist $a(.\,, \Omega)$ stetig, wenn $\mathscr{D}$ mit der von $C(\bar{\Omega}, \mathbb{R}^m)$ induzierten Topologie versehen ist. Da $\mathbb{Z}$ die diskrete Topologie trägt, folgt hieraus unmittelbar, daß $a(.\,, \Omega)$ eine stetige Erweiterung $\deg(.\,, \Omega, 0)$ auf ganz $\mathscr{D}_0(\Omega, \mathbb{R}^m)$ hat. Ebenso verifiziert man sofort, daß $\deg(.\,, \Omega, 0)$ die Eigenschaft (ii) besitzt.

(b) Es seien $\mathbb{K} = \mathbb{R}$ und $m := \dim E$. Dann gibt es einen topologischen Isomorphismus $T \in \mathscr{L}(E, \mathbb{R}^m)$, und wir setzen

$$\deg(f, \Omega, 0) := \deg(T \circ f \circ T^{-1}, T(\Omega), 0)$$

für jedes $f \in \mathscr{D}_0(\Omega, E)$. Man verifiziert sofort, daß diese Definition sinnvoll ist und daß die Eigenschaften (i) – (iii) erfüllt sind.

Um die Unabhängigkeit von $\deg(.\,, \Omega, 0)$ von $T$ zu zeigen, sei $S \in \mathscr{L}(E, \mathbb{R}^m)$ ein anderer topologischer Isomorphismus. Dann ist

$$T \circ f \circ T^{-1} = (T \circ S^{-1}) \circ S \circ f \circ S^{-1} \circ (S \circ T^{-1}),$$

also $T \circ f \circ T^{-1} = R \circ (S \circ f \circ S^{-1}) \circ R^{-1}$ mit $R = T \circ S^{-1} \in \mathscr{GL}(\mathbb{R}^m)$. Folglich gilt

$$\deg(T \circ f \circ T^{-1}, T(\Omega), 0) = \deg(S \circ f \circ S^{-1}, S(\Omega), 0),$$

falls wir zeigen können, daß für $E = \mathbb{R}^m, f \in \mathscr{D}_0(\Omega, \mathbb{R}^m)$ und $R \in \mathscr{GL}(\mathbb{R}^m)$ gilt

$$\deg(f, \Omega, 0) = \deg(R \circ f \circ R^{-1}, R(\Omega), 0).$$

Nach der Definition von $\deg(.\,, \Omega, 0)$ genügt es, den Fall $f \in \mathscr{D}$ zu betrachten. In diesem Fall folgt aus der Kettenregel

$$\begin{aligned}\deg(R \circ f \circ R^{-1}, R(\Omega), 0) &= a(R \circ f \circ R^{-1}, R(\Omega), 0)\\ &= \sum_{x \in (R \circ f \circ R^{-1})^{-1}(0)} \operatorname{sign} \det D(R \circ f \circ R^{-1})(x)\\ &= \sum_{y \in f^{-1}(0)} \operatorname{sign} \det(R Df(y) R^{-1}) = a(f, \Omega) = \deg(f, \Omega, 0),\end{aligned}$$

und damit die Behauptung.

(c) Schließlich seien $\mathbb{K} = \mathbb{C}$ und $m = \dim E$. Dann ist $E$ topologisch isomorph zu $\mathbb{C}^m$. Folglich genügt es (wie in (b)) zu zeigen, daß $\deg(.\,, \Omega, 0)$ im Fall $E = \mathbb{C}^m$ definiert werden kann und daß für jedes $f \in \mathscr{D}_0(\Omega, \mathbb{C}^m)$ und jedes $T \in \mathscr{G}\mathscr{L}(\mathbb{C}^m)$ gilt

(4) $$\deg(T \circ f \circ T^{-1}, T(\Omega), 0) = \deg(f, \Omega, 0).$$

Wegen $\mathbb{C}^m = \mathbb{R}^m + i\mathbb{R}^m$ ist $\mathbb{C}^m$ kanonisch homöomorph zu $\mathbb{R}^{2m}$ mittels des kanonischen Homöomorphismus

$$h : \mathbb{C}^m \to \mathbb{R}^{2m}, \quad x + iy \mapsto (x, y).$$

Man verifiziert leicht, daß $h$ einen Ringisomorphismus

$$\mathscr{L}(\mathbb{C}^m) \to \mathscr{L}(\mathbb{R}^{2m}), \quad T \mapsto \begin{bmatrix} R & -S \\ S & R \end{bmatrix}$$

induziert, wobei $R, S \in \mathscr{L}(\mathbb{R}^m)$ durch

$$Tx = Rx + iSx \in \mathbb{R}^m + i\mathbb{R}^m \quad \forall x \in \mathbb{R}^m$$

definiert werden. Wenn wir nun für $f \in \mathscr{D}_0(\Omega, \mathbb{C}^m)$ definieren

$$\deg(f, \Omega, 0) := \deg(h \circ f \circ h^{-1}, h(\Omega), 0),$$

so sieht man leicht, daß $\deg(., \Omega, 0)$ die Eigenschaften (i)–(iii) sowie (4) besitzt. □

Zur Vereinfachung der Schreibweise verwenden wir nun die folgende *Konvention:* sind $\Omega \subset E$ eine beschränkte offene Teilmenge und $\Delta$ eine beliebige Teilmenge von $E$ mit $\bar{\Omega} \subset \Delta$, so setzen wir für jedes $f : \Delta \to E$, für welches $f|\bar{\Omega} \in \mathscr{D}_y(\Omega, E)$ gilt,

$$\deg(f, \Omega, y) := \deg(f|\bar{\Omega}, \Omega, y).$$

Mit dieser Vereinbarung erhalten wir das folgende einfache, aber äußerst wichtige

**(21.6) Korollar:** *Der Brouwersche Abbildungsgrad hat die folgenden Eigenschaften:*

(v) *(Ausschneidungseigenschaft): Für jede offene Teilmenge $\Omega_1$ von $\Omega$ und jedes $f \in C(\bar{\Omega}, E)$ mit $0 \notin f(\bar{\Omega} \setminus \Omega_1)$ gilt*

$$\deg(f, \Omega, 0) = \deg(f, \Omega_1, 0).$$

(vi) *(Lösungseigenschaft): Ist $\deg(f, \Omega, y) \neq 0$, so ist $f(\Omega)$ eine Umgebung von $y$ in $E$.*

(vii) *(Homotopieinvarianz): Es sei $I \subset \mathbb{R}$ ein nichtleeres kompaktes Intervall. Ferner gelte für $h \in C(\bar{\Omega} \times I, E)$ und $y(.) \in C(I, E)$*

$$y(\lambda) \notin h(\partial\Omega \times \{\lambda\}) \quad \forall \lambda \in I.$$

*Dann ist*

$$\deg(h(., \lambda), \Omega, y(\lambda))$$

*wohldefiniert und unabhängig von $\lambda \in I$.*

(viii) *(Abhängigkeit von den Randwerten): Für jedes Paar von Funktionen $f, g \in \mathscr{D}_y(\Omega, E)$ mit*

*$f|\partial\Omega = g|\partial\Omega$ gilt*

$$\deg(f, \Omega, y) = \deg(g, \Omega, y).$$

(ix) *(Komponentenabhängigkeit): Für jedes $f \in C(\bar{\Omega}, E)$ ist* $\deg(f, \Omega, .)$ *konstant auf den Zusammenhangskomponenten von $E \backslash f(\partial\Omega)$.*

**Beweis:** Wegen $C(\emptyset, E) = \{\emptyset\}$, wobei $\emptyset : \emptyset \to E$ die „leere Abbildung" bezeichnet, verifiziert man sofort, daß es für $\Omega = \emptyset$ genau eine Abbildung mit den Eigenschaften (i)–(iv) gibt, nämlich $\deg(f, \emptyset, y) = 0$.

(v) folgt nun aus (ii) mit $\Omega_2 = \emptyset$.

(vi) Es sei $y \notin f(\Omega)$. Dann folgt aus (v) mit $\Omega_1 = \emptyset$, daß $\deg(f, \Omega, y) = 0$ gilt, im Widerspruch zur Annahme.

Da $\mathscr{D}_y(\Omega, E)$ offen in $C(\bar{\Omega}, E)$ ist, gibt es ein $\varepsilon > 0$ mit $f + z \in \mathscr{D}_y(\Omega, E)$ für alle $z \in \varepsilon\mathbb{B}_E$. Folglich gilt wegen (iii)

$$\deg(f + z, \Omega, 0) \neq 0$$

für alle $z \in \varepsilon\mathbb{B}_E$ und ein genügend kleines $\varepsilon > 0$. Also ist $y + \varepsilon\mathbb{B}_E \subset f(\Omega)$.

(vii) Da $\bar{\Omega} \times I$ kompakt ist, ist $h : \bar{\Omega} \times I \to E$ gleichmäßig stetig. Hieraus folgt leicht, daß die Abbildung

$$I \to C(\bar{\Omega}, E), \quad \lambda \mapsto h(., \lambda) - y(\lambda)$$

stetig ist. Folglich ist, aufgrund von (iii) und (iv), die Abbildung

$$I \to \mathbb{Z}, \ \lambda \mapsto \deg(h(., \lambda), \Omega, y(\lambda)) = \deg(h(., \lambda) - y(\lambda), \Omega, 0)$$

wohldefiniert und stetig. Da $I$ zusammenhängend und $\mathbb{Z}$ diskret sind, muß sie konstant sein.

(viii) Dies folgt unmittelbar aus (vii) mit $I = [0, 1]$ und

$$h(., \lambda) := (1 + \lambda)f + \lambda g$$

sowie $y(\lambda) := y$.

(ix) Für jedes $f \in C(\bar{\Omega}, E)$ ist, wegen (iii) und (iv), die Abbildung

$$E \backslash f(\partial\Omega) \to \mathbb{Z}, \ y \mapsto \deg(f - y, \Omega, 0) = \deg(f, \Omega, y)$$

wohldefiniert und stetig, also notwendigerweise konstant auf den Zusammenhangskomponenten von $E \backslash f(\partial\Omega)$. □

**(21.7) Bemerkungen:** (a) Es gibt viele Möglichkeiten, den Brouwerschen Abbildungsgrad zu definieren. Für einen historischen Überblick verweisen wir auf Siegberg [1]. Alle Definitionen führen zum selben Resultat, da man zeigen kann, daß es genau eine Abbildung $\mathscr{D}_y(\Omega, E) \to \mathbb{Z}$ mit den Eigenschaften (i) – (iv) gibt. Mit anderen Worten: *der Brouwersche Abbildungsgrad ist durch die Axiome* (i) – (iv) *eindeutig bestimmt* (z. B. Amann-Weiss [1], Eisenack-Fenske [1], Lloyd [1], Zeidler [1]).

(b) Es sei $f \in C(\bar{\Omega}, E)$, und $x_0 \in \Omega$ sei eine isolierte Nullstelle von $f$, d. h. es gibt ein $\varepsilon_0 > 0$ mit $f(x) \neq 0$ für alle $x \in x_0 + \varepsilon_0 \mathbb{B}$ mit $x \neq x_0$. Dann ist

(5) $\qquad \deg(f, x_0 + \varepsilon \mathbb{B}, 0)$

für alle $\varepsilon \in (0, \varepsilon_0)$ definiert und – aufgrund der Ausschneidungseigenschaft – unabhängig von $\varepsilon$. Also hängt (5) nur von $f$ und $x_0$ ab. Aus diesem Grund setzt man

$$i_0(f, x_0) := \deg(f, x_0 + \varepsilon \mathbb{B}, 0), \quad 0 < \varepsilon < \varepsilon_0,$$

und nennt $i_0(f, x_0)$ den *lokalen Index der isolierten Nullstelle* $x_0$ *von* $f$.

(c) *Es sei* $f \in C(\bar{\Omega}, E)$ *mit* $0 \notin f(\partial \Omega)$, *und* $f$ *habe nur endlich viele Nullstellen* $x_1, \ldots, x_k$. *Dann gilt*

$$\deg(f, \Omega, 0) = \sum_{j=1}^{k} i_0(f, x_j).$$

Dies folgt unmittelbar aus der Additivität des Abbildungsgrades und der Definition des Indexes einer Nullstelle. □

**(21.8) Satz:** *Es seien* $\mathbb{K} = \mathbb{R}$ *und* $f \in C(\bar{\Omega}, E)$, *und* $f(x_0) = 0$ *für ein* $x_0 \in \Omega$. *Ferner sei* $f$ *in* $x_0$ *differenzierbar mit* $Df(x_0) \in \mathcal{GL}(E)$. *Dann ist* $x_0$ *eine isolierte Nullstelle von* $f$, *und*

$$i_0(f, x_0) = i_0(Df(x_0), 0) = \operatorname{sign} \det Df(x_0).$$

**Beweis:** Wegen $Df(x_0) \in \mathcal{GL}(E)$ existiert ein $\alpha > 0$ mit $|Df(x_0)y| \geqq 2\alpha|y|$ für alle $y \in E$. Dann finden wir ein $\varepsilon > 0$ mit

$$|f(x) - f(x_0) - Df(x_0)(x - x_0)| \leqq \alpha |x - x_0| \quad \forall x \in x_0 + \varepsilon \mathbb{B}.$$

Wegen $f(x_0) = 0$ folgt für $x \in x_0 + \varepsilon \mathbb{B}$ und $\lambda \in [0, 1]$,

$$\begin{aligned} &|(1 - \lambda) f(x) + \lambda Df(x_0)(x - x_0)| \\ &\geqq |Df(x_0)(x - x_0)| - (1 - \lambda)|f(x) - Df(x_0)(x - x_0)| \geqq \alpha |x - x_0|. \end{aligned}$$

Insbesondere (für $\lambda = 0$) gilt $|f(x)| \geqq \alpha |x - x_0|$ für $x \in x_0 + \varepsilon \mathbb{B}$, was beweist, daß $x_0$ eine isolierte Nullstelle von $f$ ist. Aus der Homotopieinvarianz erhalten wir nun

$$i_0(f, x_0) = \deg(f, x_0 + \varepsilon \mathbb{B}, 0) = \deg(Df(x_0) - y_0, x_0 + \varepsilon \mathbb{B}, 0)$$

mit $y_0 := Df(x_0) x_0$. Da die Abbildung

$$E \to E, \quad x \mapsto Df(x_0)x - y_0$$

genau eine Nullstelle, nämlich $x_0$, hat, folgt aus der Ausschneidungseigenschaft

$$\deg(Df(x_0) - y_0, x_0 + \varepsilon \mathbb{B}, 0) = \deg(Df(x_0) - y_0, \varrho \mathbb{B}, 0)$$

für jedes $\varrho > |x_0|$. Da offensichtlich für jedes $\lambda \in [0, 1]$ und jedes $x \in \varrho \partial \mathbb{B}$ mit

$$\varrho > \max\{|x_0|, |[Df(x_0)]^{-1} y_0|\}$$

gilt

$$0 \neq Df(x_0)x - \lambda y_0,$$

folgt aus der Homotopieinvarianz

$$\deg(Df(x_0) - y_0, \varrho\mathbb{B}, 0) = \deg(Df(x_0), \varrho\mathbb{B}, 0),$$

also – aufgrund der Ausschneidungseigenschaft –

$$\deg(Df(x_0), \varrho\mathbb{B}, 0) = i_0(Df(x_0), 0).$$

Zur Berechnung der letzten Größe sei $T \in \mathscr{L}(E, \mathbb{R}^m)$ ein Isomorphismus. Dann wissen wir, daß

$$\deg(Df(x_0), \varrho\mathbb{B}, 0) = \deg(T \circ Df(x_0) \circ T^{-1}, T(\varepsilon\mathbb{B}), 0)$$

gilt. Die Abbildung

$$y \mapsto T \circ Df(x_0) \circ T^{-1} y =: g(y)$$

gehört aber offensichtlich zu $\mathscr{D}_0(\tilde{\Omega}, \mathbb{R}^m) \cap C_r^\infty(\tilde{\Omega}, \mathbb{R}^m)$ mit $\tilde{\Omega} := T(\varepsilon\mathbb{B}) \subset \mathbb{R}^m$. Da sie genau eine Nullstelle, nämlich 0, hat, und da

$$\det(Dg(0)) = \det(T \circ Df(x_0) \circ T^{-1}) = \det(Df(x_0))$$

gilt, folgt aus der Definition des Brouwergrades

$$\begin{aligned} i_0(Df(x_0), 0) &= \deg(g, \Omega, 0) = a(g, \Omega) \\ &= \operatorname{sign}\det Dg(0) = \operatorname{sign}\det Df(x_0), \end{aligned}$$

und somit die Behauptung. □

Als Korollar zu diesem Satz erhalten wir eine nützliche Formel zur Berechnung des Brouwergrades, welche zeigt, daß auch für $C^1$-Abbildungen der Abbildungsgrad mit der algebraischen Zahl der Nullstellen übereinstimmt.

**(21.9) Korollar:** *Es seien $f \in C(\bar{\Omega}, E) \cap C^1(\Omega, E)$ mit $0 \notin f(\partial\Omega)$ und $\mathbb{K} = \mathbb{R}$. Ferner sei 0 ein regulärer Wert von $f|\Omega$. Dann gilt*

$$\deg(f, \Omega, 0) = a(f, \Omega) = \sum_{x \in f^{-1}(0)} \operatorname{sign}\det Df(x).$$

**Beweis:** Dies folgt unmittelbar aus Bemerkung (21.7c) und Satz (21.8). □

Es seien $f \in C^1(\Omega, E)$ und $f(x_0) = 0$ für ein $x_0 \in \Omega$. Dann erzeugt $f$ einen Fluß $\varphi$ auf $\Omega$, und $x_0$ ist ein Ruhepunkt von $\varphi$. Wenn $x_0$ ein hyperbolischer kritischer Punkt von $\varphi$ ist, d. h. wenn der linearisierte Fluß $e^{tDf(x_0)}$ hyperbolisch ist, so gilt insbesondere $Df(x_0) \in \mathscr{GL}(E)$, und $x_0$ ist ein isolierter kritischer Punkt von $\varphi$. Der folgende Satz stellt eine Beziehung zwischen dem lokalen Index von $f$ in $x_0$ und dem Stabilitätsverhalten des Flusses $\varphi$ in der Nähe von $x_0$ her.

**(21.10) Satz:** *Es seien $f \in C^1(\Omega, E)$ und $\mathbb{K} = \mathbb{R}$, und $x_0 \in \Omega$ sei ein hyperbolischer kritischer Punkt für den von f erzeugten Fluß. Dann gilt*

$$i_0(f, x_0) = (-1)^{\dim E_s},$$

*wobei $E_s$ die stabile Mannigfaltigkeit des linearisierten Flusses $e^{tDf(x_0)}$ ist.*

**Beweis:** Nach Satz (21.8) ist $i_0(f, x_0) = \operatorname{sign}\det Df(x_0)$. Wegen $\det Df(x_0) = \det[Df(x_0)]_{\mathbb{C}}$ (vgl. die Bemerkung nach Theorem (12.10)) können wir zur Berechnung von $\det Df(x_0)$ o.B.d.A. annehmen, daß $\mathbb{K} = \mathbb{C}$ ist. Da die Determinante unabhängig von der speziellen Basis ist, erhalten wir – unter Verwendung der Jordanmatrizen – sofort

$$\det Df(x_0) = \prod_{j=1}^{m} \lambda_j,$$

wobei $\lambda_1, \ldots, \lambda_m$ die gemäß ihrer Vielfachheit gezählten Eigenwerte von $Df(x_0)$ sind. Da – im reellen Fall – mit $\lambda$ auch $\bar{\lambda}$ ein Eigenwert von $Df(x_0)$ ist, folgt aus dieser Formel

$$\operatorname{sign}\det Df(x_0) = (-1)^n,$$

wobei $n$ die Anzahl der negativen, reellen, gemäß ihrer Vielfachheit gezählten Eigenwerte ist. Da – ebenfalls aufgrund der Tatsache, daß mit $\lambda$ auch $\bar{\lambda}$ ein Eigenwert von $Df(x_0)$ ist –

$$\dim E_s \equiv n \pmod 2$$

gilt, folgt die Behauptung. □

$i_0(f, x_0) = 1$ $\qquad$ $i_0(f, x_0) = -1$ $\qquad$ $i_0(f, x_0) = 1$

Aus dem obigen Satz folgt z. B. im zweidimensionalen Fall, daß eine Senke und eine Quelle den lokalen Index 1 und ein Sattel den Index $-1$ haben. Im allgemeinen $m$-dimensionalen Fall erhalten wir für eine Senke den Index $(-1)^m$ und für eine Quelle stets den Index $+1$.

## *Der Borsuksche Antipodensatz*

Zur konkreten Berechnung von Abbildungsgraden ist es wichtig, für möglichst viele Funktionen den Brouwergrad zu kennen. Eine wichtige Klasse von Abbildungen, für die eine allgemeine Aussage möglich ist, ist die Klasse der ungeraden Abbildungen.

Eine Teilmenge $A$ eines Vektorraumes $F$ heißt *symmetrisch*, wenn $-A = A$ gilt. Ist $G$ ein weiterer Vektorraum und ist $A \subset F$ symmetrisch, so heißt eine Abbildung $g: A \to G$ *ungerade* [bzw. *gerade*], wenn

$$g(a) = -g(-a) \quad [\text{bzw.} \quad g(a) = g(-a)] \quad \forall a \in A$$

erfüllt ist.

**(21.11) Lemma:** *Es sei* $E = \mathbb{R}^m$, *und* $\Omega$ *sei symmetrisch und* $f \in C(\bar{\Omega}, \mathbb{R}^m)$ *ungerade. Dann gibt es zu jedem* $\varepsilon > 0$ *eine ungerade Funktion h in* $\bar{C}_r^\infty(\bar{\Omega}, \mathbb{R}^m)$ *mit* $\|h - f\|_\infty < \varepsilon$.

**Beweis:** (a) Für $u \in \bar{C}^\infty(\bar{\Omega}, \mathbb{R}^m)$ und $v \in \bar{C}^\infty(\bar{\Omega}, \mathbb{R})$ sei

$$h_y := u - vy \quad \forall y \in \mathbb{R}^m.$$

Gilt dann $v(x) \neq 0$ für alle $x$ in einer offenen Teilmenge $U$ von $\Omega$, so folgt: die Menge der $y \in \mathbb{R}^m$, derart, daß 0 regulärer Wert von $h_y | U$ ist, ist dicht in $\mathbb{R}^m$.

In der Tat, 0 ist regulärer Wert von $h_y | U$ genau dann, wenn $y$ regulärer Wert von $(u/v) | U$ ist. Denn gilt $x \in U$ und $u(x)/v(x) = y$, also $h_y(x) = 0$, so folgt aus der Quotientenregel $D(u/v)(x) = Dh_y(x)/v(x)$. Also ergibt sich die Behauptung aus dem Sardschen Lemma.

(b) Nach Bemerkung (2.12) existiert eine glatte Funktion $\tilde{f}: \bar{\Omega} \to \mathbb{R}^m$ mit $\|f - \tilde{f}\|_\infty < \varepsilon/2$. Dann ist

$$g: \bar{\Omega} \to \mathbb{R}^m, \quad x \mapsto [\tilde{f}(x) - \tilde{f}(-x)]/2$$

ungerade, glatt und erfüllt (wegen $f(x) = -f(-x)$)

$$\|f - g\|_\infty < \varepsilon/2.$$

(c) Es seien $\mu := \max\{|x| \mid x \in \bar{\Omega}\}$ und $0 < \delta < \varepsilon/4\mu$ mit $\delta \notin \sigma(Dg(0))$, falls $0 \in \Omega$ ist. Dann ist

$$g_\delta: \bar{\Omega} \to \mathbb{R}^m, \ x \mapsto g(x) - \delta x$$

glatt, ungerade und erfüllt $\|f - g_\delta\|_\infty < 3\varepsilon/4$. Außerdem ist $Dg_\delta(0)$ invertierbar, falls $0 \in \Omega$ ist.

(d) Wir definieren nun induktiv ungerade glatte Funktionen $h_1, \ldots, h_m: \bar{\Omega} \to \mathbb{R}^m$ mit $\|f - h_k\|_\infty < \varepsilon$, derart, daß 0 regulärer Wert von $h_k | \Omega_k$ ist, wobei

$$H_k := \{x \in \mathbb{R}^m | x^k = 0\} \quad \text{und} \quad \Omega_k := \Omega \backslash (H_1 \cap \cdots \cap H_k)$$

gesetzt ist.

Wir setzen $h_1(x) := g_\delta(x) - (x^1)^3 y_1$, wobei $y_1 \in \mathbb{R}^m$ so gewählt ist, daß gilt: $|y_1| < \varepsilon/4m\mu^3$ und 0 ist regulärer Wert von $h_1 | \Omega_1$. Dies ist nach (a) möglich.

Ist $h_k$ bereits definiert, so setzen wir

$$h_{k+1}(x) := h_k(x) - (x^{k+1})^3 y_{k+1},$$

wobei $y_{k+1} \in \mathbb{R}^m$ so gewählt ist, daß gilt: $|y_{k+1}| < \varepsilon/4m\mu^3$ und 0 ist regulärer Wert von $h_{k+1} | (\Omega \backslash H_{k+1})$.

Da für $x \in \Omega \cap H_{k+1}$ offenbar $h_{k+1}(x) = h_k(x)$ und $Dh_{k+1}(x) = Dh_k(x)$ gelten, folgt für $x \in \Omega_k \cap H_{k+1}$ nach Induktionsvoraussetzung: ist $h_{k+1}(x) = 0$, so ist $Dh_{k+1}(x)$ invertierbar. Wegen $(\Omega_k \cap H_{k+1}) \cup (\Omega \setminus H_{k+1}) = \Omega_{k+1}$ ist somit 0 regulärer Wert von $h_{k+1} | \Omega_{k+1}$.

Für $h := h_m$ gilt also: $\|h - f\|_\infty < \varepsilon$, $h$ ist glatt und 0 ist regulärer Wert von $h|(\Omega \setminus \{0\})$. Da, im Falle $0 \in \Omega$, offensichtlich $Dh(0) = Dg_\delta(0)$ gilt, folgt die Behauptung aus (c). □

**(21.12) Theorem** *(Borsukscher Antipodensatz): Es seien $\Omega \subset E$ eine symmetrische Nullumgebung und $f \in C(\bar{\Omega}, E)$. Sind dann $f|\partial\Omega$ ungerade und $0 \notin f(\partial\Omega)$, so gilt:*

$$\deg(f, \Omega, 0) \equiv 1 \pmod 2.$$

**Beweis:** Offensichtlich genügt es, den Fall $E = \mathbb{R}^m$ zu betrachten (vgl. den Beweis von Theorem (21.5)). Die Abbildung

$$g : \bar{\Omega} \to \mathbb{R}^m, \quad x \mapsto (f(x) - f(-x))/2$$

ist ungerade und erfüllt $f|\partial\Omega = g|\partial\Omega$. Also ist $\deg(f, \Omega, 0) = \deg(g, \Omega, 0)$ nach Korollar (21.6viii). Da $\deg(., \Omega, 0)$ stetig ist, existiert nach Lemma (21.11) eine ungerade Funktion $h \in \bar{C}_r^\infty(\bar{\Omega}, \mathbb{R}^m)$ mit

$$\deg(g, \Omega, 0) = \deg(h, \Omega, 0) = \sum_{x \in h^{-1}(0)} \operatorname{sign} \det Dh(x).$$

Da $h$ ungerade ist, gilt $h(0) = 0$, und aus $h(x) = 0$ folgt $h(-x) = 0$. Also ist die Anzahl der Summanden in der letzten Summe ungerade. □

**(21.13) Korollar** *(Borsuk-Ulam): Es seien $\Omega \subset E$ eine symmetrische Nullumgebung und $g \in C(\partial\Omega, E)$. Ist dann $g(\partial\Omega)$ in einem echten Untervektorraum $E_0$ von $E$ enthalten, so gibt es mindestens ein $x \in \partial\Omega$ mit $g(x) = g(-x)$, d. h. mindestens ein Paar von „Antipodenpunkten" hat denselben Bildpunkt.*

**Beweis:** Durch Einführen einer geeigneten Basis und Zerlegen in Real- und Imaginärteil können wir $E = \mathbb{R}^m$ und $E_0 = \mathbb{R}^n$ mit $n < m$ annehmen. Aufgrund des Tietzeschen Erweiterungssatzes – angewendet auf jede Komponente von $g$ – existiert ein $\bar{g} \in C(\bar{\Omega}, E_0)$ mit $\bar{g} \supset g$ (z. B. Dugundji [1], Schubert [1]). Dann ist

$$f : \bar{\Omega} \to E, \quad x \mapsto [\bar{g}(x) - \bar{g}(-x)]/2$$

stetig und ungerade mit $f(\bar{\Omega}) \subset E_0$. Gilt nun $g(x) \neq g(-x)$ für alle $x \in \partial\Omega$, so ist $0 \notin f(\partial\Omega)$ und somit $\deg(f, \Omega, 0) \neq 0$ nach Theorem (21.12). Also ist $f(\Omega)$ nach Korollar (21.6vi) eine Umgebung von 0 *in E*, was $f(\bar{\Omega}) \subset E_0$ widerspricht. □

## *Der Brouwersche Fixpunktsatz*

Als weitere einfache Anwendung des Abbildungsgrades wollen wir nun den berühmten Brouwerschen Fixpunktsatz beweisen. Dazu benötigen wir eine einfache Vorbetrachtung.

Ein Teilraum $A$ eines topologischen Raumes $X$ heißt *Retrakt von X*, wenn es eine stetige Abbildung $r : X \to A$ mit $r|A = id_A$ gibt. Jede solche Abbildung ist eine *Retraktion von X auf A*.

**(21.14) Bemerkungen:** (a) In jedem normierten Vektorraum $F$ ist der abgeschlossene $\alpha$-Ball $\bar{\mathbb{B}}(0,\alpha)$, $\alpha > 0$, ein Retrakt von $F$. Eine Retraktion wird durch die radiale Retraktion (vgl. Lemma (19.8)) gegeben.

(b) Ein topologischer Raum $X$ hat die *Fixpunkteigenschaft* (F.P.E.), wenn jede stetige Selbstabbildung einen Fixpunkt besitzt.

*Hat $X$ die F.P.E. und ist $A$ ein Retrakt von $X$, so hat $A$ auch die F.P.E.*

In der Tat, ist $g \in C(A, A)$ und ist $r: X \to A$ eine Retraktion, so ist $i \circ g \circ r \in C(X, X)$, wobei $i: A \hookrightarrow X$ die Inklusion bezeichnet. Also gibt es ein $x \in X$ mit $i \circ g \circ r(x) = x$. Folglich ist $x \in A$ und somit $r(x) = x$, also $x = g(x)$.

(c) Es ist offensichtlich, daß die F.P.E. eine topologische Eigenschaft ist, d. h. *sind $X$ und $Y$ homöomorphe topologische Räume, so hat $X$ genau dann die F.P.E., wenn dies für $Y$ gilt.* □

**(21.15) Lemma:** *Jede nichtleere kompakte konvexe Teilmenge von $E$ ist ein Retrakt von $E$.*

**Beweis:** Da $E$ endlichdimensional ist und da wir eine topologische Eigenschaft beweisen wollen, können wir auf $E$ eine Hilbertnorm $|\cdot|$ mit zugehörigem Skalarprodukt $(\cdot|\cdot)$ wählen und außerdem $\mathbb{K} = \mathbb{R}$ annehmen.

Es sei also $C \neq \emptyset$, kompakt und konvex. Dann gibt es für jedes $x \in E$ ein $p(x) \in C$ mit

$$|y - p(x)| \leqq |x - y| \quad \forall y \in C,$$

d. h. $p(x)$ realisiert den kürzesten Abstand (in der verwendeten Norm) des Punktes $x$ von $C$. Da für jedes $y \in C$ die Funktion

$$\varphi_y : [0,1] \to \mathbb{R}, \quad t \mapsto |x - p(x) - t(y - p(x))|^2$$

in $t = 0$ ihr Minimum annimmt, folgt wegen $D\varphi_y(0) = -2(x - p(x)|y - p(x)) \geqq 0$ die Ungleichung

$$(6) \qquad (x - p(x)|y - p(x)) \leqq 0 \quad \forall y \in C.$$

Ist $\tilde{x} \in E$ und ist $p(\tilde{x})$ ein Punkt in $C$ mit $|\tilde{x} - p(\tilde{x})| = \min\{|\tilde{x} - y| \mid y \in C\}$, so folgt analog

$$(7) \qquad (\tilde{x} - p(\tilde{x})|z - p(\tilde{x})) \leqq 0 \quad \forall z \in C.$$

Setzen wir in (6) $y = p(\tilde{x})$ und in (7) $z = p(x)$ und addieren die beiden Ungleichungen, folgt

$$(x - p(x) - \tilde{x} + p(\tilde{x})|p(\tilde{x}) - p(x)) \leqq 0,$$

also

$$|p(\tilde{x}) - p(x)|^2 \leqq (x - \tilde{x}|p(x) - p(\tilde{x})) \leqq |x - \tilde{x}|\,|p(x) - p(\tilde{x})|$$

und somit

$$|p(x) - p(\tilde{x})| \leqq |x - \tilde{x}| \quad \forall x, \tilde{x} \in E.$$

Hieraus folgt insbesondere, daß für jedes $x \in E$ der Punkt $p(x) \in C$ mit $|x - p(x)|$

$= \operatorname{dist}(x, C)$ eindeutig bestimmt ist und daß $p: E \to C$ stetig ist. Wegen $p|C = id_C$ ist $p$ eine Retraktion. □

**(21.16) Brouwerscher Fixpunktsatz:** *Es sei $C \subset E$ nicht leer, kompakt und konvex. Dann hat jede stetige Abbildung $f: C \to C$* einen Fixpunkt.

**Beweis:** Da $C$ kompakt ist, existiert ein $\alpha > 0$ mit $C \subset \alpha\mathbb{B}$. Wegen Lemma (21.15) ist dann $C$ ein Retrakt von $\alpha\bar{\mathbb{B}}$. Also genügt es nach Bemerkung (21.14b), den Fall $C = \alpha\bar{\mathbb{B}}$ zu betrachten. Durch Umnormieren können wir o.B.d.A. $\alpha = 1$ annehmen (vgl. auch 21.14c). Es sei also $g(x) := x - f(x)$ für $x \in \bar{\mathbb{B}}$. Dann ist $g \in C(\bar{\mathbb{B}}, E)$ und wir können annehmen, daß $0 \notin g(\partial\mathbb{B})$ ist, da sonst $f$ einen Fixpunkt auf $\partial\mathbb{B}$ besäße. Wir betrachten nun die Homotopie

$$h: \bar{\mathbb{B}} \times [0, 1] \to E, \ (x, t) \mapsto x - tf(x).$$

Wegen $h(., 1) = g$ und $tf(x) \in \mathbb{B}$ für $0 \leqq t < 1$ und $x \in \bar{\mathbb{B}}$ gilt $h(x, t) \neq 0$ für alle $(x, t) \in \partial\mathbb{B} \times [0, 1]$. Also folgt aus der Homotopieinvarianz und der Normalisierungseigenschaft des Abbildungsgrades

$$\deg(g, \mathbb{B}, 0) = \deg(h(., 0), \mathbb{B}, 0) = \deg(id, \mathbb{B}, 0) = 1.$$

Folglich hat – aufgrund der Lösungseigenschaft – die Funktion $g$ eine Nullstelle in $\mathbb{B}$, d. h. $f$ hat einen Fixpunkt in $\mathbb{B}$. □

Im obigen Beweis wurde nur benutzt, daß $\bar{\mathbb{B}}$ konvex und kompakt ist und 0 als inneren Punkt besitzt, sowie die Tatsache, daß $f(\partial\mathbb{B}) \subset \bar{\mathbb{B}}$ gilt. Also haben wir das folgende nützliche Resultat mitbewiesen.

**(21.17) Korollar:** *Es sei $C \subset E$ kompakt und konvex mit $0 \in \mathring{C}$, und für $f \in C(C, E)$ gelte $f(\partial C) \subset C$. Dann hat $f$ einen Fixpunkt. Gilt $f(x) \neq x$ für alle $x \in \partial C$, so ist*

$$\deg(id - f, \mathring{C}, 0) = 1.$$

Für weitere Resultate über den Abbildungsgrad sei auf Theorem (24.19) und Satz (25.7) verwiesen.

## Aufgaben

1. Beweisen Sie den *Satz von Poincaré-Brouwer:* Ist $\Omega \subset \mathbb{R}^{2m+1}$ eine beschränkte offene Nullumgebung und hat $f \in C(\partial\Omega, \mathbb{R}^{2m+1})$ keine Nullstelle, so gibt es ein $x \in \partial\Omega$ und ein $\lambda \in \mathbb{R} \setminus \{0\}$ mit

$$f(x) = \lambda x.$$

(*Hinweis:* Erweitern Sie $f$ stetig auf $\bar{\Omega}$ nach Tietze, betrachten Sie Homotopien der Form

$$\lambda \mapsto (1 - \lambda)f \pm \lambda id, \quad 0 \leqq \lambda \leqq 1,$$

und überlegen Sie sich, daß $\deg(-id, \Omega, 0) = -1$ ist.)

2. Beweisen Sie den „*Igelsatz*": Jedes stetige Vektorfeld auf der $\mathbb{S}^{2m}$ (d. h. jedes stetige

Feld von Tangentialvektoren auf der $\mathbb{S}^{2m}$) hat mindestens eine Nullstelle. („Jeder stetig gekämmte Igel hat mindestens einen Glatzpunkt".) Geben Sie auf der $\mathbb{S}^{2m+1}$ ein nullstellenfreies stetiges Vektorfeld direkt an.

3. Es sei $E$ ein endlichdimensionaler Hilbertraum, und $\Omega \subset E$ sei offen und beschränkt. Für $f \in C(\bar{\Omega}, E)$ gebe es ein $x_0 \in \Omega$ mit

$$(f(x)|x - x_0) \geqq 0 \quad \forall x \in \partial\Omega .$$

Zeigen Sie, unter Verwendung des Abbildungsgrades, daß $f$ eine Nullstelle in $\bar{\Omega}$ hat.

4. Es sei $E$ ein endlichdimensionaler Banachraum, und $\Omega \subset E$ sei offen und beschränkt. Beweisen Sie: *$\partial\Omega$ ist kein Retrakt von $\bar{\Omega}$.*

5. Es seien $\Omega_1 \subset \mathbb{R}^m$ und $\Omega_2 \subset \mathbb{R}^n$ offen und beschränkt, und $f_1 \in C(\bar{\Omega}_1, \mathbb{R}^m)$ sowie $f_2 \in C(\bar{\Omega}_2, \mathbb{R}^n)$ mit $0 \notin f_j(\partial\Omega_j), j = 1, 2$. Beweisen Sie:

$$\deg(f_1 \times f_2, \Omega_1 \times \Omega_2, 0) = \deg(f_1, \Omega_1, 0)\deg(f_2, \Omega_2, 0) .$$

6. Es sei $\Omega$ offen und beschränkt im reellen Banachraum $E$ der endlichen Dimension $m$, und für $f \in C(\bar{\Omega}, E)$ gelte $0 \notin f(\partial\Omega)$. Zeigen Sie:

$$\deg(-f, \Omega, 0) = (-1)^m \deg(f, \Omega, 0) .$$

## 22. Die Existenz periodischer Lösungen

In diesem Paragraphen sei *$E$ ein endlichdimensionaler Banachraum, $X \subset E$ sei offen, und*

$$f \in C^{0,1-}(\mathbb{R} \times X, E)$$

*sei $T$-periodisch bzgl. $t \in \mathbb{R}$* für ein $T > 0$. Es ist unser Ziel, einige allgemeine Resultate über die Existenz $T$-periodischer Lösungen der Differentialgleichung

$$(1) \qquad \dot{x} = f(t, x)$$

herzuleiten. Dazu werden wir natürlich auf der Basis von Theorem (20.1) versuchen zu zeigen, daß die Zeit-$T$-Abbildung $u_T$ von (1) Fixpunkte besitzt.

Unser erstes Theorem behandelt den Fall *asymptotisch linearer Gleichungen.*

**(22.1) Theorem:** *Es seien $A \in C(\mathbb{R}, \mathscr{L}(E))$ und $g \in C^{0,1-}(\mathbb{R} \times E, E)$ $T$-periodisch bzgl. $t \in \mathbb{R}$ mit*

$$(2) \qquad g(t, x) = o(|x|) \quad \textit{für} \quad |x| \to \infty$$

*gleichmäßig in $t \in [0, T]$. Dann hat die $T$-periodische asymptotisch lineare Gleichung*

(3) $$\dot{x} = A(t)x + g(t, x)$$

*eine T-periodische Lösung, falls* 1 *kein Floquetmultiplikator von* $\dot{x} = A(t)x$ *ist.*

**Beweis:** (a) Da die rechte Seite von (3) wegen (2) linear beschränkt ist, existieren alle Lösungen von (3) global, d. h. auf ganz $\mathbb{R}$ (vgl. Satz (7.8)). Ist $u$ die allgemeine Lösung von (3), so folgt aus der Variation-der-Konstanten-Formel, daß $u(\cdot, 0, \xi)$ für jedes $\xi \in E$ der Integralgleichung

(4) $$u(t, 0, \xi) = U(t, 0)\xi + \int_0^t U(t, \tau)g(\tau, u(\tau, 0, \xi))d\tau, \quad t \in \mathbb{R},$$

genügt, wobei $U$ der Evolutionsoperator der linearen Gleichung $\dot{x} = A(t)x$ ist (vgl. die Betrachtungen unmittelbar vor Theorem (15.3)).

Im weiteren sei

$$\alpha := \max\{|U(t, \tau)| \mid 0 \leqq t, \tau \leqq T\},$$

und $\varepsilon \in (0, 1)$ sei beliebig. Dann existiert wegen (2) ein $\beta_\varepsilon > 0$ mit

(5) $$|g(t, \xi)| \leqq \beta_\varepsilon + \varepsilon|\xi| \quad \forall t \in [0, T], \ \xi \in E.$$

Also folgt aus (4)

$$|u(t, 0, \xi)| \leqq \alpha|\xi| + \alpha\beta_\varepsilon T + \varepsilon\alpha \int_0^t |u(\tau, 0, \xi)| d\tau, \quad 0 \leqq t \leqq T,$$

und somit aus der Gronwallschen Ungleichung (Korollar (6.2))

$$|u(t, 0, \xi)| \leqq \gamma|\xi| + \delta(\varepsilon) \quad \forall t \in [0, T], \ \xi \in E,$$

mit

$$\gamma := \alpha e^{\alpha T} \quad \text{und} \quad \delta(\varepsilon) := \alpha\beta_\varepsilon T e^{\alpha T}.$$

Also erhalten wir, wiederum aus (4) und (5),

$$|u(t, 0, \xi) - U(t, 0)\xi| \leqq \alpha T(\beta_\varepsilon + \varepsilon\delta(\varepsilon) + \varepsilon\gamma|\xi|),$$

und somit

$$\overline{\lim_{|\xi| \to \infty}} \frac{|u(t, 0, \xi) - U(t, 0)\xi|}{|\xi|} \leqq \varepsilon\alpha\gamma T,$$

gleichmäßig in $t \in [0, T]$. Da $\varepsilon \in (0, 1)$ beliebig war, folgt hieraus

(6) $$u(t,0,\xi) - U(t,0)\xi = o(|\xi|) \quad \text{für} \quad |\xi| \to \infty$$

gleichmäßig in $t \in [0, T]$.

(b) Da 1 kein Eigenwert des Monodromieoperators ist, ist die Abbildung

$$F: E \to E, \ \xi \mapsto [I - U(T)]^{-1}(u_T(\xi) - U(T)\xi)$$

stetig. Aus (6) folgt

$$F(\xi) = o(|\xi|) \quad \text{für} \quad |\xi| \to \infty .$$

Folglich existiert ein $\varrho > 0$ mit

$$|F(\xi)| \leqq \varrho + |\xi|/2 \quad \forall \xi \in E .$$

Also bildet $F$ den Fall $\bar{\mathbb{B}}(0, 2\varrho)$ in sich ab und hat somit aufgrund des Brouwerschen Fixpunktsatzes einen Fixpunkt. Da $F(\xi) = \xi$ offensichtlich genau dann gilt, wenn $u_T(\xi) = \xi$ richtig ist, folgt die Behauptung aus Theorem (20.1). □

Als Korollar erhalten wir die folgende Verallgemeinerung von Korollar (20.6).

**(22.2) Korollar:** *Für* $A \in \mathscr{L}(E)$ *gelte*

(7) $$\sigma(A) \cap \frac{2\pi i}{T}\mathbb{Z} = \emptyset ,$$

*und* $g \in C^{0,1-}(\mathbb{R} \times E, E)$ *sei T-periodisch und erfülle*

$$g(t,\xi) = o(|\xi|) \quad \textit{für} \quad |\xi| \to \infty ,$$

*gleichmäßig in* $t \in [0, T]$. *Dann hat die Gleichung*

$$\dot{x} = Ax + g(t,x)$$

*mindestens eine T-periodische Lösung.*

**Beweis:** Wegen $U(T) = e^{TA}$ garantiert (7) aufgrund des Spektralabbildungssatzes (19.3), daß 1 kein Eigenwert von $U(T)$ ist, d. h. 1 ist kein Floquetmultiplikator von $\dot{x} = Ax$. □

**(22.3) Bemerkung:** Sind $F$ und $G$ Banachräume und ist $B: F \to G$, so heißt $B$ *asymptotisch linear*, falls ein $B_\infty \in \mathscr{L}(F, G)$ existiert mit

$$\lim_{\|x\| \to \infty} \frac{B(x) - B_\infty x}{\|x\|} = 0 .$$

In diesem Fall heißt $B_\infty$, das durch $B$ eindeutig bestimmt ist, die „*Ableitung von B im Unendlichen*". Im Beweis von Theorem (22.1) haben wir gezeigt:

*Ist $f \in C^{0,1}(\mathbb{R} \times E, E)$ asymptotisch linear bzgl. $x \in E$, gleichmäßig in $t \in [0, T]$, und ist $A(t) \in \mathscr{L}(E), 0 \leqq t \leqq T$, die Ableitung von $f(t, .)$ im Unendlichen, so ist der Zeit-T-Operator auf ganz E definiert, asymptotisch linear und hat im Unendlichen die Ableitung $U(T, 0)$, wobei U der Evolutionsoperator der linearen Gleichung $\dot{x} = A(t)x$ ist.* □

*Die Methode der Leitfunktionen*

Um Aussagen über den Abbildungsgrad der Zeit-$T$-Abbildung machen zu können, benötigen wir das folgende technische

**(22.4) Lemma:** *Es sei $f \in C^{1-}(\mathbb{R} \times X, E)$, und $K \subset \operatorname{dom} u_T$ sei kompakt. Dann ist die Funktion*

$$h : K \times [0, T] \to E$$

*mit*

$$h(\xi, t) := \begin{cases} (u(t, 0, \xi) - \xi)t^{-1} & \textit{für} \quad t > 0 \\ f(0, \xi) & \textit{für} \quad t = 0 \end{cases}$$

*stetig.*

**Beweis:** Für $t > 0$ folgt die Behauptung unmittelbar aus dem Stetigkeitstheorem (8.3). Es gelte also $(\xi_j, t_j) \to (\xi, 0)$ in $K \times [0, T]$. Um $h(\xi_j, t_j) \to h(\xi, 0) = f(0, \xi)$ zu zeigen, genügt es, wie man sich leicht überlegt, den Fall zu betrachten, daß alle $t_j > 0$ sind. Dann gilt

$$(8) \qquad h(\xi_j, t_j) - f(0, \xi) = \frac{1}{t_j} \int_0^{t_j} [f(\tau, u(\tau, 0, \xi_j)) - f(0, \xi)]\, d\tau .$$

Da $K \times [0, T]$ kompakt ist, existiert eine kompakte Menge $M$ in $E$ mit $\xi, u(\tau, 0, \xi_j) \in M$ für alle $\tau \in [0, T]$ und $j \in \mathbb{N}$. Also existiert nach Satz (6.4) ein $\lambda > 0$ mit

$$(9) \qquad |f(\tau, u(\tau, 0, \xi_j)) - f(0, \xi)| \leqq \lambda \{|u(\tau, 0, \xi_j) - \xi| + \tau\}$$

für $\tau \in [0, T]$ und $j \in \mathbb{N}$. Da $u$ nach Theorem (8.3) Lipschitz stetig ist, folgt wiederum aus Satz (6.4) die Existenz einer Konstanten $\mu$ mit

$$|u(\tau, 0, \xi_j) - \xi| = |u(\tau, 0, \xi_j) - u(0, 0, \xi)| \leqq \mu(\tau + |\xi - \xi_j|)$$

für $\tau \in [0, T]$ und $j \in \mathbb{N}$. Also erhalten wir aus (8) und (9) die Abschätzung

$$|h(\xi_j, t_j) - f(0, \xi)| \leqq \delta(t_j + |\xi - \xi_j|) \quad \forall j \in \mathbb{N}$$

mit einer geeigneten Konstanten $\delta$, woraus die Behauptung folgt. □

Nun ist es leicht, ein allgemeines Existenzkriterium für $T$-periodische Lösungen von $\dot{x} = f(t, x)$ zu beweisen. Dazu nennen wir einen Punkt $\xi \in X$ *T-irreversibel* bzgl. der Gleichung $\dot{x} = f(t, x)$, wenn $u(t, 0, \xi) \neq \xi$ für $0 < t \leqq T$ gilt.

**(22.5) Satz:** *Es seien* $f \in C^{1-}(\mathbb{R} \times X, E)$ *und* $\Omega \subset X$ *offen und beschränkt mit* $\bar{\Omega} \subset \operatorname{dom} u_T$, *und jedes* $x \in \partial\Omega$ *sei T-irreversibel bzgl.*

$$(10) \qquad \dot{x} = f(t, x).$$

*Gilt dann* $f(0, \xi) \neq 0$ *für alle* $\xi \in \partial\Omega$ *und*

$$\deg(f(0, .), \Omega, 0) \neq 0,$$

*so hat die Gleichung* (10) *mindestens eine T-periodische Lösung.*

**Beweis:** Nach Theorem (20.1) hat (10) genau dann eine $T$-periodische Lösung, wenn die Funktion $h(\xi) := (u_T(\xi) - \xi)/T$ eine Nullstelle hat. Die Homotopieinvarianz des Abbildungsgrads, die Voraussetzungen und Lemma (22.4) implizieren

$$\deg(h, \Omega, 0) = \deg(f(0, .), \Omega, 0) \neq 0.$$

Also hat $h$ eine Nullstelle in $\Omega$. □

Um nachzuweisen, daß jeder Punkt von $\partial\Omega$ $T$-irreversibel ist, kann man mit Nutzen Ljapunovfunktionen heranziehen.

**(22.6) Lemma:** *Es sei* $V \in C^1(X, \mathbb{R})$, *und es gebe ein* $\alpha \in \mathbb{R}$, *derart, daß gilt:*

$$\Omega := V^{-1}(-\infty, \alpha) \neq \emptyset$$

*und* $\bar{\Omega} = V^{-1}(-\infty, \alpha]$ *ist kompakt. Sind dann* $f \in C^{1-}(\mathbb{R} \times X, E)$ *und*

$$(11) \qquad \langle DV(x), f(t, x) \rangle < 0 \quad \forall t \in [0, T], x \in \partial\Omega,$$

*so ist jeder Punkt von* $\partial\Omega$ *T-irreversibel bzgl.* $\dot{x} = f(t, x)$, *und* $\bar{\Omega} \subset \operatorname{dom} u_T$.

**Beweis:** Da $[0, T] \times \partial\Omega$ kompakt ist, existieren Zahlen $\beta < \alpha < \gamma$, derart, daß

$$(11\text{a}) \qquad \langle DV(x), f(t, x) \rangle < 0 \quad \forall t \in [0, T], x \in V^{-1}(\beta, \gamma) \cap U,$$

gilt, wobei $U$ eine kompakte Umgebung von $\partial\Omega$ ist. Es sei nun $\phi$ der von dem Vektorfeld $\hat{f} := (1, f)$ auf $\hat{X} := \mathbb{R} \times X$ erzeugte Fluß. Dann folgt aus (11a), daß

$$\hat{V} : \hat{X} \to \mathbb{R}, \quad \hat{x} := (t, x) \mapsto V(x)$$

eine Ljapunovfunktion auf

$$\hat{M} := \{\hat{x} = (t, x) \in \hat{X} \mid \beta < \hat{V}(x) < \gamma, x \in U\}$$

ist. Also ist $\hat{V}(-\infty, \alpha] = \mathbb{R} \times \bar{\Omega}$ nach Theorem (18.2) positiv invariant für $\hat{\phi}$. Somit folgt aus Korollar (7.7) insbesondere $\operatorname{dom} u_T \supset \bar{\Omega}$. Da wegen (11 a) für $\hat{x} \in \hat{M}$ gilt

$$\langle D\hat{V}(\hat{x}), \hat{f}(\hat{x})\rangle_{\hat{E}} < 0$$

mit $\hat{E} := \mathbb{R} \times E$, folgt aus

$$\hat{V}(\hat{\phi}^t(\hat{x})) - \hat{V}(\hat{x}) \leqq \int_0^t \langle D\hat{V}(\hat{\phi}^\tau(\hat{x})), \hat{f}(\hat{\phi}^\tau(\hat{x}))\rangle d\tau$$

(vgl. Bemerkungen (18.1 a und b)) leicht, daß jeder Punkt von $\partial\Omega$ $T$-irreversibel ist.

□

Das folgende einfache Lemma stellt unter der Voraussetzung (11 a) eine Relation zwischen dem Abbildungsgrad von $f(0, .)$ und dem Gradienten der Ljapunovfunktion her.

**(22.7) Lemma:** *Es sei* $\mathbb{K} = \mathbb{R}$, *und* $(.\,|\,.)$ *sei ein inneres Produkt auf E. Ferner sei* $\Omega \subset E$ *offen und beschränkt. Gilt dann für* $g, h \in C(\bar{\Omega}, E)$

(12) $$(g(x) \mid h(x)) < 0 \quad \forall x \in \partial\Omega,$$

*so ist*

$$\deg(g, \Omega, 0) = (-1)^m \deg(h, \Omega, 0)$$

*mit* $m := \dim E$.

**Beweis:** Wir betrachten die konvexe Homotopie

$$k : \bar{\Omega} \times [0, 1] \to E, \ (x, \lambda) \mapsto \lambda g(x) - (1 - \lambda) h(x).$$

Dann folgt aus (12)

$$(k(x, \lambda) \mid h(x)) = \lambda(g(x) \mid h(x)) - (1 - \lambda)|h(x)|^2 < 0$$

für alle $(x, t) \in \partial\Omega \times [0, 1]$. Somit liefert die Homotopieinvarianz des Abbildungsgrades

$$\deg(g, \Omega, 0) = \deg(-h, \Omega, 0).$$

Ist $h \in \bar{C}_r^\infty(\bar{\Omega}, E)$, so folgt

$$\deg(-h, \Omega, 0) = a(-h, \Omega) = (-1)^m a(h, \Omega) = (-1)^m \deg(h, \Omega, 0)$$

unmittelbar aus der Definition von $a(.,\Omega)$. Durch Approximation erhalten wir die letzte Beziehung für jedes $h \in C(\bar{\Omega}, E)$ mit $0 \notin h(\partial\Omega)$, also die Behauptung. □

Um schließlich zu einem wirkungsvollen Resultat zu gelangen, bleibt uns noch die Aufgabe, den Abbildungsgrad für geeignete Ljapunovfunktionen zu bestimmen. Dazu beweisen wir zuerst das folgende allgemeine

**(22.8) Lemma:** *Es sei* $\mathbb{K} = \mathbb{R}$, *und* $|.|$ *sei eine Hilbertnorm auf E. Ferner seien* $U \subset E$ *offen und* $g \in C^1(U, \mathbb{R})$, *und für ein* $\beta \in \mathbb{R}$ *sei* $W := g^{-1}(-\infty, \beta)$ *beschränkt mit* $\bar{W} \subset U$. *Schließlich gebe es Zahlen* $\alpha < \beta$ *und* $r > 0$ *sowie einen Punkt* $x_0 \in U$ *mit*

$$g^{-1}(-\infty, \alpha] \subset \bar{\mathbb{B}}(x_0, r) \subset g^{-1}(-\infty, \beta) = W$$

*und*

$$\nabla g(x) \neq 0 \quad \forall x \in g^{-1}[\alpha, \beta].$$

*Dann ist* $\deg(\nabla g, W, 0) = 1$.

**Beweis:** Es sei $\varrho := \min\{|\nabla g(x)| \mid \alpha \leqq g(x) \leqq \beta\}$. Dann ist $\varrho > 0$, und nach dem Approximationslemma (16.7) existiert ein $h \in C^{1-}(U, E)$ mit

$$|\nabla g(x) - h(x)| \leqq \varrho/2 \quad \forall x \in U.$$

Wegen

$$|(1-\lambda)\nabla g(x) + \lambda h(x)| \geqq |\nabla g(x)| - \lambda |\nabla g(x) - h(x)| \geqq \varrho/2$$

für $\alpha \leqq g(x) \leqq \beta$ und $\lambda \in [0, 1]$, folgt aus der Homotopieinvarianz des Abbildungsgrades

$$(13) \qquad \deg(\nabla g, W, 0) = \deg(h, W, 0).$$

Es sei nun $\varphi$ der vom Vektorfeld $-h$ auf $U$ erzeugte Fluß. Aus der für $x \in g^{-1}[\alpha, \beta]$ gültigen Abschätzung

$$\begin{aligned}(\nabla g(x) | h(x)) &= |\nabla g(x)|^2 - (\nabla g(x) | \nabla g(x) - h(x)) \\ &\geqq |\nabla g(x)|^2 - |\nabla g(x)|\varrho/2 \geqq |\nabla g(x)|^2/2 \geqq \varrho^2/2\end{aligned}$$

folgt nach Bemerkung (18.1 a), daß $g$ eine Ljapunovfunktion für $\varphi$ auf $g^{-1}[\alpha, \beta]$ ist. Nach Theorem (18.2) ist dann $V := g^{-1}(-\infty, \gamma]$ für $\alpha < \gamma < \beta$ positiv invariant. Wegen $V \subset \bar{W}$ ist $V$ kompakt. Also gilt $t^+(x) = \infty$ für alle $x \in V$ nach Korollar (10.13). Für $[0, t] \cdot x \subset g^{-1}[\alpha, \beta]$ folgt aus

$$\alpha - \beta \leqq g(t \cdot x) - g(x) = \int_0^t \dot{g}(\tau \cdot x)\,d\tau$$
$$= \int_0^t (\nabla g(\tau \cdot x)| - h(\tau \cdot x))\,d\tau \leqq -\varrho^2 t/2\,,$$

daß für alle $x \in V$, und mit $T := 2(\beta - \alpha)/\varrho^2$,

(14) $$T \cdot x \in g^{-1}(-\infty, \alpha]$$

gilt. Außerdem ist für jedes $x \in \partial V$ und $t > 0$ die Beziehung

(15) $$t \cdot x \in \mathring{V}$$

richtig. Also folgt aus (15) und Lemma (22.4), daß durch

$$\tilde{h}(x, t) := \begin{cases} (x - t \cdot x)t^{-1} & \text{für} \quad t > 0 \\ h(x) & \text{für} \quad t = 0 \end{cases}$$

eine stetige Homotopie $\tilde{h}: V \times [0, T] \to E$ mit $\tilde{h}(x, t) \neq 0$ für $(x, t) \in \partial V \times [0, T]$ definiert wird. Nun ergibt sich aus der Ausschneidungseigenschaft und der Homotopieinvarianz

(16) $$\deg(h, W, 0) = \deg(h, \mathring{V}, 0) = \deg(\tilde{h}(\cdot, T), \mathring{V}, 0)\,.$$

Jetzt betrachten wir die Homotopie

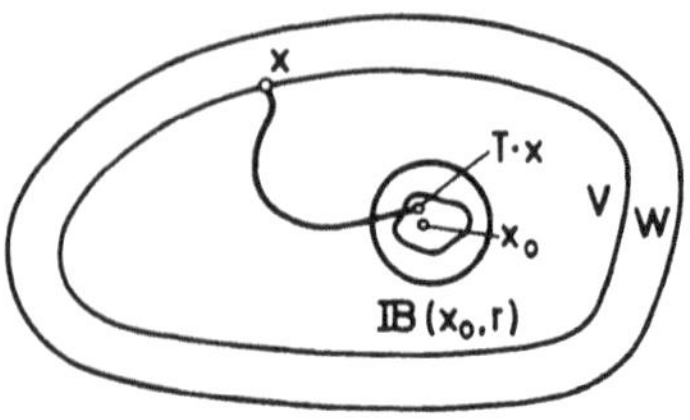


$$k: V \times [0, 1] \to E,\ (x, \sigma) \mapsto (1 - \sigma)\tilde{h}(x, T) + \sigma(x - x_0)/T\,.$$

Wegen

$$k(x, \sigma) = (x - [\sigma x_0 + (1 - \sigma)T \cdot x])T^{-1}\,,$$

und da wir o.B.d.A. annehmen können, daß $\bar{\mathbb{B}}(x_0, r) \subset \mathring{V}$ gilt, folgt aus (14)

$$k(x, \sigma) \neq 0 \quad \forall (x, \sigma) \in \partial V \times [0, 1]\,.$$

Also ist

$$\deg(\tilde{h}(.,T), \mathring{V}, 0) = \deg(T^{-1}(id - x_0), \mathring{V}, 0).$$

Für den letzten Ausdruck erhalten wir aus Korollar (21.9) unmittelbar den Wert 1. Also ergibt sich mit (13) und (16) die Behauptung. □

**(22.9) Korollar:** *Es sei $E$ ein endlichdimensionaler Hilbertraum, und $g \in C^1(E,\mathbb{R})$ sei koerziv, d. h.*

$$g(x) \to \infty \quad \text{für} \quad |x| \to \infty.$$

*Gilt dann für ein $r_0 > 0$*

$$\nabla g(x) \neq 0 \quad \text{für} \quad |x| \geqq r_0,$$

*so ist*

$$\deg(\nabla g, r\mathbb{B}, 0) = 1 \quad \forall r \geqq r_0.$$

**Beweis:** Wir setzen $\alpha := \max g(r_0\bar{\mathbb{B}})$ und $r := \max\{|x| \,|\, g(x) \leqq \alpha\}$. Für $\beta > \max g(r\bar{\mathbb{B}})$ und $x_0 = 0$ sind dann die Voraussetzungen von Lemma (22.8) erfüllt. Nun folgt die Behauptung mit der Ausschneidungseigenschaft des Abbildungsgrades. □

Nach diesen Vorbereitungen können wir nun einen allgemeinen, auf Krasnosel'skii [1] zurückgehenden Existenzsatz für periodische Lösungen beweisen.

**(22.10) Theorem:** *Es sei $E$ ein endlichdimensionaler reeller Hilbertraum, und*

$$f \in C^{1-}(\mathbb{R} \times E, E)$$

*sei $T$-periodisch in $t \in \mathbb{R}$. Ferner sei*

$$V \in C^1(E, \mathbb{R}),$$

*und für ein $r_0 > 0$ gelte*

(17) $$(\nabla V(x) | f(t,x)) < 0 \quad \text{für} \quad |x| \geqq r_0, 0 \leqq t \leqq T.$$

*Gilt dann*

(18) $$V(x) \to \infty \quad \text{oder} \quad V(x) \to -\infty \quad \text{für} \quad |x| \to \infty,$$

*so hat die Differentialgleichung*

(19) $$\dot{x} = f(t,x)$$

*mindestens eine $T$-periodische Lösung.*

**Beweis:** (a) Wir betrachten zuerst den Fall

$$V(x) \to \infty \quad \text{für} \quad |x| \to \infty .$$

Wir setzen $\alpha := \max V(r_0 \bar{\mathbb{B}})$ und $\Omega := V^{-1}(-\infty, \alpha)$. Dann ist $\Omega$ relativ kompakt, und wegen Lemma (22.6) ist jeder Punkt von $\partial\Omega$ $T$-irreversibel, und $\operatorname{dom} u_T \supset \bar{\Omega}$. Aus (17) sowie Lemma (22.7) und Korollar (22.9) folgt

$$\deg(f(\cdot, 0), \Omega, 0) \neq 0 .$$

Nun erhalten wir die Behauptung aus Satz (22.5).

(b) Gilt $V(x) \to -\infty$ für $|x| \to \infty$, so können wir wegen der Periodizität von $f(\cdot, x)$ die Ergebnisse von (a) auf $-V$ und die Gleichung

$$\dot{y} = -f(-t, y) \tag{20}$$

anwenden. Also besitzt (20) eine $T$-periodische Lösung $v$. Mit $u(t) := v(-t)$ folgt

$$\dot{u}(t) = -\dot{v}(-t) = f(t, v(-t)) = f(t, u(t)) \quad \forall t \in \mathbb{R} .$$

Somit ist $u$ eine $T$-periodische Lösung von (19). □

**(22.11) Bemerkungen:** (a) Der obige Beweis ergibt auch eine *a-priori-Abschätzung* für die $T$-periodischen Lösungen der Gleichung $\dot{x} = f(t, x)$, d. h. eine Abschätzung, der jede $T$-periodische Lösung genügen muß und die a priori, d. h. ohne daß die Lösungen zuerst gefunden werden müssen, bestimmt werden kann.

Gilt nämlich $V(x) \to \infty$ für $|x| \to \infty$, und ist $\alpha := \max V(r_0 \bar{\mathbb{B}})$, so folgt aus Lemma (22.6), daß jedes $x \in V^{-1}(\beta)$ mit $\beta \geqq \alpha$ bzgl. (19) $T$-irreversibel ist. Also gilt für jede $T$-periodische Lösung $u$ die Relation

$$u(t) \in V^{-1}(-\infty, \alpha) \quad \forall t \in \mathbb{R} ,$$

woraus z. B.

$$|u(t)| \leqq r := \max\{|x| \mid V(x) \leqq \alpha\} \quad \forall t \in \mathbb{R}$$

folgt. Eine analoge Relation erhält man im Fall $V(x) \to -\infty$ für $|x| \to \infty$.

(b) Eine Funktion $V \in C^1(E, \mathbb{R})$ mit

$$(\nabla V(x) | f(t, x)) < 0 \quad \text{für} \quad |x| \geqq r_0, 0 \leqq t \leqq T,$$

heißt eine *Leitfunktion* für die Gleichung

$$\dot{x} = f(t, x) .$$

In manchen Fällen ist es günstiger, mit mehreren Leitfunktionen zu arbeiten. Für Erweiterungen der obigen Resultate sowie für Beispiele verweisen wir auf Krasnosel'skii [1]. □

*Stationäre Punkte autonomer Gleichungen*

Die Resultate dieses Paragraphen gelten natürlich auch für autonome Gleichungen. In diesem Fall kann $T > 0$ beliebig gewählt werden. Der folgende allgemeine Satz zeigt, daß in diesem Fall die so erhaltenen $T$-periodischen Lösungen i. a. aber kritische Punkte sind.

**(22.12) Satz:** *Es sei $\varphi$ ein Halbfluß auf dem metrischen Raum $M$, und*

$$K_t := \{x \in M \mid t^+(x) > t \quad \text{und} \quad x = t \cdot x\}$$

*sei für jedes $t > 0$ die Menge der t-periodischen Punkte von $\varphi$. Gilt für ein $t > 0$:*

$$K_t \quad \text{ist kompakt und}$$

$$K_{t/2^k} \neq \emptyset \quad \text{für alle} \quad k \in \mathbb{N},$$

*so ist die Menge $K$ der kritischen Punkte von $\varphi$ nicht leer und kompakt und*

$$K = \bigcap_{k \in \mathbb{N}} K_{t/2^k}.$$

**Beweis:** Aus $x = (t/2^{k+1}) \cdot x$ folgt

$$\frac{t}{2^k} \cdot x = \left(\frac{t}{2^{k+1}} + \frac{t}{2^{k+1}}\right) \cdot x = \frac{t}{2^{k+1}} \cdot \left(\frac{t}{2^{k+1}} \cdot x\right)$$
$$= \frac{t}{2^{k+1}} \cdot x = x,$$

also $K_{t/2^{k+1}} \subset K_{t/2^k}$ für alle $k \in \mathbb{N}$. Somit folgt aus der Kompaktheit von $K_t$ und der endlichen Durchschnittseigenschaft, daß

$$(21) \qquad K_0 := \bigcap_{k \in \mathbb{N}} K_{t/2^k}$$

nicht leer und kompakt ist (da $K_s$ für jedes $s > 0$ offensichtlich abgeschlossen ist). Ist $y \in K_0$, so folgt aus (21), daß $y = t_k \cdot y$ mit $t_k := t/2^k$ und $k \in \mathbb{N}$ gilt. Also ist $y \in K$ nach Satz (10.7), d. h. $K_0 \subset K$. Da trivialerweise $K \subset K_0$ gilt, folgt die Behauptung. □

Als Anwendung dieses Satzes erhalten wir z. B., daß im autonomen Fall das Vektorfeld $f \in C^{1-}(E, E)$ mindestens einen kritischen Punkt (im Ball $r_0 \mathbb{B}$) besitzt, wenn die Voraussetzungen (17) und (18) von Theorem (22.10) erfüllt sind. Dieses Resultat kann allerdings auch aus Lemma (22.7) und Korollar (22.9) abgeleitet werden. Aus diesem Grund geben wir die folgende Anwendung von Satz (22.12), deren Beweis mit anderen Hilfsmitteln weniger offensichtlich ist.

**(22.13) Satz:** *Es sei* $f \in C^{1-}(X, E)$, *und* $M \subset X$ *sei kompakt, konvex, nicht leer und positiv invariant für den von f erzeugten Fluß. Dann hat f mindestens eine Nullstelle in* $M$.

**Beweis:** Wegen Korollar (10.13) ist der Zeit-$T$-Operator der Gleichung $\dot{x} = f(x)$ für jedes $T$ auf $M$ definiert und bildet $M$ stetig in sich ab. Also ist $K_t$ für jedes $t > 0$ aufgrund des Brouwerschen Fixpunktsatzes nicht leer und – als Nullstellenmenge der stetigen Abbildung

$$M \to E, \quad x \mapsto t \cdot x - x$$

– abgeschlossen, also kompakt. Nun folgt die Behauptung aus Satz (22.12). □

**(22.14) Korollar:** *Es seien* $E = \mathbb{R}^m$ *und* $\Phi_1, \ldots, \Phi_k \in C^1(X, \mathbb{R})$. *Ferner sei* 0 *ein regulärer Wert für jedes* $\Phi_j$, $j = 1, \ldots, k$. *Ist dann*

$$M := \bigcap_{j=1}^{m} \Phi_j^{-1}(-\infty, 0]$$

*kompakt, konvex und nicht leer, und gilt*

$$(\nabla \Phi_j(x) | f(x)) \leqq 0 \quad \forall x \in \Phi_j^{-1}(0), \; j = 1, \ldots, k,$$

*für ein* $f \in C^{1-}(X, E)$, *so hat f mindestens eine Nullstelle in* $M$.

**Beweis:** Dies folgt unmittelbar aus Satz (22.13) und Korollar (16.10). □

**(22.15) Bemerkung:** Wir haben hier nur Existenzbeweise geführt, die auf der Verwendung des Zeit-$T$-Operators basieren. Für nichtautonome Gleichungen kann man auch Existenzsätze aus geeigneten Integralrelationen ableiten. Für eine ausführliche Behandlung dieser Methode sei auf Rouche-Mawhin [1] verwiesen. □

## Aufgaben

1. Es sei $X$ offen in $\mathbb{R}^m$, und $f \in C^{1-}(\mathbb{R} \times X, \mathbb{R}^m)$ sei $T$-periodisch in $t \in \mathbb{R}$. Ferner seien $\Phi_1, \ldots, \Phi_k \in C^1(X, \mathbb{R})$, und 0 sei ein regulärer Wert für jedes $\Phi_j$, $j = 1, \ldots, k$. Schließlich sei

$$M := \bigcap_{j=1}^{m} \Phi_j^{-1}(-\infty, 0]$$

nicht leer, kompakt und konvex, und es gelte

$$(\nabla \Phi_j(x) | f(t, x)) \leqq 0 \quad \forall t \in [0, T], \; \forall x \in \Phi_j^{-1}(0), \; j = 1, \ldots, k.$$

Zeigen Sie, daß dann die Gleichung $\dot{x} = f(t, x)$ mindestens eine $T$-periodische Lösung besitzt.

2. (a) Es sei $E$ ein endlichdimensionaler reeller Hilbertraum. Für $V \in C^1(E, \mathbb{R})$ gelte

$$(*) \qquad \alpha|x|^k \leqq |\nabla V(x)| \leqq \beta|x|^k \quad \text{für} \quad |x| \geqq R$$

mit geeigneten positiven Konstanten $\alpha, \beta, k, R$. Zeigen Sie: ist $g \in C^{1-}(\mathbb{R} \times E, E)$ $T$-periodisch in $t \in \mathbb{R}$ und gilt

$$g(t, x) = o(|x|^k) \quad \text{für} \quad |x| \to \infty,$$

gleichmäßig in $t \in [0, T]$, so hat die Gleichung

$$\dot{x} = \operatorname{grad} V(x) + g(t, x)$$

mindestens eine $T$-periodische Lösung, falls $V(x) \to \infty$ oder $V(x) \to -\infty$ für $|x| \to \infty$ gilt.

(b) Zeigen Sie, daß (*) erfüllt ist, falls $V$ positiv homogen vom Grad $k+1$ (d. h. falls gilt:

$$V(tx) = t^{k+1} V(x) \quad \forall x \in E, t > 0),$$

und falls $\operabla V(x) \neq 0$ für $x \neq 0$ sind.

(c) Zeigen Sie, daß das System

$$\dot{x} = ax^3 + g^1(t, x, y)$$
$$\dot{y} = by^3 + g^2(t, x, y)$$

mindestens eine $T$-periodische Lösung hat, falls gilt:

(i) die $g^i \in C^{1-}(\mathbb{R} \times \mathbb{R}^2, \mathbb{R})$, $i = 1, 2$, sind $T$-periodisch in $t \in \mathbb{R}$,

(ii) $g^i(t, x, y) = o(|x|^3 + |y|^3)$ für $|x| + |y| \to \infty$,

(iii) $a, b \in \mathbb{R} \setminus \{0\}$ mit $\operatorname{sign} a = \operatorname{sign} b$.

(*Hinweis:* (a) Theorem (22.10). (b) Zeigen Sie zuerst, daß $\operatorname{grad} V$ positiv homogen vom Grad $k$ ist.)

3. Es sei $E$ ein endlichdimensionaler reeller Hilbertraum, $U \subset E$ sei offen und $f \in C^1(U, \mathbb{R})$.

Beweisen Sie: (a) Ist $x_0$ eine lokale Minimalstelle von $f$ und ein isolierter kritischer Punkt, so gilt:

$$i_0(\nabla f, x_0) = 1$$

(b) Es sei $U = E$, und $f$ sei koerziv. Ist dann $x_1$ ein kritischer Punkt von $f$, aber nicht die globale Minimalstelle, und ist $x_1$ entweder eine lokale Minimalstelle oder ein regulärer kritischer Punkt, so hat $f$ mindestens 3 kritische Punkte.

(*Hinweis:* (a) Lemma (22.8). (b) Additivität des Abbildungsgrades.)

4. Es sei $E$ ein (endlichdimensionaler) Banachraum, $U \subset E$ sei offen und $J \subset \mathbb{R}$ sei ein offenes Intervall mit $0 \in J$. Ferner sei $f \in C^{0,1}(J \times U, E)$, und $u^* \in C^1(J, U)$ sei eine

Lösung der Differentialgleichung

$$(^{**}) \qquad \dot{x} = f(t, x).$$

Schließlich sei

$$A(t) := D_2 f(t, u^*(t)) \quad \forall t \in J,$$

und $U$ sei der Evolutionsoperator der linearen Gleichung

$$\dot{y} = A(t)y.$$

Zeigen Sie: Für $T \in J$ ist die Zeit-$T$-Abbildung $u_T$ der Gleichung (**) im Punkt $\xi^* := u^*(0)$ differenzierbar und

$$Du_T(\xi^*) = U(T, 0).$$

(*Hinweis:* Theorem (9.2).)

5. Es sei $E$ ein endlichdimensionaler reeller Hilbertraum, und $f \in C^{1-}(\mathbb{R} \times E, E)$ sei $T$-periodisch in $t \in \mathbb{R}$ mit

$$f(t, 0) = 0 \quad \forall t \in \mathbb{R}.$$

Ferner sei $V$ eine koerzive Leitfunktion für die Gleichung

$$(^{***}) \qquad \dot{x} = f(t, x).$$

Beweisen Sie: Ist 1 kein Floquetmultiplikator der $T$-periodischen linearen Gleichung

$$(^{****}) \qquad \dot{y} = D_2 f(t, 0)y,$$

und ist $\mu$ die Summe der Vielfachheiten der reellen Floquetmultiplikatoren von (****), die kleiner als 1 sind, so hat (***) mindestens eine nichttriviale $T$-periodische Lösung, falls gilt:

$$\mu \not\equiv \dim E \pmod 2.$$

(*Hinweis:* Für $h(\xi) := (u_T(\xi) - \xi)/T$ folgt aus Korollar (22.9) und den Lemmata (22.4) und (22.7) $\deg(h, \Omega, 0) = (-1)^m$ mit $m := \dim E$, wobei $\Omega := V^{-1}(-\infty, \alpha)$ mit einem genügend großen $\alpha$ gesetzt ist. Aus Aufgabe 4 und Satz (21.8) leitet man $i_0(h, 0) = (-1)^\mu$ ab.)

## 23. Die Stabilität periodischer Lösungen

Im folgenden sei $(E, |\cdot|)$ ein endlichdimensionaler Banachraum, und $X \subset E$ sei offen. Ferner sei

$$f \in C^{0,1}(\mathbb{R} \times X, E)$$

$T$-periodisch in $t \in \mathbb{R}$, und $u^*$ sei eine $T$-periodische Lösung der Gleichung $\dot{x} = f(t, x)$.

*Ljapunovstabilität*

Aufgrund von Bemerkung (15.1 f) ist $u^*$ (Ljapunov) stabil bzw. asymptotisch stabil bzw. instabil, wenn die Nullösung der *„Gleichung der gestörten Bewegung"*

(1) $$\dot{y} = f(t, y + u^*(t)) - f(t, u^*(t))$$

die entsprechende Eigenschaft hat. Diese Gleichung kann in der Form

(2) $$\dot{y} = A(t)y + g(t, y)$$

geschrieben werden mit

$$A(t) := D_2 f(t, u^*(t))$$

und

$$g(t, y) := f(t, y + u^*(t)) - f(t, u^*(t)) - D_2 f(t, u^*(t))y$$

für $t \in \mathbb{R}$. Also gilt, wenn wir der Einfachheit halber $X = E$ annehmen,

$$A \in C(\mathbb{R}, \mathscr{L}(E)) \quad \text{und} \quad g \in C^{0,1}(\mathbb{R} \times E, E),$$

und $A$ sowie $g$ sind $T$-periodisch in $t \in \mathbb{R}$. Aus dem Mittelwertsatz folgt ferner

$$|g(t, y)| \leqq \int_0^1 |D_2 f(t, u^*(t) + \tau y) - D_2 f(t, u^*(t))| \, d\tau \, |y|,$$

also, aufgrund der Stetigkeit und $T$-Periodizität (in $t$) von $D_2 f$ und der $T$-Periodizität und Stetigkeit von $u^*$,

$$g(t, y) = o(|y|) \quad \text{für} \quad y \to 0,$$

gleichmäßig in $t \in \mathbb{R}$.

Es sei $\mathbb{K} = \mathbb{C}$. Dann existieren nach Korollar (20.10) eine $T$-periodische Funktion $Q \in C^1(\mathbb{R}, \mathscr{GL}(E))$ und ein $B \in \mathscr{L}(E)$, derart, daß die Transformation

(3) $$y = Q(t)z$$

die Gleichung (2) in die $T$-periodische Gleichung mit konstantem Hauptteil

(4) $$\dot{z} = Bz + h(t, z)$$

überführt, wobei

$$h(t, z) := Q^{-1}(t) g(t, Q(t)z)$$

gesetzt ist. Offensichtlich ist $h \in C^{0,1}(\mathbb{R} \times E, E)$ mit

$$h(t, z) = o(|z|) \quad \text{für} \quad z \to 0,$$

gleichmäßig in $t \in \mathbb{R}$, da aufgrund der Stetigkeit von $Q : \mathbb{R} \to \mathscr{GL}(E)$ und der $T$-Periodizität positive Konstanten $\gamma$ und $\delta$ existieren mit

(5) $$\gamma |z| \leqq |Q(t)z| \leqq \delta |z| \quad \forall z \in E, \ t \in \mathbb{R}.$$

(Es genügt nämlich,

$$\gamma := \max_{0 \leqq t \leqq T} |Q^{-1}(t)|^{-1} \quad \text{und} \quad \delta := \max_{0 \leqq t \leqq T} |Q(t)|$$

zu setzen.)

Nach diesen Vorbereitungen ist es leicht, das folgende „*Theorem über die linearisierte Stabilität*" zu beweisen.

**(23.1) Theorem:** *Es sei $f \in C^{0,1}(\mathbb{R} \times E, E)$ $T$-periodisch in $t \in \mathbb{R}$, und $u^*$ sei eine $T$-periodische Lösung der Gleichung*

$$\dot{x} = f(t, x).$$

*Gilt dann für alle Floquetmultiplikatoren $\mu$ der linearisierten Gleichung*

$$\dot{y} = D_2 f(t, u^*(t)) y$$

*die Beziehung*

$$|\mu| < 1,$$

*so ist $u^*$ asymptotisch stabil (im Sinne von Ljapunov). Gibt es dagegen einen Floquetmultiplikator $\mu$ mit $|\mu| > 1$, so ist $u^*$ instabil.*

**Beweis:** (a) Es sei $\mathbb{K} = \mathbb{C}$. Dann folgt aus der Abschätzung (5), daß die Transformation (3) das Stabilitätsverhalten der Nullösungen der beiden Gleichungen (2) und (4) nicht verändert. Also können wir das Stabilitätstheorem (15.3) bzw. das Instabilitätstheorem (15.5) auf (4) anwenden und finden, daß die Nullösung von (2)

– also die Lösung $u^*$ –asymptotisch stabil ist, wenn $Re\,\sigma(B) < 0$ gilt, und daß $u^*$ instabil ist, wenn $B$ einen Eigenwert mit strikt positivem Realteil besitzt. Nach Bemerkung (20.11 c) hat der Monodromieoperator $U(T)$ der linearisierten Gleichung $\dot{y} = A(t)y$ die Darstellung

$$U(T) = e^{TB}.$$

Also folgt die Behauptung aus dem Spektralabbildungssatz (Lemma (19.3)).

(b) Es sei $\mathbb{K} = \mathbb{R}$. Dann betrachten wir die komplexifizierte Gleichung

(6) $$\dot{u} = A_{\mathbb{C}}(t)u + g_{\mathbb{C}}(t, u)$$

in $E_{\mathbb{C}} := E + iE$ mit $A_{\mathbb{C}}(t) := [A(t)]_{\mathbb{C}}$, und

$$g_{\mathbb{C}}(t, u) := g(t, \xi) + ig(t, \eta) \quad \forall u = \xi + i\eta \in E_{\mathbb{C}}, t \in \mathbb{R}.$$

Dann gilt offensichtlich

$$g_{\mathbb{C}}(t, u) = o(|u|) \quad \text{für} \quad u \to 0 \quad \text{in} \quad E_{\mathbb{C}},$$

gleichmäßig in $t \in \mathbb{R}$. Aufgrund der Eindeutigkeit ist der Evolutionsoperator der komplexifizierten linearen Gleichung

(7) $$\dot{v} = A_{\mathbb{C}}(t)v$$

durch $[U(t, \tau)]_{\mathbb{C}}$, d. h. durch die Komplexifizierung des Evolutionsoperators von $\dot{y} = A(t)y$, gegeben. Also sind – wegen $\sigma(U(T)) = \sigma([U(T)]_{\mathbb{C}})$ – die Floquetmultiplikatoren von (7) genau die Floquetmultiplikatoren von $\dot{y} = A(t)y$. Da (6) natürlich zu dem System der beiden „reellen" Gleichungen

$$\dot{\xi} = A(t)\xi + g(t, \xi)$$
$$\dot{\eta} = A(t)\eta + g(t, \eta)$$

äquivalent ist, folgt die Behauptung unmittelbar durch Anwenden von (a) auf (6).

□

**(23.2) Bemerkungen:** (a) *Ist $u^*$ eine asymptotisch Ljapunov stabile T-periodische Lösung von*

(8) $$\dot{x} = f(t, x),$$

*so ist $u^*$ offensichtlich eine isolierte periodische Lösung von* (8) in folgendem Sinn: es gibt ein $\varepsilon > 0$, so daß für jede periodische Lösung $u \neq u^*$ von (8) gilt:

$$|u(t) - u^*(t)| \geqq \varepsilon \quad \forall t \in \mathbb{R}.$$

Mit anderen Worten: keine andere periodische Lösung trifft die $\varepsilon$-Umgebung der Spur von $u^*$ in $E$. Dies folgt unmittelbar aus der Tatsache, daß für jedes $t_0 \in \mathbb{R}$ und jede Lösung $u$ mit $|u(t_0) - u^*(t_0)|$ genügend klein gilt:

$$u(t) - u^*(t) \to 0 \quad \text{für} \quad t \to \infty$$

(vgl. Bemerkung (15.1c)).

(b) *Ist* $u^*$ *eine T-periodische Lösung von* (8) *und liegen alle Floquetmultiplikatoren der linearisierten Gleichung*

(9) $$\dot{y} = D_2 f(t, u^*(t)) y$$

*in der offenen Einheitskreisscheibe der komplexen Ebene, so ist* $x_0 := u^*(0)$ *ein isolierter Fixpunkt des zu* (8) *gehörigen Zeit-T-Operators* $u_T$, *und es gilt*

$$i_0(id - u_T, x_0) = 1\,.$$

In der Tat, nach Aufgabe 4 von § 22 ist $u_T$ in $x_0$ differenzierbar mit

$$Du_T(x_0) = U(T)\,,$$

wobei $U(T)$ der Monodromieoperator der Gleichung (9) ist. Da die Voraussetzung über die Floquetmultiplikatoren $Re\,\sigma(I - U(T)) > 0$ impliziert, folgt die Behauptung aus Satz (21.10).

(c) *Es sei* $f \in C^1(X, E)$, *und* $u^*$ *sei eine nichtkonstante T-periodische Lösung der autonomen Gleichung*

(10) $$\dot{x} = f(x)\,.$$

*Dann ist* 1 *ein Floquetmultiplikator der linearisierten Gleichung*

(11) $$\dot{y} = Df(u^*(t))y\,.$$

In der Tat, da die rechte Seite der Gleichung $\dot{u}^*(t) = f(u^*(t))$, $t \in \mathbb{R}$, stetig differenzierbar ist, erhalten wir durch Differenzieren dieser Gleichung, daß $v := \dot{u}^*$ eine Lösung von (11) ist. Da $u^*$ nicht konstant ist, ist $v \neq 0$, und die Behauptung folgt aus Satz (20.12).

(d) Aus (c) folgt insbesondere, daß das Stabilitäts-bzw. Instabilitätskriterium von Theorem (23.1) nicht auf die autonome Gleichung (10) anwendbar ist. Es gilt sogar mehr: ist $u^*$ eine nichtkonstante $T$-periodische Lösung, so ist $t \mapsto u^*(t + \tau)$ für jedes $\tau \in (0, T)$ ebenfalls eine

$T$-periodische Lösung von (10). Wenn $\tau$ nahe genug bei 0 gewählt wird, kann die Differenz $|u^*(0) - u^*(\tau)|$ beliebig klein gemacht werden, während $|u^*(t) - u^*(t+\tau)|$ für $t \to \infty$ offensichtlich nicht gegen Null konvergiert. *Also ist keine nichtkonstante T-periodische Lösung der autonomen Gleichung* $\dot{x} = f(x)$ *asymptotisch Ljapunov stabil.* □

## *Orbitale Stabilität*

Die obigen Betrachtungen zeigen, daß der Begriff der Ljapunovstabilität für periodische Lösungen autonomer Differentialgleichungen nicht angemessen ist. Aus diesem Grund beschäftigen wir uns im folgenden mit der in Bemerkung (17.7c) eingeführten orbitalen Stabilität.

Zuerst zeigen wir, daß im Fall eines asymptotisch orbital stabilen $T$-periodischen Halborbits alle in der Nähe liegenden Halborbits sich nach langer Zeit so verhalten, als wären sie selbst $T$-periodisch.

Es sei $\varphi$ ein Halbfluß auf einem metrischen Raum $M$. Dann sagt man, $x \in M$ habe die *asymptotische Periode* $T \in \mathbb{R}$, wenn gilt:

(i) $t^+(x) = \infty$,

(ii) $\lim_{t \to \infty} d((t+T) \cdot x, t \cdot x) = 0$.

Mit dieser Definition können wir die obige heuristische Erklärung wie folgt präzisieren.

**(23.3) Theorem:** *Es sei $\varphi$ ein Halbfluß auf einem lokal kompakten metrischen Raum $M$, und $\Gamma := \gamma^+(x)$ sei ein T-periodischer attraktiver Halborbit. Dann gibt es eine Umgebung $U$ von $\Gamma$, derart, daß jedes $x \in U$ die asymptotische Periode $T$ besitzt.*

**Beweis:** Da $\Gamma$ attraktiv ist, existiert eine Umgebung $U$ von $\Gamma$ mit $t \cdot x \to \Gamma$ für $t \to \infty$ und jedes $x \in U$. Da $M$ lokal kompakt ist, kann $U$ kompakt gewählt werden. Also ist $\varphi^T | U$ gleichmäßig stetig.

Es seien $x \in U$ und $\varepsilon > 0$ beliebig. Dann existiert ein $\delta \in (0, \varepsilon)$, derart, daß aus $\bar{x}, \bar{y} \in U$ und $d(\bar{x}, \bar{y}) < \delta$ stets $d(T \cdot \bar{x}, T \cdot \bar{y}) < \varepsilon$ folgt. Wegen $t \cdot x \to \Gamma$ existiert ein $t_0 > 0$ mit folgender Eigenschaft: ist $t \geqq t_0$, so gibt es ein $y_t \in \Gamma$ mit $d(t \cdot x, y_t) < \delta$. Also folgt aus $T \cdot y_t = y_t$ die Abschätzung

$$\begin{aligned} d((T+t) \cdot x, t \cdot x) &\leqq d(T \cdot (t \cdot x), T \cdot y_t) + d(Ty_t, t \cdot x) \\ &= d(T \cdot (t \cdot x), T \cdot y_t) + d(y_t, t \cdot x) \leqq \varepsilon + \delta \leqq 2\varepsilon \end{aligned}$$

für $t \geqq t_0$, und somit die Behauptung. □

Im folgenden seien $\mathbb{K} = \mathbb{R}$ und $f \in C^1(X, E)$. Ferner sei $\varphi$ der von $f$ erzeugte Fluß auf $X$. Ist $x_0 \in X$ und ist $H_{x_0}$ eine Hyperebene in $E$ durch $x_0$, so heißt eine offene Umgebung $V$ von $x_0$ *in* $H_{x_0}$ ein *lokaler transversaler Schnitt von* $\varphi$ *in* $x_0$ (oder von $f$ in $x_0$), falls für alle $x \in V$ der Vektor $(x, f(x)) \in T_x E$ transversal zu $H_{x_0}$ ist. Wegen

$$H_{x_0} = x_0 + H,$$

mit einem eindeutig bestimmten Untervektorraum von $E$ der Kodimension 1, ist $(x, f(x)) \in T_x E$ genau dann zu $H_{x_0}$ transversal, wenn $f(x) \notin H$ ist. Wenn der Orbit

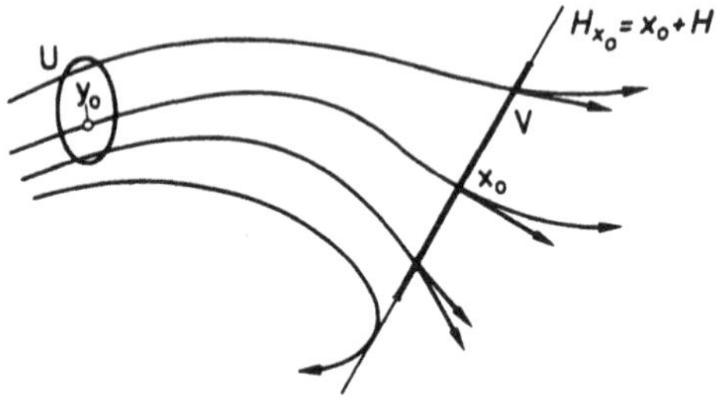


durch einen Punkt $y_0$ den Punkt $x_0$ zu einer Zeit $t_0$ trifft, so zeigt das folgende Lemma, daß dann eine ganze Umgebung $U$ von $y_0$ in $E$ existiert, derart, daß jeder Punkt von $U$ den lokalen transversalen Schnitt trifft, und daß die zugehörige „Treffzeit" eine stetige Funktion ist.

**(23.4) Lemma:** *Es sei $V$ ein lokaler transversaler Schnitt von $\varphi$ in $x_0$, und $t_0 \cdot y_0 = x_0$. Dann gibt es eine offene Umgebung $U$ von $y_0$ in $E$ und eine eindeutig bestimmte Funktion $\tau \in C^1(U, \mathbb{R})$ mit $\tau(y_0) = t_0$ und*

$$\tau(y) \cdot y \in V \quad \forall y \in U.$$

**Beweis:** Es sei $H_{x_0} = x_0 + H$ die Hyperebene, in der $V$ enthalten ist. Dann gibt es ein $h \in E' \setminus \{0\}$ mit $H = \ker h$. Folglich ist $\langle h, f(x_0)\rangle \neq 0$. Die Funktion

$$g : (y, t) \mapsto \langle h, t \cdot y\rangle - \langle h, x_0\rangle = \langle h, t \cdot y - x_0\rangle$$

ist wegen Theorem (10.3) in einer Umgebung von $(y_0, t_0)$ definiert, stetig differenzierbar und erfüllt $g(y_0, t_0) = 0$ sowie

$$D_2 g(y_0, t_0) = \langle h, f(t_0 \cdot y_0)\rangle = \langle h, f(x_0)\rangle \neq 0.$$

Also existieren aufgrund des Satzes über implizite Funktionen eine Umgebung $U$ von $x_0$ in $E$, eine Umgebung $I$ von $t_0$ in $\mathbb{R}$ und eine eindeutig bestimmte Funktion $\tau \in C^1(U, \mathbb{R})$ mit

$$(y, t) \in U \times I \quad \text{und} \quad g(y, t) = 0 \Leftrightarrow y \in U \quad \text{und} \quad t = \tau(y).$$

Wegen

$$g(y, \tau(y)) = \langle h, \tau(y) \cdot y - x_0 \rangle = 0$$

ist $\tau(y) \cdot y \in x_0 + \ker h = H_{x_0}$ für alle $y \in U$. □

Es sei nun $\gamma$ ein periodischer Orbit, und $T > 0$ sei die minimale Periode von $\gamma$ (d. h. eines beliebigen Punktes $x \in \gamma$). Ferner sei $x_0 \in \gamma$ beliebig, und $V = V_{x_0}$ sei ein lokaler transversaler Schnitt von $\varphi$ in $x_0$.

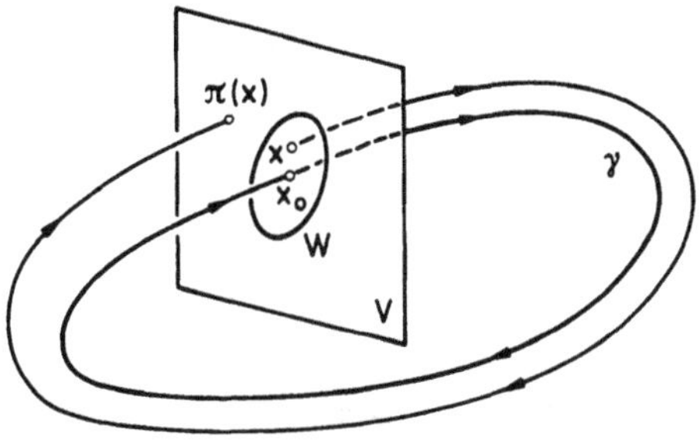


Nach Lemma (23.4) gibt es dann eine offene Umgebung $U$ von $x_0$ in $E$ und eine eindeutige Funktion $\tau \in C^1(U, \mathbb{R})$ mit $\tau(x_0) = T$, derart, daß $\tau(x) \cdot x \in V$ für alle $x \in U$ gilt. Wir setzen nun

$$W := V \cap U$$

und definieren die *Poincaréabbildung* (bzgl. des lokalen Transversalschnitts $V$)

$$\pi \in C^1(W, V)$$

durch

$$\pi(x) := \tau(x) \cdot x \quad \forall x \in W.$$

Offensichtlich ist $\tau(x)$ der Zeitpunkt der „ersten Rückkehr" des Punktes $x \in W \subset V$ in den Schnitt $V$, und $\pi(x)$ ist der Punkt, in dem der Halborbit $\gamma^+(x)$ den Schnitt $V$ zum ersten Mal wiedertrifft.

Ist $H_{x_0} = x_0 + H$ die eindeutig bestimmte Hyperebene durch $x_0$, die $V$ enthält, so ist $W_0 := W - x_0$ eine offene Nullumgebung in $H$, und die Abbildung

$$\pi_0 : W_0 \to H, \quad x \mapsto \pi(x + x_0) - x_0$$

ist ein $C^1$-Diffeomorphismus von $W_0$ auf eine offene Umgebung von 0 in $H$.

Außerdem gilt $\pi_0(0) = 0$, d. h. $x_0$ ist ein Fixpunkt der Poincaréabbildung. Im weiteren verwenden wir die (leicht inkorrekte, aber bequeme) Bezeichnung

$$D\pi(x_0) := D\pi_0(0) \in \mathscr{L}(H).$$

Wenn nun alle Eigenwerte von $D\pi(x_0)$ im Inneren des Einheitskreises der komplexen Ebene liegen, so gibt es nach Lemma (19.4) eine Norm $\|\,.\,\|$ auf $H$ mit

$$\alpha := \|D\pi(x_0)\| < 1 .$$

Zu $\varepsilon \in (0, 1-\alpha)$ gibt es dann eine Umgebung $\tilde{W} \subset W$ von $x_0$ in $x_0 + H$ mit

$$\|\pi(x) - x_0 - D\pi(x_0)(x - x_0)\| \leqq \varepsilon\|x - x_0\| \quad \forall x \in \tilde{W}.$$

Also folgt

$$\|\pi(x) - x_0\| \leqq \beta\|x - x_0\| \quad \forall x \in \tilde{W} \tag{12}$$

mit $\beta := \alpha + \varepsilon < 1$. Mit anderen Worten, alle Punkte einer hinreichend kleinen Umgebung von $x_0$ in $V$ werden nach dem „ersten Umlauf" näher an den Punkt $x_0$ „herangeführt". Es ist nun anschaulich plausibel, daß dies die asymptotische Stabilität des Orbits $\gamma$ impliziert.

**(23.5) Satz:** *Gilt*

$$|\sigma(D\pi(x_0))| < 1,$$

*so ist $\gamma$ asymptotisch stabil.*

**Beweis:** Wir müssen zeigen: ist $U$ eine beliebige Umgebung von $\gamma$ in $E$, so gibt es eine Umgebung $U_1 \subset U$ von $\gamma$ in $E$ mit $t^+(x) = \infty$ für alle $x \in U_1$ und $t \cdot U_1 \subset U$ für $t \geqq 0$, sowie $t \cdot x \to \gamma$ für $t \to \infty$ und $x \in U_1$.

Nach den obigen Überlegungen finden wir eine Umgebung $\tilde{W}$ von $x_0 \in V$, derart, daß (12) gilt. Durch Verkleinern von $\tilde{W}$ können wir annehmen, daß $\tau(x) < 2T$ für alle $x \in \tilde{W}$ gilt und daß $[0, 2T] \cdot \tilde{W} \subset U$ ist. Wegen (12) ist dann $t^+(x) = \infty$ für $x \in \tilde{W}$, und es folgt leicht, daß

$$U_1 := \gamma^+(\tilde{W}) = \{\gamma^+(x) \mid x \in \tilde{W}\}$$

eine Umgebung von $\gamma$ in $E$ ist, die positiv invariant ist und $U_1 \subset U$ erfüllt. Also ist $\gamma$ stabil.

Für jedes $x \in \tilde{W}$ folgt aus (12), daß $x_k := \pi^k(x) \to x_0$ für $k \to \infty$ gilt und daß $x_k \in \tilde{W}$ für alle $k \in \mathbb{N}^*$ ist. Für jedes $t > 0$ existieren ein $k(t) \in \mathbb{N}$ und ein $s(t) \in [0, 2T)$ mit $t \cdot x = s(t) \cdot x_{k(t)}$. Also gilt $k(t) \to \infty$ für $t \to \infty$, und

$$\operatorname{dist}(t \cdot x, \gamma) \leqq |t \cdot x - s(t) \cdot x_0| = |s(t) \cdot x_{k(t)} - s(t) \cdot x_0| .$$

Da $K := \{x_k | k \in \mathbb{N}^*\} \cup \{x_0\}$, und damit $[0, T] \times K$, kompakt und $\varphi$ stetig differenzierbar sind, ist $\varphi | [0, 2T] \times K$ nach den Sätzen (6.3) und (6.4) gleichmäßig Lipschitz stetig. Also existiert ein $\lambda \in \mathbb{R}_+$ mit

$$\operatorname{dist}(t \cdot x, \gamma) \leqq \lambda |x_{k(t)} - x_0| \quad \forall t \geqq 0 ,$$

woraus $t \cdot x \to \gamma$ folgt. Ist schließlich $y \in U_1$ beliebig, so existieren $s \geqq 0$ und $x \in \tilde{W}$ mit $y = s \cdot x$. Also folgt auch $t \cdot y = t \cdot (s \cdot x) = (t + s) \cdot x \to \gamma$ für $t \to \infty$, womit die Attraktivität von $\gamma$ gezeigt ist. □

Im nächsten Lemma stellen wir eine Beziehung zwischen dem linearisierten Poincaréoperator und dem linearisierten Fluß her.

**(23.6) Lemma:** *Ist $H$ unter $D\varphi^T(x_0) \in \mathscr{GL}(E)$ invariant, so ist $D\pi(x_0) = D\varphi^T(x_0) | H$.*

**Beweis:** Aus der Kettenregel folgt, wegen $\tau(x_0) = T$ sowie $D\pi(x_0) = D\pi_0(0)$ und $\pi_0(y) = \pi(y + x_0) - x_0 = \tau(y + x_0) \cdot (y + x_0) - x_0$,

$$D\pi(x_0) = D\varphi^T(x_0) | H + D_1 \varphi(T, x_0) D\tau(x_0). \tag{13}$$

Nach dem Beweis von Lemma (23.4) ist

$$g(y, \tau(y)) = 0 \quad \forall y \in W,$$

wobei $g(y, t) = \langle h, t \cdot y - x_0 \rangle$ mit $h \in E' \setminus \{0\}$ und $\ker h = H$ gesetzt ist. Also folgt aus der Kettenregel

$$D_1 g(x_0, T) + D_2 g(x_0, T) D\tau(x_0) = 0 ,$$

und somit

$$D\tau(x_0) = -(\langle h, f(x_0) \rangle)^{-1} h \circ D\varphi^T(x_0) | H .$$

Da $H$ unter $D\varphi^T(x_0)$ invariant ist, gilt $D\varphi^T(x_0)(H) = H = \ker h$, also $D\tau(x_0) = 0$, und die Behauptung folgt aus (13). □

Aus $[\varphi^t(x_0)]^{\cdot} = f(\varphi^t(x_0))$ und dem Differenzierbarkeitstheorem (9.2) erhalten wir

$$[D\varphi^t(x_0)]^{\cdot} = Df(\varphi^t(x_0)) D\varphi^t(x_0)$$

und

$$D\varphi^{\circ}(x_0) = id_E .$$

Also ist $D\varphi^t(x_0)$ der Evolutionsoperator der linearisierten Gleichung

(14) $\dot{y} = Df(t \cdot x_0)y$,

und $D\varphi^T(x_0)$ ist der Monodromieoperator der $T$-periodischen linearen Gleichung (14).

Es sei nun $x \in \gamma$ ein anderer Punkt des $T$-periodischen Orbits $\gamma$. Dann existiert ein $s \geqq 0$ mit $x = s \cdot x_0$. Wegen $T \cdot x = T \cdot (s \cdot x_0) = s \cdot (T \cdot x_0) = s \cdot x_0 = x$ folgt

$$D\varphi^T(x_0) = D(\varphi^{-s} \circ \varphi^T \circ \varphi^s)(x_0) = D\varphi^{-s}(x) D\varphi^T(x) D\varphi^s(x_0),$$

und aus $\varphi^{-s} \circ \varphi^s(x_0) = x_0$ erhalten wir

$$D\varphi^{-s}(x) = [D\varphi^s(x_0)]^{-1},$$

also

(15) $$D\varphi^T(x_0) = [D\varphi^s(x_0)]^{-1} D\varphi^T(x) D\varphi^s(x_0).$$

Mit anderen Worten, sind $x_0$ und $x_1$ beliebige Punkte des $T$-periodischen Orbits $\gamma$, so sind die Monodromieoperatoren $U_{x_0}(T)$ und $U_{x_1}(T)$ der linearisierten Gleichungen

$$\dot{y} = Df(t \cdot x_0)y \quad \text{und} \quad \dot{y} = Df(t \cdot x_1)y$$

linear konjugiert (vgl. § 19). Also gilt insbesondere

$$\sigma(U_{x_0}(T)) = \sigma(U_{x_1}(T)),$$

wie man aus (15) sofort abliest. Wir haben also gezeigt:

*Ist $\gamma$ ein periodischer Orbit von $\dot{x} = f(x)$ der minimalen Periode $T > 0$, so sind die Floquetmultiplikatoren der linearisierten T-periodischen Gleichung*

(16) $\dot{y} = Df(t \cdot x)y$

*unabhängig von $x \in \gamma$.* Aus diesem Grund spricht man auch von den *Floquetmultiplikatoren des Orbits $\gamma$.*

Aufgrund der Bemerkung (23.2c) ist 1 stets ein Floquetmultiplikator von $\gamma$. In Analogie zur Situation bei den kritischen Punkten nennt man den periodischen Orbit $\gamma$ *hyperbolisch,* wenn 1 ein einfacher Floquetmultiplikator von $\gamma$ ist (d. h. ein algebraisch einfacher Eigenwert des zu (16) gehörigen Monodromieoperators) und wenn kein weiterer Floquetmultiplikator von $\gamma$ auf der Einheitskreislinie der komplexen Ebene liegt.

Ist 1 ein einfacher Floquetmultiplikator von $\gamma$ und ist $U := U_x(T)$ der Monodromieoperator von (16), so existiert eine Zerlegung

(17) $$E = \mathbb{R}\, e \oplus H$$

mit

$$\mathbb{R}\, e = \ker(1 - U)$$

und

$$H := H(x) = \bigoplus_{\beta \in \sigma(U) \setminus \{1\}} \ker([\beta - U_{\mathbb{C}}]^{m(\beta)}) \cap E,$$

wobei $m(\beta)$ die algebraische Vielfachheit von $\beta \in \sigma(U)$ bedeutet. Insbesondere reduziert die Zerlegung (17) den Monodromieoperator, und

(18) $$\sigma(U \,|\, H) = \sigma(U) \setminus \{1\}.$$

Nach Bemerkung (23.2c) wissen wir, daß, mit $u(t) := t \cdot x$ und $v := \dot{u}$, die Funktion $v$ eine nichttriviale Lösung der linearisierten Gleichung (16) darstellt. Da der Monodromieoperator $U$ der Zeit-$T$-Operator der Gleichung (16) ist, folgt aus Bemerkung (20.2a), daß $v(0) = \dot{u}(0) = f(x)$ ein Fixpunkt von $U$, also ein Eigenvektor von $U$ zum Eigenwert 1, ist. Also können wir $e = f(x)$ wählen, d. h.

(19) $$E = \mathbb{R} f(x) \oplus H(x),$$

was insbesondere zeigt, daß $f(x)$ transversal zu $H(x)$ ist (d. h. $f(x) \notin H$). Also ist der Poincaréoperator $\pi$ bezüglich eines geeigneten lokalen transversalen Schnitts

$$V \subset x + H(x)$$

in $x$ wohldefiniert. Wir nennen ihn kurz den *Poincaréoperator für* $H(x)$ oder für die Zerlegung (19).

Der folgende Satz motiviert nun den Begriff des hyperbolischen periodischen Orbits.

**(23.7) Satz:** *Es sei $\gamma$ ein nichtkritischer periodischer Orbit von $\dot{x} = f(x)$, und 1 sei ein einfacher Floquetmultiplikator von $\gamma$. Ferner sei $x_0 \in \gamma$ beliebig. Dann ist $\gamma$ genau dann hyperbolisch, wenn für den zur Zerlegung*

$$E = \mathbb{R} f(x_0) \oplus H(x_0)$$

*gehörigen Poincaréoperator $\pi$ gilt: $D\pi(x_0)$ ist ein hyperbolischer Automorphismus von $H(x_0)$.*

**Beweis:** Wegen $D\varphi^T(x_0) = U_{x_0}(T)$ folgt dies sofort aus Lemma (23.6) und den obigen Betrachtungen. □

Nach diesen Vorbereitungen erhalten wir fast unmittelbar das folgende Kriterium für die orbitale asymptotische Stabilität periodischer Orbits.

**(23.8) Theorem:** *Es sei $E$ ein reeller endlichdimensionaler Banachraum, $X$ sei offen in $E$ und $f \in C^1(X, E)$. Ferner sei $\gamma$ ein nichttrivialer hyperbolischer periodischer Orbit von $\dot{x} = f(x)$. Dann ist $\gamma$ genau dann asymptotisch stabil, wenn alle von 1 verschiedenen Floquetmultiplikatoren von $\gamma$ im Inneren der Einheitskreisscheibe der komplexen Ebene liegen.*

**Beweis:** Die Hinlänglichkeit der angegebenen Bedingung folgt sofort aus den Sätzen (23.7) und (23.5). Die Notwendigkeit ist eine Konsequenz von Theorem (23.1). □

Die Voraussetzung $\mathbb{K} = \mathbb{R}$ stellt natürlich keine Einschränkung der Allgemeinheit dar, da der komplexe Fall durch Einführen einer Basis und Zerlegen in Real- und Imaginärteil auf den reellen Fall reduziert werden kann.

Der folgende Satz zeigt, daß man unter Umständen das Stabilitätsverhalten eines periodischen Orbits bestimmen kann, ohne die Floquetmultiplikatoren explizit zu kennen.

**(23.9) Satz:** *Es sei $f \in C^1(X, \mathbb{R}^m)$, und $\gamma$ sei ein nichtkritischer periodischer Orbit der Periode $T$. Ferner sei*

$$\Delta := \int_0^T \operatorname{div} f(t \cdot x)\, dt$$

*für ein beliebiges $x \in \gamma$. Ist dann $\Delta > 0$, so ist $\gamma$ instabil. Ist $m = 2$, und ist $\Delta < 0$, so ist $\gamma$ asymptotisch stabil.*

**Beweis:** Wegen

$$\operatorname{div} f(t \cdot x) = \operatorname{spur}(Df(t \cdot x))$$

gilt aufgrund des Satzes von Liouville (11.4) für den Monodromieoperator $U(T)$ der linearisierten Gleichung

$$\dot{y} = Df(t \cdot x)y$$

die Beziehung

$$\det U(T) = e^{\Delta}.$$

Wegen $\det U(T) = \mu_1 \cdot \dots \cdot \mu_m$, wobei die $\mu_j$ die gemäß ihrer Vielfachheit gezählten Eigenwerte von $U(T)$, d. h. die Floquetmultiplikatoren von $\gamma$, sind, folgt aus $\Delta > 0$, daß $|\mu| > 1$ für mindestens einen Floquetmultiplikator $\mu$ von $\gamma$ gelten muß.

Ist $\Delta < 0$, also $e^{\Delta} < 1$, so muß für mindestens einen Floquetmultiplikator $\mu$ von $\gamma$ gelten: $|\mu| < 1$. Da 1 immer ein Floquetmultiplikator von $\gamma$ ist, liegen im Fall $\dim E = 2$ alle von 1 verschiedenen Floquetmultiplikatoren von $\gamma$ im Inneren des Einheitskreises. Also folgt die Behauptung aus Theorem (23.8). □

Aus Theorem (23.3) und Theorem (23.8) folgt insbesondere, daß ein nichtkritischer, asymptotisch stabiler hyperbolischer periodischer Orbit $\gamma$ von $\dot{x} = f(x)$ eine Umgebung $U$ besitzt, derart, daß jedes $x \in U$ asymptotisch dieselbe Periode wie ein beliebiger Punkt von $\gamma$ hat. Das folgende Theorem zeigt, daß auch alle Punkte von *$U$ asymptotisch mit $\gamma$ in Phase* sind. Genauer sagt Theorem (23.10), daß jeder Punkt $x$ von $U$ sich „asymptotisch wie ein bestimmter Punkt von $\gamma$ verhält".

**(23.10) Theorem:** *Es sei $\gamma$ ein nichtkritischer, asymptotisch stabiler hyperbolischer periodischer Orbit des reellen Vektorfeldes $f \in C^1(X, E)$. Gilt dann $t \cdot x \to \gamma$ für ein $x \in X$, so gibt es einen eindeutig bestimmten Punkt $y \in \gamma$ mit*

$$t \cdot x - t \cdot y \to 0 \quad \text{für} \quad t \to \infty .$$

**Beweis:** Es sei $T > 0$ die minimale Periode von $\gamma$, und $z \in \gamma$ sei beliebig. Ferner sei $\pi$ die zur Zerlegung

$$E = \mathbb{R} f(z) \oplus H(z)$$

gehörige (in einer Umgebung $W$ von $z$ in $z + H(z)$ definierte) Poincaréabbildung. Da der Halborbit $\gamma^+(x)$ wegen $t \cdot x \to \gamma$ die Menge $W$ schneidet, genügt es, den Fall $x \in W$ zu betrachten. Außerdem können wir $W$ so klein wählen (als offenen Ball in $u + H(z)$ um $z$), daß

$$\text{(20)} \qquad \|\pi(x) - z\| \leqq \beta \|x - z\| \quad \forall x \in W$$

für eine geeignete Norm von $H(z)$ und ein $\beta < 1$ gilt (vgl. (12)). Schließlich können wir, wegen $D\tau(z) = 0$ (vgl. den Beweis von Lemma (23.6)), o.B.d.A. annehmen, daß $W$ so klein gewählt ist, daß aus dem Mittelwertsatz

$$\text{(21)} \qquad |\tau(y) - \tau(z)| \leqq \|y - z\| \quad \forall y \in W$$

folgt.

Wir definieren nun eine Folge $(t_k)$ in $\mathbb{R}$ induktiv durch $t_0 := 0$ und

$$\text{(22)} \qquad t_{k+1} := t_k + T - \tau(\pi^k(x)) \quad \forall k \in \mathbb{N} .$$

Dann verifiziert man leicht, daß

$$\text{(23)} \qquad (kT) \cdot x = t_k \cdot \pi^k(x) \quad \forall k \in \mathbb{N}$$

gilt. Aus (20) – (22) erhalten wir, wegen $T = \tau(z)$, die Abschätzung

$$|t_{k+1} - t_k| = |\tau(\pi^k(x)) - \tau(z)| \leqq \|\pi^k(x) - z\| \leqq \beta^k \|x - z\|$$

für $k \in \mathbb{N}$. Also gilt für beliebige $k, m \in \mathbb{N}$

$$\begin{aligned} |t_{k+m} - t_k| &\leqq \sum_{j=0}^{m-1} |t_{k+j+1} - t_{k+j}| \leqq \sum_{j=0}^{m-1} \beta^{k+j} \|x - z\| \\ &\leqq \beta^k (1 - \beta)^{-1} \|x - z\| . \end{aligned}$$

Folglich ist $(t_k)$ eine Cauchyfolge in $\mathbb{R}$, und es existiert ein $s \in \mathbb{R}$ mit $t_k \to s$ für $k \to \infty$. Wegen $\pi^k(x) \to z$ für $k \to \infty$ folgt aus (23)

(24) $$(kT) \cdot x \to s \cdot z =: y \in \gamma \quad \text{für} \quad k \to \infty .$$

Wegen $(kT) \cdot y = y$ für alle $k \in \mathbb{N}$ ergibt sich für $t \in [kT, (k+1)T)$ die Beziehung

$$t \cdot x - t \cdot y = (t - kT) \cdot ((kT) \cdot x) - (t - kT) \cdot y .$$

Da $\varphi$ auf der kompakten Menge $[0, T] \times \overline{\{(kT) \cdot x \mid k \in \mathbb{N}\}}$ gleichmäßig Lipschitz stetig ist, existiert eine Konstante $\lambda$ mit

$$|t \cdot x - t \cdot y| \leqq \lambda |(kT) \cdot x - y| \quad \forall k \in \mathbb{N} ,$$

woraus, zusammen mit (24),

$$t \cdot x - t \cdot y \to 0 \quad \text{für} \quad t \to \infty$$

folgt. Ist $\bar{y} \in \gamma$ ein anderer Punkt mit $t \cdot x - t \cdot \bar{y} \to 0$ für $t \to \infty$, so folgt

$$t \cdot y - t \cdot \bar{y} = (t \cdot y - t \cdot x) + (t \cdot x - t \cdot \bar{y}) \to 0 \quad \text{für} \quad t \to \infty ,$$

was, wegen $y, \bar{y} \in \gamma$, nur für $y = \bar{y}$ möglich ist. □

Die Theoreme (23.3) und (23.10) besagen anschaulich, daß sich alle Punkte in der Nähe eines hyperbolischen asymptotisch stabilen periodischen Orbits $\gamma$ der Gleichung $\dot{x} = f(x)$ nach langer Zeit „fast“ so verhalten, als bewegten sie sich auf dem Orbit $\gamma$. In der Praxis sind nach langer Zeit die Bewegungen dieser Punkte nicht mehr von den periodischen Bewegungen auf $\gamma$ zu unterscheiden.

*Der Wiederkehrsatz*

In Bemerkung (18.11 b) haben wir bereits festgestellt, daß kein Orbit eines Hamiltonschen Systems asymptotisch stabil sein kann. Auf die tiefliegende Stabilitätstheorie Hamiltonscher Systeme kann hier nicht eingegangen werden (vgl. z.B. Abraham-Marsden [1], Arnold [1], Arnold-Avez [1], Moser [1], Siegel-Moser [1]). Wir werden lediglich den Poincaréschen Wiederkehrsatz beweisen, der anschaulich besagt, daß fast jeder (im Sinne des Lebesgueschen Maßes) Punkt einer kompakten invarianten Menge eines Hamiltonschen Systems beliebig oft beliebig nahe zum Ausgangspunkt zurückkehrt.

**(23.11) Poincaréscher Wiederkehrsatz:** *Es sei* $E = \mathbb{R}^m$, *und* $f \in C^1(X, \mathbb{R}^m)$ *sei divergenzfrei. Ferner sei* $M \subset X$ *eine kompakte invariante Menge für den von* $f$ *erzeugten Fluß. Schließlich sei* $A \subset M$ *eine beliebige meßbare Menge. Dann gibt es, für fast jedes* $x \in A$, *eine Teilfolge* $(n_k)$ *von* $\mathbb{N}$ *mit*

$$n_k \cdot x \in A \quad \forall k \in \mathbb{N}.$$

**Beweis:** Da $M$ kompakt ist, hat $M$ endliches Lebesguesches Maß: $\lambda_m(M) < \infty$. Da $M$ kompakt und invariant ist, ist der von $f$ erzeugte Fluß $\varphi$ nach Korollar (10.13) auf $M$ global, und da $f$ divergenzfrei ist, wissen wir nach dem Korollar (11.9) zum Liouvilleschen Satz, daß $\lambda_m(t \cdot K) = \lambda_m(K)$ für jedes $t \in \mathbb{R}$ und jede kompakte Teilmenge $K$ von $M$ gilt. Da das Lebesguesche Maß regulär ist, gilt

$$\lambda_m(B) = \sup\{\lambda_m(K) \mid K \subset B, K \text{ kompakt}\}$$

für jede meßbare Teilmenge $B \subset \mathbb{R}^m$. Da $\varphi^t | M$ ein Homöomorphismus von $M$ auf sich ist, ist $t \cdot K$ für jedes $t \in \mathbb{R}$ kompakt, falls $K \subset M$ kompakt ist. Folglich ist $K$ genau dann eine kompakte Teilmenge von $t \cdot B$, wenn $(-t) \cdot K$ eine kompakte Teilmenge von $B$ ist. Nach Theorem (10.3) ist $\varphi^t \in C^1(X, \mathbb{R}^m)$ für jedes $t \in \mathbb{R}$. Da eine $C^1$-Abbildung bekanntlich meßbare Mengen in meßbare Mengen überführt (z. B. Reiffen-Trapp [1]), ist $t \cdot B$ für jedes $t \in \mathbb{R}$ und jede meßbare Menge $B \subset M$ meßbar. Also erhalten wir schließlich

$$\begin{aligned} \lambda_m(t \cdot B) &= \sup\{\lambda_m(t \cdot K) \mid K \subset B, K \text{ kompakt}\} \\ &= \sup\{\lambda_m(K) \mid K \subset B, K \text{ kompakt}\} = \lambda_m(B) \end{aligned}$$

für jede meßbare Teilmenge $B$ von $M$ und jedes $t \in \mathbb{R}$, d. h. der Fluß $\varphi$ ist auf $M$ maßerhaltend.

Offensichtlich ist $k \cdot x$ genau dann nicht in $A$, wenn $k \cdot x \in M \setminus A$, also wenn $x \in (-k) \cdot (M \setminus A)$, ist. Folglich ist

$$B_l := A \cap \bigcap_{k \geqq l} (-k) \cdot (M \setminus A), \quad l \in \mathbb{N}^*,$$

die Gesamtheit der Punkte in $A$, für die $k \cdot x$ für alle $k \geqq l$ nicht in $A$ ist, und jedes

$B_l$ ist meßbar. Somit ist

$$B := \bigcup_{l=1}^{\infty} B_l$$

die Menge aller Punkte $x \in A$, derart, daß nur endlich viele der $k \cdot x$, $k \in \mathbb{N}$, ebenfalls in $A$ sind. Wir müssen also $\lambda_m(B) = 0$ zeigen. Dazu genügt es, $\lambda_m(B_l) = 0$ für jedes $l \in \mathbb{N}^*$ zu beweisen.

Da aus $x \in B_l$ und $k \cdot x \in A$ stets $k < l$ folgt, erhalten wir insbesondere $(jl) \cdot x \notin B_l$, also $((jl) \cdot B_l) \cap B_l = \emptyset$ für $j \geqq 1$. Da $\varphi^t$ auf $M$ topologisch ist, folgt

$$((jl) \cdot B_l) \cap (k \cdot B_l) = k \cdot [(jl - k) \cdot B_l \cap B_l] = \emptyset$$

für $k = nl$ und $0 \leqq n < j$. Also sind die Mengen $(jl) \cdot B_l, j \in \mathbb{N}^*$, paarweise disjunkt. Da $\varphi$ auf $M$ maßerhaltend ist, folgt

$$\lambda_m((jl) \cdot B_l) = \lambda_m(B_l) \quad \forall j \in \mathbb{N}^*.$$

Folglich impliziert die $\sigma$-Additivität des Maßes $\lambda_m(B_l) = 0$. □

**(23.12) Bemerkungen:** (a) Der Poincarésche Wiederkehrsatz bleibt offensichtlich richtig, wenn wir nur voraussetzen: $M \subset X$ ist invariant und meßbar mit endlichem Maß, und für jedes $x \in M$ gilt $t^-(x) = -\infty$ und $t^+(x) = \infty$.

(b) Eine Inspektion des Beweises von Theorem (23.11) zeigt, daß wir in Wirklichkeit einen wesentlich allgemeineren Satz bewiesen haben. Es genügt nämlich vorauszusetzen, daß $M$ ein beliebiger endlicher Maßraum und daß $\varphi^t : M \to M$, $t \in \mathbb{R}$, eine einparametrige Gruppe maßerhaltender Transformationen von $M$ sind. Solche „maßerhaltenden Strömungen" werden in der Ergodentheorie eingehend untersucht (z. B. Hopf [1], Jacobs [1]).

(c) Ist $\varphi$ ein Halbfluß auf einem metrischen Raum $M$, so heißt $x \in M$ *Poisson stabil*, wenn $t^+(x) = \infty$ ist, und wenn es zu jeder Umgebung $U$ von $x$ und jedem $T > 0$ ein $t > T$ mit $t \cdot x \in U$ gibt. *Offensichtlich ist $x$ genau dann Poisson stabil, wenn $x \in \omega(x)$ ist, d. h. wenn $x$ in seiner eigenen $\omega$-Limesmenge liegt* (vgl. Bemerkung (17.1 b)). Ist $x$ Poisson stabil, so offenbar auch $t \cdot x$ für alle $t \geqq 0$. *Also ist $x$ genau dann Poisson stabil, wenn $\overline{\gamma^+(x)} = \omega(x)$ gilt* (vgl. Bemerkungen (17.1 d und e)). Ist $\gamma^+(x)$ relativ kompakt, so gilt nach Beispiel (17.4 a) genau dann $\gamma^+(x) = \omega(x)$, wenn $x$ periodisch ist. Dies zeigt, daß ein Poisson stabiler Punkt „nahezu" periodisch ist. (Für weitere verwandte Begriffe wie „nichtwandernder" und „rekurrenter" Punkt sei auf die Literatur (z. B. Bhatia-Szegö [1], Nemytskii-Stepanov [1]) verwiesen). □

**(23.13) Korollar:** *Unter den Voraussetzungen des Poincaréschen Wiederkehrsatzes ist fast jeder Punkt von $M$ Poisson stabil.*

**Beweis:** Da $M$ kompakt ist, existieren zu jedem $k \in \mathbb{N}^*$ endlich viele Kugeln $\mathbb{B}(x_j, 1/k)$ mit $x_j \in M$ für $0 \leqq j \leqq n_k$, die $M$ überdecken. Wir wenden nun den Wiederkehrsatz auf jede der abzählbar vielen meßbaren Mengen $\mathbb{B}(x_j, 1/k) \cap M$,

$0 \leqq j \leqq n_k$, $k = 0, 1, 2, \ldots$, an. Dann gibt es eine Nullmenge $N$ (als Vereinigung abzählbar vieler Nullmengen), derart, daß jeder Punkt $x \in M \setminus N$ in jede der Kugeln $\mathbb{B}(x_j, 1/k)$, in der er liegt, unendlich oft zurückkehrt. Für jedes $x \in M \setminus N$ und jedes $k \in \mathbb{N}^*$ gibt es ein $j(x) \in \{0, \ldots, n_k\}$ mit $x \in \mathbb{B}(x_{j(x)}, 1/k) =: B_k$. Da $x$ unendlich oft in $B_k$ zurückkehrt, können wir induktiv eine Teilfolge $(n_k)$ von $\mathbb{N}$ wählen mit $n_k \cdot x \in B_k$ für alle $k \in \mathbb{N}^*$. Ist nun $U$ eine beliebige Umgebung von $x$, so existiert ein $\delta > 0$ mit $\mathbb{B}(x, \delta) \subset U$. Also folgt aus der Dreiecksungleichung $B_k \subset \mathbb{B}(x, \delta) \subset U$, falls $2/k < \delta$ gilt. Folglich liegen alle bis auf endlich viele Elemente der Folge $(n_k \cdot x)$ in jeder Umgebung von $x$, d. h. $n_k \cdot x \to x$ für $k \to \infty$. Also ist $x \in \omega(x)$ nach Bemerkung (17.1c). □

**(23.14) Korollar:** *Es seien* $E = \mathbb{R}^{2m}$ *und* $H \in C^2(X, \mathbb{R})$. *Ferner sei die Menge* $H^{-1}(-\infty, \alpha]$ *für ein* $\alpha \in \mathbb{R}$ *kompakt und nicht leer. Dann ist* $\lambda_{2m}$*-fast jeder Punkt von* $H^{-1}(-\infty, \alpha]$ *Poisson stabil bezüglich des von*

$$\dot{x} = H_y, \; \dot{y} = -H_x$$

*erzeugten Hamiltonschen Flusses.*

**Beweis:** Da $H$ eine Ljapunovfunktion für den Hamiltonschen Fluß mit $\dot{H} = 0$ ist (vgl. Beispiel (18.11 b)), ist $H^{-1}(-\infty, \alpha]$ invariant. Also folgt die Behauptung aus Korollar (23.13) und Beispiel (11.10a). □

**(23.15) Bemerkungen:** (a) Die Stabilitätstheoreme (23.1) und (23.8) sind Aussagen, die sich auf die Linearisierungen längs eines periodischen Orbits beziehen („Prinzip der linearisierten Stabilität"). Natürlich kann man Stabilitätsaussagen für periodische Orbits auch aus den allgemeinen Resultaten von § 18 (z. B. aus Theorem (18.7)) erhalten, falls es gelingt, geeignete Ljapunovfunktionen zu finden.

(b) Wie im Falle kritischer Punkte kann man einem hyperbolischen periodischen Orbit eine stabile und eine instabile Mannigfaltigkeit zuordnen. Dieses Resultat ist mittels des Poincaré-operators relativ leicht aus Satz (19.10) abzuleiten. Der Einfachheit halber sei jedoch auf die Literatur (z. B. Irwin [1]) verwiesen.

(c) Die Bedeutung hyperbolischer kritischer Punkte und hyperbolischer periodischer Orbits liegt auch darin, daß sie „stabil" in bezug auf kleine Störungen des Vektorfeldes $f$ (in einer geeigneten $C^1$-Topologie) sind (vgl. Theorem (25.15)). □

## Aufgaben

1. Unter welchen Bedingungen hat die lineare Differentialgleichung $\dot{x} = Ax$, $A \in \mathscr{L}(E)$, nichtkritische asymptotisch stabile periodische Orbits?

2. Zeigen Sie, daß das System

$$\dot{x} = (1 - x^2 - y^2)x - y$$

$$\dot{y} = (1 - x^2 - y^2)x + x$$

genau einen nichtkritischen periodischen Orbit $\gamma$ besitzt. Berechnen Sie die zugehörige Poincaréabbildung in einem beliebigen Punkt und zeigen Sie, daß $\gamma$ ein asymptotisch stabiler hyperbolischer Orbit ist.

3. Zeigen Sie, daß die lineare Gleichung $\dot{x} = A(t)x$ mit

$$A(t) = \begin{bmatrix} -1 - 2\cos 4t & 2 + 1\sin 4t \\ -2 + 2\sin 4t & -1 + 2\cos 4t \end{bmatrix}$$

die Lösung $x(t) = (e^t \sin 2t, e^t \cos 2t)$ hat. Berechnen Sie die Eigenwerte $\lambda_{1/2}(t)$ von $A(t)$.

*Bemerkung:* Diese Aufgabe zeigt, daß aus dem Verhalten der Eigenwerte von $A(t)$ nicht auf die Stabilität der Nullösung geschlossen werden kann.

## 24. Ebene Flüsse

In diesem Paragraphen sei $X$ eine offene Teilmenge des $\mathbb{R}^2$, und wir betrachten den von dem Vektorfeld $f \in C^1(X, \mathbb{R}^2)$ auf $X$ erzeugten Fluß $\varphi$.

### *Der Satz von Poincaré-Bendixson*

Wir werden zuerst zeigen, daß in dieser speziellen „ebenen" Situation ein Punkt $x \in X$ genau dann Poisson stabil ist, wenn er periodisch ist. Diese Tatsache vereinfacht das Studium ebener Flüsse erheblich und hat wichtige Konsequenzen für die Existenz periodischer Orbits.

Ist $V$ ein lokaler Transversalschnitt von $\varphi$, so ist $V$ eine offene Teilmenge einer Geraden $L$. Also ist $V$ ein offenes Intervall in $L$, falls $V$ zusammenhängend ist.

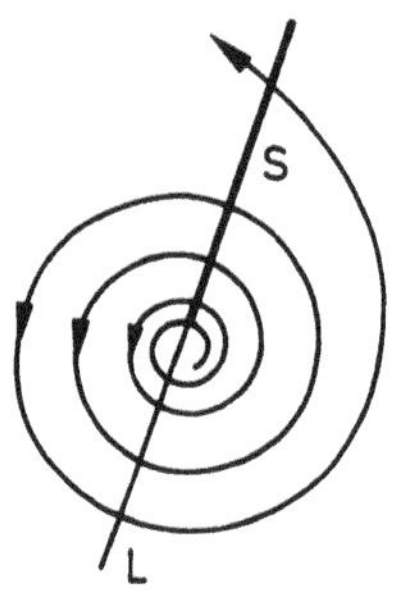

Im folgenden verstehen wir unter einem *transversalen Segment S* einen zusammenhängenden lokalen Transversalschnitt von $\varphi$.

Da jeder nichtkritische Orbit $\gamma$ von $\varphi$ in natürlicher Weise orientiert ist (durch die Parametrisierung $\varphi_x : (t^-(x), t^+(x)) \to \gamma(x)$, ist es klar, was unter einer wachsenden Folge auf dem Orbit $\gamma$ gemeint ist. Ist $(y_k)$ eine Folge auf einer Geraden $L \subset \mathbb{R}^2$, so heißt sie wachsend, wenn $y_k - y_0 = t_k(y_1 - y_0)$ für $k = 2, 3, \ldots$ mit einer wachsenden Folge $t_k \geqq 1$ gilt.

**(24.1) Lemma:** *Es sei S ein transversales Segment, und* $(y_j)$ *sei eine Folge von Punkten in S, die auf demselben Orbit* $\gamma$ *liegen. Wenn die Folge* $(y_j)$ *auf* $\gamma$ *wachsend ist, dann ist sie es auch auf S.*

**Beweis:** Es genügt, drei beliebige Punkte $y_k, y_{k+1}, y_{k+2}$ zu betrachten. Wenn wir u. U. endlich viele Punkte „dazwischen schieben", die ebenfalls auf $\gamma \cap S$ liegen, können wir o.B.d.A. annehmen, daß $y_{k+1}$ der erste Rückkehrpunkt nach $y_k$ von $\gamma$ in $S$ ist, d. h. daß $y_{k+1} = \tau(y_k) \cdot y_k$ gilt.

Es sei nun $\Gamma$ die geschlossene, doppelpunktfreie, stückweise stetig differenzierbare Kurve, die aus dem Teil $\delta$ des Orbits $\gamma$ besteht, der zwischen $y_k$ und $y_{k+1}$ liegt (d. h.

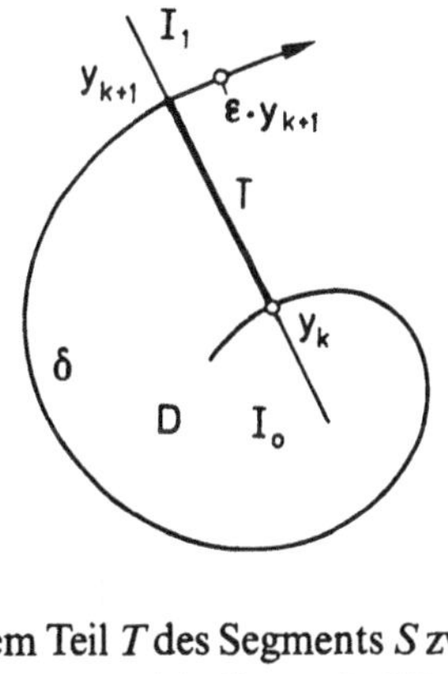


$\delta = [0, \tau(y_k)] \cdot y_k)$, und dem Teil $T$ des Segments $S$ zwischen $y_k$ und $y_{k+1}$. Ferner sei $D$ das (wohldefinierte) „Innengebiet" von $\Gamma$. Wir nehmen nun an, $\gamma$ „verlasse" $\bar{D}$ im Punkt $y_{k+1}$, d.h. $(y_{k+1}, f(y_{k+1})) \in T_{y_{k+1}}\mathbb{R}^2$ zeige ins Äußere von $\bar{D}$. Die Menge $T_-$ derjenigen Punkte von $T$, die $\bar{D}$ verlassen, ist aus Stetigkeitsgründen offen in $T$ und enthält $y_{k+1}$. Ebenso ist die Menge $T_+$ der „Eintrittspunkte" auf $T$ offen in $T$, und da $S$ ein lokaler Transversalschnitt ist, gilt $T = T_- \cup T_+$. Da $T$ zusammenhängend ist, folgt $T_+ = \emptyset$. Also ist $X \setminus \bar{D}$ positiv invariant, da kein von $\gamma$ verschiedener Orbit $\delta$ treffen kann. Also liegt insbesondere $y_{k+2}$ in $S \setminus T$, da $y_{k+2} = t \cdot y_{k+1}$ für ein $t > 0$ gilt. Die Menge $S \setminus T$ ist die Vereinigung zweier halboffener Intervalle $I_0$ und $I_1$ mit $y_{k+j} \in \partial I_j$, $j = 0, 1$. Wenn $\varepsilon > 0$ genügend klein ist, kann $\varepsilon \cdot y_{k+1}$ mit $I_1$ stetig verbunden werden, ohne $\Gamma$ zu treffen. Also ist $\mathring{I}_1 \subset X \backslash \bar{D}$. Analog folgt $\mathring{I}_0 \subset \mathring{D}$. Also liegt $y_{k+1}$ zwischen $y_k$ und $y_{k+2}$ auf $S$. Verläßt $\gamma$ die Menge $\bar{D}$ in $y_k$, so führt eine analoge Argumentation zum Ziel. □

**(24.2) Lemma:** *Es seien $x \in X$ und $y \in \omega(x)$. Dann hat ein transversales Segment höchstens einen Punkt mit $\omega(x)$ bzw. mit $\gamma^+(y)$ gemeinsam.*

**Beweis:** Da $\omega(x)$ nach Bemerkung (17.1c) positiv invariant ist, gilt $\gamma^+(y) \subset \omega(x)$. Es genügt also, $\omega(x)$ zu betrachten. Es seien $y_1, y_2 \in \omega(x)$ mit $y_1 \neq y_2$, und $S$ sei ein transversales Segment mit $y_1, y_2 \in S$. Es seien nun $U_j$ disjunkte Umgebungen von $y_j$ in $X$. Dann gibt es aufgrund von Bemerkung (17.1c) eine Folge $t_k \to \infty$ mit $t_{2k+1} \cdot x \in U_1$ und $t_{2k} \cdot x \in U_2$ für $k \in \mathbb{N}$. Nach Lemma (23.4) finden wir (wenn wir $U_j$ genügend klein wählen) eine Funktion $\tau \in C^1(U_1 \cap U_2, \mathbb{R})$ mit

$$\tau(x) \cdot x \in U_j \cap S =: I_j \quad \text{für} \quad x \in U_j.$$

Wenn wir nun

$$a_k := \tau(t_{2k+1} \cdot x) \cdot (t_{2k+1} \cdot x)$$

und

$$b_k := \tau(t_{2k} \cdot x) \cdot (t_{2k} \cdot x)$$

setzen, erhalten wir die Folge

$$a_1, b_1, a_2, b_2, a_3, b_3, \ldots,$$

die auf $\gamma(x)$ wachsend ist und in $S$ liegt. Also ist sie nach Lemma (24.1) auch auf $S$ wachsend, was $a_k \in I_1$ und $b_k \in I_2$ widerspricht. □

**(24.3) Lemma:** *Ist $\gamma^+(x) \cap \omega(x) \neq \emptyset$, so ist x periodisch.*

**Beweis:** Wir können offensichtlich $\gamma^+(x) \neq \{x\}$ annehmen. Dann gilt $f(y) \neq 0$ für $y \in \gamma^+(x) \cap \omega(x)$. Also gibt es ein transversales Segment $S$ durch $y$, und nach Lemma (24.2) schneidet $\gamma^+(y)$ $S$ nur in $y$. Wegen $y \in \gamma^+(x) \cap \omega(x)$ existiert ein $t > 0$ mit $t \cdot x = y$. Ist $U$ eine genügend kleine Umgebung von $y$, so existiert wegen $y \in \omega(x)$ ein $s > t$ mit $s \cdot x \in U$. Also gilt $\tau(s \cdot x) \cdot (s \cdot x) \in S$. Folglich gilt für $\bar{t} := s + \tau(s \cdot x) - t$ die Beziehung $\bar{t} \cdot y = [s + \tau(s \cdot x) - t] \cdot (t \cdot x) = \tau(s \cdot x) \cdot (s \cdot x) \in S$, also $\bar{t} \cdot y = y$. Folglich ist $\gamma^+(y)$ und somit, da $\varphi$ ein Fluß ist, auch $x$ periodisch. □

**(24.4) Korollar:** *x ist genau dann Poisson stabil, wenn x periodisch ist.*

**Beweis:** Nach Bemerkung (23.12c) ist $x$ genau dann Poisson stabil, wenn $\overline{\gamma^+(x)} = \omega(x)$ gilt. Also folgt die Behauptung aus Lemma (24.3) und Beispiel (17.4a). □

**(24.5) Satz:** *Es seien* $K \subset X$ *kompakt und* $\gamma^+(x) \subset K$. *Enthält* $\omega(x)$ *einen nichtkritischen periodischen Orbit* $\gamma$, *so ist* $\omega(x) = \gamma$.

**Beweis:** Es sei $\omega(x) \setminus \gamma \neq \emptyset$. Da $\gamma = \gamma(y)$ als das stetige Bild des Periodenintervalls $[0, T]$ des Punktes $y$ abgeschlossen ist (in $X$, also in $\omega(x)$, wegen $\omega(x) = \overline{\omega(x)}$), ist $\omega(x) \setminus \gamma$ offen in $\omega(x)$. Da nach Theorem (17.2) $\omega(x)$ zusammenhängend ist, enthält somit $\gamma$ einen Häufungspunkt $z$ von $\omega(x) \setminus \gamma$. Wegen $z \in \gamma$, und da $\gamma$ nicht kritisch ist, gilt $f(z) \neq 0$. Also gibt es ein transversales Segment $S$ durch $z$. In jeder Umgebung von $z$ gibt es somit ein $p \in \omega(x) \setminus \gamma$, und wenn $p$ nahe genug bei $z$ gewählt ist, folgt aus Lemma (23.4), daß $\gamma(p)$ das Segment $S$ schneidet. Aufgrund der Invarianz von $\omega(x)$ (vgl. Theorem (17.2)) ist $\gamma(p) \subset \omega(x)$. Also hat $S$ zwei verschiedene Punkte (nämlich $z$ und $\tau(p) \cdot p$) mit $\omega(x)$ gemeinsam, was Lemma (24.2) widerspricht. □

Nach diesen Vorbereitungen können wir nun leicht den folgenden berühmten Satz beweisen.

**(24.6) Theorem** *(Poincaré-Bendixson): Es seien* $K \subset X$ *kompakt und* $\gamma^+(x) \subset K$. *Enthält* $\omega(x)$ *keinen kritischen Punkt, so ist* $\omega(x)$ *ein periodischer Orbit.*

**Beweis:** Nach Theorem (17.2) ist $\omega(x)$ nicht leer, kompakt und invariant. Somit gibt es ein $y \in \omega(x)$, und es gilt $\gamma(y) \subset \omega(x)$. Also ist $\omega(y)$ ebenfalls nicht leer, und $\omega(y) \subset \omega(x)$. Es sei $z \in \omega(y)$. Da $\omega(x)$ keinen kritischen Punkt enthält, ist $f(z) \neq 0$, und es gibt ein transversales Segment $S$ durch $z$. Wegen $z \in \omega(y)$ erhalten wir aus Bemerkung (17.1c) und Lemma (23.4), daß $\gamma^+(y)$ das Segment $S$ schneidet. Nach Lemma (24.2) gibt es genau einen Schnittpunkt, der dann offensichtlich gleich $z$ sein muß (da sonst $S$ zwei Schnittpunkte mit $\omega(x)$ hätte). Also ist $z \in \gamma^+(y) \cap \omega(y)$, und aus Lemma (24.3) folgt, daß $\gamma(y)$ ein periodischer Orbit ist. Nun ergibt sich die Behauptung aus Satz (24.5). □

**(24.7) Korollar:** *Es sei* $K \subset X$ *nicht leer, kompakt und positiv oder negativ invariant. Dann enthält* $K$ *einen kritischen Punkt oder einen nichtkritischen periodischen Orbit.*

**Beweis:** Ist $K$ positiv invariant, folgt die Behauptung unmittelbar aus Theorem (24.6). Ist $K$ negativ invariant, folgt die Behauptung durch Anwendung von Theorem (24.6) auf den durch $-f$ erzeugten Fluß. □

Ein nichtkritischer periodischer Orbit $\gamma$ heißt *Grenzzyklus* (genauer: $\omega$-Grenzzyklus bzw. $\alpha$-Grenzzyklus), falls ein $x \in X \setminus \gamma$ existiert mit $t \cdot x \to \gamma$ für $t \to \infty$ oder $t \to -\infty$.

**(24.8) Bemerkungen:** (a) *Ist $K \subset X$ eine kompakte Umgebung eines Grenzzyklus $\gamma$, so gibt es ein $x \in K \setminus \gamma$, derart, daß sich $t \cdot x$ für $t \to \infty$ oder für $t \to -\infty$ „spiralförmig" dem Grenzzyklus nähert.* Aus Theorem (17.2) und Satz (24.5) folgt $t \cdot x \to \gamma$ für $t \to \infty$ oder $t \to -\infty$. Ist $S$ ein transversales Segment in einem beliebigen Punkt $y \in \gamma$, so folgt aus Lemma (24.1), daß $\gamma^+(x)$ das Segment $S$ unendlich oft schneidet, wobei die Schnittpunkte sich für wachsendes (bzw. fallendes) $t$ dem Punkt $y$ auf $S$ wachsend (bzw. fallend) nähern. Aus

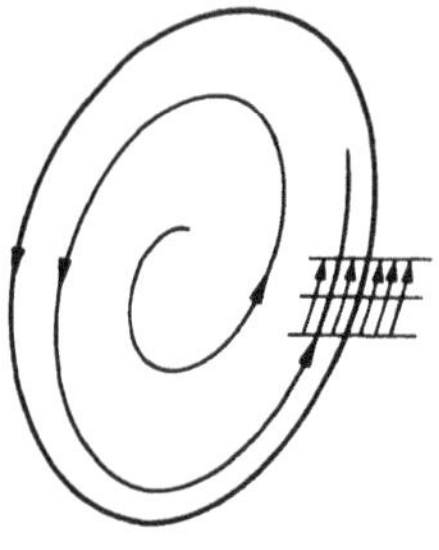

Satz (19.1) folgt schließlich, daß $\gamma^+(x)$ das Segment $S$ immer „in der gleichen Richtung" durchsetzt.

(b) *Grenzzyklen sind „einseitig asymptotisch stabil".* Ist nämlich $\gamma$ ein Grenzzyklus und gilt $t \cdot x \to \gamma$ für ein $x \in X \setminus \gamma$ und für $t \to \infty$ (bzw. $t \to -\infty$), so folgt aus der Kompaktheit von $\gamma$ und Satz (19.1) leicht die Existenz einer kompakten Umgebung $K$ von $\gamma$ derart, daß in $K$

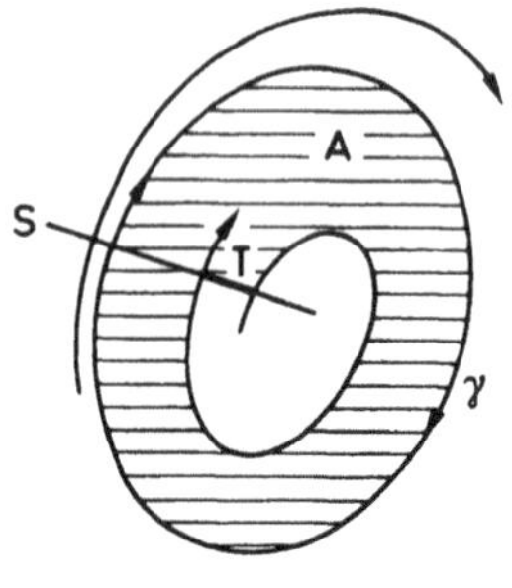


keine kritischen Punkte liegen, und daß alle Orbits in $K$ gleich orientiert sind. Es sei nun $y \in \gamma$ beliebig, und $S \subset K$ sei ein transversales Segment durch $y$. Dann gibt es auf $S$ ein Intervall $T$, welches $\gamma$ nicht trifft, mit Endpunkten der Form $t_1 \cdot x$ und $t_2 \cdot x$ mit $t_1 < t_2$ (bzw. $t_1 > t_2$), derart, daß $\gamma(x)$ keine weiteren Schnittpunkte mit $T$ hat. Der kompakte Bereich $A$, der von $T$, $\gamma$ und $[t_1, t_2] \cdot x$ (bzw. $[t_2, t_1] \cdot x$) berandet wird, ist positiv (bzw. negativ) invariant, ebenso wie $A \setminus \gamma$, und liegt ganz in $K$. Hieraus folgt leicht (mittels Theorem (24.6)), daß $t \cdot y \to \gamma$ für $t \to \infty$ (bzw. $t \to -\infty$) und jedes $y \in A$ gilt. Also ist $A$ eine „einseitige Umgebung von $\gamma$" mit $\omega(y) = \gamma$ (bzw. $\omega^-(y) = \gamma$) für jedes $y \in A$ (wegen Satz (24.5)). □

Als eine einfache Konsequenz der obigen Überlegungen erhalten wir das folgende Kriterium für die Nichtexistenz von Grenzzyklen.

**(24.9) Satz:** *Ist* $H \in C^1(X, \mathbb{R})$ *ein erstes Integral, und ist H auf keiner nichtleeren offenen Teilmenge konstant, so gibt es keine Grenzzyklen.*

**Beweis:** Es seien $\gamma$ ein Grenzzyklus und $a := H(y)$ für ein beliebiges (und damit jedes) $y \in \gamma$. Ferner sei $x \in X \backslash \gamma$ mit $t \cdot x \to \gamma$. Da $H$ konstant auf Orbits ist, folgt aus der Stetigkeit $H(t \cdot x) = a$ für alle $t \geqq 0$. Also ist $H$ nach Bemerkung (24.8 b) auf einer geeigneten „einseitigen Umgebung" von $\gamma$ – und damit auf einer nichtleeren offenen Menge – konstant, was der Voraussetzung widerspricht. □

**(24.10) Korollar:** *Ist U offen in* $\mathbb{R} \times \mathbb{R}$, *und ist* $H \in C^2(U, \mathbb{R})$ *auf keiner nichtleeren offenen Teilmenge konstant, so besitzt das Hamiltonsche System*

$$\dot{x} = H_y, \; \dot{y} = -H_x$$

*keine Grenzzyklen. Insbesondere besitzt die Gleichung zweiter Ordnung (mit* $f \in C^1(X, \mathbb{R}), X \subset \mathbb{R}$ *offen)*

$$\ddot{x} = f(x),$$

*d. h. das System*

(1) $$\dot{x} = y, \; \dot{y} = f(x),$$

*keine Grenzzyklen.*

**Beweis:** Die erste Behauptung folgt unmittelbar aus Satz (24.9) und Korollar (3.12). Die zweite Behauptung ergibt sich aus der ersten, da die zu (1) gehörige Hamiltonfunktion

$$H(x, y) = \frac{1}{2} y^2 - \int_0^x f(\xi) \, d\xi$$

wegen $H_y = y$ auf keiner nichtleeren offenen Menge konstant ist. □

Der nächste Satz garantiert unter gewissen Bedingungen die Existenz eines Grenzzyklus.

**(24.11) Satz:** *Es sei* $K \subset X$ *kompakt und positiv invariant, und es gebe genau einen kritischen Punkt* $x_0$ *in K. Ist dann* $K \neq \{x_0\}$, *und ist* $x_0$ *eine Quelle, d. h. gilt* $\operatorname{Re} \sigma(Df(x_0)) > 0$, *so gibt es mindestens einen Grenzzyklus in K. Ist* $\gamma \subset \mathring{K}$, *und ist* $\gamma$ *der einzige nichtkritische periodische Orbit in K, so ist* $\gamma$ *asymptotisch stabil.*

**Beweis:** Die Voraussetzungen implizieren, daß für jedes $x \in K \backslash \{x_0\}$ der Halborbit $\gamma^+(x)$ in $K$ liegt und keinen kritischen Punkt enthält. Also ist $\gamma := \omega(x)$ nach

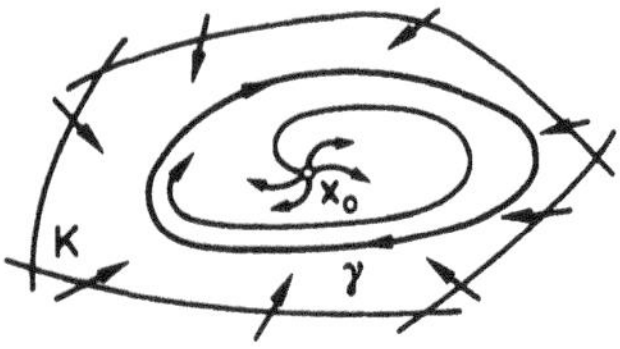


Theorem (24.6) ein Grenzzyklus. Der letzte Teil der Behauptung ist nun offensichtlich. □

*Die Windungszahl*

Es ist das Ziel der folgenden Überlegungen, mittels topologischer Methoden Aussagen über die Existenz kritischer Punkte und über die Nichtexistenz periodischer Orbits herzuleiten. Dazu benötigen wir einige Vorbereitungen, die auch für sich von Interesse sind.

Für spätere Zwecke formulieren wir die folgende Definition und das nächste Lemma für den $m$-dimensionalen Fall.

Es sei $\Omega \subset \mathbb{R}^m$ offen und nicht leer. Dann sagt man, *$\Omega$ liege lokal auf einer Seite von $\Gamma \subset \partial\Omega$*, wenn für jeden Punkt $x \in \Gamma$ und jede hinreichend kleine offene Umgebung $U$ von $x$ gilt: $U \setminus \Gamma$

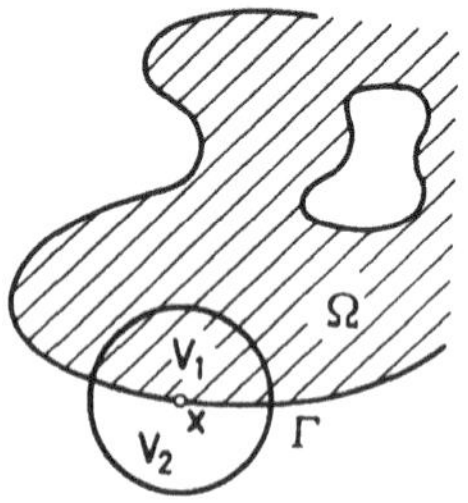


besteht aus zwei Zusammenhangskomponenten $V_1$ und $V_2$ mit $V_1 \subset \Omega$ und $V_2 \subset \bar{\Omega}^c$. Man sagt, die offene Menge $\Omega \subset \mathbb{R}^m$ gehöre *zur Klasse* $C^k$, $1 \leqq k \leqq \infty$, (in Symbolen: $\Omega \in C^k$), wenn $\partial\Omega$ eine $(m-1)$-dimensionale $C^k$-Mannigfaltigkeit ist und wenn $\Omega$ lokal auf einer Seite von $\partial\Omega$ liegt. Die nachfolgende Skizze zeigt ein Beispiel einer offenen Menge $\Omega$, die nicht lokal auf einer Seite von $\partial\Omega$ liegt.

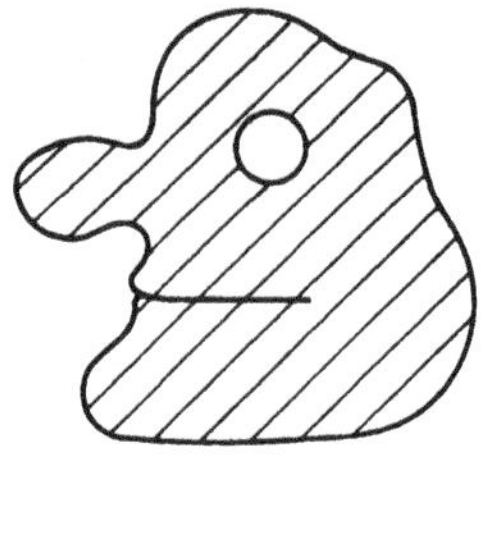

**(24.12) Lemma:** *Es sei $\Omega \subset \mathbb{R}^m$ offen und nicht leer. Dann gehört $\Omega$ genau dann zur Klasse $C^k$, wenn $\bar{\Omega}$ eine m-dimensionale berandete $C^k$-Untermannigfaltigkeit des $\mathbb{R}^m$ ist.*

**Beweis:** Die Hinlänglichkeit der Bedingung folgt unmittelbar aus der Definition einer berandeten $C^k$-Mannigfaltigkeit. Es sei also $\Omega$ in der Klasse $C^k$, und $x_0 \in \partial\Omega$ sei beliebig. Dann gibt es eine beliebig kleine offene Umgebung $U$ von $x_0$ in $\mathbb{R}^m$ wie in der obigen Definition. Außerdem können wir annehmen, daß $U \cap \partial\Omega$ der Definitionsbereich einer $C^k$-Karte $\psi$ von

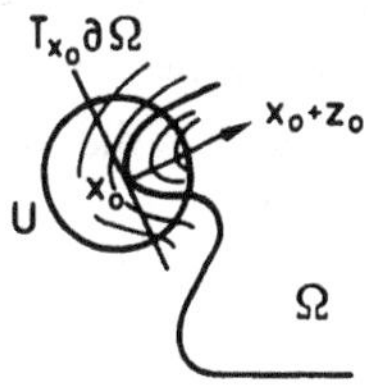


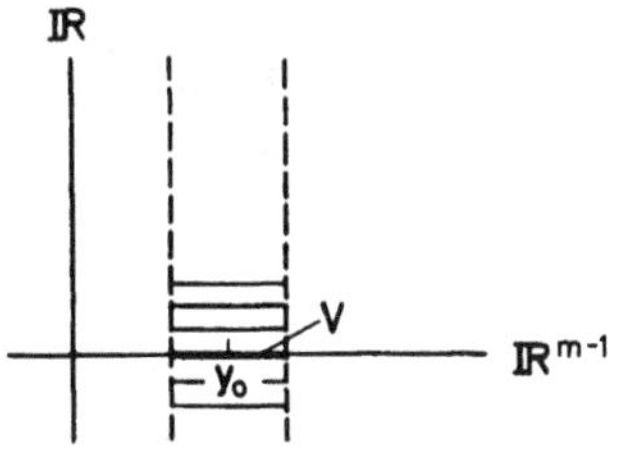


$\partial\Omega$ ist. Also ist $\psi$ eine topologische Abbildung von $U \cap \partial\Omega$ auf eine offene Teilmenge $V$ im $\mathbb{R}^{m-1}$, derart, daß für $g := \psi^{-1}$, aufgefaßt als Abbildung von $V$ in $\mathbb{R}^m$, gilt:

$$g \in C^k(V, \mathbb{R}^m), \quad \text{und} \quad Dg(y) \in \mathscr{L}(\mathbb{R}^{m-1}, \mathbb{R}^m) \text{ ist injektiv für jedes } y \in V.$$

Wir definieren nun $G \in C^k(V \times \mathbb{R}, \mathbb{R}^m)$ durch

$$G(y, \eta) := g(y) + \eta z_0, \quad (y, \eta) \in V \times \mathbb{R},$$

wobei $z_0 \in \mathbb{R}^m$ ein Einheitsvektor ist, der orthogonal zu $\operatorname{im}(Dg(y_0)) = Dg(y_0)\mathbb{R}^{m-1}$ mit $y_0 := \psi(x_0)$ ist, derart, daß $x_0 + \eta z_0$ für genügend kleine $\eta > 0$ in $U \cap \Omega$ liegt. Dann gilt

$$DG(y_0, 0) = [\mathrm{D}g(y), z_0],$$

und da $Dg(y_0)$ injektiv ist, sind die Spaltenvektoren $D_1 g(y_0), \ldots, D_{m-1} g(y_0)$ linear unabhängig. Da $z_0 \notin \operatorname{im}(Dg(y_0))$ gilt, hat die obige Matrix sogar Maximalrang. Also ist $DG(y_0, 0) \in \mathscr{GL}(\mathbb{R}^m)$, und nach dem Satz über die Umkehrabbildung gibt es eine offene Umgebung $W$ von $(y_0, 0)$ in $\mathbb{R}^m$, derart, daß $G|W$ ein $C^k$-Diffeomorphismus auf eine offene Umgebung $\tilde{U} := G(W)$ von $x_0$ ist. Hierbei können wir o.B.d.A. annehmen, daß $\tilde{U}$ in $U$ enthalten ist. Für $\tilde{\psi} := (G|W)^{-1}$ folgt nun aus $\tilde{\psi}|(\partial\Omega \cap \tilde{U}) = \psi|(\partial\Omega \cap \tilde{U})$ und der Konstruktion von $\tilde{\psi}$, daß $\tilde{\psi}(\tilde{U} \cap \Omega)$ in $\mathbb{R}^{m-1} \times (0, \infty)$ enthalten ist. Dies zeigt, daß $\bar{\Omega}$ eine berandete $m$-dimensionale $C^k$-Untermannigfaltigkeit des $\mathbb{R}^m$ (und daß $(\tilde{U}, \tilde{\psi})$ eine lokale Karte für $\bar{\Omega}$) ist. □

Schließlich erinnern wir an den allgemeinen *Stokesschen Satz:* Ist $M$ eine $m$-dimensionale, orientierte berandete $C^2$-Untermannigfaltigkeit eines euklidischen Raumes (allgemeiner: einer Riemannschen Mannigfaltigkeit) und ist $\alpha$ eine stetig differenzierbare $(m-1)$-Form auf $M$ mit kompaktem Träger, so gilt

$$\int_{\partial M} \omega = \int_M d\omega,$$

wobei $\partial M$ mittels der äußeren Normalen (kanonisch im Bezug auf $M$) orientiert ist. Als

Spezialfall erhält man bekanntlich den *Gaußschen Satz:*

$$\int_M \operatorname{div} g \, d\sigma_M = \int_{\partial M} (g | \nu) \, d\sigma_{\partial M},$$

wobei $g$ ein stetig differenzierbares Vektorfeld mit kompaktem Träger auf $M$, $\nu$ die äußere Normale auf $\partial M$, $(.|.)$ das Skalarprodukt auf dem Tangentialbündel $T(M)$ und $\sigma_M$ bzw. $\sigma_{\partial M}$ die Volumenmaße auf $M$ bzw. $\partial M$ bezeichnen (vgl. z. B. Bröcker [1], Holmann-Rummler [1] oder Reiffen-Trapp [1], wobei man sich in den beiden erstgenannten Büchern davon überzeugen muß, daß die obigen Differenzierbarkeitsvoraussetzungen ausreichen).

Nach diesen allgemeinen Betrachtungen „kehren wir wieder in die Ebene zurück". Eine (ebene) *Jordankurve* $\Gamma$ ist eine stetige Kurve in $\mathbb{R}^2$, deren Spur das homöomorphe Bild der Kreislinie $\mathbb{S}^1$ ist. Da $\mathbb{S}^1$ als das Intervall $[0, T]$, wobei $T > 0$ beliebig ist und bei dem die beiden Endpunkte identifiziert werden, aufgefaßt werden kann, ist $\Gamma$ genau dann eine Jordankurve, wenn es eine stetige Parametrisierung $c: [0, T] \to \mathbb{R}^2$ von $\Gamma$ gibt mit $T > 0$, $c(0) = c(T)$ und $c(t_1) \neq c(t_2)$ für $0 < |t_1 - t_2| < T$. (Dies folgt sofort aus der Tatsache, daß eine stetige Bijektion eines kompakten topologischen Raumes auf einen Hausdorffraum ein Homöomorphismus ist (da $f$ abgeschlossene Mengen in abgeschlossene Mengen überführt).) Der berühmte *Jordansche Kurvensatz,* für dessen Beweis wir z. B. auf Dugundji [1] verweisen, besagt: *ist $\Gamma$ eine Jordankurve, dann besteht $\mathbb{R}^2 \setminus \Gamma$ genau aus zwei Zusammenhangskomponenten $G_1$ und $G_2$ mit $\partial G_1 = \partial G_2 = \Gamma$.* (Hier und im folgenden unterscheiden wir in der Notation nicht zwischen einer Kurve (als Äquivalenzklasse von Wegen) und ihrer Spur.) Da $\Gamma$ kompakt ist, muß genau eines der beiden Gebiete $G_1$ und $G_2$ beschränkt sein, das sog. *Innengebiet von $\Gamma$.* Offensichtlich ist das Innengebiet einfach zusammenhängend. Das unbeschränkte der beiden Gebiete heißt das *Außengebiet.*

Eine Kurve $\Gamma$ in $\mathbb{R}^2$ heißt eine *$C^k$-Jordankurve,* $1 \leqq k \leqq \infty$, wenn sie $C^k$-diffeomorph zur Einheitskreislinie $\mathbb{S}^1$ ist.

**(24.13) Bemerkungen:** (a) $\Gamma \subset \mathbb{R}^2$ ist genau dann eine $C^k$-Jordankurve, $1 \leqq k \leqq \infty$, wenn es eine $C^k$-Parametrisierung $c: [0, T] \to \mathbb{R}^2$, $T > 0$, von $\Gamma$ gibt mit $D^j c(0) = D^j c(T)$ für $0 \leqq j \leqq k$, $Dc(t) \neq 0$ für alle $t \in [0, T]$ und $c(t_1) \neq c(t_2)$ für $0 < |t_1 - t_2| < T$.

(b) *Ist $\gamma$ ein nichtkritischer periodischer Orbit der Differentialgleichung $\dot{x} = f(x)$ und gilt $f \in C^k(X, \mathbb{R}^2)$, $1 \leqq k \leqq \infty$, so ist $\gamma$ eine $C^{k+1}$-Jordankurve und das Innengebiet $\Omega$ liegt lokal auf*
*einer Seite von $\gamma$.*

Ist nämlich $T$ die minimale Periode von $\gamma$, so ist $\varphi_x: [0, T] \to \mathbb{R}^2$ für ein beliebiges $x \in \gamma$ eine $C^{k+1}$-Parametrisierung von $\gamma$. Denn nach Theorem (10.3) ist $\varphi \in C^k$. Also ist $\dot{\varphi}_x = f(\varphi_x) \in C^k(\mathbb{R}, \mathbb{R}^2)$, und somit $\varphi_x \in C^{k+1}(\mathbb{R}, \mathbb{R}^2)$. Ferner erfüllt $\varphi_x$ offensichtlich die Bedingungen von (a). Schließlich folgt aus dem Linearisierungssatz (19.1), daß $\Omega$ lokal auf einer Seite von $\gamma$ liegt. □

Nach diesen Vorbereitungen können wir leicht den folgenden Nichtexistenzsatz beweisen.

**(24.14) Satz:** *Es sei* $X \subset \mathbb{R}^2$ *einfach zusammenhängend, und für* $f \in C^1(X, \mathbb{R}^2)$ *und* $\varrho \in C^1(X, \mathbb{R})$ *gelte entweder*

$$\operatorname{div}(\varrho f) > 0 \quad \textit{oder} \quad \operatorname{div}(\varrho f) < 0 \quad \lambda_2\text{-}f.\,ü.$$

*Dann besitzt die Differentialgleichung* $\dot{x} = f(x)$ *keine nichtkritischen periodischen Orbits.*

**Beweis:** Es sei $\gamma$ ein nichtkritischer periodischer Orbit. Dann ist $\gamma$ nach (24.13c) eine $C^2$-Jordankurve. Bezeichnet $\Omega$ das Innengebiet von $\gamma$, so ist $\Omega \subset X$, da $X$ einfach zusammenhängend ist, und $\bar{\Omega}$ ist eine kompakte zweidimensionale $C^2$-Mannigfaltigkeit nach (24.13b) und Lemma (24.12). Da das Vektorfeld $\varrho f \in C^1(\bar{\Omega}, \mathbb{R}^2)$ längs $\gamma = \partial\Omega$ tangential ist, folgt aus dem Gaußschen Satz

$$\int_{\Omega} \operatorname{div}(\varrho f)\,dx = 0\,,$$

was unseren Voraussetzungen widerspricht. □

Unter einem orientierten *Jordanschen Kurvenstück* $\Gamma$ verstehen wir eine kompakte, doppelpunktfreie, orientierte, stetige ebene Kurve, d. h. es gibt eine injektive stetige Parametrisierung $c : [\alpha, \beta] \to \mathbb{R}^2$ mit $-\infty < \alpha < \beta < \infty$, kurz: eine zulässige Parametrisierung, und $\Gamma$ ist die Äquivalenzklasse aller zulässigen Parametrisierungen, wobei die Äquivalenzrelation, wie üblich, durch streng wachsende Umparametrisierungen definiert wird. Ohne Mißverständnisse befürchten zu müssen, werden wir mit $\Gamma$ sowohl die Kurve als auch ihre Spur bezeichnen. Eine Funktion $a \in C(\Gamma, \mathbb{R}^2)$ fassen wir dann als *stetiges ebenes Vektorfeld längs* $\Gamma$ auf, d. h. wir identifizieren $a(x)$ für jedes $x \in \Gamma$ mit (dem Hauptteil von) dem Tangentialvektor $a(x) \in T_x\mathbb{R}^2$.

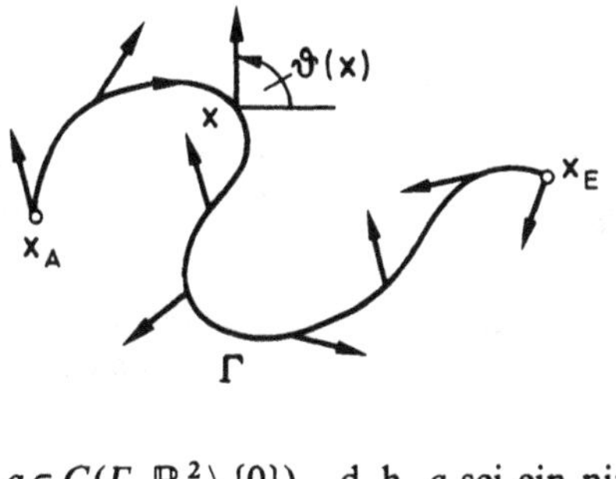


Es sei nun $a \in C(\Gamma, \mathbb{R}^2 \setminus \{0\})$, d. h. $a$ sei ein nirgends verschwindendes stetiges ebenes Vektorfeld längs $\Gamma$. Durch die Gleichungen

(2) $$\cos \vartheta_a(x) = \frac{a^1(x)}{|a(x)|}, \quad \sin \vartheta_a(x) = \frac{a^2(x)}{|a(x)|},$$

d. h. durch

(3) $$\vartheta_a(x) := \operatorname{arc\,tg} \frac{a^2(x)}{a^1(x)} \quad \text{für} \quad a^1(x) \neq 0$$

bzw.

(4) $$\vartheta_a(x) := \operatorname{arc\,ctg} \frac{a^1(x)}{a^2(x)} \quad \text{für} \quad a^2(x) \neq 0,$$

sowie durch die Zusatzforderung

$$\vartheta_a(x_A) \in [0, 2\pi),$$

wobei $x_A$ den Anfangspunkt von $\Gamma$ bezeichnet, kann eindeutig eine stetige Funktion

$$\vartheta_a \in C(\Gamma, \mathbb{R}),$$

die *Winkelfunktion des Feldes a längs Γ*, definiert werden. Offensichtlich mißt $\vartheta_a(x)$ im mathematisch positiven Sinn den Winkel zwischen der positiven $x^1$-Achse und dem Vektor $a(x)$. Hierbei ist $\vartheta_a(x)$ so normiert, daß dieser Winkel im Anfangspunkt $x_A$ im Intervall $[0, 2\pi)$ liegt und stetig mit $x \in \Gamma$ variiert. Ist $x_E$ der Endpunkt von $\Gamma$, so bezeichnet man den Zuwachs der Winkelfunktion längs $\Gamma$, gemessen in Einheiten einer vollen Umdrehung des Vektorfeldes $a$, als die *Drehung* oder *Windungszahl* $w(a, \Gamma)$ *des Vektorfeldes a längs Γ*, d. h.

(5) $$w(a, \Gamma) = \frac{\vartheta_a(x_E) - \vartheta_a(x_A)}{2\pi}.$$

Diese Definition ist offensichtlich auch sinnvoll, wenn $\Gamma$ eine (geschlossene) Jordankurve ist, da die rechte Seite von (5) unabhängig von der Wahl des Anfangspunktes ist. Also können wir die *Drehung von a längs einer (orientierten) Jordankurve Γ* ebenfalls durch (5) definieren, wobei der Anfangspunkt $x_A (= x_E)$ beliebig ist. Offensichtlich *ist die Drehung eines stetigen Vektorfeldes a längs einer Jordankurve Γ stets eine ganze Zahl. Sie gibt an, wie oft sich der geschlossene stetige Weg* $a : \Gamma \to \mathbb{R}^2 \setminus \{0\}$ *im mathematisch positiven Sinn um den Nullpunkt „herumwindet“.*

Eine Jordankurve $\Gamma$ heißt *positiv orientiert*, wenn beim Durchlaufen von $\Gamma$ in positiver Richtung das Innengebiet $\Omega$ von $\Gamma$ stets auf der linken Seite liegt. Ist $\Gamma$ eine $C^1$-

Jordankurve, so ist $\Gamma$ offensichtlich genau dann positiv orientiert, wenn sie positiv orientiert ist als Berandung der kanonisch orientierten $C^1$-Mannigfaltigkeit $\bar{\Omega}$, d. h. wenn sie durch die äußere Normale orientiert ist.

**(24.15) Theorem** *(„Umlaufsatz"): Es sei $\Gamma$ eine positiv orientierte $C^1$-Jordankurve, und $a \in C(\Gamma, \mathbb{R}^2 \setminus \{0\})$ sei ein positiv orientiertes Tangentenvektorfeld an $\Gamma$ (d. h. $a(x)$ hat in jedem Punkt $x \in \Gamma$ die Richtung des positiven Tangenteneinheitsvektors an $\Gamma$). Dann ist*

$$w(a, \Gamma) = 1 .$$

**Beweis:** Da die Definition der Windungszahl von der Länge $|a|$ des Vektorfeldes unabhängig ist, können wir $|a| = 1$ voraussetzen. Da $w(a, \Gamma)$ offensichtlich in einer beliebigen Parametrisierung berechnet werden kann, können wir eine Parametrisierung nach der Bogenlänge $c : [0, L] \to \mathbb{R}^2$ verwenden. Dann ist $\dot{c}(t)$ bekanntlich gerade der positiv orientierte Tangenteneinheitsvektor im Kurvenpunkt $c(t) \in \Gamma$, d. h. $a = \dot{c} \circ c^{-1}$. Wir setzen nun $\vartheta(t) := \vartheta_a(c(t))$, wobei $\vartheta_a$ die zum Anfangspunkt $x_A = c(0)$ gehörige Winkelfunktion des Vektorfeldes $a$ ist. Dann wählen wir eine Unterteilung

$$0 =: t_0 < t_1 < \cdots < t_m = L$$

mit folgenden Eigenschaften:

(i) $\Delta\vartheta(t_i) := \vartheta(t_{i+1}) - \vartheta(t_i)$ ist gleich dem (im mathematisch positiven Sinn) gemessenen Winkel zwischen den Tangentenvektoren $\dot{c}(t_i)$ und $\dot{c}(t_{i+1})$, und $|\Delta\vartheta(t_i)| < \pi$ für $i = 0, 1, \ldots, m-1$.

(ii) durch die Abschnitte $T_i$ der Tangenten in den Punkten $c(t_i)$, die durch die Schnittpunkte mit den benachbarten Tangenten in den Punkten $c(t_{i-1})$ und

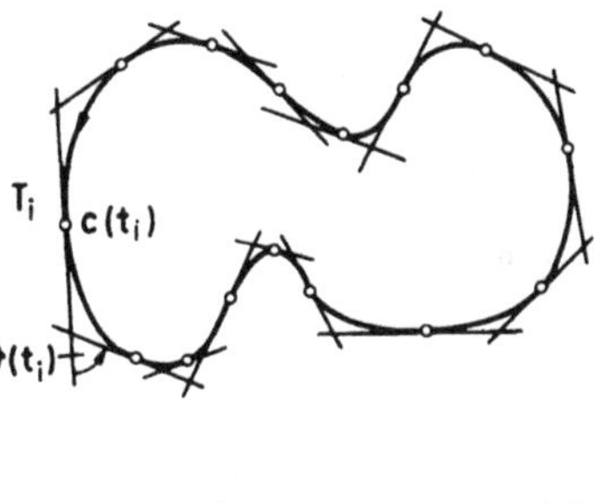


$c(t_{i+1})$, mit $t_{m+1} := t_1$ und $t_{-1} := t_{m-1}$, gebildet werden, wird ein geschlossenes, sich nicht selbst durchdringendes Vieleck gebildet. Diese Wahl der Unterteilung ist aufgrund der gleichmäßigen Stetigkeit von $c$ und $\dot{c}$ möglich.

Es ist nun leicht zu sehen (ausgehend von der Tatsache, daß die Winkelsumme im Dreieck gleich $\pi$ ist, und durch Induktion), daß

$$\sum_{i=0}^{m-1} \Delta\vartheta(t_i) = 2\pi$$

gilt. Wegen

$$2\pi w(a, \Gamma) = \vartheta(t_m) - \vartheta(t_0) = \sum_{i=0}^{m-1} \Delta\vartheta(t_i)$$

folgt hieraus die Behauptung. □

Der folgende Satz gibt im $C^1$-Fall eine andere Darstellung der Windungszahl, die eine Verallgemeinerung auf höhere Dimensionen zuläßt. Diese Darstellung werden wir dann dazu benutzen, einen wichtigen Zusammenhang zwischen der Windungszahl und dem Abbildungsgrad herzustellen.

**(24.16) Satz:** *Es seien $\Gamma$ eine orientierte $C^1$-Jordankurve und $a \in C^1(\Gamma, \mathbb{R}^2 \setminus \{0\})$. Ferner sei*

$$\alpha := \frac{x\,dy - y\,dx}{x^2 + y^2} \quad \text{auf} \quad \mathbb{R}^2 \setminus \{0\}.$$

*Dann ist*

$$(6) \qquad w(a, \Gamma) = \frac{1}{2\pi} \int_\Gamma a^* \alpha = \frac{1}{2\pi} \int_\Gamma \frac{a^1\,da^2 - a^2\,da^1}{|a|^2}.$$

**Beweis:** Aus (2) bzw. (3) und (4) sieht man, daß $\vartheta_a$ stetig differenzierbar ist. Ist nun $c : [0, T] \to \mathbb{R}^2$ eine reguläre $C^1$-Parametrisierung von $\Gamma$, so folgt aus (3) bzw. (4) mit $\vartheta(t) := \vartheta_a(c(t))$ durch eine leichte Rechnung

$$\dot{\vartheta}\,dt = c^* \frac{a^1\,da^2 - a^2\,da^1}{|a|^2} = c^* a^* \alpha.$$

Also erhalten wir

$$\begin{aligned} 2\pi w(a, \Gamma) &= \vartheta(T) - \vartheta(0) = \int_0^T \dot{\vartheta}(t)\,dt = \int_0^T c^* a^* \alpha \\ &= \int_\Gamma a^* \alpha = \int_\Gamma \frac{a^1\,da^2 - a^2\,da^1}{|a|^2} \end{aligned}$$

aus dem Fundamentalsatz der Differential- und Integralrechnung. □

**(24.17) Bemerkung:** Es sei $\Gamma$ eine positiv orientierte $C^2$-Jordankurve, und $a \in C^1(\Gamma, \mathbb{S}^1)$ sei das positiv orientierte Tangenteneinheitsfeld auf $\Gamma$. Unter Verwendung einer Parametrisierung $c : [0, L] \to \mathbb{R}^2$ von $\Gamma$ nach der Bogenlänge gilt dann, wegen $a = \dot{c} \circ c^{-1}$,

$$a^*\alpha = a^1 da^2 - a^2 da^1 = [\dot{c}^1 \ddot{c}^2 - \dot{c}^2 \ddot{c}^1]dt = \kappa(t)dt\,,$$

wobei $\kappa$ die Krümmung von $\Gamma$ bezeichnet. Also erhalten wir aus dem Umlaufsatz die Formel

$$\int_\Gamma \kappa(t)dt = 2\pi\,,$$

d. h. *die „Gesamtkrümmung" einer positiv orientierten glatten Jordankurve ist gleich* $2\pi$. Dies ist der einfachste Fall des *Integralsatzes von Gauß-Bonnet* der globalen Differentialgeometrie (z. B. Klingenberg [1], Walter [1]). □

Bekanntlich wird das Volumenelement $\omega_{\mathbb{S}^1}$ der 1-Sphäre $\mathbb{S}^1 \subset \mathbb{R}^2$ durch

(7) $$\omega_{\mathbb{S}^1} = x^1 dx^2 - x^2 dx^1$$

gegeben (wobei unter der rechten Seite die Einschränkung der auf $\mathbb{R}^2$ definierten Pfaffschen Form $x^1 dx^2 - x^2 dx^1$ auf $\mathbb{S}^1$ zu verstehen ist. Mit der natürlichen Inklusion $i: \mathbb{S}^1 \hookrightarrow \mathbb{R}^2$ lautet (7) in präziser Formulierung also

$$\omega_{\mathbb{S}^1} = i^*(x^1 dx^2 - x^2 dx^1)\,.$$

Wie z. B. auch im Stokesschen Satz üblich verwenden wir die unpräzise Schreibweise (7), ohne Mißverständnisse befürchten zu müssen). Mit der euklidischen radialen Retraktion

$$r: \mathbb{R}^2 \backslash \{0\} \to \mathbb{S}^1\,, \quad x \mapsto \frac{x}{|x|}$$

folgt aus

$$dr^i = \frac{dx^i}{|x|} - \frac{x^i}{|x|^3} \sum_{k=1}^{2} x^k dx^k\,, \quad i = 1, 2,$$

die Beziehung

$$r^*\omega_{\mathbb{S}^1} = r^1 dr^2 - r^2 dr^1 = \frac{x^1 dx^2 - x^2 dx^1}{|x|^2} = \alpha\,.$$

Somit erhalten wir unter den Voraussetzungen von Satz (24.16) aus (6) die Relation

$$w(a, \Gamma) = \frac{1}{2\pi} \int_\Gamma a^* r^* \omega_{\mathbb{S}^1} = \frac{1}{\mathrm{vol}(\mathbb{S}^1)} \int_\Gamma (r \circ a)^* \omega_{\mathbb{S}^1}\,.$$

Diese Formel legt nun die folgende Verallgemeinerung der Windungszahl nahe:

Es sei $\Omega \subset \mathbb{R}^m$ ein beschränktes Gebiet der Klasse $C^1$, und

$$r: \mathbb{R}^m \backslash \{0\} \to \mathbb{S}^{m-1}\,, \quad x \mapsto \frac{x}{|x|}$$

sei die euklidische radiale Retraktion. Ferner sei $a \in C^1(\partial\Omega, \mathbb{R}^m \backslash \{0\})$ ein nullstellenfreies $m$-

dimensionales Vektorfeld auf $\partial\Omega$. Dann wird die *Windungszahl* (die *Drehung*) $w(a, \partial\Omega)$ *des Feldes a auf* $\partial\Omega$ durch das sog. *Kroneckersche Integral*

$$w(a, \partial\Omega) := \frac{1}{vol(\mathbb{S}^{m-1})} \int_{\partial\Omega} (r \circ a)^* \omega_{\mathbb{S}^{m-1}} \tag{8}$$

definiert.

**(24.18) Bemerkungen:** (a) Wie im ebenen Fall (allerdings wesentlich schwieriger) kann man auch hier zeigen, daß gilt

$$\begin{aligned} r^* \omega_{\mathbb{S}^{m-1}} &= r^* \sum_{i=1}^{m} (-1)^{i+1} x^i dx^1 \wedge \cdots \wedge \widehat{dx^i} \wedge \cdots \wedge dx^m \\ &= \sum_{i=1}^{m} (-1)^{i+1} \frac{x^i}{|x|^m} dx^1 \wedge \cdots \wedge \widehat{dx^i} \wedge \cdots \wedge dx^m, \end{aligned}$$

wobei das Symbol $dx^1 \wedge \cdots \wedge \widehat{dx^i} \wedge \cdots \wedge dx^m$ bedeutet, daß der Term $dx^i$ nicht vorkommt (vgl. z. B. Spivak [1]). Also folgt aus

$$(r \circ a)^* \omega_{\mathbb{S}^{m-1}} = a^*(r^* \omega_{\mathbb{S}^{m-1}})$$

die Formel

$$\begin{aligned} &w(a, \partial\Omega) \\ &= \frac{1}{\mathrm{vol}(\mathbb{S}^{m-1})} \int_{\partial\Omega} \sum_{i=1}^{m} (-1)^{i+1} \frac{a^i}{|a|^m} da^1 \wedge \cdots \wedge \widehat{da^i} \wedge \cdots \wedge da^m, \end{aligned}$$

was dem zweiten Teil der Formel (6) entspricht.

(b) Anschaulich gibt $w(a, \partial\Omega)$ an, wie oft die $(m-1)$-Sphäre $\mathbb{S}^{m-1}$ vom Bild von $\partial\Omega$ unter der Abbildung $r \circ a : \partial\Omega \to \mathbb{S}^{m-1}$ überdeckt wird (unter Berücksichtigung der Orientierung). □

Das folgende Theorem zeigt, daß wir im Prinzip die Windungszahl bereits kennen.

**(24.19) Theorem:** *Es sei* $\Omega \subset \mathbb{R}^m$ *ein beschränktes Gebiet der Klasse* $C^2$, *und es sei* $a \in C^1(\bar{\Omega}, \mathbb{R}^m)$ *mit* $0 \notin a(\partial\Omega)$. *Dann ist*

$$w(a, \partial\Omega) = \deg(a, \Omega, 0).$$

**Beweis:** Da es auf der $\mathbb{S}^{m-1}$ keine nichttriviale $m$-Form gibt, ist (mit $\omega := \omega_{\mathbb{S}^{m-1}}$)

$$d(r^* \omega) = r^* d\omega = 0,$$

d. h. die auf $\mathbb{R}^m \setminus \{0\}$ definierte $(m-1)$-Form $\alpha := r^* \omega$ ist geschlossen.

Es sei $\varepsilon := \mathrm{dist}(a(\partial\Omega), 0)$. Dann existiert nach Lemma (21.1) ein $b \in \bar{C}_r^\infty(\bar{\Omega}, \mathbb{R}^m)$ mit $\|a - b\|_\infty < \varepsilon$. Folglich ist

$$h : [0, 1] \times \bar{\Omega} \to \mathbb{R}^m, \ (t, x) \mapsto ta(x) + (1-t)b(x)$$

stetig differenzierbar und $0 \notin h([0,1] \times \partial\Omega)$. Also ist

$$\deg(a, \Omega, 0) = \deg(b, \Omega, 0)$$

aufgrund der Homotopieinvarianz des Brouwergrads. Da $\alpha$ geschlossen ist, folgt aus dem üblichen Beweis des Poincaréschen Lemmas (z. B. aus dem „Kettenhomotopiesatz" in Bröcker [1] oder aus Satz (13.4) in Holmann-Rummler [1]), daß $h_1^*\alpha - h_0^*\alpha$ auf $\partial\Omega$ exakt ist, wobei $h_t := h(t, .)|\partial\Omega, 0 \leqq t \leqq 1$, bedeutet. Also verschwindet nach dem Stokesschen Satz das Integral von $h_1^*\alpha - h_0^*\alpha = (r \circ a)^*\omega - (r \circ b)^*\omega$ über die geschlossene $C^2$-Mannigfaltigkeit $\partial\Omega$. Hieraus folgt

$$w(a, \partial\Omega) = w(b, \partial\Omega).$$

Folglich können wir o.B.d.A. annehmen, daß 0 ein regulärer Wert von $a$ und daß $a$ glatt sind. Ist $a^{-1}(0) = \emptyset$, so ist $\beta := (r \circ a)^*\omega = a^*\alpha$ auf $\bar{\Omega}$ definiert und, wegen $d\beta = a^*d\alpha = 0$, geschlossen. Also ergibt der Stokessche Satz

$$\operatorname{vol}(\mathbb{S}^{m-1})\, w(a, \partial\Omega) = \int_{\partial\Omega} \beta = \int_{\bar{\Omega}} d\beta = 0 = \deg(a, \Omega, 0),$$

wobei die letzte Gleichheit aus der Lösungseigenschaft des Abbildungsgrads folgt.

Es seien also $x_1, \ldots, x_n$ die Nullstellen von $a$ in $\Omega$, und $\varepsilon > 0$ sei so klein, daß die Kugeln $\bar{\mathbb{B}}(x_j, \varepsilon), j = 1, \ldots, n,$ paarweise disjunkt sind und ganz in $\Omega$ liegen. Dann ist

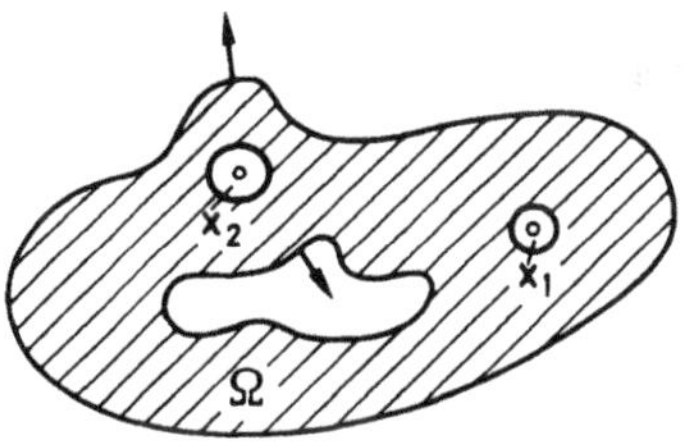


$M := \bar{\Omega} \setminus \bigcup_{j=1}^{n} \mathbb{B}(x_j, \varepsilon)$ eine orientierte berandete $C^2$-Mannigfaltigkeit mit Rand $\partial M = \partial\Omega \cup \bigcup_{j=1}^{n} (x_j + \varepsilon\mathbb{S}_-^{m-1})$, wobei $\mathbb{S}_-^{m-1}$ bedeutet, daß die Orientierung von $\mathbb{S}^{m-1}$ der üblichen Orientierung entgegengesetzt ist, d.h. daß $\mathbb{S}_-^{m-1}$ durch die *innere* Normale orientiert ist. Da $\beta$ auf $M$ geschlossen ist, folgt aus dem Stokesschen Satz

$$(9) \qquad 0 = \int_M d\beta = \int_{\partial M} \beta - \sum_{j=1}^{n} \int_{x_j + \varepsilon\mathbb{S}^{m-1}} \beta.$$

Wenn $\varepsilon > 0$ genügend klein gewählt ist, ist nach dem Satz über die Umkehrabbildung $a|\mathbb{B}(x_j, 2\varepsilon)$ ein $C^\infty$-Diffeomorphismus von $\mathbb{B}(x_j, 2\varepsilon)$ auf eine Umgebung von $0 \in \mathbb{R}^m$, und dieser Diffeomorphismus ist orientierungserhaltend bzw. -umkehrend, wenn $\operatorname{sign}\det Da(x_j) = 1$ bzw. $= -1$ ist. Also ist $N_j := a(\bar{\mathbb{B}}(x_j, \varepsilon))$ eine orientierte berandete $C^\infty$-Mannigfaltigkeit mit Rand $\partial N_j = a(x_j + \varepsilon\mathbb{S}^{m-1})$ und $0 \in N_j$, deren Orientierung mit der vom $\mathbb{R}^m$ induzierten kanonischen Orientierung genau dann übereinstimmt, wenn $\operatorname{sign}\det Da(x_j) = 1$ ist. Somit folgt (mit $\mathbb{S} := \mathbb{S}^{m-1}$)

(10) $$\int_{x_j+\varepsilon\mathbb{S}} \beta = \int_{x_j+\varepsilon\mathbb{S}} a^*\alpha = \operatorname{sign}\det Da(x_j) \int_{\partial N_j} \alpha,$$

wobei $\partial N_j$ durch die äußere Normale orientiert ist. Wenn $\varrho > 0$ genügend klein gewählt ist, gilt $N_j \supset \varrho\bar{\mathbb{B}}$. Folglich ist der Stokessche Satz auf $N_j \backslash \varrho\mathbb{B}$ anwendbar, und da $\alpha$ auf $N_j \backslash \varrho\mathbb{B}$

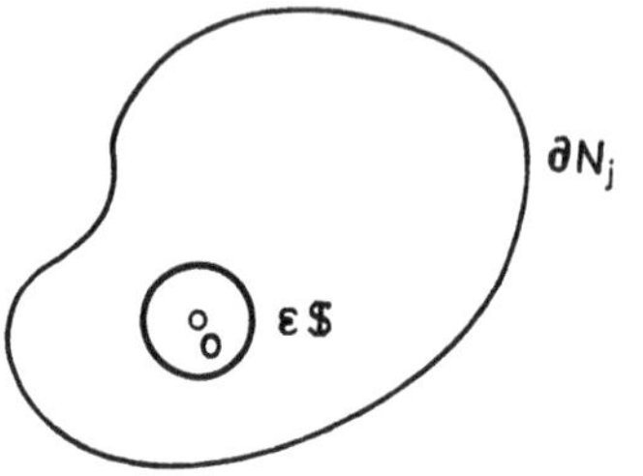


definiert und geschlossen ist, folgt

(11) $$0 = \int_{N_j\backslash\varrho\mathbb{B}} d\alpha = \int_{\partial N_j} \alpha - \int_{\varrho\mathbb{S}} \alpha.$$

Da $r : \varrho\mathbb{S} \to \mathbb{S}$ offensichtlich ein Diffeomorphismus ist, erhalten wir schließlich

$$\int_{\varrho\mathbb{S}} \alpha = \int_{\varrho\mathbb{S}} r^*\omega = \int_{\mathbb{S}} \omega = \operatorname{vol}(\mathbb{S}),$$

also mit (9), (10) und (11),

$$\operatorname{vol}(\mathbb{S})\, w(a, \partial\Omega) = \int_{\partial\Omega} a^*\alpha = \sum_{j=1}^{n} \operatorname{sign}\det Da(x_j) \operatorname{vol}(\mathbb{S}).$$

Nun ergibt sich die Behauptung aus Korollar (21.9). □

**(24.20) Bemerkung:** Da der Abbildungsgrad nur von den Randwerten abhängt, können wir einen *globalen Abbildungsgrad* für beliebige stetige Abbildungen $g : \partial\Omega \to \mathbb{S}^{m-1}$ durch

$$\deg(g) := \deg(g, \partial\Omega, \mathbb{S}^{m-1}) := \deg(\tilde{g}, \Omega, 0)$$

definieren, wobei $\tilde{g} \in C(\bar{\Omega}, \mathbb{R}^m)$ eine beliebige stetige Erweiterung von $g$ ist. Dann besagt Theorem (24.19), daß für $g \in C^1(\partial\Omega, \mathbb{S}^{m-1})$ gilt:

$$\int_{\partial\Omega} g^*\omega_{\mathbb{S}^{m-1}} = \deg(g) \int_{\mathbb{S}^{m-1}} \omega_{\mathbb{S}^{m-1}}.$$

Man kann sich überlegen, daß diese Formel richtig bleibt, wenn $\omega_{\mathbb{S}^{m-1}}$ durch eine beliebige $(m-1)$-Form ersetzt wird.

Allgemeiner kann man zeigen: sind $M$ und $N$ kompakte geschlossene $m$-dimensionale glatte Mannigfaltigkeiten, und ist $N$ zusammenhängend, so gibt es zu jeder glatten Abbildung $g: M \to N$ eine eindeutig bestimmte ganze Zahl $\deg(g)$, den *(globalen) Abbildungsgrad von g*, derart, daß

$$\int_M g^* \omega = \deg(g) \int_N \omega$$

für jede $m$-Form auf $N$ gilt (z. B. Holmann-Rummler [1] und Greub, Halperin and Vanstone [1]). □

Die nachfolgenden Aussagen beziehen sich wieder auf den von dem ebenen Vektorfeld $f \in C^1(X, \mathbb{R}^2)$ erzeugten Fluß.

**(24.21) Theorem:** *Es sei $\gamma$ ein nichtkritischer periodischer Orbit der Differentialgleichung $\dot{x} = f(x)$, und sein Innengebiet $\Omega$ sei ganz in $X$ enthalten. Dann ist*

$$\deg(f, \Omega, 0) = 1 .$$

**Beweis:** Wir können o.B.d.A. annehmen, daß die Orientierung des Orbits $\gamma$ mit der positiven Orientierung von $\gamma$ als Rand der $C^2$-Mannigfaltigkeit $\bar{\Omega}$ übereinstimmt (vgl. Lemma (24.12) und Bemerkung (24.13 b)). Denn andernfalls könnten wir wegen $\deg(f, \Omega, 0) = \deg(-f, \Omega, 0)$ (vgl. Aufgabe 6 von § 21) den von $-f$ erzeugten Fluß betrachten. Nun folgt die Behauptung aus dem Umlaufsatz (24.15) und aus Theorem (24.19). □

**(24.22) Korollar:** *Unter den Voraussetzungen von Theorem* (24.21) *gibt es mindestens einen kritischen Punkt in $\Omega$.*

**Beweis:** Dies folgt aus der Lösungseigenschaft des Abbildungsgrads. □

Der folgende Satz zeigt, wie diese Resultate dazu verwendet werden können, Nichtexistenzaussagen für periodische Orbits zu beweisen.

**(24.23) Satz:** *Es sei $X$ einfach zusammenhängend, und $f$ habe genau eine Nullstelle $x_0$. Ist dann $x_0$ ein Sattelpunkt, so gibt es keine nichtkritischen periodischen Orbits.*

**Beweis:** Ist $\gamma$ ein nichtkritischer periodischer Orbit und ist $\Omega$ sein Innengebiet, so ist $\Omega \subset X$, und $x_0 \in \Omega$ nach Korollar (24.22). Aus Theorem (24.21) folgt

$$1 = \deg(f, \Omega, 0) = i_0(f, x_0) .$$

Da $x_0$ ein Sattelpunkt ist, gilt $i_0(f, x_0) = -1$ nach Satz (21.10), was einen Widerspruch darstellt. □

In Verbindung mit dem Satz von Poincaré-Bendixson kann aus Korollar (24.22) die Existenz kritischer Punkte in allgemeineren Situationen gefolgert werden.

**(24.24) Satz:** *Es sei* $K \subset X$ *kompakt, nicht leer, einfach zusammenhängend und positiv oder negativ invariant. Dann gibt es mindestens einen kritischen Punkt in K.*

**Beweis:** Es sei $K$ positiv invariant, und $x \in K$ sei beliebig. Enthält $\omega(x)$ keinen kritischen Punkt, so ist $\omega(x)$ nach Theorem (24.6) ein periodischer Orbit in $K$. Da $K$ einfach zusammenhängend ist, liegt das Innengebiet $\Omega$ von $\omega(x)$ in $K$. Also gibt es nach Korollar (24.22) einen kritischen Punkt in $\Omega$. Ist $K$ negativ invariant, folgt die Behauptung durch Anwenden des eben Bewiesenen auf den von $-f$ erzeugten Fluß. □

**(24.25) Beispiele:** (a) Wir betrachten die Liénard-Gleichung

(12) $$\ddot{x} + g(x, \dot{x})\dot{x} + h(x) = 0$$

unter den folgenden Voraussetzungen:

(i) $g \in C^1(\mathbb{R} \times \mathbb{R}, \mathbb{R})$, $h \in C^1(\mathbb{R}, \mathbb{R})$;

(ii) $g(0,0) < 0$, $g(x,y) > 0$ für $|(x,y)| \geqq r > 0$;

(iii) $xh(x) > 0$ für $x \neq 0$;

(iv) $H(x) := \int_0^x h(\xi)d\xi \to \infty$ für $|x| \to \infty$.

Die Gleichung (12) ist äquivalent zu dem System

(13) $$\dot{x} = y, \; \dot{y} = -g(x,y)y - h(x)$$

in der Ebene $\mathbb{R}^2$.

Wäre $g = 0$, so wäre (13) ein Hamiltonsches System mit der Hamiltonfunktion (= Gesamtenergie)

$$\Phi(x,y) := y^2/2 + H(x).$$

Wegen (iii) und (iv) ist $\Phi$ koerziv, positiv für $(x,y) \neq (0,0)$ und hat $(0,0)$ als einzigen kritischen Punkt. Da $\Phi$ auf jedem Halbstrahl durch $(0,0)$ streng wächst, sind die Niveaulinien $\Phi^{-1}(c)$, $c > 0$, $C^2$-Jordankurven, die den Nullpunkt im Innengebiet haben. Mit

$$f(x,y) := (y, -g(x,y)y - h(x))$$

folgt

$$(\nabla\Phi(x,y) \,|\, f(x,y)) = -y^2 g(x,y).$$

Es sei nun $c_1 > 0$ so klein, daß $\Phi^{-1}(c)$ im Bereich liegt, wo $g$ negativ ist. Dann gilt

$$(\nabla\Phi_1(x,y) \,|\, f(x,y)) \leqq 0 \quad \forall (x,y) \in \Phi_1^{-1}(0)$$

mit $\Phi_1 := c_1 - \Phi$. Wenn wir andererseits $\Phi_2 := \Phi - c_2$ setzen und $c_2$ genügend groß wählen, so folgt aus der Koerzivität von $\Phi$ und aus (ii), daß

$$(\nabla \Phi_2(x, y) | f(x, y)) \leqq 0 \quad \forall (x, y) \in \Phi_2^{-1}(0)$$

gilt. Also ist $K := \Phi_1^{-1}(-\infty, 0] \cap \Phi_2^{-1}(-\infty, 0]$ nach Korollar (16.10) positiv invariant. Da $\Phi_2$ koerziv ist, ist $K$ kompakt. Offensichtlich ist $K \neq \emptyset$ und enthält keinen kritischen Punkt (da $K$ ein „Ringbereich" um den Nullpunkt ist, und da $(0, 0)$ der einzige

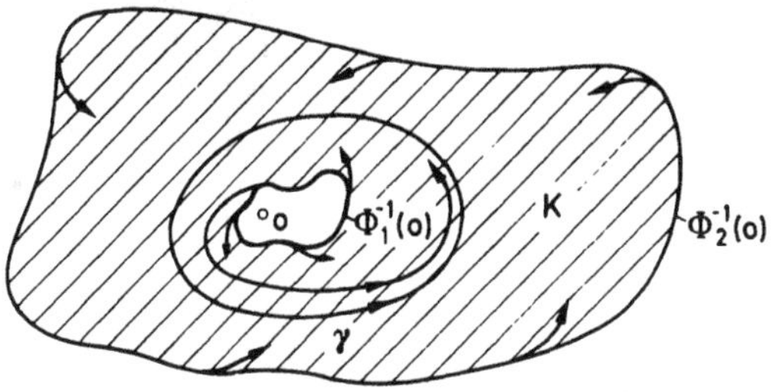


kritische Punkt von (13) ist). Also gibt es aufgrund des Theorems von Poincaré-Bendixson einen periodischen Orbit in $K$. Da $\partial K$ nicht invariant ist, gibt es sogar einen Grenzzyklus $\gamma$ in $K$. Da $(0, 0)$ der einzige kritische Punkt ist, muß $(0, 0)$ nach Korollar (24.22) im Innengebiet von $\gamma$ liegen.

(b) Die spezielle Liénardsche Gleichung

$$\ddot{x} + g(x)\dot{x} + h(x) = 0$$

mit $g, h \in C^1(\mathbb{R}, \mathbb{R})$ kann keinen periodischen Orbit besitzen, dessen Innengebiet ganz in einer der Mengen $g^{-1}(-\infty, 0)$ oder $g^{-1}(0, \infty)$ liegt.

In der Tat, für das Vektorfeld

$$f(x, y) := (y, -g(x)y - h(x))$$

gilt $\operatorname{div} f = -g$. Also folgt die Behauptung aus Satz (24.14).

(c) Für weitere Beispiele und detaillierte Untersuchungen ebener Systeme unter speziellen Voraussetzungen verweisen wir auf Sansone-Conti [1].

(d) Das Theorem von Poincaré-Bendixson ist falsch in $\mathbb{R}^m$, $m \geqq 3$. Für ein Gegenbeispiel sei auf D'Heedene [1] verwiesen. In höheren Dimensionen ist relativ wenig über die Existenz periodischer Lösungen allgemeiner Systeme bekannt. Einige allgemeine Prinzipien, die auch auf Gleichungen höherer Ordnung anwendbar sind, sowie ausführliche Diskussionen spezieller Gleichungen höherer Ordnung werden in Reissig-Sansone-Conti [1] gegeben.

Eine naheliegende Methode, die Existenz nichtkritischer periodischer Orbits zu beweisen, besteht darin, einen positiv invarianten Torus $T^m$ zu suchen, der keine kritischen Punkte enthält. Wenn es dann außerdem möglich ist, einen „Querschnitt" $S^{m-1}$ von $T^m$ so zu finden, daß $S^{m-1}$ ein lokaler Transversalschnitt ist, so ist es möglich, ein Analogon zum Poincaréoperator zu definieren. Die Fixpunkte dieses Operators entspre-

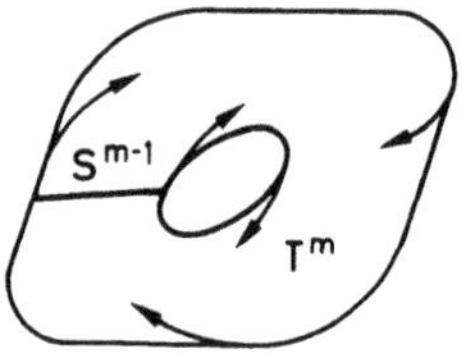


chen dann periodischen Orbits in $T^m$. Für Anwendungen dieses Verfahrens verweisen wir neben Reissig-Sansone-Conti [1] auf Hastings-Murray [1] (für den Nachweis periodischer Lösungen der Field-Noyes-Gleichungen) sowie auf Hastings-Tyson-Webster [1] (für den Nachweis periodischer Lösungen bei (verallgemeinerten) Goodwin-Gleichungen (vgl. die Aufgaben 2 und 3 von § 15)). Siehe auch Tyson [1] und Li [1]. □

## Aufgaben

1. Es sei $g \in C^1(\mathbb{R}_+, \mathbb{R})$, und betrachtet werde das System

$$\dot{x} = -y + xg(x^2 + y^2), \quad \dot{y} = x + yg(x^2 + y^2).$$

Bestimmen Sie die periodischen Lösungen und Grenzzyklen, sowie die einseitige bzw. beidseitige Stabilität der Grenzzyklen dieses Systems in den folgenden Fällen:

(a) $g := 0$,

(b) $g(\xi) := 1 - \xi$,

(c) $g(\xi) := (\xi - 1)^2 \sqrt{\xi}$,

(d) $g(\xi) := \xi^{-1}(\xi - 1)^2 \log(\xi - 1)$ für $\xi > 1$ und $g(\xi) := 0$ für $\xi \leqq 1$,

(e) $g(\xi) := (\xi - 1)^2 \sin(\xi - 1)^{-1}$ für $\xi \neq 1$, und $g(1) := 1$,

(f) $g(\xi) := \xi^2 \sin(1/\xi)$ für $\xi > 0$ und $g(0) := 0$.

(*Hinweis:* Polarkoordinaten.)

2. Es seien $X \subset \mathbb{R}^2$ ein zweifach zusammenhängendes Gebiet, $f \in C^1(X, \mathbb{R}^2)$ und $\varrho \in C^1(X, \mathbb{R})$. Zeigen Sie: gilt $\operatorname{div}(\varrho f)(x) \neq 0$ für alle $x \in X$, so hat die Gleichung $\dot{x} = f(x)$ höchstens eine periodische Lösung.

3. Zeigen Sie, daß das System

$$\dot{x} = -y - x + (x^2 + 2y^2)x$$
$$\dot{y} = x - y + (x^2 + 2y^2)y$$

genau eine nichttriviale periodische Lösung besitzt. (Hinweis: Satz von Poincaré-Bendixson und Aufgabe 2.)

4. (a) Es sei $c : [0, T] \to \mathbb{R}^2$ eine $C^1$-Parametrisierung der orientierten $C^1$-Jordankurve $\Gamma$, und $a \in C^1(\Gamma, \mathbb{R}^2 \setminus \{0\})$. Ferner habe $a^1$ nur endlich viele einfache Nullstellen, und $b := a \circ c$. Zeigen Sie: ist $p$ [bzw. $q$] die Anzahl der Nullstellen $t$ von $b^1$ mit $b^2(t) > 0$ und $\dot{b}^1(t) > 0$ [bzw. $\dot{b}^1(t) < 0$], so gilt:

$$w(a, \Gamma) = q - p .$$

(b) Berechnen Sie den lokalen Index $i_0(f, 0)$ für das Vektorfeld

$$f(x, y) := (y - \tfrac{1}{2}xy - 3x^2, \; -xy - \tfrac{3}{2}y^2), \quad (x, y) \in \mathbb{R}^2 .$$

5. Das folgende System

$$\dot{x} = a - bx + x^2 y - x$$
$$\dot{y} = bx - x^2 y$$

mit positiven Konstanten $a$ und $b$ modelliert eine von Prigogine und Lefever untersuchte chemische Reaktion. Zeigen Sie, daß für $b > 1 + a^2$ diese Gleichungen mindestens einen Grenzzyklus besitzen. (*Hinweis:* Betrachten Sie einen Teilbereich des $\mathbb{R}^2_+$, der von zwei geeigneten Geraden der Form $x + y = \alpha$ und $y - x = \beta$, $\alpha, \beta > 0$, begrenzt wird.)

# Kapitel VI: Kontinuitäts- und Bifurkationsprobleme

In diesem letzten Kapitel studieren wir das Problem der Existenz periodischer Lösungen – und von kritischen Punkten – bei parameterabhängigen Differentialgleichungen. Diese Aufgabenstellung zerfällt in natürlicher Weise in zwei Teilbereiche, nämlich in Kontinuitäts- und Bifurkationsprobleme.

Bei den Kontinuitätsmethoden handelt es sich darum, eine periodische Lösung $u_{\lambda_0}$ einer parameterabhängigen Gleichung $\dot{x} = f(\lambda_0, t, x)$ „längs des Parameters $\lambda$ fortzusetzen". Mit anderen Worten: man nimmt an, daß die Gleichung $\dot{x} = f(\lambda_0, t, x)$ so einfach ist, daß zumindest die Existenz einer periodischen Lösung – z. B. mit den Methoden des letzten Kapitels – gesichert werden kann, und man versucht dann, hieraus Aufschluß über die Existenz periodischer Lösungen von $\dot{x} = f(\lambda, t, x)$ bei kleinen Änderungen des Parameters zu erlangen.

Das Charakteristikum der Kontinuitätsmethoden ist die Tatsache, daß die lokale Fortsetzung der periodischen Lösung $u(\lambda_0)$ eindeutig möglich ist und daß dabei das Stabilitätsverhalten nicht verändert wird. Diese Tatsachen beweisen wir im ersten Paragraphen dieses Kapitels.

In scharfem Gegensatz zu den Kontinuitätsmethoden stehen die Bifurkationsprobleme, die wir im zweiten Paragraphen dieses Kapitels untersuchen. Hier handelt es sich gerade um Phänomene, die auftreten, wenn eine eindeutige Fortsetzung nicht möglich ist. Bifurkationsprobleme findet man in vielen anderen Gebieten der Analysis, z. B. bei nichtlinearen Randwertproblemen, bei nichtlinearen Integralgleichungen oder bei partiellen Differentialgleichungen, um einige zu nennen. Der gemeinsame Hintergrund dieser Fragestellungen kommt am klarsten im abstrakten Rahmen der Nichtlinearen Funktionalanalysis zum Vorschein. Der Einfachheit halber beschränken wir uns hier auf den endlichdimensionalen Fall, der für unsere Zwecke ausreicht. Alle Beweise behalten aber – mit den offensichtlichen Modifikationen, auf die gelegentlich hingewiesen wird – auch im Unendlichdimensionalen ihre Gültigkeit.

Das zentrale abstrakte Resultat des zweiten Paragraphen ist ein „Vorbereitungssatz", welcher mittels einer Ljapunov-Schmidt-Reduktion das Problem auf das Studium einer sog. Bifurkationsgleichung reduziert. Das Wesentliche an diesem Vorbereitungssatz ist die Tatsache, daß die Bifurkationsgleichung in eine Normalform gebracht wird, aus der man die Struktur der Lösungsmenge nahezu direkt „ablesen" kann.

Als wichtigste Anwendung des abstrakten Vorbereitungssatzes geben wir einen einfachen, geometrisch-anschaulichen Beweis des fundamentalen Theorems über die Hopf-Bifurkation, d. h. des Problems der Abzweigung eines periodischen Orbits von einem kritischen Punkt eines einparametrigen Vektorfeldes. Als einfache Folgerung des Hopf-Bifurkationssatzes beweisen wir das Ljapunovsche Zentrumstheorem über die Existenz periodischer Orbits autonomer Hamiltonscher Systeme.

Der letzte Paragraph ist schließlich dem Stabilitätsproblem für Bifurkationsproblemen gewidmet. Neben den bekannten geometrischen Kriterien, welche aus der Richtung der Verzweigungskurve auf die Stabilität der Verzweigungslösung schließen lassen, geben wir auch numerisch direkt nachprüfbare Stabilitätskriterien. Um die Rechnungen in einem angemessenen Rahmen zu halten, betrachten wir allerdings nicht den allgemeinsten Fall, sondern stellen eine vereinfachende Zusatzvoraussetzung. Der Beweis für den allgemeinen Fall wird jedoch skizziert, so daß er von jedem interessierten Leser selbst ausgeführt werden kann.

## 25. Kontinuitätsmethoden

In diesem Paragraphen seien $E$ und $F$ endlichdimensionale reelle Banachräume, $X \subset E$ und $\Lambda \subset F$ seien offen, und

$$f \in C^k(\Lambda \times \mathbb{R} \times X, E)$$

für ein $k \geqq 1$. Ferner sei

$$T \in C^k(\Lambda, \mathbb{R})$$

eine Funktion, derart, daß $f(\lambda, ., x)\colon \mathbb{R} \to E$ für jedes $(\lambda, x) \in \Lambda \times X$ periodisch mit der Periode $T(\lambda)$ ist.

Wir betrachten die parameterabhängige Differentialgleichung

$$(1)_\lambda \qquad \dot{x} = f(\lambda, t, x)$$

und interessieren uns für die Existenz $T(\lambda)$-periodischer Lösungen in Abhängigkeit von $\lambda \in \Lambda$.

Zuerst nehmen wir an, die Gleichung $(1)_\lambda$ habe für ein $\lambda_0 \in \Lambda$ eine $T(\lambda_0)$-periodische Lösung $u(\lambda_0)$, und stellen uns die Frage:

*Besitzt die Gleichung* $(1)_\lambda$, *für* $\lambda$ *nahe bei* $\lambda_0$, *auch* $T(\lambda)$*-periodische Lösungen in der Nähe von* $u(\lambda_0)$*?*

**(25.1) Beispiele:** Für $\alpha, \beta, \gamma, \delta, \varepsilon, \omega \in \mathbb{R}$ betrachten wir die Gleichung zweiter Ordnung

$$(2) \qquad \ddot{y} + \alpha\dot{y} + \beta y + \gamma y^3 + \delta \sin y = \varepsilon \sin^3(\omega t).$$

Bekanntlich ist (2) einem System der Form $(1)_\lambda$ in $\mathbb{R}^2$ äquivalent, wobei es viele Möglichkeiten der Wahl des Parameterraumes $\Lambda$ gibt, je nachdem welcher, oder welche, der Parameter $\alpha, \ldots, \omega$ variiert werden soll(en). Im folgenden werden einige der möglichen Fälle betrachtet:

(a) $\lambda := (\alpha, \beta, \gamma, \delta, \varepsilon, \omega) \in \Lambda := \mathbb{R}^6$. In diesem Fall ist $T(\lambda) := pr_6 \lambda = \omega$, und (2) besitzt für jedes $\lambda_0 := (0, \ldots, 0, \omega_0) \in \{0\} \times \mathbb{R}$ die einparametrige Schar $u(\lambda_0) = \text{const.}$ von $\omega_0$-periodischen Lösungen. Für $\lambda_0 := (\alpha_0, \beta_0, 0, 0, 0, \omega_0)$ ist $u(\lambda_0) = 0$ die einzige $\omega_0$-periodische Lösung von (2), vorausgesetzt $\alpha_0 \neq 0$ und $\beta_0 \neq 0$, oder $\beta_0 < 0$, während (2) für $\lambda_0 := (0, \beta_0, 0, 0, 0, \omega_0)$ mit $\beta_0 > 0$ die zweiparametrige Schar $\omega_0$-periodischer Lösungen

$$a \cos(\omega_0 t) + b \sin(\omega_0 t)$$

besitzt, vorausgesetzt $\omega_0 = \sqrt{\beta_0}$ (vgl. Beispiel (14.6)).

(b) $\alpha = \delta = 0$, $\beta, \gamma, \varepsilon > 0$, $\lambda = \omega$. In diesem Fall lautet die Gleichung

$$(3) \qquad \ddot{y} + \beta y + \gamma y^3 = \varepsilon \sin^3(\omega t).$$

Sie hat für $\omega_0 = 1/\sqrt{\beta}$ die $\omega_0$-periodische Lösung $y(t) = \sqrt[3]{\varepsilon/\gamma}\, \sin(\omega_0 t)$.

(c) $\beta = \gamma = \varepsilon = 0$, $\delta > 0$, $\lambda = \alpha$. Bei dieser Wahl der Konstanten erhalten wir die Gleichung des gedämpften (für $\alpha > 0$) bzw. des angeregten (für $\alpha < 0$) mathematischen Pendels

$$(4) \qquad \ddot{y} + \alpha\dot{y} + \delta \sin y = 0.$$

Nach Beispiel (3.4c) (und den späteren mathematischen Präzisierungen) besitzt das Problem für $\alpha = 0$ eine zweiparametrige Schar periodischer Lösungen. Es gibt nämlich eine ganze Umgebung $U$ von 0 in der Phasenebene, derart, daß durch jeden Punkt von $U$ genau ein periodischer Orbit geht.

Da es sich bei (4) um ein autonomes Problem handelt, ist keine natürliche Wahl der Periode $T$ vorgegeben, d. h. bei der Suche nach periodischen Lösungen autonomer parameterabhängiger Probleme ist die Periode eine zusätzliche Unbekannte. Aus diesem Grund ist das Studium autonomer Differentialgleichungen i. a. schwieriger als die Behandlung von Differentialgleichungen mit periodischen Koeffizienten.

Die Gesamtenergie des reibungsfreien Pendels

$$V(y, \dot{y}) = \dot{y}^2/2 + \delta(1 - \cos y)$$

ist ein natürlicher Kandidat für eine Ljapunovfunktion von (4), d. h. für das System

$$(5) \qquad \begin{aligned} \dot{x}^1 &= x^2 \\ \dot{x}^2 &= -\alpha x^2 - \delta \sin x^1. \end{aligned}$$

Hierfür gilt

$$\dot{V}(x) = (\nabla V(x) \mid \dot{x}) = -\alpha(x^2)^2 .$$

Also ist $\operatorname{sign}(\alpha) V$ für $\alpha \neq 0$ eine Ljapunovfunktion von (5). Es sei nun $\gamma$ ein periodischer Orbit von (5). Dann gilt $\gamma = \omega(x)$ für jedes $x \in \gamma$ nach Beispiel (17.4b). Aus dem Invarianzprinzip (18.3) folgt

$$\gamma = \omega(x) \subset \{x \in \mathbb{R}^2 \mid \dot{V}(x) = 0\} = \mathbb{R} \times \{0\},$$

was schließlich, zusammen mit (5), $\gamma(x) = \{x\}$ und $x \in 2\pi\mathbb{Z} \times \{0\}$ ergibt. Also besitzt das Problem (4) für $\alpha \neq 0$ keine nichttriviale periodische Lösung, was zeigt, daß unsere Frage i. a. keine positive Antwort besitzt. □

Eine einfache Bedingung, welche eine positive Antwort für unser Problem liefert, folgt aus dem Satz über implizite Funktionen. Das folgende Resultat war im Prinzip schon Poincaré bekannt und wird manchmal als „Poincarésche Kontinuitätsmethode“ (Poincaré continuation) bezeichnet.

**(25.2) Theorem:** *Es sei* $u(\lambda_0)$ *eine* $T(\lambda_0)$*-periodische Lösung der Gleichung* $\dot{x} = f(\lambda_0, t, x)$, *und das linearisierte Problem*

$$\dot{y} = D_3 f(\lambda_0, t, u(\lambda_0)(t)) y \tag{6}$$

*besitze keine nichttriviale* $T(\lambda_0)$*-periodische Lösung. Dann gibt es eine Umgebung* $V$ *von* $\lambda_0$ *in* $\Lambda$ *und ein* $\varepsilon > 0$, *derart, daß zu jedem* $\lambda \in V$ *genau eine* $T(\lambda)$*-periodische Lösung* $u(\lambda)$ *von*

$$\dot{x} = f(\lambda, t, x) \tag{7}$$

*existiert mit*

$$|u(tT(\lambda), \lambda) - u(tT(\lambda_0), \lambda_0)| < \varepsilon \quad \forall t \in \mathbb{R}, \tag{8}$$

*wobei* $u(t, \lambda) := u(\lambda)(t)$ *gesetzt ist. Außerdem ist*

$$[(t, \lambda) \mapsto u(t, \lambda)] \in C^k(\mathbb{R} \times V, E).$$

**Beweis:** Wir bezeichnen mit $(t, \xi, \lambda) \mapsto u(t, 0, \xi, \lambda)$ die globale Lösung des AWP

$$\dot{x} = f(\lambda, t, x), \quad x(0) = \xi .$$

Nach Theorem (8.3) ist der Definitionsbereich dieser Funktion offen in $\mathbb{R} \times X \times \Lambda$, und nach Voraussetzung gilt $\mathbb{R} \times \{\xi_0\} \times \{\lambda_0\} \subset \mathbb{R} \times X \times \Lambda$ für $\xi_0 := u(\lambda_0)(0)$. Aus Kompaktheits- und Stetigkeitsgründen gibt es eine Umgebung $W_1 \times V_1$ von $(\xi_0, \lambda_0) \in X \times \Lambda$, derart, daß $u(., 0, \xi, \lambda)$ für jedes $(\xi, \lambda) \in W_1 \times V_1$ auf $[0, T(\lambda)]$

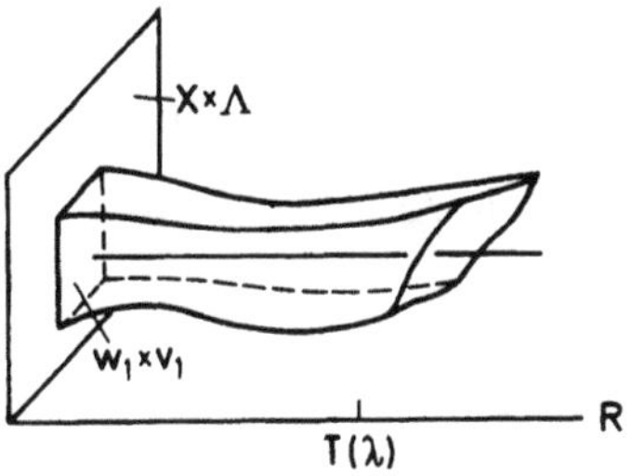


existiert. Also ist die Zeit-$T(\lambda)$-Abbildung

$$(\xi, \lambda) \mapsto u(T(\lambda), 0, \xi, \lambda)$$

auf $W_1 \times V_1$ wohldefiniert, und sie gehört nach Theorem (9.5) zur Klasse $C^k(W_1 \times V_1, E)$. Nach Theorem (20.1) besitzt (7) genau dann für $\lambda \in \Lambda$ eine $T(\lambda)$-periodische Lösung, wenn die Abbildung $\xi \mapsto u(T(\lambda), 0, \xi, \lambda)$ einen Fixpunkt hat. Mit

$$g(\xi, \lambda) := \xi - u(T(\lambda), 0, \xi, \lambda) \quad \forall (\xi, \lambda) \in W$$

gilt gemäß Bemerkung (20.2) genauer: $g(\xi, \lambda) = 0$ genau dann, wenn $u(., 0, \xi, \lambda)$ eine $T(\lambda)$-periodische Lösung ist, die zur Zeit $t = 0$ durch $\xi$ geht. Insbesondere impliziert unsere Voraussetzung $g(\xi_0, \lambda_0) = 0$. Ferner ist

$$D_1 g(\xi_0, \lambda_0) = id_E - D_3 u(T(\lambda_0), 0, \xi_0, \lambda_0),$$

und aus dem Differenzierbarkeitstheorem (9.2) folgt, daß $D_3 u(T(\lambda_0), 0, \xi_0, \lambda_0)$ der Monodromieoperator der Gleichung (6) ist. Da nach Satz (20.12) Eins kein Floquetmultiplikator von (6) ist, ist $0 \notin \sigma(D_1 g(\xi_0, \lambda_0))$, d. h. $D_1 g(\xi_0, \lambda_0) \in \mathcal{GL}(E)$. Also gibt es aufgrund des Satzes über implizite Funktionen eine Umgebung $W_0 \times V_0$ von $(\xi_0, \lambda_0)$ in $X \times \Lambda$ und eine Funktion $h \in C^k(V_0, W_0)$, derart, daß gilt

$$(\xi, \lambda) \in W_0 \times V_0 \quad \text{und} \quad g(\xi, \lambda) = 0 \Leftrightarrow \lambda \in V_0 \quad \text{und} \quad \xi = h(\lambda).$$

Mit anderen Worten: zu jedem $\lambda \in V_0$ gibt es genau eine $T(\lambda)$-periodische Lösung $u(\lambda) := u(., \lambda) := u(., 0, h(\lambda), \lambda)$ von $\dot{x} = f(\lambda, t, x)$ mit $u(0, \lambda) \in W_0$. Aus dem Differenzierbarkeitstheorem folgt sofort $u \in C^k(\mathbb{R} \times V_0, E)$. Mit

$$v(t, \lambda) := u(tT(\lambda), \lambda)$$

gilt somit $v \in C^k(\mathbb{R} \times V_0, E)$, und $v(., \lambda)$ ist für jedes $\lambda \in V_0$ periodisch mit der Periode 1. Wir wählen nun $\varepsilon > 0$ so, daß gilt: $\mathbb{B}(\xi_0, \varepsilon) \subset W_0$. Aufgrund der Kompaktheit von $[0, 1]$ finden wir dann eine Umgebung $V$ von $\lambda_0$ in $V_0$ mit

$|v(t, \lambda) - v(t, \lambda_0)| < \varepsilon$ für alle $t \in [0, 1]$ und alle $\lambda \in V$. Wegen der 1-Periodizität von $v(., \lambda)$ gilt diese Abschätzung für alle $t \in \mathbb{R}$, was (8) beweist. □

**(25.3) Bemerkung:** Der obige Beweis zeigt, daß die Abbildung

$$V \to BC(\mathbb{R}, E), \ \lambda \mapsto v(., \lambda) := u(.\,T(\lambda), \lambda)$$

stetig ist. Wegen $v \in C^k(\mathbb{R} \times V, E)$ gilt eine analoge Aussage für $D_1^i D_2^j v$ für alle $i, j \in \mathbb{N}$ mit $i + j \leqq k$. Mit

$$BC^k(\mathbb{R}, E) := \{u \in C^k(\mathbb{R}, E) \mid \|u\|_{C^k} := \sum_{j=0}^{k} \|D^j u\|_\infty < \infty\}$$

gilt sogar

$$[\lambda \mapsto v(., \lambda)] \in C^k(V, BC^k(\mathbb{R}, E)).$$

In der Tat, aus dem Mittelwertsatz erhalten wir

$$(9) \qquad v(t, \lambda_1 + \lambda) - v(t, \lambda_1) - D_2 v(t, \lambda_1)\lambda = \int_0^1 [D_2 v(t, \lambda_1 + \tau\lambda) - D_2 v(t, \lambda)]\,\lambda d\tau$$

für alle $t \in \mathbb{R}$, $\lambda_1 \in V$ und $\lambda \in F$ mit $\lambda_1 + \lambda \in V$. Da $D_2 v$ bzgl. $t$ 1-periodisch und in beiden Variablen stetig ist, gibt es zu jedem $\varepsilon > 0$ ein $\delta > 0$ mit $|D_2 v(t, \lambda_1 + \tau\lambda) - D_2 v(t, \lambda)| < \varepsilon$ für alle $t \in \mathbb{R}$ und alle $\lambda \in F$ mit $|\lambda| < \delta$. Also folgt aus (9)

$$\|v(., \lambda_1 + \lambda) - v(., \lambda_1) - D_2 v(., \lambda_1)\lambda\|_\infty \leqq \varepsilon |\lambda|$$

für alle genügend kleinen $\lambda \in F$, was die Behauptung im Fall $k = 1$ beweist. Durch Induktion zeigt man analog den allgemeinen Fall.

*Die Reparametrisierung der $T(\lambda)$-periodischen Lösung $u(., \lambda)$,* d. h. der Übergang zur Funktion $t \mapsto u(tT(\lambda), \lambda)$, *ist wesentlich.* Ist $T(\lambda) \neq T(\lambda_1)$, so sieht man leicht, daß die Integralkurven $t \mapsto u(t, \lambda)$ und $t \mapsto u(t, \lambda_1)$ nicht gleichmäßig (d. h. für alle Zeiten) benachbart sein können, *während die obige Aussage impliziert, daß die Orbits $\gamma(u(\lambda), 0) := \{u(t, \lambda) \mid t \in \mathbb{R}\}$ und $\gamma(u(\lambda_1), 0)$ für $\lambda$ nahe bei $\lambda_1$ nahe beieinanderliegen.* □

**(25.4) Bemerkungen und Beispiele:** (a) Wenn 1 kein Floquetmultiplikator von (6) ist, folgt aus Theorem (25.2) insbesondere, daß $u(\lambda_0)$ eine isolierte $T(\lambda_0)$-periodische Lösung von $\dot{x} = f(\lambda_0, t, x)$ ist. Also ist Theorem (25.2) z. B. nicht auf das Beispiel (25.1a) mit $\lambda_0 = (0, \ldots, 0, \omega_0)$ anwendbar.

(b) Ist $u(\lambda_0)$ eine nichtkonstante $T(\lambda_0)$-periodische Lösung von $\dot{x} = f(\lambda_0, t, x)$ *und ist die Gleichung*

$$\dot{x} = f(\lambda_0, t, x)$$

*autonom,* so ist 1 nach Bemerkung (23.2c) ein Floquetmultiplikator von (6). *Also ist Theorem* (25.2) *auf diesen Fall, somit insbesondere auf autonome Gleichungen $\dot{x} = f(\lambda, x)$ und nichtkonstante periodische Lösungen, nicht anwendbar.*

(c) Wir betrachten die Gleichung

(10) $\ddot{y} + \alpha\dot{y} + \beta y + \gamma y^3 + \delta \sin y = \varepsilon \sin^3(\omega t)$

von Beispiel (25.1) mit $\lambda = (\alpha, \beta, \gamma, \delta, \varepsilon, \omega) \in \Lambda := \mathbb{R}^6$. Ferner sei $\lambda_0 := (\alpha_0, \beta_0, 0, 0, 0, \omega_0)$ mit $\omega_0 \neq 0$, und es gelte entweder $\alpha_0 \neq 0$ und $\beta_0 \neq 0$ oder $\beta_0 < 0$. Dann ist 0 die einzige periodische Lösung von (10) für $\lambda = \lambda_0$, und die zugehörige linearisierte Gleichung lautet (skalar geschrieben)

(11) $\ddot{y} + \alpha_0\dot{y} + \beta_0 y = 0$.

Aufgrund unserer Voraussetzung besitzt (11) keine nichttriviale $\omega_0$-periodische Lösung (vgl. Beispiel (14.6)). Also gibt es eine ganze Umgebung $V$ von $\lambda_0$ in $\mathbb{R}^6$, derart, daß die Gleichung (10) für jedes $\lambda \in V$ eine eindeutig bestimmte $\omega$-periodische Lösung $u(\lambda) = u(.,\lambda)$ besitzt (mit $\omega = pr_6\lambda$), so daß gilt

$$u \in C^\infty(\mathbb{R} \times V, \mathbb{R})$$

und $u(\lambda_0) = 0$.

(d) Es seien $\omega > 0$ und $f \in C^k(\mathbb{R}^4, \mathbb{R})$, und $f$ sei $T$-periodisch in der letzten Variablen. Dann betrachten wir die $T$-periodische Gleichung

(12) $\ddot{y} + \omega^2 y = \lambda f(\lambda, y, \dot{y}, t)$.

In diesem Fall sind $\Lambda = \mathbb{R}$ und $T(\lambda) = T$. Für $\lambda = 0$ und $T \notin (2\pi/\omega)\mathbb{Z}$ besitzt die Gleichung (12) nur die triviale $T$-periodische Lösung. Die zugehörige linearisierte Gleichung ist $\ddot{\eta} + \omega^2\eta = 0$ und hat somit ebenfalls keine nichttriviale $T$-periodische Lösung (für $T \notin (2\pi/\omega)\mathbb{Z}$). Also folgt aus Theorem (25.2) und Bemerkung (25.3) die Existenz einer Umgebung $V$ von 0 in $\mathbb{R}$ und einer eindeutig bestimmten Funktion $u(.) \in C^k(V, BC^k(\mathbb{R}, \mathbb{R}))$, derart, daß gilt: $u(0) = 0$ und $u(\lambda)$ ist eine $T$-periodische Lösung von (12) für jedes $\lambda \in V$.

Für $T \in (2\pi/\omega)\mathbb{Z}^*$ ist Theorem (25.2) nicht anwendbar, da dann 1 ein Floquetmultiplikator der in $\lambda = 0$, $u = 0$, linearisierten Gleichung wäre, und zwar der Vielfachheit 2. □

### *Die Störungstheorie von Eigenwerten*

Ist $u(\lambda_0)$ eine $T(\lambda_0)$-periodische Lösung der Gleichung $\dot{x} = f(\lambda_0, t, x)$, so ist $u(\lambda_0)$ gemäß Theorem (23.1) asymptotisch Ljapunov stabil [bzw. instabil], wenn für alle Floquetmultiplikatoren $\mu$ der linearisierten Gleichung

$$\dot{y} = D_3 f(\lambda_0, t, u(\lambda_0)(t))y$$

$|\mu| < 1$ gilt [bzw. wenn es ein $\mu$ mit $|\mu| > 1$ gibt]. Wir wollen nun zeigen, daß in diesem Fall die Lösung $u(\lambda)$ – zumindest für $\lambda$ nahe bei $\lambda_0$ – das Stabilitätsverhalten von $u(\lambda_0)$ „erbt". Dazu benötigen wir einige Vorbetrachtungen, die von eigenständiger Bedeutung sind.

**(25.5) Satz:** *Das Spektrum*

$$\sigma(.) : \mathscr{L}(E) \to 2^{\mathbb{C}}$$

*ist oberhalbstetig, d. h. zu jedem $T_0 \in \mathscr{L}(E)$ und jeder Umgebung $U$ von $\sigma(T_0)$ in $\mathbb{C}$ gibt es eine Umgebung $V$ von $T_0$ in $\mathscr{L}(E)$ mit $\sigma(T) \subset U$ für alle $T \in V$.*

**Beweis:** Wegen $\sigma(T) = \sigma(T_{\mathbb{C}})$ können wir für diesen Beweis $E$ als komplexen Banachraum voraussetzen. Also gilt genau dann $\lambda \notin \sigma(T)$, wenn $\lambda - T \in \mathscr{GL}(E)$ ist.

Es seien $S \in \mathscr{L}(E)$ und $S_0 \in \mathscr{GL}(E)$, und es gelte $\|S - S_0\| < 1/\|S_0^{-1}\|$. Aus $S = S_0 - (S_0 - S) = S_0[I - S_0^{-1}(S_0 - S)]$ und $\|S_0^{-1}(S_0 - S)\| \leqq \|S_0^{-1}\| \, \|S - S_0\| < 1$ folgen $S \in \mathscr{GL}(E)$ und $S^{-1} = [I - S_0^{-1}(S_0 - S)]^{-1} S_0^{-1}$, da für jedes $B \in \mathscr{L}(E)$ mit $\|B\| < 1$ die geometrische Reihe („Neumannsche Reihe") $\sum_{j=0}^{\infty} B^j$ in $\mathscr{L}(E)$ konvergiert und, wegen

$$(I - B) \sum_{j=0}^{\infty} B^j = \sum_{j=0}^{\infty} B^j (I - B) = I,$$

den Operator $(I - B)^{-1}$ darstellt. Aufgrund von

$$\begin{aligned} S^{-1} - S_0^{-1} &= \{[I - S_0^{-1}(S_0 - S)]^{-1} - I\} S_0^{-1} \\ &= [I - S_0^{-1}(S_0 - S)]^{-1} S_0^{-1} (S_0 - S) S_0^{-1} \end{aligned}$$

erhalten wir schließlich die Abschätzung

$$\|S^{-1} - S_0^{-1}\| \leqq \frac{\|S_0^{-1}\|^2 \|S - S_0\|}{1 - \|S_0^{-1}\| \, \|S - S_0\|},$$

da für $\|B\| < 1$ aus der geometrischen Reihe die Abschätzung $\|(I - B)^{-1}\| \leqq 1/(1 - \|B\|)$ folgt. Diese Abschätzung zeigt, daß $\mathscr{GL}(E)$ offen ist und daß die „Inversion" $T \mapsto T^{-1}$ eine stetige Abbildung von $\mathscr{GL}(E)$ auf sich ist. Genauer gehört mit jedem $S_0 \in \mathscr{GL}(E)$ der Ball $\mathbb{B}_{\mathscr{L}(E)}(S_0, \|S_0^{-1}\|^{-1})$ zu $\mathscr{GL}(E)$.

Für $T \in \mathscr{L}(E)$ und $|\lambda| > \|T\|$ ist $\|T/\lambda\| < 1$, also $\lambda - T = \lambda(I - T/\lambda) \in \mathscr{GL}(E)$. Folglich gilt

(13) $$\sigma(T) \subset \bar{\mathbb{B}}_{\mathbb{C}}(0, \|T\|) \quad \forall T \in \mathscr{L}(E).$$

Es sei nun $T_0 \in \mathscr{L}(E)$ beliebig, und $U$ sei eine offene beschränkte Umgebung von $\sigma(T_0)$ in $\mathbb{C}$. Ferner sei $r > \|T_0\|$ eine reelle Zahl mit

$$U \subset \mathbb{B}_{\mathbb{C}}(0, r).$$

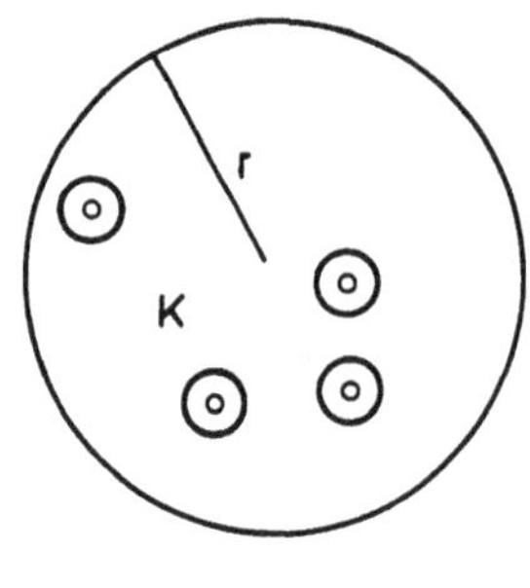

Dann ist $K := \bar{\mathbb{B}}_{\mathbb{C}}(0, r) \setminus U$ kompakt, nicht leer, und $K \subset \varrho(T_0) := \mathbb{C} \setminus \sigma(T_0)$. Da nach den obigen Überlegungen die Abbildung

$$\varrho(T_0) \to \mathscr{G}\mathscr{L}(E), \quad \lambda \mapsto (\lambda - T_0)^{-1}$$

stetig ist, existiert ein $\alpha \in \mathbb{R}$ mit $\|(\lambda - T_0)^{-1}\| \leqq \alpha$ für alle $\lambda \in K$. Für jedes $T \in \mathscr{L}(E)$ mit $\|T - T_0\| < \min\{r - \|T_0\|, 1/\alpha\} =: \beta$ gilt dann

$$\|(\lambda - T) - (\lambda - T_0)\| = \|T - T_0\| < \alpha^{-1} \leqq 1/\|(\lambda - T_0)^{-1}\|$$

für alle $\lambda \in K$. Nach den obigen Überlegungen ist somit $\lambda - T$ für jedes $\lambda \in K$ in $\mathscr{G}\mathscr{L}(E)$, d.h. $K \subset \varrho(T)$. Aus $\|T\| \leqq \|T_0\| + \|T - T_0\| < r$ und (13) folgt sogar $U^c \subset \varrho(T)$, d.h. $\sigma(T) \subset U$ für jedes $T \in V := \{T \in \mathscr{L}(E) \mid \|T - T_0\| < \beta\}$, also die Behauptung. □

**(25.6) Bemerkungen:** (a) Eine Inspektion des vorangehenden Beweises zeigt, daß wir folgenden allgemeinen Sachverhalt bewiesen haben:

*Es sei Y ein beliebigdimensionaler* $\mathbb{K}$*-Banachraum. Dann gehört mit jedem* $S_0 \in \mathscr{G}\mathscr{L}(Y)$ *der ganze Ball* $\mathbb{B}_{\mathscr{L}(Y)}(S_0, \|S_0^{-1}\|^{-1})$ *zu* $\mathscr{G}\mathscr{L}(Y)$. *Also ist* $\mathscr{G}\mathscr{L}(Y)$ *offen, und die Inversion* $S \mapsto S^{-1}$ *ist stetig. Diese Aussagen und ihre Beweise bleiben richtig, wenn* $\mathscr{L}(Y)$ *durch eine beliebige Banachalgebra ersetzt wird.*

(b) *Es sei Y ein beliebiger komplexer Banachraum.* Dann definiert man für $T \in \mathscr{L}(Y)$ die *Resolventenmenge* $\varrho(T)$ von $T$ durch

$$\varrho(T) := \{\lambda \in \mathbb{C} \mid \lambda - T \in \mathscr{G}\mathscr{L}(Y)\}$$

und das *Spektrum* $\sigma(T)$ von $T$ durch

$$\sigma(T) := \mathbb{C} \setminus \varrho(T).$$

Dann zeigt der Beweis des obigen Satzes, daß gilt: $\varrho(T)$ *ist offen und*

$$\sigma(T) \subset \bar{\mathbb{B}}_{\mathbb{C}}(0, \|T\|).$$

*Außerdem ist das Spektrum*

$$\sigma(.) : \mathscr{L}(Y) \to 2^{\mathbb{C}}$$

*oberhalbstetig.*

Insbesondere ist also das Spektrum von $T \in \mathscr{L}(Y)$ kompakt. Im unendlichdimensionalen Fall ist $\sigma(T)$ aber i.a. keine endliche Menge mehr.

Die Oberhalbstetigkeit des Spektrums bedeutet anschaulich, daß bei stetiger Änderung von $T$ das Spektrum nicht sprungartig „aufgebläht" werden kann. Es ist aber durchaus möglich, daß es plötzlich „schrumpft". Für ein Beispiel einer derartigen Situation sei auf Kato [1, Example IV.3.8] verwiesen. □

Im nächsten Satz geben wir eine wichtige Darstellung für die Windungszahl gewisser ebener Vektorfelder längs einer geschlossenen Jordankurve. Dazu identifizieren wir $\mathbb{R}^2$ kanonisch mit $\mathbb{C}\,(= \mathbb{R} + i\mathbb{R})$ und fassen eine Abbildung $f: U \subset \mathbb{R}^2 \to \mathbb{R}^2$ wahlweise als eine komplexe

Funktion $f: U \subset \mathbb{C} \to \mathbb{C}$ auf, ohne dies durch eine andere Bezeichnung näher zum Ausdruck zu bringen. Aus dem Zusammenhang wird immer ersichtlich sein, ob $f$ als Abbildung in $\mathbb{R}^2$ oder in $\mathbb{C}$ betrachtet wird.

**(25.7) Satz:** *Es sei $\Gamma$ eine positiv orientierte ebene $C^1$-Jordankurve, und $U$ sei eine offene Umgebung von $\Gamma$. Ferner sei $f: U \to \mathbb{C}$ holomorph und $f(z) \neq 0$ für $z \in \Gamma$. Dann gilt für die Windungszahl*

$$w(f, \Gamma) = \frac{1}{2\pi i} \int_\Gamma \frac{f'(z)}{f(z)} dz .$$

**Beweis:** Es ist $f = u + iv$ mit $u := Re(f)$ und $v := Im(f)$. Da $f$ in $z_0$ differenzierbar ist, gilt für $f'(z_0) =: \alpha + i\beta$

$$f(z_0 + h) - f(z_0) - (\alpha + i\beta)(\xi + i\eta) = o(h)$$

für $h = \xi + i\eta \to 0$. Durch Zerlegen in Real- und Imaginärteil erhält man hieraus für $F := (u, v)$

$$F(x_0 + \xi, y_0 + \eta) - F(x_0, y_0) - DF(x_0, y_0)(\xi, \eta) = o(|(\xi, \eta)|)$$

für $(\xi, \eta) \to 0$ in $\mathbb{R}^2$ mit

$$[DF] = \begin{bmatrix} u_x & u_y \\ v_x & v_y \end{bmatrix} = \begin{bmatrix} \alpha & -\beta \\ \beta & \alpha \end{bmatrix},$$

also insbesondere die Cauchy-Riemannschen Differentialgleichungen $\alpha = u_x = v_y$ und $\beta = v_x = -u_y$. Folglich ist

$$f' = u_x + iv_x = u_x - iu_y$$

und somit

$$\frac{f'dz}{f} = \frac{\bar{f}f'dz}{|f|^2} = \frac{(u - iv_x)(u_x + iv_x)(dx + idy)}{u^2 + v^2}$$
$$= \frac{udu + vdv}{u^2 + v^2} + i\frac{udv - vdu}{u^2 + v^2},$$

wobei die Cauchy-Riemannschen Differentialgleichungen verwendet werden. Mit

$$\alpha := xdx + ydy = \tfrac{1}{2}d(x^2 + y^2) \quad \text{und} \quad \omega := \omega_{\mathbb{S}^1} = xdy - ydx,$$

sowie der euklidischen Retraktion $r: \mathbb{R}^2 \setminus \{0\} \to \mathbb{S}^1$, gilt also längs $\Gamma$

$$\frac{f'dz}{f} = F^* r^* \alpha + iF^* r^* \omega = (r \circ F)^* \alpha + i(r \circ F)^* \omega .$$

Da $(r \circ F)^* \alpha = (r \circ F)^* dg = d(r \circ F)^* g$ exakt ist (mit $g(x, y) = (x^2 + y^2)/2$), erhalten wir durch Integration über die geschlossene Kurve $\Gamma$, unter Verwendung von Satz (24.16),

$$\int_\Gamma \frac{f'\,dz}{f} = i \int_\Gamma (r \circ F)^* \omega = 2\pi i w(F, \Gamma) = 2\pi i w(f, \Gamma),$$

also die Behauptung. □

**(25.8) Korollar:** *Es sei $U \subset \mathbb{C}$ offen, und $f: U \to \mathbb{C}$ sei holomorph. Ferner sei $\Omega$ ein beschränktes Gebiet der Klasse $C^2$ mit $\bar{\Omega} \subset U$ und $0 \notin f(\partial\Omega)$. Dann ist*

$$\deg(f, \Omega, 0) = \frac{1}{2\pi i} \int_{\partial\Omega} \frac{f'(z)}{f(z)}\,dz\,.$$

**Beweis:** Dies folgt aus Satz (25.7) und Theorem (24.19). □

**(25.9) Bemerkung:** Ist $f(z) \neq 0$, so ist

$$\frac{f'(z)\,dz}{f(z)} = d(\log f(z)) = d(\log|f(z)| + i \arg f(z)),$$

wobei das *Argument* $\arg w \in \mathbb{R}$ der komplexen Zahl $w \neq 0$ durch $w = |w| e^{i \arg w}$ modulo $2\pi$ bestimmt ist. Also zeigt der Beweis von Satz (25.7), daß gilt

$$w(f, \Gamma) = \frac{1}{2\pi} \int_\Gamma d(\arg f(z))\,.$$

(Achtung: $d(\arg f(z))$ ist trotz der Schreibweise keine exakte 1-Form auf $\mathbb{R}^2 \setminus \{0\}$.) Aus dieser Darstellung der Windungszahl kann nochmals die anschauliche Bedeutung von $w(f, \Gamma)$ abgelesen werden, denn bei jedem „Umlauf" von $w$ im positiven Sinn um $0 \in \mathbb{C}$ erfährt das Argument von $w$ den Zuwachs $2\pi$. □

Als erste Anwendung dieses Resultats beweisen wir den „Satz vom Argument" der Funktionentheorie.

**(25.10) Satz:** *Es sei $U \subset \mathbb{C}$ offen, und $f: U \to \mathbb{C}$ sei holomorph. Ferner seien $\Omega$ ein beschränktes Gebiet der Klasse $C^2$ mit $\bar{\Omega} \subset U$ und $0 \notin f(\partial\Omega)$. Dann ist*

$$\deg(f, \Omega, 0) = w(f, \partial\Omega) = \frac{1}{2\pi i} \int_{\partial\Omega} \frac{f'(z)}{f(z)}\,dz = N,$$

*wobei $N$ die Anzahl der gemäß ihrer Vielfachheiten gezählten Nullstellen von $f$ in $\Omega$ ist.*

**Beweis:** Da $f$ holomorph ist, sind die Nullstellen isoliert. Also gibt es in $\bar{\Omega}$ – und damit in $\Omega$ – höchstens endlich viele. Sind $z_1, \ldots, z_m$ die paarweise verschiedenen Nullstellen von $f$ in $\Omega$, so folgt aus Bemerkung (21.7c)

(14) $$\deg(f, \Omega, 0) = \sum_{j=1}^{m} i_0(f, z_j)\,.$$

Es sei $\varepsilon > 0$ so klein, daß die Kreisscheiben $\bar{\mathbb{B}}_{\mathbb{C}}(z_j, \varepsilon), j = 1, \ldots, m,$ paarweise disjunkt sind. Dann folgt aus der Taylorentwicklung von $f$ um $z_j$

$$f(z) = a_j(z)(z - z_j)^{m_j} \quad \forall z \in \bar{\mathbb{B}}(z_j, \varepsilon)$$

mit einem geeigneten $m_j \in \mathbb{N}^*$ und einer holomorphen Funktion $a_j$, für die $a_j(z) \neq 0$ für $z \in \bar{\mathbb{B}}(z_j, \varepsilon)$ gilt. Also ist

$$\frac{f'(z)}{f(z)} = \frac{m_j}{z - z_j} + \frac{a_j'(z)}{a_j(z)} \quad \forall z \in \bar{\mathbb{B}}(z_j, \varepsilon),$$

wobei der zweite Summand holomorph in einer Umgebung von $z_j$ ist. Folglich liefert der Cauchysche Integralsatz (mit $\Gamma_j := \partial \mathbb{B}(z_j, \varepsilon)$, falls $\varepsilon$ u. U. noch geeignet verkleinert wird)

$$\frac{1}{2\pi i} \int_{\Gamma_j} \frac{f'(z)\,dz}{f(z)} = \frac{m_j}{2\pi i} \int_{\Gamma_j} \frac{dz}{z - z_j} = m_j .$$

Nach Korollar (25.8) ist

$$i_0(f, z_j) = \deg(f, \mathbb{B}(z_j, \varepsilon), 0) = \frac{1}{2\pi i} \int_{\Gamma_j} \frac{f'(z)}{f(z)}\, dz = m_j ,$$

also $\deg(f, \Omega, 0) = \sum_{j=1}^{m} m_j = N$ nach (14). Nun folgt die Behauptung aus Satz (25.7) und Korollar (25.8). Besitzt $f$ in $\Omega$ überhaupt keine Nullstellen, so ist $f'/f$ in $\Omega$ holomorph, und die Behauptung folgt aus dem Cauchyschen Integralsatz, aus Satz (25.7) und Korollar (25.8) sowie aus der Lösungseigenschaft des Abbildungsgrads. □

**(25.11) Korollar** *(Satz von Rouché): Es sei $\Omega \subset \mathbb{R}^2$ ein beschränktes Gebiet der Klasse $C^2$, und $U$ sei eine offene Umgebung von $\bar{\Omega}$. Ferner seien $f$ und $g$ holomorphe Funktionen in $U$ mit*

$$|f(z) - g(z)| < |f(z)| \quad \forall z \in \partial\Omega .$$

*Dann haben $f$ und $g$ dieselbe Anzahl von Nullstellen (mit Vielfachheiten gezählt) in $\Omega$.*

**Beweis:** Für $0 \leqq t \leqq 1$ und $z \in \partial\Omega$ folgt

$$|(1 - t) f(z) + t g(z)| \geqq |f(z)| - t|f(z) - g(z)| > 0 .$$

Also ergibt sich die Behauptung aus der Homotopieinvarianz des Abbildungsgrads und aus Satz (25.10). □

Qualitativ besagt der Satz von Rouché, daß die Gesamtzahl der Nullstellen einer holomorphen Funktion in einem beschränkten Gebiet stabil ist gegen holomorphe Störungen, wenn dabei keine Nullstellen über den Rand verlorengehen.

Es sei bemerkt, daß die Voraussetzung „$\Omega \in C^2$" z. B. durch ein Approximationsargument erheblich abgeschwächt werden kann. Für allgemeine Formulierungen und andere Beweise des Satzes von Rouché sowie des „Satzes vom Argument" verweisen wir auf die Bücher der Funktionentheorie (z. B. Cartan [1], Behnke-Sommer [1]). □

Als Anwendung der obigen Resultate wollen wir nun den Störungssatz (25.5) für das Spektrum (im endlichdimensionalen Fall) wesentlich verschärfen.

**(25.12) Satz:** *Es seien $T_0 \in \mathscr{L}(E)$ und $\sigma(T_0) = \{\lambda_j | j = 1, \ldots, n\}$. Ferner sei $m_j$ die Vielfachheit des Eigenwertes $\lambda_j$. Für jedes $j = 1, \ldots, n$ sei $U_j$ eine beschränkte Umgebung von $\lambda_j$ mit*

*$\bar{U}_j \cap \bar{U}_k = \emptyset$ für $j \neq k$, und $U := \bigcup_{j=1}^{n} U_j$. Schließlich sei $V$ eine zusammenhängende Umgebung von $T_0$ in $\mathscr{L}(E)$ mit $\sigma(T) \subset U$ für alle $T \in V$ (vgl. Satz (25.5)). Dann gilt*

$$\sigma(T) \cap U_j \neq \emptyset \quad \forall T \in V, j = 1, \ldots, n,$$

*und die Summe der Vielfachheiten der Eigenwerte in $\sigma(T) \cap U_j$ ist gleich $m_j$.*

**Beweis:** Die Eigenwerte von $T \in V$ sind die Nullstellen des charakteristischen Polynoms

$$f_T(z) = \det(z - T), \quad z \in \mathbb{C}.$$

Sind $z_1, \ldots, z_{n_j}$ die Eigenwerte von $T$ in $U_j$, so folgt aus Satz (25.10) und der Ausschneidungseigenschaft des Abbildungsgrads

$$\deg(f_T, U_j, 0) = N_j,$$

wobei $N_j$ die Summe der Vielfachheiten der $z_1, \ldots, z_{n_j}$ bedeutet. Man verifiziert leicht, daß $f_T$ eine stetige Funktion von $T \in \mathscr{L}(E)$ ist. Also ist die Funktion $T \mapsto \deg(f_T, U_j, 0)$ aufgrund der Stetigkeitseigenschaft des Abbildungsgrads lokal konstant. Da $V$ zusammenhängend ist, ist $T \mapsto \deg(f_T, U_j, 0)$ auf $V$ konstant. Also gilt $N_j = m_j$ für $j = 1, \ldots, n$. □

### *Stabilitätsfragen*

Nach diesen Vorbereitungen können wir leicht die angekündigte Stabilitätsaussage beweisen. Zur Vereinfachung der Darstellung nennen wir dabei die $T(\lambda)$-periodische Lösung $u(\lambda)$ von $\dot{x} = f(\lambda, t, x)$ *stark asymptotisch Ljapunov stabil* [bzw. *stark instabil*], wenn alle Floquetmultiplikatoren der linearisierten Gleichung

$$\dot{y} = D_3 f(\lambda, t, u(\lambda)(t)) y \tag{15}$$

im Inneren des Einheitskreises liegen [bzw. wenn (15) einen Floquetmultiplikator $\mu$ mit $|\mu| > 1$ besitzt].

**(25.13) Theorem:** *Es sei $u(\lambda_0)$ eine stark asymptotisch Ljapunov stabile [bzw. stark instabile] $T(\lambda_0)$-periodische Lösung der Gleichung $\dot{x} = f(\lambda_0, t, x)$ [und das linearisierte Problem*

$$\dot{y} = D_3 f(\lambda_0, t, u(\lambda_0)(t)) y$$

*besitze keine nichttriviale $T(\lambda_0)$-periodische Lösung]. Dann gibt es eine Umgebung $V_0$ von $\lambda_0$ in $V$, derart, daß die $T(\lambda)$-periodische Lösung $u(\lambda)$ aus Theorem (25.2) für jedes $\lambda \in V_0$ stark asymptotisch Ljapunov stabil [bzw. stark instabil] ist.*

**Beweis:** Für $\lambda \in V$ sei $M(\lambda)$ der Monodromieoperator der Gleichung (15). Dann folgt aus dem Stetigkeitstheorem (8.3) und aus $[(t, \lambda) \mapsto u(\lambda, t)] \in C(\mathbb{R} \times V, E)$

$$M \in C(V, \mathscr{L}(E)).$$

Ist $u(\lambda_0)$ stark asymptotisch Ljapunov stabil, so gilt $\sigma(M(\lambda_0)) \subset \mathbb{B}_{\mathbb{C}}$. Also gibt es nach Satz (25.5) eine ganze Umgebung $V_0$ von $\lambda_0$ in $V$ mit $\sigma(M(\lambda)) \subset \mathbb{B}_{\mathbb{C}}$.

Ist $u(\lambda_0)$ stark instabil, so gibt es ein $\mu \in \sigma(M(\lambda_0))$ mit $|\mu| > 1$. Ferner können wir eine Umgebung $U$ von $\mu$ in $\mathbb{C}$ wählen, derart, daß $\sigma(M(\lambda_0)) \cap U = \{\mu\}$ und $\bar{U} \cap \bar{\mathbb{B}}_{\mathbb{C}} = \emptyset$ gelten. Dann gibt es nach (25.12) eine Umgebung $V_0$ von $\lambda_0$ in $V$ mit $\sigma(M(\lambda)) \cap U \neq \emptyset$ für alle $\lambda \in V$. Also ist $u(\lambda)$ für $\lambda \in V_0$ stark instabil. □

**(25.14) Beispiele:** (a) Wir betrachten die Gleichung

(16) $\quad \ddot{y} + \alpha\dot{y} + \beta y + \gamma y^3 + \delta \sin y = \varepsilon \sin^3(\omega t)$

von Beispiel (25.4c) mit $\lambda := (\alpha, \beta, \gamma, \delta, \varepsilon, \omega) \in \mathbb{R}^6$ und $\lambda_0 := (\alpha_0, \beta_0, 0, \dots, 0, \omega_0)$ mit $\omega_0 \neq 0$ entweder $\alpha_0 \neq 0$ und $\beta_0 \neq 0$ oder $\beta_0 < 0$.

Sind $\alpha_0 > 0$ und $\beta_0 > 0$, so liegen alle Nullstellen des charakteristischen Polynoms der linearisierten Gleichung

(17) $\quad \ddot{y} + \alpha_0\dot{y} + \beta_0 y = 0$

in der offenen linken Halbebene (vgl. Beispiel (14.6)). Also folgt aus dem Spektralabbildungssatz (Lemma (19.3)), daß alle Floquetmultiplikatoren des zu (17) gehörigen Systems im Inneren des Einheitskreises liegen. (Bei einem autonomen System $\dot{x} = Ax$ sind die Floquetmultiplikatoren einer $T$-periodischen Lösung ja gerade die Eigenwerte von $e^{TA}$.) Also ist in diesem Fall die $\omega_0$-periodische Lösung $u(\lambda_0) = 0$ von (16) stark asymptotisch Ljapunov stabil. Ist $\beta_0 < 0$, so besitzt das zu (17) gehörige System einen echten Sattel (Beispiel (14.6), 5. Fall). Also ist die $\lambda_0$-periodische Lösung $u(\lambda_0) = 0$ von (16) stark instabil. Somit folgt aus Theorem (25.13):

Es gibt eine Umgebung $V$ von $\lambda_0$ in $\mathbb{R}^6$ und eine eindeutig bestimmte $\omega$-periodische Lösung $u(\lambda)$ von (16) mit folgenden Eigenschaften:

(i) $[(t, \lambda) \mapsto u(\lambda)(t)] \in C^\infty(\mathbb{R} \times V, \mathbb{R})$ und $u(\lambda_0) = 0$;

(ii) $u(\lambda)$ ist für jedes $\lambda \in V$ (stark) asymptotisch Ljapunov stabil, falls $\alpha_0 > 0$ und $\beta_0 > 0$ gilt, und (stark) instabil, wenn $\beta_0 < 0$ erfüllt ist.

(b) Für die $T$-periodische Gleichung

$$\ddot{y} + \omega^2 y = \lambda f(\lambda, y, \dot{y}, t)$$

von Beispiel (25.4d) hat die in $\lambda_0 = 0$ linearisierte Gleichung $\ddot{y} + \omega^2 y = 0$ die Floquetmultiplikatoren $e^{\pm i\omega T}$. Also ist Theorem (25.13) auf diesen Fall nicht anwendbar. □

Wir betrachten nun den autonomen Fall,

$$f \in C^k(\Lambda \times X, E), \quad k \geqq 1,$$

und nehmen an, $\gamma(\lambda_0)$ sei ein hyperbolischer periodischer Orbit von $\dot{x} = f(\lambda_0, x)$ (vgl. § 23). Mit Hilfe des Poincaréoperators ist es nicht schwer, ein Analogon zu den Theoremen (25.2) und (25.13) zu beweisen. Um die stetige Abhängigkeit des Orbits $\gamma(\lambda)$ vom Parameter $\lambda \in \Lambda$ formulieren und beweisen zu können, benötigen wir den Begriff der Hausdorffmetrik.

Es sei $M = (M, d)$ ein metrischer Raum. Dann definieren wir die *Hausdorffdistanz* zweier Teilmengen $A$ und $B$ von $M$ durch

$$\delta(A, B) := \max\{\sup_{x \in A} d(x, B), \sup_{y \in B} d(y, A)\}.$$

Es ist nicht schwer zu sehen, daß $\delta$ eine Metrik auf der Menge aller beschränkten abgeschlossenen Teilmengen von $M$ ist. Aus diesem Grund spricht man kurz von

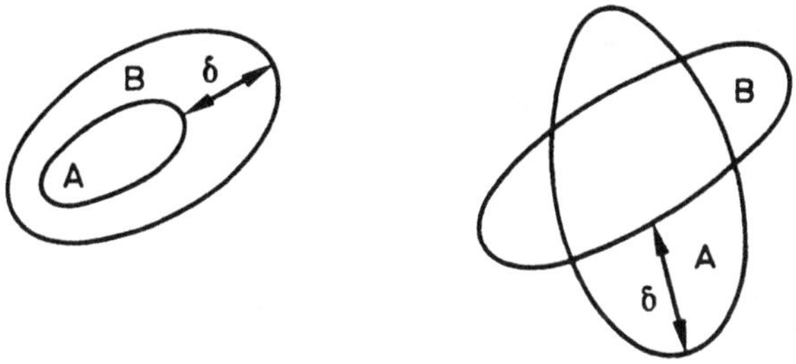


der *Hausdorffmetrik* in $2^M$ (obwohl für beliebige nicht abgeschlossene Mengen $A, B \in 2^M$ aus $\delta(A, B) = 0$ nicht $A = B$ zu folgen braucht und $\delta(A, B) = \infty$ gelten kann).

**(25.15) Theorem:** *Es sei $\gamma(\lambda_0)$ ein nichtkritischer, hyperbolischer periodischer Orbit der Gleichung $\dot{x} = f(\lambda_0, x)$. Dann gibt es Umgebungen $V$ von $\lambda_0$ in $\Lambda$ und $W$ von $\gamma(\lambda_0)$ in $X$ mit folgenden Eigenschaften:*

(i) *für jedes $\lambda \in V$ gibt es genau einen periodischen Orbit $\gamma(\lambda)$ von $\dot{x} = f(\lambda, x)$ in $W$;*

(ii) *$\gamma(\lambda)$ ist nichtkritisch, hyperbolisch und besitzt dieselben Stabilitätseigenschaften wie $\gamma(\lambda_0)$;*

(iii) *die Abbildung*

$$V \to 2^X, \quad \lambda \mapsto \gamma(\lambda)$$

*ist stetig bzgl. der Hausdorffmetrik.*

**Beweis:** Es sei $x_0 \in \gamma(\lambda_0)$ beliebig, und

$$E = \mathbb{R} f(\lambda_0, x_0) \oplus H$$

sei die Zerlegung von $E$, welche den Monodromieoperator $U(\lambda_0)$ von

$$\dot{y} = D_2 f(\lambda_0, t \cdot x_0) y$$

reduziert (vgl. (19) von § 23). Dann gilt für den zugehörigen Poincaréoperator $\pi(\lambda_0, .): H_{x_0} \to H_{x_0}$ (wobei $\pi(\lambda_0, .)$ nur in der Nähe von $x_0$ definiert und $H_{x_0} = x_0 + H$ gesetzt sind):

$x_0$ ist ein Fixpunkt von $\pi(\lambda_0, .)$, und die Linearisierung $D_2 \pi(\lambda_0, x_0)$ ist ein hyperbolischer Automorphismus von $H$ (vgl. Satz (23.7)).

Wegen $f \in C^k(\Lambda \times X, E)$ folgt aus dem Beweis von Lemma (23.4), daß Umgebungen $V$ von $\lambda_0$ in $\Lambda$ und $S$ von $x_0 \in H_{x_0}$ existieren, derart, daß $S$ ein lokaler Transversalschnitt für den von $f(\lambda, .)$, $\lambda \in V$, erzeugten Fluß ist, und daß für den Poincaréoperator gilt

$$\pi \in C^k(V \times S, H_{x_0}).$$

Dazu muß man im Beweis von Lemma (23.4) lediglich die $\lambda$-Abhängigkeit bei der Anwendung des Satzes über implizite Funktionen berücksichtigen.

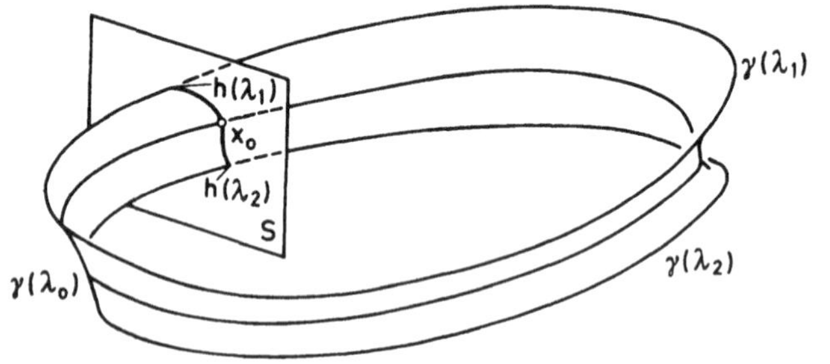


Nun liegt $x \in S$ genau dann auf einem periodischen Orbit $\gamma(\lambda)$ von $f(\lambda, .)$, wenn $x$ ein Fixpunkt von $\pi(\lambda, .)$ ist, d. h. wenn

$$g(\lambda, x) := x - \pi(\lambda, x) = 0$$

gilt. Da $\gamma(\lambda_0)$ ein nichtkritischer hyperbolischer Orbit ist, ist $D_2 g(\lambda_0, x_0) = I - D_2 \pi(\lambda_0, x_0) \in \mathcal{GL}(H)$. Also folgt aus $g(\lambda_0, x_0) = 0$ und dem Satz über implizite Funktionen, daß Umgebungen $V_0$ von $\lambda_0$ in $V$ und $W_0$ von $x_0$ in $S$ sowie eine Funktion $h \in C^k(V_0, W_0)$ existieren mit

$$(\lambda, x) \in V_0 \times W_0 \quad \text{und} \quad g(\lambda, x_0) = 0 \Leftrightarrow \lambda \in V_0 \quad \text{und} \quad x = h(\lambda).$$

Durch Verkleinern von $V$ können wir $V = V_0$ annehmen. Also gibt es zu jedem $\lambda \in V$ genau einen periodischen Orbit $\gamma(\lambda)$ von $f(\lambda, .)$, der $S$ in $W_0$ trifft, nämlich der Orbit, der durch den Punkt $h(\lambda)$ geht. Wir wählen nun für $W$ eine beliebige Umgebung von $\gamma(\lambda_0)$ in $X$, welche alle periodischen Orbits $\gamma(\lambda)$, $\lambda \in V$, enthält und für die gilt: $W \cap H = W_0$. Dann ist offensichtlich (i) erfüllt.

Nach (dem modifizierten Beweis von) Lemma (23.4) ist der Poincaréoperator $\pi(\lambda, x)$ von der Form $\tau(\lambda, x) \cdot x$ mit der „Rückkehrzeit" $\tau \in C^k(V \times S, \mathbb{R})$. Also gilt für die minimale Periode $T(\lambda)$ des Orbits $\gamma(\lambda)$

(18) $$T(.) = \tau(\lambda, h(.)) \in C^k(V, \mathbb{R}),$$

und wegen $T(\lambda_0) > 0$ können wir somit $T(\lambda) > 0$ für alle $\lambda \in V$ (durch eventuelles Verkleinern von $V$) annehmen. Folglich ist $\gamma(\lambda)$ für kein $\lambda \in V$ kritisch.

Wir bezeichnen für jedes $\lambda \in V$ mit $u(\lambda)$ die $T(\lambda)$-periodische Lösung von $\dot{x} = f(\lambda, x)$ mit $u(\lambda)(0) = h(\lambda) \in W_0$. Dann sind die Floquetmultiplikatoren des periodischen Orbits $\gamma(\lambda)$ die Eigenwerte des Monodromieoperators der Gleichung

$$\dot{y} = D_2 f(\lambda, u(\lambda)(t))y.$$

Wegen (18) erhalten wir nun die übrigen Behauptungen von (ii) mittels der Störungssätze (25.5) und (25.12) analog zum Beweis von Theorem (25.13).

Wegen $[(t, \lambda) \mapsto u(\lambda)(t)] \in C^k(\mathbb{R} \times V, E)$ folgt aus Bemerkung (25.3) mit $v(t, \lambda) := u(tT(\lambda), \lambda)$ die Beziehung $[\lambda \mapsto v(., \lambda)] \in C^k(V, BC^k(\mathbb{R}, E))$, was (iii) impliziert. □

**(25.16) Bemerkungen:** (a) Es verdient, festgehalten zu werden, daß wir das folgende schärfere Stetigkeitsresultat bewiesen haben:

*Ist* $u(\lambda)$ *für jedes* $\lambda \in V$ *die nach Theorem* (25.15) *eindeutig existierende* $T(\lambda)$*-periodische Lösung von* $\dot{x} = f(\lambda, .)$ *mit* $u(\lambda)(0) = h(\lambda) \in W_0$, *so gilt:* $T(.) \in C^k(V, \mathbb{R})$ *und* $[(t, \lambda) \mapsto u(\lambda)(t)] \in C^k(\mathbb{R} \times V, E)$. *Für* $v(t, \lambda) := u(\lambda)(tT(\lambda))$ *ist sogar* $[\lambda \mapsto v(., \lambda)] \in C^k(V, BC^k(\mathbb{R}, E))$.

(b) *Es sei* $\gamma(\lambda_0)$ *ein nichtkritischer periodischer Orbit von* $\dot{x} = f(\lambda_0, x)$, *und* 1 *sei ein einfacher Floquetmultiplikator von* $\gamma$. *Dann gibt es Umgebungen* $V$ *von* $\lambda_0$ *in* $\Lambda$ *und* $W$ *von* $\gamma(\lambda_0)$ *in* $X$ *mit den Eigenschaften* (i) *und* (iii) *von Theorem* (25.15), *derart, daß* $\gamma(\lambda)$ *für jedes* $\lambda \in V$ *nichtkritisch ist. Außerdem gilt die Stetigkeitsaussage* (a).

Dies folgt aus dem Beweis von Theorem (25.15), da die Voraussetzung bereits $D_2 g(\lambda_0, x_0) \in \mathcal{GL}(H)$ impliziert. □

**(25.17) Beispiel:** Es seien $\Lambda \subset F$ eine Umgebung von 0 und $g \in C^k(\Lambda \times \mathbb{R}^2, \mathbb{R}^2)$. Ferner sei

$$g(0, x, y) := (xh(x^2 + y^2), yh(x^2 + y^2))$$

mit $h(\xi) = 1 - \xi$, und wir betrachten das System

$$(19)_\lambda \qquad \begin{aligned} \dot{x} &= f^1(\lambda, x, y) := -y + g^1(\lambda, x, y) \\ \dot{y} &= f^2(\lambda, x, y) := x + g^2(\lambda, x, y)\,. \end{aligned}$$

Für $\lambda = 0$ lautet $(19)_0$ in Polarkoordinaten:

$$\dot{r} = rh(r^2), \quad \dot{\varphi} = 1\,.$$

Also hat $(19)_0$ genau einen nichtkritischen periodischen Orbit, nämlich $\gamma(0) := \mathbb{S}^1$.

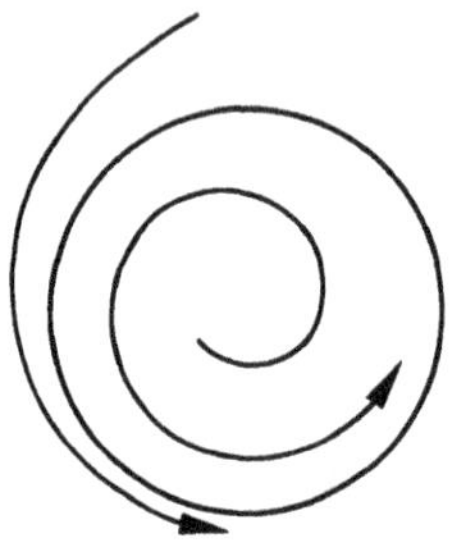

Dieser Orbit hat die minimale Periode $2\pi$, und er ist hyperbolisch und asymptotisch stabil. Die letzte Behauptung sieht man am einfachsten durch Berechnen von $\operatorname{div} f(t \cdot x)$ für $x \in \gamma(0)$. Hierfür findet man

$$\operatorname{div} f = \frac{\partial f}{\partial r} + \frac{1}{r} f = 2h(r^2) + 2r^2 h'(r^2) = 2(h(r^2) - r^2) = 2(1 - 2r^2)\,.$$

Also ist $\operatorname{div} f = -2$ längs des Orbits $\gamma(0)$. Hieraus ergibt sich, wie im Beweis von Satz (23.9), daß der von 1 verschiedene Floquetmultiplikator von $\gamma(0)$ den Wert $e^{-4\pi} < 1$ hat. Nun folgt aus Theorem (25.15), daß eine Umgebung $V$ von 0 in $\Lambda$ existiert, derart, daß das System $(19)_\lambda$ für jedes $\lambda \in V$ einen nichtkritischen, asymptotisch stabilen periodischen Orbit $\gamma(\lambda)$ besitzt, und $\gamma(\lambda) \to \gamma(0) = \mathbb{S}^1$ (in der Hausdorffmetrik). Außerdem gibt es eine Umgebung $U$ von $\gamma(0)$, derart, daß $\gamma(\lambda)$ der einzige periodische Orbit von $(19)_\lambda$ in $U$ ist. Schließlich gilt für die minimale Periode $T(\lambda)$ von $\gamma(\lambda)$: $T(\cdot) \in C^k(V, \mathbb{R})$ und $T(0) = 2\pi$. □

## Aufgaben

1. Es seien die Voraussetzungen von Theorem (25.2) mit $\dim(\Lambda) = 1$ erfüllt. Zeigen Sie, daß es ein maximales Intervall $\Lambda_0 \subset \Lambda$ gibt mit $\lambda_0 \in \Lambda_0$, derart, daß $u(\lambda_0)$ „auf ganz $\Lambda_0$ fortgesetzt werden kann" und daß $\Lambda_0$ offen ist.

2. Es sei $Y$ ein $\mathbb{K}$-Banachraum. Für $T \in \mathscr{L}(Y)$ wird der *Spektralradius* $r(T)$ *von* $T$ durch

$$r(T) := \lim_{k \to \infty} \|T^k\|^{1/k}$$

definiert. Zeigen Sie:

(i) Die Definition ist sinnvoll (d. h. der Grenzwert existiert) und es gilt: $r(T) \leqq \|T\|$.

(ii) $r(T)$ ist unabhängig von der speziellen Norm.

(iii) Ist $\dim(Y) < \infty$, so gilt:

$$r(T) = \max\{|\lambda| \mid \lambda \in \sigma(T)\}.$$

(*Hinweis* zu (iii): Beachten Sie (ii) und den Beweis von Lemma (13.1).)

3. Es sei $Y$ ein komplexer Banachraum. Für jedes $T \in \mathscr{L}(Y)$ wird die *Resolvente* $R(.,T)$ *von* $T$ durch

$$R(.,T): \varrho(T) \to \mathscr{L}(Y), \quad \lambda \mapsto (\lambda - T)^{-1}$$

definiert. Zeigen Sie:

(i) Die Resolvente ist eine analytische Funktion von $\lambda \in \varrho(T)$, d. h. lokal durch eine Potenzreihe in $\mathscr{L}(E)$ darstellbar.

(ii) Es gilt die *Resolventengleichung*

$$R(\lambda, T) - R(\mu, T) = (\mu - \lambda) R(\lambda, T) R(\mu, T) \quad \forall \lambda, \mu \in \varrho(T).$$

(*Hinweis* zu (i): Beachten Sie den Beweis von Satz (25.5).)

## 26. Verzweigungsprobleme

Wir bezeichnen mit $E, F$ und $G$ wieder reelle endlichdimensionale Banachräume, $X \subset E$ und $\Lambda \subset F$ seien offen, und

$$f \in C^k(\Lambda \times \mathbb{R} \times X, E)$$

für ein $k \geqq 1$.

In diesem Paragraphen studieren wir die parameterabhängige Differentialgleichung

$$\dot{x} = f(\lambda, t, x)$$

in Situationen, in denen die Kontinuitätsmethode nicht anwendbar ist. Dazu nehmen wir an, es sei uns bereits eine Familie $u(\lambda)$ von $T(\lambda)$-periodischen Lösungen explizit bekannt. Genauer, es seien

$$T(.) \in C^k(\Lambda, \mathbb{R}_+^*)$$

und

$$u \in C^k(\mathbb{R} \times \Lambda, E)$$

gegeben, derart, daß $u(\lambda) := u(.\,, \lambda)$ für jedes $\lambda \in \Lambda$ eine $T(\lambda)$-periodische Lösung der $T(\lambda)$-periodischen Differentialgleichung $\dot{x} = f(\lambda, t, x)$ ist. Durch die Funktion $\lambda \mapsto u(\lambda)$ wird in $BC(\mathbb{R}, E)$ eine Mannigfaltigkeit periodischer Lösungen beschrieben (nämlich der Graph von $u$) – im einfachsten Fall eine Kurve. Man sagt dann, ein Punkt $(\lambda_0, u(\lambda_0))$ sei ein *Verzweigungspunkt (Bifurkationspunkt) periodischer Lösungen,* wenn es in jeder Umgebung von $(\lambda_0, u(\lambda_0))$ periodische Lösungen gibt, die nicht auf dieser Mannigfaltigkeit liegen.

Bevor wir dieses Problem genauer studieren, wollen wir zuerst eine Normalisierung durchführen. Dazu setzen wir

$$\hat{f}(\lambda, t, x) := f(\lambda, t, x + u(\lambda)(t)) - f(\lambda, t, u(\lambda)(t))$$

und

$$\tilde{f}(\lambda, t, x) := (T(\lambda)/2\pi)\hat{f}(\lambda, tT(\lambda)/2\pi, x)$$

für alle $(\lambda, t) \in \Lambda \times \mathbb{R}$ und alle $x \in E$, für welche die rechte Seite definiert ist. Dann ist die Funktion $\tilde{f}$ $2\pi$-periodisch in $t$, und es gilt $\tilde{f}(\lambda, t, 0) = 0$ für alle $(\lambda, t) \in \Lambda \times \mathbb{R}$. Außerdem ist $t \mapsto \tilde{u}(t)$ genau dann eine Lösung der Gleichung $\dot{y} = \tilde{f}(\lambda, t, y)$, wenn $t \mapsto \tilde{u}(2\pi t/T(\lambda)) + u(\lambda)(t)$ eine Lösung von $\dot{x} = f(\lambda, z, x)$ ist. Schließlich sei $\lambda_0 \in \Lambda$ ein möglicher Bifurkationspunkt, und $V$ sei eine kompakte Umgebung von $\lambda_0$ in $\Lambda$. Dann gibt es ein $T_0 > 0$ mit $T(V) \subset [0, T_0]$, und da die Funktion $(\lambda, t) \mapsto u(\lambda, t) := u(\lambda)(t)$ stetig ist, ist $u(V \times [0, T_0])$ kompakt und in $X$ enthalten. Also ist $\operatorname{dist}(u(V \times [0, T_0]), X^c) > 0$, und es gibt ein $r > 0$ mit $\mathbb{B}_E(u(\lambda, t), r) \subset X$ für alle $\lambda \in V$ und $t \in \mathbb{R}$. Dies zeigt, daß die Funktion $\tilde{f}$ auf $V \times \mathbb{R} \times \mathbb{B}_E(0, r)$ definiert ist. Da wir uns für lokale Aussagen (d.h. für eine Umgebung von $(\lambda_0, u(0, \lambda_0))$ in $\Lambda \times E$ interessieren und da die Funktion $f$ auf $V \times \mathbb{R} \times \mathbb{B}_E(0, r)$ zur Klasse $C^k$ gehört, *können wir für das folgende o.B.d.A. annehmen*

(1)
- (i) $f \in C^k(\Lambda \times \mathbb{R} \times X, E), \quad k \geqq 1;$
- (ii) $f$ *ist* $2\pi$*-periodisch in* $t$*;*
- (iii) $f(.\,, .\,, 0) = 0$.

Aus Theorem (25.2) erhalten wir sofort eine *notwendige Bedingung* dafür, daß $\lambda_0 \in \Lambda$ *„ein Verzweigungspunkt von der trivialen Lösung"* ist.

**(26.1) Satz:** *Ist* $(\lambda_0, 0)$ *ein Verzweigungspunkt* $2\pi$*-periodischer Lösungen der Glei-*

*chung* $\dot{x} = f(\lambda, t, x)$, *so besitzt die linearisierte Gleichung*

$$\text{(2)} \qquad \dot{y} = D_3 f(\lambda_0, t, 0)y$$

*nichttriviale* $2\pi$*-periodische Lösungen.*

**Beweis:** Ist diese Bedingung nicht erfüllt, so gibt es nach Theorem (25.2) und Bemerkung (25.3) eine Umgebung $V$ von $\lambda_0$ in $\Lambda$ und eine Umgebung $U$ von 0 in $BC(\mathbb{R}, E)$, derart, daß die Gleichung $\dot{x} = f(\lambda, t, x)$ für jedes $\lambda \in V$ genau eine $2\pi$-periodische Lösung $u(\lambda)$ in $U$ besitzt. Also muß $u(\lambda) = 0$ für alle $\lambda \in V$ gelten, und $(\lambda_0, 0)$ ist kein Verzweigungspunkt. □

Die Bedingung von Satz (26.1) ist äquivalent dazu, daß 1 ein Floquetmultiplikator der linearisierten Gleichung (2) ist. Daß diese Bedingung nicht hinreichend dafür ist, daß $(\lambda_0, 0)$ ein Bifurkationspunkt ist, folgt z. B. aus Theorem (25.15).

Wir bezeichnen wieder mit $u(.\,, 0, \xi, \lambda)$ die globale Lösung des AWP

$$\dot{x} = f(\lambda, t, x), \quad x(0) = \xi$$

und setzen $g(\lambda, \xi) := \xi - u(2\pi, 0, \xi, \lambda)$. Durch eventuelles Verkleinern von $X$ können wir, wie im Beweis von Theorem (25.2),

$$g \in C^k(\Lambda \times X, E)$$

annehmen, und nach Bemerkung (20.2) ist $\xi_0$ genau dann eine Nullstelle von $g(\lambda, .)$, wenn $u(.\,, 0, \xi_0, \lambda)$ eine $2\pi$-periodische Lösung von $\dot{x} = f(\lambda, t, x)$ ist. Aufgrund der Voraussetzung (1.iii) gilt außerdem

$$g(.\,, 0) = 0\,.$$

Das Bifurkationsproblem für periodische Lösungen der Gleichung $\dot{x} = f(\lambda, t, x)$ ist also äquivalent zu dem Bifurkationsproblem „kleiner Lösungen" der parameterabhängigen Gleichung $g(\lambda, \xi) = 0$. Beide Probleme sind Spezialfälle einer allgemeinen Situation, die wir nun etwas genauer anschauen wollen.

Es seien $\mathbb{E}$, $\mathbb{F}$ und $\mathbb{G}$ beliebige Banachräume, und $\mathbb{X} \subset \mathbb{E}$ sowie $\Lambda \subset \mathbb{F}$ seien offen

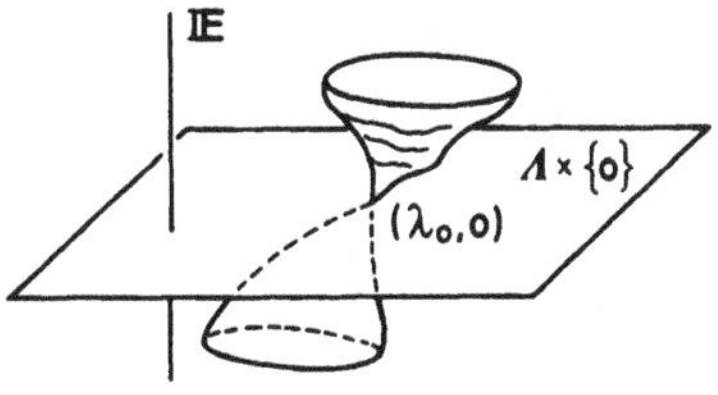


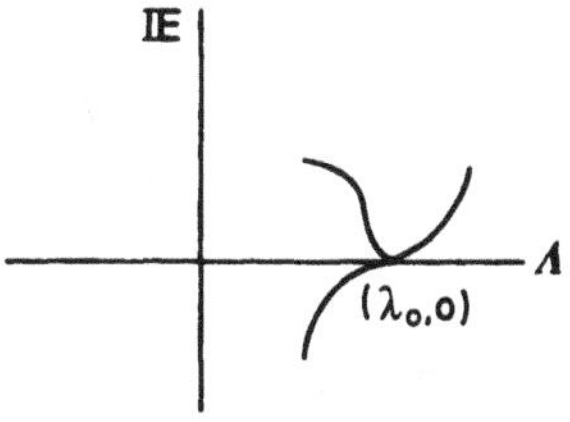

mit $0 \in \mathbb{X}$. Ferner sei

$$\Phi : \mathbb{\Lambda} \times \mathbb{X} \to \mathbb{G} \quad \text{mit} \quad \Phi(\lambda, 0) = 0 \quad \forall \lambda \in \mathbb{\Lambda}.$$

Dann heißt $(\lambda_0, 0) \in \mathbb{\Lambda} \times \mathbb{X}$ *Verzweigungspunkt* (oder $\lambda_0$ heißt *Verzweigungspunkt bzgl. der trivialen Lösung*) *der Gleichung* $\Phi(\lambda, x) = 0$, wenn es in jeder Umgebung von $(\lambda_0, 0)$ in $\mathbb{\Lambda} \times \mathbb{X}$ eine Lösung $(\lambda, x)$ von $\Phi(\lambda, x) = 0$ gibt mit $x \neq 0$.

**(26.2) Bemerkung:** Man verifiziert leicht, daß

$$C_{2\pi}^k(E) := \{u \in BC^k(\mathbb{R}, E) \mid u(t + 2\pi) = u(t) \quad \forall t \in \mathbb{R}\}$$

für jedes $k \in \mathbb{N}$ ein abgeschlossener Untervektorraum von $BC^k(\mathbb{R}, E)$ ist. Da $BC^k(\mathbb{R}, E)$ aufgrund des Satzes über die gliedweise Differenzierbarkeit gleichmäßig konvergenter Funktionenfolgen ein Banachraum ist, ist auch $C_{2\pi}^k(E)$ ein Banachraum. Wir setzen nun

$$\mathbb{E} := C_{2\pi}^1(E), \quad \mathbb{F} := F, \quad \mathbb{G} := C_{2\pi}(E) := C_{2\pi}^0(E)$$

sowie $\mathbb{\Lambda} := \Lambda$ und

$$\mathbb{X} := \{u \in \mathbb{E} \mid u(\mathbb{R}) \subset X\}.$$

Dann sieht man leicht, daß $\mathbb{X}$ offen ist in $\mathbb{E}$ (vgl. Lemma (2.4)). Schließlich setzen wir

$$\Phi(\lambda, u)(t) := Du(t) - f(\lambda, t, u(t)) \quad \forall t \in \mathbb{R}.$$

Dann gilt

$$\Phi \in C^k(\mathbb{\Lambda} \times \mathbb{X}, \mathbb{G}) \quad \text{und} \quad \Phi(.\,, 0) = 0.$$

Außerdem ist $(\lambda_0, u_0)$ genau dann eine Lösung der Gleichung $\Phi(\lambda, u) = 0$, wenn $u_0$ eine $2\pi$-periodische Lösung der Differentialgleichung $\dot{x} = f(\lambda_0, t, x)$ ist. Folglich ist das Bifurkationsproblem für periodische Lösungen – wie behauptet – ein Spezialfall des abstrakten Problems. □

Das folgende notwendige Kriterium für die Existenz von Bifurkationspunkten ist das Analogon (genauer: die Verallgemeinerung) von Satz (26.1).

**(26.3) Satz:** *Es sei* $\Phi \in C^1(\mathbb{\Lambda} \times \mathbb{X}, \mathbb{G})$. *Dann ist* $(\lambda_0, 0)$ *höchstens dann ein Bifurkationspunkt der Gleichung* $\Phi(\lambda, x) = 0$, *wenn* $D_2\Phi(\lambda_0, 0) \in \mathscr{L}(\mathbb{E}, \mathbb{G})$ *nicht bijektiv ist.*

**Beweis:** Ist $D_2\Phi(\lambda_0, 0)$ bijektiv, so folgt aus dem Banachschen Satz über offene Abbildungen (z. B. Yosida [1]), daß $D_2\Phi(\lambda_0, 0)$ ein topologischer Isomorphismus ist. Also gibt es aufgrund des Satzes über implizite Funktionen (z. B. Dieudonné [1]) eine Umgebung $V \times U$ von $(\lambda_0, 0)$ in $\mathbb{\Lambda} \times \mathbb{X}$, derart, daß die Gleichung $\Phi(\lambda, x) = 0$ für jedes $\lambda \in V$ genau eine Lösung in $U$ besitzt. Somit kann $(\lambda_0, 0)$ kein Verzweigungspunkt sein. □

**(26.4) Korollar:** *Sind* $\mathbb{E} = \mathbb{G}$ *und* $\dim \mathbb{E} < \infty$, so ist $(\lambda_0, 0)$ *höchstens dann ein Verzweigungspunkt der Gleichung* $\Phi(\lambda, x) = 0$, *wenn* 0 *ein Eigenwert von* $D_2\Phi(\lambda_0, 0) \in \mathscr{L}(\mathbb{E})$ *ist, d.h. wenn* $\ker[D_2\Phi(\lambda_0, 0)] \neq \{0\}$ *gilt.*

Im Spezialfall $\mathbb{E} = \mathbb{G}$ und $\dim \mathbb{E} < \infty$ kann man mit Hilfe des Brouwerschen Abbildungsgrades ein wichtiges hinreichendes Kriterium für die Existenz von Verzweigungspunkten angeben, das zuerst von Krasnosel'skii entdeckt wurde.

**(26.5) Theorem:** *Es seien* $\Lambda \subset \mathbb{R}$ *und* $\Phi \in C(\Lambda \times X, E)$ *sowie* $\lambda_0 \in \Lambda$ *und* $\varepsilon > 0$, *und es gelte*

(3)
(i) $\Phi(.,0) = 0$;
(ii) *für jedes* $\lambda \in [\lambda_0 - \varepsilon, \lambda_0 + \varepsilon] \setminus \{\lambda_0\} =: \dot{J}$ *gibt es eine Umgebung* $J_\lambda \times U_\lambda$ *von* $(\lambda, 0)$ *in* $\dot{J} \times X$, *derart, daß* 0 *für jedes* $\mu \in J_\lambda$ *die einzige Nullstelle von* $\Phi(\mu, .)$ *in* $U_\lambda$ *ist.*

*Dann ist* $(\lambda_0, 0)$ *ein Verzweigungspunkt der Gleichung* $\Phi(\lambda, x) = 0$, *wenn für den lokalen Index*

$$i_\Phi(\lambda) := i_0(\Phi(\lambda, .), 0)$$

*gilt:*

(4) $$i_\Phi(\lambda_0 - \varepsilon) \neq i_\Phi(\lambda_0 + \varepsilon).$$

**Beweis:** Es sei $(\lambda_0, 0)$ kein Verzweigungspunkt. Dann gibt es zu jedem $\lambda \in [\lambda_0 - \varepsilon, \lambda_0 + \varepsilon] := J$ eine Umgebung $J_\lambda \times U_\lambda$ von $(\lambda, 0)$ in $\Lambda \times X$ mit $\Phi(\lambda, x) \neq 0$ für alle $(\lambda, x) \in J_\lambda \times (\bar{U}_\lambda \setminus \{0\})$. Aufgrund der Kompaktheit von $J$ finden wir endlich viele Punkte $\lambda_1, \dots, \lambda_m \in J$, derart, daß die $J_{\lambda_1}, \dots, J_{\lambda_m}$ das Intervall $J$ überdecken.

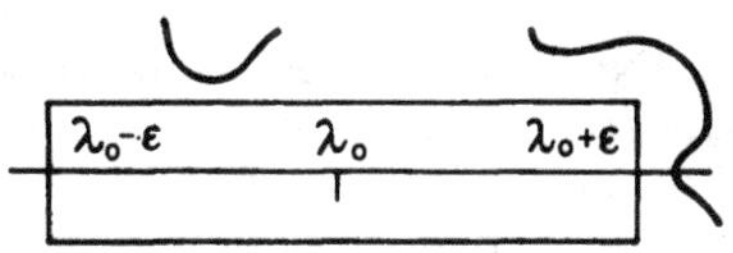


Wir setzen $U := \bigcap_{j=1}^{m} U_{\lambda_j}$. Dann gibt es in $J \times \bar{U}$ keine Lösungen von $\Phi(\lambda, x) = 0$ mit $x \neq 0$. Also folgt aus der Definition des lokalen Indexes und der Homotopieinvarianz des Abbildungsgrades

$$\begin{aligned} i_\Phi(\lambda_0 - \varepsilon) &= \deg(\Phi(\lambda_0 - \varepsilon, .), U, 0) \\ &= \deg(\Phi(\lambda_0 + \varepsilon, .), U, 0) = i_\Phi(\lambda_0 + \varepsilon), \end{aligned}$$

im Widerspruch zur Voraussetzung. □

**(26.6) Korollar:** *Es seien* $\Lambda \subset \mathbb{R}$ *und* $\Phi \in C^{0,1}(\Lambda \times X, E)$, *und es gelte*

(i) $\Phi(.,0) = 0$;

(ii) *es gibt ein* $\lambda_0 \in \Lambda$ *und ein* $\varepsilon > 0$, *derart, daß* $\ker[D_2\Phi(\lambda, 0)] = \{0\}$ *für* $0 < |\lambda - \lambda_0| \leqq \varepsilon$ *gilt.*

*Wechselt dann die Funktion*

$$\lambda \mapsto \det[D_2\Phi(\lambda, 0)] \tag{5}$$

*in* $\lambda_0$ *das Vorzeichen, so ist* $(\lambda_0, 0)$ *ein Verzweigungspunkt der Gleichung* $\Phi(\lambda, x) = 0$.

**Beweis:** Wegen $D_2\Phi(\lambda, 0) \in \mathcal{GL}(E)$ für $0 < |\lambda - \lambda_0| \leqq \varepsilon$ ist 0 nach Satz (21.8) eine isolierte Nullstelle von $\Phi(\lambda, .)$, und es gilt

$$\begin{aligned} i_\Phi(\lambda) &= i_0(\Phi(\lambda, 0), 0) = i_0(D_2\Phi(\lambda, 0), 0) \\ &= \operatorname{sign}\det[D_2\Phi(\lambda, 0)] \end{aligned}$$

für $0 < |\lambda - \lambda_0| \leqq \varepsilon$. Also impliziert (5) die Bedingung (4). □

**(26.7) Bemerkung:** Bezeichnet $n(\lambda)$ die Anzahl der – gemäß ihrer Vielfachheiten gezählten – negativen reellen Eigenwerte von $D_2\Phi(\lambda, 0)$, so ist

$$\operatorname{sign}\det[D_2\Phi(\lambda, 0)] = (-1)^{n(\lambda)}$$

(vgl. den Beweis von Satz (21.10)). Also ist (4) äquivalent zu

$$n(\lambda_0 + \varepsilon) - n(\lambda_0 - \varepsilon) \equiv 1 \pmod 2.$$ □

**(26.8) Beispiele:** (a) Für $f \in C^1(\Lambda \times X, E)$ gelte $f(.,0) = 0$. Dann ist $x = 0$ für jedes $\lambda \in \Lambda$ ein kritischer Punkt der Gleichung $\dot{x} = f(\lambda, x)$. Ist $0 \notin \sigma(D_2 f(\lambda_0, 0))$, so ist nach dem Satz über implizite Funktionen die Nullösung für jedes $\lambda$ in einer Umgebung von $\lambda_0$ ein isolierter kritischer Punkt von $\dot{x} = f(\lambda, x)$. Ist $(\lambda_0, 0)$ ein Verzweigungspunkt der Gleichung $f(\lambda, x) = 0$, so ist $(\lambda_0, 0)$ ein *Bifurkationspunkt für kritische Punkte* der Gleichung $\dot{x} = f(\lambda, x)$ (oder des von $f(\lambda, .)$ erzeugten parameterabhängigen Flusses). Es ist nützlich, sich in einfachen Fällen eine geometrische Vorstellung vom qualitativen Verhalten der Flüsse bei der Parameteränderung zu machen, wie dies im folgenden geschehen soll.

(b) Es seien $\Lambda = \mathbb{R}$ und $E = \mathbb{R}^2$, und

$$f(\lambda, x, y) := (\lambda a x - a x^3, b y)$$

mit $a, b \in \mathbb{R}^*$. Dann gilt offensichtlich $f(\lambda, 0, 0) = 0$ für alle $\lambda \in \mathbb{R}$, und

$$D_2 f(\lambda, 0, 0) = \begin{bmatrix} \lambda a & 0 \\ 0 & b \end{bmatrix}.$$

Also ist $0 \notin \sigma(D_2 f(\lambda, 0, 0))$ für $\lambda \neq 0$, und die Funktion $\lambda \mapsto \det D_2 f(\lambda, 0, 0)$ wechselt in $\lambda = 0$ das Vorzeichen. Folglich ist $\lambda_0 = 0$ ein Verzweigungspunkt von der trivialen Lösung der Gleichung $f(\lambda, x, y) = 0$, also ein Verzweigungspunkt für kritische Punkte des von $f(\lambda, ., .)$ erzeugten ebenen Flusses. Hierbei ändert der kritische Punkt $(0, 0)$ von $f(\lambda, ., .)$ beim Durchgang von $\lambda$ durch Null sein Stabilitätsverhalten (z. B. geht ein Sattel in eine Quelle über).

Genaueren Aufschluß über das Bifurkationsverhalten erhält man, wenn man beachtet, daß es sich um einen Gradientenfluß handelt. Mit

$$V_\lambda(x, y) := a\left(\frac{x^4}{4} - \lambda\frac{x^2}{2}\right) - b\frac{y^2}{2}$$

gilt nämlich: $f(\lambda, ., .) = -\operatorname{grad} V_\lambda$. Aufgrund dieser Tatsache erhalten wir die folgenden Aussagen (vgl. Beispiel (18.11 a)):

($\alpha$) $a > 0, b > 0$. In diesem Fall liegt für $\lambda < 0$ ein Sattel vor, der beim Durchgang von $\lambda$ durch Null in eine Quelle übergeht, und von dem sich zwei Sättel abspalten. Das zugehö-

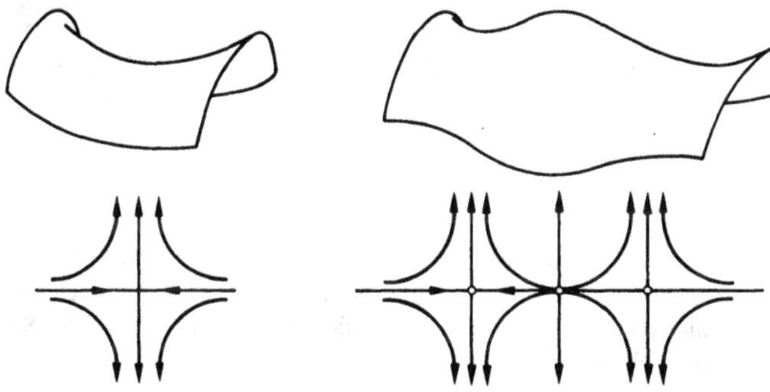

rige *Bifurkationsdiagramm* (d. h. die Nullstellenmenge von $f$ in der Nähe des Bifurkationspunktes) hat das nachstehende qualitative Aussehen.

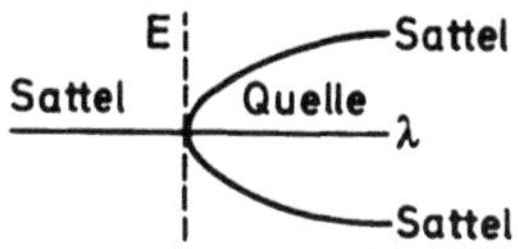


($\beta$) $a > 0$, $b < 0$. In diesem Fall spaltet sich eine Senke auf in einen Sattel und zwei Senken. Das zugehörige Bifurkationsdiagramm hat wieder – wie auch in den Fällen ($\gamma$) und ($\delta$) – eine „gabelförmige" Gestalt.

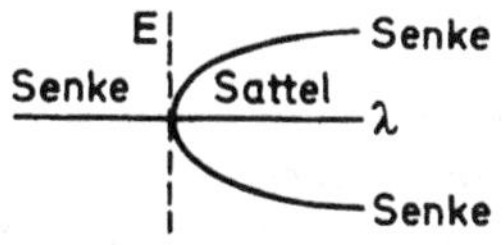

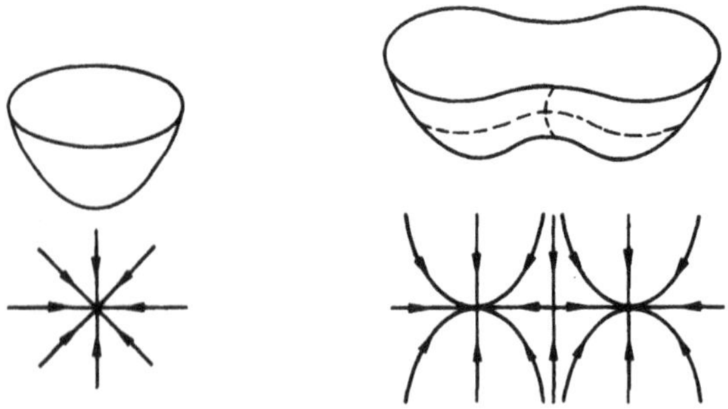

($\gamma$) $a < 0$, $b > 0$. In diesem Fall erhält man $V_\lambda$ durch Spiegeln an der $(x, y)$-Ebene aus der zum Fall ($\beta$) gehörigen Ljapunovfunktion. Also spaltet sich eine Quelle auf in einen Sattel und zwei Quellen.

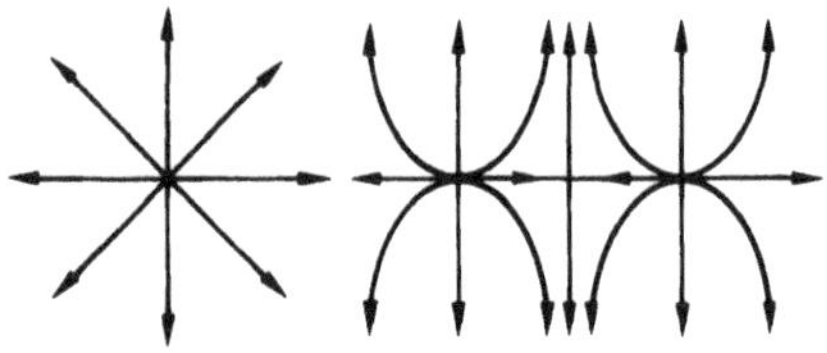

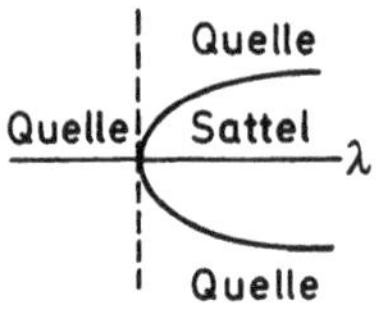


($\delta$) $a < 0$, $b < 0$. Nun ist das Vektorfeld $f(\lambda, .\,, .)$ dem Vektorfeld von Fall ($\alpha$) entgegengerichtet. Also erhält man die Phasenporträts aus den entsprechenden Phasenporträts von Fall ($\alpha$) durch Umkehren der Pfeile. Folglich spaltet sich ein Sattel auf in eine Senke und zwei Sättel.

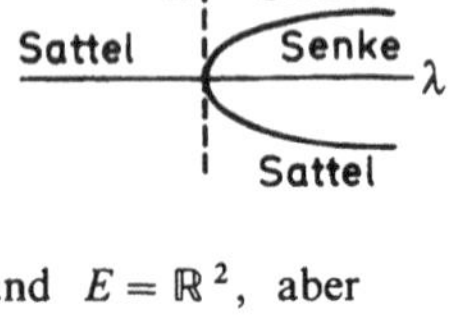


(c) Es seien wieder $\Lambda = \mathbb{R}$ und $E = \mathbb{R}^2$, aber

$$f(\lambda, x, y) := (\lambda a x - a x^3, \lambda b y - b y^3)$$

mit $a, b \in \mathbb{R}^*$. Dann ist

$$D_2 f(\lambda, 0, 0) = \begin{bmatrix} \lambda a & 0 \\ 0 & \lambda b \end{bmatrix}.$$

Also ist $0 \notin \sigma(D_2 f(\lambda, 0, 0))$ für $\lambda \neq 0$, d. h. $(0, 0)$ ist für $\lambda \neq 0$ ein isolierter kritischer Punkt des von $f(\lambda, .\,, .)$ erzeugten Flusses. Die Funktion $\lambda \mapsto \det D_2 f(\lambda, 0, 0) = \lambda^2 ab$ ändert aber in $\lambda = 0$ ihr Vorzeichen nicht. Also ist Korollar (26.6) nicht anwendbar.

Mit

$$V_\lambda(x,y) := a\left(\frac{x^4}{4} - \lambda\frac{x^2}{2}\right) + b\left(\frac{y^4}{4} - \lambda\frac{y^2}{2}\right)$$

gilt wieder $f(\lambda, .\,, .) = -\operatorname{grad} V_\lambda$. Folglich können wir auch in diesem Fall das qualitative Verhalten des Phasenporträts beim Variieren des Parameters $\lambda$ studieren.

($\alpha$) $a > 0$, $b > 0$. Jetzt spaltet sich eine Senke auf in eine Quelle, vier Sättel und 4 Senken.

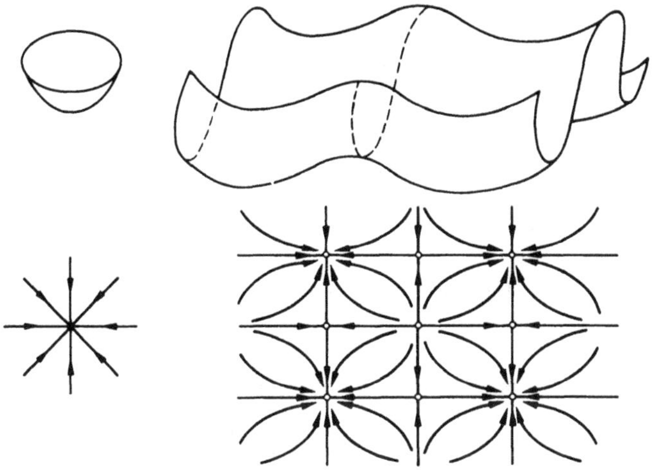

Das Bifurkationsdiagramm hat (symbolisch) die Gestalt

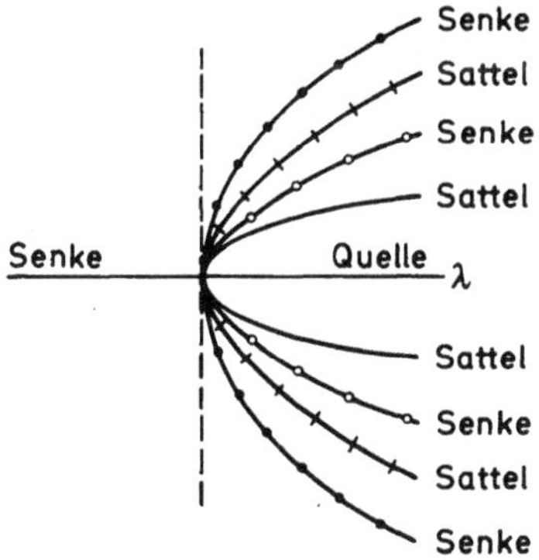


Durch den Nullpunkt von $\mathbb{R} \times E$ gehen vier glatte Kurven, welche die $\lambda$-Achse transversal schneiden. Die Nullstellenmenge der Funktion $f$ besteht nämlich genau aus den in verschiedenen Ebenen liegenden Parabeln, welche durch die Funktionen $\mathbb{R} \to \Lambda \times \mathbb{R}^2$

$$t \mapsto (t^2, 0, t), \quad t \mapsto (t^2, t, 0)$$

und

$$t \mapsto (t^2, t, t), \quad t \mapsto (t^2, t, -t)$$

parametrisiert werden, sowie aus der $\lambda$-Achse $\mathbb{R} \times \{0, 0\}$. Für die Projektion der Nullstellenmenge von $f$ in die Ebene $E$, parallel zur $\lambda$-Achse, ergibt sich ein Geradenbüschel, wodurch man eine präzisere Vorstellung über das obige Bifurkationsdiagramm gewinnt.

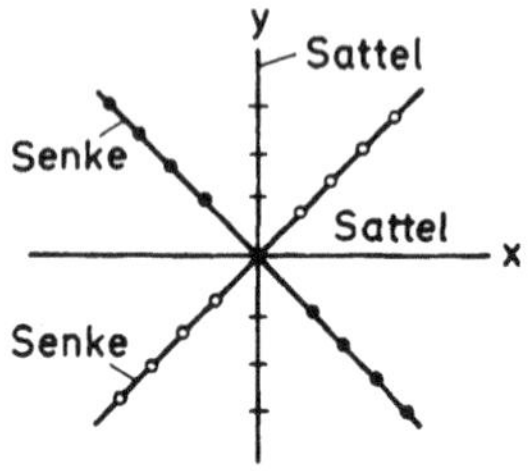


($\beta$) $a > 0$, $b < 0$. Der Sattel, der für $\lambda < 0$ vorhanden ist, spaltet sich auf in 5 Sättel, 2 Senken und 2 Quellen, wie man aus der Gestalt der Ljapunovfunktion $V$ leicht abliest.

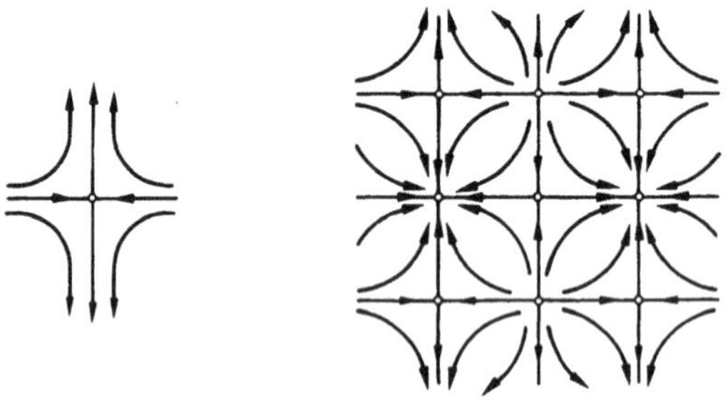

Das Bifurkationsdiagramm hat wieder die (qualitative) Gestalt einer neunzinkigen Gabel.

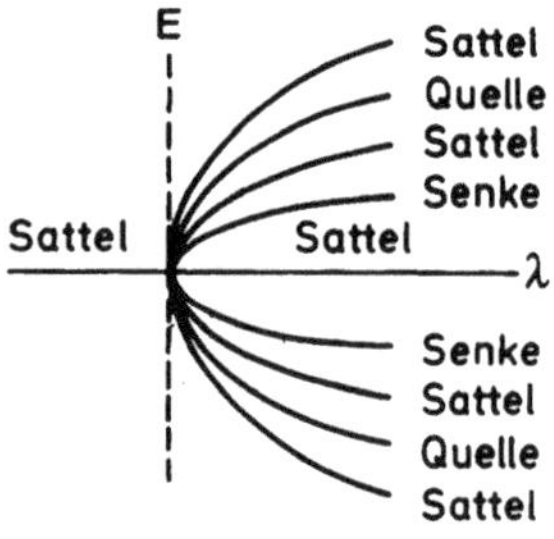

($\gamma$) Den Fall $a < 0$, $b < 0$ [bzw. $a < 0, b > 0$] erhält man aus dem Fall ($\alpha$) [bzw. ($\beta$)] durch Umdrehen der Pfeile. Also sind in den entsprechenden Bifurkationsdiagrammen insbesondere Senken durch Quellen zu ersetzen und umgekehrt.

(d) Mit $\Lambda = \mathbb{R}$ und $E = \mathbb{R}^2$ sei

$$f(\lambda, x) := \lambda x - |x|^2 x .$$

Dann gilt $D_2 f(\lambda, 0) = \lambda id_E$. Also ist 0 für $\lambda \neq 0$ ein isolierter kritischer Punkt des

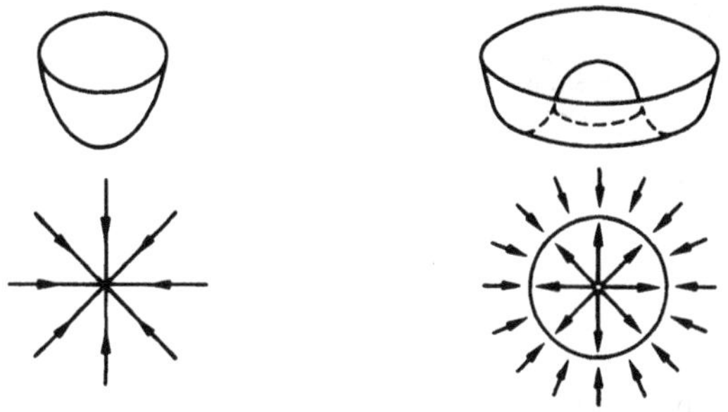

Vektorfeldes $f(\lambda, .)$, und $\lambda \mapsto \det D_2 f(\lambda, 0) = \lambda^2$ wechselt in $\lambda = 0$ das Vorzeichen nicht. Wegen $f(\lambda, .) = -\operatorname{grad} V_\lambda$ mit $V_\lambda(x) = \frac{|x|^4}{4} - \lambda \frac{|x|^2}{2}$ verifiziert man leicht, daß $(0, 0) \in \mathbb{R} \times E$ ein Bifurkationspunkt kritischer Punkte für $\dot{x} = f(\lambda, x)$ ist. Für $\lambda < 0$ ist 0 eine Senke, die sich für $\lambda > 0$ aufspaltet in eine Quelle und ein Kontinuum kritischer Punkte, welches alle Punkte in $E \backslash \{0\}$ anzieht. Das zugehörige Bifurkationsdiagramm zeigt ein hochgradig degeneriertes Verhalten, was natürlich auf der dem Problem innewohnenden Symmetrie beruht.

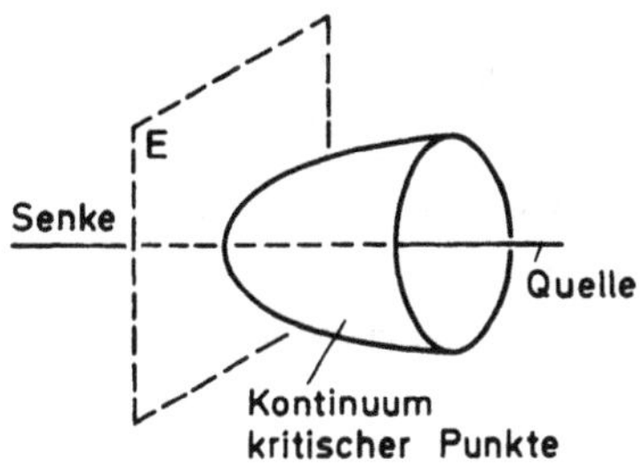


(e) Ersetzt man in den obigen Beispielen den Parameter $\lambda$ durch $-\lambda$, so erhält man *„Bifurkation nach links"* statt *„nach rechts"*, d. h. die Bifurkationsdiagramme entstehen aus den obigen durch Spiegelung an der Hyperebene $\{0\} \times E$.

(f) Es seien $\Lambda = \mathbb{R}$ und $E = \mathbb{R}^2$ sowie

$$f(\lambda, x, y) := (\lambda x - x^4, -y) .$$

Dann ist $f(\lambda, .\,, .) = -\operatorname{grad} V_\lambda$ mit

$$V_\lambda(x, y) = \frac{x^5}{5} - \lambda\frac{x^2}{2} + \frac{y^2}{2}.$$

Ferner ist $\det D_2 f(\lambda, 0) = \lambda$. Also ist $\lambda_0 = 0$ eine Bifurkationspunkt von der trivialen Lösung der Gleichung $f(\lambda, x, y) = 0$. In diesem Fall besteht das Bifurkationsdiagramm aus den beiden Kurven $\Lambda \times \{0\}$ und $t \mapsto (t^3, t, t^3)$. Also liegt *zweiseitige Bifurkation* vor. Durch Betrachten der „*Potentialflächen*" graph $V_\lambda$ findet man leicht, daß die angegebene Verteilung von Senken und Sätteln vorliegt.

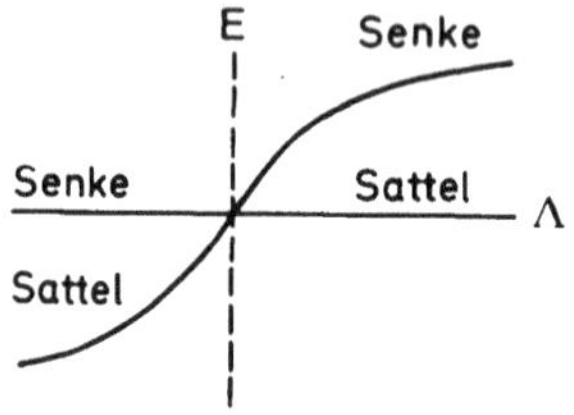


(g) Für $\lambda \in \Lambda := \mathbb{R}$ betrachten wir die skalare Gleichung

$$\ddot{z} = \lambda z - z^3,$$

die mit

$$f(\lambda, x, y) := (y, \lambda x - x^3)$$

dem System $(x, y)^{\cdot} = f(\lambda, x, y)$ äquivalent ist. Offensichtlich besitzt diese Gleichung für jedes $\lambda \in \mathbb{R}$ die triviale Lösung, und

$$D_2 f(\lambda, 0, 0) = \begin{bmatrix} 0 & 1 \\ \lambda & 0 \end{bmatrix}.$$

Also sind die Voraussetzungen von Korollar (26.6) erfüllt, und da die Funktion $\lambda \mapsto \det D_2 f(\lambda, 0, 0)$ in $\lambda_0 = 0$ das Vorzeichen wechselt, ist $\lambda_0 = 0$ ein Verzweigungspunkt von der trivialen Lösung der Gleichung $f(\lambda, x, y) = 0$. Typische Phasenporträts und das Bifurkationsdiagramm für dieses Beispiel haben wir in den Abbildungen 4 und 5 von Paragraph 3 angegeben.

(h) Schließlich betrachten wir das ebene System

$$\left.\begin{aligned} \dot{x} &= -\lambda y + x^3 \\ \dot{y} &= \lambda x + y^3 \end{aligned}\right\} =: f(\lambda, x, y)$$

mit $\lambda \in \mathbb{R}$. Wegen $\det D_2 f(\lambda, 0, 0) = \lambda^2$ ist $(0, 0)$ für $\lambda \neq 0$ ein isolierter kritischer Punkt für dieses System. Da die Determinante von $D_2 f(\lambda, 0, 0)$ in $\lambda_0 = 0$ das Vorzeichen nicht wechselt, ist Korollar (26.6) nicht anwendbar. Gilt $f(\lambda, x, y) = 0$, so erhalten wir, durch Multiplikation der ersten Gleichung mit $x$, der zweiten mit $y$ und anschließende Addition, $x^4 + y^4 = 0$. Also ist $(0, 0)$ für jedes $\lambda \in \mathbb{R}$ der einzige kritische Punkt, d. h. es liegt keine Bifurkation vor. □

**(26.9) Bemerkung:** Die Beispiele (26.8c und d) zeigen, daß die Bedingung (4) von Theorem (26.5) nicht notwendig ist. Aus Beispiel (26.8h) folgt, daß ohne einschränkende Bedingung i. a. keine Bifurkation zu erwarten ist. Die Beispiele (c) und (d) in (26.8) zeigen auch, daß im Falle der *Bifurkation in mehrfachen Eigenwerten* die Verhältnisse äußerst kompliziert sein können. □

*Die Ljapunov-Schmidt-Methode*

Für die weiteren Untersuchungen von Bifurkationsproblemen benötigen wir einige elementare Tatsachen über höhere Ableitungen.

Dazu seien $Y$ und $Z$ beliebige Banachräume, $U$ sei offen in $Y$ und $g \in C^k(U, Z)$ für ein $k \in \mathbb{N}^*$. Dann sind

$$Dg \in C^{k-1}(U, \mathscr{L}(Y, Z)),\ D^2 g \in C^{k-2}(U, \mathscr{L}(Y, \mathscr{L}(Y, Z)))$$

und

$$D^j g \in C^{k-j}(U, \mathscr{L}(Y, \mathscr{L}(Y, \ldots, \mathscr{L}(Y, Z)\ldots)))$$

für $j \leqq k$, wobei rechts das Symbol $\mathscr{L}$ $j$-mal auftritt.

Ist $Y_1 \times \cdots \times Y_m$ ein Produktbanachraum, so bezeichnen wir mit

$$\mathscr{L}^m(Y_1, \ldots, Y_m; Z)$$

den *Vektorraum* (bzgl. der punktweisen Verknüpfungen) *aller m-linearen stetigen Abbildungen* $T\colon Y_1 \times \cdots \times Y_m \to Z$, und wir setzen

$$\mathscr{L}^m(Y, Z) := \mathscr{L}^m(Y, \ldots, Y; Z)$$

also insbesondere $\mathscr{L}^1(Y, Z) := \mathscr{L}(Y, Z)$. Wie im Fall $m = 1$ sieht man leicht, daß eine $m$-lineare Abbildung $T\colon Y_1 \times \cdots \times Y_m \to Z$ genau dann stetig ist, wenn eine Konstante $\alpha \in \mathbb{R}_+$ existiert mit

$$\|T[y_1, \ldots, y_m]\| \leqq \alpha \|y_1\| \cdots \|y_m\| \quad \forall (y_1, \ldots, y_m) \in Y_1 \times \cdots \times Y_m.$$

Das Infimum aller dieser Konstanten ist die *Norm* $\|T\|$ von $T$, d. h.

$$\|T\| := \sup\{\|T[y_1, \ldots, y_m]\|_Z \mid \|y_i\|_{Y_i} \leqq 1,\ i = 1, \ldots, m\},$$

und es ist nicht schwer zu sehen, daß $\mathscr{L}^m(Y_1, \ldots, Y_m; Z)$ mit dieser Norm – die wir stets verwenden – ein Banachraum ist.

Es seien $B \in \mathscr{L}^2(Y, Z)$ und

$$A_B(y_1)y_2 := B[y_1, y_2] \quad \forall y_1, y_2 \in Y.$$

Dann ist $A_B \in \mathscr{L}(Y, \mathscr{L}(Y, Z))$ und es gilt

$$\|A_B(y_1)y_2\| \leqq \|B\|\ \|y_1\|\ \|y_2\|,$$

also $\|A_B(y_1)\|_{\mathscr{L}(Y,Z)} \leqq \|B\| \, \|y_1\|$ und somit

$$\|A_B\|_{\mathscr{L}(Y,\mathscr{L}(Y,Z))} \leqq \|B\|.$$

Ist umgekehrt $A \in \mathscr{L}(Y, \mathscr{L}(Y, Z))$, so setzen wir

$$B_A[y_1, y_2] := A(y_1)y_2 \quad \forall y_1, y_2 \in Y.$$

Dann ist $B_A \in \mathscr{L}^2(Y, Z)$ und es gilt

$$\|B_A\| \leqq \|A\|_{\mathscr{L}(Y,\mathscr{L}(Y,Z))}.$$

Dies zeigt, daß die Abbildung

$$\mathscr{L}(Y, \mathscr{L}(Y, Z)) \mapsto \mathscr{L}^2(Y, Z), \quad A \mapsto B_A$$

einen Normisomorphismus darstellt, den *natürlichen Normisomorphismus*. Analog zeigt man, daß es einen natürlichen Normisomorphismus

$$\mathscr{L}(Y, \mathscr{L}(Y, \ldots, \mathscr{L}(Y, Z) \ldots)) \to \mathscr{L}^j(Y, Z)$$

gibt (wobei auf der linken Seite $j$-mal das Symbol $\mathscr{L}$ auftritt). *Im folgenden werden wir deshalb* $\mathscr{L}(Y, \mathscr{L}(Y, \ldots, \mathscr{L}(Y, Z) \ldots))$ *immer mittels des natürlichen Normisomorphismus mit* $\mathscr{L}^j(Y, Z)$ *identifizieren*. Also gilt

$$D^j g \in C^{k-j}(U, \mathscr{L}^j(Y, Z)), \quad 0 \leqq j \leqq k.$$

Außerdem ist wohlbekannt (z. B. Dieudonné [1], Lang [1]), *daß* $D^j g(x) \in \mathscr{L}^j(Y, Z)$ *für jedes* $x \in U$ *symmetrisch ist* („Satz von H. A. Schwarz").

Für ein genaueres Studium von Verzweigungsproblemen verwenden wir die *Ljapunov-Schmidt-Methode* (das Ljapunov-Schmidtsche Reduktionsverfahren). Dazu sei

$$g \in C^k(\Lambda \times X, G) \quad \text{mit} \quad g(0, 0) = 0.$$

Wir setzen

$$N := \ker[D_2 g(0, 0)] \quad \text{und} \quad R := \operatorname{im}[D_2 g(0, 0)]$$

und wählen komplementäre Teilräume $N_c$ und $R_c$ mit

$$E = N \oplus N_c \quad \text{und} \quad G = R \oplus R_c.$$

Dann hat jedes $x \in E$ eine eindeutige Zerlegung

$$x = \xi + \xi_c \quad \text{mit} \quad \xi \in N \quad \text{und} \quad \xi_c \in N_c,$$

und die Projektionen $E \to N$, $x \mapsto \xi$ und $E \to N_c$, $x \mapsto \xi_c$ sind stetige lineare Operatoren. Wir bezeichnen mit $P$ und $P_c = id_G - P$ die kanonischen Projektionen

$$P: G \to R \quad \text{und} \quad P_c: G \to R_c$$

und nehmen an, $X$ sei eine konvexe Produktumgebung von 0, d. h.

$$X = U \oplus U_c \quad \text{mit} \quad U \subset N \quad \text{und} \quad U_c \subset N_c \text{ konvex.}$$

Dann definieren wir Funktionen

$$h^1 \in C^k(\Lambda \times U \times U_c, R_c) \quad \text{und} \quad h^2 \in C^k(\Lambda \times U \times U_c, R)$$

durch

$$h^1(\lambda, \xi, \xi_c) := P_c g(\lambda, \xi + \xi_c)$$

bzw.

$$h^2(\lambda, \xi, \xi_c) := P g(\lambda, \xi + \xi_c).$$

Offensichtlich ist die Gleichung

$$g(\lambda, x) = 0$$

äquivalent zu dem System

(6) $$h^1(\lambda, \xi, \xi_c) = 0, \quad h^2(\lambda, \xi, \xi_c) = 0,$$

und es gilt

$$h^1(0, 0, 0) = 0, \quad h^2(0, 0, 0) = 0.$$

Aus der Definition von $h^2$ folgt

$$D_3 h^2(0, 0, 0) = P D_2 g(0, 0) | N_c.$$

Also ist $D_3 h^2(0, 0, 0) \in \mathscr{L}(N_c, R)$ ein Isomorphismus, und nach dem Satz über implizite Funktionen erhalten wir die Existenz einer Umgebung von $(0, 0, 0) \in \Lambda \times U \times U_c$ – durch eventuelles Verkleinern können wir sie mit $\Lambda \times U \times U_c$ identifizieren – und einer eindeutig bestimmten Funktion $\eta \in C^k(\Lambda \times U, U_c)$ mit

$$h^2(\lambda, \xi, \xi_c) = 0 \Leftrightarrow \xi_c = \eta(\lambda, \xi).$$

Mit anderen Worten: in einer genügend kleinen Umgebung von $(0, 0, 0)$ können wir die Gleichung $h^2(\lambda, \xi, \xi_c) = 0$ eindeutig nach $\xi_c$ auflösen. Wir setzen nun diese Lösung in die erste Gleichung ein und sehen, *daß in einer genügend kleinen Umge-*

*bung von* $(0,0) \in \Lambda \times X$ – die wir o.B.d.A. wieder mit $\Lambda \times X$ bezeichnen können – *die Gleichung* $g(\lambda, x) = 0$ *äquivalent ist zur* *Bifurkationsgleichung*

$$h(\lambda, \xi) := h^1(\lambda, \xi, \eta(\lambda, \xi)) = 0,$$

*wobei*

$$h \in C^k(\Lambda \times U, R_c) \quad \textit{und} \quad h(0,0) = 0$$

*gelten.* Da im allgemeinen $\dim(N) < \dim(E)$ gelten wird, haben wir unser ursprüngliches Problem – das Studium der Gleichung $g(\lambda, x) = 0$ in einer Umgebung von $(0,0) \in \Lambda \times X$ – auf ein äquivalentes Problem – das Studium der Gleichung $h(\lambda, \xi) = 0$ in einer Umgebung von $(0,0) \in \Lambda \times U$ – reduziert, wobei das neue Problem i. a. geringere Dimension (d. h. weniger abhängige und unabhängige Variablen) besitzt.

**(26.10) Bemerkung:** *Die eben beschriebene Ljapunov-Schmidtsche Reduktionsmethode bleibt mit wörtlich demselben Beweis gültig, wenn E, F und G Banachräume beliebiger – endlicher oder unendlicher – Dimension sind, falls wir voraussetzen, daß gilt:*

(7) $$E = N \oplus N_c \quad \textit{und} \quad G = R \oplus R_c$$

*mit* $N := \ker[D_2 g(0,0)]$ *und* $R := \operatorname{im}[D_2 g(0,0)]$, *wobei* $\oplus$ *die topologische direkte Summe bezeichnet.* Hierbei heißt eine direkte Summenzerlegung $E = E_1 \oplus E_2$ eines Banachraumes *topologische direkte Summe,* wenn die zugehörigen Projektionen $P_i : E \to E_i$, $i = 1, 2$, stetig sind. Es ist eine einfache Konsequenz des Satzes vom abgeschlossenen Graphen (z. B. Yosida [1]), *daß eine direkte Summenzerlegung* $E = E_1 \oplus E_2$ *des Banachraumes E genau dann eine topologische direkte Summe ist, wenn* $E_1$ *und* $E_2$ *abgeschlossene Untervektorräume von E sind.*

Während die Bedingung (7) im Endlichdimensionalen immer erfüllbar ist, stellt sie eine echte Zusatzforderung dar, wenn $E$ und $G$ unendlichdimensionale Banachräume sind. Insbesondere muß der lineare Operator $D_2 g(0,0) \in \mathscr{L}(E, G)$ ein abgeschlossenes Bild besitzen.

Die Ljapunov-Schmidt-Methode stellt eines der wichtigsten Hilfsmittel zum lokalen Studium nichtlinearer Gleichungen dar und besitzt unzählige Anwendungen in der nichtlinearen Funktionalanalysis. □

Wir setzen nun

$$g(.,0) = 0$$

voraus, was $h^i(.,0,0) = 0$ impliziert. Hieraus und aus der eindeutigen Auflösbarkeit der Gleichung $h^2(\lambda, \xi, \xi_c) = 0$ nach $\xi_c$ erhalten wir

(8) $$\eta(.,0) = 0$$

und somit

(9) $$h(.,0) = 0.$$

Aus der Definition von $h^2$ und $\eta$ folgt

(10) $$Pg(\lambda, \xi + \eta(\lambda, \xi)) = 0 \quad \forall (\lambda, \xi) \in \Lambda \times U.$$

Durch Differenzieren dieser Identität ergibt sich

(11) $$PD_2 g(\lambda, \xi + \eta(\lambda, \xi))[\hat{\xi} + D_2\eta(\lambda, \xi)\hat{\xi}] = 0 \quad \forall \hat{\xi} \in N.$$

Wegen $D_2 g(0,0)|N = 0$ folgt hieraus $PD_2 g(0,0) D_2 \eta(0,0)\hat{\xi} = 0$, also

(12) $$D_2\eta(0,0) = 0.$$

Aus der Definition von $h$ erhalten wir

(13) $$D_2 h(\lambda, \xi)\hat{\xi} = P_c D_2 g(\lambda, \xi + \eta(\lambda, \xi))[\hat{\xi} + D_2\eta(\lambda, \xi)\hat{\xi}] \quad \forall \hat{\xi} \in N,$$

woraus, zusammen mit (12),

(14) $$D_2 h(0,0) = 0$$

folgt.

Nach diesen Vorbereitungen beweisen wir das folgende fundamentale

**(26.11) Theorem:** *Für $k \geqq 2$ und $g \in C^k(\Lambda \times X, G)$ gelte $g(.,0) = 0$. Ferner seien*

$$N := \ker D_2 g(0,0) \quad \textit{und} \quad R := \operatorname{im} D_2 g(0,0),$$

*und $N_c$ bzw. $R_c$ seien Komplementärräume von $N$ bzw. $R$, d.h. es gelte*

$$E = N \oplus N_c \quad \textit{und} \quad G = R \oplus R_c.$$

*Schließlich seien $P: G \to R$ die Projektion parallel zu $R_c$ und $P_c := id_G - P$. Dann gibt es eine Nullumgebung $\Lambda_0$ in $\Lambda$ und konvexe Nullumgebungen $U$ in $N$ und $U_c$ in $N_c$ sowie Funktionen*

$$h \in C^k(\Lambda_0 \times U, R_c) \quad \textit{und} \quad \eta \in C^k(\Lambda_0 \times U, U_c)$$

*mit folgenden Eigenschaften:*

(i) $U \oplus U_c \subset X$.

(ii) *Die nachstehenden Aussagen* ($\alpha$) *und* ($\beta$) *sind äquivalent:*

($\alpha$) $(\lambda, x) \in \Lambda_0 \times (U \oplus U_c)$ *und* $g(\lambda, x) = 0$;

($\beta$) $(\lambda, \xi) \in \Lambda_0 \times U$, $h(\lambda, \xi) = 0$ *und* $x = \xi + \eta(\lambda, \xi)$.

(iii) *Es existiert ein* $\eta_0 \in C^{k-1}(\Lambda_0 \times U, \mathscr{L}(N, N_c))$ *mit*

$$\eta(\lambda, \xi) = \eta_0(\lambda, \xi)\xi \quad \textit{und} \quad \eta_0(0, 0) = 0,$$

*und es gilt*

(15) $$Pg(\lambda, \xi + \eta(\lambda, \xi)) = 0 \quad \forall (\lambda, \xi) \in \Lambda_0 \times U.$$

(iv) *Es gibt eine Funktion*

$$h_0 \in C^{k-1}(\Lambda_0 \times U, \mathscr{L}(N, R_c))$$

*mit*

(16) $$h(\lambda, \xi) = h_0(\lambda, \xi)\xi.$$

*Ferner gilt*

(17) $$h_0(\lambda, \xi) = h_{01}(\lambda)\lambda + h_{02}(\lambda, \xi)\xi$$

*mit*

(18) $$D_1 h_0(0, 0) = h_{01}(0) = P_c D_1 D_2 g(0, 0) | F \times N$$

*und*

(19) $$D_2 h_0(0, 0) = h_{02}(0, 0) = \tfrac{1}{2} P_c D_2^2 g(0, 0) | N \times N$$

*sowie*

$$h_{01} \in C^{k-2}(\Lambda_0, \mathscr{L}^2(F \times N, R_c))$$

*und*

$$h_{02} \in C^{k-2}(\Lambda_0 \times U, \mathscr{L}^2(N, R_c)).$$

**Beweis:** (i) und (ii) folgen aus der Ljapunov-Schmidt-Reduktion.
(iii) Aus (8) und dem Mittelwertsatz erhalten wir

$$\eta(\lambda, \xi) = \int_0^1 D_2 \eta(\lambda, t\xi)\, dt\, \xi.$$

Also hat

$$\eta_0(\lambda, \xi) := \int_0^1 D_2 \eta(\lambda, t\xi)\, dt$$

die behaupteten Eigenschaften, da aus (12)

$$\eta_0(0,0) = \mathrm{D}_2\eta(0,0) = 0$$

folgt. Die Formel (15) ist eine Wiederholung von (10).

(iv) Aus (9) und dem Mittelwertsatz ergibt sich (16) mit

$$h_0(\lambda,\xi) := \int_0^1 D_2 h(\lambda, t\xi)\,dt\,. \tag{20}$$

Also hat $h_0$ die behaupteten Stetigkeitseigenschaften. Wegen

$$h_0(\lambda,\xi) = D_2 h(\lambda,0) + \int_0^1 [D_2 h(\lambda,t\xi) - D_2 h(\lambda,0)]\,dt$$

liefert der Mittelwertsatz

$$\begin{aligned} h_0(\lambda,\xi) &= D_2 h(\lambda,0) + \int_0^1\int_0^1 D_2^2 h(\lambda, st\xi)\,t\,ds\,dt\,\xi \\ &= D_2 h(\lambda,0) + \int_0^1\int_0^t D_2^2 h(\lambda,\tau\xi)\,d\tau\,dt\,\xi \\ &= D_2 h(\lambda,0) + \int_0^1 (1-t) D_2^2 h(\lambda,t\xi)\,dt\,\xi\,, \end{aligned}$$

wobei das letzte Gleichheitszeichen durch partielle Integration entsteht. Wegen (14) erhalten wir, wiederum aus dem Mittelwertsatz,

$$D_2 h(\lambda,0) = h_{01}(\lambda)\,\lambda$$

mit

$$h_{01}(\lambda) := \int_0^1 D_1 D_2 h(t\lambda, 0)\,dt\,. \tag{21}$$

Wenn wir

$$h_{02}(\lambda,\xi) := \int_0^1 (1-t) D_2^2 h(\lambda,t\xi)\,dt \tag{22}$$

setzen, gilt (17), und die Funktionen $h_{01}$ und $h_{02}$ haben die behaupteten Stetigkeitseigenschaften.

Durch Differenzieren von (20) und aus (21) sowie (22) folgt

$$D_1 h_0(0,0) = D_1 D_2 h(0,0) = h_{01}(0) \tag{23}$$

sowie

$$2D_2 h_0(0,0) = D_2^2 h(0,0) = 2h_{02}(0,0)\,. \tag{24}$$

Da aus (8)

$$D_1^i \eta(.,0) = 0 \quad \text{für} \quad 0 \leqq i \leqq k$$

folgt, ergibt sich durch Differenzieren von (13)

$$\begin{aligned} D_1 D_2 h(\lambda,0)[\hat{\lambda},\hat{\xi}] &= P_c D_1 D_2 g(\lambda,0)[\hat{\lambda},\hat{\xi} + D_2\eta(\lambda,0)\hat{\xi}] \\ &\quad + P_c D_2 g(\lambda,\eta) D_1 D_2 \eta(\lambda,0)[\hat{\lambda},\hat{\xi}] \end{aligned} \tag{25}$$

für alle $\hat{\lambda} \in F$ und $\hat{\xi} \in N$. Wegen $P_c D_2 g(0,0) = 0$ und (12) erhalten wir hieraus

$$D_1 D_2 h(0,0) = P_c D_1 D_2 g(0,0) | F \times N,$$

was, zusammen mit (23), die Behauptung (18) liefert.

Wiederum durch Differenzieren von (13) finden wir

$$\begin{aligned} & D_2^2 h(\lambda,\xi)[\hat{\xi}_1,\hat{\xi}_2] \\ & = P_c D_2^2 g(\lambda,\xi+\eta)[\hat{\xi}_1 + D_2\eta(\lambda,\xi)\hat{\xi}_1, \hat{\xi}_2 + D_2\eta(\lambda,\xi)\hat{\xi}_2] \\ & \quad + P_c D_2 g(\lambda,\xi+\eta) D_2^2 \eta(\lambda,\xi)[\hat{\xi}_1,\hat{\xi}_2]. \end{aligned} \tag{26}$$

für $\hat{\xi}_1, \hat{\xi}_2 \in N$, was sich für $(\lambda,\xi) = (0,0)$, wegen $\operatorname{im}(D_2 g(0,0)) = \ker(P_c)$, auf

$$D_2^2 h(0,0) = P_c D_2^2 g(0,0) | N \times N$$

reduziert. Zusammen mit (24) ergibt dies (19). □

Wir machen nun die zusätzliche *Annahme*

$$E = G.$$

Da für jedes $A \in \mathscr{L}(E)$ gilt

$$\dim \ker(A) = \dim \operatorname{coker}(A)$$

mit $\operatorname{coker}(A) = E/\operatorname{im}(A)$, folgt aus $\dim \operatorname{coker}(A) = \dim R_c$

$$\dim N = \dim R_c. \tag{27}$$

Mit anderen Worten:

*Die Dimension der Bifurkationsgleichung* (d. h. die Anzahl der Gleichungen, die man erhält, wenn man $h(\lambda, x) = 0$ mit Hilfe einer Basis von $R_c$ als Gleichungssystem schreibt) *ist gleich der Dimension des Nullraumes N.*

Zur Abkürzung setzen wir im folgenden

$$A := D_2 g(0,0) \in \mathscr{L}(E)$$

und

$$B := D_1 D_2 g(0,0) \in \mathscr{L}^2(F \times E, E).$$

Wegen $g(.,0) = 0$ gilt dann

$$g(\lambda, x) = Ax + B[\lambda, x] + r(\lambda, x) \tag{28}$$

mit

$$r(.,0) = 0, \quad D_2 r(0,0) = 0 \quad \text{und} \quad D_1 D_2 r(0,0) = 0. \tag{29}$$

In dem wichtigen Spezialfall der *einparametrigen Probleme* $F = \mathbb{R}$ gilt für jedes $T \in \mathscr{L}^2(\mathbb{R} \times E, E)$

$$T[\lambda, x] = \lambda T[1, x] \quad \forall \lambda \in \mathbb{R}, \; x \in E$$

und $T(1, .) \in \mathscr{L}(E)$. Ist umgekehrt $S \in \mathscr{L}(E)$, so wird durch $\hat{S}[\lambda, x] := \lambda S x$ ein $\hat{S} \in \mathscr{L}^2(\mathbb{R} \times E, E)$ definiert. Also erhalten wir durch die Zuordnung $T \mapsto T[1, .]$ eine Bijektion von $\mathscr{L}^2(\mathbb{R} \times E, E)$ auf $\mathscr{L}(E)$, und es ist klar, daß diese Bijektion ein Normisomorphismus ist. Folglich können wir mittels des „kanonischen Normisomorphismus" $\mathscr{L}^2(\mathbb{R} \times E, E)$ *mit* $\mathscr{L}(E)$ *identifizieren,* was wir stets tun werden. Also hat im Fall $F = \mathbb{R}$ die Gleichung (28) die Gestalt

$$g(\lambda, x) = Ax + \lambda Bx + r(\lambda, x) \tag{30}$$

mit

$$B := D_1 D_2 g(0,0) \in \mathscr{L}(E).$$

Für jede Teilmenge $M$ von $E$ definieren wir den *Annihilator* $M^\perp$ *von* $M$ durch

$$M^\perp := \{x' \in E' \mid \langle x', m \rangle = 0 \quad \forall m \in M\}.$$

Offensichtlich ist $M^\perp$ ein Untervektorraum des Dualraumes $E'$. Für jedes $T \in \mathscr{L}(E)$ folgt aus $\langle x', Tx \rangle = \langle T'x', x \rangle$ die wohlbekannte Relation

$$\operatorname{im}(T)^\perp = \ker(T'). \tag{31}$$

Wegen $\dim \ker(T) = \dim \ker(T')$ erhalten wir hieraus insbesondere

$$\dim[\operatorname{im}(T)^\perp] = \dim \ker(T) \quad \forall T \in \mathscr{L}(E). \tag{32}$$

Wir wählen nun eine beliebige Basis $\{e'_1, \ldots, e'_n\}$ von $\ker(A')$. Dann gibt es bekanntlich $n$

Elemente $e_1, \dots, e_n$ von $E$ mit

(33) $$\langle e'_i, e_j \rangle = \delta_{ij}, \quad i,j = 1, \dots, n.$$

Wir setzen

(34) $$R_c := \operatorname{span}\{e_1, \dots, e_n\}$$

und erhalten – wegen (31) und (33) –

(35) $$E = \operatorname{im}(A) \oplus R_c.$$

Schließlich definieren wir $P_c \in \mathscr{L}(E)$ durch

(36) $$P_c(x) := \sum_{i=1}^{n} \langle e'_i, x \rangle e_i \quad \forall x \in E.$$

Dann verifiziert man sofort, daß $P_c$ die zur Zerlegung (35) gehörige Projektion von $E$ auf $R_c$ ist.

**(26.12) Lemma:** *Es seien $E = G$ und $A := D_2 g(0,0) \in \mathscr{L}(E)$. Ist $\{e'_1, \dots, e'_n\}$ eine beliebige Basis von $\ker(A')$, so ist die Bifurkationsgleichung $h(\lambda, \xi) = 0$ äquivalent zu dem Gleichungssystem*

$$\langle e'_i, h(\lambda, \xi) \rangle = 0, \quad i = 1, \dots, n.$$

**Beweis:** Dies folgt unmittelbar aus (36). □

*Bifurkation von einfachen Eigenwerten*

Nach diesen allgemeinen Betrachtungen untersuchen wir einige einfache Spezialfälle. Dazu beginnen wir mit der einfachsten Situation, nämlich mit dem

*1. Fall:* $\Lambda \subset \mathbb{R}$, $\dim(N) = 1$. In diesem Fall gilt

$$N = \ker(A) = \mathbb{R} e \quad \text{und} \quad \ker(A') = \mathbb{R} e'$$

mit $e \in E \setminus \{0\}$ und $e' \in E' \setminus \{0\}$. Also ist nach Lemma (26.12) und Theorem (26.11 iv) die Bifurkationsgleichung äquivalent zur Gleichung

(37) $$\varphi(\lambda, s) s = 0$$

in einer Umgebung $\Lambda_0 \times U$ von $(0,0)$ in $\mathbb{R} \times \mathbb{R}$, wo wir

$$\varphi(\lambda, s) := \langle e', h_0(\lambda, se) e \rangle$$

gesetzt haben. Aus der Formel (18) von Theorem (26.11) folgt außerdem

(38) $$D_1 \varphi(0,0) = \langle e', Be \rangle$$

mit $B := D_1 D_2 g(0,0) \in \mathscr{L}(E)$. Offensichtlich gilt

$$\langle e', Be \rangle \neq 0 \Leftrightarrow B[\ker(A)] \not\subset \operatorname{im}(A).$$

Ist diese Bedingung erfüllt, so ist die Gleichung $\varphi(\lambda, s) = 0$ in der Nähe von $(0,0)$ wegen (38) und aufgrund des Satzes über implizite Funktionen eindeutig nach $\lambda$ auflösbar. Hieraus erhalten wir den *Satz über die Bifurkation von „einfachen" Eigenwerten.*

**(26.13) Theorem:** *Es seien* $\Lambda \subset \mathbb{R}$ *und* $g \in C^k(\Lambda \times X, E), k \geqq 2$, *mit* $g(.,0) = 0$. *Für*

$$A := D_2 g(0,0) \in \mathscr{L}(E) \quad \textit{und} \quad B := D_1 D_2 g(0,0) \in \mathscr{L}(E)$$

*gelte*

$$B[\ker(A)] \not\subset \operatorname{im}(A).$$

*Dann ist* $(0,0)$ *ein Verzweigungspunkt der Gleichung* $g(\lambda, x) = 0$. *In einer Umgebung von* $(0,0)$ *besteht die Lösungsmenge der Gleichung* $g(\lambda, x) = 0$ *genau aus der* $\lambda$-*Achse* $\Lambda \times \{0\}$ *und einer* $C^{k-1}$-*Kurve* $\Gamma$, *welche die* $\lambda$-*Achse im Nullpunkt schneidet. Genauer gibt es eine* $C^{k-1}$-*Parametrisierung.*

$$(\lambda(.), x(.)) : (-\varepsilon, \varepsilon) \to \Lambda \times X$$

*mit folgenden Eigenschaften:*

(i) $(\lambda(0), x(0)) = (0,0)$.

(ii) *Mit* $\ker(A) = \mathbb{R} e$ *gilt*

$$x(s) = s(e + y(s)) \quad \forall s \in (-\varepsilon, \varepsilon)$$

*mit* $y(0) = 0$ *und* $y(.) \in C^{k-1}((-\varepsilon, \varepsilon), N_c)$.

**Beweis:** Nach den obigen Überlegungen, und da nach Theorem (26.11) die Funktion $\varphi$ zur Klasse $C^{k-1}$ gehört, gibt es eine Funktion $\lambda(.) \in C^{k-1}((-\varepsilon, \varepsilon), \mathbb{R})$, derart, daß alle Lösungen von $\varphi(\lambda, s) = 0$ in der Nähe von $(0,0)$ durch $\{(\lambda(s), s) \mid -\varepsilon < s < \varepsilon\}$ gegeben werden. Mit den Bezeichnungen von Theorem (26.11) setzen wir

$$y(s) := \eta_0(\lambda(s), se)e.$$

Nun folgt die Behauptung aus (37) und Theorem (26.11). □

**(26.14) Bemerkungen:** (a) Das Bifurkationsdiagramm hat in diesem Fall die nachstehende

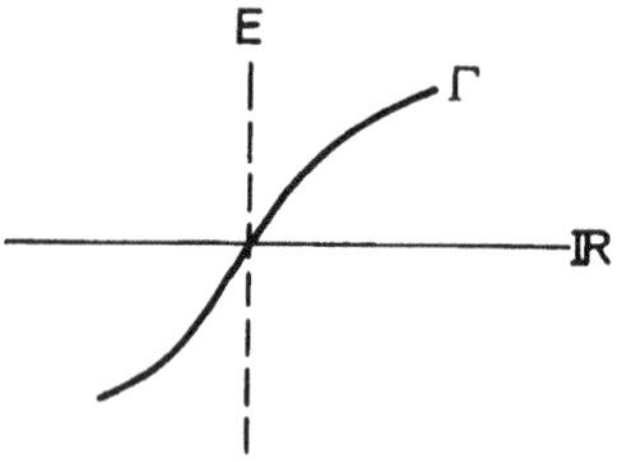


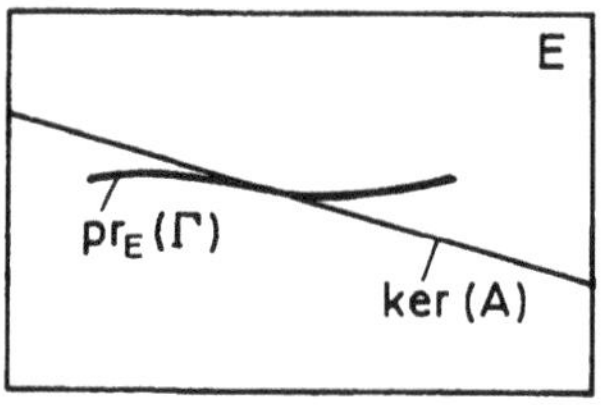


qualitative Gestalt. Aus $x(s) = s(e + y(s))$ und $y(0) = 0$ folgt $\dot{x}(0) = e$. Dies bedeutet, daß die Projektion der Kurve $\Gamma$ in den Raum $E$ im Nullpunkt tangential an $\ker(A)$ ist.

(b) Wir haben lediglich vorausgesetzt, daß 0 ein *geometrisch einfacher* Eigenwert von $A$ ist. Über die algebraische Multiplizität von $0 \in \sigma(A)$ werden keinerlei Annahmen gemacht.

(c) *Die Nichtdegeneriertheitsvoraussetzung* $B[\ker(A)] \not\subset \operatorname{im}(A)$ *ist natürlich äquivalent zu*

(39) $$B[\ker(A)] \oplus \operatorname{im}(A) = E.$$

*Sie ist auch äquivalent zu* $d'(0) \neq 0$ *mit*

$$d(\lambda) := \det[D_2 g(\lambda, 0)],$$

*d. h. die Bedingung* (39) *ist genau dann erfüllt, wenn die Funktion* $\det[D_2 g(.\,, 0)]$ *eine einfache Nullstelle in* $\lambda = 0$ *besitzt.*

Um dies zu sehen, sei $\{e_1, \ldots, e_m\}$ eine beliebige Basis von $E$, und wir setzen

$$e_j(\lambda) := D_2 g(\lambda, 0) e_j, \quad j = 1, \ldots, m.$$

Dann gilt

$$e_j(0) = Ae_j =: a_j \quad \text{und} \quad \dot{e}_j(0) = Be_j =: b_j,$$

und durch das Differenzieren der Determinante im Punkt $\lambda = 0$ ergibt sich

$$d'(0) = \sum_{j=1}^{m} \det[a_1, \ldots, a_{j-1}, b_j, a_{j+1}, \ldots, a_m],$$

wobei wir die Spaltenschreibweise verwenden (vgl. den Beweis von Satz (11.4)). Wir wählen nun die Basis derart, daß $e_1$ den Kern von $A$ aufspannt, also $Ae_1 = 0$ gilt, wodurch wir

$$d'(0) = \det[b_1, a_2, \ldots, a_m]$$

erhalten.

Wir setzen $E_0 := \ker(A^m)$, d. h. $E_0$ bezeichnet den algebraischen Eigenraum von $0 \in \sigma(A)$. Dann gibt es eine direkte Summenzerlegung $E = E_0 \oplus E_1$, welche $A$ reduziert, und wir können die Basis von $E$ so wählen, daß $\{e_1, \ldots, e_n\}$ eine Basis von $E_0$ ist, $\{e_{n+1}, \ldots, e_m\}$ eine Basis von $E_1$, und daß gilt $Ae_j = e_{j-1}$ für $j = 2, \ldots, n$ (vgl. § 12). Wegen $A \mid E_1 \in \mathscr{GL}(E_1)$ ist dann $\{a_{n+1}, \ldots, a_m\}$ eine Basis von $E_1$, und es gilt

$$d'(0) = \det[b_1, e_1, e_2, \ldots, e_{n-1}, a_{n+1}, \ldots, a_m],$$

woraus man die Behauptung abliest. □

**(26.15) Beispiele:** (a) Wir betrachten die lineare Gleichung $m$-ter Ordnung

$$\sum_{j=0}^{m} a_j(\lambda) D^j u = f(\lambda, u, \ldots, D^{m-1}u), \quad a_m \equiv 1,$$

mit $a_j \in C^2(\mathbb{R}, \mathbb{R}), f \in C^2(\mathbb{R} \times \mathbb{R}^m, \mathbb{R})$ und $f(., 0, \ldots, 0) = 0$. Wenn wir diese Gleichung als System schreiben

$$\dot{x} = g(\lambda, x)$$

mit

$$g(\lambda, x) = \left(x^2, \ldots, x^m, -\sum_{j=0}^{m-1} a_j(\lambda) x^{j+1} + f(\lambda, x^1, \ldots, x^m)\right),$$

so ist 0 ein kritischer Punkt und

$$d(\lambda) := \det[D_2 g(\lambda, 0)] = \pm[-a_0(\lambda) + D_2 f(\lambda, 0, \ldots, 0)]$$

(vgl. § 14). Es sei $a_0(0) = D_2 f(0, 0, \ldots, 0)$. Dann sind

$$d(0) = 0 \quad \text{und} \quad d'(0) = \pm[-a_0'(0) + D_1 D_2 f(0, 0, \ldots, 0)].$$

Ist $d'(0) \neq 0$, so folgt aus Bemerkung (26.14c) und Theorem (26.13), daß es in einer Umgebung von $(\lambda, x) = (0, 0)$ genau eine $C^1$-Kurve $s \mapsto (\lambda(s), x(s))$ nichttrivialer kritischer Punkte von $\dot{x} = g(\lambda, x)$ gibt mit $(\lambda(0), x(0)) = (0, 0)$. Für die Gleichung $m$-ter Ordnung bedeutet dies, daß es genau ein Paar von Funktionen $\lambda(.)$, $\xi(.) \in C^1((-\varepsilon, \varepsilon), \mathbb{R})$ gibt mit $\xi(0) = 0$ und $\xi(s) \neq 0$ für $s \neq 0$, derart, daß gilt:

$$a_0(\lambda(s))\xi(s) = f(\lambda(s), \xi(s), 0, \ldots, 0),$$

d. h. $\xi(s)$ ist eine konstante Lösung.

Gilt zusätzlich $-a_j(0) - D_{j+2} f(0, 0, \ldots, 0) = 0$ für $j = 1, \ldots, m-1$, so hat die Matrix von $A := D_2 g(0, 0)$ die Gestalt

$$\begin{bmatrix} 0 & 1 & & & & \\ & 0 & 1 & & \bigcirc & \\ & & 0 & 1 & & \\ & & & \ddots & \ddots & \\ & \bigcirc & & & \ddots & 1 \\ & & & & & 0 \end{bmatrix}$$

Also ist in diesem Fall 0 ein geometrisch einfacher Eigenwert von $A$ der algebraischen Vielfachheit $m$.

Ist $d'(0) = 0$, so ist Theorem (26.13) nicht anwendbar. Gilt jedoch z. B. $d'(0) = d''(0) = 0$ und $d'''(0) \neq 0$, so wechselt die Funktion $d(.)$ in $\lambda = 0$ das Vorzeichen und $(0, 0)$ ist nach Korollar (26.6) ein Verzweigungspunkt für kritische Punkte des Systems $\dot{x} = g(\lambda, x)$.

(b) Es sei $f \in C^k(\Lambda \times \mathbb{R} \times X, E), k \geqq 2$, mit $f(.,.,0) = 0$, und $f$ sei $2\pi$-periodisch in $t$. Dann setzen wir

$$g(\lambda, \xi) := \xi - u(2\pi, 0, \xi, \lambda + \lambda_0),$$

wobei $u(., 0, \xi, \lambda)$ wieder die globale Lösung des AWP $\dot{x} = f(\lambda, t, x)$, $x(0) = \xi$, bezeichnet. Durch eventuelles Verkleinern von $\Lambda$ und $X$ können wir o.B.d.A. annehmen, daß $g$ auf ganz $\Lambda_0 \times X$, mit $\Lambda_0 := \Lambda - \lambda_0$, definiert ist. Nun gilt

$$A := D_2 g(0, 0) = id_E - D_3 u(2\pi, 0, 0, \lambda_0)$$

und

$$B := D_1 D_2 g(0, 0) = -D_4 D_3 u(2\pi, 0, 0, \lambda_0).$$

Wegen

$$\dot{u}(t, 0, \xi, \lambda) = f(\lambda, t, u(t, 0, \xi, \lambda))$$

ergibt sich aus dem Differentiationstheorem (9.2)

$$\begin{aligned} D_3 \dot{u}(t, 0, \xi, \lambda) &= D_3 f(\lambda, t, u(t, 0, \xi, \lambda)) D_3 u(t, 0, \xi, \lambda) \\ D_3 u(0, 0, \xi, \lambda) &= id_E \end{aligned} \tag{40}$$

und – da aus $u(t, 0, 0, .) = 0$ auch $D_4 u(t, 0, 0, .) = 0$ folgt –

$$\begin{aligned} D_4 D_3 \dot{u}(t, 0, 0, \lambda_0) &= D_1 D_3 f(\lambda_0, t, 0) D_3 u(t, 0, 0, \lambda_0) \\ &\quad + D_3 f(\lambda_0, t, 0) D_4 D_3 u(t, 0, 0, \lambda_0) \\ D_4 D_3 u(0, 0, 0, \lambda_0) &= 0. \end{aligned} \tag{41}$$

Wir bezeichnen mit $U(\lambda, t, \tau)$ den Evolutionsoperator der linearen Gleichung

$$\dot{y} = D_3 f(\lambda, t, 0) y.$$

Dann ist

$$A = id_E - U(\lambda_0, 2\pi, 0),$$

und wegen $D_3 u(t, 0, 0, \lambda_0) = U(\lambda_0, t, 0)$ folgt aus (41) (vgl. Theorem (11.13))

$$\begin{aligned} B &= -D_4 D_3 u(2\pi, 0, 0, \lambda_0) \\ &= -\int_0^{2\pi} U(\lambda_0, 2\pi, \tau) D_1 D_3 f(\lambda_0, \tau, 0) U(\lambda_0, \tau, 0) d\tau. \end{aligned}$$

Also gilt für $e' \in E'$ und $e \in E$

$$\langle e', Be\rangle = -\int_0^{2\pi} \langle U'(\lambda_0, 2\pi, \tau)e', D_1 D_3 f(\lambda_0, \tau, 0)\, U(\lambda_0, \tau, 0)e\rangle\, d\tau .$$

Nach Satz (11.15) ist $w(t) := U'(\lambda_0, 2\pi, t)e'$ die Lösung des dualen AWP

$$\dot z = -[D_3 f(\lambda_0, t, 0)]' z, \quad z(2\pi) = e'.$$

Aus

$$A = id_E - U(\lambda_0, 2\pi, 0)$$

folgt

$$A' = id_{E'} - U'(\lambda_0, 2\pi, 0).$$

Somit ist $e' \in E'$ genau dann ein von Null verschiedenes Element in $\ker(A')$, wenn die duale lineare Gleichung

$$\dot z = -[D_3 f(\lambda_0, t, 0)]' z \quad \text{in} \quad E'$$

eine nichttriviale $2\pi$-periodische Lösung $w$ mit $w(0) = e'$ besitzt. Da dann

$$w(t) = U'(\lambda_0, 2\pi, t)e'$$

gilt, finden wir die Beziehung

$$\text{(42)} \qquad \langle e', Be\rangle = -\int_0^{2\pi} \langle w(t), D_1 D_3 f(\lambda_0, t, 0) v(t)\rangle\, dt,$$

*wobei $v$ die eindeutig bestimmte $2\pi$-periodische Lösung von*

$$\dot y = D_3 f(\lambda_0, t, 0) y$$

*mit $v(0) = e$ und $w$ die eindeutig bestimmte $2\pi$-periodische Lösung der dualen Gleichung*

$$\dot z = -[D_3 f(\lambda_0, t, 0)]' z$$

*mit $w(0) = e'$ sind.* Es sei hier bemerkt, daß diese Betrachtungen unabhängig von der Dimension des Parameterraums sind. □

Aus Theorem (26.13) erhalten wir somit den folgenden

**(26.16) Satz:** *Es sei $f \in C^k(\Lambda \times \mathbb{R} \times X, E)$, $k \geqq 2$, mit $\Lambda \subset \mathbb{R}$ und $f(.,.,0) = 0$, und $f$ sei $2\pi$-periodisch in $t$. Für ein $\lambda_0 \in \Lambda$ besitze die linearisierte Gleichung*

$$\dot y = D_3 f(\lambda_0, t, 0) y$$

*genau eine linear unabhängige $2\pi$-periodische Lösung $v \in C^1(\mathbb{R}, E)$. Ist dann $w$ eine nichttriviale $2\pi$-periodische Lösung der dualen Gleichung*

$$\dot{z} = -[D_3 f(\lambda_0, t, 0)]' z$$

*und gilt*

(43) $$\int_0^{2\pi} \langle w(t), D_1 D_3 f(\lambda_0, t, 0) v(t) \rangle dt \neq 0,$$

*so ist* $(\lambda_0, 0)$ *ein Verzweigungspunkt* $2\pi$*-periodischer Lösungen der Gleichung*

(44) $$\dot{x} = f(\lambda, t, x).$$

*Ist* (43) *erfüllt, so gibt es eine* $C^{k-1}$*-Kurve* $\Gamma$ *durch* $(\lambda_0, 0)$ *in* $\Lambda \times BC^k(\mathbb{R}, E)$,

$$(-\varepsilon, \varepsilon) \to \Lambda \times BC^k(\mathbb{R}, E), \quad s \mapsto (\lambda(s), u(s))$$

*mit* $u(s) \neq 0$ *für* $s \neq 0$, *derart, daß in einer hinreichend kleinen Umgebung von* $(\lambda_0, 0)$ *in* $\Lambda \times BC(\mathbb{R}, E)$ *die Menge aller* $2\pi$*-periodischen Lösungen gerade aus* $\Gamma$ *und den trivialen Lösungen* $\Lambda \times \{0\}$ *besteht.*

**Beweis:** Nach Theorem (26.13) und Beispiel (26.15b) gibt es eine $C^{k-1}$-Kurve $\Gamma_0$ in $\Lambda_0 \times X$,

$$(\lambda(.), \xi(.)) \in C^{k-1}((-\varepsilon, \varepsilon), \Lambda_0 \times X)$$

mit $(\lambda(0), \xi(0)) = (0, 0)$ und $\xi(s) \neq 0$ für $s \neq 0$, derart, daß in einer hinreichend kleinen Umgebung von $(0, 0) \in \Lambda_0 \times X$ die Menge aller Lösungen der Gleichung $g(\lambda, \xi) = 0$ aus $\Gamma_0$ und der $\Lambda_0$-Achse $\Lambda_0 \times \{0\}$ besteht. Mit

$$u(s) := u(., 0, \xi(s), \lambda(s) + \lambda_0), \quad -\varepsilon < s < \varepsilon,$$

folgt hieraus, sowie aufgrund von Bemerkung (20.2) und des Differenzierbarkeitssatzes (9.5), die Behauptung. □

**(26.17) Bemerkungen:** (a) Ist $(E, (.\,|\,.))$ ein Innenproduktraum, so können wir die duale Gleichung aufgrund von Bemerkung (11.16) durch die adjungierte Gleichung

$$\dot{z} = -[D_3 f(\lambda_0, t, 0)]^* z$$

ersetzen. In diesem Fall lautet die Bedingung (43)

(45) $$\int_0^{2\pi} (w(t) | D_1 D_3 f(\lambda_0, t, 0) v(t)) dt \neq 0.$$

(b) Die Relation (43) vereinfacht sich erheblich, wenn die Linearisierungen $D_3 f(\lambda_0, t, 0)$ und $D_1 D_3 f(\lambda_0, t, 0)$ zeitlich konstant sind, d. h. wenn gilt:

$$f(\lambda, t, x) = Ax + (\lambda - \lambda_0) Bx + g(\lambda, t, x),$$

mit $A, B \in \mathscr{L}(E)$ und $g \in C^k(\Lambda \times \mathbb{R} \times X, E)$, sowie

$$g(.,.,0) = 0,\ D_3 g(\lambda_0, ., 0) = 0 \quad \text{und} \quad D_1 D_3 g(\lambda_0, ., 0) = 0 .$$

Dann lautet die in $(\lambda_0, 0)$ linearisierte Gleichung einfach $\dot{y} = Ay$. Diese Gleichung hat genau dann eine nichttriviale $2\pi$-periodische Lösung, wenn 1 ein Floquetmultiplikator ist, d. h. wenn gilt:

$$1 \in \sigma(e^{2\pi A}) .$$

Aufgrund des Spektralabbildungssatzes ist diese Beziehung genau dann erfüllt, wenn gilt:

(46) $$i\mathbb{Z} \cap \sigma(A) \neq \emptyset .$$

Ist $z = x + iy \in E_{\mathbb{C}}$ ein Eigenvektor von $A_{\mathbb{C}}$ zum Eigenwert $\lambda \in \mathbb{C}$ mit $\operatorname{Im}(\lambda) \neq 0$, so ist $\bar{z} := x - iy \in E_{\mathbb{C}}$ ein Eigenvektor von $A_{\mathbb{C}}$ zum Eigenwert $\bar{\lambda}$, und da $\operatorname{Im}(\lambda) \neq 0$ gilt, sind $x$ und $y$ in $E$ linear unabhängig (vgl. § 13, 2. Fall, b). Ist also $ik \in \sigma(A)$ für ein $k \in \mathbb{Z}^*$, so gehört auch $-ik$ zu $\sigma(A)$. Folglich ist in diesem Fall 1 ein Eigenwert von $e^{2\pi A}$ der geometrischen Vielfachheit $\geqq 2$. Also müssen wir $0 \in \sigma(A)$ und $i\mathbb{Z}^* \cap \sigma(A) = \emptyset$ voraussetzen, um Satz (26.16) anwenden zu können.

Ist $\xi \in \ker(A)$, so folgt aus der Potenzreihendarstellung von $e^{2\pi A}$ unmittelbar $e^{2\pi A}\xi = \xi$. Also sind – unter der Voraussetzung $i\mathbb{Z}^* \cap \sigma(A) = \emptyset$ – die Ruhepunkte $\xi \in \ker(A)$ die einzigen $2\pi$-periodischen Lösungen von $\dot{x} = Ax$. Damit erhalten wir aus Satz (26.16) folgendes Kriterium:

*Es sei* $g \in C^k(\Lambda \times \mathbb{R} \times X, E)$ $2\pi$-periodisch in $t$, $k \geqq 2$, mit $g(.,.,0) = 0, D_3 g(\lambda_0, ., 0) = 0$ *und* $D_1 D_3 g(\lambda_0, ., 0) = 0$. *Ferner seien* $A, B \in \mathscr{L}(E)$ *und* $\dim \ker(A) = 1$. *Gelten dann*

$$f(\lambda, t, x) = Ax + (\lambda - \lambda_0)Bx + g(\lambda, t, x)$$

*und*

$$\sigma(A) \cap i\mathbb{Z} = \{0\},$$

*so ist die Bedingung* (43) *von Satz* (26.16) *äquivalent zu*

(46a) $$\langle e', Be \rangle \neq 0$$

*mit* $\mathbb{R}e = \ker(A)$ *und* $\mathbb{R}e' = \ker(A')$.

(c) *Ist* $(E, (.|.))$ *ein Innenproduktraum und ist A symmetrisch* $(A = A^*)$, *so ist* (46a) *äquivalent zu*

$$(Be|e) \neq 0$$

*mit* $\mathbb{R}e = \ker(A)$. □

*Die Hopf-Bifurkation*

Während sich die bisherigen Untersuchungen auf den Fall $\dim(\Lambda) = \dim(N) = 1$ bezogen, betrachten wir nun den

*2. Fall:* $\dim(\Lambda) = \dim(N) =: n \geqq 2$. Für diese Untersuchungen benötigen wir das folgende

**(26.18) Lemma:** *Es seien $Y$ und $Z$ beliebige Banachräume, und* $\mathrm{Isom}(Y, Z)$ *bezeichne die Menge aller stetigen („toplinearen") Isomorphismen von $Y$ auf $Z$. Dann ist* $\mathrm{Isom}(Y, Z)$ *offen in* $\mathscr{L}(Y, Z)$.

**Beweis:** Wenn $Y$ und $Z$ nicht toplinear isomorph sind, ist $\mathrm{Isom}(Y, Z) = \emptyset$. Gibt es ein $T \in \mathrm{Isom}(Y, Z)$, so ist die Abbildung $S \mapsto T^{-1} \circ S$ ein Homöomorphsimus von $\mathscr{L}(Y, Z)$ auf $\mathscr{L}(Y)$ (mit der Umkehrung $A \mapsto T \circ A$), und man verifiziert leicht, daß er $\mathrm{Isom}(Y, Z)$ auf $\mathscr{GL}(Y)$ abbildet. Da $\mathscr{GL}(Y)$ nach Bemerkung (25.6) offen ist in $\mathscr{L}(Y)$, folgt die Behauptung. □

Das folgende Theorem stellt eine Verallgemeinerung von Theorem (26.13) dar.

**(26.19) Theorem:** *Es seien $k \geqq 2$ und $g \in C^k(\Lambda \times X, E)$ mit $g(.,0) = 0$. Ferner seien $A := D_2 g(0,0) \in \mathscr{L}(E)$ und $N := \ker(A)$ sowie $B := D_1 D_2 g(0,0) \in \mathscr{L}^2(F \times E, E)$ und $B_e := B[.,e]$ für $e \in E$, und es gelte*

$$\dim(F) = \dim(N)$$

*und*

$$\mathrm{im}(B_e) \oplus \mathrm{im}(A) = E \quad \forall e \in N \setminus \{0\}. \tag{47}$$

*Ist $N_c$ ein beliebiges direktes Komplement von $N$ und bezeichnet $\mathbb{B}_N$ den Einheitsball in $N$, so gibt es ein $\varepsilon > 0$ und eine Funktion*

$$(\lambda(.), y(.)) \in C(\varepsilon \mathbb{B}_N, \Lambda \times \mathscr{L}(N, N_c))$$

*mit folgenden Eigenschaften:*

(i) *In einer Umgebung von $(0,0) \in \Lambda \times E$ besteht $g^{-1}(0)$ genau aus der „trivialen Lösung" $\Lambda \times \{0\}$ und der Menge*

$$M := \{(\lambda(\xi), \xi + y(\xi)\xi) \mid \xi \in \varepsilon \mathbb{B}_N\}.$$

(ii) *In $\varepsilon \mathbb{B}_N \setminus \{0\}$ ist $(\lambda(.), y(.))$ $(k-1)$-mal stetig differenzierbar, und $(\lambda(0), y(0)) = (0,0)$.*

(iii) *Für jedes $e \in \mathbb{S}_N := \partial \mathbb{B}_N$ gilt*

$$[t \mapsto (\lambda(te), y(te))] \in C^k((-\varepsilon, \varepsilon), \Lambda \times \mathscr{L}(N, N_c)).$$

**Beweis:** Wir verwenden die Bezeichnungen von Theorem (26.11) und wählen ein $\varepsilon > 0$ mit $\varepsilon \bar{\mathbb{B}}_N \subset U$. Hierbei können wir o.B.d.A. auf $N$ eine Hilbertnorm wählen (d. h. $N$ mit $\mathbb{R}^n$ identifizieren). Dann ist $\mathbb{S}_N$ eine $(n-1)$-dimensionale $C^\infty$-Mannigfaltigkeit und folglich ist

$$Y := \Lambda_0 \times (-\varepsilon, \varepsilon) \times \mathbb{S}_N$$

eine $2n$-dimensionale $C^\infty$-Mannigfaltigkeit. Wir definieren

$$a \in C^{k-1}(Y, R_c)$$

durch

$$a(\lambda, s, e) := h_0(\lambda, se)e.$$

Nach Theorem (26.11) gilt dann

$$a(0, 0, .) = 0$$

und

(48) $$D_1 a(0, 0, e) = P_c D_1 D_2 g(0, 0)[\,.\,, e] = P_c B_e$$

für jedes $e \in \mathbb{S}_N$.

Da die Bifurkationsgleichung die Gestalt $h_0(\lambda, \xi)\xi = 0$ hat, ist $(\lambda, \xi)$ genau dann eine Lösung der Bifurkationsgleichung mit $0 < |\xi| < \varepsilon$, wenn gilt

$$\xi = se \quad \text{mit} \quad 0 < s < \varepsilon, \; e \in \mathbb{S}_N \quad \text{und} \quad a(\lambda, s, e) = 0.$$

Wegen $\dim(F) = \dim(N) = \dim(R_c)$ ist die Bedingung (47) äquivalent zu

$$P_c B_e \in \mathrm{Isom}(F, R_c) \quad \forall e \in N \setminus \{0\}.$$

Da $D_1 a \in C^{k-2}(Y, \mathscr{L}(F, R_c))$ gilt, folgt somit, aufgrund von Lemma (26.18) und wegen (48), daß

$$(D_1 a)^{-1}(\mathrm{Isom}(F, R_c))$$

eine offene Umgebung von $\{0\} \times \{0\} \times \mathbb{S}_N$ in $Y$ ist. Durch geeignetes Verkleinern von $\Lambda_0$ und $\varepsilon$ können wir o.B.d.A.

$$Y = (D_1 a)^{-1}(\mathrm{Isom}(F, R_c))$$

annehmen. Also ist 0 ein regulärer Wert von $a$, was impliziert (z. B. Hirsch [1]), daß $a^{-1}(0)$ eine $n$-dimensionale $C^{k-1}$-Untermannigfaltigkeit von $Y$ ist. Wegen

$a(0,0,e)=0$ ist

$$\{0\}\times\{0\}\times\mathbb{S}_N\subset a^{-1}(0).$$

Da $\{0\}\times\{0\}\times\mathbb{S}_N$ kompakt ist, und da $D_1a(0,0,e)$ für jedes $e\in\mathbb{S}_N$ ein Isomorphismus ist, die Gleichung $a(\lambda,s,e)=0$ also lokal eindeutig nach $\lambda$ aufgelöst werden kann, können wir durch Verkleinern von $\varepsilon$ o.B.d.A. annehmen, daß $a^{-1}(0)$ als Graph,

$$a^{-1}(0)=\{(\tilde{\lambda}(s,e),s,e)\,|\,(s,e)\in(-\varepsilon,\varepsilon)\times\mathbb{S}_N\},$$

einer Funktion

$$\tilde{\lambda}\in C^{k-1}((-\varepsilon,\varepsilon)\times\mathbb{S}_N,\Lambda)$$

dargestellt werden kann.

Wir betrachten nun die $C^\infty$-Abbildung

$$\varphi:(-\varepsilon,\varepsilon)\times\mathbb{S}_N\to N,\ (s,e)\mapsto se.$$

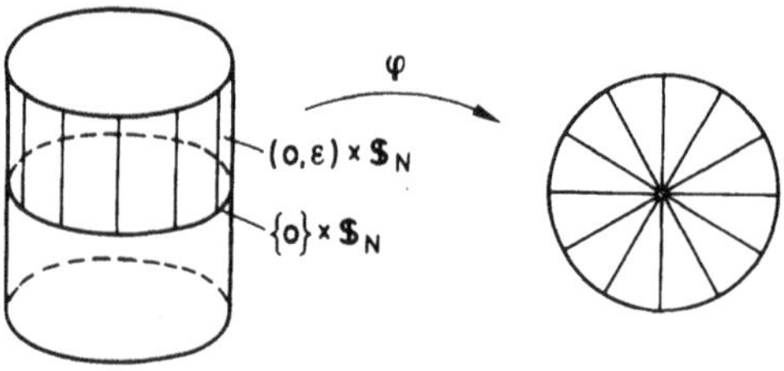


Dann ist $\varphi\,|\,(0,\varepsilon)\times\mathbb{S}_N$ ein $C^\infty$-Diffeomorphismus von $(0,\varepsilon)\times\mathbb{S}_N$ auf $\varepsilon\mathbb{B}_N\setminus\{0\}$, dessen Umkehrung $\psi:\varepsilon\mathbb{B}_N\setminus\{0\}\to(0,\varepsilon)\times\mathbb{S}_N$ durch $\psi(\xi)=(|\xi|,\xi/|\xi|)$ gegeben wird. Wir setzen nun

$$\lambda(\xi):=\begin{cases}\tilde{\lambda}\circ\psi(\xi) & \text{für}\quad \xi\in\varepsilon\mathbb{B}_N\setminus\{0\},\\ 0 & \text{für}\quad \xi=0.\end{cases}$$

Da aus der eindeutigen Auflösbarkeit der Gleichung $a(\lambda,s,e)=0$ nach $\lambda$ und der Tatsache, daß $a(0,0,e)=0$ gilt, die Beziehung $\tilde{\lambda}(0,e)=0$ für alle $e\in\mathbb{S}_N$ folgt, ergibt der Mittelwertsatz

$$\tilde{\lambda}(s,e)=s\tilde{\lambda}_0(s,e)\quad\forall\,(s,e)\in(-\varepsilon,\varepsilon)\times\mathbb{S}_N$$

mit einer geeigneten Funktion $\tilde{\lambda}_0\in C^{k-2}((-\varepsilon,\varepsilon)\times\mathbb{S}_N,F)$. Folglich hat $\lambda$ die Gestalt

$$\lambda(\xi) = |\xi| \tilde{\lambda}_0 \circ \psi(\xi) \quad \text{für} \quad \xi \in \varepsilon\mathbb{B}_N \backslash \{0\},$$

woraus

$$\lambda \in C(\varepsilon\mathbb{B}_N, \Lambda) \cap C^{k-1}(\varepsilon\mathbb{B}_N \backslash \{0\}, \Lambda)$$

folgt. Da offensichtlich

$$a(\lambda, s, e) = -a(\lambda, -s, -e) \quad \text{für} \quad (\lambda, s, e) \in Y$$

gilt, folgt aus der Eindeutigkeit von $\tilde{\lambda}$ die Beziehung $\tilde{\lambda}(-s, -e) = \tilde{\lambda}(s, e)$. Hieraus ergibt sich für $e \in \mathbb{S}_N$ und $-\varepsilon < t < 0$ die Beziehung

$$\lambda(te) = \lambda(-t(-e)) = \tilde{\lambda}(-t, -e) = \tilde{\lambda}(t, e),$$

woraus $[t \mapsto \lambda(te)] \in C^{k-1}((-\varepsilon, \varepsilon), \Lambda)$ folgt. Mit $y(\xi) := \eta_0(\lambda(\xi), \xi)$ erhalten wir aufgrund von Theorem (26.11) die Behauptung. □

**(26.20) Bemerkungen:** (a) Wegen $E = N \oplus N_c \cong N \times N_c$ kann $M$ als Graph der Funktion

$$\varepsilon\mathbb{B}_N \mapsto F \times N_c, \quad \xi \mapsto (\lambda(\xi), y(\xi)\xi)$$

aufgefaßt werden. Also ist insbesondere $M \backslash \{(0,0)\}$ eine $n$-dimensionale $C^{k-1}$-Mannigfaltigkeit mit $n := \dim(N)$. Die Menge $M$ kann als Vereinigung der $C^{k-1}$-Kurven

$$(-\varepsilon, \varepsilon) \mapsto (\lambda(te), \; t(e + y(te)e)), \quad e \in \mathbb{S}_N,$$

durch $(0,0)$ angesehen werden. Die Tangenten in $(0,0)$ an diese Kurven sind von der Form $(\mathbb{R}\mu, \mathbb{R}e)$ mit $(\mu, e) \in F \times \mathbb{S}_N$, also insbesondere transversal zu der trivialen Lösung $\Lambda \times \{0\}$.

(b) Im Beweis von Theorem (26.19) haben wir eine *Aufblasung einer Singularität* durchgeführt. Die Funktion $h(\lambda, \xi) = h_0(\lambda, \xi)\xi$ hat in $(0,0)$ eine Singularität in dem Sinne, daß $Dh(0,0) = 0$ gilt. Diese Singularität haben wir dadurch „aufgelöst", daß wir den Punkt $\xi = 0 \in N$ „aufgeblasen" haben zur Sphäre $\{0\} \times \mathbb{S}_N$, derart, daß $a(\lambda, \xi) = h(\lambda, \xi)/|\xi|$ auf $\{0\} \times \mathbb{S}_N$ nur reguläre Punkte besitzt.

(c) Das Bifurkationsdiagramm hat wieder qualitativ dieselbe Form wie im Fall von Theorem (26.13). Die Projektion von $M$ in $E$ ist für $x \neq 0$ eine $C^{k-1}$-Mannigfaltigkeit und eine Vereinigung von $C^{k-1}$-Kurven durch 0, die dort an $\mathbb{R}e$, $e \in \mathbb{S}_N$, tangential sind.

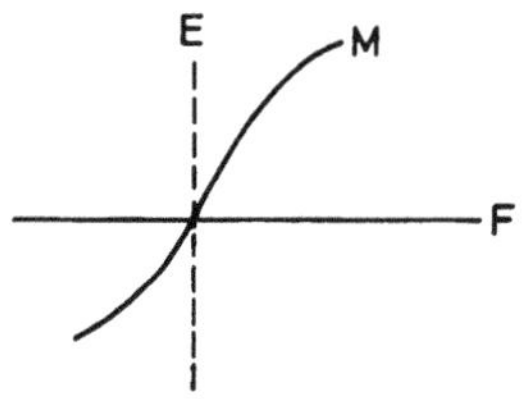

(d) Aus Annahme (47) folgt $n \in 2\mathbb{N}^*$. Denn wegen $P_c B_e \in \mathrm{Isom}(F, R_e)$ für $e \in \mathbb{S}_N$ ist $\det(P_c B_e) \neq 0$ für $e \in \mathbb{S}_N$. Nun folgt die Behauptung aus $\det(P_c B_{-e}) = \det(-P_c B_e) = (-1)^n \det(P_c B_e)$ und dem Zusammenhang von $\mathbb{S}_N$. □

Wir wenden nun das obige allgemeine Theorem auf die *Hopf-Bifurkation* an, d. h. auf das Problem der Abzweigung einer nichtkonstanten periodischen Lösung von einem Ruhepunkt einer autonomen Differentialgleichung. Es seien also $\Lambda \subset \mathbb{R}$,

$$f \in C^k(\Lambda \times X, E)$$

für ein $k \geqq 2$ mit $f(.,0) = 0$. Dann ist $0 \in E$ für jedes $\lambda \in \Lambda$ ein kritischer Punkt der autonomen Gleichung

$$\dot{x} = f(\lambda, x), \tag{49}$$

und wir wissen, daß

$$1 \in \sigma(e^{TD_2 f(\lambda_0, 0)}) \tag{50}$$

eine notwendige Bedingung dafür ist, daß $(\lambda_0, 0)$ ein Verzweigungspunkt für $T$-periodische Lösungen der Gleichung (49) ist. Nun ist jedoch keine bestimmte Periode mehr ausgezeichnet. Selbst wenn $(\lambda_0, 0)$ ein Verzweigungspunkt für periodische Lösungen ist, kann man i. a. nur erwarten, daß die Perioden dieser Lösungen, für $\lambda$ in der Nähe von $\lambda_0$, nahe bei $T$ liegen werden. Deshalb führen wir die unbekannte Periode als zusätzlichen Parameter $\tau \in \mathbb{R}$ ein. Da $u$ genau dann ein $\tau$-periodische Lösung $(\tau > 0)$ der Gleichung $\dot{x} = f(\lambda, x)$ ist, wenn $v(t) := u(t\tau/2\pi)$ eine $2\pi$-periodische Lösung von $\dot{y} = \frac{\tau}{2\pi} f(\lambda, y)$ ist, betrachten wir die neue Gleichung

$$\dot{y} = \frac{\tau}{2\pi} f(\lambda, y), \quad \lambda \in \Lambda, \ \tau \in (0, \infty), \tag{51}$$

und suchen $2\pi$-periodische Lösungen in der Nähe von $(T, \lambda_0, 0) \in \mathbb{R} \times \Lambda \times X$. Wir setzen $\Sigma := (-\delta, \delta)^2$ für ein genügend kleines $\delta > 0$ und

$$\tilde{f}(\sigma, x) := \frac{\tau + T}{2\pi} f(\lambda + \lambda_0, x), \quad \sigma := (\tau, \lambda)$$

für alle $(\sigma, x) \in \Sigma \times X$. Dann suchen wir nichttriviale $2\pi$-periodische Lösungen der vom Parameter $\sigma \in \Sigma \subset \mathbb{R}^2$ abhängigen Gleichung

$$\dot{x} = \tilde{f}(\sigma, x) \tag{52}$$

in der Nähe von $(0, 0)$. Mit den Bezeichnungen von Beispiel (26.15b), die sich aber nun auf die Gleichung (52) beziehen, setzen wir

$$g(\sigma,\xi) := \xi - u(2\pi, 0, \xi, \sigma)$$

und erhalten für $B := D_1 D_2 g(0,0) \in \mathscr{L}^2(\mathbb{R}^2 \times E, E)$ die Beziehung

$$\langle e', B[\,.\,, e]\rangle = -\int_0^{2\pi} \langle w(t), D_1 D_2 \tilde{f}(0,0)[\,.\,, v(t)]\rangle\, dt, \tag{53}$$

wobei $v$ die $2\pi$-periodische Lösung der Gleichung

$$\dot{y} = D_2\tilde{f}(0,0)y \quad \text{mit} \quad v(0) = e \tag{54}$$

und $w$ die $2\pi$-periodische Lösung der dualen Gleichung

$$\dot{z} = -[D_2\tilde{f}(0,0)]'z \quad \text{mit} \quad w(0) = e' \tag{55}$$

bezeichnen (vgl. die Betrachtungen vor Theorem (26.16)).

Die Gleichung (54) hat genau dann nichttriviale $2\pi$-periodische Lösungen, wenn

$$1 \in \sigma(e^{2\pi D_2 \tilde{f}(0,0)})$$

gilt. Aufgrund des Spektralabbildungssatzes, und wegen der Definition von $\tilde{f}$, ist diese Beziehung genau dann erfüllt, wenn

$$\frac{2\pi i}{T}\mathbb{Z} \cap \sigma(D_2 f(\lambda_0, 0)) \neq \emptyset$$

richtig ist. Wir machen nun die *Voraussetzungen:*

$$\tag{56} \begin{gathered} \frac{2\pi i}{T}\mathbb{Z} \cap \sigma(D_2 f(\lambda_0,0)) = \{\pm 2\pi i/T\} \\ \textit{und } 2\pi i/T \textit{ ist ein geometrisch einfacher Eigenwert von } D_2 f(\lambda_0, 0) \end{gathered}$$

und setzen zur Abkürzung

$$L := D_2\tilde{f}(0,0) = (T/2\pi)D_2 f(\lambda_0, 0).$$

Für

$$A := D_2 g(0,0) = id_E - e^{2\pi L} \in \mathscr{L}(E)$$

und

$$N := \ker(A) = \ker(1 - e^{2\pi L})$$

gilt dann

$$N = [\ker(i - L_{\mathbb{C}}) \oplus \ker(-i - L_{\mathbb{C}})] \cap E,$$

also insbesondere

$$\dim N = 2,$$

und es ist genau dann $e \in N$, wenn

$$v(t) := t \cdot e := \exp(tL)e, \quad t \in \mathbb{R},$$

eine $2\pi$-periodische Lösung von (54) ist. [Gilt nämlich $L_{\mathbb{C}} z = iz$, so folgt aus der Potenzreihendarstellung $e^{2\pi L_{\mathbb{C}}} z = e^{2\pi i} z = z$. Wegen $L_{\mathbb{C}} \bar{z} = \overline{L_{\mathbb{C}} z} = -i\bar{z}$ erhalten wir analog $e^{2\pi L_{\mathbb{C}}} \bar{z} = e^{-2\pi i} \bar{z} = \bar{z}$. Für $\xi := (z + \bar{z})/2$ und $\eta := (z - \bar{z})/2i$ ergibt sich somit $e^{2\pi L} \xi = e^{2\pi L_{\mathbb{C}}} \xi = \xi$ und $e^{2\pi L} \eta = e^{2\pi L_{\mathbb{C}}} \eta = \eta$, was $N \supset [\ker(i - L_{\mathbb{C}}) \oplus \ker(-i - L_{\mathbb{C}})] \cap E$ beweist. Wäre $\dim N > 2$, so gäbe es eine $2\pi$-periodische Lösung von $\dot{y} = Ly$, welche keine Linearkombination von $e^{tL}\xi$ und $e^{tL}\eta$ wäre. Aus den Voraussetzungen (56) und (dem Beweis von) Theorem (12.10) folgt aber leicht, daß dies nicht möglich ist. Also gilt $N = [\ker(i - L_{\mathbb{C}}) \oplus \ker(-i - L_{\mathbb{C}})] \cap E$. Somit ist $2\pi \cdot e = e$, und folglich gilt $t \cdot e = t \cdot (2\pi \cdot e) = 2\pi \cdot (t \cdot e)$ für jedes $e \in N$ und $t \in \mathbb{R}$, was zeigt, daß $N$ unter dem linearen Fluß $\exp(tL)$ invariant ist.

Es sei $e \in N \setminus \{0\}$ beliebig, und $\{e'_1, e'_2\}$ sei eine beliebige Basis von $\ker(A')$. Dann gilt (vgl. (36)) genau dann $P_c B_e = P_c B[\cdot, e] \in \operatorname{Isom}(\mathbb{R}^2, R_c)$, wenn

$$\begin{vmatrix} \langle e'_1, B[u_1, e]\rangle & \langle e'_1, B[u_2, e]\rangle \\ \langle e'_2, B[u_1, e]\rangle & \langle e'_2, B[u_2, e]\rangle \end{vmatrix} \neq 0 \tag{57}$$

erfüllt ist, wobei $\{u_1, u_2\}$ eine beliebige Basis von $\mathbb{R}^2$ ist.

Wir bezeichnen mit $t \cdot e'$ für $e' \in \ker(A')$ den dualen linearen Fluß, d. h.

$$t \cdot e' = \exp(-tL')e' \quad \forall e' \in \ker(A').$$

Wenn wir berücksichtigen, daß das Integral einer periodischen Funktion über ein Periodenintervall unabhängig von der Lage dieses Periodenintervalls ist, erhalten wir aus (53)

$$\begin{aligned} \langle e', B[\cdot, e]\rangle &= -\int_0^{2\pi} \langle (t-s) \cdot s \cdot e', D_1 D_2 \tilde{f}(0,0)[\cdot, (t-s) \cdot s \cdot e]\rangle \, dt \\ &= -\int_{-s}^{2\pi - s} \langle t \cdot (s \cdot e'), D_1 D_2 \tilde{f}(0,0)[\cdot, t \cdot (s \cdot e)]\rangle \, dt \\ &= -\int_0^{2\pi} \langle t \cdot (s \cdot e'), D_1 D_2 \tilde{f}(0,0)[\cdot, t \cdot (s \cdot e)]\rangle \, dt \\ &= \langle s \cdot e', B[\cdot, s \cdot e]\rangle \end{aligned} \tag{58}$$

für alle $e \in N$, $e' \in \ker(A')$ und $s \in \mathbb{R}$.

Für jede Basis $\{e_1', e_2'\}$ von $\ker(A')$ und jedes $s \in \mathbb{R} \setminus \{0\}$ ist auch $\{s \cdot e_1', s \cdot e_2'\}$ eine Basis von $\ker(A')$, da $\ker(A')$ unter dem dualen linearen Fluß invariant ist. Also folgt aus (58), daß mit $P_c B_e \in \operatorname{Isom}(\mathbb{R}^2, R_c)$ auch

(59) $$P_c B_{t \cdot e} \in \operatorname{Isom}(\mathbb{R}^2, R_c) \quad \forall t \in \mathbb{R}$$

richtig ist. Wegen Korollar (24.22) enthält das Innengebiet $\Omega$ des periodischen Orbits $\gamma(e) := \{t \cdot e \mid t \in \mathbb{R}\} \subset N$ einen kritischen Punkt. Da 0 der einzige kritische Punkt des linearen Flusses $\exp(tL)$ ist, gilt $0 \in \Omega$. Also gibt es zu jeden $\xi \in N \setminus \{0\}$

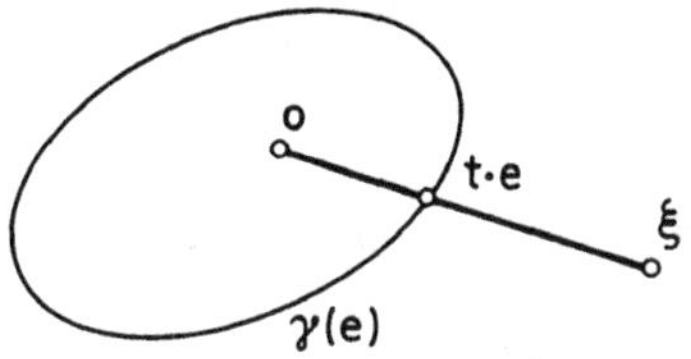


ein $\alpha > 0$ und ein $t \cdot e \in \gamma(e)$ mit $\xi = \alpha(t \cdot e)$. Somit erhalten wir aus (59)

$$P_c B_\xi = \alpha P_c B_{t \cdot e} \in \operatorname{Isom}(\mathbb{R}^2, R_c) \quad \forall \xi \in N \setminus \{0\},$$

falls es ein $e \in N \setminus \{0\}$ gibt mit $P_c B_e \in \operatorname{Isom}(\mathbb{R}^2, R_c)$. Mit anderen Worten: *gibt es ein* $e \in N \setminus \{0\}$ *mit*

$$\operatorname{im}(B_e) \oplus \operatorname{im}(A) = E,$$

*so gilt diese Relation für alle* $e \in N \setminus \{0\}$.

Aus der Definition von $\tilde{f}$ erhalten wir

$$D_1 D_2 \tilde{f}(0,0)[\hat{\sigma}, .] = \frac{\hat{t}}{T} L + \hat{\lambda} \frac{T}{2\pi} D_1 D_2 f(\lambda_0, 0)$$

für alle $\hat{\sigma} := (\hat{t}, \hat{\lambda}) \in \mathbb{R}^2$. Da $L$ und $e^{tL}$ kommutieren und $e^{-tL'} = [(e^{tL})^{-1}]'$ gilt, folgt

(60) $$\langle t \cdot e', L(t \cdot e) \rangle = \langle t \cdot e', t \cdot (Le) \rangle = \langle e', Le \rangle$$

für alle $t \in \mathbb{R}$, also

$$\begin{aligned} \langle e', B[\hat{\sigma}, e] \rangle &= - \int_0^{2\pi} \langle t \cdot e', D_1 D_2 \tilde{f}(0,0)[\hat{\sigma}, t \cdot e] \rangle dt \\ &= - \hat{t} \frac{2\pi}{T} \langle e', Le \rangle - \hat{\lambda} \frac{T}{2\pi} \int_0^{2\pi} \langle t \cdot e', D_1 D_2 f(\lambda_0, 0)(t \cdot e) \rangle dt. \end{aligned}$$

Wenn wir nun für $\{u_1, u_2\}$ die Standardbasis in $\mathbb{R}^2$ wählen, erhalten wir somit für die Determinante in (57) den Wert

$$(61)\qquad \begin{vmatrix} \langle e'_1, Le\rangle & \int_0^{2\pi} \langle t\cdot e'_1, D_1 D_2 f(\lambda_0, 0)(t\cdot e)\rangle dt \\ \langle e'_2, Le\rangle & \int_0^{2\pi} \langle t\cdot e'_2, D_1 D_2 f(\lambda_0, 0)(t\cdot e)\rangle dt \end{vmatrix}.$$

Nach diesen Vorbereitungen können wir das folgende fundamentale Theorem über die Hopf-Bifurkation beweisen.

**(26.21) Theorem:** *Es seien* $\Lambda \subset \mathbb{R}$, $k \geqq 2$ *und* $f \in C^k(\Lambda \times X, E)$ *mit* $f(.,0) = 0$. *Für ein* $\lambda_0 \in \Lambda$ *und ein* $T_0 > 0$ *sei* $L := (T_0/2\pi) D_2 f(\lambda_0, 0)$, *und es gelte:*

$$(62)\qquad i\mathbb{Z} \cap \sigma(L) = \{\pm i\} \text{ und } i \text{ ist ein einfacher Eigenwert von } L.$$

*Ferner seien* $z := \xi + i\eta \in \ker(L_{\mathbb{C}} - i)$ *und* $w := u + iv \in \ker(L'_{\mathbb{C}} - i)$, *und die Determinante*

$$(63)\qquad \begin{vmatrix} \langle u, \eta\rangle & \int_0^{2\pi} \langle t\cdot u, D_1 D_2 f(\lambda_0, 0)(t\cdot \xi)\rangle dt \\ \langle v, \eta\rangle & \int_0^{2\pi} \langle t\cdot v, D_1 D_2 f(\lambda_0, 0)(t\cdot \xi)\rangle dt \end{vmatrix}$$

*sei von Null verschieden, wobei* $t\cdot\xi := e^{tL}\xi$ *und* $t\cdot u := e^{-tL'}u$ *sowie* $t\cdot v := e^{-tL'}v$ *gesetzt sind. Dann besitzt die Gleichung*

$$\dot{x} = f(\lambda, x)$$

*in einer Umgebung von* $(\lambda_0, 0)$ *genau eine einparametrige Schar* $\{\gamma(s) \mid 0 < s < \varepsilon\}$ *nichtkritischer periodischer Orbits.*

*Genauer gilt folgendes: es gibt ein* $\varepsilon > 0$ *und eine Funktion*

$$(y(.), T(.), \lambda(.)) \in C^{k-1}((-\varepsilon, \varepsilon), X \times \mathbb{R} \times \Lambda)$$

*mit*

$$(y(0), T(0), \lambda(0)) = (0, T_0, \lambda_0),$$

*derart, daß, mit*

$$x(s) := s(\xi + y(s)), \quad -\varepsilon < s < \varepsilon,$$

$\gamma(s) := \gamma(x(s))$ *für* $0 < |s| < \varepsilon$ *ein nichtkritischer* $T(s)$*-periodischer Orbit von* $\dot{x} = f(\lambda(s), x)$ *durch* $x(s) \in E$ *ist. Für* $0 < s_1 < s_2 < \varepsilon$ *ist* $\gamma(s_1) \neq \gamma(s_2)$, *und in einer*

*Umgebung von* $(\lambda_0, 0, T_0) \in \Lambda \times X \times \mathbb{R}$ *gehört jeder nichtkritische periodische Orbit zur Familie* $\{\gamma(s) \mid 0 < s < \varepsilon\}$.

**Beweis:** Wegen $\ker(L_{\mathbb{C}} - i) = [\operatorname{im}(L'_{\mathbb{C}} - i)]^{\perp}$ (vgl. die Bemerkungen vor Lemma (26.12), die natürlich auch im Fall $\mathbb{K} = \mathbb{C}$ gelten) und wegen $L'_{\mathbb{C}} = (L')_{\mathbb{C}}$ ist $i$ ein einfacher Eigenwert von $L'$.

Man verifiziert leicht, daß $\{u, v\}$ eine Basis von $[\ker(L'_{\mathbb{C}} - i) \oplus \ker(L'_{\mathbb{C}} + \mathrm{i})] \cap E' = \ker(A')$ ist. Da außerdem aus $L_{\mathbb{C}}(\xi + i\eta) = i(\xi + i\eta) = -\eta + i\xi$ die Gleichung $L\xi = -\eta$ folgt, sehen wir, daß die Determinante in (63) bis auf den Faktor $-1$ (mit $e := \xi$ und $\{e'_1, e'_2\} = \{u, v\}$) mit (61) übereinstimmt. Also folgt aus (61) und den dem Theorem vorangehenden Überlegungen, daß die Voraussetzungen von Theorem (26.19) für die Funktion $g$ erfüllt sind. Folglich wird in einer genügend kleinen Umgebung von $(0,0) \in \Sigma \times X$ die Nullstellenmenge von $g$ durch $M \cup (\Sigma \times \{0\})$ gegeben, wo $M$ für $x \neq 0$ eine zweidimensionale $C^{k-1}$-Mannigfaltigkeit ist mit $M \cap (\Sigma \times \{0\}) = \{(0,0)\}$. Ferner besitzt $M$ die globale Parametrisierung

$$(64) \qquad \{(\hat{\sigma}(\alpha), \alpha + \hat{y}(\alpha)\alpha) \mid \alpha \in \varepsilon \mathbb{B}_N\}$$

mit

$$(\hat{\sigma}, \hat{y}) \in C^{k-1}(\varepsilon\mathbb{B} \setminus \{0\}, \Sigma \times \mathscr{L}(N, N_c)) \cap C(\varepsilon\mathbb{B}, \Sigma \times \mathscr{L}(N, N_c))$$

sowie

$$(\hat{\sigma}(0), \hat{y}(0)) = (0,0),$$

wobei $\varepsilon > 0$ genügend klein ist und $N_c$ ein beliebiges Komplement von $N := \ker(A)$ darstellt. Für jedes $(\sigma, x) \in M$ ist $u(.\,, 0, x, \sigma)$ eine $2\pi$-periodische Lösung von $\dot{x} = \tilde{f}(\sigma, x)$ durch $x$, und diese Lösung ist genau dann nicht konstant, wenn $(\sigma, x) \neq (0,0)$ gilt. Wenn $(\sigma, x)$ genügend nahe bei $(0,0)$ gewählt wird, liegt der gesamte Orbit

$$\Gamma(\sigma, x) := \{(\sigma, u(t, 0, x, \sigma)) \mid 0 \leqq t \leqq 2\pi\}$$

in $M$, und jeder Punkt von $M$ liegt auf genau einem dieser Orbits.

Es sei $Q : E \to N$ die Projektion parallel zu $N_c$. Da $\sigma$ auf jedem der Orbits $\Gamma(\sigma, x)$ konstant ist und da $M$ die globale Parametrisierung (64) besitzt, ist die Projektion $Q \circ pr_E(\Gamma(\sigma, x))$ von $\Gamma(\sigma, x)$ in $N$ eine $C^{k-1}$-Jordankurve $\tilde{\gamma}(\alpha)$ durch den Punkt $\alpha = Qx \in N$ (für $x \neq 0$). Durch $h(\alpha) := Q\tilde{f}(\hat{\sigma}(\alpha), \alpha + \hat{y}(\alpha)\alpha)$ wird in einer punktierten Umgebung von $0 \in N$ ein $C^{k-1}$-Vektorfeld definiert, das tangential an die Orbits $\tilde{\gamma}(\alpha)$ ist und $0 \in N$ als einzigen kritischen Punkt besitzt. Ist $\Omega(\alpha)$ das

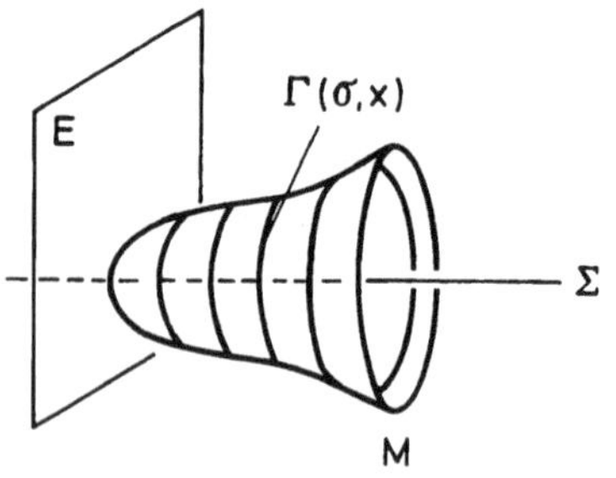


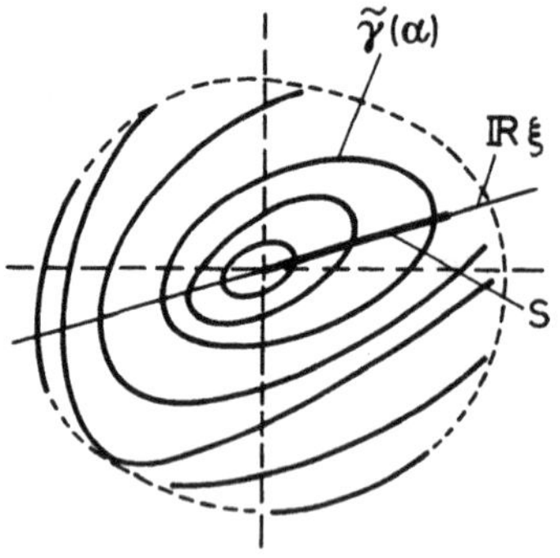


Innengebiet von $\tilde{\gamma}(\alpha)$, so folgt aus Korollar (24.22) (unter Berücksichtigung von Korollar (21.6viii)), daß $0 \in \Omega(\alpha)$ gilt. Also „laufen" alle Kurven $\tilde{\gamma}(\alpha)$, $\alpha \neq 0$, um den Nullpunkt von $N$ herum, und durch jeden Punkt einer geeigneten Umgebung $U$ von $0 \in N$ geht genau eine dieser Kurven.

Es sei $\varphi(t) := h(t\xi)$ für $|t| < \varepsilon$. Dann sind $\varphi \in C^{k-1}((-\varepsilon, \varepsilon), N)$,

$$\dot{\varphi}(0) = Q D_2 \tilde{f}(0,0)\xi = QL\xi = -\eta,$$

und $\{\xi, \eta\}$ ist eine Basis von $N$. Dies impliziert, daß in einer punktierten Umgebung von 0 auf der Geraden $\mathbb{R}\,\xi$ das Vektorfeld $h$ transversal zu dieser Geraden ist. Also gibt es ein $\varepsilon > 0$, so daß $S := \{s\xi \mid 0 < s < \varepsilon\}$ ein lokales transversales Segment für den von $h$ erzeugten Fluß ist, derart, daß jeder der Orbits $\tilde{\gamma}(\alpha)$, die genügend nahe bei $0 \in N$ liegen, $S$ in genau einem Punkt trifft (vgl. die Betrachtungen in § 24). Nun setzen wir

(65) $$y(s) := \hat{y}(s\xi)\xi, \quad \sigma(s) := \hat{\sigma}(s\xi)$$

sowie

(66) $$(T(s), \lambda(s)) := \sigma(s) + (T_0, \lambda_0)$$

für $|s| < \varepsilon$. Dann haben die Funktionen $y(.)$, $T(.)$ und $\lambda(.)$ die behaupteten Eigenschaften. □

**(26.22) Bemerkungen:** (a) Der obige Beweis zeigt, daß $y(s) \in N_c$ für alle $s \in (-\varepsilon, \varepsilon)$ gilt, wo $N_c$ ein direktes Komplement in $E$ von

$$N = [\ker(L_{\mathbb{C}} - i) \oplus \ker(L_{\mathbb{C}} + i)] \cap E$$

ist. Hierbei hängt $y(.)$ natürlich von der Wahl von $N_c$ ab.

(b) Bei fester Wahl von $N_c$ hängen $y(.)$, $\lambda(.)$ und $T(.)$ von der Wahl von $\xi \in N \setminus \{0\}$ ab. Die genaue Abhängigkeit ist aus (65) und (66) ersichtlich.

(c) Obwohl im Beweis von Theorem (26.21) nur davon Gebrauch gemacht wurde, daß $i$ ein geometrisch einfacher Eigenwert von $L$ ist, impliziert die Bedingung (63), daß $i$ ein algebraisch einfacher Eigenwert von $L$ sein muß.

Um dies zu sehen, setzen wir $C := L_{\mathbb{C}} - i$ und nehmen an, 0 sei ein Eigenwert von $C$ der Vielfachheit $n > 1$. Dann hat $E_{\mathbb{C}}$ eine Zerlegung, $E_{\mathbb{C}} = Z_0 \oplus Z_1$, welche $C$ reduziert, $C = C_0 \oplus C_1$, derart, daß $\sigma(C_0) = \{0\}$ und $C_1 \in \mathscr{GL}(Z_1)$ gelten. In $Z_0$ gibt es eine Basis $\{z_1, \ldots, z_n\}$ mit $C_0 z_j = z_{j-1}$, $j = 1, \ldots, n$, und $z_0 := 0$, woraus insbesondere $\ker(C_0) = \ker(C) \subset \operatorname{im}(C)$ folgt (vgl. § 12). Wegen $\ker(C') = [\operatorname{im}(C)]^{\perp}$ ist $\langle w, a \rangle = 0$ für alle $a \in \operatorname{im}(C)$. Da schließlich aus $L_{\mathbb{C}} z = iz$ die Relation $L_{\mathbb{C}} \bar{z} = -i\bar{z}$, also $\bar{z} \in \ker(L_{\mathbb{C}} + i) = \ker(C + 2i) \subset Z_1 \subset \operatorname{im}(C)$, folgt, finden wir $\eta = (z - \bar{z})/2i \in \operatorname{im}(C)$ mit $z := z_1$, was $\langle w, \eta \rangle = \langle u, \eta \rangle + i\langle v, \eta \rangle = 0$ ergibt. Folglich ist in diesem Fall die erste Spalte in der Determinante (63) die Nullspalte, was die Behauptung impliziert.

(d) Mit den Bezeichnungen des obigen Beweises gilt $\dot{\sigma}(0) = 0$. Wäre nämlich $\dot{\sigma}(0) \neq 0$, so würde aus $\sigma(s) = s\dot{\sigma}(0) + o(s)$ die Existenz eines $\varepsilon_0 > 0$ mit $\sigma(-s) \neq \sigma(s)$ für $0 < s < \varepsilon_0$ folgen. Dann wäre aber $\hat{\sigma}$ auf den Orbits $\tilde{\gamma}(\alpha)$, die in der Nähe von Null liegen, nicht konstant (da die Gerade $\mathbb{R}\,\xi$ jeden dieser Orbits zweimal – auf jeder Seite von Null – trifft). □

*Die Eigenwertbedingung*

Die nachfolgenden Betrachtungen dienen dazu, eine geometrische Interpretation der Bedingung (63) zu finden.

**(26.23) Lemma:** *Ist $i$ ein einfacher Eigenwert von $L$, so gibt es zu jedem Eigenvektor*

$$z := \xi + i\eta \in \ker(L_{\mathbb{C}} - i)$$

*ein Funktional*

$$w := u + iv \in \ker(L'_{\mathbb{C}} - i)$$

*mit*

$$\langle u, \xi \rangle = -\langle v, \eta \rangle = 1 \quad \text{und} \quad \langle u, \eta \rangle = \langle v, \xi \rangle = 0\,.$$

*Mit dieser Wahl von $z$ und $w$ hat die Determinante in* (63) *den Wert*

$$\int_0^{2\pi} \langle t \cdot u, D_1 D_2 f(\lambda_0, 0)(t \cdot \xi) \rangle \, dt\,. \tag{67}$$

**Beweis:** Da $i$, und somit auch $-i$, ein einfacher Eigenwert von $L_{\mathbb{C}}$ ist, reduziert die direkte Zerlegung

$$E_{\mathbb{C}} = \ker(L_{\mathbb{C}} - i) \oplus \ker(L_{\mathbb{C}} + i) \oplus H$$

mit

$$H := \bigoplus_{\substack{\mu \in \sigma(L) \\ \mu \neq \pm i}} \ker[(L-\mu)^{m(\mu)}]$$

den Operator $L_{\mathbb{C}}$. Mit $M := H \cap E$ reduziert folglich die direkte Zerlegung $E = N \oplus M$ den Operator $L$. Wir wählen eine Basis $\{e_1, \ldots, e_m\}$ in $E$ mit $e_1 := \xi$ und $e_2 := \eta$, wo $z := \xi + i\eta$ ein beliebiger Eigenvektor von $L_{\mathbb{C}}$ zum Eigenwert $i$ ist, und bezeichnen mit $\{e'_1, \ldots, e'_m\}$ die zugehörige Dualbasis. Dann gilt $Le_1 = -e_2$, $Le_2 = e_1$ und $L(M) \subset M$. Also folgt für jedes $x = \alpha e_1 + \beta e_2 + \zeta \in N \oplus M$

$$\begin{aligned}\langle L'e'_j, x\rangle &= \langle e'_j, Lx\rangle = \alpha\langle e'_j, Le_1\rangle + \beta\langle e'_j, Le_2\rangle + \langle e'_j, L\zeta\rangle \\ &= -\alpha\langle e'_j, e_2\rangle + \beta\langle e'_j, e_1\rangle + \langle e'_j, L\zeta\rangle,\end{aligned}$$

was

$$\langle L'e'_1, x\rangle = \beta = \langle e'_2, x\rangle$$

und

$$\langle L'e'_2, x\rangle = -\alpha = \langle -e'_1, x\rangle$$

zur Folge hat. Somit erhalten wir

$$L'e'_1 = e'_2 \quad \text{und} \quad L'e'_2 = -e'_1,$$

was

$$L'_{\mathbb{C}}(e'_1 - ie'_2) = i(e'_1 - ie'_2)$$

impliziert. Mit $u := e'_1$ und $v := -e'_2$ folgt die Behauptung. □

Der folgende „Störungssatz“ ist eine Verschärfung von Satz (25.12) im Fall eines einfachen Eigenwertes.

**(26.24) Satz:** *Es seien $Y$ ein endlichdimensionaler komplexer Banachraum, $A(.) \in C^k(\Lambda, \mathscr{L}(Y))$ für ein $k \geqq 1$, und für ein $\lambda_0 \in \Lambda$ seien $\mu_0 \in \mathbb{C}$ ein einfacher Eigenwert von $A(\lambda_0)$ und $y_0$ ein zugehöriger Eigenvektor. Dann gibt es Umgebungen $U$ von $\mu_0$ in $\mathbb{C}$ und $V$ von $\lambda_0$ in $\Lambda$ sowie Funktionen $\mu(.) \in C^k(V, U)$ und $y(.) \in C^k(V, Y \setminus \{0\})$ mit folgenden Eigenschaften:*

(i) $(\mu(\lambda_0), y(\lambda_0)) = (\mu_0, y_0)$.

(ii) *Für jedes $\lambda \in V$ gilt*

$$A(\lambda)y(\lambda) = \mu(\lambda)y(\lambda).$$

(iii) *$\mu(\lambda)$ ist der einzige Eigenwert von $A(\lambda)$ in $U$, und $\mu(\lambda)$ ist einfach.*

**Beweis:** Wir identifizieren $Y$ mit $\mathbb{R}^{2\dim Y}$ und $\mathbb{C}$ mit $\mathbb{R}^2$ und definieren

$$T \in C^k(\Lambda \times [Y \times \mathbb{C}], Y \times \mathbb{C}]$$

durch

$$T(\lambda, (y, \mu)) := (A(\lambda)y - \mu y, |y|^2 - 1).$$

Dann gelten $T(\lambda_0, (y_0, \mu_0)) = 0$ und

$$D_2 T(\lambda_0, (y_0, \mu_0))(\hat{y}, \hat{\mu}) = ([A(\lambda_0) - \mu_0]\hat{y} - \hat{\mu} y_0, 2(y_0 | \hat{y}))$$

für $(\hat{y}, \hat{\mu}) \in Y \times \mathbb{C}$. Für $(\hat{y}, \hat{\mu}) \in \ker D_2 \; T(\lambda_0, (y_0, \mu_0))$ haben wir

(69) $$\hat{y} \perp y_0, \quad ([A(\lambda_0) - \mu_0]\hat{y} = \hat{\mu} y_0 \in \ker[A(\lambda_0) - \mu_0].$$

Da $\mu_0$ ein einfacher Eigenwert von $A(\lambda_0)$ ist, reduziert $\ker[A(\lambda_0) - \mu_0]$ den Operator $A(\lambda_0) - \mu_0$. Also folgt aus (69), daß $(\hat{y}, \hat{\mu}) = (0, 0)$ gilt, somit $\ker[D_2 T(\lambda_0, (y_0, \mu_0))] = \{0\}$. Folglich ist $D_2 T(\lambda_0, (y_0, \mu_0)) \in \mathcal{GL}(Y \times \mathbb{C})$ und der Satz über implizite Funktionen garantiert die Existenz von Umgebungen $U$ von $\mu_0$, $V$ von $\lambda_0$ in $\Lambda$ und $W$ von $y_0$ in $Y$, sowie einer $C^k$-Funktion $(y(.), \mu(.)): V \to W \times U$ mit

$$(\lambda, (y, \mu)) \in V \times [W \times U], \quad T(\lambda, (y, \mu)) = 0$$
$$\Leftrightarrow \lambda \in V, \quad (y, \mu) = (y(\lambda), \mu(\lambda)).$$

Dies zeigt, daß $\mu(\lambda)$, für jedes $\lambda \in V$ ein Eigenwert von $A(\lambda)$ mit zugehörigem Eigenvektor $y(\lambda)$ ist und daß $A(\lambda)$ in $U$ keine anderen Eigenwerte besitzt. Also ist $\mu(\lambda)$ nach Satz (25.12) ein einfacher Eigenwert. □

Nach diesen Vorbereitungen können wir die Voraussetzung (63) des Theorems (26.21) über die Hopf-Bifurkation geometrisch interpretieren.

**(26.25) Theorem:** *Es seien $\Lambda \subset \mathbb{R}$, $k \geqq 2$ und $f \in C^k(\Lambda \times X, E)$ mit $f(.,0) = 0$. Für ein $\lambda_0 \in \Lambda$ und ein $T_0 > 0$ gelte:*

(70) $$\frac{2\pi i}{T_0}\mathbb{Z} \cap \sigma(D_2 f(\lambda_0, 0)) = \{\pm 2\pi i / T_0\}$$
*und $2\pi i/T_0$ ist ein einfacher Eigenwert von $D_2 f(\lambda_0, 0)$.*

*Ferner sei $\mu(\lambda)$ der in einer Umgebung $V$ von $\lambda_0$ wohldefinierte Eigenwert von $D_2 f(\lambda, 0) \in \mathcal{L}(E)$ mit $\mu(\lambda_0) = 2\pi i/T_0$. Gilt dann*

(71) $$\frac{d}{d\lambda}[Re\mu(\lambda_0)] \neq 0,$$

*so besitzt die Gleichung $\dot{x} = f(\lambda, x)$ in einer Umgebung von $(\lambda_0, 0)$ genau eine einparametrige Schar $\{\gamma(s) | 0 < s < \varepsilon\}$ nichtkritischer periodischer Orbits, die für $s \to 0$ in den kritischen Punkt 0 übergehen. Genauer gelten die Aussagen von Theorem (26.21).*

**Beweis:** Wir setzen $Y := E_{\mathbb{C}}$ und $A(\lambda) := [D_2 f(\lambda, 0)]_{\mathbb{C}}$. Dann gilt:

$$A(.) \in C^{k-1}(\Lambda, \mathscr{L}(Y))$$

und $A(\lambda_0)$ besitzt den einfachen Eigenwert $\mu_0 := 2\pi i/T_0$. Nach Lemma (26.23) können wir

$$z_0 := \xi + i\eta \in \ker(A(\lambda_0) - \mu_0)$$

und

$$w := u + iv \in \ker([A(\lambda_0)]' - \mu_0)$$

so wählen, daß gilt

$$\langle u, \xi \rangle = -\langle v, \eta \rangle = 1 \quad \text{und} \quad \langle u, \eta \rangle = \langle v, \xi \rangle = 0 . \tag{72}$$

Für jedes $t \in \mathbb{R}$ gilt

$$t \cdot z_0 := e^{tL_{\mathbb{C}}} z_0 = t \cdot \xi + i(t \cdot \eta) \in \ker(A(\lambda_0) - \mu_0)$$

und

$$t \cdot w := e^{-tL'_{\mathbb{C}}} w = t \cdot u + i(t \cdot v) \in \ker([A(\lambda_0)]' - \mu_0)$$

sowie

$$\langle t \cdot w, t \cdot z_0 \rangle = \langle w, z_0 \rangle = \langle u, \xi \rangle - \langle v, \eta \rangle = 2 .$$

Nach Satz (26.24) gilt: $\mu(.) \in C^{k-1}(V, \mathbb{C})$, $\mu(\lambda_0) = \mu_0$, und für jedes $t \in \mathbb{R}$ gibt es eine Funktion $z_t(.) \in C^{k-1}(V, Y)$ mit $z_t(\lambda_0) = t \cdot z_0$ und

$$A(\lambda) z_t(\lambda) = \mu(\lambda) z_t(\lambda) \quad \forall \lambda \in V .$$

Durch Differenzieren dieser Gleichung im Punkt $\lambda_0$ erhalten wir

$$DA(\lambda_0)(t \cdot z_0) = D\mu(\lambda_0)(t \cdot z_0) + [\mu_0 - A(\lambda_0)] Dz_t(\lambda_0) .$$

Durch Anwenden des Funktionals $t \cdot w$ auf diese Gleichung ergibt sich aufgrund der obigen Betrachtungen die Beziehung

$$\langle t \cdot w, DA(\lambda_0)(t \cdot z_0) \rangle = 2 D\mu(\lambda_0) ,$$

also

$$2\,Re\,D\mu(\lambda_0) = \langle t \cdot u, D_1 D_2 f(\lambda_0, 0)(t \cdot \xi)\rangle - \langle t \cdot v, D_1 D_2 f(\lambda_0, 0)(t \cdot \eta)\rangle$$

für alle $t \in \mathbb{R}$. Durch Integration dieser Gleichung finden wir

$$4\pi\,Re\,D\mu(\lambda_0) = \int_0^{2\pi} \langle t \cdot u, D_1 D_2 f(\lambda_0, 0)(t \cdot \xi)\rangle\,dt - \int_0^{2\pi} \langle t \cdot v, D_1 D_2 f(\lambda_0, 0)(t \cdot \eta)\rangle\,dt. \tag{73}$$

Aus (58) folgt

$$\int_0^{2\pi} \langle t \cdot v, D_1 D_2 f(\lambda_0, 0)(t \cdot \eta)\rangle\,dt = \int_0^{2\pi} \langle t \cdot (s \cdot v), D_1 D_2 f(\lambda_0, 0)(t \cdot (s \cdot \eta))\rangle\,dt \tag{74}$$

für jedes $s \in \mathbb{R}$. Wir zeigen nun, daß

$$(\pi/2) \cdot \eta = \xi \quad \text{und} \quad (\pi/2) \cdot v = -u \tag{75}$$

gilt. Dann folgt aus (73) und (74)

$$2\pi\,Re\,D\mu(\lambda_0, 0) = \int_0^{2\pi} \langle t \cdot u, D_1 D_2 f(\lambda_0, 0)(t \cdot \xi)\rangle\,dt. \tag{76}$$

Also ist aufgrund des zweiten Teils von Lemma (26.23) die Voraussetzung (63) von Theorem (26.21) erfüllt, was die Behauptung beweist.

Da $E$ die direkte Zerlegung $E = N \oplus M$ besitzt, welche $L$ reduziert, und $E'$ in natürlicher Weise mit $N' \oplus M'$ identifiziert werden kann, genügt es zum Beweis von (75), $L|N$ zu betrachten.

Wir identifizieren $N$ bzgl. der Basis $\{\xi, \eta\}$ mit $\mathbb{R}^2$. Dann folgt aus $L\xi = -\eta$ und $L\eta = \xi$, daß $L|N$ die Matrix

$$\begin{bmatrix} 0 & 1 \\ -1 & 0 \end{bmatrix}$$

besitzt. Folglich stellt der lineare Fluß $e^{tL}|N = e^{tL|N}$ eine Rotation um den Nullpunkt im Uhrzeigersinn dar (vgl. § 13, 2. Fall b). Für $t = \pi/2$ gilt somit $t \cdot \eta = \xi$ und $t \cdot \xi = -\eta$. Wegen $\langle t \cdot z, t \cdot \zeta\rangle = \langle z, \zeta\rangle$ für alle $z \in E'$ und $\zeta \in E$ folgt

$$\langle t \cdot v, \xi\rangle = \langle t \cdot v, t \cdot \eta\rangle = \langle v, \eta\rangle = -1$$

und

$$\langle t\cdot v, \eta\rangle = -\langle t\cdot v, t\cdot\xi\rangle = -\langle v, \xi\rangle = 0,$$

was $t\cdot v = -u$ impliziert. Also gilt (75), und das Theorem ist bewiesen. □

*Periodische Lösungen Hamiltonscher Systeme*

Als eine einfache Anwendung des Hopf-Bifurkationstheorems beweisen wir das *Ljapunovsche Zentrumstheorem* über die Existenz kleiner periodischer Lösungen autonomer Hamiltonscher Systeme. Im folgenden Theorem identifizieren wir $\mathbb{R}^{2n}$ in der üblichen Weise, d. h. über das euklidische innere Produkt (vgl. die Bemerkung (11.16b)), mit seinem Dualraum. Für $H: U \to \mathbb{R}^{2n}$ ist dann $H' := DH$ der Gradient und $H'' := D^2H$ die Hessesche von $H$. Ferner bezeichnen wir mit $J \in \mathscr{L}(\mathbb{R}^n \times \mathbb{R}^n)$ die symplektische Normalform.

**(26.26) Theorem:** *Es seien $U \subset \mathbb{R}^{2n}$ offen und $H \in C^k(U, \mathbb{R})$, $k \geqq 3$, und $z_0 \in U$ sei ein kritischer Punkt von $H$. Ferner sei $i\omega$ für ein $\omega > 0$ ein einfacher Eigenwert von $JH''(z_0)$ und*

$$\sigma(JH''(z_0)) \cap \omega i\mathbb{Z} = \{\pm i\omega\}.$$

*Dann besitzt das Hamiltonsche System*

$$\dot{z} = JH'(z)$$

*in einer Umgebung von $z_0$ genau eine einparametrige Schar $\{\gamma(s) \mid 0 < s < \varepsilon\}$ nichtkritischer periodischer Orbits. Genauer gilt folgendes: Es gibt $C^{k-2}$-Funktionen*

$$z(.) : (-\varepsilon, \varepsilon) \to U, \quad T(.) : (-\varepsilon, \varepsilon) \to \mathbb{R}_+$$

*mit*

$$z(0) = z_0 \quad und \quad T(0) = 2\pi/\omega,$$

*derart, daß $\gamma(s) := \gamma(z(s))$ für $0 < |s| < \varepsilon$ ein nichtkritischer $T(s)$-periodischer Orbit durch $z(s) \in U$ ist. Für $0 < s_1 < s_2$ gilt $\gamma(s_1) \neq \gamma(s_2)$, und in einer Umgebung von $z_0$ gehört jeder periodische Orbit zur Familie $\{\gamma(s) \mid 0 \leqq s < \varepsilon\}$.*

**Beweis:** Durch eine Translation können wir $z_0$ in den Nullpunkt verschieben, also o.B.d.A. $z_0 = 0$ annehmen. Dann definieren wir $f \in C^{k-1}(\mathbb{R} \times U, \mathbb{R}^{2n})$ durch

$$f(\lambda, z) := JH'(z) + \lambda H'(z).$$

Dann gilt $f(.,0) = 0$ und

$$D_2 f(0,0) = JH''(0) \quad \text{sowie} \quad D_1 D_2 f(0,0) = \mathrm{H}''(0).$$

Also ist die Voraussetzung (62) von Theorem (26.21) mit $T_0 := 2\pi/\omega$ und $\lambda_0 := 0$ erfüllt. Wegen

$$(H'(z)|f(\lambda, z)) = (H'(z)|JH'(z)) + \lambda|H'(z)|^2 = \lambda|H'(z)|^2$$

ist $H$ für jedes feste $\lambda \in \mathbb{R}$ eine Ljapunovfunktion für $\dot{z} = f(\lambda, z)$ mit $\dot{H}(z) = \lambda|H'(z)|^2$. Da nach Voraussetzung $0 \notin \sigma(JH''(0))$, also auch $0 \notin \sigma(H''(0))$, gilt, ist 0 ein nichtdegenerierter kritischer Punkt von $H$. Nach dem Satz über die Umkehrabbildung ist dann $H'(z) \neq 0$ für alle von Null verschiedenen $z$ einer Umgebung von $z = 0$. Also gilt, für $\lambda \neq 0$ und alle $z$ in einer Umgebung des Nullpunktes, $\dot{H}(z) \neq 0$, was impliziert, daß das Vektorfeld $f(\lambda, .)$ für $\lambda \neq 0$ in der Nähe von $z = 0$ keine nichtkritischen periodischen Orbits besitzt. Somit folgt die Behauptung aus Theorem (26.21), wenn wir die Voraussetzung (63) verifizieren können (in diesem Fall gilt also $\lambda(s) = 0$ für alle $s \in (-\varepsilon, \varepsilon)$).

Wir setzen $E := \mathbb{R}^{2n}$ und $L := JB$ mit $B := (1/\omega)H''(0)$. Wegen $i \in \sigma(L)$ gibt es eine Basis $\{\xi, \eta\}$ von $N := \ker(A)$, $A := id_E - e^{2\pi L}$, mit

$$L\xi = -\eta \quad \text{und} \quad L\eta = \xi. \tag{77}$$

Aus $J^* = J^{-1}$ und $B^* = B$ sowie $z = e^{2\pi L}z$ erhalten wir

$$Jz = Je^{2\pi L}J^{-1}Jz = e^{2\pi JLJ^{-1}}Jz = e^{-2\pi L^*}Jz.$$

Also ist $Jz \in \ker(A^*)$ für $z \in \ker(A)$. Da $J \in \mathcal{GL}(E)$ gilt, folgt $J[\ker(A)] = \ker(A^*) = [\operatorname{im}(A)]^\perp$. Da $i$ ein einfacher Eigenwert von $L$ ist, wissen wir, daß $E = \ker(A) \oplus \operatorname{im}(A)$ richtig ist. Folglich gibt es zu jedem $z \in N \setminus \{0\}$ ein $x \in N$ mit $(Jz|x) \neq 0$ (da sonst $Jz \in [\operatorname{im}(A)]^\perp \cap [\ker(A)]^\perp = [\operatorname{im}(A)]^\perp \cap \operatorname{im}(A) = \{0\}$ gälte). Wegen $(J\xi|\xi) = (J\eta|\eta) = 0$ muß folglich $(J\xi|\eta) \neq 0$ und $(J\eta|\xi) \neq 0$ gelten. Wegen $JLJ^{-1} = L^*$ erhalten wir aus (77) $L^*J\xi = JLJ^{-1}J\xi = -J\eta$ und, analog, $L^*J\eta = J\xi$. Mit $u := -J\eta$ und $v := J\xi$ gilt somit $u + iv \in \ker([D_2f(0,0)]^*_{\mathbb{C}} - \omega i)$, und wegen $D_1D_2f(0,0) = \omega B$ erhalten wir für die Determinante (63) schließlich

$$-\omega(J\xi|\eta)\int_0^{2\pi}(e^{-tL^*}u|Be^{tL}\xi)\,dt. \tag{78}$$

Wegen $B = J^*L$ folgt $Be^{tL}\xi = J^*e^{tL}L\xi = Je^{tL}\eta = -Je^{tL}J^{-1}u = -e^{tJLJ^{-1}}u = -e^{-tL^*}u$, woraus sich für (78) der Wert

$$\omega(J\xi|\eta)\int_0^{2\pi}|e^{-tL^*}u|^2\,dt \neq 0$$

ergibt, was die Behauptung impliziert. □

**(26.27) Bemerkungen:** (a) Die genaue Aussage des Hopf-Bifurkationstheorems (26.21) impliziert, daß die periodischen Orbits von $\dot{z} = JH'(z)$ in der Nähe von $z_0$ eine zweidimensionale $C^{k-2}$-Mannigfaltigkeit bilden, welche über $N := \ker(id_{\mathbb{R}^{2n}} - e^{(2\pi/\omega)H''(z_0)})$ als Graph einer Funktion dargestellt werden kann (und durch die Orbits „gefasert" ist).

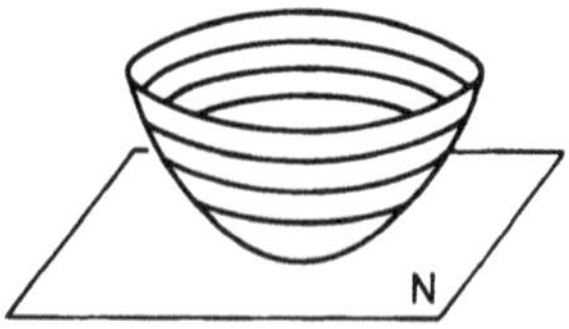


(b) Schreiben wir die Differentialgleichung

$$-\ddot{x} = f(x), \quad f \in C^2(\mathbb{R}, \mathbb{R}),$$

als System 1. Ordnung, so erhalten wir ein Hamiltonsches System in $\mathbb{R}^2$ mit der Hamiltonfunktion

$$H(x, \dot{x}) = \dot{x}^2/2 + \int_0^x f(\xi)\,d\xi$$

(vgl. § 3). Also ist $H'(x, \dot{x}) = (f(x), \dot{x})$, und $z_0 := (x, \dot{x})$ ist genau dann ein kritischer Punkt von $H$, wenn gilt: $z_0 = (x_0, 0)$ mit $f(x_0) = 0$. Wegen

$$JH''(z_0) = \begin{bmatrix} 0 & 1 \\ -f'(x_0) & 0 \end{bmatrix}$$

werden die Eigenwerte von $JH''(z_0)$ durch $\pm\sqrt{-f'(x_0)}$ gegeben. Also gilt $\sigma(JH''(z_0)) = \{\pm i\omega\}$ mit $\omega := \sqrt{f'(x_0)} > 0$, wenn $f'(x_0) > 0$ ist, d. h. wenn $U(x) := \int_0^x f(\xi)\,d\xi$ an der Stelle $x_0$ ein nichtausgeartetes lokales Minimum besitzt. In diesem Fall garantiert das Ljapunovsche Zentrumstheorem die Existenz einer einparametrigen Familie nichtkritischer periodischer Orbits in der Nähe von $x_0$. Diese Aussage stimmt überein mit der elementaren qualitativen Diskussion auf der Grundlage des Energieerhaltungssatzes, welche wir in Beispiel (3.4 b) durchgeführt haben. □

## Aufgaben

1. Es sei $E$ ein endlichdimensionaler reeller Banachraum, $X \subset E$ und $\Lambda \subset \mathbb{R}$ seien offen, und es sei $\Phi \in C^2(\Lambda \times X, E)$ mit $\Phi(., 0) = 0$. Ferner gelte $D_2\Phi(\lambda, 0) = I - \lambda K$ für ein $K \in \mathscr{L}(E)$. Beweisen Sie: ist $\lambda_0 \in \Lambda$ und ist $1/\lambda_0$ ein Eigenwert von $K$ ungerader Vielfachheit, so ist $(\lambda_0, 0)$ ein Verzweigungspunkt der Gleichung $\Phi(\lambda, x) = 0$.

2. Geben Sie eine qualitative Skizze der Nullstellenmenge der Funktion

$$\mathbb{R} \times \mathbb{R}^2 \to \mathbb{R}^2, \; (\lambda, (x, y)) \mapsto ((1 + \lambda)x - y + x^2, (1 + \lambda)y - x + y^2).$$

(Bemerkung: Dies ist ein einfaches Beispiel für den Fall *sekundärer Bifurkation*, d. h. für eine Situation, in der sich eine Verzweigungslösung selbst wieder verzweigt.)

3. Unter den Voraussetzungen von Theorem (26.11) hat die Bifurkationsgleichung die Gestalt $h(\lambda, \xi) = h_0(\lambda, \xi)\xi$ mit $h_0(\lambda, \xi) = h_{01}(\lambda)\lambda + h_{02}(\lambda, \xi)\xi$. Zeigen Sie, daß gilt

$$h_0(\lambda, \xi) = h_{11}(\lambda)[\lambda]^2 + h_{02}(\lambda, \xi)\xi,$$

falls $P_c D_1 D_2 g(0,0) | F \times N$ Null ist. Zeigen Sie außerdem, daß $h_{11}(0)$ aus $g$ berechenbar ist. Verallgemeinern Sie dieses Resultat, wenn auch $h_{11}(0)$ verschwindet, etc.

4. Verwenden Sie Aufgabe 3 im Fall $F = \mathbb{R}$, $\dim(N) = 1$, um Aussagen über das Bifurkationsverhalten der Gleichung $g(\lambda, x) = 0$ zu gewinnen, wenn die „Transversalitätsbedingung" $B[\ker(A)] \not\subset \operatorname{im}(A)$ von Theorem (26.13) nicht erfüllt ist.

5. Zeigen Sie, daß unter den Voraussetzungen des Hopf-Bifurkationstheorems keine zweiseitige Bifurkation stattfinden kann.

6. Zeigen Sie, daß bei dem System

$$\begin{aligned}\dot u &= \lambda u + v + 6u^2\\ \dot v &= -u + \lambda v + vw\\ \dot w &= -u + (\lambda^2 - 1)v - w + u^2\end{aligned}$$

im Punkt $\lambda_0 = 0$ Hopf-Bifurkation mit der Periode $T_0 = 2\pi$ auftritt.

## 27. Die Stabilität der Verzweigungslösungen

In den Beispielen (26.8) haben wir gesehen, daß sich in einem Verzweigungspunkt das Stabilitätsverhalten der trivialen Lösung i.a. verändert. Es ist das Ziel dieses Paragraphen, in einfachen Fällen einige allgemeine Resultate über die Stabilität der Verzweigungslösungen zu beweisen.

Wir beginnen mit einem einfachen technischen Resultat allgemeiner Natur.

**(27.1) Lemma:** *Es seien $X$ und $Y$ Banachräume. Dann ist die Inversion*

$$f: \operatorname{Isom}(X, Y) \to \mathscr{L}(Y, X), \quad T \mapsto T^{-1}$$

*unendlich oft stetig differenzierbar, und*

$$Df(T)S = -T^{-1}ST^{-1} \quad \forall S \in \mathscr{L}(X, Y). \tag{1}$$

**Beweis:** Nach Lemma (26.18) ist $\operatorname{Isom}(X, Y)$ offen in $\mathscr{L}(X, Y)$. Es sei also $T \in \operatorname{Isom}(X, Y)$ fest, und für $S \in \mathscr{L}(X, Y)$ gelte $T + S \in \operatorname{Isom}(X, Y)$. Dann ist

$$\begin{aligned}f(T+S) - f(T) &= (T+S)^{-1} - T^{-1} = (T+S)^{-1}(T - (T+S))T^{-1}\\ &= -(T+S)^{-1}ST^{-1},\end{aligned} \tag{2}$$

also

(3) $$f(T+S)-f(T)=-T^{-1}(I+ST^{-1})^{-1}ST^{-1}.$$

Da nach Bemerkung (25.6) $\mathscr{GL}(Y)$ offen und die Inversion auf $\mathscr{GL}(Y)$ stetig sind, folgt aus (2), daß $f(T+S)-f(T)\to 0$ für $S\to 0$ gilt, d.h. $f$ stetig ist. Aus (3) erhalten wir nun

$$f(T+S)-f(T)+T^{-1}ST^{-1}=[T^{-1}-(T+S)^{-1}]ST^{-1}=o(\|S\|)$$

für $S\to 0$ in $\mathscr{L}(X,Y)$. Folglich ist $f$ differenzierbar, und $Df(T)$ hat die in (1) angegebene Form.

Es sei nun

$$g(T_1,T_2)(S):=-T_1ST_2 \quad \forall\, T_1,T_2\in\mathscr{L}(Y,X),\ S\in\mathscr{L}(X,Y).$$

Dann ist $g$ eine bilineare Abbildung, d.h.

$$g\in\mathscr{L}^2(\mathscr{L}(Y,X),\ \mathscr{L}(\mathscr{L}(X,Y),\ \mathscr{L}(Y,X))),$$

also unendlich oft stetig differenzierbar. Ferner gilt

$$Df(T)=g(T^{-1},T^{-1})=g(f(T),f(T)).$$

Folglich gehört $Df$ zur Klasse $C^k$, wenn $f$ in der Klasse $C^k$ liegt, woraus die Behauptung durch Induktion folgt. □

*Bifurkation in einfachen Eigenwerten*

Im weiteren sei nun $E$ wieder ein reeller endlichdimensionaler Banachraum. Ferner seien $X$ offen in $E$ und $\Lambda$ ein offenes Intervall in $\mathbb{R}$ mit $(0,0)\in\Lambda\times X$. Es sei $g\in C^k(\Lambda\times X,E)$, $k\geq 2$, mit $g(0,0)=0$, und 0 *sei ein einfacher Eigenwert von* $A:=D_2g(0,0)\in\mathscr{L}(E)$ mit

$$\ker(A)=\mathbb{R}e$$

für ein $e\in E\backslash\{0\}$. Schließlich sei

$$Be\notin\operatorname{im}(A)$$

mit $B:=D_1D_2g(0,0)$.

Unter diesen Voraussetzungen besteht die Nullstellenmenge von $g$ in der Nähe von $(0,0)$ aufgrund von Theorem (26.13) genau aus der $\lambda$-Achse $\Lambda\times\{0\}$ und einer $C^{k-1}$-Kurve $\Gamma$

$$(\lambda(.),x(.)):(-\varepsilon,\varepsilon)\to\Lambda\times X$$

mit $(\lambda(0),x(0))=(0,0)$ und

(4) $$x(s) = s(e + y(s)) \quad \forall s \in (-\varepsilon, \varepsilon).$$

Hierbei sind $y(0) = 0$ und $y(.) \in C^{k-1}((-\varepsilon, \varepsilon), N_c)$, wo $N_c$ ein direktes Komplement von $N := \ker(A)$ in $E$ bezeichnet. Insbesondere gilt also

$$g(\lambda(s), x(s)) = 0 \quad \forall s \in (-\varepsilon, \varepsilon).$$

Da 0 ein einfacher Eigenwert von $A$ ist, gibt es aufgrund von Satz (26.24) – nach eventuellem Verkleinern von $\varepsilon$ – eine $C^{k-1}$-Abbildung

$$(\kappa(.), u(.)) : (-\varepsilon, \varepsilon) \to \mathbb{R} \times E$$

mit $(\kappa(0), u(0)) = (0, e)$, $u(s) \neq 0$ für alle $s \in (-\varepsilon, \varepsilon)$ und

(5) $$D_2 g(\lambda(s), x(s)) u(s) = \kappa(s) u(s).$$

In der Tat, durch Anwenden von Satz (26.24) auf die Komplexifizierung von $A(s) := D_2 g(\lambda(s), x(s))$ erhalten wir die Existenz einer Abbildung $(\kappa(.), u(.)) \in C^{k-1}((-\varepsilon, \varepsilon), \mathbb{C} \times E_{\mathbb{C}})$ mit $(\kappa(0), u(0)) = (0, e)$, $u(s) \neq 0$ und $[A(s)]_{\mathbb{C}} u(s) = \kappa(s) u(s)$ für alle $s \in (-\varepsilon, \varepsilon)$. Durch Konjugation folgt hieraus $[A(s)]_{\mathbb{C}} \overline{u(s)} = \overline{\kappa(s)}\, \overline{u(s)}$. Aus der in Satz (26.24.iii) enthaltenen Eindeutigkeitsaussage erhalten wir nun $\overline{u(s)} = u(s)$ und $\overline{\kappa(s)} = \kappa(s)$, also (5).

Nach diesen Vorbereitungen können wir das folgende Theorem beweisen.

**(27.2) Theorem:** *Es seien die obigen Voraussetzungen, d.h. die Voraussetzungen von Theorem* (26.13), *erfüllt, und 0 sei ein einfacher Eigenwert von* $D_2 g(0, 0)$. *Ferner sei* $(\lambda(.), x(.)) \in C^{k-1}((-\varepsilon, \varepsilon), \mathbb{R} \times E)$ *die „Kurve" $\Gamma$ nichttrivialer Lösungen von* $g(\lambda, x) = 0$ *durch* $(0, 0)$, *und* $\kappa(s) \in \sigma(D_2 g(\lambda(s), x(s)))$ *sei die eindeutig bestimmte „Fortsetzung des Eigenwertes 0 von* $D_2 g(0, 0)$ *längs der Kurve $\Gamma$". Dann gibt es – nach eventuellem Verkleinern von $\varepsilon$ – eine Funktion* $\alpha \in C^{k-2}((-\varepsilon, \varepsilon), \mathbb{R})$ *mit*

$$\kappa(s) = \alpha(s) s \dot{\lambda}(s) \quad \forall s \in (-\varepsilon, \varepsilon)$$

*und*

$$\alpha(0) = -\langle e', D_1 D_2 g(0, 0) e \rangle \neq 0,$$

*wobei* $e' \in \ker([D_2 g(0, 0)]')$ *durch* $\langle e', e \rangle = 1$ *bestimmt ist.*

**Beweis:** Es sei $Q := \langle e', . \rangle e \in \mathscr{L}(E)$. Dann sind $\ker(Q) = \operatorname{im}(A) =: N_c$ und $E = N \oplus N_c$, und $Q$ ist die Projektion auf $N$ parallel zu $N_c$. Ferner sei $u(s) = \beta(s) e + v(s)$ mit $v(s) := (id_E - Q) u(s)$ und $\beta(s) = \langle e', u(s) \rangle$. Wegen $\beta(0) = 1$ können wir o.B.d.A. $\beta(s) \neq 0$ für alle $s \in (-\varepsilon, \varepsilon)$ annehmen. Wenn wir also die Gleichung (5) durch $\beta(s)$ dividieren, können wir o.B.d.A. annehmen, daß gilt

(6) $$u(s) = e + v(s) \quad \text{mit} \quad v(s) \in N_c \quad \forall s \in (-\varepsilon, \varepsilon).$$

Aus (4) erhalten wir

(7) $$\dot{x}(s) = e + z(s) \quad \text{mit} \quad z(s) \in N_c \quad \forall s \in (-\varepsilon, \varepsilon),$$

und Differenzieren der Identität $g(\lambda(s), x(s)) = 0$ liefert

(8) $$D_1 g(\lambda(s), x(s))\dot{\lambda}(s) + D_2 g(\lambda(s), x(s))\dot{x}(s) = 0 \quad \forall s \in (-\varepsilon, \varepsilon).$$

Wir setzen nun

$$B(s) := \int_0^1 D_1 D_2 g(\lambda(s), \tau x(s))\, d\tau .$$

Dann ist $B(.) \in C^{k-2}((-\varepsilon, \varepsilon), \mathscr{L}(E))$, und aus $g(.,0) = 0$ und dem Mittelwertsatz folgt

$$D_1 g(\lambda(s), x(s)) = B(s)x(s) = sB(s)[e + y(s)] \quad \forall s \in (-\varepsilon, \varepsilon).$$

Zusammen mit (8) ergibt dies die Relation

(9) $$s\dot{\lambda}(s)B(s)\dot{x}(s) = -D_2 g(\lambda(s), x(s))\dot{x}(s)$$

Wir definieren nun

$$T(.) \in C^{k-2}((-\varepsilon, \varepsilon), \mathscr{L}(\mathbb{R} \times N_c, E))$$

durch

$$T(s, (\alpha, a)) := B(s)\dot{x}(s) + D_2 g(\lambda(s), x(s))a + \alpha(\dot{x}(s) - s\dot{\lambda}(s)a)$$

und bestimmen $(\alpha_0, a_0) \in \mathbb{R} \times N_c$ so, daß $Be = -\alpha_0 e - Aa_0$ gilt. Wegen $A|N_c \in \mathscr{GL}(N_c)$ ist $(\alpha_0, a_0)$ eindeutig festgelegt, und es gilt

(10) $$T(0, ((\alpha_0, a_0)) = 0 .$$

Da außerdem

(11) $$D_2 T(0, (\alpha_0, a_0))(\hat{\alpha}, \hat{a}) = \hat{\alpha}e + A\hat{a}, \quad (\hat{\alpha}, \hat{a}) \in \mathbb{R} \times N_c,$$

gilt, sehen wir, daß $D_2 T(0, (\alpha_0, a_0))$ ein Isomorphismus von $\mathbb{R} \times N_c$ auf $E = N \oplus N_c$ ist. Also erhalten wir aus dem Satz über implizite Funktionen – falls wir bei Bedarf $\varepsilon$ verkleinern – die Existenz einer eindeutig bestimmten Funktion

$$(\alpha, a) \in C^{k-2}((-\varepsilon, \varepsilon), \mathbb{R} \times N_c)$$

mit $(\alpha(0), a(0)) = (\alpha_0, a_0)$ und

$$B(s)\dot{x}(s) + D_2 g(\lambda(s), x(s))a(s) + \alpha(s)(\dot{x}(s) - s\dot{\lambda}(s)a(s)) = 0$$

für $s \in (-\varepsilon, \varepsilon)$. Wir multiplizieren nun diese Gleichung mit $s\dot{\lambda}(s)$ und erhalten, unter Berücksichtigung von (9),

$$D_2 g(\lambda(s), x(s))[\dot{x}(s) - s\dot{\lambda}(s)a(s)] = s\dot{\lambda}(s)\alpha(s)[\dot{x}(s) - s\dot{\lambda}(s)a(s)]$$

für $-\varepsilon < s < \varepsilon$. Mit Satz (26.24) und wegen der Eindeutigkeit der betrachteten Funktionen leiten wir nun die Relation

$$\kappa(s) = s\dot{\lambda}(s)\alpha(s), \quad s \in (-\varepsilon, \varepsilon),$$

ab. Um $\alpha_0 = \alpha(0)$ zu berechnen, wenden wir $e'$ auf die Gleichung $Be + \alpha_0 e + Ae_0 = 0$ an. Dann erhalten wir

$$\langle e', Be\rangle + \alpha_0 + \langle e', Aa_0\rangle = 0,$$

was, wegen $a_0 \in N_c$ und $Aa_0 \in N_c = \ker(e')$, die Beziehung $\alpha_0 = -\langle e', Be\rangle$ ergibt. Dies beweist die Behauptung. □

**(27.3) Bemerkungen:** (a) Im obigen Theorem haben wir mit $\kappa(.)$ die eindeutig bestimmte Fortsetzung des Eigenwerts 0 von $D_2 g(0,0)$ längs der Kurve nichttrivialer Lösungen be-

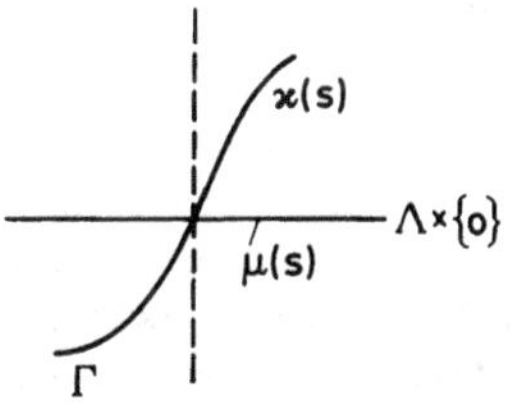


zeichnet. Analog können wir den Eigenwert 0 von $D_2 g(0,0)$ aufgrund von Satz (26.24) „längs der trivialen Lösung $\Lambda \times \{0\}$ fortsetzen", d.h. nach eventuellem Verkleinern von $\Lambda$ gibt es eine eindeutig bestimmte Funktion

$$(\mu(.), v(.)) \in C^{k-1}(\Lambda, \mathbb{R} \times E)$$

mit $(\mu(0), v(0)) = (0, e)$ und $v(\lambda) \neq 0$ sowie

(12) $$D_2 g(\lambda, 0)v(\lambda) = \mu(\lambda)v(\lambda) \quad \forall \lambda \in \Lambda.$$

Durch Differenzieren dieser Gleichung in $\lambda = 0$ erhalten wir

$$Be + A\dot{v}(0) = \dot{\mu}(0)e,$$

also, nach Anwenden von $e'$,

$$\langle e', Be\rangle = \dot{\mu}(0).$$

Also sehen wir:

*Unter den Voraussetzungen von Theorem* (27.2) *gilt*

$$(13) \qquad \kappa(s) = \alpha(s)s\dot{\lambda}(s)$$

*mit* $\alpha \in C^{k-2}((-\varepsilon, \varepsilon), \mathbb{R})$ *und*

$$(14) \qquad \alpha(0) = -\dot{\mu}(0) \neq 0,$$

*wobei* $\mu(.)$ *die durch* (12) *definierte „Fortsetzung des Eigenwertes* 0 *von* $D_2 g(0,0)$ *längs der trivialen Lösung" bezeichnet.* Die Bedingung (14) bedeutet anschaulich, daß *beim Durchlaufen von* $\lambda$ *des Intervalls* $(-\varepsilon, \varepsilon)$ *ein einfacher Eigenwert von* $D_2 g(\lambda, 0)$ *mit nichtverschwindender Geschwindigkeit durch Null geht.*

(b) Die Bedeutung der Beziehung $\kappa(s) = \alpha(s)s\dot{\lambda}(s)$ liegt darin, daß in gewissen Fällen aus der geometrischen Lage der Kurve nichttrivialer Lösungen $\Gamma$ auf das Vorzeichen von $\kappa(s)$ geschlossen werden kann. Wie wir in den folgenden Beispielen sehen werden, sind derartige

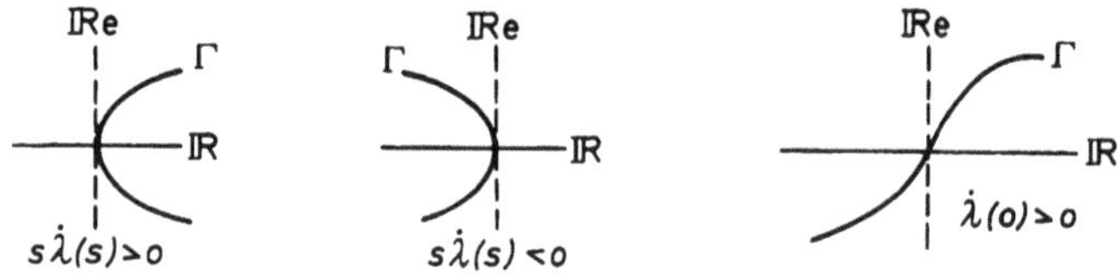


Informationen von Bedeutung für Stabilitätsfragen im Zusammenhang mit Differentialgleichungen. Gilt $s\dot{\lambda}(s) > 0$ für $s \neq 0$, so findet „*Verzweigung nach rechts*" (*superkritische Verzweigung*) statt. Gilt $s\dot{\lambda}(s) < 0$ für $s \neq 0$, haben wir den Fall der „*Verzweigung nach links*" (*subkritische Bifurkation*) vorliegen. Wenn $\dot{\lambda}(s)$ das Vorzeichen nicht wechselt – der Fall der *transkritischen Bifurkation* – so „kreuzt" die Verzweigungskurve die $\mathbb{R}e$-Achse im Nullpunkt.

Wenn wir nun annehmen, daß $\dot{\mu}(0) > 0$ ist, d.h. daß der „kritische" Eigenwert von $D_2 g(\lambda, 0)$ den Nullpunkt mit positiver Geschwindigkeit von links nach rechts durchläuft, so sehen wir, daß im Fall der superkritischen Bifurkation $\kappa(s) < 0$ und im Fall der subkritischen Bifurkation $\kappa(s) > 0$ gilt, während im Fall der transkritischen Bifurkation auf dem einen „Zweig" von $\Gamma$ die Beziehung $\kappa(s) > 0$ und auf dem anderen $\kappa(s) < 0$ gilt. □

**(27.4) Beispiele:** (a) *Die Stabilität kritischer Punkte bei Verzweigung in einfachen Eigenwerten.*

Es seien $X \subset E$ offen und $\Lambda \subset \mathbb{R}$ ein offenes Intervall mit $(0,0) \in \Lambda \times X$, und es sei $f \in C^2(\Lambda \times X, E)$ mit $f(.,0) = 0$. Dann betrachten wir die autonome parameterabhängige Differentialgleichung

$$\dot{x} = f(\lambda, x).$$

Wir nehmen an, $D_2 f(0,0) \in \mathscr{L}(E)$ besitze 0 als einfachen Eigenwert, dessen eindeutig bestimmte $C^1$-Fortsetzung $\mu(\lambda)$ die Beziehung $\dot{\mu}(0) > 0$ erfülle, d. h. es gebe einen einfachen Eigenwert $\mu(\lambda)$ von $D_2 g(\lambda, 0)$, der für $\lambda = 0$ mit positiver Geschwindigkeit (von links nach rechts) durch Null gehe. Aufgrund von Bemerkung (27.3.a) sind dann die Voraussetzungen von Theorem (26.13) erfüllt. Also besteht die Nullstellenmenge von $f$ in der Nähe von $(0,0)$ genau aus der „trivialen Lösung“ $\Lambda \times \{0\}$ und einer $C^1$-Kurve $\Gamma$, welche $\Lambda \times \{0\}$ in $(0,0)$ transversal schneidet.

Wir nehmen nun zusätzlich an,

$$\operatorname{Re}[\sigma(D_2 f(0,0)) \setminus \{0\}] < 0,$$

d. h. alle von Null verschiedenen Eigenwerte von $D_2 f(0,0)$ liegen in der offenen linken Halbebene von $\mathbb{C}$. Dann folgt aus der Oberhalbstetigkeit des Spektrums (Satz (25.5)), daß für alle $\lambda \in \Lambda$, die genügend nahe bei 0 liegen, und für alle genügend kleinen $|s|$ die Inklusionen

$$\operatorname{Re}[\sigma(D_2 f(\lambda, 0)) \setminus \{\mu(\lambda)\}] < 0$$

und

$$\operatorname{Re}[\sigma(D_2 f(\lambda(s), x(s)) \setminus \{\kappa(s)\}] < 0$$

richtig sind, wobei $(\lambda(.), x(.))$ die Parametrisierung von $\Gamma$ aus Theorem (26.13) und $\kappa(.)$ die Fortsetzung des Eigenwerts 0 von $D_2 g(0,0)$ längs der Verzweigungskurve $\Gamma$ bedeuten.

Die obigen Voraussetzungen implizieren insbesondere, daß $x = 0$ für $\lambda < 0$ ein asymptotisch (Ljapunov) stabiler kritischer Punkt der Differentialgleichung $\dot{x} = f(\lambda, x)$ ist, während $x = 0$ für $\lambda > 0$ instabil ist (vgl. Theorem (15.6)). Im Fall der superkritischen

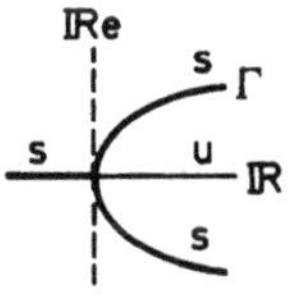


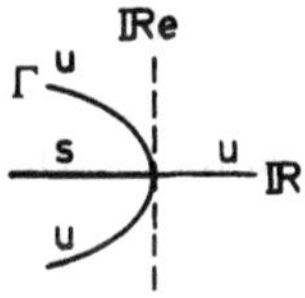


Bifurkation $(s\dot{\lambda}(s) > 0)$ folgt aus (27.3.b) und Theorem (27.2) sowie Theorem (15.6), daß $\Gamma$ in der Nähe des Nullpunkts ganz aus asymptotisch (Ljapunov) stabilen kritischen Punkten der Differentialgleichung $\dot{x} = f(\lambda(s), x)$ besteht. Liegt der Fall der subkritischen Bifurkation vor $(s\dot{\lambda}(s) < 0)$, so besteht $\Gamma$ in der Nähe von Null ganz aus instabilen kritischen Punkten, während im Fall der transkritischen Bifurkation $\Gamma$ aus einem stabilen

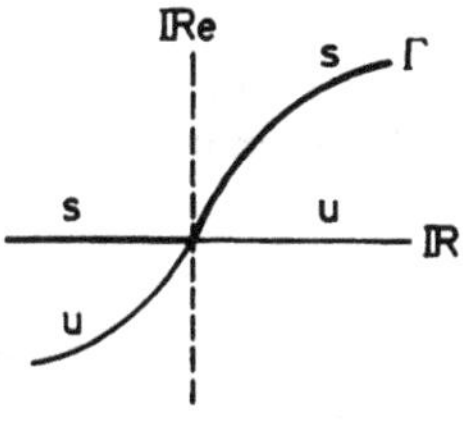

und einem instabilen Zweig besteht. Dieser Sachverhalt wird i.a. als das *Prinzip des Stabilitätsaustausches* bezeichnet. Für einfache konkrete Beispiele zur Illustration dieser Phänomene verweisen wir auf die Beispiele (26.8.b.$\beta$) und (26.8.b.$\delta$) (wobei im letzteren Fall $\dot{\mu}(0) < 0$ gilt).

(b) *Die Stabilität periodischer Verzweigungslösungen im nichtautonomen Fall.* Es seien $\Lambda \subset \mathbb{R}$ und $X \subset E$ offen und $f \in C^2(\Lambda \times \mathbb{R} \times X, E)$ mit $f(.,.,0) = 0$. Ferner sei $f$ $2\pi$-periodisch in $t \in \mathbb{R}$, und für ein $\lambda_0 \in \Lambda$ sei 1 ein einfacher Floquetmultiplikator der linearisierten Gleichung

(15) $$\dot{y} = D_3 f(\lambda_0, t, 0)y,$$

und alle anderen Floquetmultiplikatoren dieser Gleichung mögen im Inneren der Einheitskreisscheibe von $\mathbb{C}$ liegen. Ferner sei $v \in C^1(\mathbb{R}, E)$ eine $2\pi$-periodische Lösung von (15) und $w \in C^1(\mathbb{R}, E')$ sei eine $2\pi$-periodische Lösung der dualen Gleichung

$$\dot{z} = -[D_3 f(\lambda_0, t, 0)]'z$$

mit $\langle w(0), v(0) \rangle = 1$. Schließlich sei

$$\alpha(0) := \int_0^{2\pi} \langle w(t), D_1 D_3 f(\lambda_0, t, 0)v(t) \rangle dt \neq 0.$$

Dann existiert gemäß Satz (26.16) eine $C^1$-Kurve $\Gamma$ durch $(\lambda_0, 0)$ in $\Lambda \times BC^1(\mathbb{R}, E)$

$$(-\varepsilon, \varepsilon) \to \Lambda \times BC^1(\mathbb{R}, E), \quad s \mapsto (\lambda(s), u(s))$$

mit $u(s) \neq 0$ für $s \neq 0$, derart, daß in einer Umgebung von $(\lambda_0, 0)$ in $\Lambda \times BC(\mathbb{R}, E)$ die Menge aller $2\pi$-periodischen Lösungen der Gleichung $\dot{x} = f(\lambda, t, x)$ gerade aus $\Gamma$ und den trivialen Lösungen $\Lambda \times \{0\}$ besteht.

Es sei nun $\alpha(0) < 0$. Dann folgt aus der Formel (42) von § 26 und Bemerkung (27.3a) (vgl. auch den Beweis von Satz (26.16)), daß für alle $\lambda$ in einer linksseitigen Umgebung von $\lambda_0$ alle Floquetmultiplikatoren von

(16) $$\dot{y} = D_3 f(\lambda, t, 0)y$$

im Inneren der Einheitskreisscheibe liegen, während für alle $\lambda$ in einer rechtsseitigen Umgebung von $\lambda_0$ mindestens ein Floquetmultiplikator von (16) einen Absolutbetrag größer als Eins besitzt. Also ist die Nullösung der $2\pi$-periodischen Gleichung $\dot{x} = f(\lambda, t, x)$ für $\lambda_0 - \varepsilon_0 < \lambda < \lambda_0$ gemäß Theorem (23.1) asymptotisch Ljapunov stabil, während sie für $\lambda_0 < \lambda < \lambda_0 + \varepsilon_0$ instabil ist (wobei $\varepsilon_0 > 0$ eine geeignete positive Zahl ist).

Gilt nun $s\dot{\lambda}(s) > 0$ für $0 < |s| < \varepsilon$ (der Fall der superkritischen Bifurkation), so folgt (analog wie in (a)), daß alle Floquetmultiplikatoren der Gleichung

$$\dot{y} = D_3 f(\lambda(s), t, u(s))y$$

im Inneren der Einheitskreisscheibe in $\mathbb{C}$ liegen. Also ist jeder Punkt von $\Gamma$ in der Nähe von $(\lambda_0, 0)$ eine asymptotisch Ljapunov stabile $2\pi$-periodische Lösung von $\dot{x} = f(\lambda, x)$

mit $\lambda = \lambda(s)$. Gilt dagegen $s\dot{\lambda}(s) < 0$ für $0 < |s| < \varepsilon$ (subkritische Bifurkation), so folgt aus Theorem (27.2) und Theorem (23.1), daß alle $2\pi$-periodischen Verzweigungslösungen auf $\Gamma$ in der Nähe von $(\lambda_0, 0)$ instabil sind.

Wir überlassen es dem Leser, die entsprechenden Aussagen im Fall der transkritischen Bifurkation und für den Fall $\alpha(0) > 0$ zu formulieren und beweisen. □

*Konkrete Stabilitätskriterien*

Um in konkreten Fällen explizite Aussagen über das Stabilitätsverhalten der Verzweigungslösungen machen zu können, müssen wir wissen, ob superkritische, subkritische oder transkritische Bifurkation vorliegt. Im folgenden geben wir einige einfache Kriterien zur Entscheidung dieser Frage, wobei wir mit dem einfachsten Fall, der transkritischen Bifurkation, beginnen.

**(27.5) Satz:** *Es seien $\Lambda \subset \mathbb{R}$ und $X \subset E$ offen, und $g \in C^3(\Lambda \times X, E)$ erfülle $g(.,0) = 0$. Ferner seien $A := D_2 g(0,0)$ und $B := D_1 D_2 g(0,0)$ sowie $\ker(A) = \mathbb{R} e$ und $\ker(A') = \mathbb{R} e'$ mit $\langle e', e\rangle = 1$. Gilt dann $Be \notin \operatorname{im}(A)$ und*

$$\langle e', D_2^2 g(0,0)[e]^2\rangle \neq 0,$$

*so ist $(0,0)$ ein transkritischer Bifurkationspunkt der Gleichung $g(\lambda, x) = 0$.*

**Beweis:** Da die Voraussetzungen von Theorem (26.13) erfüllt sind, besteht die Lösungsmenge der Gleichung $g(\lambda, x) = 0$ in der Nähe von $(0,0)$ genau aus der $\lambda$-Achse $\Lambda \times \{0\}$ und einer $C^1$-Kurve $\Gamma$,

$$(\lambda(.), x(.)) : (-\varepsilon, \varepsilon) \to \Lambda \times X,$$

welche die $\lambda$-Achse in $(0,0)$ transversal schneidet. Aufgrund des Beweises von Theorem (26.13) gilt

$$\varphi(\lambda(s), s) = 0 \quad \forall s \in (-\varepsilon, \varepsilon), \tag{17}$$

wobei $\varphi$ durch

$$\varphi(\lambda, s) := \langle e', h_0(\lambda, se)e\rangle \tag{18}$$

definiert ist. Durch Differenzieren von (17) erhalten wir

$$D_1\varphi(\lambda(s), s)\dot{\lambda}(s) + D_2\varphi(\lambda(s), s) = 0, \tag{19}$$

also wegen $D_1\varphi(0,0) = \langle e', Be\rangle \neq 0$ (vgl. Formel (38) von §26)

$$\dot{\lambda}(0) = -D_2\varphi(0,0)/\langle e', Be\rangle. \tag{20}$$

Aus (18) erhalten wir

$$D_2\varphi(0,0) = \langle e', D_2 h_0(0,0)[e]^2\rangle,$$

also, aufgrund von Formel (19) von Theorem (26.11),

$$D_2\varphi(0,0) = \langle e', D_2^2 g(0,0)[e]^2\rangle/2$$

(vgl. Formel (36) von § 26). Also ist $\dot{\lambda}(0) \neq 0$, was impliziert, daß $\dot{\lambda}(s)$ in der Nähe von $s=0$ das Vorzeichen nicht wechselt. Nun folgt die Behauptung aus Bemerkung (27.3.b). □

**(27.6) Bemerkung:** Der obige Beweis zeigt, daß

$$\dot{\lambda}(0) = -\langle e', D_2^2 g(0,0)[e]^2\rangle / 2\langle e', Be\rangle \tag{21}$$

gilt, woraus in der Nähe von (0, 0) die „Richtung" der Bifurkationskurve $\Gamma$ bestimmt werden kann. □

Im folgenden Satz geben wir ein hinreichendes Kriterium für super- bzw. subkritische Bifurkation an.

**(27.7) Satz:** *Es seien $\Lambda \subset \mathbb{R}$ und $X \subset E$ offen, und $g \in C^3(\Lambda \times X, E)$ erfülle $g(.,0) = 0$. Ferner seien $A := D_2 g(0,0)$ und $B := D_1 D_2 g(0,0)$ sowie $\ker(A) = \mathbb{R}e$ und $\ker(A') = \mathbb{R}e'$ mit $\langle e', e\rangle = 1$, und es gelte $Be \notin \mathrm{im}(A)$ und*

$$D_2^2 g(0,0)[e]^2 = 0. \tag{22}$$

*Ist dann*

$$\frac{\langle e', D_2^3 g(0,0)[e]^3\rangle}{\langle e', Be\rangle} < 0 \quad [bzw. > 0], \tag{23}$$

*so ist* (0, 0) *ein superkritischer* [*bzw. subkritischer*] *Bifurkationspunkt der Gleichung* $g(\lambda, x) = 0$.

**Beweis:** Mit den Bezeichnungen des Beweises von Satz (27.5) finden wir, wegen (21) und (22), daß $\dot{\lambda}(0) = 0$ gilt. Durch Differenzieren von (19) im Punkt $s = 0$ erhalten wir somit

$$\ddot{\lambda}(0) = -D_2^2\varphi(0,0)/\langle e', Be\rangle. \tag{24}$$

Aus der Definition (18) von $\varphi$ ergibt sich

$$D_2^2\varphi(0,0) = \langle e', D_2^2 h_0(0,0)[e]^3\rangle.$$

Da nach Theorem (26.11)

(25) $$h_0(\lambda, \xi) = h_{01}(\lambda)\lambda + h_{02}(\lambda, \xi)\xi, \quad \xi \in \ker(A) =: N,$$

gilt, erhalten wir

(26) $$D_2^2\varphi(0,0) = 2\langle e', D_2 h_{02}(0,0)[e]^3\rangle.$$

(Bei formalem Differenzieren von (25) würde man $h_{02} \in C^2$, also (vgl. Theorem (26.11)) $g \in C^4$ benötigen. Man verifiziert jedoch mittels der Definition der Ableitung leicht direkt, daß (25) unter der Voraussetzung $g \in C^3$ im Punkt (0, 0) zweimal nach $\xi$ differenzierbar ist und daß die zweite Ableitung durch (26) gegeben wird.) Aus der Formel (22) von §26 erhalten wir

$$D_2 h_{02}(0,0) = \int_0^1 (1-t)\,t\,dt\, D_2^3 h(0,0) = (1/6) D_2^3 h(0,0),$$

also

(27) $$D_2^2\varphi(0,0) = \langle e', D_2^3 h(0,0)[e]^3\rangle/3.$$

Zur Berechnung der rechten Seite dieser Formel differenzieren wir die Formel (26) von § 26 im Punkt $(\lambda, \xi) = (0,0)$. Wegen $D_2\eta(0,0) = 0$ und $\operatorname{im}(D_2 g(0,0)) \subset \ker(P_c)$ finden wir

(28) $$\begin{aligned} D_2^3 h(0,0)[e]^3 &= P_c D_2^3 g(0,0)[e]^3 \\ &\quad + 3P_c D_2^2 g(0,0)[D_2^2\eta(0,0)[e]^2, e]. \end{aligned}$$

Durch Differenzieren der Identität (11) von §26 erhalten wir, wenn wir (22) berücksichtigen,

$$PD_2 g(0,0) D_2^2\eta(0,0)[e]^2 = 0.$$

Wegen $D_2^2\eta(0,0)[e]^2 \in N_c$ und $\ker[D_2 g(0,0)\,|\,N_c] = \{0\}$ folgt hieraus $D_2^2\eta(0,0)[e]^2 = 0$, also schließlich

(29) $$D_2^3 h(0,0)[e]^3 = P_c D_2^3 g(0,0)[e]^3$$

aus (28). Wegen $P_c = \langle e', .\rangle e$ und $\langle e', e\rangle = 1$ finden wir mit (29), (27) und (24) schließlich

(30) $$\ddot{\lambda}(0) = -\langle e', D_2^3 g(0,0)[e]^3\rangle / 3\langle e', Be\rangle.$$

Wegen $\dot{\lambda}(0) = 0$ gilt $\dot{\lambda}(s) = s\ddot{\lambda}(0) + o(s)$, also

$$s\dot{\lambda}(s) = s^2\ddot{\lambda}(0) + o(s^2) \quad \text{für} \quad s \to 0,$$

woraus, zusammen mit (30), die Behauptung folgt. □

**(27.8) Bemerkungen:** (a) Wenn wir statt (22) lediglich

$$P_c D_2^2 g(0,0)[e]^2 = 0$$

voraussetzen, so erhalten wir durch Differenzieren der Identität (11) von § 26

$$PD_2^2 g(0,0)[e]^2 + PD_2 g(0,0) D_2^2 \eta(0,0)[e]^2 = 0\,,$$

also den im Prinzip bekannten Ausdruck

$$D_2^2 \eta(0,0)[e]^2 = -[D_2 g(0,0) | N_c]^{-1} PD_2^2 g(0,0)[e]^2 .$$

Mit diesem Ausdruck ergibt sich aus (28), (27) und (24) die Beziehung

$$\ddot{\lambda}(0) = -\frac{\langle e', D_2^3 g(0,0)[e]^3\rangle + 3\langle e', D_2^2 g(0,0)[D_2^2\eta(0,0)[e]^2, e]\rangle}{3\langle e', Be\rangle},$$

woraus u. U. $\ddot{\lambda}(0)$, und damit die Richtung der Bifurkationskurve, explizit berechnet werden kann.

(b) Wenn wir in $E$ eine Basis einführen mit $e$ als erstem Basisvektor und auf diese Weise $E$ mit $\mathbb{R}^m$ identifizieren, so gilt

$$D_2^k g(0,0)[e]^k = \frac{\partial^k g}{(\partial x^1)^k}(0,0) \quad \text{für} \quad k \in \mathbb{N}\,.$$

Ist 0 ein einfacher Eigenwert von $A = D_2 g(0,0)$, und identifizieren wir $E' = (\mathbb{R}^m)'$ bezüglich der Standardbasis mit $\mathbb{R}^m$ (vgl. Bemerkung (11.16.b)), so stimmt $e'$ gerade mit dem ersten Basisvektor $e_1 = (1, 0, \ldots, 0)$ überein. Also gilt

$$\langle e', D_2^k g(0,0)[e]^k\rangle = \frac{\partial^k g^1}{(\partial x^1)^k}(0,0) \quad \forall k \in \mathbb{N}\,,$$

wobei $g^1$ die erste Komponente von $g = (g^1, \ldots, g^m)$ bezeichnet.

(c) Mit Hilfe der vorangehenden Bemerkung findet man im Fall von Beispiel (26.8.b) (mit $g(\lambda, x) := f(\lambda, x^1, x^2) = (\lambda a x^1 - a(x^1)^3, b x^2)$)

$$D_2^2 g(0,0)[e]^2 = 0$$

und

$$\frac{\langle e', D_2^3 g(0,0)[e]^3\rangle}{\langle e', Be\rangle} = -6\,.$$

Also garantiert Satz (27.7) superkritische Bifurkation, was mit Beispiel (26.8.b) übereinstimmt. □

*Die Hopf-Bifurkation*

Es ist das Ziel der nachfolgenden Überlegungen, ein Analogon zu Theorem (27.2) für den Fall der Hopf-Bifurkation zu beweisen.

Es seien also $\Lambda \subset \mathbb{R}$ und $X \subset E$ offen, und $f \in C^k(\Lambda \times X, E)$, $k \geqq 2$, mit $f(.,0) = 0$, und wir betrachten die autonome parameterabhängige Differentialgleichung

$$\dot{x} = f(\lambda, x).$$

Wie im letzten Paragraphen nehmen wir an, für ein $\lambda_0 \in \Lambda$ und ein $T_0 > 0$ sei $2\pi i/T_0$ ein einfacher Eigenwert von $D_2 f(\lambda_0, 0)$ und $k 2\pi i/T_0 \notin \sigma(D_2 f(\lambda_0, 0))$ für alle $k \in \mathbb{Z} \setminus \{\pm 1\}$. Dann ist $i$ ein einfacher Eigenwert von

$$L := (T_0/2\pi) D_2 f(\lambda_0, 0),$$

und wir wählen einen beliebigen Eigenvektor

$$\xi + i\eta \in \ker(L_{\mathbb{C}} - i).$$

Nach Lemma (26.23) können wir ein Eigenfunktional

$$\xi' + i\eta' \in \ker(L'_{\mathbb{C}} - i)$$

finden, derart, daß

(31) $$\langle \xi', \xi \rangle = -\langle \eta', \eta \rangle = 1 \quad \text{und} \quad \langle \xi', \eta \rangle = \langle \eta', \xi \rangle = 0$$

gilt.

Wir setzen wieder

$$\sigma := (\tau, \lambda) \quad \text{und} \quad \tilde{f}(\sigma, x) := \frac{\tau + T_0}{2\pi} f(\lambda + \lambda_0, x)$$

für $\sigma$ aus einer geeigneten Nullumgebung $\Sigma \subset \mathbb{R}^2$. Dann ist $v$ genau dann eine $(T_0 + \tau)$-periodische Lösung der Gleichung $\dot{x} = f(\lambda + \lambda_0, x)$, wenn

(32) $$u(t) := v(t(T_0 + \tau)/2\pi)$$

ein $2\pi$-periodische Lösung der Gleichung

$$\dot{x} = \tilde{f}(\sigma, x)$$

ist.

Wir bezeichnen wieder mit $u(.,0,x,\sigma)$ die globale Lösung der Gleichung

$\dot{y} = \tilde{f}(\sigma, y)$, welche die Anfangsbedingung $y(0) = x$ erfüllt, und setzen

(33) $$g(\sigma, x) := x - u(2\pi, 0, x, \sigma).$$

Schließlich setzen wir

$$\int_0^{2\pi} \langle t \cdot \xi', D_1 D_2 f(\lambda_0, 0)(t \cdot \xi) \rangle \, dt \neq 0$$

voraus, wobei wir wieder die Abkürzungen

$$t \cdot \xi := e^{tL} \xi \quad \text{und} \quad t \cdot \xi' := e^{-tL'} \xi'$$

verwenden. Dann wissen wir aufgrund von Theorem (26.21) und Lemma (26.23), daß es für ein $\varepsilon > 0$ eine $C^{k-1}$-Funktion

$$(y(.), T(.), \lambda(.)) : (-\varepsilon, \varepsilon) \to X \times \mathbb{R}_+ \times \Lambda$$

gibt mit

$$(y(0), T(0), \lambda(0)) = (0, T_0, \lambda_0),$$

derart, daß, mit

(34) $$x(s) := s(\xi + y(s)), \quad -\varepsilon < s < \varepsilon,$$

$\gamma(s) := \gamma(x(s))$ für $0 < |s| < \varepsilon$ ein nichtkritischer $T(s)$-periodischer Orbit von $\dot{x} = f(\lambda(s), x)$ durch $x(s) \in E$ ist. Aufgrund von Bemerkung (26.22.a) wissen wir, daß

$$y(s) \in N_c \quad \forall s \in (-\varepsilon, \varepsilon)$$

gilt, wobei $N_c$ ein (festes) direktes Komplement von $N := \ker[D_2 g(0,0)]$ in $E$ bezeichnet.

Für jedes $s \in (-\varepsilon, \varepsilon)$ sei

$$u_s(t) := u(t, 0, x(s), \sigma(s)), \quad t \in \mathbb{R}.$$

Dann ist $u_s$ eine $2\pi$-periodische Lösung der Gleichung $\dot{y} = \tilde{f}(\sigma(s), y)$. Also gilt

$$g(\sigma(s), u_s(t)) = 0 \quad \forall t \in \mathbb{R}.$$

Durch Differenzieren dieser Identität in $t = 0$ erhalten wir

(35) $$D_2 g(\sigma(s), x(s)) \dot{u}_s(0) = 0,$$

wobei

$$\dot{u}_s(0) = \tilde{f}(\sigma(s), x(s))$$

gilt. Wegen $\tilde{f}(.,0) = 0$ ergibt der Mittelwertsatz

(36) $$\tilde{f}(\sigma(s), x(s)) = \int_0^1 D_2\tilde{f}(\sigma(s), \alpha x(s))\, d\alpha\, x(s)$$

für alle $s \in (-\varepsilon, \varepsilon)$. Es sei

$$u(s) := s^{-1}\tilde{f}(\sigma(s), x(s)), \quad -\varepsilon < s < \varepsilon.$$

Dann folgt aus (34) und (36), daß $u(.) \in C^{k-1}((-\varepsilon, \varepsilon), E)$ und

$$u(0) = D_2\tilde{f}(0,0)\xi = -\eta$$

gelten (vgl. den Beweis von Lemma (26.23)). Somit erhalten wir aus (35) die Beziehung

(37) $$D_2 g(\sigma(s), x(s))u(s) = 0 \quad \forall s \in (-\varepsilon, \varepsilon).$$

Nach diesen Vorbereitungen können wir ein Analogon zu Relation (5) beweisen.

**(27.9) Lemma:** *Es existieren $C^{k-1}$-Funktionen*

$$\kappa(.) : (-\varepsilon, \varepsilon) \to \mathbb{R}, \quad v(.) : (-\varepsilon, \varepsilon) \to E$$

*mit*

(38) $$D_2 g(\sigma(s), x(s))v(s) = \kappa(s)v(s) + \langle \eta', v(s)\rangle u(s), \quad -\varepsilon < s < \varepsilon,$$

*und*

$$\kappa(0) = 0 \quad \textit{sowie} \quad v(0) = \xi.$$

**Beweis:** Es sei

$$A(s) := D_2 g(\sigma(s), x(s)) + \langle \eta', .\rangle u(s), \quad -\varepsilon < s < \varepsilon.$$

Dann ist $A \in C^{k-1}((-\varepsilon, \varepsilon), \mathscr{L}(E))$, und

(39) $$A(0) = D_2 g(0,0) - \langle \eta', .\rangle \eta.$$

Da $i$ ein einfacher Eigenwert von $L$ ist, ist 0 ein zweifacher Eigenwert von $D_2 g(0,0) = id_E - e^{2\pi L}$. Da $\{\xi, \eta\}$ eine Basis von $N := \ker[D_2 g(0,0)]$ ist und da ein $N_c$ (nämlich $N_c := \operatorname{im}[D_2 g(0,0)]$) existiert, derart, daß die direkte Zerlegung $E = N \oplus N_c$ den Operator $D_2 g(0,0)$ reduziert, folgt aus (39), daß $E = N \oplus N_c$ auch den Operator $A(0)$ reduziert. Aus (31) und (39) erhalten wir

$$A(0)\xi = 0 \quad \text{und} \quad A(0)\eta = \eta.$$

Also ist $\sigma(A(0)|N) = \{0, 1\}$, was zeigt, daß 0 ein einfacher Eigenwert von $A(0)$ ist mit zugehörigem Eigenvektor $\xi$. Nun folgt die Behauptung – nach geeignetem Verkleinern von $\varepsilon$ – aus Satz (26.24), da sich, wie im Beweis von (5), aus der Eindeutigkeitsaussage von Satz (26.24) ergibt, daß $\kappa(s)$ und $v(s)$ reellwertig sind. □

Das folgende Lemma stellt das Analogon zu Theorem (27.2) dar.

**(27.10) Lemma:** *Es existiert ein* $\alpha(.) \in C^{k-2}((-\varepsilon, \varepsilon), \mathbb{R})$ *mit*

$$\kappa(s) = \alpha(s) s \dot{\lambda}(s) \quad \textit{und} \quad \alpha(0) = \frac{T_0}{2\pi} \int_0^{2\pi} \langle t \cdot \xi', D_1 D_2 f(\lambda_0, 0)(t \cdot \xi) \rangle dt.$$

**Beweis:** Durch Differenzieren der Identität $g(\sigma(s), x(s)) = 0$ erhalten wir

$$D_1 g(\sigma(s), x(s)) \dot{\sigma}(s) + D_2 g(\sigma(s), x(s)) \dot{x}(s) = 0 \quad \forall s \in (-\varepsilon, \varepsilon). \tag{40}$$

Mit

$$B^1(s) := \frac{\partial}{\partial \tau} g(\sigma(s), x(s)) \quad \text{und} \quad B^2(s) := \frac{\partial}{\partial \lambda} g(\sigma(s), x(s))$$

gilt

$$D_1 g(\sigma(s), x(s)) \dot{\sigma}(s) = B^1(s) \dot{\tau}(s) + B^2(s) \dot{\lambda}(s).$$

Wenn wir mit $v(., 0, x, \lambda)$ die globale Lösung des AWP $\dot{y} = f(\lambda, y)$, $y(0) = x$ bezeichnen, folgt aus (32)

$$u(2\pi, 0, x(s), (\tau(s), \lambda(s))) = v(T_0 + \tau(s), 0, x(s), \lambda(s)).$$

Zusammen mit (33) erhalten wir hieraus

$$\begin{aligned} B^1(s) &= -\frac{\partial}{\partial \tau} u(2\pi, 0, x(s), \sigma(s)) = -\frac{\partial}{\partial t} v(T_0 + \tau(s), 0, x(s), \lambda(s)) \\ &= -f(\lambda_0 + \lambda(s), x(s)) = -\frac{2\pi}{T_0 + \tau(s)} \tilde{f}(\sigma(s), x(s)) \\ &= -\gamma(s) s u(s) \end{aligned}$$

mit $\gamma(s) := 2\pi/(T_0 + \tau(s))$, also

$$B^1(s) \dot{\tau}(s) = -\gamma(s) u(s) s \dot{\tau}(s) \quad \forall s \in (-\varepsilon, \varepsilon). \tag{41}$$

Mit $C(s) := \int_0^1 \frac{\partial}{\partial \lambda} D_2 g(\sigma(s), \alpha x(s)) d\alpha$ folgt aus dem Mittelwertsatz

$$B^2(s) = \frac{\partial}{\partial \lambda} g(\sigma(s), x(s)) = C(s) x(s),$$

also

$$B^2(s)\dot{\lambda}(s) = C(s)[\xi + y(s)]s\dot{\lambda}(s) \quad \forall s \in (-\varepsilon, \varepsilon). \tag{42}$$

Mit $B := D_1 D_2 g(0,0)$ und dem Standardbasisvektor $e_2 := (0,1) \in \mathbb{R}^2$ gilt

$$C(0)\xi = \frac{\partial}{\partial\lambda} D_2 g(0,0)\xi = B[e_2, \xi]. \tag{43}$$

Unter Berücksichtigung von (41) und (42) hat somit (40) die Gestalt

$$D_2 g(\sigma(s), x(s))\dot{x}(s) - \gamma(s)u(s)\dot{\tau}(s)s + C(s)[\xi + y(s)]s\dot{\lambda}(s) = 0. \tag{44}$$

Es sei nun $P: E \to N_c := \operatorname{im}[D_2 g(0,0)]$ die Projektion parallel zu $N$, und $v(.)$ sei die Funktion von Lemma (27.9). Dann gilt

$$v(s) = \langle \xi', v(s) \rangle \xi - \langle \eta', v(s) \rangle \eta + Pv(s).$$

Wegen $\langle \xi', v(0) \rangle = \langle \xi', \xi \rangle = 1$ können wir o. B. d. A. annehmen, daß $\langle \xi', v(s) \rangle \neq 0$ für alle $s \in (-\varepsilon, \varepsilon)$ gilt. Wenn wir also $v(s)$ durch $v(s)/\langle \xi', v(s) \rangle$ ersetzen, können wir o. B. d. A. annehmen, daß gilt

$$v(s) = \xi + w(s) \quad \forall s \in (-\varepsilon, \varepsilon)$$

mit $w(s) = -\langle \eta', v(s) \rangle \eta + Pv(s)$. Insbesondere ist also $w(0) = 0$.
Wir subtrahieren nun die Gleichung (44) von der Gleichung (38) und erhalten

$$\begin{aligned} &D_2 g(\sigma(s), x(s))[v(s) - \dot{x}(s)] + \gamma(s)u(s)\dot{\tau}(s)s - C(s)[\xi + y(s)]s\dot{\lambda}(s) \\ &= \kappa(s)v(s) + \langle \eta', v(s) \rangle u(s), \end{aligned} \tag{45}$$

wobei $v(s) - \dot{x}(s) = w(s) - y(s) - s\dot{y}(s)$, also insbesondere $v(0) - \dot{x}(0) = 0$, gilt.
Wir zeigen nun zuerst, daß es eine Funktion

$$(\varrho, \delta, \eta_c) \in C^{k-2}((-\varepsilon, \varepsilon), \mathbb{R} \times \mathbb{R} \times N_c)$$

gibt, die $\varrho(0) = 1$ und

$$\varrho(s)v(s) - \dot{x}(s) = \delta(s)u(s) + \eta_c(s), \quad s \in (-\varepsilon, \varepsilon), \tag{46}$$

erfüllt. Um dies zu sehen, definieren wir

$$T \in C^{k-2}((-\varepsilon, \varepsilon) \times \mathbb{R}^2, N)$$

durch

$$T(s,(\varrho,\delta)):(id-P)[\varrho v(s)-\dot{x}(s)-\delta u(s)]\,,\quad s\in(-\varepsilon,\varepsilon)\,.$$

Dann gelten $T(0,(1,0))=0$ und

$$D_2T(0,(1,0))(\hat{\varrho},\hat{\delta})=\hat{\varrho}\xi+\hat{\delta}\eta,\quad (\hat{\varrho},\hat{\delta})\in\mathbb{R}^2\,.$$

Also ist $T(0,(1,0))\in\operatorname{Isom}(\mathbb{R}^2,N)$. Folglich garantiert der Satz über implizite Funktionen – nach eventuellem Verkleinern von $\varepsilon$ – die Existenz einer eindeutig bestimmten Funktion $(\varrho,\delta)\in C^{k-2}((-\varepsilon,\varepsilon),\mathbb{R}^2)$, die $(\varrho(0),\delta(0))=(1,0)$ und $T(s,(\varrho(s),\delta(s)))=0$ für $s\in(-\varepsilon,\varepsilon)$ erfüllt. Somit hat $\eta_c(s):=\varrho(s)v(s)-\dot{x}(s)-\delta(s)u(s)$ die gewünschten Eigenschaften.

Es ist klar, daß wir in (45) die Funktion $v$ durch $\varrho v$ ersetzen können. Wegen $u(s)\in\ker[D_2g(\sigma(s),x(s))]$ erhalten wir aus (45) und (46) die Relation

$$\begin{aligned}&D_2g(\sigma(s),x(s))\eta_c(s)+\gamma(s)u(s)\dot{\tau}(s)s-C(s)[\xi+y(s)]s\dot{\lambda}(s)\\&=\kappa(s)v(s)+\langle\eta',v(s)\rangle u(s)\end{aligned}$$

für $s\in(-\varepsilon,\varepsilon)$, wobei wieder $\eta_c(0)=0$ gilt.

Wir machen nun den Ansatz

$$\eta_c(s)=a(s)s\dot{\lambda}(s),\quad \kappa(s)=\alpha(s)s\dot{\lambda}(s) \tag{47}$$

und

$$\gamma(s)s\dot{\tau}(s)-\langle\eta',v(s)\rangle=\beta(s)s\dot{\lambda}(s) \tag{48}$$

für geeignete $a(.):(-\varepsilon,\varepsilon)\to N_c$ und $\alpha(.),\beta(.):(-\varepsilon,\varepsilon)\to\mathbb{R}$. Hiermit und mit (45) finden wir

$$s\dot{\lambda}(s)[D_2g(\sigma(s),x(s))a(s)-\alpha(s)v(s)+\beta(s)u(s)-C(s)(\xi+y(s))]=0\,.$$

Wir definieren eine Abbildung

$$S(.)\in C^{k-1}((-\varepsilon,\varepsilon),\mathscr{L}(\mathbb{R}^2\times N_c,E))$$

durch

$$S(s)(\alpha,\beta,a):=D_2g(\sigma(s),x(s))a-\alpha v(s)+\beta u(s)\,.$$

Wegen

$$S(0)(\alpha,\beta,a)=D_2g(0,0)\,a-\alpha\xi-\beta\eta$$

ist $S(0)$ ein Isomorphismus von $\mathbb{R}^2\times N_c$ auf $E$. Also können wir aufgrund von

Lemma (26.18) – durch geeignetes Verkleinern von $\varepsilon$ – o. B. d. A. annehmen, daß $S(.) \in C^{k-1}((-\varepsilon, \varepsilon), \mathrm{Isom}(\mathbb{R}^2 \times N_c, E))$ gilt.

Wir betrachten die Gleichung

$$(49) \qquad D_2 g(\sigma(s), x(s))a(s) - \alpha(s)v(s) + \beta(s)u(s) = C(s)[\xi + y(s)],$$

welche sich wegen (43) für $s = 0$ auf

$$(50) \qquad D_2 g(0,0)a(0) - \alpha(0)\xi - \beta(0)\eta = B[e_2, \xi] = B_\xi e_2$$

reduziert.

Durch Anwenden von $\xi'$ auf (50) erhalten wir

$$(51) \qquad \alpha(0) = -\langle \xi', B[e_2, \xi]\rangle,$$

und die Anwendung von $\eta'$ auf (50) ergibt

$$(52) \qquad \beta(0) = \langle \eta', B[e_2, \eta]\rangle.$$

Also hat die Gleichung (50) die eindeutig bestimmte Lösung $(\alpha(0), \beta(0), a(0))$, wobei $\alpha(0)$ bzw. $\beta(0)$ durch (51) bzw. (52) und $a(0)$ durch $[D_2 g(0,0)|N_c]^{-1}[B_\xi e_2 + \alpha(0)\xi + \beta(0)\eta]$ gegeben werden. Da $S(s)$ ein Isomorphismus ist, folgt aus Lemma (27.1), daß durch

$$s \mapsto (\alpha(s), \beta(s), a(s)) := [S(s)]^{-1} C(s)[\xi + y(s)]$$

eine $C^{k-2}$-Abbildung definiert wird, welche (51), (52) und (49) erfüllt. Also ist der Ansatz (46) und (47) gerechtfertigt.

Da nach Formel (53) von § 26

$$\begin{aligned}\langle \xi', B[e_2, \xi]\rangle &= -\int_0^{2\pi} \langle t\cdot\xi', \frac{\partial}{\partial\lambda} D_2\tilde{f}(0,0)(t\cdot\xi)\rangle\, dt \\ &= -\frac{T_0}{2\pi}\int_0^{2\pi} \langle t\cdot\xi', D_1 D_2 f(\lambda_0, 0)(t\cdot\xi)\rangle\, dt\end{aligned}$$

gilt, folgt die Behauptung aus (51). □

Nach diesen Vorbereitungen können wir das folgende Theorem über die *Stabilität im Falle der Hopf-Bifurkation* beweisen.

**(27.11) Theorem:** *Es seien* $\Lambda \subset \mathbb{R}$ *und* $X \subset E$ *offen und* $f \in C^2(\Lambda \times X, E)$ *mit* $f(.,0) = 0$. *Für ein* $\lambda_0 \in \Lambda$ *und ein* $\omega_0 > 0$ *gelte:*

$$i\omega_0 \mathbb{Z} \cap \sigma(D_2 f(\lambda_0, 0)) = \{\pm i\omega_0\},$$

*und* $i\omega_0$ *ist ein einfacher Eigenwert von* $D_2 f(\lambda_0, 0)$.

*Ferner sei* $\mu(\lambda) \in \sigma(D_2 f(\lambda, 0))$ *die eindeutig bestimmte stetige Fortsetzung des Eigenwerts* $i\omega_0$ *von* $D_2 f(0, 0)$ *längs der trivialen Lösung* $\Lambda \times \{0\}$, *und es gelte*

$$\frac{d}{d\lambda}[\mathrm{Re}\,\mu(\lambda_0)] > 0. \tag{53}$$

*Dann gibt es ein* $\varepsilon > 0$ *und eine* $C^1$*-Funktion*

$$(\lambda(.), x(.), T(.)) : (-\varepsilon, \varepsilon) \to \Lambda \times X \times \mathbb{R}_+$$

*mit* $(\lambda(0), x(0), T(0)) = (\lambda_0, 0, 2\pi/\omega_0)$ *und folgenden Eigenschaften:*

(i) *Für jedes* $s \in (0, \varepsilon)$ *ist* $\gamma(s) := \gamma(x(s))$ *ein nichtkritischer* $T(s)$*-periodischer Orbit der Gleichung* $\dot{x} = f(\lambda(s), x)$ *durch* $x(s)$.

(ii) $\gamma(s) \neq \gamma(t)$ *für* $0 < s < t < \varepsilon$.

(iii) *In einer Umgebung von* $(\lambda_0, 0, 2\pi/\omega_0) \in \Lambda \times X \times \mathbb{R}$ *gibt es keine anderen nichtkritischen periodischen Orbits von* $\dot{x} = f(\lambda, x)$.

*Gilt dann*

$$s\dot{\lambda}(s) > 0 \quad \textit{für} \quad s > 0 \quad (\text{„superkritische Bifurkation“}) \tag{54}$$

*und*

$$\mathrm{Re}[\sigma(D_2 f(\lambda_0, 0)) \setminus \{\pm i\omega_0\}] < 0, \tag{55}$$

*so ist jeder Orbit* $\gamma(s)$ *stabil.*

*Gilt dagegen*

$$s\dot{\lambda}(s) < 0 \quad \textit{für} \quad s > 0 \quad (\text{„subkritische Bifurkation“}), \tag{56}$$

*so ist jeder der Orbits* $\gamma(s), 0 < s < \varepsilon$, *instabil.*

**Beweis:** Die Existenz der periodischen Orbits $\gamma(s)$ mit den angegebenen Eigenschaften ist die Aussage des Theorems (26.25).

Da $u(., 0, x, \sigma)$ die globale Lösung des AWP $\dot{y} = \tilde{f}(\sigma, y), y(0) = x$ ist, sind die Eigenwerte von $D_3 u(2\pi, 0, x(s), \sigma(s))$ gerade die Floquetmultiplikatoren des Orbits $\gamma(s)$. Also ist $\mu \in \mathbb{C}$ genau dann ein Floquetmultiplikator von $\gamma(s)$, wenn $1 - \mu$ ein Eigenwert von $D_2 g(\sigma(s), x(s))$ ist.

Nach (37) gilt

(57) $$D_2 g(\sigma(s), x(s))u(s) = 0 \quad \forall s \in (-\varepsilon, \varepsilon),$$

was die Tatsache widerspiegelt, daß 1 stets ein Floquetmultiplikator von $\gamma(s)$ ist. Nach Formel (76) von §26, Lemma (27.10) und (53) ist

$$\begin{aligned}\frac{d}{d\lambda}[\operatorname{Re}\mu(\lambda_0)] &= \frac{1}{2\pi}\int_0^{2\pi} \langle t\cdot\xi', D_1 D_2 f(\lambda_0, 0)(t\cdot\xi)\rangle\, dt \\ &= \alpha(0)/T_0 > 0.\end{aligned}$$

Also folgt aus Lemma (27.10) – nach eventuellem Verkleinern von $\varepsilon$ –, daß

(58) $$\operatorname{sign}\kappa(s) = \operatorname{sign} s\dot{\lambda}(s) \quad \forall s \in (0, \varepsilon)$$

gilt. Aufgrund der Voraussetzung (54) bzw. (56) ist

$$w(s) := v(s) + u(s)\langle \eta', v(s)\rangle / \kappa(s)$$

für $0 < s < \varepsilon$ wohldefiniert, und wegen (57) und (38) gilt

$$D_2 g(\sigma(s), x(s))w(s) = \kappa(s)w(s) \quad \text{für} \quad 0 < s < \varepsilon.$$

Also besitzt $\gamma(s)$ für $0 < s < \varepsilon$ den Floquetmultiplikator $1 - \kappa(s)$.

Es seien $U$ bzw. $V$ disjunkte Umgebungen von $\sigma(e^{2\pi L})\backslash\{1\}$ bzw. $\{1\}$ (mit $L := (1/\omega_0)D_2 f(\lambda_0, 0)$). Wegen $e^{2\pi L} = D_3 u(2\pi, 0, 0, \sigma(0))$ können wir aufgrund von Satz (25.12) o. B. d. A. annehmen, daß 1 und $1 - \kappa(s)$ die einzigen Floquetmultiplikatoren von $\gamma(s)$ in $V$ sind. Da 1 ein zweifacher Eigenwert von $e^{2\pi L}$ ist, folgt aus Satz (25.12), daß 1 ein einfacher Floquetmultiplikator von $\gamma(s)$ für $0 < s < \varepsilon$ ist, falls $\kappa(s) \neq 0$ gilt. Da diese Bedingung wegen (58) unter unseren Voraussetzungen stets erfüllt ist, ist also $\gamma(s)$ für $0 < s < \varepsilon$ ein hyperbolischer periodischer Orbit. Da im Falle der subkritischen Bifurkation aus (58) die Ungleichung $1 - \kappa(s) > 1$ folgt, ist $\gamma(s)$ in diesem Fall aufgrund von Theorem (23.8) instabil. Liegt dagegen der Fall der superkritischen Bifurkation vor, so ist $1 - \kappa(s) < 1$. Aufgrund von (55) sowie wegen des Spektralabbildungssatzes und der Oberhalbstetigkeit des Spektrums können wir o. B. d. A. annehmen, daß alle von 1 und $1 - \kappa(s)$ verschiedenen Floquetmultiplikatoren von $\gamma(s)$ im Inneren der Einheitskreisscheibe der komplexen Ebene liegen. Also ist $\gamma(s)$, $0 < s < \varepsilon$, aufgrund von Theorem (23.8) stabil. □

**(27.12) Bemerkungen:** (a) Die Bedingung

$$\frac{d}{d\lambda}[\mathrm{Re}\,\mu(\lambda_0)] > 0$$

besagt, daß das Paar konjugiert komplexer Eigenwerte $\mu(\lambda), \overline{\mu(\lambda)}$ die imaginäre Achse in $+i\omega_0$ bzw. $-i\omega_0$ mit positiver Geschwindigkeit „überschreitet“, wenn $\lambda$ von $\lambda_0 - \varepsilon_0$ nach $\lambda_0 + \varepsilon_0$ läuft. Der Fall der umgekehrten Ungleichung wird natürlich durch Übergang von $f$ zu $-f$ auf den obigen Fall zurückgeführt.

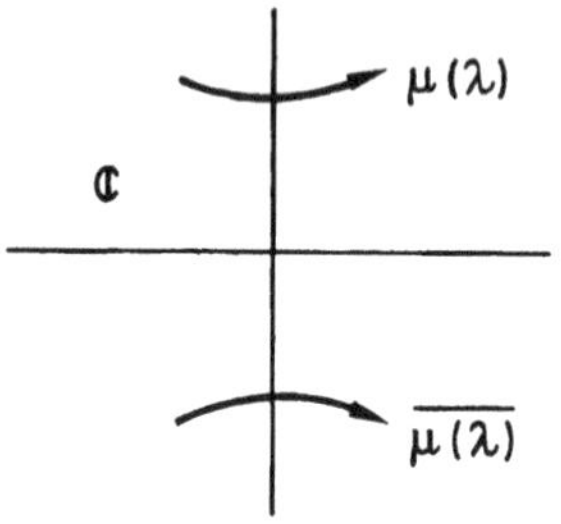


(b) Es sei $\xi + i\eta$ ein Eigenvektor von $[D_2 f(\lambda_0, 0)]_{\mathbb{C}}$ zum Eigenwert $i\omega_0$ und $\xi' + i\eta'$ sei ein Eigenvektor von $[D_2 f(\lambda_0, 0)]'_{\mathbb{C}}$ zum Eigenwert $i\omega_0$ mit

$$\langle \xi', \xi \rangle = -\langle \eta', \eta \rangle = 1 \quad \text{und} \quad \langle \xi', \eta \rangle = \langle \eta', \xi \rangle = 0 .$$

Dann ist

$$\frac{d}{d\lambda}[\mathrm{Re}\,\mu(\lambda_0)] = \frac{1}{2\pi}\int_0^{2\pi} \langle t\cdot\xi', D_1 D_2 f(\lambda_0, 0)(t\cdot\xi)\rangle\, dt .$$

(c) Die Bedingungen

$$\frac{d}{d\lambda}[\mathrm{Re}\,\mu(\lambda_0)] > 0$$

und

$$\mathrm{Re}[\sigma(D_2 f(\lambda_0, 0)) \setminus \{\pm i\omega_0\}] < 0$$

implizieren aufgrund der Oberhalbstetigkeit des Spektrums, daß für $\lambda_0 - \varepsilon_0 < \lambda < \lambda_0$ alle Eigenwerte von $D_2 f(\lambda, 0)$ in der linken offenen komplexen Halbebene

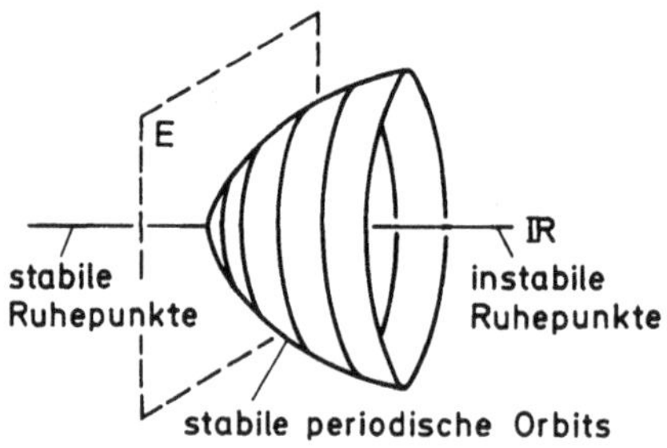

liegen. Also ist 0 für $\lambda_0 - \varepsilon_0 < \lambda < \lambda_0$ ein asymptotisch stabiler kritischer Punkt für das Vektorfeld $f(\lambda, .)$. Für $\lambda_0 < \lambda < \lambda_0 + \varepsilon$ liegt dagegen mindestens ein Eigenwert von $D_2 f(\lambda, 0)$ in der rechten offenen komplexen Halbebene. Also ist die triviale Lösung von $\dot{x} = f(\lambda, x)$ für $\lambda_0 < \lambda < \lambda_0 + \varepsilon_0$ instabil. Im Fall der superkritischen Bifurkation findet also ein *Stabilitätsaustausch* statt, d. h. beim Durchgang durch $\lambda_0$ geht die Stabilität von der trivialen Lösung auf die nichttrivialen periodischen Orbits über, die von der trivialen Lösung abzweigen. Im Fall der subkritischen Bifurkation haben wir dagegen einen vollständigen „Stabilitätsverlust" vorliegen. □

### *Konkrete Stabilitätsformeln*

Für die praktische Anwendung von Theorem (27.11) benötigen wir wieder Kriterien, welche es erlauben zu entscheiden, ob subkritische oder superkritische Bifurkation vorliegt. Diesem Problem wenden wir uns nun zu, wobei wir wieder die oben eingeführten Bezeichnungen verwenden.

**(27.13) Lemma:** *Es seien die Voraussetzungen von Theorem* (27.11) *mit* $f \in C^3(\Lambda \times X, E)$ *erfüllt, und es seien*

(59) $$\zeta := -[D_2 g(0,0) | N_c]^{-1} P D_2^2 g(0,0)[\xi]^2$$

*und*

$$\gamma := \langle \xi', D_2^3 g(0,0)[\xi]^3 \rangle + 3\langle \xi', D_2^2 g(0,0)[\zeta, \xi] \rangle .$$

*Ist dann* $\gamma \neq 0$, *so gilt*

$$\operatorname{sign} s \dot{\lambda}(s) = \operatorname{sign} \gamma$$

*für* $0 < s < \varepsilon$.

**Beweis:** Aus den Beweisen der Theoreme (26.19) und (26.21) wissen wir, daß

$$h_0(\sigma(s), s\xi)\xi = 0 \quad \text{für} \quad -\varepsilon < s < \varepsilon$$

gilt, wobei $h_0$ die in Theorem (26.11) angegebene Bedeutung besitzt. Durch Differenzieren dieser Identität finden wir

$$D_1 h_0(\sigma(s), s\xi)[\dot{\sigma}(s), \xi] + D_2 h_0(\sigma(s), s\xi)[\xi]^2 = 0 .$$

Da nach Bemerkung (26.22.d) $\dot{\sigma}(0) = 0$ gilt, erhalten wir durch nochmaliges Differenzieren in $s = 0$ die Beziehung

$$D_1 h_0(0,0)[\ddot{\sigma}(0), \xi] + D_2^2 h_0(0,0)[\xi]^3 = 0 .$$

Wie im Beweis von Satz (27.7) und in der Bemerkung (27.8) ergibt sich

$$D_2^2 h_0(0,0)[\xi]^3 = (1/3) P_c D_2^3 g(0,0)[\xi]^3 + P_c D_2^2 g(0,0)[\zeta, \xi],$$

wobei $\zeta$ die in (59) angegebene Bedeutung besitzt.
Aus Theorem (26.11) wissen wir, daß

$$D_1 h_0(0,0)[\ddot{\sigma}(0), \xi] = P_c D_1 D_2 g(0,0)[\ddot{\sigma}(0), \xi] = P_c B_\xi \ddot{\sigma}(0)$$

gilt. Also erhalten wir – unter Berücksichtigung von Formel (53) von §26 –

$$\begin{aligned}
\gamma &= 3\langle \xi', D_2^2 h_0(0,0)[\xi]^3\rangle = -3\langle \xi', D_1 h(0,0)[\ddot{\sigma}(0), \xi]\rangle \\
&= -3\langle \xi', B[\ddot{\sigma}(0), \xi]\rangle \\
&= 3\int_0^{2\pi} \langle t\cdot\xi', D_1 D_2 \tilde{f}(0,0)[\ddot{\sigma}(0), t\cdot\xi]\rangle\, dt \\
&= \frac{3}{T_0}\int_0^{2\pi} \langle t\cdot\xi', L(t\cdot\xi)\rangle\, dt\, \ddot{\tau}(0) \\
&\quad + \frac{3T_0}{2\pi}\int_0^{2\pi} \langle t\cdot\xi', D_1 D_2 f(\lambda_0, 0)(t\cdot\xi)\rangle\, dt\, \ddot{\lambda}(0).
\end{aligned}$$

Wegen

$$\langle t\cdot\xi', L(t\cdot\xi)\rangle = \langle t\cdot\xi', t\cdot(L\xi)\rangle = -\langle \xi', \eta\rangle = 0$$

und Bemerkung (27.12.b) folgt

$$\gamma = 3T_0 \frac{d}{d\lambda}[\operatorname{Re}\mu(\lambda_0)]\, \ddot{\lambda}(0),$$

also

$$\operatorname{sign}\ddot{\lambda}(0) = \operatorname{sign}\gamma.$$

Da $\dot{\lambda}(0) = 0$ gilt, ist

$$s\dot{\lambda}(s) = s^2 \ddot{\lambda}(0) + o(s^2) \quad \text{für} \quad s \to 0,$$

woraus die Behauptung folgt. □

Es bleibt uns somit die Aufgabe, den Ausdruck $\gamma$ zu berechnen. Zur Vereinfachung machen wir für das Folgende die *Annahme*

(60) $$PD_2^2 g(0,0)[\xi]^2 = 0,$$

sodaß $\zeta = 0$ und folglich

$$\gamma = \langle \xi', D_2^3 g(0,0)[\xi]^3\rangle$$

gelten. *Die Annahme* (60) *ist natürlich insbesondere erfüllt, wenn* $\dim(E) = 2$ *ist.* Wegen

$$g(0, \tilde{\xi}) = \tilde{\xi} - u(2\pi, 0, \tilde{\xi}, 0)$$

finden wir

$$\begin{aligned} &D_2 g(0,0) = id_E - D_3 u(2\pi, 0, 0, 0),\\ (61) \qquad &D_2^2 g(0,0) = -D_3^2 u(2\pi, 0, 0, 0),\\ &D_2^3 g(0,0) = -D_3^3 u(2\pi, 0, 0, 0). \end{aligned}$$

Da $u(.,0,\xi,0)$ die globale Lösung des AWP

$$\dot{x} = \tilde{f}(0, x), \quad x(0) = \xi$$

ist, folgt aus dem Differentiationstheorem (9.5) mit $u(t) := u(t, 0, 0, 0)$

$$(62) \qquad \begin{aligned} D_3 \dot{u} \xi \quad &= D_2 \tilde{f}(0,0) D_3 u \xi = L D_3 u \xi,\\ D_3^2 \dot{u}[\xi]^2 &= L D_3^2 u[\xi]^2 + D_2^2 \tilde{f}(0,0)[D_3 u \xi]^2 \end{aligned}$$

und

$$(63) \qquad \begin{aligned} D_3^3 \dot{u}[\xi]^3 &= L D_3^3 u[\xi]^3 + 3 D_2^2 \tilde{f}(0,0)[D_3^2 u[\xi]^2, D_3 u \xi]\\ &\quad + D_2^3 \tilde{f}(0,0)[D_3 u \xi]^3 \end{aligned}$$

sowie $D_3 u(0)\xi = \xi, D_3^2 u(0)[\xi]^2 = 0$ und $D_3^3 u(0)[\xi]^3 = 0$. Also erhalten wir aus (61), (63) und der Variation-der-KonstantenFormel

$$(64) \qquad \begin{aligned} D_2^3 g(0,0)[\xi]^3 = &-\int_0^{2\pi} e^{(2\pi-\tau)L} D_2^3 \tilde{f}(0,0)[D_3 u(\tau)\xi]^3 d\tau\\ &-3\int_0^{2\pi} e^{(2\pi-\tau)L} D_2^2 \tilde{f}(0,0)[D_3^2 u(\tau)[\xi]^2, D_3 u(\tau)\xi] d\tau. \end{aligned}$$

Hierbei gilt nach (62)

$$(65) \qquad D_3 u(t)\xi = e^{tL}\xi$$

und

$$(66) \qquad D_3^2 u(t)[\xi]^2 = \int_0^t e^{(t-\tau)L} D_2^2 \tilde{f}(0,0)[\mathrm{e}^{\tau L}\xi]^2 \mathrm{d}\tau$$

für alle $t \in \mathbb{R}$. Wegen $e^{2\pi L'}\xi' = \xi'$ erhalten wir somit aus (64)

$$(67) \qquad \begin{aligned} \langle \xi', D_2^3 g(0,0)[\xi]^3 \rangle = &-\int_0^{2\pi} \langle e^{-\tau L'}\xi', D_2^3 \tilde{f}(0,0)[e^{\tau L}\xi]^3 \rangle d\tau\\ &-3\int_0^{2\pi} \langle e^{-\tau L'}\xi', D_2^2 \tilde{f}(0,0)[D_3^2 u(\tau)[\xi]^2, e^{\tau L}\xi] \rangle d\tau. \end{aligned}$$

Da die Zerlegung $E = N \oplus N_c$ mit $N = \ker[D_2 g(0,0)] = \ker[id_E - e^{2\pi L}]$ und $N_c = \operatorname{im}[D_2 g(0,0)]$ den Operator $D_2 g(0,0)$ reduziert, können wir im folgenden o.B.d.A. $E = N$ annehmen. Nun identifizieren wir $E$ bzgl. der Basis $\{\xi, \eta\}$ mit $\mathbb{R}^2$, und $(\mathbb{R}^2)'$ bzgl. der Standardbasis mit $\mathbb{R}^2$ (vgl. Bemerkung (11.16.b)). Dann besitzt $L$ die Matrix

$$\begin{bmatrix} 0 & 1 \\ -1 & 0 \end{bmatrix}.$$

Also folgt aus §13 (vgl. §13, 4. Fall), daß $e^{tL}$ die Matrix

$$\begin{bmatrix} \cos t & \sin t \\ -\sin t & \cos t \end{bmatrix} \tag{68}$$

besitzt. Mit den Abkürzungen $c(t) := \cos t$ und $s(t) := \sin t$ erhalten wir folglich

$$e^{\tau L}\xi = (c(\tau), -s(\tau)) = e^{-\tau L'}\xi'. \tag{69}$$

Setzen wir schließlich

$$\varphi(z) := f(\lambda_0, z) \quad \text{für} \quad z = (x, y) \in \mathbb{R}^2 (= N = E),$$

so erhalten wir für das erste Integral in (67) den Ausdruck

$$\frac{1}{\omega_0} \int_0^{2\pi} \{D_1^3 \varphi^1 c^4 - 3 D_1^2 D_2 \varphi^1 c^3 s + 3 D_1 D_2^2 \varphi^1 c^2 s^2 - D_2^3 \varphi^1 c s^3$$
$$- D_1^3 \varphi^2 c^3 s + 3 D_1^2 D_2 \varphi^2 c^2 s^2 - 3 D_1 D_2^2 \varphi^2 c s^3 + D_2^3 \varphi^2 s^4\}\, dt,$$

wobei natürlich $\varphi = (\varphi^1, \varphi^2)$ gesetzt ist. Da die Integrale über die ungeraden Funktionen $c^3 s$ und $cs^3$ verschwinden, und da

$$\int_0^{2\pi} c^4(t)\,dt = \int_0^{2\pi} s^4(t)\,dt = 3\pi/4$$

sowie

$$\int_0^{2\pi} c^2(t) s^2(t)\,dt = \pi/4$$

gilt, hat das erste Integral in (67) den Wert

$$\frac{3\pi}{4\omega_0} [D_1^3 \varphi^1 + D_1 D_2^2 \varphi^1 + D_1^2 D_2 \varphi^2 + D_2^3 \varphi^2]. \tag{70}$$

Um das zweite Integral in (67) zu berechnen, müssen wir zuerst die Funktion (66) bestimmen. Dazu beachten wir, daß der Vektor $\omega_0 D_2^2 \tilde{f}(0,0)[e^{\tau L}\xi]^2$ durch

$$(\varphi_{11}^1 c^2 - 2\varphi_{12}^1 cs + \varphi_{22}^1 s^2, \varphi_{11}^2 c^2 - 2\varphi_{12}^2 cs + \varphi_{22}^2 s^2)$$

gegeben ist, wobei wir zur Abkürzung

$$\varphi_{jk}^i := D_j D_k \varphi^i$$

gesetzt haben. Wegen

$$e^{-\tau L} = \begin{bmatrix} c(\tau) & -s(\tau) \\ s(\tau) & c(\tau) \end{bmatrix}$$

erhalten wir für die Komponenten des Vektors $\omega_0 e^{-\tau L} D_2^2 \tilde{f}(0,0)[e^{\tau L}\xi]^2$ die Formeln

$$\varphi_{11}^1 c^3 - 2\varphi_{12}^1 c^2 s + \varphi_{22}^1 s^2 c - \varphi_{11}^2 sc^2 + 2\varphi_{12}^2 s^2 c - \varphi_{22}^2 s^3 \tag{71}$$

und

$$\varphi_{11}^1 c^2 s - 2\varphi_{12}^1 cs^2 + \varphi_{22}^1 s^3 + \varphi_{11}^2 c^3 - 2\varphi_{12}^2 c^2 s + \varphi_{22}^2 cs^2 . \tag{72}$$

Wegen

$$\int_0^t c^2 s\, d\tau = -(c^3(t) - 1)/3 \quad \text{und} \quad \int_0^t cs^2\, d\tau = s^3(t)/3 \tag{73}$$

sowie

$$\int_0^t c^3\, d\tau = c^2 s + (2/3)s^3 \quad \text{und} \quad \int_0^t s^3\, d\tau = -cs^2 - 2(c^3 - 1)/3 \tag{74}$$

finden wir durch Integration von (71) bzw. (72)

$$\begin{aligned} &\varphi_{11}^1[c^2 s + (2/3)s^3] + (2/3)\varphi_{12}^1(c^3 - 1) + \varphi_{22}^1 s^3/3 \\ &+ \varphi_{11}^2(c^3 - 1)/3 + (2/3)\varphi_{12}^2 s^3 + \varphi_{22}^2[cs^2 + (2/3)(c^3 - 1)] \end{aligned} \tag{75}$$

sowie

$$\begin{aligned} &-\varphi_{11}^1(c^3 - 1)/3 - (2/3)\varphi_{12}^1 s^3 - \varphi_{22}^1[cs^2 + (2/3)(c^3 - 1)] \\ &+ \varphi_{11}^2[c^2 s + (2/3)s^3] + (2/3)\varphi_{12}^2(c^3 - 1) + \varphi_{22}^2 s^3/3 . \end{aligned} \tag{76}$$

Wenn wir den Vektor, dessen Komponenten durch (75) und (76) gegeben sind, von links mit der Matrix (68) multiplizieren, erhalten wir den Vektor

$$(a,b) := \omega_0 D_3^2 u(t)[\xi]^2 = \omega_0 e^{tL} \int_0^t e^{-\tau L} D_2^2 \tilde{f}(0,0)[e^{\tau L}\xi]^2\, d\tau ,$$

also

$$\begin{aligned} a = {} & \varphi_{11}^1[c^3 s + (2/3)cs^3 - s(c^3-1)/3] + (2/3)\varphi_{12}^1[c(c^3-1) - s^4] \\ & + \varphi_{22}^1[cs^3/3 - cs^2 - (2/3)s(c^3-1)] \\ & + \varphi_{11}^2[c(c^3-1)/3 + c^2 s^2 + (2/3)s^4] \\ & + (2/3)\varphi_{12}^2[cs^3 + s(c^3-1)] \\ & + \varphi_{22}^2[c^2 s^2 + (2/3)c(c^3-1) + s^4/3] \end{aligned}$$

und

$$\begin{aligned} b = {} & -\varphi_{11}^1[c^2 s^2 + (2/3)s^4 + c(c^3-1)/3] \\ & - (2/3)\varphi_{12}^1[s(c^3-1) + cs^3] \\ & - \varphi_{22}^1[s^4/3 + c^2 s^2 + (2/3)c(c^3-1)] \\ & + \varphi_{11}^2[-s(c^3-1)/3 + c^3 s + (2/3)cs^3] \\ & + (2/3)\varphi_{12}^2[-s^4 + c(c^3-1)] \\ & + \varphi_{22}^2[-cs^3 - (2/3)s(c^3-1) + cs^3/3]. \end{aligned}$$

Mit den obigen Abkürzungen lautet das zweite Integral in (67)

$$\begin{aligned} \frac{1}{\omega_0^2}\int_0^{2\pi} \{ & \varphi_{11}^1 ac^2 + \varphi_{12}^1(-acs + bc^2) - \varphi_{22}^1 bcs \\ & - \varphi_{11}^2 acs + \varphi_{12}^2(as^2 - bcs) + \varphi_{22}^2 bs^2\}\, d\tau . \end{aligned} \tag{77}$$

Zur Auswertung dieses Ausdrucks beachten wir, daß das Integral über ein Periodenintervall einer ungeraden periodischen Funktion Null ist. Unter Berücksichtigung dieser Tatsache erhalten wir durch Einsetzen der Ausdrücke für $a$ und $b$ in (77)

$$\begin{aligned} \frac{1}{\omega_0^2}\int_0^{2\pi} \{ & \varphi_{11}^1\varphi_{12}^1[c^3(c^3-1)/3 - 2c^2 s^4 - 2c^4 s^2 + cs^2(s^3-1)/3] \\ & + \varphi_{11}^1\varphi_{11}^2[c^3(c^3-1)/3 + s^2 c(c^3-1)/3] \\ & + \varphi_{11}^1\varphi_{22}^2[(2/3)c^3(c^3-1) + c^2 s^4/3 - (2/3)s^6 - s^2 c(c^3-1)/3] \\ & + \varphi_{12}^1\varphi_{22}^1[c^2 s^4 - c^4 s^2 + (4/3)s^2 c(c^3-1) - (2/3)c^3(c^3-1)] \\ & + \varphi_{12}^1\varphi_{12}^2[(2/3)c^3(c^3-1) - (2/3)s^6] \\ & + \varphi_{22}^1\varphi_{11}^2[s^2 c(c^3-1) - c^4 s^2] \\ & + \varphi_{22}^1\varphi_{22}^2[-c^2 s^4/3 - s^6/3] \\ & + \varphi_{11}^2\varphi_{12}^2[-c^2 s^4/3 + (2/3)s^6 - s^2 c^4] \\ & + \varphi_{12}^2\varphi_{22}^2[(5/3)c^2 s^4 + 2s^2 c(c^3-1) - s^6/3]\}\, d\tau . \end{aligned}$$

Aus (74) folgt $\int_0^{2\pi} c^3 = 0$, und durch partielle Integration verifiziert man leicht, daß gilt:

$$\int_0^{2\pi} c^6 = \int_0^{2\pi} s^6 = 5\int_0^{2\pi} c^4 s^2 = 5\int_0^{2\pi} s^4 c^2 = 5\frac{\pi}{8}.$$

Damit ergibt sich für den obigen Ausdruck der Wert

$$(78)\qquad \frac{\pi}{4\omega_0^2}\{-\varphi_{11}^1\varphi_{12}^1 + \varphi_{11}^1\varphi_{11}^2 - \varphi_{12}^1\varphi_{22}^1 - \varphi_{22}^1\varphi_{22}^2 + \varphi_{11}^2\varphi_{12}^2 + \varphi_{12}^2\varphi_{22}^2\}.$$

Durch Substitution von (70) und (78) in (67) finden wir schließlich

$$(79)\qquad \begin{aligned}&\langle \xi', D_2^3 g(0,0)[\xi]^3\rangle = \\ &-\frac{3\pi}{4\omega_0}\{D_1^3\varphi^1 + D_1 D_2^2\varphi^1 + D_1^2 D_2\varphi^2 + D_2^3\varphi^2 \\ &+\frac{1}{\omega_0}[-\varphi_{11}^1\varphi_{12}^1 + \varphi_{11}^1\varphi_{11}^2 - \varphi_{12}^1\varphi_{22}^1 - \varphi_{22}^1\varphi_{22}^2 + \varphi_{11}^2\varphi_{12}^2 + \varphi_{12}^2\varphi_{22}^2]\}.\end{aligned}$$

Nach diesen Vorbereitungen können wir ein Stabilitätskriterium für die Hopf-Bifurkation beweisen.

**(27.14) Theorem:** *Es seien die Voraussetzungen von Theorem* (27.11) *mit* $f \in C^3(\Lambda \times X, E)$ *erfüllt. Ferner sei* $E = N \oplus N_c$ *eine direkte Summenzerlegung von* $E$*, welche* $D_2 f(\lambda_0, 0)$ *reduziert, mit*

$$N = [\ker\{[D_2 f(\lambda_0, 0)]_{\mathbb{C}} - i\omega_0\} \oplus \ker\{[D_2 f(\lambda_0, 0)]_{\mathbb{C}} + i\omega_0\}] \cap E,$$

*und in* $N$ *sei eine Basis so eingeführt, daß die zu* $D_2 f(\lambda_0, 0)|N$ *gehörige Matrix die Gestalt*

$$\begin{bmatrix} 0 & \omega_0 \\ -\omega_0 & 0 \end{bmatrix}$$

*hat. Ferner seien*

$$\varphi(x, y, z) := f(\lambda_0, (x, y, z)), \quad ((x, y), z) \in N \times N_c,$$

*und*

$$\varphi = (\varphi^1, \varphi^2, \varphi^3)$$

*mit* $(\varphi^1, \varphi^2) \in N$ *und* $\varphi^3 \in N_c$, *wobei natürlich* $(x, y)$ *bzw.* $(\varphi^1, \varphi^2)$ *die Koordinaten bzgl. der obigen Basis von* $N$ *sind. Schließlich seien*

$$\varphi_1 := D_1\varphi(0), \quad \varphi_2 := D_2\varphi(0), \quad \varphi_{11} := D_1^2\varphi(0) \text{ etc.}$$

*und*

$$\delta := \omega_0[\varphi^1_{111} + \varphi^1_{122} + \varphi^2_{112} + \varphi^2_{222}] - \varphi^1_{11}\varphi^1_{12} + \varphi^1_{11}\varphi^2_{11} - \varphi^1_{12}\varphi^1_{22} - \varphi^1_{22}\varphi^2_{22} + \varphi^2_{11}\varphi^2_{12} + \varphi^2_{12}\varphi^2_{22},$$

*und es gelte*

$$\varphi^3_{11} = 0. \tag{80}$$

*Ist dann* $\delta < 0$, *so liegt superkritische Bifurkation vor, und die sich von der trivialen Lösung abspaltenden periodischen Orbits sind asymptotisch stabil, falls*

$$\mathrm{Re}[\sigma(D_2 f(\lambda_0, 0)) \backslash \{\pm i\omega_0\}] < 0$$

*gilt. Ist dagegen* $\delta > 0$, *so liegt subkritische Bifurkation vor, und die sich von der trivialen Lösung abspaltenden periodischen Orbits sind instabil.*

**Beweis:** Wegen

$$\varphi^3_{11} = PD_2^2 g(0,0)[\xi]^2$$

folgt aus (80) $\zeta = 0$, also, zusammen mit (79),

$$\delta = -\frac{4\omega_0^2}{3\pi}\langle \xi', D_2^3 g(0,0)[\xi]^3\rangle = -\frac{4\omega_0^2}{3\pi}\gamma. \tag{81}$$

Somit ergibt sich die Behauptung aus Theorem (27.11) und Lemma (27.13). □

**(27.15) Bemerkungen:** (a) Ist die vereinfachende Voraussetzung

$$\varphi^3_{11} = PD_2^2 g(0,0)[\xi]^2 = 0$$

nicht erfüllt, so muß im vorangehenden Theorem die Größe $\delta$ durch $\delta + \tilde{\delta}$ mit

$$\tilde{\delta} := -\frac{4\omega_0^2}{\pi}\langle \xi', D_2^2 g(0,0)[\zeta, \xi]\rangle \tag{82}$$

und

$$\zeta := -[D_2 g(0,0)|N_c]^{-1} PD_2^2 g(0,0)[\xi]^2$$

ersetzt werden (vgl. Lemma (27.13) und (81)). Aus (61) und (66), sowie wegen $LP = PL$, erhalten wir

$$PD_2^2 g(0,0)[\xi]^2 = -\int_0^{2\pi} e^{(2\pi-\tau)L} PD_2^2 \tilde{f}(0,0)[e^{\tau L}\xi]^2 \, d\tau.$$

Wegen

$$[D_2 g(0,0)|N_c]^{-1} e^{2\pi L} P = [(id - e^{2\pi L})|N_c]^{-1} e^{2\pi L} P = [e^{-2\pi L|N_c} - id_{N_c}]^{-1} P$$

gilt somit

$$\zeta = \omega_0^{-1}[e^{-2\pi L|N_c} - id_{N_c}]^{-1} \int_0^{2\pi} e^{-\tau L} P D_2^2 f(\lambda_0, 0)[e^{\tau L}\xi]^2 \, d\tau$$

(83)
$$= \omega_0^{-1}[e^{-2\pi L|N_c} - id_{N_c}]^{-1} \int_0^{2\pi} e^{-\tau L|N_c}[\varphi_{11}^3 c^2(\tau) - 2\varphi_{12}^3 s(\tau)c(\tau) + \varphi_{22}^3 s^2(\tau)] \, d\tau,$$

wobei wir wieder $c(\tau) := \cos(\tau)$ und $s(\tau) := \sin(\tau)$ gesetzt haben.

Ist $L|N_c$ bekannt, d. h. ist das Spektrum von $L$ explizit bekannt, so kann aus (83) die Größe $\zeta$ – und somit aus (82) die Größe $\tilde{\delta}$ – explizit berechnet werden. Ersetzt man dann in Theorem (27.14) die Größe $\delta$ durch $\delta + \tilde{\delta}$, so erhält man ein (im Prinzip) explizit nachprüfbares Stabilitätskriterium ohne die Zusatzvoraussetzung $\varphi_{11}^3 = 0$.

(b) Die in (a) skizzierte Berechnung von $\tilde{\delta}$ wird relativ einfach, wenn $L$ halbeinfach, d. h. über $\mathbb{C}$ diagonalisierbar ist. Dann können wir für $N_c$ eine direkte Zerlegung $N_c = N_1 \oplus \cdots \oplus N_k$ finden, welche $L|N_c$ reduziert, $L|N_c = L_1 \oplus \cdots \oplus L_k$, derart, daß $N_j$ entweder ein- oder zweidimensional ist. Im ersten Fall stellt $L_j$ gerade die Multiplikation mit einer reellen Zahl (einem reellen Eigenwert von $L$) dar. Im zweiten Fall gibt es in $N_j$ eine Basis, derart, daß $L_j$ bzgl. dieser Basis die Matrix

$$\begin{bmatrix} \alpha & \beta \\ -\beta & \alpha \end{bmatrix}$$

besitzt. Dies ist genau dann der Fall, wenn $L_{\mathbb{C}}$ einen Eigenwert der Form $\alpha + i\beta$ mit $\beta \neq 0$ besitzt. □

**(27.16) Beispiele:** (a) Wir betrachten die spezielle Liénard Gleichung

$$\ddot{u} + (u^2 - \lambda)\dot{u} + u = 0$$

(vgl. Beispiel (24.25)). Mit $x = (y, z)$ und

$$f(\lambda, x) := (z, (\lambda - y^2)z - y)$$

ist diese Gleichung äquivalent zu

$$\dot{x} = f(\lambda, x) \quad \text{in} \quad \mathbb{R}^2.$$

Mit den üblichen Identifikationen gilt $f(., 0) = 0$ und

$$D_2 f(\lambda, 0) = \begin{bmatrix} 0 & 1 \\ -1 & \lambda \end{bmatrix}.$$

Also besitzt $D_2 f(\lambda, 0)$ die Eigenwerte $(\lambda/2) \pm \sqrt{(\lambda/2)^2 - 1}$. Folglich ist $i$ ein einfacher Eigenwert von $D_2 f(0, 0)$, und für $\mu(\lambda) := (\lambda/2) + i\sqrt{1 - (\lambda/2)^2}$ gilt

$$\frac{d}{d\lambda}[\operatorname{Re}\mu(0)] = 1/2.$$

Somit sind die Voraussetzungen von Theorem (27.11) erfüllt, und im Punkt $\lambda_0 = 0$ findet Hopf-Bifurkation statt mit der Periode $T_0 = 2\pi$. Mit den Bezeichnungen von Theorem (27.14) gilt $\delta = \varphi_{112}^2 = -2$. Also liegt superkritische Bifurkation vor, und die sich von 0 abspaltenden nichttrivialen periodischen Orbits sind asymptotisch stabil.

(b) In $\mathbb{R}^3$ betrachten wir das System

$$\begin{aligned}\dot{u} &= u + v + w^2\\ \dot{v} &= (\lambda-2)u + (\lambda-1)v - u^3 - u^2 v\\ \dot{w} &= -w + \lambda u^3 - w^3\end{aligned}$$

oder, mit den offensichtlichen Identifikationen,

$$\dot{x} = f(\lambda, x).$$

Dann gilt $f(\lambda, 0) = 0$ und

$$D_2 f(\lambda, 0) = \begin{bmatrix} 1 & 1 & 0\\ \lambda-2 & \lambda-1 & 0\\ 0 & 0 & -1\end{bmatrix}.$$

Also hat $D_2 f(\lambda, 0)$ die Eigenwerte $-1$ und $(\lambda/2) \pm i\sqrt{1-(\lambda/2)^2}$. Folglich ist $i$ ein einfacher Eigenwert von $D_2 f(0,0)$, und mit $\mu(\lambda) := (\lambda/2) + i\sqrt{1-(\lambda/2)^2}$ gilt $d(\operatorname{Re}\mu(0))/d\lambda = 1/2$. Somit sind die Voraussetzungen von Theorem (27.11) erfüllt und im Punkt $\lambda_0 = 0$ findet eine Hopf-Bifurkation mit der Periode $T_0 = 2\pi$ statt.

Wegen

$$D_2 f(0,0) = \begin{bmatrix} 1 & 1 & 0\\ -2 & -1 & 0\\ 0 & 0 & -1\end{bmatrix}$$

reduziert die direkte Zerlegung $\mathbb{R}^3 = \mathbb{R}^2 \oplus \mathbb{R}$ den Operator $D_2 f(0,0)$, und für $L := D_2 f(0,0) \mid \mathbb{R}^2$ gilt

$$L = \begin{bmatrix} 1 & 1\\ -2 & -1\end{bmatrix}.$$

Um Theorem (27.14) anwenden zu können, müssen wir in $\mathbb{R}^2$ eine Basis so einführen, daß die zugehörige Matrix von $L$ die Gestalt

$$\begin{bmatrix} 0 & 1\\ -1 & 0\end{bmatrix}$$

hat. Aufgrund unserer allgemeinen obigen Überlegungen bestimmen wir dazu einen komplexen Eigenvektor $z = \xi + i\eta$ von $L_{\mathbb{C}}$ zum Eigenwert $i$, d. h. wir lösen die Gleichung $z^1 + z^2 = iz^1$ (die zweite Gleichung $-2z^1 - z^2 = iz^2$ ist dann automatisch erfüllt). Eine nichttriviale Lösung wird durch $z = (1, i-1)$ gegeben. Also stellen $\xi = (1, -1)$ und $\eta = (0, 1)$ eine Basis von $\mathbb{R}^2$ dar, bezüglich der $L$ die gewünschte Form hat. Wegen

$\xi = e_1 - e_2$ und $\eta = e_2$, also $e_1 = \xi + \eta$ und $e_2 = \eta$, gilt

$$f(0,(u,v,w)) = f(0, ue_1 + ve_2 + we_3) = f(0, u\xi + (u+v)\eta + we_3).$$

Hieraus folgt

$$\begin{aligned}\varphi(\alpha,\beta,\gamma) &:= f(0, \alpha\xi + \beta\eta + \gamma e_3) = f(0,(\alpha, \beta-\alpha, \gamma))\\ &= (\beta+\gamma^2)e_1 + (-\alpha-\beta-\alpha^2\beta)e_2 - (\gamma+\gamma^3)e_3\\ &= (\beta+\gamma^2)\xi + (-\alpha-\alpha^2\beta+\gamma^2)\eta - (\gamma+\gamma^3)e_3.\end{aligned}$$

Also hat $\varphi$ bzgl. der neuen Basis $(\xi, \eta, e_3)$ von $\mathbb{R}^3$ die Koordinatendarstellung

$$\varphi(\alpha,\beta,\gamma) = (\beta+\gamma^2, -\alpha-\beta\alpha^2+\gamma^2, -\gamma-\gamma^3).$$

Folglich sind $\varphi_{11}^3 = 0$ und

$$\varphi_{111}^1 = \varphi_{122}^1 = \varphi_{222}^2 = 0, \quad \varphi_{112}^2 = -2$$

sowie

$$\varphi_{11}^1 = \varphi_{12}^1 = \varphi_{22}^1 = \varphi_{11}^2 = \varphi_{12}^2 = 0,$$

woraus wir $\delta = \varphi_{112}^2 = -2$ erhalten. Aufgrund von Theorem (27.14) findet also Bifurkation nach rechts statt, und die vom Ruhepunkt abzweigenden nichtkritischen periodischen Orbits sind asymptotisch stabil. □

## Aufgaben

1. Zeigen Sie, daß bei der *van der Polschen Gleichung*

$$\ddot{u} + \lambda(u^2-1)\dot{u} + u = 0$$

im Punkt $\lambda_0 = 0$ eine Hopf-Verzweigung stattfindet. Wie lautet $\lambda(s)$, $0 < s < \varepsilon$, in diesem Fall?

2. Leiten Sie aus Beispiel (27.16.a) *ohne Rechnung* ab, daß bei der speziellen Liénard Gleichung

$$\ddot{u} + (\lambda - u^2)\dot{u} + u = 0$$

im Punkt $\lambda_0 = 0$ eine Hopf-Bifurkation mit der Periode $2\pi$ auftritt, und daß die von der trivialen Lösung abzweigenden nichtkritischen Orbits instabil sind.

3. Diskutieren Sie das Problem der Hopf-Bifurkation und die Stabilität der Verzweigungslösungen für das System

$$\begin{aligned}\dot{u} &= \lambda u + v + au^2 + bv^2\\ \dot{v} &= -u + \lambda v + cu^2 + dv^2\end{aligned}$$

mit $a, b, c, d \in \mathbb{R}$.

4. Leiten Sie in Analogie zu den Lemmata (27.9) und (27.13) eine Beziehung her, aus der Information über das Verhalten der Periode $T(s) = T_0 + \tau(s)$ in der Nähe von $s = 0$ gewonnen werden kann.

5. Berechnen Sie die Größe $\tilde{\delta}$ von Bemerkung (27.15.a) im Fall $\dim(E) = 3$.

# Bemerkungen

Die folgenden Bemerkungen beziehen sich auf einige wenige ausgewählte Sätze, die üblicherweise nicht in Lehrbüchern über gewöhnliche Differentialgleichungen zu finden sind, da sie entweder nicht zum Standardstoff gehören, oder aber neueren Datums sind. In all den Fällen, in denen wir keine Quellen angeben, handelt es sich um klassische Resultate, wie sie in den meisten im Literaturverzeichnis angegebenen Büchern über gewöhnliche Differentialgleichungen dargestellt sind.

*Paragraph 3:* Die Legendretransformation spielt eine wichtige Rolle in der konvexen Analysis, wo sie im Rahmen der Dualitätstheorie die angemessene abstrakte Formulierung findet, welche die Voraussetzung für zahlreiche Anwendungen ist. Für eine Darstellung dieser Theorie nebst einigen Anwendungen sei auf das Buch von Ekeland-Temam [1] verwiesen. Diese abstrakte Legendretransformation ist in letzter Zeit erfolgreich auf das Studium periodischer Lösungen Hamiltonscher Systeme angewendet worden (vgl. Clarke [1], Clarke and Ekeland [1]).

*Paragraph 4:* Funktionalanalytische Behandlungen von partiellen Evolutionsgleichungen, die sich an der Theorie der gewöhnlichen Differentialgleichungen orientieren, werden z.B. in den Büchern von Barbu [1], Gajewski-Gröger-Zacharias [1], Henry [1], Krein [1], Lakshmikantham-Leela [1] und Tanabe [1] gegeben.

*Paragraph 10:* Die angegebenen elementaren Resultate über (Halb-)Flüsse sind im wesentlichen Bhatia-Hajek [1], Bhatia-Szegö [1] und Sell [1] entnommen (vgl. auch Saperstone [1]). Es ist wohlbekannt (vgl. z. B. Carlson [1]), daß ein Halbfluß so reparametrisiert werden kann, daß er ein globaler Halbfluß wird. Da es in allgemeineren Zusammenhängen (z. B. bei partiellen Differentialgleichungen) jedoch günstiger und natürlicher ist, mit dem gegebenen Halbfluß zu operieren, wird in diesem Buch die Theorie der lokalen Halbflüsse soweit entwickelt, wie dies für das geometrische Verständnis der betrachteten Phänomene nützlich ist.

*Paragraph 13:* Die topologische Klassifizierung der linearen Flüsse folgt im wesentlichen Arnold [2] und Irwin [1]. Bemerkung (13.11a) verdanken wir B. M. Garay.

*Paragraph 16:* Die Definition der Invarianz bei Halbflüssen weicht von der in Bhatia-Hajek [1] gegebenen ab. (Sie entspricht der dort eingeführten „schwachen Invarianz".) Unsere Definition scheint jedoch den praktischen Bedürfnissen besser zu entsprechen und in der neueren Literatur häufiger verwendet zu werden. Die Beweise von (16.5) und das Approximationslemma (16.7) sind aus Deimling [1] entnommen.

Die Subtangentialbedingung spielt auch bei parabolischen Systemen und allgemeinen Evolutionsgleichungen in unendlichdimensionalen Räumen eine wichtige Rolle (vgl. z. B. Amann [2], Mawhin [1]).

*Paragraph 18:* In den allgemeinen Aussagen über Ljapunovfunktionen folgen wir im wesentlichen Walker [1]. Lemma (18.12) geht auf Mazur zurück (vgl. Dunford-Schwartz [1, Kapitel V. 9]). Theorem (18.15) scheint neu zu sein. Es ist eine mathematisch präzise

Fassung des anschaulichen Prinzips, daß eine Menge asymptotisch stabil ist, wenn das Vektorfeld in jedem Randpunkt echt nach innen zeigt.

*Paragraph 19:* In diesem Paragraphen folgen wir im wesentlichen Irwin [1]. Für allgemeinere Resultate über laufende Wellen sei auf Fife [1] verwiesen.

*Paragraph 20:* Darstellungsformeln, wie die in Satz (20.4) angegebene, werden ausführlicher in Daleckii-Krein [1] untersucht.

*Paragraph 21:* Die Beweisidee für das fundamentale Lemma (21.3) scheint auf Milnor [1] zurückzugehen. Der einfache Beweis des Borsukschen Antipodensatzes stammt von Gromes [1]. Im übrigen folgen wir in diesem Paragraphen Amann [1].

*Paragraph 22:* Der Begriff der Leitfunktion wurde von Krasnosel'skii [1] eingeführt. Auf ihn gehen auch die meisten Resultate dieses Paragraphen zurück, wobei die hier gegebenen Beweise in einigen technischen Details neu sind. Dies hat zur Folge, daß unsere Beweise der Lemmata (22.4) und (22.8) leicht so modifiziert werden können, daß sie auch im Fall des Leray-Schauderschen Abbildungsgrades im unendlichdimensionalen Fall ihre Gültigkeit behalten, was zu wichtigen allgemeinen Resultaten führt (vgl. Amann [3]).

Eine andere Möglichkeit der Gewinnung von Existenzsätzen über periodische Lösungen bei gewöhnlichen Differentialgleichungen besteht darin, das Problem in ein Fixpunktproblem in einem geeigneten Funktionenraum überzuführen. Diese Methode ist ausführlich im zweiten Band von Rouche-Mawhin [1] und in Mawhin [1] dargestellt. Ebenso wie die hier vorgestellte Methode ist sie im wesentlichen auf den nichtautonomen Fall beschränkt.

Mit Hilfe abstrakter Variationsmethoden der nichtlinearen Funktionalanalysis ist es möglich, bei autonomen und nichtautonomen Hamiltonschen Systemen Existenz- und Multiplizitätsaussagen über periodische Lösungen zu gewinnen. Für einige Entwicklungen auf diesem Gebiet, deren Behandlung den Rahmen dieses Buches sprengen würde, da sie tieferliegende Methoden der nichtlinearen Funktionalanalysis verwenden, sei auf Amann-Zehnder [1] und Rabinowitz [1] verwiesen.

*Paragraph 23:* Die Beweise der Sätze über die „asymptotische Periode" und die „asymptotische Phase" folgen im wesentlichen der Darstellung in Hirsch-Smale [1]. Die Grundidee des Beweises des Poincaréschen Wiederkehrsatzes haben wir Siegel-Moser [1] entnommen.

*Paragraph 24:* Der angegebene Beweis des Umlaufsatzes (Theorem (24.15)) stammt aus Krasnosel'skii-Perow-Powolozki-Sabrejko [1]. Andere Beweise finden sich in Hartman [1] und Klingenberg [1]. Der Zusammenhang zwischen Abbildungsgrad und Windungszahl ist ein (im wesentlichen auf H. Hopf zurückgehendes) klassisches Resultat der globalen Analysis (vgl. Siegberg [1]).

*Paragraph 25:* Die hier behandelten Kontinuitätsmethoden sind die einfachsten lokalen Resultate, welche mehr oder weniger direkt aus dem Satz über implizite Funktionen folgen. Von großem (aktuellem) Interesse ist natürlich die Frage des globalen Verhaltens der Menge der periodischen Lösungen. Diese Frage ist eng mit dem im nächsten Paragraphen behandelten Bifurkationsproblem verknüpft und erfordert tieferliegende topologische und analytische Methoden, welche den Rahmen dieses Buches sprengen würden.

Für einige interessante Untersuchungen in dieser Richtung sei auf die Arbeit Mallet-Paret & Yorke [1] sowie auf die sehr allgemeine Morse-ähnliche Theorie von Conley [1] verwiesen.

*Paragraph 26:* Bifurkationsprobleme spielen eine bedeutende Rolle in vielen Gebieten der gewöhnlichen Differentialgleichungen (vgl. z.B. Helleman [1]), der partiellen Differentialgleichungen (z.B. Bardos-Lasry-Schatzman [1]), der nichtlinearen Funktionalanalysis (z.B. Berger [1]) und in den mehr angewandten Naturwissenschaften (z.B. Amann-Bazley-Kirchgässner [1]). Die hier verwendete Ljapunov-Schmidt Reduktion ist eines der Standardhilfsmittel auf diesem Gebiet, aber es scheint bis jetzt nie explizit bemerkt worden zu sein, daß die Bifurkationsgleichung die einfache Gestalt $h_0(\lambda, \xi)\xi = 0$ besitzt, welche die Grundlage für den nahezu trivialen Beweis von Theorem (26.13) ist (vgl. jedoch Hale [3]). Es ist klar, daß Theorem (26.11) – und somit auch die nachfolgenden Theoreme – auch im unendlichdimensionalen Fall richtig bleibt, wenn vorausgesetzt wird, daß $D_2 g(0, 0)$ ein Fredholmoperator ist.

Der Satz über die Bifurkation von einfachen Eigenwerten wurde zuerst von Crandall-Rabinowitz [3] bewiesen.

Theorem (26.19) und der daraus resultierende einfache Beweis des Hopf-Bifurkationstheorems sind neu. Die üblichen Methoden des Beweises der Hopf-Bifurkationssätze verwenden entweder das Zentrumsmannigfaltigkeitentheorem (z.B. Marsden-McCracken [1], Carr [1]), funktionalanalytische Methoden in unendlichdimensionalen Banachräumen (z.B. Crandall-Rabinowitz [1, 2]) oder Reihenentwicklungen (z.B. Hopf [2], Ioos-Joseph [1]). Dem Spezialisten dürfte klar sein, wie sich der hier gegebene Beweis auf den Fall parabolischer Evolutionsgleichungen übertragen läßt. Für eine ähnliche Anwendung der Methode des „Aufblasens" einer Singularität sei auf Marsden [1] verwiesen. Bemerkung (26.20d) hat uns A. Vanderbauwehde mitgeteilt.

Der Störungssatz (26.24) ist auch im unendlichdimensionalen Fall gültig, falls $\lambda_0$ ein isolierter einfacher Eigenwert von $A(\lambda_0)$ ist. In diesem Fall muß zum Beweis der Dunford-Taylorsche Funktionalkalkül herangezogen werden (vgl. Kato [1]). Den angegebenen einfachen Beweis verdanken wir A. Stahel.

Für Hinweise auf die zahlreichen Untersuchungen über Verzweigungsprobleme in „nichtgenerischen" Situationen verweisen wir auf Ioos-Joseph [1], ebenso wie für Untersuchungen über die Abzweigung „invarianter Tori".

Schließlich sei noch bemerkt, daß in einer Reihe interessanter Arbeiten die „globale" Verzweigung periodischer Orbits studiert wird (z.B. Alexander-Yorke [1], Chow & Mallet-Paret [1], Chow & Mallet-Paret & Yorke [1], Ize [1]), wobei tieferliegende topologische Methoden herangezogen werden.

Das Ljapunovsche Zentrumstheorem, dessen hier gegebener Beweis Schmidt [1] folgt, enthält als wichtige Voraussetzung die „Nichtresonanzbedingung" $\sigma(JH''(z_0)) \cap \omega i\mathbb{Z} = \{\pm i\omega\}$. Weinstein [1, 2] hat gezeigt, daß auch ohne diese Annahme das Hamiltonsche Vektorfeld $JH'$ mindestens $n$ periodische Orbits in der Nähe von $z_0$ besitzt, falls $H''(z_0)$ positiv definit ist (vgl. auch Moser [2]). Eine interessante globale Version dieses Resultats wurde von Ekeland-Lasry [1] bewiesen. Die Beweise dieser Resultate erfordern tieferliegende Methoden der nichtlinearen Funktionalanalysis und algebraischen Topologie.

*Paragraph 27:* Theorem (27.2) geht auf Crandall-Rabinowitz [4] zurück. Der hier gegebene Beweis ist mit den offensichtlichen Modifikationen auch im unendlichdimensionalen Fall richtig. Die Beweise der Lemmata (27.9) und (27.10) – und somit des Stabilitätstheorems (27.11) – sind Modifikationen entsprechender Resultate in Crandall-Rabinowitz [1]. Ähnliche Aussagen finden sich in Ioos-Joseph [1]. Die Konstruktion von $\eta_c$ im Beweis von Lemma (27.10) geht auf W.-J. Beyn und M. Stiefenhofer zurück, die uns auf eine Lücke im ursprünglichen Beweis der ersten Auflage hinwiesen.

Das Stabilitätskriterium von Theorem (27.14) stimmt überein mit der in Marsden-McCracken [1, p. 126] angegebenen Formel, die im zweidimensionalen Fall gültig ist. Unsere Herleitung ist jedoch wesentlich einfacher und kürzer (vgl. die Fußnote auf Seite 125 von Marsden-McCracken [1]). In jenem Buch wird ein Algorithmus angegeben, um ein entsprechendes Stabilitätskriterium im Fall $n \geqq 3$ herzuleiten, der jedoch – zumindest in der angegebenen Form – auf den Fall $n = 3$ beschränkt zu sein scheint (vgl. die Formel für $\Delta$ auf Seite 135 jenes Buches). Unser, in Bemerkung (27.15) angegebener, „Algorithmus“ ist für beliebige Dimensionen gültig.

# Literatur


Abraham, R., and J.E. Marsden:
[1] Foundations of Mechanics. Benjamin, Reading, Mass., 1978.
Abraham, R., and J. Robbin
[1] Transversal Mappings and Flows. Benjamin, New York, 1967.
Alexander, J., and J.A. Yorke
[1] Global bifurcation of periodic orbits. Amer. J. Math., 100 (1978), 263–292.
Amann, H.:
[1] Lectures on Some Fixed Point Theorems. IMPA, Rio de Janeiro, 1974.
[2] Invariant sets and existence theorems for semi-linear parabolic and elliptic systems. J. Math. Anal. Appl. 65 (1978), 432–467.
[3] A note on degree theory for gradient mappings. Proc. Amer. Math. Soc. 85 (1982), 591–595.
Amann, H., N. Bazley, K. Kirchgässner, eds.:
[1] Applications of Nonlinear Analysis in the Physical Sciences. Pitman, Boston, 85 (1981), 591–595.
Amann, H., and S. Weiss:
[1] On the uniqueness of the topological degree. Math. Z. 130 (1973), 39–54
Amann, H., and E. Zehnder:
[1] Periodic solutions of asymptotically linear Hamiltonian systems, Manuscripta math. 32 (1980), 149–189
Arnold, V.I.:
[1] Mathematical Methods of Classical Mechanics. Springer Verlag, New York, 1978.
[2] Ordinary Differential Equations. MIT-Press, Cambridge, Mass., 1973.
Arnold, V.I., et A. Avez:
[1] Problèmes ergodiques de la méchanique classique. Gauthier-Villars, Paris, 1967.
Barbu, V.:
[1] Nonlinear Semigroups and Differential Equations in Banach Spaces. Nordhooff, Leyden, 1976.
Bardos, C., J.M. Lasry, M. Schatzman, eds.:
[1] Bifurcation and Nonlinear Eigenvalue Problems. Lecture Notes in Math. # 782, Springer Verlag, Berlin, 1980.

Behnke, H., und F. Sommer:
[1] Theorie der analytischen Funktionen einer komplexen Veränderlichen. Springer Verlag, Berlin, 1965.

Berger, M.S.:
[1] Nonlinearity and Functional Analysis. Academic Press, New York, 1977.

Bhatia, N.P., and O. Hajek:
[1] Local Semi-Dynamical Systems. Lecture Notes in Mathematics # 90, Springer Verlag, Berlin, 1969.

Bhatia, N.P., and G.P. Szegö:
[1] Stability Theory of Dynamical Systems. Springer Verlag, Berlin, 1970.
[2] Dynamical Systems: Stability Theory and Applications. Lecture Notes in Math. # 35, Springer Verlag, Berlin, 1967.

Braun, M.:
[1] Differentialgleichungen und ihre Anwendungen. Springer Verlag, Berlin, 1979.

Bröcker, T.:
[1] Analysis in mehreren Variablen. Teubner, Stuttgart, 1980.

Carlson, D.H.:
[1] A generalization of Vinograd's theorem for dynamical systems. J. Diff. Equs. 11 (1972), 193–201.

Carr, J.:
[1] Applications of Centre Manifold Theory. Springer Verlag, New York, 1981.

Chow, S.-N. and J. Mallet-Paret:
[1] Fuller's Index and Global Hopf's Bifurkation. J. Diff. Equs. 29 (1978), 66–85.

Chow, S.-N., J. Mallet-Paret, J.A. Yorke:
[1] Global Hopf Bifurcation from a Multiple Eigenvalue. Nonlinear Analysis, T.M. & A. 2 (1978), 753–763.

Clarke, F.:
[1] Periodic Solutions to Hamiltonian Inclusions. J. Diff. Equs. 40 (1981), 1–6.

Clarke, F., and I. Ekeland:
[1] Hamiltonian trajectories having prescribed minimal period. Comm. Pure Appl. Math. 33 (1980), 103–116.

Coddington, E.A., and N.A. Levinson:
[1] Theory of Ordinary Differential Equations. McGraw-Hill, New York, 1955.

Conley, C.:
[1] Isolated Invariant Sets and the Morse Index. CBMS Regional Conference Series in Math. # 38, Amer. Math. Soc., Providence, 1976.

Crandall, M. G., and P. H. Rabinowitz:
[1] The Hopf Bifurcation Theorem. MRC Technical Summary Report # 1604, Univ. Wisconsin, Madison, 1976.
[2] Mathematical Theory of Bifurcation. In C. Bardos and D. Bessis, eds.: Bifurcation Phenomena in Math. Phys. and Related Topics. D. Reidel Pub. Comp., Dordrecht, 1980.
[3] Bifurcation from simple eigenvalues. J. Funct. Anal. 8 (1971), 321–340.
[4] Bifurcation, Perturbation of Simple Eigenvalues, and Linearized Stability. Arch. Rat. Mech. Anal., 52 (1973), 161–180.

Cronin, J.:
[1] Differential Equations. M. Dekker Inc., New York, 1980.

Daleckii, Ju. L., and M. G. Krein:
[1] Stability of Solutions of Differential Equations in Banach Spaces. AMS Transl. Math. Monographs 43, Providence, R. I., 1974.

D'Heedene, R. N.:
[1] A third order autonomous differential equation with almost periodic solutions. J. Math. Anal. Appl. 3 (1961), 344–350.

Deimling, K.:
[1] Ordinary Differential Equations in Banach Spaces. Lecture Notes in Mathematics # 596, Springer Verlag, Berlin, 1977.
[2] Nichtlineare Gleichungen und Abbildungsgrade. Springer Verlag, Berlin, 1974.

Dieudonné, J.:
[1] Foundations of Modern Analysis. Academic Press, New York, 1969.

Dunford, N., and J. T. Schwartz:
[1] Linear Operators. Part I. Interscience, New York, 1957.

Dugundji, J.:
[1] Topology. Allyn Bacon, Boston, 1966.

Eisenack, G., und C. Fenske:
[1] Fixpunkttheorie. B. I. Mannheim, 1978.

Ekeland, I., and J. M. Lasry:
[1] On the number of periodic trajectories for a Hamiltonian flow on a convex energy surface. Annals of Math. 112 (1980), 283–319.

Ekeland, I., and R. Temam:
[1] Convex Analysis and Variational Problems. North Holland, Amsterdam, 1976.

Fife, P.:
[1] Mathematical Aspects of Reacting and Diffusing Systems. Lecture Notes in Biomathematics # 28, Springer Verlag, Berlin, 1979.

Fleming, W. H.:
[1] Functions of Several Variables. Addison-Wesley, Reading, Mass., 1965.
Gajewski, H., K. Gröger und K. Zacharias:
[1] Nichtlineare Operatorgleichungen und Operatordifferentialgleichungen. Akademie-Verlag, Berlin, 1974.
Greub, W. H., S. Halperin, and R. J. Vanstone:
[1] Curvature, Connections and Cohomology. Academic Press, New York, 1972.
Gromes, W.:
[1] Ein einfacher Beweis des Satzes von Borsuk. Math. Z. 178 (1981), 399–400.
Guillemin, V., and A. Pollack:
[1] Differential Topology. Prentice-Hall, Englewood Cliffs, N. J., 1974.
Hahn, W.:
[1] Theorie und Anwendung der direkten Methode von Ljapunov. Springer Verlag, Berlin, 1967.
Hale, J.:
[1] Ordinary Differential Equations. Wiley, New York, 1969.
[2] Theory of Functional Differential Equations. Springer Verlag, New York, 1977.
[3] Generic bifurcation with applications. In R. J. Knops (ed.): Nonlinear analysis and mechanics: Heriot-Watt Symp., vol. I, 59–157, Pitman, London, 1977.
Hartman, Ph.:
[1] Ordinary Differential Equations. J. Wiley & Sons, New York, 1964.
Hastings, S. P., and J. D. Murray:
[1] The existence of oscillatory solutions in the Field-Noyes model for the Belousov-Zhabotinskii reaction. SIAM J. Appl. Math. 28 (1975), 678–688.
Hastings, S. P., J. J. Tyson, and D. Webster:
[1] Existence of periodic solutions for negative feedback cellular control systems. J. Diff. Equs. 25 (1977), 39–64.
Helleman, H. G. (ed.):
[1] Nonlinear Dynamics. Annals New York Acad. Sci., 357 (1980), New York Acad. Sci., New York, N. Y.
Henry, D.:
[1] Geometric Theory of Semilinear Parabolic Equations. Lecture Notes in Math. # 840, Springer Verlag, Berlin, 1981.
Hewitt, E., and K. Stromberg:
[1] Real and Abstract Analysis. Springer Verlag, Berlin, 1965.
Hirsch, M.:
[1] Differential Topology. Springer Verlag, New York, 1976.

Hirsch, M.W., and S. Smale:
[1] Differential Equations, Dynamical Systems, and Linear Algebra. Academic Press, New York, 1974.
Holmann, H., und H. Rummler:
[1] Alternierende Differentialformen. Bibliograph. Institut, Mannheim, 1972.
Hopf, E.:
[1] Ergodentheorie. Ergebnisse der Math., Springer Verlag, Berlin, 1937.
[2] Abzweigung einer periodischen Lösung von einer stationären Lösung eines Differentialsystems. Ber. Math.-Phys. Kl. Sächs. Akad. Wiss. Leipzig, 94 (1942), 1–22.
Ioos, G., and D.D. Joseph:
[1] Elementary Stability and Bifurcation Theory. Springer Verlag, New York, 1980.
Irwin, M.C.:
[1] Smooth Dynamical Systems. Academic Press, London, 1980.
Ize, J.:
[1] Bifurcation theory for Fredholm operators. Memoirs Amer. Math. Soc., 7, No. 174, Providence, 1976.
Jacobs, K.:
[1] Neuere Methoden und Ergebnisse der Ergodentheorie. Ergebnisse der Math., Springer Verlag, Berlin, 1960.
Kamke, E.:
[1] Differentialgleichungen: Lösungsmethoden und Lösungen I. Teubner, Stuttgart, 1977.
Kato, T.:
[1] Perturbation Theory for Linear Operators. Springer Verlag, New York, 1966.
Kirchgraber, U., und E. Stiefel:
[1] Methoden der analytischen Störungsrechnung und ihre Anwendungen. Teubner, Stuttgart, 1978.
Klingenberg, W.:
[1] Eine Vorlesung über Differentialgeometrie. Springer, Verlag, Berlin, 1973.
Kneser, H.:
[1] Funktionentheorie. Vandenhoeck & Rupprecht, Göttingen, 1958.
Knobloch, H.W., und F. Kappel:
[1] Gewöhnliche Differentialgleichungen. Teubner, Stuttgart, 1974.
Krasnosel'skii, M.A.:
[1] Translation Along Trajectories of Differential Equations. Transl. Math. Monographs AMS, Providence, R.I., 1968.

Krasnosel'skii, M.A., A.I. Perow, A.I. Powolozki, P.P. Sabrejko:
[1] Vektorfelder in der Ebene. Akademie-Verlag, Berlin, 1966.
Krein, S.G.:
[1] Linear Differential Equations in Banach Space. Amer. Math. Soc., Providence, 1972.
Kuiper, N.H.:
[1] The topology of the solutions of a linear differential equation on $\mathbb{R}^n$. In „Manifolds-Tokyo 1973", Univ. Tokyo Press, Tokyo, 1975, pp. 195–203.
Ladis, N.N.:
[1] The topological equivalence of linear flows. Diff. Uravneniya 9 (1973), 1222–1235.
Lakshmikantam, V., and S. Leela:
[1] Nonlinear Differential Equations in Abstract Spaces. Pergamon Press, Oxford, 1981.
Lang, S.:
[1] Analysis II. Addison-Wesley, Reading, Mass., 1969.
LaSalle, J.P.:
[1] The Stability of Dynamical Systems. CBMS Regional Series Appl. Math., Soc. Ind. Appl. Math., Philadelphia, 1976.
Li, B.:
[1] Periodic Orbits of Autonomous Ordinary Differential Equations: Theory and Applications. Nonlinear Anal., T.M. & A. 5 (1981), 931–958.
Lloyd, N.G.:
[1] Degree Theory. Cambridge Univ. Press, Cambridge, 1978.
Mallet-Paret, J., and J.A. Yorke:
[1] Snakes: oriented families of periodic orbits, their sources, sinks, and continuation. J. Diff. Equs. 43 (1982), 419–450.
Marsden, J.E.:
[1] Qualitative methods in bifurcation theory. Bull. Amer. Math. Soc., 84 (1978), 1125–1148.
Marsden, J.E., and M. McCracken:
[1] The Hopf Bifurcation and Its Applications. Springer Verlag, New York, 1976.
Martin Jr., R.H.:
[1] Nonlinear Operators & Differential Equations in Banach Spaces. J. Wiley & Sons, New York, 1976.
Mawhin, J.:
[1] Topological Degree Methods in Nonlinear Boundary Value Problems. CBMS Regional Conference Series Math. # 40. Amer. Math. Soc., Providence, 1977.

Milnor, J. W.:

[1] Topology from the Differentiable Viewpoint. Univ. Press of Virginia, Charlottesville, 1965.

Moser, J.:

[1] Stable and Random Motions in Dynamical Systems. Princeton Univ. Press, Princeton, N.J., 1973.

[2] Periodic orbits near an equilibrium and a theorem of Alan Weinstein. Comm. Pure Appl. Math., 29 (1976), 727–747.

Murray, J. D.:

[1] Lectures on Nonlinear-Differential-Equation Models in Biology. Clarendon Press, Oxford, 1977.

Nemytskii, V. V., and V. V. Stepanov:

[1] Qualitative Theory of Differential Equations. Princeton Univ. Press, Princeton, N.J., 1960.

Palmer, K. J.:

[1] A generalization of Hartman's linearization theorem. J. Math. Anal. Appl. 41 (1973), 753–758.

[2] Linearization near an integral manifold. J. Math. Anal. Appl. 51 (1975), 243–255.

[3] Qualitative behaviour of a system of ODE near an equilibrium point – A generalization of the Hartman-Grobman theorem. Sonderforschungsbereich 72, Univ. Bonn, Preprint no. 372, Bonn, 1980.

Rabinowitz, P. H.:

[1] Periodic Solutions of Hamiltonian Systems. Comm. Pure Appl. Math. 31 (1978), 157–184.

Reiffen, H. J., und H. W. Trapp:

[1] Einführung in die Analysis I–III. Bibliograph. Institut, Mannheim, 1973.

Reissig, R., G. Sansone, R. Conti:

[1] Non-linear differential equations of higher order. Noordhoff, Leyden, 1974.

Rouche, N., P. Habets, M. Laloy:

[1] Stability Theory by Liapunov's Direct Method. Springer Verlag, New York, 1977.

Rouche, N., und J. Mawhin:

[1] Equations Différentielles Ordinaires. Masson, Paris, 1973.

Rudin, W.:

[1] Real and Complex Analysis. McGraw-Hill, New York, 1970.

Saperstone, S. H.:

[1] Semidynamical Systems in Infinite Dimensional Spaces. Springer Verlag, New York, 1981.

Sansone, G., and R. Conti:
[1] Non-linear Differential Equations. Pergamon Press, Oxford, 1964.
Schmidt, D.S.:
[1] Hopf's bifurcation theorem and the center theorem of Liapunov. In J.E. Marsden-M. McCracken: „The Hopf Bifurcation and its Applications", Springer Verlag, New York, 1976, pp. 95–103.
Sell, G.R.:
[1] Topological Dynamics and Ordinary Differential Equations. Math. Studies # 33, Van Nostrand, New York, 1971.
Siegberg, H.W.:
[1] Some historical remarks concerning degree theory. Amer. Math. Monthly 88 (1981), 125–139.
Siegel, C.L., and J.K. Moser:
[1] Lectures on Celestial Mechanics. Springer Verlag, Berlin, 1971.
Spivak, M.:
[1] A Comprehensive Introduction to Differential Geometry, vol. I. Publish or Perish Inc., Boston, 1970.
Schäfer, H.H.:
[1] Topological Vector Spaces. Springer Verlag, New York, 1971.
Schubert, H.:
[1] Topologie. Teubner, Stuttgart, 1964.
Tanabe, H.:
[1] Equations of Evolution. Pitman, London, 1979.
Triebel, H.:
[1] Höhere Analysis. VEB Deutscher Verlag der Wissenschaften, Berlin, 1972.
Tyson, J.J.:
[1] The Belousov-Zhabotinskii Reaction. Lecture Notes in Biomath. # 10, Springer Verlag, Berlin, 1976.
Walker, J.A.:
[1] Dynamical Systems and Evolution Equations, Theory and Applications. Plenum Press, New York, 1980.
Walter, R.:
[1] Differentialgeometrie. Bibliogr. Institut, Mannheim, 1978.
[2] Einführung in die lineare Algebra. Vieweg, Braunschweig, 1982.
Walter, W.:
[1] Gewöhnliche Differentialgleichungen. Heidelberger Taschenbücher, Springer Verlag, Berlin, 1972.
Weinstein, A.:
[1] Normal modes for nonlinear Hamiltonian systems. Inv. Math. 20 (1973), 47–57.

[2] Bifurcations and Hamilton's principle. Math. Zeitschr. 159 (1978), 235–248.
Yosida, K.:
[1] Functional Analysis. Springer Verlag, Berlin, 1965.
Zeidler, E.:
[1] Vorlesungen über nichtlineare Funktionalanalysis I – Fixpunktsätze. Teubner, Leipzig, 1976.

# Register

www.ingramcontent.com/pod-product-compliance
Lightning Source LLC
Chambersburg PA
CBHW050658190326
41458CB00008B/2610
*9783110145823*